"十四五"职业教育国家规划教材

"十三五"职业教育国家规划教材
"互联网+"新形态教材

水工建筑物

(第3版)

主　编　杨　勇　田利萍　张保同
副主编　关水平　张伟丽　孙荣华
　　　　郝　转　奚圆圆
主　审　余金凤

U0790372

黄河水利出版社
·郑州·

内容提要

本书是“十四五”“十三五”职业教育国家规划教材，是根据教育部关于“十四五”“十三五”职业教育国家规划教材编写要求及相关行业课程标准编写完成的。本书的特点是以任务案例来驱动学生完成预定任务，符合工学结合的特点，可操作性强。全书共分八个项目，分别介绍不同水工建筑物的工作原理、形式种类、适用条件、设计方法和枢纽布置等内容。本书采用项目教学法进行编写，是传统纸质教材与富媒体数字资源相结合的新形态立体化教材，配套建设了 PPT 课件、微课视频、“3D”动画等教学资源，融入了党的二十大精神等思政元素，对学生巩固所学知识、检验目标达成情况有很大帮助。

本书可作为高等职业院校、高等专科院校的水利工程、水利水电建筑工程、水利水电工程管理等相关专业的通用教材，也可供相关专业的工程技术人员学习参考。

图书在版编目(CIP)数据

水工建筑物/杨勇，田利萍，张保同主编. —3 版
. —郑州：黄河水利出版社，2023. 7
“十四五”职业教育国家规划教材
ISBN 978-7-5509-3516-7

Ⅰ. ①水…　Ⅱ. ①杨…②田…③张…　Ⅲ. ①水工建筑物-高等职业教育-教材　Ⅳ. ①TV6

中国国家版本馆 CIP 数据核字(2023)第 027523 号

组稿编辑：王路平　电话：0371-66022212　E-mail：hhslwlp@ 163. com
田丽萍　66025553　912810592@ qq. com

出 版 社：黄河水利出版社　网址：www. yrcp. com
地址：河南省郑州市顺河路黄委会综合楼 14 层　邮政编码：450003
发行单位：黄河水利出版社
发行部电话：0371-66026940、66020550、66028024、66022620(传真)
E-mail：hhslcbs@ 126. com
承印单位：河南承创印务有限公司
开本：787 mm×1 092 mm　1/16
印张：25
字数：580 千字　印数：1—4 100
版次：2010 年 2 月第 1 版　印次：2023 年 7 月第 1 次印刷
2017 年 7 月第 2 版
2023 年 7 月第 3 版

定价：68. 00 元

(版权所有　盗版、抄袭必究　举报电话：0371-66025553)

第3版前言

本书是根据《中共中央关于认真学习宣传贯彻党的二十大精神的决定》,中共中央办公厅、国务院办公厅《关于推动现代职业教育高质量发展的意见》,国务院《国家职业教育改革实施方案》,教育部《职业院校教材管理办法》《高等学校课程思政建设指导纲要》《“十四五”职业教育规划教材建设实施方案》,水利部、教育部《关于进一步推进水利职业教育改革发展的意见》,《教育部办公厅关于公布“十四五”职业教育国家规划教材书目的通知》等文件精神,在全国水利职业教育教学指导委员会指导下,组织编写的“十四五”“十三五”职业教育国家规划教材。教材注重吸收产业升级和行业发展的新知识、新技术、新工艺、新规范,丰富了课程思政案例、视频、微课、动画、题库等数字化教学资源,是理论联系实际、教学面向生产的高职高专教育精品规划教材,具有鲜明的时代特点,体现了实用性、实践性、创新性的特色。

2020年12月,本书第2版成功入选“十三五”职业教育国家规划教材;2023年6月,本书第2版成功入选“十四五”职业教育国家规划教材。为了贯彻落实党的二十大精神,充分反映产业升级和行业发展最新进展以及课程思政“立德树人”要求,及时吸收比较成熟的新知识、新技术、新工艺、新规范,对接科技发展趋势和市场需求,不断丰富数字化资源,编者在第2版的基础上,对全书进行了全面修订、补充和完善。

本次再版,具有以下特点:

1. 本书在每个项目开始之前均加入“思政导引”,通过与该项目知识点相关的典型项目案例讲述,融入思政元素,融入党的二十大精神,使党的二十大精神“进教材、进课堂、进头脑”,最终实现“立德树人”的根本任务和对学生进行“社会主义核心价值观”教育的总目标。

2. 认真贯彻教育部《高等学校课程思政建设指导纲要》的精神,在编写过程中将“忠诚、干净、担当、科学、求实、创新”的水利精神纳入每个项目的思政目标,通过学习,激发学生的社会责任感和使命感以及献身水利事业的荣誉感,自觉养成科学、缜密、严谨、求实的思想作风和团结协作能力,爱岗敬业和无私奉献的职业精神等。

3. 对全书的结构做了梳理和修改调整,按照新的规范和规程,以及一线工程技术人员的意见建议,对全书内容进行了更新,增加了水电站厂房永久性水工建筑的级别,防洪工程永久性水工建筑的级别，治涝、排水工程永久性水工建筑物的级别，灌溉工程永久性水工建筑物的级别，供水工程永久性水工建筑物的级别，山区、丘陵区水库工程的消能防冲建筑物设计洪水标准等内容，修改了混凝土重力坝分区特征、土石坝压实度标准等内容。

4. 结合互联网时代高职学生的学习特点，本次再版针对一些关键知识点和技能点，增加了微课、动画、标准规范等数字资源二维码，丰富了教材内容，便于学生的个性化学习和水利职工的再教育学习。

本书编写单位及编写人员如下：山西水利职业技术学院杨勇、张伟丽、郝转，内蒙古机电职业技术学院田利萍，河南水利与环境职业学院张保同，安徽水利水电职业技术学院关水平，辽宁生态工程职业学院孙荣华，云南水利水电职业学院奚圆圆，山西省水利建筑工程局集团有限公司赵中宇。本书由杨勇、田利萍、张保同担任主编，杨勇负责全书内容规划和统稿；由关水平、张伟丽、孙荣华、郝转、奚圆圆担任副主编；由广西水利电力职业技术学院余金凤教授担任主审。

本书在编写过程中引用了有关院校编写的教材和生产科研单位的技术文献资料，除部分列出外，其余未能一一注明，在此一并致谢！

限于编者水平，书中难免存在缺点和疏漏，恳请广大师生及读者批评指正。

编　者

2023 年 6 月

本书互联网全部资源二维码

目 录

【思政导引】弘扬新时代水利精神 做新时代水利人

绪 论

任务一 我国水资源及水利水电工程建设概况

一、我国水资源概况

水既是自然界一切生命赖以生存不可替代的物质,又是社会发展不可缺少的重要资源。在目前的技术与经济条件下,人类可利用的水资源主要是指地表水体(如江、河、湖、海)和地下水体中的淡水资源。水资源在自然循环过程中是一种可利用的和可再生的重要能源,也是改善环境和发展旅游事业的必要条件。地球上水量的绝大部分是海洋水,占全球总水量的96.5%,陆地水仅占全球总水量的3.5%;陆地水淡水中的69.6%分布在南北两极冰川中以及陆地高山上的永久冰川与积雪中,仅有30.4%分布在陆地河、湖、水库、土壤以及地下含水层中,可供人类生存开发利用。

我国幅员辽阔,但水资源并不丰富,人均占有量仅相当于全球平均数的约1/4。受气候影响,水资源在时间、空间上分布不均匀,不同地区之间、同一地区年际及年内汛期和枯水期的水量可能相差很大,水量偏多或偏少往往造成洪涝或干旱等自然灾害。因此,必须认识水资源的变化规律,根据天然的时、空分布特点,国民经济各用水部门的需水要求,修建必需的蓄水、引水、提水或跨流域调水工程,以使水资源得到合理开发、综合利用和有效保护。

我国水资源分布总的特点是:年内分布集中,年际变化大;黄河、淮河、海河、辽河四流域水量小,长江、珠江、松花江流域水量大;西北内陆干旱区水量缺少,西南地区水量丰富。

我国水资源的人均拥有量不多,但由于从青藏高原到海平面之间的落差巨大,使得我国可用于发电的水能资源却十分丰富。全国水能理论蕴藏量达6.8亿kW,其中可开发的达3.78亿kW,年发电量可达19 100亿kW·h以上,这些数字均居世界首位。因此,利用我国的这一能源优势,大力开发水电资源,对解决我国21世纪经济发展中的能源问题以及带动区域经济的快速发展具有决定性意义。

二、我国水利水电工程建设概况

中华人民共和国成立以来,我国的水利水电工程建设取得了巨大的成就。①治河防洪方面:在中华人民共和国成立之初,就开始对淮河、黄河等进行全面的规划和治理,随后又对长江、海河等进行综合治理,近几年又陆续对各骨干河流所在流域范围内的各级支流进行了整治,到目前我国的大小河流已基本形成了以水库、堤防、蓄滞洪区或分洪河道为主体的拦、排、滞、分等措施相结合的防洪工程体系，提高了防洪能力，初步保证了各河道中、下游的安全，防洪减灾效果明显。②灌排供水方面：通过修建各类型灌区、打机井等，使可灌溉面积急增，农业增产增收效果显著。③水力发电工程建设方面：已建水电站装机容量位居世界第一，建成一大批百万千瓦以上的大型水电站，水电已成为我国电力的重要组成部分。④坝工建设方面：目前我国已建成各类大坝众多，其中重力坝以长江中游的三峡水利枢纽工程为代表，土石坝以黄河小浪底水利枢纽工程为代表。⑤调水工程方面：正在建设的南水北调工程，西线可调水量 170 亿 m^3、东线可调水量 148 亿 m^3、中线可调水量 130 亿 m^3，是我国最大的调水工程。现在全国各省都有自己的跨流域调水工程，可解决各地区间的水资源不均衡的问题。

任务二　水利枢纽与水工建筑物

码 0-1　微课-水利枢纽

一、水利枢纽及其分类

（一）水利枢纽基本概念

为开发利用水资源和防治水害，常在河流或渠道的适宜地段修建的不同类型水工建筑物的综合体被称为水利枢纽。水利枢纽常以其形成的水库或主体工程（坝、水电站）的名称来命名，如三峡大坝、密云水库、罗贡坝、新安江水电站等；也有直接称水利枢纽的，如葛洲坝水利枢纽。

（二）水利枢纽分类

以某一单项任务为主而兴建的水利枢纽，虽然同时可能具有其他综合利用效益，但一般常冠以主要目标名称，如防洪枢纽、水力发电枢纽、航运枢纽、取水枢纽等。水利枢纽随修建地点的地理位置不同有山区水利枢纽，丘陵水利枢纽和平原、滨海地区水利枢纽之分；随枢纽上下游水位差的不同，有高水头水利枢纽（水头差大于 70 m）、中水头水利枢纽（水头差为 30~70 m）、低水头水利枢纽（水头差小于 30 m）。

万家寨水利枢纽位于黄河北干流托克托至龙口峡谷河段，左岸隶属山西省偏关县，右岸隶属内蒙古自治区准格尔旗。控制流域面积 39.5 万 km^2，总库容 8.96 亿 m^3，是一座以供水、发电为主，兼有防洪、防凌等效益的大型水利枢纽。枢纽布置如图 0-1 所示。

大坝为半整体式重力坝，坝顶长 443 m，最大坝高为 105 m，用以截断水流，挡水蓄水形成水库。

泄洪排沙建筑物布置在河床左侧，最大泄洪能力 21 100 m^3/s，其中：底孔 8 个，单孔最大泄量 719 m^3/s；中孔 4 个，单孔最大泄量 675 m^3/s；表孔 1 个，最大泄量 864 m^3/s。泄洪排沙建筑物均采用挑流消能。

引黄取水口 2 个，布置在左岸挡水坝段，单孔最大引水流量 24 m^3/s。

水电站进水口 6 个，引水压力钢管直径 7.5 m，采用坝面浅埋式布置。坝后式厂房装有 6 台单机容量为 180 MW 的混流式水轮发电机组。

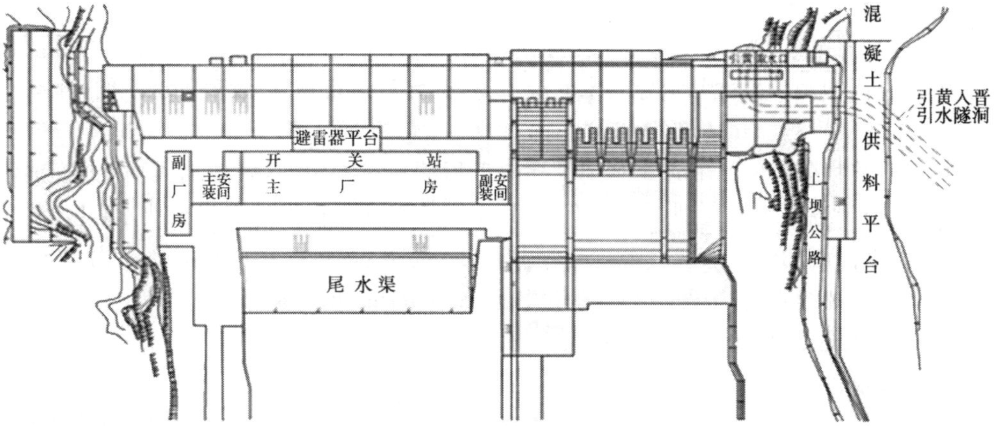

图 0-1 万家寨水利枢纽布置图

二、水工建筑物及其分类和特点

码 0-2 微课-水工建筑物的认知

(一)水工建筑物基本概念

为了满足防洪要求,获得发电、灌溉、供水等方面的效益,达到兴水利、除水害的目的,需要在河流的适宜地段修建不同类型的建筑物,用来控制和分配水流,这些建筑物统称为水工建筑物。

(二)水工建筑物分类

1. 按建筑物功能分类

(1)挡水、壅水建筑物。用以拦截江河水流,抬高上游水位以形成水库。例如,各种坝、闸等。

(2)泄水建筑物。用以宣泄洪水期河道入库洪量超过水库调蓄能力的多余洪水,以保证大坝及有关建筑物的安全。例如,河岸溢洪道、泄洪洞、重力坝溢流坝段、坝身泄水孔等。

(3)输水建筑物。用以满足发电、供水和灌溉的需求,从上游向下游输送水量。例如,输水渠道、引水管道、水工隧洞、渡槽、倒虹吸管等。

(4)取水建筑物。一般布置在输水系统的首部,用以控制水位、引水流量或人为提高水头。例如,进水闸、扬水泵站等。

(5)河道整治建筑物。用以改善河道的水流条件,防止河道变形及险工的整治。例如,顺坝、导流堤、丁坝、潜坝、护岸等。

(6)专门建筑物。为水力发电、过坝、量水而专门修建的建筑物。例如,调压室、水电站厂房、船闸、升船机、筏道、鱼道、量水堰等。

2. 按建筑物使用期限分类

(1)永久性建筑物。是指工程运行期间长期使用的建筑物。永久性建筑物又根据其重要性可分为主要建筑物和次要建筑物。主要建筑物指在工程中起主要作用、失事后将造成严重灾害或严重影响工程效益的建筑物,如各种堤坝、水闸、水电站厂房及泵站。次要建筑物指在工程中作用相对较小或对工程效益影响不大,并易于修复的建筑物,如各种挡土墙、导流墙及护岸等。

(2)临时性建筑物。是指工程施工期间或维修期间使用的建筑物。例如,水利水电工程施工过程中用以拦截和疏导洪水的施工围堰、导流建筑物,以及辅助施工的临时房屋等。

水工建筑物分类的目的在于确定了枢纽工程的建筑物组成后,根据其功能先定枢纽工程等别,再定各建筑物级别。级别不同,其相应的水利工程设计的安全要求(七个主要方面:①洪水标准;②安全超高;③稳定与强度;④防火;⑤抗震;⑥抗冰冻;⑦劳动安全)均不同。建筑物级别是工程设计的根本依据。

(三)水工建筑物的特点

1. 工作条件的复杂性

水工建筑物工作条件的复杂性主要体现在作用于建筑物上的静水压力,其会随建筑物挡水高度的增加而剧增;水面上的波浪会产生浪压力;上下游水头差还会导致建筑物及其地基内产生渗流,渗流会使建筑物的稳定性受到影响,并且可能会产生渗透变形及水库水量损失;高速水流流经建筑物时,强烈的紊流脉动会产生各种动水压力及引起轻型结构的振动;挟沙水流会对建筑物边壁产生磨蚀,挑射水流在空中会对周围建筑物产生严重的雾化;水面结冰时,将产生冰压力;发生地震时,将产生地震动水压力。另外,当水具有侵蚀性时,会使混凝土结构中的石灰质溶解,破坏材料的强度和耐久性;与水接触的水工钢结构易产生严重的锈蚀。

2. 设计选型的独特性

水工建筑物的形式、构造和尺寸与建筑物所在地的地形、地质、水文等条件密切相关。例如,规模和效益大致相仿的两座坝,由于地质条件的不同,两者的形式、尺寸和造价都会迥然不同。由于自然条件千差万别,因而水工建筑物设计选型总是只能按照各自的特征进行。除非规模特别小,一般不能采用定型设计,当然这不排除水工建筑物结构部件的标准化。

3. 施工建造的艰巨性

在河川上建造水工建筑物比陆地上的土木工程施工要困难、复杂,主要困难是解决施工导流问题,即必须使河川水流按特定通道下泄,以截断河流,便于施工时能形成干地施工条件;水利工程施工要进行很深的地基开挖和复杂的地基处理,有时还需水下施工;施工要在特定的时间内完成巨大的工程量,将建筑物修筑到拦洪高程,因此施工工期紧张。

4. 失事后果的严重性

水工建筑物一旦失事,后果会非常严重,特别是拦河坝,一旦失事,往往会给国家和社会造成巨大的灾害和损失。例如,1975年8月河南驻马店地区的板桥水库决口导致全地区26座水库相继崩堤垮坝,9县1镇东西150 km、南北75 km范围内一片汪洋,400多万人被洪水围困,10多万人死亡,30多万头大牲畜漂没,300多万间房屋倒塌,直接经济损失34.97亿元,被列为全球科技灾害第一名。国内外的数据统计结果显示,大坝失事最主要的原因:一是洪水漫顶,二是坝基或结构出现问题,两者各占失事总数的1/3左右。但是,还有一部分水工建筑物的失事与某些自然因素或当时人们的认识能力和技术水平有限相关,也有些是不重视勘测、试验研究或施工质量欠佳所致,后者尤应杜绝。

三、水利枢纽对环境的影响

(一)规划阶段对生态环境的影响

在修建水利工程时,工程的规模等级应该服从整个流域的水资源开发规划目标,而工程的规模等级又决定了该工程影响环境的程度,因此整个流域的水资源开发规划完成以后,各个流段的开发目标也就确定了,这就无形地对这些地方的生态环境造成了影响。虽然这只是“概念”上的,但是对以后的规划实施阶段会产生很大影响,不容小视。

(二)施工阶段对生态环境的影响

在水利工程施工中,对环境影响的问题主要包括植被破坏、水土流失、地质灾害、土地碾压和占用问题、水污染、空气污染、噪声污染和对人健康的影响等。

1. 土地问题

工程弃渣堆放和料场开采占用大量土地,会造成水土流失、植被破坏,对地貌景观和自然土壤损坏较大。

2. 水污染

施工开挖、填筑围堰、冲洗骨料、灌浆等过程都将产生悬浮物含量很高的施工废水和生活污水,如不经过处理直接排入河道,将使下游水质受到污染。

3. 空气污染

水利水电工程土石方工程量较大,施工开挖过程中会产生大量的粉尘,粉尘对周围空气质量产生不利的影响,还有施工车辆尾气和生活与生产燃煤废气也会污染周围的空气。

4. 噪声污染

施工过程中大量使用的大型施工机械产生噪声,开挖山体采用的爆破施工技术也产生噪声。

5. 固体废弃物污染

堆放弃渣,易造成局部水土流失和泥石流,淤塞河道,妨碍河道流通,如不及时清理,这些废渣会对当地生态造成一系列危害。

6. 对人健康的影响

施工中产生的空气污染和噪声污染对周围居民正常的工作和生活造成不良影响。施工工地上生活条件与卫生条件相对简陋,可能使当地一些传染病、流行病得到传播,对施工人员形成了潜在的危险。

(三)运行管理阶段对生态环境的影响

(1)库区蓄水后增加了水体的表面积,大量的水被蒸发掉,增加了水资源的损失。据统计,北方地区整个水库的总库容超过 1 300 亿 m^3,每年蒸发水的损失达到 200 亿 m^3,这 200 亿 m^3 比北方地区的缺水总和还多。

(2)易诱发地震、库岸崩塌、渗漏等地质问题。水库建成后,由于长时间的高水位、大蓄水量,会产生很大的水压力,使库区地壳结构的地应力发生变化,为诱发地震、库岸崩塌、渗漏等地质问题创造条件。

(3)水库周边区域地下水位抬高,导致土地盐碱化等问题。大型水利工程调节径流变幅大,对水沙的影响很大,甚至可达入海口,将会出现河口再造、海岸线后退、地下水盐渍化等问题。

(4)多泥沙河流上，使其防洪标准降低。库区蓄水后，由于上游蓄水抬高水位，过水断面面积增大，水流速度减小，挟沙能力降低，对于多泥沙河流来说，大量的泥沙将淤积在水库中，这将使水库的有效使用库容减小，防洪标准大大降低，对水库的使用年限和航运有很大的影响。

(5)使得水体富营养化，水库自净能力降低。水库建成后，库区水流流速小，透明度增大，利于藻类光合作用，坝前长时间存储的水因藻类大量生长而导致富营养化，并且降低了水、气界面交换的速率和水体稀释扩散能力，导致水体中污染物浓度增加，使得水库水体自净能力比河流弱。

(6)水温结构发生变化，破坏生态平衡。水利工程的修建改变了原有天然河道区域内的生态平衡和水文情况，直接影响原有生物的个体和种群，致使某些物种不能适应新的生态环境而灭亡；水库蓄水后，水温结构发生变化，可能会出现水质分层，对下游农作物和鱼类产卵产生危害；库区淹没会影响陆生生物的生活环境，修建大坝打破了原有水系内生物的生活环境，对水生生物特别是对洄游性鱼类将产生直接影响，可能导致濒危珍稀动植物灭种；库区内有大量移民，移民安置要修建许多专项设施，开垦大量土地，导致迁入地区生态环境质量下降，给地表植被和野生动物栖息环境造成一定的负面影响。

(7)改变了小气候，对河床稳定、附近建筑物、农灌等造成影响。水库建成后，由于水面增加，对水库周边地区的气候可能产生影响，如降雨、湿度与温度等会有一定的变化。水库蓄水拦沙后，下泄洪水时流速很大，会对下游河道堤防产生冲刷现象，冲淤条件的变化可引起河床的再造，直接影响两岸的堤防、航运、供水、河口的稳定，致使原河道的建筑物失去稳定，对灌溉、引水、航运等均会产生较大影响。

(8)对文物古迹及其他设施造成影响。库区满水后，将淹没珍贵的人文景观、文物古迹和自然风景，付出巨大的代价；此外，还会对其他设施产生负面影响，如工矿企业的改建、道路交通、电力通信设施的改建、重建等。

任务三　水利枢纽的分等与水工建筑物的分级

为使工程的安全可靠性与其造价的经济合理性适当统一起来，水利枢纽及其组成建筑物要分等分级。枢纽工程、建筑物的等级不同，对其规划、设计、施工、运行管理的要求也不同，等级越高者要求也越高。这种分等分级区别对待的方法，也是国家经济政策和技术政策的一种重要体现。

一、水利枢纽的分等

根据新的《水利水电工程等级划分及洪水标准》(SL 252—2017)，对拦河闸、灌排泵站作为水利水电工程中的一个组成部分或单个建筑物时不再单独确定工程等别，作为独立项目立项建设时，其工程等别按照承担的工程任务、规模确定。水利水电工程分等指标如表0-1所示。

码0-3 《水利水电工程等级划分及洪水标准》

表 0-1　水利水电工程分等指标

工程等别	工程规模	水库总库容/亿 m^3	防洪			治涝	灌溉	供水		发电
			保护人口/万人	保护农田面积/万亩	保护区当量经济规模/万人	治涝面积/万亩	灌溉面积/万亩	供水对象重要性	年引水量/亿 m^3	发电装机容量/MW
Ⅰ	大(1)型	≥10	≥150	≥500	≥300	≥200	≥150	特别重要	≥10	≥1 200
Ⅱ	大(2)型	<10,≥1.0	<150,≥50	<500,≥100	<300,≥100	<200,≥60	<150,≥50	重要	<10,≥3	<1 200,≥300
Ⅲ	中型	<1.0,≥0.10	<50,≥20	<100,≥30	<100,≥40	<60,≥15	<50,≥5	比较重要	<3,≥1	<300,≥50
Ⅳ	小(1)型	<0.1,≥0.01	<20,≥5	<30,≥5	<40,≥10	<15,≥3	<5,≥0.5	一般	<1,≥0.3	<50,≥10
Ⅴ	小(2)型	<0.01,≥0.001	<5	<5	<10	<3	<0.5		<0.3	<10

注:1. 水库总库容指水库最高水位以下的静库容;治涝面积指设计治涝面积;灌溉面积指设计灌溉面积;年引水量指供水工程渠首设计年均引(取)水量。
2. 保护区当量经济规模指标仅限于城市保护区;防洪、供水中的多项指标满足1项即可。
3. 按供水对象的重要性确定工程等别时,该工程应为供水对象的主要水源。
4. 1 亩 = 1/15 hm^2,下同。

二、水工建筑物的分级

水利水电工程中水工建筑物的级别,反映了工程对水工建筑物的技术要求和安全要求,应根据所属工程的等别及其在工程中的作用和重要性分析确定。

(一)永久性水工建筑物级别

水利水电工程的永久性水工建筑物的级别应该根据建筑物所在工程的等别,以及建筑物的重要性确定为5级,见表0-2。

表 0-2　永久性水工建筑物级别

工程等别	主要建筑物	次要建筑物
Ⅰ	1	3
Ⅱ	2	3
Ⅲ	3	4
Ⅳ	4	5
Ⅴ	5	5

水库大坝按表0-2规定为2级、3级，如坝高超过表0-3规定的指标，其级别可提高一级，但洪水标准可不提高。

表0-3　水库大坝提级指标

级别	坝型	坝高/m
2	土石坝	90
	混凝土坝、浆砌石坝	130
3	土石坝	70
	混凝土坝、浆砌石坝	100

拦河闸永久性水工建筑物的级别，应根据其所属工程的等别按表0-2确定。

拦河闸永久性水工建筑物按表0-2规定为2级、3级，其校核洪水过闸流量分别大于5 000 m^3/s、1 000 m^3/s时，其建筑物级别可提高一级，但洪水标准可不提高。

(二)水电站厂房永久性水工建筑的级别

当水电站厂房永久性水工建筑物与水库工程挡水建筑物共同挡水时，其建筑物级别应与挡水建筑物级别一致。当水电站厂房永久性水工建筑物不承担挡水任务、失事后不影响挡水建筑物安全时，其建筑物级别应根据水电站装机容量按表0-4确定。

表0-4　水电站厂房永久性水工建筑物级别

发电装机容量/MW	主要建筑物	次要建筑物
≥1 200	1	3
<1 200，≥300	2	3
<300，≥50	3	4
<50，≥10	4	5
<10	5	5

(三)防洪工程永久性水工建筑物级别

防洪工程中堤防永久性水工建筑物的级别应根据其保护对象的防洪标准按表0-5确定。当经批准的流域、区域防洪规划另有规定时，应按其规定执行。

表0-5　堤防永久性水工建筑物级别

防洪标准/[重现期(年)]	≥100	<100，≥50	<50，≥30	<30，≥20	<20，≥10
堤防级别	1	2	3	4	5

涉及保护堤防的河道整治工程永久性水工建筑物级别，应根据堤防级别并考虑损毁后的影响程度综合确定，但不宜高于其所影响的堤防级别。

蓄滞洪区围堤永久性水工建筑物的级别，应根据蓄滞洪区类别、堤防在防洪体系中的地位和堤段的具体情况，按批准的流域防洪规划、区域防洪规划的要求确定。

蓄滞洪区安全区的堤防永久性水工建筑物级别宜为2级。对于安置人口大于10万人的安全区，经论证后堤防永久性水工建筑物级别可提高为1级。

分洪道(渠)、分洪与退洪控制闸永久性水工建筑物级别，应不低于所在堤防永久性水工建筑物级别。

(四)治涝、排水工程永久性水工建筑物级别

治涝、排水工程中的排水渠(沟)永久性水工建筑物级别,应根据设计流量按表0-6确定。

表0-6 排水渠(沟)永久性水工建筑物级别

设计流量/(m^3/s)	主要建筑物	次要建筑物
≥500	1	3
<500,≥200	2	3
<200,≥50	3	4
<50,≥10	4	5
<10	5	5

治涝、排水工程中的水闸、渡槽、倒虹吸、管道、涵洞、隧洞、跌水与陡坡等永久性水工建筑物级别,应根据设计流量,按表0-7确定。

表0-7 排水渠系永久性水工建筑物级别

设计流量/(m^3/s)	主要建筑物	次要建筑物
≥300	1	3
<300,≥100	2	3
<100,≥20	3	4
<20,≥5	4	5
<5	5	5

注:设计流量指建筑物所在断面的设计流量。

治涝、排水工程中的泵站永久性水工建筑物级别,应根据设计流量及装机功率按表0-8确定。

表0-8 泵站永久性水工建筑物级别

设计流量/(m^3/s)	装机功率/MW	主要建筑物	次要建筑物
≥200	≥30	1	3
<200,≥50	<30,≥10	2	3
<50,≥10	<10,≥1	3	4
<10,≥2	<1,≥0.1	4	5
<2	<0.1	5	5

注:1. 设计流量指建筑物所在断面的设计流量。

2. 装机功率指泵站包括备用机组在内的单站装机功率。

3. 当泵站按分级指标分属两个不同级别时,按其中高者确定。

4. 由连续多级泵站串联组成的泵站系统,其级别可按系统总装机功率确定。

(五)灌溉工程永久性水工建筑物级别

灌溉工程中的渠道及渠系永久性水工建筑物级别,应根据设计灌溉流量按表0-9确定。灌溉工程中的泵站永久性水工建筑物级别,应根据设计流量及装机功率按表0-8确定。

表0-9　灌溉工程永久性水工建筑物级别

设计灌溉流量/(m^3/s)	主要建筑物	次要建筑物
≥300	1	3
<300,≥100	2	3
<100,≥20	3	4
<20,≥5	4	5
<5	5	5

(六)供水工程永久性水工建筑物级别

供水工程永久性水工建筑物级别,应根据设计流量按表0-10确定。供水工程中的泵站永久性水工建筑物级别,应根据设计流量及装机功率按表0-10确定。

表0-10　供水工程永久性水工建筑物级别

设计流量/(m^3/s)	装机功率/MW	主要建筑物	次要建筑物
≥50	≥30	1	3
<50,≥10	<30,≥10	2	3
<10,≥3	<10,≥1	3	4
<3,≥1	<1,≥0.1	4	5
<1	<0.1	5	5

注:1. 设计流量指建筑物所在断面的设计流量。
2. 装机功率指泵站包括备用机组在内的单站装机功率。
3. 泵站建筑物按分级指标分属两个不同级别时,按其中高者确定。
4. 由连续多级泵站串联组成的泵站系统,其级别可按系统总装机功率确定。

(七)临时性水工建筑物级别

对于水利水电工程施工期使用的临时性挡水建筑物和泄水建筑物的级别,应根据保护对象的重要性、失事造成的后果、使用年限和临时性挡水建筑物的规模按表0-11确定。对于同时分属于不同级别的临时性水工建筑物,其级别应按照其中最高级别确定。但对于3级临时性水工建筑物,符合该级别规定的指标不得少于两项。

表 0-11 临时性水工建筑物级别

级别	保护对象	失事后果	使用年限/年	临时性挡水建筑物规模	
				围堰高度/m	库容/亿 m^3
3	有特殊要求的1级永久性水工建筑物	淹没重要城镇、工矿企业、交通干线或推迟工程总工期及第一台(批)机组发电,推迟工程发挥效益,造成重大灾害和损失	>3	>50	>1.0
4	1、2级永久性水工建筑物	淹没一般城镇、工矿企业或影响工程总工期及第一台(批)机组发电,推迟工程发挥效益,造成较大经济损失	≤3,≥1.5	≤50,≥15	≤1.0,≥0.1
5	3、4级永久性水工建筑物	淹没基坑,但对总工期及第一台(批)机组发电影响不大,对工程发挥效益影响不大,经济损失较小	<1.5	<15	<1.0

三、水利水电工程洪水设计标准

在水利水电工程设计中,不同等级的建筑物所采用的按某种频率或重现期表示的洪水称为洪水标准,包括洪峰流量和洪水总量。

永久性水工建筑物所采用的洪水标准分为设计洪水标准和校核洪水标准两种情况。临时性水工建筑物的洪水标准应根据建筑物的结构类型和级别,结合风险度综合分析、合理选择,对失事后果严重的,应考虑超标准洪水的应急措施。各类水利水电工程的洪水标准应按《水利水电工程等级划分及洪水标准》(SL 252—2017)确定。

(一)永久性水工建筑物的洪水标准

水利水电工程永久性水工建筑物的洪水标准应按山区、丘陵区及平原区、滨海区分别确定。江河采用梯级开发方式,在确定各梯级永久性水工建筑物的洪水标准时,还应结合江河治理和开发利用规划,统筹研究,相互协调。

山区、丘陵区水库工程永久性水工建筑物洪水标准如表 0-12 所示。

表 0-12　山区、丘陵区水库工程永久性水工建筑物洪水标准

项目		永久性水工建筑物级别				
		1	2	3	4	5
设计/[重现期(年)]		1 000~500	500~100	100~50	50~30	30~20
校核洪水标准/[重现期(年)]	土石坝	可能最大洪水(PMF)或10 000~5 000	5 000~2 000	2 000~1 000	1 000~300	300~200
	混凝土坝、浆砌石坝	5 000~2 000	2 000~1000	1 000~500	500~200	200~100

平原、滨海区水库工程永久性水工建筑物洪水标准如表 0-13 所示。

表 0-13　平原、滨海区水库工程永久性水工建筑物洪水标准

项目	永久性水工建筑物级别				
	1	2	3	4	5
设计/[重现期(年)]	300~100	100~50	50~20	20~10	10
校核洪水标准/[重现期(年)]	2 000~1 000	1 000~300	300~100	100~50	50~20

对于土石坝,如失事后对下游将造成特别重大灾害,则1级永久性水工建筑物的校核洪水标准,应取可能最大洪水(PMF)或重现期 10 000 年一遇;2~4 级永久性水工建筑物的校核洪水标准,可提高一级。

对于混凝土坝、浆砌石坝永久性水工建筑物,如洪水漫顶将造成极严重的损失,则1级永久性水工建筑物的校核洪水标准,经专门论证并报主管部门批准,可取可能最大洪水(PMF)或重现期 10 000 年一遇。

山区、丘陵区水库工程的消能防冲建筑物设计洪水标准,水电站厂房永久性水工建筑物洪水标准,水库大坝施工期洪水标准,拦河闸、挡潮闸永久性水工建筑物洪(潮)水标准,治涝、排水、灌溉和供水工程永久性水工建筑物洪水标准,治涝、排水、灌溉和供水工程泵站永久性水工建筑物洪水标准,分别见表 0-14~表 0-19。

表 0-14　山区、丘陵区水库工程的消能防冲建筑物设计洪水标准

永久性泄水建筑物级别	1	2	3	4	5
设计洪水标准/[重现期(年)]	100	50	30	20	10

表 0-15　水电站厂房永久性水工建筑物洪水标准

水电站厂房级别		1	2	3	4	5
山区、丘陵区/[重现期(年)]	设计	200	200~100	100~50	50~30	30~20
	校核	1 000	500	200	100	50
平原、滨海区/[重现期(年)]	设计	300~100	100~50	50~20	20~10	10
	校核	2 000~1 000	1 000~300	300~100	100~50	50~20

表 0-16 水库大坝施工期洪水标准

坝型	拦洪库容/亿 m^3			
	≥10	<10，≥1.0	<1.0，≥0.1	<0.1
土石坝/[重现期(年)]	≥200	200~100	100~50	50~20
混凝土坝、浆砌石坝/[重现期(年)]	≥100	100~50	50~20	20~10

表 0-17 拦河闸、挡潮闸永久性水工建筑物洪(潮)水标准

永久性水工建筑物级别		1	2	3	4	5
洪水标准/[重现期(年)]	设计	100~50	50~30	30~20	20~10	10
	校核	300~200	200~100	100~50	50~30	30~20
潮水标准/[重现期(年)]		≥100	100~50	50~30	30~20	20~10

注：对具有挡潮工况的永久性水工建筑物，按表中潮水标准执行。

表 0-18 治涝、排水、灌溉和供水工程永久性水工建筑物洪水标准

建筑物级别		1	2	3	4	5
洪水标准/[重现期(年)]	设计	100~50	50~30	30~20	20~10	10
	校核	300~200	200~100	100~50	50~30	30~20

表 0-19 治涝、排水、灌溉和供水工程泵站永久性水工建筑物洪水标准

建筑物级别		1	2	3	4	5
洪水标准/[重现期(年)]	设计	100	50	30	20	10
	校核	300	200	100	50	20

(二)临时性水工建筑物的洪水标准

临时性水工建筑物的洪水标准应在表 0-20 的范围内，考虑风险度综合分析，合理选用。

表 0-20 临时性水工建筑物的洪水标准 [重现期(年)]

临时性水工建筑物类型	临时性水工建筑物级别		
	3	4	5
土石结构	50~20	20~10	10~5
混凝土坝、浆砌石结构	20~10	10~5	5~3

任务四　水利枢纽的布置

一、水利枢纽布置的一般原则与步骤

水利枢纽中各用途水工建筑物的相互位置是水利工程设计研究首要解决的问题。水利枢纽的布置要因地制宜、扬长避短、协调紧凑,既要能满足枢纽中的各项任务和功能的发挥,又要适应枢纽工程所在地区的自然条件,同时要便于施工布置,有利于节省投资和缩短工期。

(一)水利枢纽布置的一般原则和要求

水利枢纽布置时需要考虑的因素多、涉及面广,因此需要从设计、施工、运行管理、经济等各方面进行全面论证、综合比较,最后从若干个比较方案中选定最优的枢纽布置方案。

1. 水利枢纽布置的一般原则

(1)坝址、坝型选择和枢纽布置应与施工导流、施工方法和施工工期等综合考虑,要在较顺利的条件下缩短工期。

(2)枢纽布置应满足各建筑物在布置上的要求,保证各用途的建筑物在任何工作条件下都能正常工作。

(3)在满足建筑物稳定和强度的条件下,降低枢纽总造价和年运行费用。

(4)枢纽中各建筑物的布置应紧凑,尽量将同一工种的建筑物布置在一起,以减少连接建筑。

(5)尽可能使部分建筑物早期投产,提前发挥效益(如提前蓄水、早期发电或灌溉)。

(6)枢纽的外观应与周围的环境协调,在可能条件下注意美观。

2. 水利枢纽布置的一般要求

1)运用要求及技术经济条件

蓄水枢纽以拦河坝为主体,除包括泄水及取水(灌溉取水、城镇供水及发电取水)建筑物外,根据枢纽任务还可能包括水电站厂房及开关站、船闸、鱼道、过木等建筑物;根据施工及运用要求,可能还有导流、放空等建筑物。枢纽布置应根据枢纽任务确定枢纽建筑物的组成,并合理安排各建筑物的位置、形式和布置尺寸。蓄水枢纽各建筑物的形式与布置尺寸和其在枢纽中的位置与坝址处的地形、地质、水文、气象等条件密切相关。由于自然条件以及各枢纽的任务不尽相同,因此枢纽布置时应深入研究当地条件,并从设计、施工、运行管理、经济等各方面进行全面论证和比较,最后从若干个比较方案中选定最优方案。

(1)运用要求。

枢纽建筑物的布置应保证在一般条件下能正常地工作,避免运用时的相互干扰。例如,灌溉取水建筑物应保证在各个时期均能按需要取出灌溉水量;发电取水口应水流平顺,水头损失小,下游尾水平稳;航运建筑物进、出口水流应顺畅、流速小、水位平稳;泄水、排沙、过鱼、过木等要能得到合理的解决;溢洪道的布置应保证安全泄洪,上游进口水流平顺,出口能顺利归河。凡对水流条件有要求的建筑物,应采取必要的布置措施来满足相关要求,对于重要工程,还应通过模型试验来选定合适的布置方案。此外,枢纽对外和内部交通线路也应合理布置。

(2)技术经济条件。

枢纽布置应当在技术上可行的条件下,尽量做到经济上最优。在不影响运用且不互相矛盾的前提下,尽量使一个建筑物担负多种任务。例如,灌溉引水隧洞与发电引水洞相结合;导流与泄水、排沙、放空水库相结合;导流与发电、灌溉相结合等。另外,尽可能地减少混凝土建筑物与土坝、岸坡等的接头数目,避免在这些区域内形成集中渗流,同时可降低边墩、导墙、刺墙等连接建筑物的费用。应考虑枢纽尽早投入运行或部分提前投入运行的布置方案,使之早日发挥经济效益,相应地降低枢纽造价。总之,在满足建筑物强度、稳定以及运用等要求的前提下,做到枢纽总造价最小,年运行费用最低,具有优越的经济指标。

2)施工安排及环境影响

(1)施工安排。

坝址、坝轴线选择和枢纽布置与施工导流、施工方法和施工期限密切相关,应力求做到以最小的投资在最短时期内顺利完成施工任务。

枢纽布置方案应便于宣泄施工期间的河水流量,施工导流方便,尽可能在洪水季节不中断施工;在有通航、过木等要求的河道上施工时,应尽量不中断相应的运行要求。

妥善地安排并缩短枢纽中各建筑物的施工期限,使建筑物在未全部建成的情况下能拦蓄部分洪水,使枢纽工程早日投入运行,早日发挥效益。

集中布置同工种建筑物,以便施工安排与施工管理。

便于布置场内及对外运输线路,以便施工的顺利进行。

(2)环境影响。

蓄水枢纽的布置应考虑并分析研究泄水及取水方式对上游淤积、淹没、浸没、下游河床演变、水文条件以及水温、水质等的作用和影响;在汛期要充分利用泄水建筑物和取水建筑物进行冲沙,以减少水库淤积、延长水库寿命;泄水建筑物和取水建筑物要便于配合使用,以减少淹没、浸没损失和防洪投资,改善和提高供水的水质,改善上下游及附近地区的环境与卫生条件;要美化枢纽周围的环境,以便发展旅游。

(二)水利枢纽布置的步骤

(1)根据国民经济建设对枢纽提出的要求,并结合枢纽处的地形、地质、水文、气象、建筑材料、交通及施工条件,初步确定枢纽应包括的建筑物,同时初步确定各建筑物的形式和主要尺寸。

(2)遵循枢纽布置的原则和对各建筑物的要求,研究各建筑物与河流、河岸之间以及各建筑物之间的可能布置位置,根据各种可能的位置编制不同的布置方案与相应的导流方案,绘制相应方案的枢纽布置图,根据建筑物的主要尺寸和地基开挖情况等计算工程量和造价,并编制各比较方案的工程量及技术经济比较表,以择优选取。

(3)从技术经济等方面对各方案进行比较,从综合效益、工程投资、施工方便、工期等方面选出最优方案。枢纽布置图的详细程度应当与设计阶段相适应。

在可行性研究报告阶段,要求基本选定规模,选定坝址,初选基本坝型和枢纽布置方式;综合枢纽布置方案,初选施工导流方案及主体工程的施工方法,规划施工总布置,提出施工总进度等,并估算工程总投资。

在初步设计阶段,要求选定坝址及确定工程总布置、主要建筑物形式和控制性尺寸等,工作比可行性研究报告阶段更详细。

技施阶段的枢纽布置,要求更详细、肯定、确切,能直接用于施工。当然,不同的设计阶段应以不同深度的地形、地质、水文等资料为依据。

二、坝址和坝型选择

坝址及坝型选择主要从地质、地形条件及建筑材料、施工条件、综合效益方面综合考虑,经技术与经济比较后择优选定。

（一）地质、地形条件

坝址、坝型选择和枢纽布置是进行设计时贯穿在各个设计阶段的工作。一般在可行性研究报告阶段,根据综合利用的要求,结合河道地形、地质的调查和判断,初步选择几个可能筑坝的坝段,每个坝段内选择1~2条坝轴线,布置一些主要建筑物,考虑施工、经济等条件,进行初步比较后,选择一个最有利的坝段和1~2条较好的坝轴线,然后在初步设计阶段,通过技术经济比较,选出最有利的坝轴线,确定坝型及其他建筑物的形式和整个枢纽的布置方案。

坝址、坝轴线以及坝型的选择与枢纽布置是相互联系的,不同的坝轴线可能有不同的坝型和枢纽布置方案,同一坝轴线也可能有不同的坝型及枢纽布置方案,影响因素常常是错综复杂的,必须全面论证和综合比较才能选出最优方案。

1. 地质条件

坝址地质条件是设计水利枢纽的主要依据之一,有时甚至起决定性的作用。为了便于比较各坝址的情况,应当详细掌握各坝址的地质条件,如断层破碎带和节理裂隙的情况;岸坡的稳定情况;河床和两岸岩石的风化程度及覆盖层的深度;岩石(土)的物理力学性质和渗透性能;各比较坝址的地貌特征、阶地、是否有古河道等。最后应提出各坝址的工程地质条件主要优缺点比较及对坝址选择的意见。

对坝基地质条件的要求,是随坝型和坝高而有所不同的,拱坝的要求最高,重力坝次之,当地材料坝要求最低;坝越高对地基的要求也越高。不论什么建筑物,都希望建造在地质条件较好的地区。例如坝基,最好选在坚硬完整的基岩,河床部分的覆盖层很浅等。然而天然地基总是多种多样的,总是有这样或那样的缺陷,要想找到一个完全合乎理想的天然地基是十分困难的。因此,选择坝址时,必须确切地了解坝址地区的地质情况,并做出正确的评价,以便决定取舍或采取适当的处理措施。

2. 地形条件

坝址地形应综合考虑枢纽布置及施工方面的条件。坝址上游,最好河谷开阔,以便得到较大的库容。当坝址选择在狭窄的河谷时,坝轴线长度较短,坝体工程量较小,坝的工程造价可能较小。但是太窄的河谷可能给枢纽布置及施工导流和施工场地布置造成困难,反而不如较宽的河谷有利。若拦河坝为土石坝,最好坝址附近有高程合适、便于洪水归河的垭口，以布置河岸溢洪道，避免大量开挖；坝址两岸坡度不宜过陡，避免因坝身与岸坡连接的需要而使削坡量过大，削坡量增大还增加了坝身的填筑量。坝址位置最好接近用水区，以缩短输水干渠，坝址取水一岸的地形应便于布置取水建筑物和输水干渠，以减小输水建筑物工程量。

(二)建筑材料、施工条件、综合效益

1. 建筑材料

坝址上下游附近应有足够数量和符合质量要求的土、石建筑材料，并便于开采和运输，施工期要不被淹没等。

2. 施工条件

坝址附近最好是开阔的地形，便于布置场内交通及附属企业与管理机构；对外交通方便，距交通干线近；要便于与永久性电网连接，解决施工用电的问题。

施工导流直接影响工程的进度、施工次序、工期及建造的费用，甚至是工程成败的关键。在选择坝址时，应列为重要考虑项目之一。

3. 综合效益

对于不同的坝址要综合考虑防洪、灌溉、发电、航运、过鱼、过木、旅游的效益，以及对移民、上游淹没和水库建成后对上下游生态与环境的影响等因素，以达到最大的综合效益。

三、几种常见水利枢纽的布置

(一)蓄水枢纽的布置

拦河筑坝形成水库，达到滞洪、灌溉的目的是蓄水枢纽的主要特征。其组成建筑物除拦河坝和泄水建筑物外，根据枢纽任务还可包括输水建筑物、水电站建筑物和过坝建筑物等。枢纽布置主要考虑各个水工建筑物的相互位置。

1. 蓄水枢纽布置的原则

(1)为了减小拦河坝的体积，除拱坝外，其他坝型的坝轴线最好短而直，但根据实际情况，有时为了利用高程较高的地形以减小工程量，或为避开不利的地质条件，或为便于施工，也可采用较长的直线或折线或部分曲线。

(2)当挡水建筑物兼有连通两岸交通干线的任务时，坝轴线与两岸的连接在转弯半径与坡度方面应满足交通上的要求。

(3)对于用来封闭挡水高程不足的山垭口的副坝，不应片面追求工程量小，而将坝轴线布置在垭口的山脊上。这样的坝坡可能产生局部滑动，容易使坝体产生裂缝。在这种情况下，一般将副坝的轴线布置在山脊略偏上游处，避免下游出现贴坡式填土坝坡；若下游山坡过陡，还应适当削坡以满足稳定要求。

2. 枢纽布置

蓄水枢纽的类型和布置常取决于蓄水建筑物所采用的坝型和坝址附近的地形、地质条件等。

1)土石坝枢纽

在坝址附近，有充足适用的土石料，且地质方面也无大的缺陷，又有适宜的布置河岸溢洪道的垭口地形，则可就地取材，选用以土石坝为拦河主坝的蓄水枢纽，主要的泄水建

筑物采用河岸溢洪道的布置方式，而辅助的泄水建筑物则采用开凿于两岸山体中的隧洞或埋于坝下的涵管。当坝址附近或其上游较远的地方均无上述有利条件时，常采用坝肩溢洪道的布置方式。对于上述利用有利条件布置溢洪道的土石坝枢纽，枢纽中其他建筑物的布置一般容易满足各自的要求，干扰性也较小。

2）重力坝枢纽

在坝址附近有较好的地质条件，且当地有大量的砂石骨料，交通又较方便，可考虑修建混凝土或浆砌石重力坝。其泄洪可采用河床式溢洪道（溢流坝段）作为主要泄水建筑物（见图0-2），而辅助的泄水建筑物采用设置于坝体内的孔道或开凿于两岸山体中的隧洞进行泄洪。泄水建筑物的布置应使下泄水流方向尽量与原河流轴线方向一致，以利于下游河床的稳定。沿坝轴线上地质情况不同时，溢流坝应布置在比较坚实的基础上。

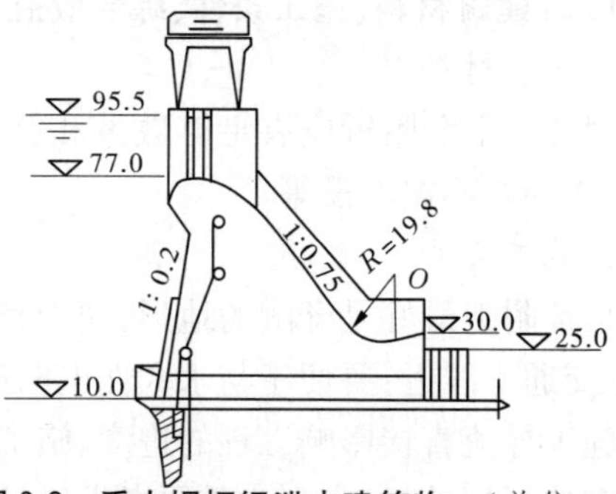

图0-2　重力坝枢纽泄水建筑物　（单位：m）

在含沙量大的河流上修建重力坝水利枢纽时，泄水的布置应考虑水库淤积和对下游河床冲刷的影响，一般在多泥沙河流上的枢纽中，常设置大孔径的底孔或隧洞，以便汛期用来泄洪及排沙，以延长水库寿命。

（二）引水枢纽的布置

1. 引水枢纽的作用及类型

通常所称的引水枢纽（取水枢纽）是指从河道取水的水利枢纽，其作用是获取符合水量及水质要求的河水，以满足灌溉、发电、工业及生活用水的要求，并防止粗粒泥沙进入渠道。引水枢纽位于引水渠道首部，又称渠首工程。根据是否有拦河闸（坝）又分为无坝引水枢纽和有坝引水枢纽。

2. 引水枢纽的特点及组成

1）无坝引水枢纽

无坝引水枢纽是一种最简单的引水方式，是在河道上选择适宜地点开渠并修建必要的建筑物引水。无坝引水枢纽的优点是工程简单、投资少、施工容易、工期短及收效快，而且不影响航运、发电及渔业，对河床演变影响小。其缺点是受河道的水位变化影响大，枯水期引水保证率低；在多泥沙河流上引水时，还会引入大量的泥沙，使渠道发生淤积现象，影响渠道正常工作；当河床变迁时，一旦主流脱离引水口，就会导致引水不畅，甚至引水口被泥沙淤塞而报废；当从河流侧面引水时，由于水流转弯，产生强烈的横向环流（见图0-3），以致引水口的上唇受到泥沙淤积，而下唇则受到水流冲刷。无坝引水枢纽通常由进水闸、冲沙闸、沉沙池、河道整治建筑物及泄水排沙渠等组成，其在大江、大河的下游或山区河流上采用较多。

2）有坝引水枢纽

当河道水量比较丰富，但水位较低，不能自流灌溉，或引水量较大，无坝引水不能满足

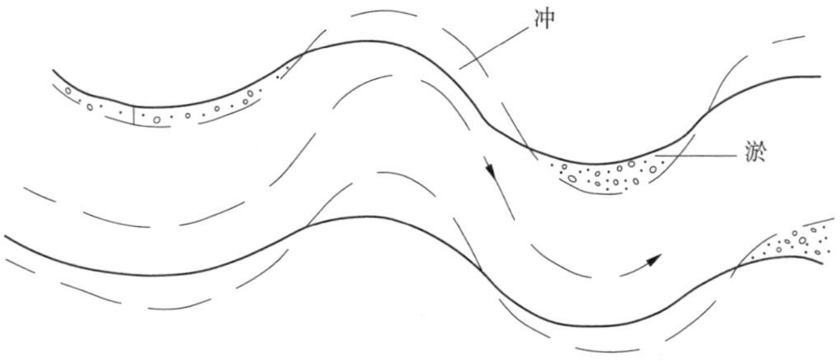

图 0-3 河流弯道冲淤

要求时，应修建拦河坝(闸)，以抬高水位，保证引取灌溉所需的流量。这种引水方式称有坝引水枢纽或有坝渠首。其优点是引水保证率高，而且不受引水率限制；缺点是工程量大、造价高，且破坏了天然河道的自然状态，改变了水流、泥沙运动的规律，尤其是在多泥沙河流上，会引起渠首附近上下游河道的变形，影响渠首的正常运行。有坝引水枢纽通常由溢流坝(亦称壅水坝)或拦河闸、进水闸、防沙冲沙措施、船闸、筏阀、鱼道、水电站等组成，其由于工作可靠被广泛使用。

3. 引水枢纽的布置

1) 无坝引水枢纽的布置

(1) 无坝引水枢纽位置选择。

合理确定无坝渠首位置，对于保证正常引水、减少泥沙入渠起着决定性的作用。在确定位置时，必须详细了解河岸的地质、地形、河道洪水特性、含沙量及河床变迁规律。位置选择时可按如下原则确定：

根据弯道环流特点，无坝渠首应设在河道坚固、河流弯道的凹岸，以引取表层较清水流，防止泥沙入渠；设在弯道顶点以下水深最深、单宽流量最大、环流作用最强的地方(见图 0-4 及图 0-5)。

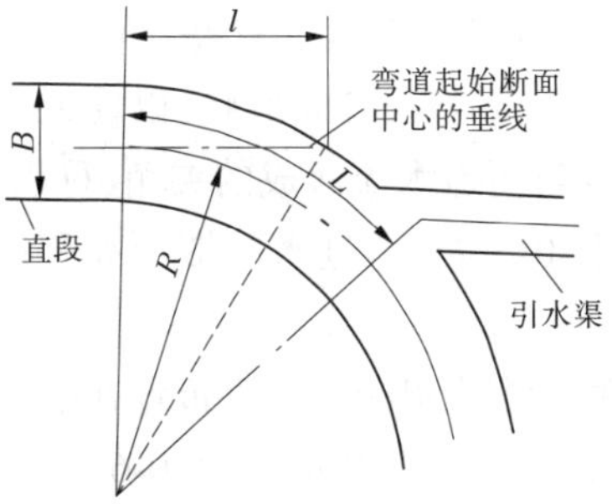

图 0-4 引水口位置

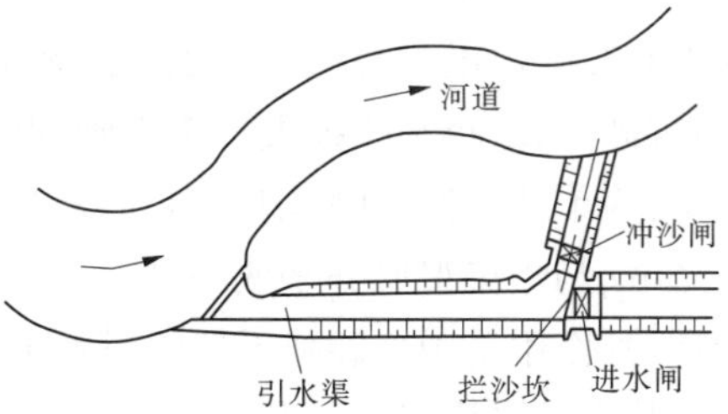

图 0-5 无坝引水枢纽

当地形条件受到限制，不能把渠首布置在凹岸而必须设在凸岸时，应将渠首设在凸岸中点偏上游处，该处环流较弱，泥沙较少。必要时可在对岸设置丁坝将主流逼向凸岸，以利引水。

在分汊河段上，一般不宜设置引水口，因其主流摆动不定，常常发生交替变化，导致汊道淤塞，引水困难。当引水口必须设在汊道上时，应对河道进行整治，将主流控制在汊道上。

无坝渠首设在河道的直段也是不理想的，因在直段侧向引水时，引水口会产生漩涡，进水量不仅小而且不均匀。必须从河道的直段引水时，应把引水口设在主流靠近岸边、河床稳定、水位较高、流速较大的地段。

渠首位置应选在干渠路线比较短，而且经过的地方没有陡坡、深谷及塌方的地段，以减小土方工程量。

（2）无坝引水枢纽的布置形式。

无坝引水枢纽布置形式可分为一首制渠首和多首制渠首两类。一首制渠首又有弯道凹岸渠首及导流堤式渠首两种布置形式。

①一首制渠首。

弯道凹岸渠首：适用于河床稳定，河岸土质坚固的凹岸。由进水闸、拦沙坎、冲沙闸及沉沙设施等建筑物组成（见图0-6）。

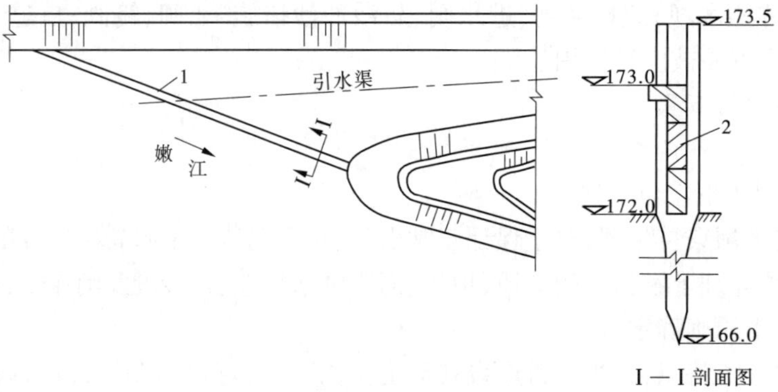

1—拦沙坎；2—叠梁

图0-6　引水渠首拦沙坎布置图

进水闸：其作用是控制入渠水流，一般布置在引水口处，应尽量缩短引渠的长度，以减小水头损失和减轻清淤工程量。引水口两侧的土堤应为喇叭口的形状，以使入渠水流平顺，避免出现漩涡，减小水头损失。进水闸的中心线与河道水流所成的夹角，称引水角，一般应为锐角，为了使水流平顺，增大引水量，常采用30°~45°。进水闸堰顶高程应高于河床1.0~1.5 m，与干渠渠底齐平或略高。

拦沙坎：其作用是用来加强天然河道环流，使底沙顺利排走，一般布置在引水口的岸边。坎的形状通常采用Γ形。坎顶高出渠底的高度为0.5~1.0 m，见图0-6。

冲沙闸：在洪水期打开冲沙闸，冲洗进水闸前引渠内沉积的泥沙，其底板高程比进水闸低0.5~1.0 m。

沉沙设施：一般布置在进水闸后面适当的地方。通常将总干渠加宽加深而成沉沙池，也可建成箱形的，或利用天然洼地布置成条渠沉沙。

导流堤式渠首：在不稳定的河流上及山区河流坡降较陡、引水量较大的情况下，采用导流堤式渠首来控制河道流量，保证引水。导流堤式渠首由导流堤、进水闸及泄水冲沙闸等建筑物组成。导流堤的作用是束窄水流，抬高水位，保证进水闸能引取所需要的水量。导流堤轴线与主流方向成10°~20°夹角，向上游延长，接近主流。

进水闸与泄水冲沙闸的位置一般按正面引水、侧面排沙的形式布置，如图0-7(a)所示，进水闸轴线与河流主流方向一致，冲沙闸轴线多与水流方向成接近90°的夹角，以加强环流，有利排沙。当河流来水量较大、含沙量较小时，也可按侧面引水、正面排沙的形式布置，如图0-7(b)所示，泄水冲沙闸方向与水流方向一致，进水闸的中心线与主流方向夹角以30°~40°为宜。

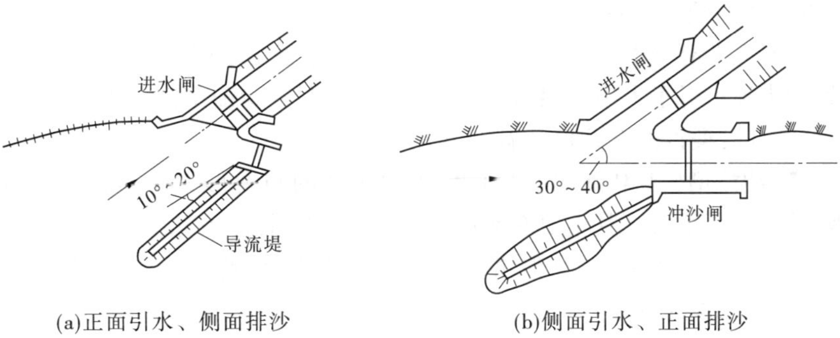

图0-7 导流堤式渠首

②多首制渠首。

在不稳定的多泥沙河流上，采用一个引水口时，常常由于泥沙的淤塞而不能引足所需的水量，严重时甚至使渠首废弃。这时应采用多首制渠首。

多首制渠首一般设有2~3条引水渠，各渠相距1~2 km，甚至更远些。洪水期仅从一个引水口引水，其余引水口关闭。枯水期由于水位较低，则由几个引水口同时引水，以保证引取所需水量。在图0-8所示的布置中有2条引水渠与进水闸相连。其优点是某一个引水口淤塞后可由其他引水口进水，不致停止供水；引水渠淤积后，可以轮流清淤、引水。其主要缺点是清淤工作量大，维修费用大。

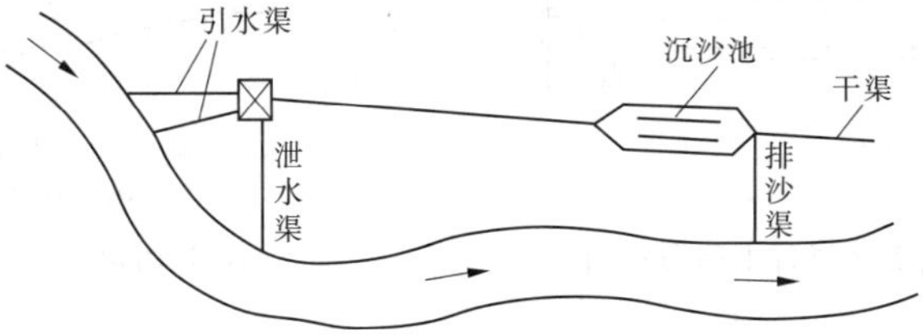

图0-8 多首制渠首布置示意图

2)有坝引水枢纽的布置

(1)有坝引水枢纽位置选择。

首先，根据河道特性，在弯曲河道上应选择弯道凹岸；在顺直河道上引水口应选在位于主流靠近河岸的地方；在多泥沙河流上应选在河床稳定的地段；兼顾干渠、渠底高程应选择河岸坚固、高度适宜的地段,避免增加渠首土石方开挖量;当河流有支流流入时,应选择支流汇入处的上游,如为了引更多水量,亦可选在其下游,但应充分考虑相互影响。

其次,考虑地质条件,其优劣顺序为岩石地基、砂卵石和坚实黏土、砂砾石及砂基。淤泥和流沙不宜作为坝址。

最后,考虑施工条件及抗冻条件,从施工条件考虑,应选取河道宽窄适宜,既满足施工要求又不使溢流坝过大;从严寒地区抗冻角度考虑,应把引水口设在向阳的一侧。

渠首位置选择应按上述原则拟订几个不同方案进行技术经济比较,择优选取。

(2)有坝引水枢纽的布置形式。

在多泥沙河流上有坝引水枢纽的布置,其核心问题就是根据河流含沙量情况,选取合理的泥沙处理措施。对于大中型渠首,应通过水工模型试验确定泥沙处理措施。根据泥沙处理措施的不同,渠首的布置形式有如下几种。

①沉沙槽(冲沙槽)式渠首:侧面引水、正面排沙的布置形式。渠首由溢流坝、冲沙闸、冲沙槽、导水墙等组成。其主要有泄洪冲沙、排冰作用,避免冰排从坝顶宣泄,防止冰排破坏坝体。在开阔的河道上,当泄洪闸能够宣泄凌汛流量时,坝前的冰凌可以慢慢融化,也是一种防止冰排的方法。

导水墙与沉沙槽:导水墙位于冲沙闸与溢流坝连接处,并与进水闸的上游翼墙共同组成沉沙槽。当冲沙闸冲沙时,槽内水流应有较高流速,以便冲走沉沙槽内的泥沙。此外,导水墙还可拦阻坝前的泥沙,以免经沉沙槽进入渠道。

拦沙坎与导沙坎:为防止泥沙进入干渠,在进水闸引水口前设拦沙坎[见图 0-9(a)];也可在沉沙槽入口处设导沙坎,一般与水流方向成 30°~40°夹角,其高度约为沉沙槽内水深的 1/4。

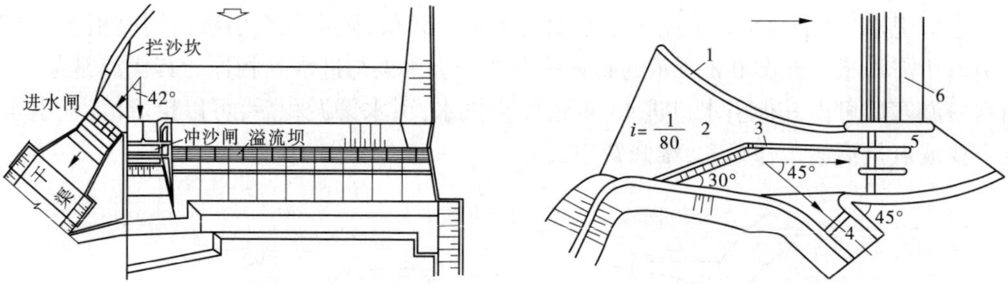

1—导水墙;2—曲线沉沙池;3—分水墙;
4—进水闸;5—冲沙闸;6—壅水坝

(a)河南鲇鱼山灌区渠首工程布置图 (b)陕西洛惠渠渠首工程布置图

图 0-9 沉沙槽式渠首工程布置图

②人工弯道式渠首:在不稳定的河床上修建人工弯道,根据弯道环流分沙的原理,就可以正面引水、侧面排沙,如图 0-10 所示。

人工弯道:要求其在汛期能形成较强烈而稳定的横向环流,以利于引水防沙。一般情况下,弯道半径 $R \geqslant 3B$,弧中心线长度 $L=(1.0\sim1.4)R$,渠底坡降 i 等于或略缓于天然河道的纵向比降,底宽 B 按进水闸流量的 2~2.2 倍设计。

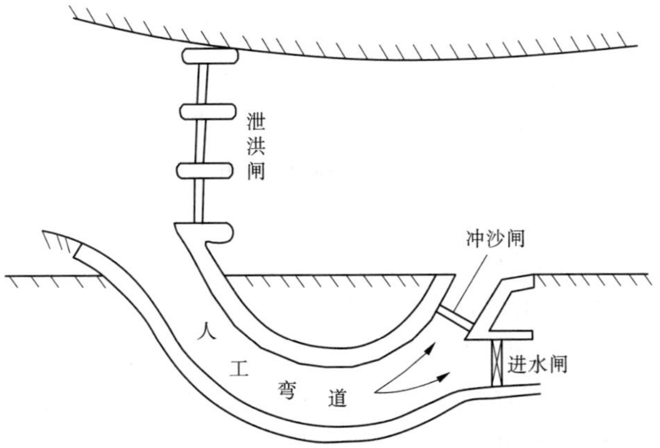

图 0 10　人工弯道式渠首工程布置图

冲沙闸:设在进水闸旁靠凸岸的一侧,用以冲洗引水弯道淤积的泥沙,与进水闸的夹角以 36°~45°为宜。

泄洪闸:在引水弯道进口处设置泄洪闸,用以泄洪和排沙,并使河道主槽靠近引水口。底部高程与河道高程相近,并低于引水弯道底高程 1~1.5 m。轴线与人工弯道中心线成 40°~45°夹角。在寒冷地区还可以起到排冰的作用。

③底部冲沙廊道式渠首:根据水流泥沙分层原理,进水闸引取表层较清的水流,底层含沙量较多的水流经底部冲沙廊道排到下游。其适用于缺少冲沙流量、坝前水位有一定壅高的河流,缺点是结构复杂,廊道易被淤塞,检修困难。其平面布置形式见图 0-11。

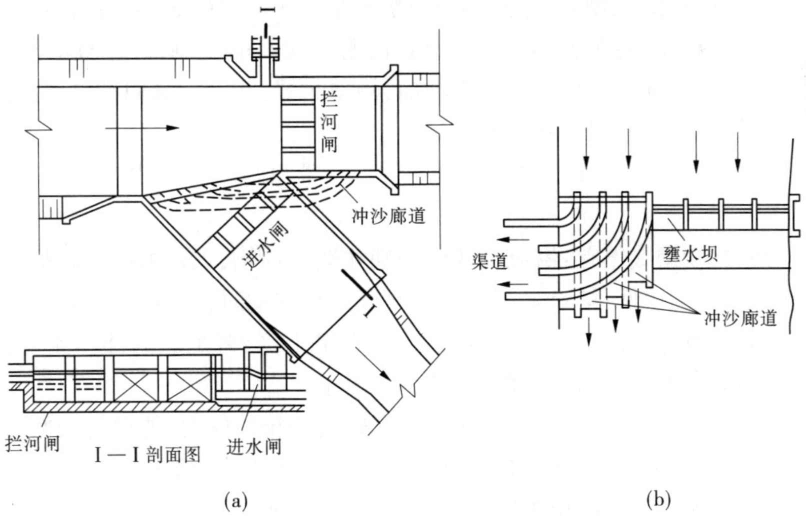

图 0-11　底部冲沙廊道式渠首工程布置图

④侧面引水式渠首:侧面进水闸的引水角采用锐角,如图 0-11(a)所示。由于引水口

引水时水流的弯曲,产生横向环流,使泥沙淤积在引水口上唇附近,为更有效地排沙,在靠近引水口上唇部分,廊道应布置较密,而靠近坝端部分则较稀。

⑤正面引水、正面排沙式渠首:渠首进水闸与壅水坝位于同一轴线上,如图 0-11(b)所示,闸底板下设尺寸较大的冲沙廊道。进水闸引水时,进口水流无弯曲现象,可以减少泥沙入渠。同时,廊道尺寸较大,亦可用来宣泄部分洪水,即便在上下游水位差较小时,也能保证通过冲沙流量。

⑥底栏栅式渠首:如图 0-12 所示,引水廊道设在坝内,廊道顶盖有栏栅,当河水从坝顶溢流时,一部分水流经过栏栅流入廊道,然后由廊道的一端流入渠道,河流中的推移质由坝顶栏栅滑到坝的下游,而随水流进入廊道的细沙则经过设在干渠的冲沙廊道排泄到河道下游。其适用于含有较多大颗粒推移质和比降低且较陡的山溪性河道上。

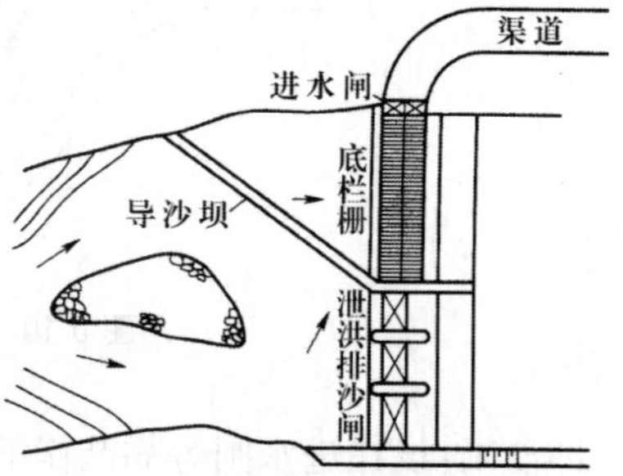

图 0-12　底栏栅式渠首工程布置图

枢纽由底栏栅、泄洪排沙闸、导沙坝及导流堤等建筑物组成。它的优点是布置容易、结构简单、施工方便、造价低廉及便于管理。缺点是栏栅空隙易被推移质或漂浮物堵塞,需经常清理;在寒冷地区如果流量小、水深浅,栏栅易被冰块堵塞或结冰冻坏。

底栏栅:在平面布置上与水流正交,使水流平顺而均匀地流入。当河道洪水流量较大,需要另建溢流堰泄洪时,溢流堰与其不一定布置在同一轴线上。底栏栅顶比枯水河床高 1.5 m。坝内布置矩形无压廊道 1~2 排,每个廊道宽 1.5~2.0 m,廊道内的水面至栏栅应在 0.3 m 以上,流速不应小于 4.0 m/s,以防止泥沙淤积。廊道顶安装坡度 0.1%~0.2%、栅隙 1~1.5 cm 的钢栅条,目前廊道引水流量多为 6~10 m^3/s,最大达到 30 m^3/s。

泄洪排沙闸与导沙坝:泄洪排沙闸位于底栏栅靠河心的一侧,以便宣泄洪水,保持主槽位置不变,并有利于排沙。导沙坝位于坝前,倾斜布置,将底流导向冲沙闸;也可做成曲线导沙坝,利用环流原理把泥沙导向冲沙闸。

⑦两岸引水式渠首:当两岸均有灌溉要求时,应考虑两岸引水式渠首布置,有如下两种布置形式。

溢流坝两侧沉沙槽式渠首:溢流坝两岸分别建造沉沙槽,如图 0-13(a)所示。其优点是渠首布置简单,造价较低;缺点是当多泥沙河流主流摆动时,总有一岸引水条件恶化,以致引水不畅。适用条件是河道稳定或河水满槽、水量丰富、有足够的冲沙流量,使两岸引水口前的河床均能借冲沙闸形成深槽,保证两岸引水。

拦河闸式两岸引水渠首:优点是拦河闸具有较大的排沙能力,能保持天然河道自然稳定状态,有利于两岸引水防沙;缺点是造价较高。如图 0-13(b)所示。

(3)少泥沙河流上综合利用的有坝引水枢纽的布置形式。

少泥沙河流上建造的渠首工程通常都是综合利用的,除引水外,还有航运、发电、养鱼及筏运等要求。渠首建筑物除进水闸、溢流坝外,还根据具体运用要求,建造相应的专门建筑物,如船闸、水电站、鱼道、筏道等。

进水闸应位于有引水要求的一岸,保证能引取所需流量,如果是单侧引水,进水闸与

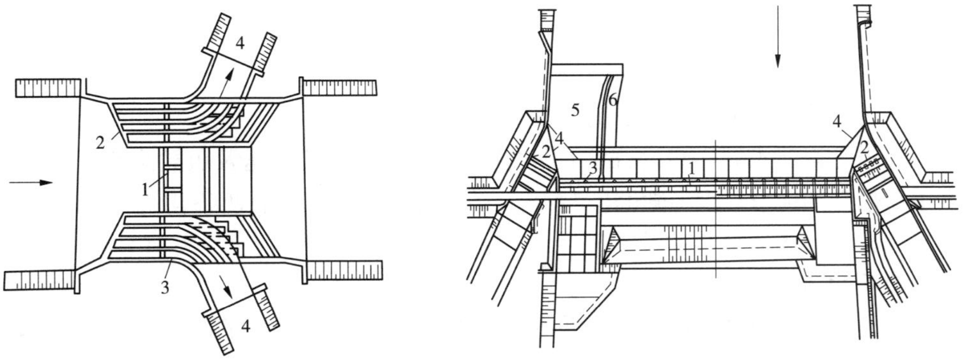

1—溢流坝；2—冲沙廊道；3—进水闸；4—渠道

(a)溢流坝两侧沉沙槽式渠首

1—拦河闸；2—进水闸；3—冲沙闸；4—拦沙坎；5—沉沙槽；6—导水墙

(b)拦河闸式两岸引水渠首

图 0-13　两岸引水式渠首

船闸应分别布置在两岸，以免引水时影响船只的通航。船闸应靠岸布置，以利操作；如果总干渠有通航要求，进水闸与船闸必须位于同一岸时，船闸应靠岸布置，以利交通和装卸货物。水电站与船闸应分设于不同的河岸上，以免运行时互相干扰。筏道、鱼道的布置也要既满足运用要求，又便于运行管理等。

渠首的建筑物较多，渠首布置要统筹考虑各建筑物的运用、施工、管理等因素。一般按相似工程经验拟订几个方案，经技术、经济比较后加以确定。大中型渠首可通过水工模型试验确定。如图 0-14 所示是引水、航运综合利用渠首。

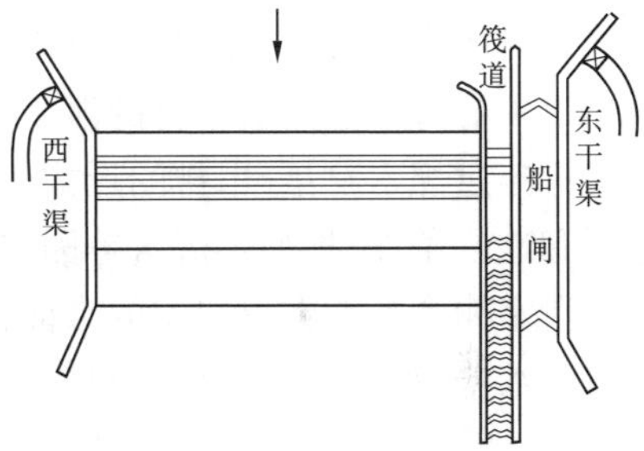

图 0-14　综合利用渠首

(三)水电站、航运及过坝等专门建筑物的布置

1. 水电站建筑物的布置

对于水电站等专门建筑物的布置，最重要的是保证它们具有良好的运用条件，并便于管理。关键是进、出口的水流条件。布置时，须选择好这些建筑物本身及其进、出口的位置，并处理好它们与泄水建筑物及其进、出口之间的关系。

水电站建筑物的布置应使通向上下游的水道尽量短，水流平顺，水头损失小，进水口应不致被淤积或受到冰块等的冲击；尾水渠应有足够的深度和宽度，平面弯曲度不大，且深度逐渐变化，并与自然河道或渠道平顺连接；泄水建筑物的出口水流或消能设施，应尽量避免抬高水电站尾水位。此外，水电站厂房应布置在好的地基上，以简化地基处理，同时应考虑尾水管的高程，避免石方开挖过大；厂房位置还应争取布置在可以先施工的地方，以便早日投入运转。水电站最好靠近临交通线的河岸，密切与公路或铁路的联系，便于设备的运输；变电站应有合理的位置，应尽量靠近水电站。

水电站最好分别布置于两岸，以免施工和运用期间的干扰。如必须布置在同一岸，则水电站厂房最好布置在靠河一侧，船闸则靠河岸或切入河岸中布置，这样易于布置引航道。筏道最好布置在水电站的另一岸。筏道上游常需设停泊处，以便重新绑扎木筏或竹筏。

在水利枢纽中,通航、过木以及过鱼等建筑物的布置均应与其形式和特点相适应,以满足正常的运用要求。

2. 航运及过坝等专门建筑物的布置

在河道上修建水利枢纽后,截断了水流,影响航运、木筏运送及鱼类洄游。为此,必须根据需要修建通航、过木和过鱼建筑物等。在布置时,应尽可能使各建筑物互不干扰,并发挥整个枢纽最大的综合效益。

1)船闸的布置

船闸是通过充泄闸室内水体克服水位落差来实现船只过坝的建筑物。它具有安全经济、方便可靠的特点,因此得到广泛应用。

船闸的布置既要满足枢纽总体布置的要求,同时要注意到船闸的特点,满足对其地形、地质、泥沙淤积及水流条件的要求。

船闸布置时,应尽量避开深挖方、高填方地区;闸首上下游一定距离内,不宜有支流汇入,一般应布置在靠近深泓线的一岸;在地质上,船闸布置应避开边坡不稳定的塌方区、浅层泥化夹层、断层破碎带和深淤区等。为了保证船闸运行可靠,船闸应距水电站或其他取水、泄水建筑物远些。引航道口门段的轴线与水流方向的夹角一般不宜大于25°,且其位置应尽量避开淤积区。另外,应考虑交通道路、冲沙、拦沙等影响。

2)过木建筑物的布置

木材的水力过坝建筑物有过木道和筏道两类。筏道是类似船闸的过筏建筑物;水力过木道主要有通过零散木材的泄水槽和通过木排的筏道两种。过木建筑物的选型,主要应考虑年过坝木材量、木排的形式规格或原木的径级及长度、上下游水位差和水位变幅、地形和地质条件、坝型及流量等因素。这里主要对泄水槽和筏道做简单介绍。

泄水槽和筏道在枢纽中的平面位置应根据地形、地质及枢纽总体布置的要求确定,最好将泄水槽、筏道布置在靠近河岸的一侧。其优点是施工条件好,造价较低,过木道靠近河岸,上游的木筏(原木)可以在岸边停留、改编,运行管理也比较方便;其缺点是与枢纽中其他建筑物相邻,易互相干扰。当河床比较宽时,可以将泄水槽或筏道设在溢流坝的中段。这种布置可以使进、出口比较通畅,但管理不大方便、造价较高。当河道较窄时,可以将泄水槽或筏道布置于河床外的岸边。这种布置避免了枢纽中其他建筑物的互相干扰,但线路较长、工程量较大、造价较高、管理不便。

3)过鱼建筑物的布置

过鱼建筑物的进口应布置在不断有活水流出,而且容易被鱼类发现且易于进入的地方;进口的流速应比附近的水流流速略大,造成一种诱鱼流速,但不超过鱼所能克服的数值;一般要求水流平稳顺直,没有漩涡、水跃等现象,水质新鲜;为下游水位涨落,进口高程应当适宜,要保证过鱼季节在进口处有一定的水深(1.0~1.5 m),当水位变化较大时,可设置不同高程的几个入口;进口常布置在岸边或水电站、溢洪道出口附近。

过鱼建筑物的出口与溢流坝和水电站进水口之间应留有足够的距离,以防止过坝的鱼再被水流带回下游;出口应靠近岸边,且水流平顺,以便鱼类能沿着水流和岸边线顺利上溯;出口应远离水质有污染的水区,防止泥沙淤塞,并有不小于1.0 m的水深和一定的流速，以确保鱼能迅速地被引入水库内。对于幼鱼的洄游，也可以通过鱼道路、船闸、中低水头的溢洪道以及直径较大的水轮机。

四、水利枢纽布置实例

(一) 中、低水头水利枢纽

修建在河流中、下游的丘陵区或平原区的水利枢纽一般是位于河床坡度平缓、河谷宽阔的河段上，其主要建筑物是拦河闸(坝)，由于其上下游水头差不大，称作中、低水头水利枢纽。此时，挡水建筑物可建在岩基或软基上，由于地形开阔，通常是将挡水建筑物、过坝建筑物、泄水建筑物和水电站厂房一字摆开。枢纽布置的关键问题是妥善处理好泄洪消能及防淤排沙问题。

图 0-15 所示为湖北宜昌葛洲坝水利枢纽工程布置图。它是我国在长江干流上修建的第一座大坝，位于三峡出口南津关下游 2. 3 km 处，下距宜昌市约 6 km。

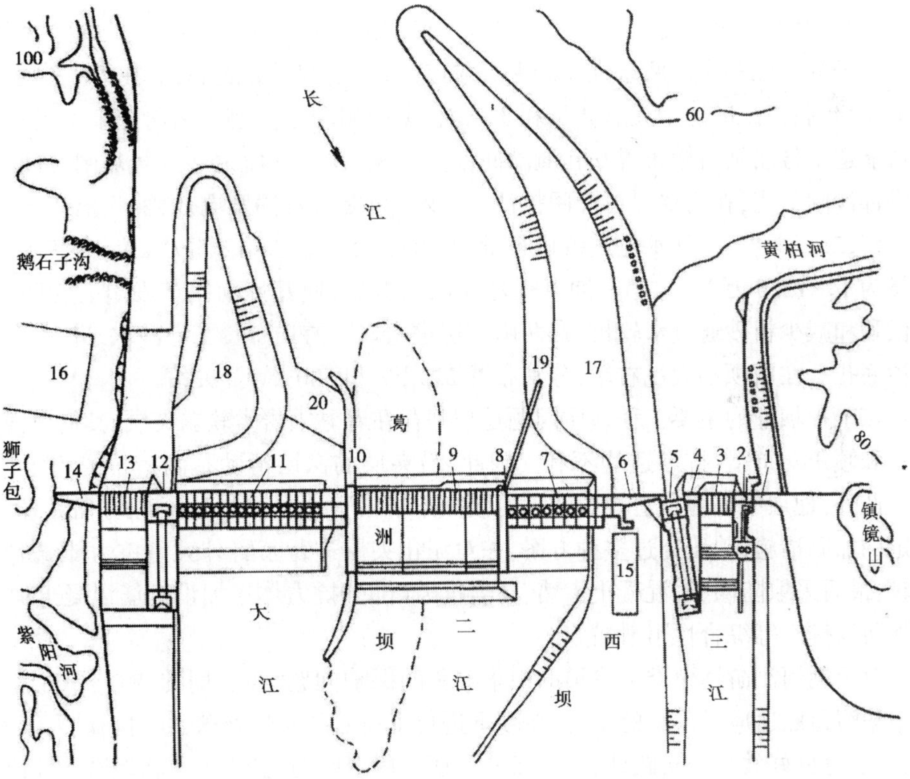

1—土石坝；2—3 号船闸；3—三江冲沙闸；4—三江混凝土坝；5—2 号船闸；6—混凝土坝；7—二江水电站；8—左导墙；9—泄水闸；10—右导墙(纵堰)；11—大江水电站；12—1 号船闸；13—大江冲沙闸；14—右岸土石坝；15、16—开关站；17、18—防淤堤；19、20—导沙坎

图 0-15 葛洲坝水利枢纽工程布置图

枢纽主要任务是对三峡水电站进行反调节，解决未来三峡水电站日调节不稳定流对下游航道及宜昌港的不利影响以及发电。主体建筑物有泄水闸、船闸、水电站厂房、冲沙闸及挡水坝段等。枢纽总库容15.8亿m^3，最大闸坝高47 m，大坝全长2 595 m。水电站总装机容量271.5万kW。1、2号大型船闸可通过万吨级货驳船及客轮，是世界最大船闸之一。葛洲坝工程坝址处河宽2 200 m。江中有葛洲坝和西坝两座小岛自右向左将长江分为大江、二江和三江。

大江是主河槽，二江、三江枯水期断流。其坝址地形和水文条件的主要问题是：长江出南津关后自东转向南流，南津关以上峡谷河宽约300 m到坝址处急剧扩展至2 200 m，水流流速减缓，向下至宜昌市江面又缩至800 m。坝址又位于河流弯道，泥沙较多，如枢纽布置不当，将淤塞航道和影响发电。因此，在枢纽布置时，首先应适应长江河势，妥善安排好主流位置，以利于通航、发电、排沙和泄洪。经过多种方案比较和水工、泥沙模型试验，最后确定枢纽布置如下：挖掉江中葛洲坝，将枢纽中的关键建筑物即27孔泄水闸居中布置在正对主流的深槽位置，以利于泄洪、排沙和满足河势要求。在上游，左右各设置一道防淤堤，既可束窄主流河道，有利于拉沙、稳定主槽和消除回流淤积，又能在两侧形成与主流分开的三江和大江两条独立的人工航道（大江下游设导航墙）。在大江航道中设有1号大型船闸；三江航道中设有2号和3号大、中型船闸各一座。为防止上游航道淤积，在大江航道1号船闸右侧布置9孔泄洪冲沙闸一座，在三江航道2、3号船闸之间布置6孔泄洪冲沙闸一座，在需要时可开闸拉沙、冲沙。为提前发挥发电效益，将枢纽水电站分设在大江、二江两处，二江水电站装机容量为2×17万kW+5×12.5万kW，大江水电站装机容量为14×12.5万kW。第一期工程建二江水电站，使其提前投产发电。为防止厂前泥沙淤积和减少粗砂通过水轮机，在两座厂房进水口上游均布置了导沙坎，进水口下部设置排沙底孔。在西坝和大江右岸，分别布置220 kV和500 kV开关站。

该工程坝址的主要工程地质问题是坝基存在着黏土岩类软弱夹层，其抗剪强度低，且产状和倾角对抗滑、抗渗透均不利。因此，沿夹层的深层滑动是闸室抗滑稳定的控制条件。此外，地层中还存在着规模较大的缓倾角断层所构成的强透水带，亦需处理。对抗滑稳定的加固措施，曾研究过多种方案，并对泥化夹层进行了野外大型抗力体试验，经分析比较，最后采取防渗板、混凝土齿墙、尾岩抗力（部分抗力体还加设钢筋混凝土加固桩）和加强防渗排水等综合性阻滑措施。

对于溯河洄游性鱼类中珍稀的中华鲟鱼的保护问题，经长期的调查、研究和试验，证明中华鲟鱼已适应了环境的变化，在坝下进行了有效的自然繁殖，同时辅以人工繁殖放流后，可取得良好效果。实践证明，虽然葛洲坝工程坝址的地形、水文和地质条件比较复杂，并有重大地质缺陷，但采用了合理的优化设计方案和地基处理措施后，枢纽布置非常成功。

（二）高水头水利枢纽

高水头水利枢纽一般修建在河流上游的高山峡谷之中，通常可形成有一定调节能力的水库，坝基多为岩基，地形陡峻，施工场地布置困难。当枢纽兼有防洪、发电和通航等多项综合任务时，尤其是洪峰高、装机规模大和过船吨位大的情况，枢纽布置必须妥善处理好泄洪、发电、导流和通航等建筑物之间的相互关系,以免互相干扰。

泄洪和发电建筑物的布置通常有两者分散布置和两者重叠布置两大类。一般来说,分散布置可能更有利于施工和运行,但重叠布置使枢纽布置紧凑并可能节省投资。

如图0-16所示为湖南东江水电站枢纽工程布置图。水电站枢纽任务以发电为主,兼有防洪、航运、工业用水和养殖等综合效益。东江水电站位于湖南省湘江支流耒水的中上游,为耒水流域梯级开发第六级,控制流域面积4 719 km^2,为耒水总流域面积的40%。水库正常蓄水位以下库容为81.2亿m^3,死库容为24.5亿m^3,有效库容为56.7亿m^3,库容系数高达1.3,具有库容大、水头高、有效蓄能多、一般水文年不弃水的特点,是国内已建和在建水电工程中调节性能最优越的水库。它能有效地对梯级及系统进行径流电力补偿调节,为提高系统的保证出力和改善系统运行条件发挥主导作用。因此,东江水电站是优选梯级的范例。东江水电站坝址河谷呈V形,两岸对称,岸坡40°~45°,河谷宽高比为2,基岩裸露,常水位时水面宽20~40 m,水深1~3 m,河床砂卵石覆盖层仅厚3~5 m。坝基为单一块状花岗岩,岩性致密,新鲜完整,强度高,无较大断层、岩脉通过,坝址区地震基本烈度为6度,是一处难得的、得天独厚的优良坝址。

东江坝型采用变圆心、变半径、混凝土双曲拱坝,最大坝高157 m,底厚35 m,顶厚7 m;坝顶中心弧长438 m,最大中心角95°7′18″,中心半径305.8 m,倒悬度控制在0.25∶1以内。在坝型方案比较时,不少专家考虑到东江工程的重要性及顾虑当时的技术和管理水平,曾主张采用重力坝或重力拱坝,以求稳妥。而后通过综合分析、全面论证,并对设计施工条件进行了充分的估量,最后审定为较薄的混凝土双曲高拱坝。经过精心设计、施工,东江双曲拱坝已耸立在湘江耒水之上,工程质量达到了优良水平。东江拱坝的建设经验为我国双曲高拱坝的大发展开拓了光明的前景。

初设阶段,东江拱坝枢纽的布置方案主要有两种:

(1)厂、坝集中布置的坝后式厂房方案;

(2)厂、坝分散布置的左岸地下式或左岸长隧洞引水的河岸式厂房方案。

两种枢纽布置方案各有利弊,经综合分析、全面比较,由于坝后式厂房方案比地下式厂房方案可减少55%~70%的洞挖量,比河岸式厂房方案减少40%~60%的洞挖量,考虑到施工开挖的实际条件和其他因素,最后审定为第一方案。

枢纽建筑物有:混凝土双曲拱坝;坝后式厂房(安装单机容量12.5万kW的水轮机组4台,总装机容量50万kW);发电引水管道,采用单管引水式,它由斜面式进水口、坝内埋管、坝后背管和坝后平管段四部分组成,其中坝后背管是新技术,具有减少厂坝施工干扰、加快拱坝施工进度的优点,东江水电站率先采用这项技术;泄洪布置经多种方案试验、分析比较,采用左、右岸滑雪道式溢洪道,其消能工选用左岸为扭曲式挑坎和右岸为窄缝式挑坎的挑流形式,窄缝式消能工也是东江水电站在国内率先采用。两岸还分别布置有放空隧洞,右岸二级放空隧洞,除用于水库二级放空任务外,兼做导流和向下游供水;左岸一级放空隧洞除用于一级放空任务外,兼做辅助泄洪和扩大装机容量时地下厂房的引水隧洞。另外,考虑上游木材外运,在库区内专门设有木材转运设施。

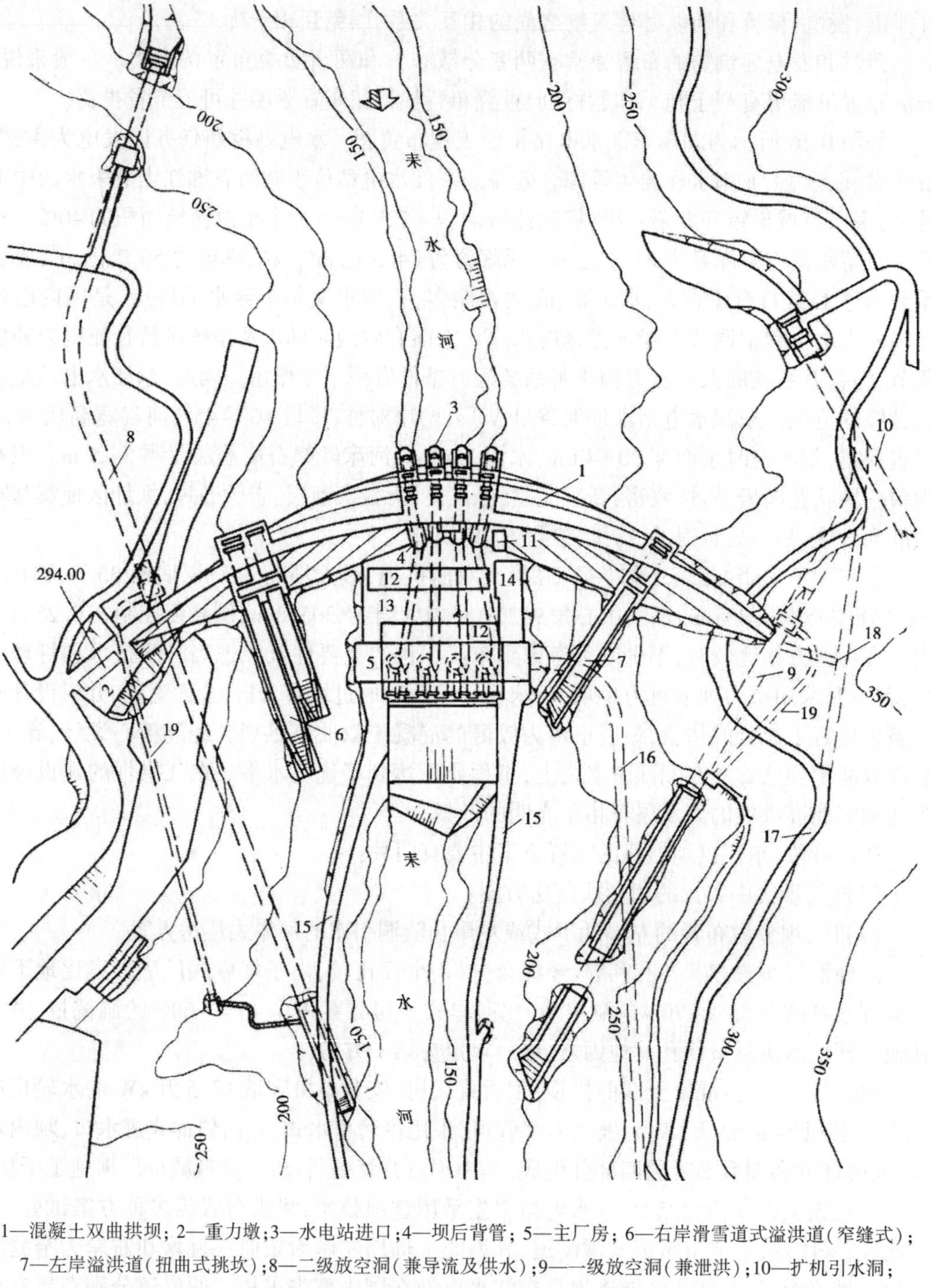

1—混凝土双曲拱坝；2—重力墩；3—水电站进口；4—坝后背管；5—主厂房；6—右岸滑雪道式溢洪道（窄缝式）；7—左岸溢洪道（扭曲式挑坎）；8—二级放空洞（兼导流及供水）；9—一级放空洞（兼泄洪）；10—扩机引水洞；11—电梯井；12—开关站；13—变压器场；14—副厂房；15、17—公路；16、18、19—交通洞

图0-16　东江水电站枢纽工程布置图

通过以上两种枢纽建筑物布置实例认识到，枢纽的平面布置受地形、地质、水文、气象等条件的制约和人类对自然规律认识水平的限制，有许多水力现象是不能预见和计算的，因此水工的物理模型试验和数学模型试验经常是必需的。

任务五　本课程的学习任务和学习方法

码 0-4　微课-课程介绍

一、学习任务

水工建筑物是水利工程类专业的一门重要的专业核心课，也是一门实践性很强的应用型课程。通过本项目的学习，要求学生能掌握水资源的基本概况，能陈述水利枢纽及水工建筑物的基本概念及类型；能陈述水利工程分等、水工建筑物分级的目的和意义；能够依据规范、标准等进行水利水电工程的分等及相应水工建筑物的分级；能够根据水工建筑物的特点进行建筑物的分类；能够陈述不同用途水利枢纽的布置特点；并能够根据使用目的不同进行水利枢纽的布置。

二、学习方法

随着科学技术的不断进步以及和国际标准接轨的需要，政府将不断修改与制定水工建筑物设计的新标准，并通过制定方针政策，不断推广应用新技术。学习时应理论联系实际，充分利用参观和实习的机会，了解新材料、新技术、新坝型在工程中的推广应用情况；经常浏览有关的报刊、杂志、网站等，掌握国家的有关政策，了解新材料、新坝型的开发与应用，以及相关标准的制定颁布等发展动向。

项目小结

本项目从工程实际出发，结合实际水利枢纽布置，介绍了水工建筑物的概念、类型及特点；水利枢纽的概念、类型等，水利工程的分等分级原则及指标；通过理论联系实际，让学生更好地掌握水利工程的组成及特点、水利工程的分等分级原则及各类型水利枢纽的布置特点。

项目自测题

1. 举例说明水利工程在国民经济中起到哪些重要的作用？
2. 什么叫水资源？我国的水资源状况如何？
3. 与其他的土木工程相比，水利工程有哪些特点？
4. 什么叫水利枢纽？举例说明水利枢纽的功能及所包括的主要水工建筑物。
5. 试举例说明如何进行水利枢纽的分等与水工建筑物的分级？
6. 按在水利枢纽中所起的作用，水工建筑物可以分为哪些类型？

7. 举例说明水利工程一旦失事，将会对社会、人民造成什么样的危害？
8. 我国水利建设的主要目标是什么？
9. 我国在水利建设中的主要成就表现在什么地方？存在的问题有哪些？
10. 举例说明进行水利枢纽布置时的原则及要求。

项目一　重力坝设计

【思政导引】三峡水利枢纽——中华民族伟大复兴的标志性工程

【项目简述】

重力坝是世界坝工史上最古老,也是采用最多的坝型之一,如图 1-1 所示。

由于重力坝安全可靠,所以在高坝中占的比重比较大。世界上最高的重力坝是瑞士的大狄克逊整体式重力坝(1962 年建成),坝高 284 m。我国已建的重力坝有刘家峡(148 m)、新安江(105 m)、三门峡(106 m)、丹江口(110 m)、丰满、潘家口等,其中高坝有 20 余座。三峡混凝土重力坝和龙滩碾压混凝土重力坝分别高达 175 m 和 216.5 m。

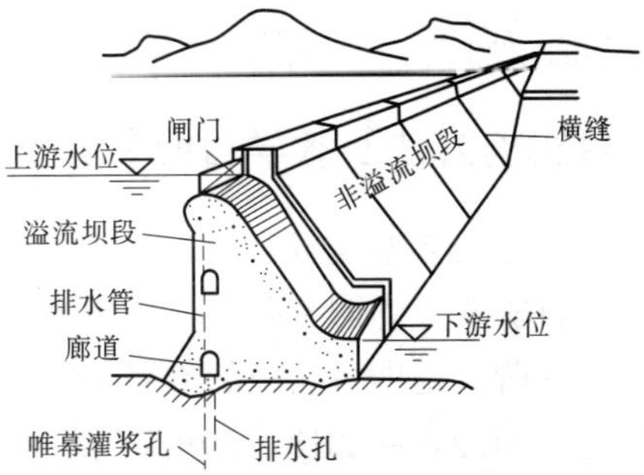

图 1-1　混凝土重力坝示意图

【重力坝设计基本资料】

(一)流域概况及枢纽任务

某水库枢纽位于某河上游,全河流域面积 3 200 km^2,流向自北向南,干流的平均比降为 2%~3%。流域内多石山,小部分为丘陵,水土流失不严重。

本枢纽工程是以发电为主兼顾灌溉和供水的综合利用工程,水库的总库容为 1 200 万 m^3,发电引水高程为 347.5 m,最大引水流量为 74 m^3/s,发电装机容量为 4 万 kW。灌溉下游左岸耕地为 2.5 万 hm^2,灌溉最大引水流量为 40 m^3/s,引水高程为 352.5 m。

(二)地形地质

坝址处的岩体可大致分为新鲜岩石、微风化及覆盖层。河槽高程为 332.0 m,河槽处为半风化的花岗岩,风化层厚度为 2 m,基岩具有足够的抗压强度,岩体较完整,无特殊不利地质构造。两岸风化较深呈带状,覆盖层较少,厚度一般为 2~3 m,风化层厚 1~2 m,坝址两岸均为花岗岩,岩石坚硬,裂隙不发育。

坝基的力学参数:抗剪断系数(混凝土与基岩之间)$f'=0.9$,$c'=700$ kPa。基岩的允许抗压强度为 3 000 kPa。

地震的基本烈度为 6 度。

(三)建筑材料

砂料、卵石在坝址上下游均有,坝址下游 5 km 以内砂储量丰富,可供建筑使用。

(四)水文

坝址以上控制集雨面积 123.0 km^2,多年平均流量 3.1 m^3/s,平均年径流量 9 776.2

万 m^3。

水文水利规划成果如下：上游设计洪水位为 385.4 m，相应的下游水位为 334.3 m，库容为 1 140 万 m^3，溢流坝相应的泄量为 1 250 m^3/s；上游校核洪水位为 386.7 m，相应的下游水位为 335.2 m，库容为 1 200 万 m^3，溢流坝相应的泄量为 1 680 m^3/s；上游正常高水位为 383.5 m，相应的下游水位为 331.7 m，库容为 895 万 m^3；死水位为 350 m，相应的库容为 40 万 m^3；淤沙高程为 345 m，相应的库容为 35 万 m^3。

（五）气象

本地区洪水期多年平均最大风速为 14 m/s，水库的风区长度为 2.6 km。

（六）其他有关资料

河流泥沙计算年限采用 50 年，坝前淤沙高程为 345 m，泥沙的浮重度为 9.5 kN/m^3，内摩擦角为 12°。坝体混凝土重度采用 24 kN/m^3。

【项目实施方法及教学目标】

（一）项目实施方法

项目实施分为四个阶段：

第一阶段是项目实施的准备阶段。①准备项目实施所需的资料：《混凝土重力坝设计规范》（SL 319—2018），《水工建筑物荷载设计规范》（DL 5077—1997），《重力坝》（潘家铮主编）。②准备实训计算、绘图工具。

第二阶段是设计计算阶段。设计包括剖面设计、构造设计、地基处理措施、溢流重力坝和泄水孔的孔口设计及监测设计，计算包括稳定分析与应力分析。通过这一阶段的实施，培养学生解决问题的能力，令学生的专业技能得到较大提高。

第三阶段是绘制图纸阶段。用 AutoCAD 绘制重力坝的平面布置图、纵横剖面图。

第四阶段是设计计算报告的编写。编写重力坝设计计算书与设计说明书。

（二）项目教学目标

重力坝设计项目教学目标包括知识目标、技能目标和思政目标三个方面。知识目标是基础目标，技能目标是核心目标，思政目标贯穿整个项目实施过程，是项目实施的重要保证。

1. 知识目标

（1）熟悉重力坝的工作原理、工作特点、分类及布置。

（2）掌握重力坝剖面设计、溢流重力坝设计、坝身泄水孔设计的步骤。

（3）掌握重力坝的抗滑稳定计算及强度校核计算方法。

（4）了解重力坝构造要求。

（5）掌握岩石地基的处理方法。

2. 技能目标

（1）具备优选重力坝类型的能力。

（2）具备正确运用规范、手册等资料进行重力坝设计的能力。

（3）具备识读和绘制重力坝施工图的能力。

3. 思政目标

(1)认真严肃进行设计,培养忠诚、干净、担当、科学、求实、创新的水利精神。

(2)培养团队精神,与项目其他角色人员共同探讨问题,切磋提升技能水平。

(3)克服项目实施中遇到的困难,培养顽强的职业精神。

【成果提交要求】

(一)设计报告

设计报告包括说明和计算两大部分。说明部分应全面表达设计者的设计思想、方法和分析能力,包含对设计成果、采用的设计参数和理论依据的充分说明。要求结构分明、简明扼要、文理通顺,既有计算成果,又有分析论证和明确结论,必要时,使用附表和插图(应按比例绘制)。计算部分是设计者的设计程序、设计成果的来源,要求详细列出所有计算过程。计算过程尽量列表计算,附计算草图;列出计算成果,并说明成果是否合理,如不合理,叙述可做改动的步骤;要求计算方法正确、参数取值合理、数据真实可靠、计算结果正确可信。

(二)设计图纸

设计图纸主要包括重力坝的平面布置图、总剖视图、细部构造图等。绘图应符合制图标准和相关规范,要求制图正确、布局合理、主次分明、比例得当、线条清晰、尺寸齐全,必要时应有简明注解。

(三)成果说明

要求简要说明计算成果及合理性,或设计的不足和可以进一步改进的地方,并对设计过程进行总结。

任务一　重力坝枢纽布置与坝型的选择

一、重力坝的工作原理及特点

码 1-1　动画-重力坝工作原理

(一)重力坝的工作原理

重力坝在水压力及其他荷载作用下,主要依靠坝体自重产生的抗滑力来满足稳定要求。

(二)重力坝的工作特点

(1)安全可靠。重力坝剖面尺寸大,坝内应力较低,筑坝材料强度高,耐久性好,因此抵抗洪水漫顶、渗漏、地震和战争破坏的能力都比较强。据统计,在各种坝型中,重力坝的失事率是较低的。

(2)对地形、地质条件适应性强。任何形状的河谷都可以修建重力坝。因为坝体作用于地基面上的压应力不高,所以对地质条件的要求也较拱坝低,甚至在土基上也可以修建高度不大的重力坝。

(3)枢纽泄洪问题容易解决。重力坝可以做成溢流的,也可以在坝内不同高程设置泄水孔,一般不需另设溢洪道或泄水隧洞,枢纽布置紧凑。

(4)便于施工导流。在施工期可以利用坝体导流,一般不需要另设导流隧洞。

(5)施工方便。大体积混凝土可以采用机械化施工,在放样、立模和混凝土浇筑方面都比较简单,并且补强、修复、维护或扩建也比较方便。

(6)结构作用明确。重力坝沿坝轴线用横缝分成若干坝段,各坝段独立工作,结构作用明确,稳定和应力计算都比较简单。

(7)坝体应力较低,材料强度不能充分发挥。

(8)坝体与地基接触面积大,相应坝底扬压力大,对稳定不利。

(9)坝体体积大,由于施工期混凝土的水化热和硬化收缩,将产生不利的温度应力和收缩应力,因此在浇筑混凝土时,需要有较严格的温度控制措施。

二、重力坝的类型

(1)按坝的高度分类。坝高低于 30 m 的为低坝,高于 70 m 的为高坝,介于 30~70 m 的为中坝。

(2)按泄水条件分类。有溢流重力坝和非溢流重力坝。溢流坝段和坝内设有泄水孔的坝段统称为泄水坝段,非溢流坝段也叫挡水坝段。

(3)按筑坝材料分类。有混凝土重力坝和浆砌石重力坝。

(4)按坝体结构形式分类(见图 1-2)。①实体重力坝;②宽缝重力坝;③空腹(腹孔)重力坝;④预应力锚固重力坝。

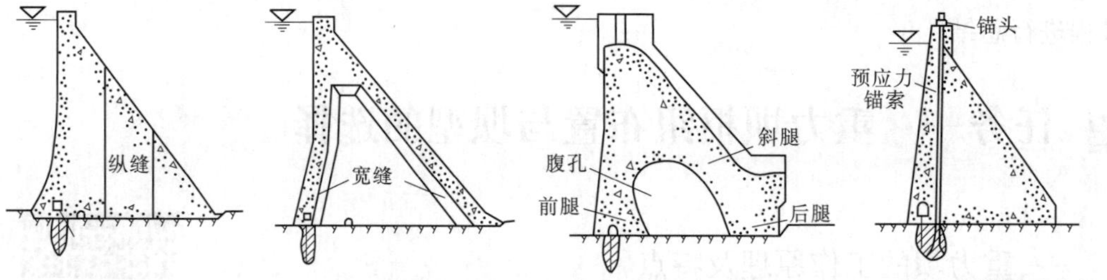

(a)实体重力坝　(b)宽缝重力坝　(c)空腹重力坝　(d)预应力锚固重力坝

图 1-2　重力坝的结构形式分类

三、重力坝的布置

重力坝通常由溢流坝段、非溢流坝段和二者之间的连接边墩、导墙等组成(见图 1-3),布置时须根据地形、地质条件结合枢纽其他建筑物综合考虑。坝轴线一般采用直线,必要时也可布置成折线或曲线。溢流坝段通常布置在中部对准原河道主流位置,两端用非溢流坝段与岸坡相接,溢流坝段与非溢流坝段之间用边墩、导墙隔开。各个坝段的外形应尽量协调一致,上游坝面保持平整,当地形、地质及运用条件有显著差别时,可按不同情况分别采用不同的下游坝坡,使各坝段均达到安全和经济的目的。

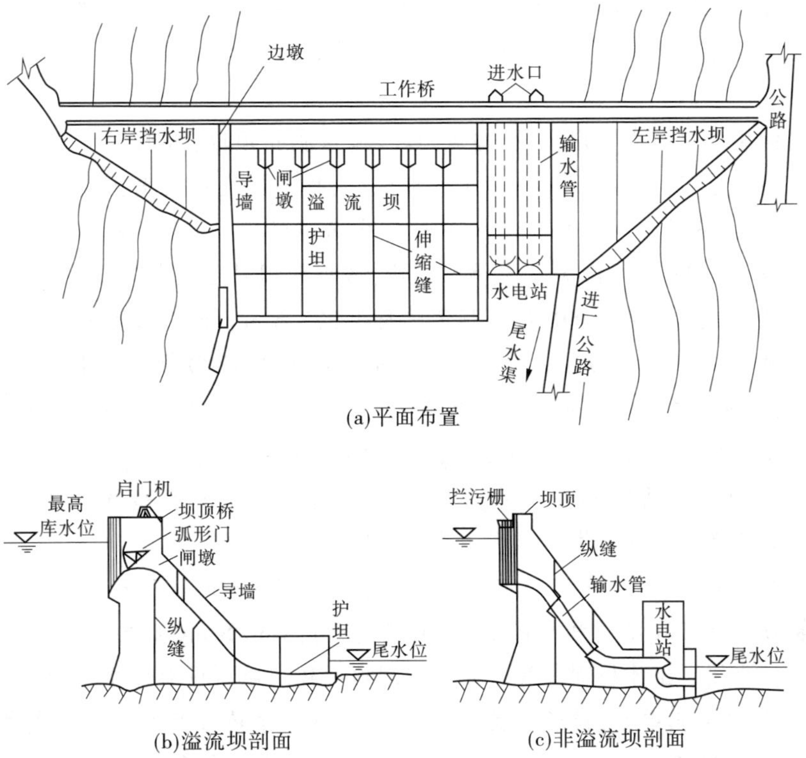

图 1-3 重力坝的布置

四、重力坝的设计内容

(1)剖面设计。可参照已建类似工程,拟订剖面尺寸。

(2)稳定分析。验算坝体沿地基面或地基中软弱结构面抗滑稳定的安全度。

(3)应力分析。使应力条件满足设计要求,保证坝体和坝基有足够的强度。

(4)构造设计。根据施工和运用要求确定坝体的细部构造,如廊道系统、排水系统、坝体分缝等。

(5)地基处理。根据地质条件和受力情况,进行地基的防渗、排水、断层处理等。

(6)溢流重力坝和泄水孔的孔口设计。包括堰顶高程、孔口尺寸、体形及消能、防护设计等。

(7)监测设计。包括坝体内部和外部的观测设计,制定大坝的运行、维护和监测条例。

【案例 1-1】 工程综合说明与坝型选址

一、工程综合说明

根据工程的效益、库容确定本工程属于Ⅲ等工程,其主要建筑物为 3 级。次要建筑物为 4 级,临时性建筑物为 5 级。

枢纽布置：本工程是以发电为主的综合利用工程，溢流坝段应布置在主河槽处，冲沙孔应布置在水电站进水口附近。另外，水电站布置应考虑地形、交通及水电站附属建筑物布置等条件。

本枢纽的主体工程由挡水坝段、溢流坝段、泄水底孔坝段、水电站坝段及其建筑物组成。水电站为坝后式，该重力坝由18个坝段组成，每个坝段的长度大约为15 m，从右岸至左岸依次为：1~6号坝段为右岸挡水坝段，7号、8号坝段为溢流坝段，9号、10号坝段为泄水底孔坝段，11~18号坝段为左岸挡水坝段，该坝的坝基面最低高程为327.0 m，坝顶高程为386.7 m，最大坝高为59.7 m，坝体总长为277.5 m。枢纽工程布置图见图1-4。

非溢流坝段：右岸全长90 m，左岸全长123.5 m，其中18号坝段长18.5 m，其他各坝段均为15 m。坝顶宽度为7 m，坝顶两侧各设一人行道，人行道宽1 m。坝顶的上游侧设置钢筋混凝土结构的防浪墙，墙高1.2 m、宽0.3 m，下游设置栏杆，沿坝轴线方向每隔20 m设置一个照明灯。坝的其他尺寸为：上游面为折面，起坡点高程为347 m，坡度为1∶0.2；下游面坡度为1∶0.7，折坡点的高程为379.5 m。

溢流坝段：全长34 m，分2个坝段，每个坝段长17 m，共分3孔。溢流堰顶高程为376.4 m，堰顶安装工作闸门和检修闸门，闸门宽×高：8 m×8 m，工作闸门为平面钢闸门，采用坝顶门机启闭。工作桥面高程与非溢流坝顶一致。堰顶设有两个中墩，其厚3 m，边墩厚2 m，缝设在闸孔中间，溢流堰面采用WES曲线，过堰水流采用连续式鼻坎挑流消能，坎顶高程为336.2 m，反弧半径为18 m，挑射角为25°。边墩向下游延伸成导水墙，其高度为3.5 m，断面为梯形，顶宽为0.5 m，底宽为2.0 m，需分缝，缝距为15 m。

水电站坝段：水电站的装机容量为2×2万kW，坝段总长15 m，坝顶高程为386.7 m，坝顶宽度为16 m，坝顶人行道与挡水坝段一致，门机与溢流坝段一致，上游突出2 m，为拦污栅槽，引水口中心线高程为348.5 m，孔径为3.0 m，进口为三向收缩的喇叭口，进口前紧贴坝面布置拦污栅，进口处设置事故闸门和工作闸门，均为平面闸门。在进口闸门后设置渐变段，渐变段为圆角过渡，长度为6 m。水电站厂房采用坝后式，位于左岸非溢流坝段后，由主厂房、副厂房等组成。副厂房在主厂房的上游侧，厂房与坝之间用缝分开，主厂房宽15 m、高22 m，内设两台2万kW的水轮发电机组，发电机层高程为332 m。副厂房宽10 m。

枢纽的主要技术指标见表1-1。

二、坝型、坝址选择

（一）坝型选择

坝址地形地质条件：河谷断面比较宽浅，两岸不对称。坝址区域为花岗岩，完整性好，覆盖层及风化层均较薄。

建筑材料：经勘测，坝址附近5 km以内有丰富的砂石料，但缺乏土料，只有2~3 m厚的表层风化坡积物。

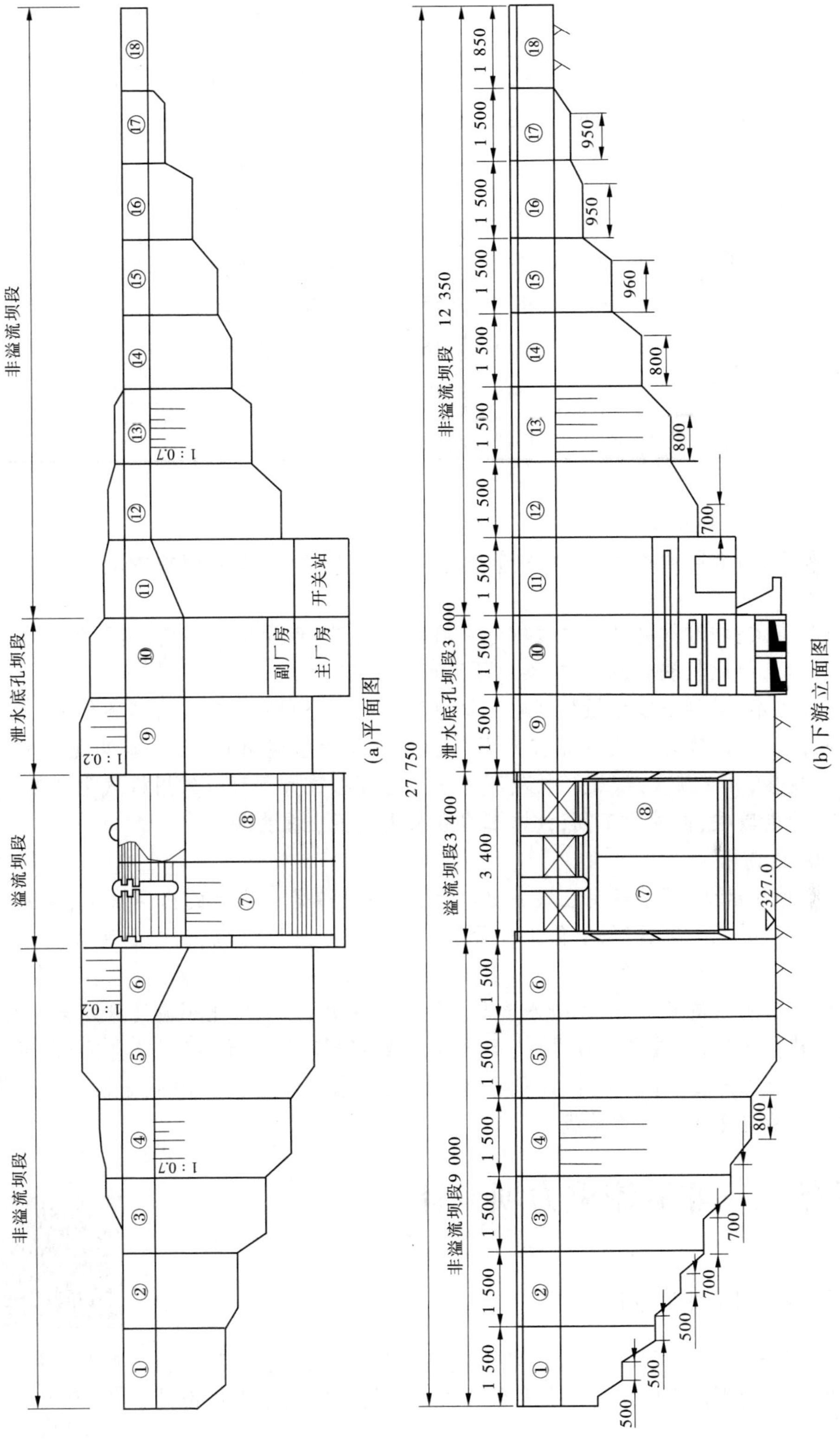

图 1-4　枢纽工程布置图　(单位:尺寸,cm;高程:m)

表 1-1　枢纽的主要技术指标

序号	项目	单位	数量	序号	项目	单位	数量
1	流域面积	km^2	3 200	10	校核洪水位时最大泄量	m^3/s	1 680
2	装机容量	万 kW	4	11	坝顶长度	m	277.5
3	灌溉面积	万 hm^2	2.5	12	最大坝高	m	59.7
4	校核洪水位	m	386.7	13	坝顶高程	m	386.7
5	设计洪水位	m	385.4	14	溢流堰顶高程	m	376.4
6	正常高水位	m	383.5	15	水电站引水口中心线高程	m	348.5
7	死水位	m	350	16	坝段总数	个	18
8	淤沙高程	m	345	17	总库容	万 m^3	1 200
9	设计洪水位时最大泄量	m^3/s	1 250				

根据以上情况综合分析如下：

拱坝方案：河谷断面宽浅，不是V字形，两岸不对称，没有适宜的地形条件，故该方案不可取。

土石坝方案：坝址附近没有适宜的地形修建溢洪道，若开挖溢洪道，则开挖工程量较大，并且当地土料比较缺乏，故该方案也不可取。

重力坝方案：混凝土重力坝和浆砌石重力坝都能充分利用当地的自然条件，泄洪问题容易解决，施工导流容易。浆砌石重力坝虽然可以节约水泥用量，但不能实现机械化施工，施工速度慢，施工质量难以控制，故不可取。混凝土重力坝可以采用机械化施工，施工方便，施工速度较快，能缩短工期，故本工程宜采用混凝土重力坝。

（二）坝址选择

经地形地质勘测，坝址确定在峡谷出口处，峡谷上游是一巨大的山间盆地，建库后可有较大的库容，并且坝轴线短，主体工程量小。出峡谷后地形开阔，河岸边可以布置生活区。由以上分析可知，坝址处有上下两条坝轴线可供选择。上游坝轴线：基岩裸露，清基工程量可以减小，水流条件好，下泄水流与下游主流一致，可以防止下游河床发生冲刷；下游坝轴线：覆盖层较厚，清基工程量大，下泄水流离左岸弯曲段近，容易产生淤积，两侧坝轴线在地质、枢纽布置、施工条件、建筑材料等方面基本相似。综合上述，上游坝轴线优于下游坝轴线，故应采用上游坝轴线。

任务二　非溢流重力坝设计

一、非溢流坝剖面设计

码 1-2　微课-非溢流重力坝剖面设计

非溢流坝剖面形式、尺寸的确定，将影响到荷载的计算、稳定和应力分析，因此非溢流坝剖面的设计以及其他相关结构的布置是重力坝设计的关键步骤。

(一)剖面设计的基本原则

非溢流坝剖面设计的基本原则是：①满足稳定和强度要求，保证大坝安全；②工程量小，造价低；③结构合理，运用方便；④利于施工，方便维修。

(二)剖面拟订的步骤

首先拟订基本剖面；其次根据运用以及其他要求，将基本剖面修改成实用剖面；最后对实用剖面进行应力分析和稳定验算，按规范要求，经过几次反复修正和计算后，得到合理的设计剖面。

(三)重力坝的基本剖面

重力坝的基本剖面是指坝体在自重、静水压力(上游水位为正常蓄水位，水位与坝顶齐平)和扬压力三个主要荷载作用下，满足稳定和强度的要求，并且使工程量最小的三角形剖面，如图1-5所示。

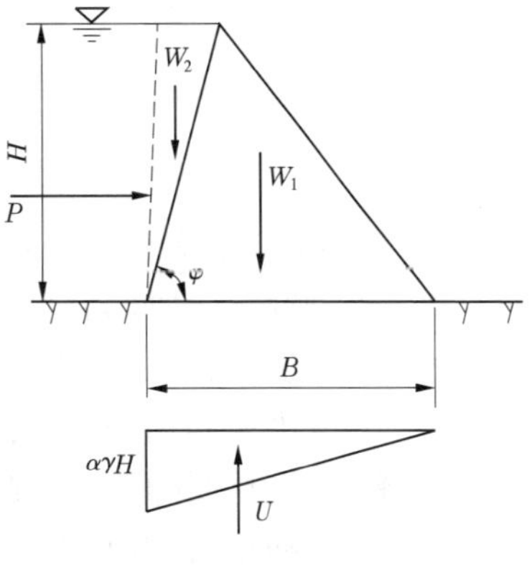

图1-5 重力坝的基本剖面

理论分析和工程实践证明，混凝土重力坝上游面可做成折坡，折坡点一般位于1/3~2/3坝高处，以便利用上游坝面水重增加坝体的稳定性；上游坝坡系数常采用$n=0\sim0.2$，下游坝坡系数常采用$m=0.6\sim0.8$，坝底宽$B=(0.7\sim0.9)H$(H为坝高或最大挡水深度)。基本剖面的拟订常采用工程类比法。

(四)非溢流重力坝的实用剖面

根据交通和运行管理的需要，坝顶应有足够的宽度。为防波浪漫过坝顶，在静水位以上还应留有一定的超高。

1. 坝顶宽度

一般情况下，坝顶宽度可采用坝高的8%~10%，且不小于3 m。碾压混凝土坝坝顶宽不小于5 m；当坝顶布置移动式启闭机时，坝顶宽度要满足安装门机轨道的要求。

2. 坝顶高程

坝顶或坝顶上游防浪墙高于静水位的超高Δh可按下式计算：

$$\Delta h = h_1 + h_z + h_c \tag{1-1}$$

式中 h_1、h_z、h_c——波浪高度(波高)、波浪中心线至静水位的高度、安全超高。

波浪的几何要素如图1-6所示，波高h_1为波峰到波谷的高度，波长L为波峰到波峰的距离，因空气阻力比水的阻力小，所以波浪中心线高出静水面一定高度h_z。

平原、滨海区水库宜采用南京水利科学研究院的莆田试验站公式：

$$\frac{gh_m}{v_0^2} = 0.13\text{th}\left[0.7\left(\frac{gH_m}{v_0^2}\right)^{0.7}\right]\text{th}\left\{\frac{0.0018\left(\frac{gD}{v_0^2}\right)^{0.45}}{0.13\text{th}\left[0.7\left(\frac{gH_m}{v_0^2}\right)^{0.7}\right]}\right\} \tag{1-2}$$

$$\frac{gT_m}{v_0} = 13.9\left(\frac{gh_m}{v_0^2}\right)^{0.5} \tag{1-3}$$

式中 h_m——平均波高，m；

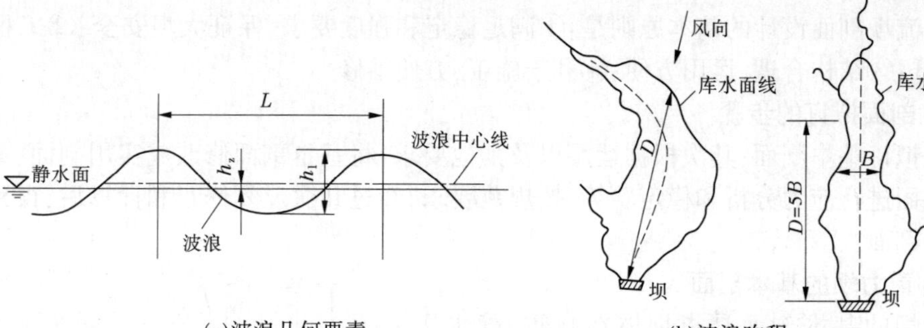

(a)波浪几何要素　　(b)波浪吹程

图1-6　波浪几何要素及吹程

H_m——水域平均水深，m；

T_m——平均波周期，s；

v_0——计算风速，m/s，在正常运用条件下，采用相应季节50年重现期的最大风速，在非常运用条件下，采用相应洪水期多年平均最大风速；

D——风区长度（有效吹程），m，是指风作用于水域的长度，为自坝前沿风向到对岸的距离，当风区长度内水面局部缩窄，且缩窄处的宽度 $B<12\ L$ 时，风区长度 $D=5B$（且不小于坝前到缩窄处的距离）。

内陆峡谷水库宜用官厅水库公式计算频率波高和平均波长（用于 $v_0<20$ m/s，$D<$ 20 000 m）：

$$\frac{gh}{v_0^2} = 0.007\ 6 v_0^{-\frac{1}{12}} \left(\frac{gD}{v_0^2}\right)^{\frac{1}{3}} \tag{1-4}$$

$$\frac{gL_m}{v_0^2} = 0.331 v_0^{-\frac{1}{2.15}} \left(\frac{gD}{v_0^2}\right)^{\frac{1}{3.75}} \tag{1-5}$$

式中　h——当 $gD/v_0^2=20\sim250$ 时，为累积频率5%的波高 $h_{5\%}$，当 $gD/v_0^2=250\sim1\ 000$ 时，为累积频率10%的波高 $h_{10\%}$；

其他符号意义同前。

累积频率为 p（%）的波高 h_p 与平均波高 h_m 的比值，按表1-2查取。

表1-2　累积频率为 p（%）的波高与平均波高的比值

h_m/H_m	p/%									
	0.1	1	2	3	4	5	10	13	20	50
0	2.97	2.42	2.23	2.11	2.02	1.95	1.71	1.61	1.43	0.94
0.1	2.70	2.26	2.09	2.00	1.92	1.87	1.65	1.56	1.41	0.96
0.2	2.46	2.09	1.96	1.88	1.81	1.76	1.59	1.51	1.37	0.98
0.3	2.23	1.93	1.82	1.76	1.70	1.66	1.52	1.45	1.34	1.00
0.4	2.01	1.78	1.68	1.64	1.60	1.56	1.44	1.39	1.30	1.01
0.5	1.80	1.63	1.56	1.52	1.49	1.46	1.37	1.33	1.25	1.01

由 H_m 和 T_m 可用理论式算出平均波长 L_m：

$$L_m = \frac{gT_m^2}{2\pi}\text{th}\frac{2\pi H_m}{L_m} \tag{1-6}$$

波浪中心线高出计算静水位 h_z 按下式计算：

$$h_z = \frac{\pi h_{1\%}^2}{L_m}\text{cth}\frac{2\pi H}{L_m} \tag{1-7}$$

式中 $h_{1\%}$——累积频率 1%的波高；

H——坝前水深，m。

因设计与校核情况计算 h_l 和 h_z 用的计算风速不同，由表 1-3 查出的安全超高值 h_c 不同，故 Δh 的计算结果不同，因此坝顶高程按下式计算，并选用较大值作为选定高程：

坝顶高程＝设计洪水位$+\Delta h_{设}$

坝顶高程＝校核洪水位$+\Delta h_{校}$

式中 $\Delta h_{设}$、$\Delta h_{校}$ 按式(1-1)分别计算。当坝顶有与之连成整体的浆砌石或钢筋混凝土防浪墙时，墙顶高程可代替坝顶高程，但坝顶高程不得低于最高静水位。

表 1-3　安全超高 h_c 值　　单位：m

水工建筑物安全级别	Ⅰ	Ⅱ	Ⅲ
正常蓄水位(设计洪水位)	0.7	0.5	0.4
校核洪水位	0.5	0.4	0.3

3. 剖面形态

(1)图 1-7(a)采用铅直上游坝面，适用于坝基摩擦系数较大，由应力条件控制坝体剖面的情况。优点：便于布置和操作坝身过水管道进口控制设备；缺点：在上游面铅直的基本三角形剖面上增加坝顶重量，空库时下游坝面可能产生拉应力。

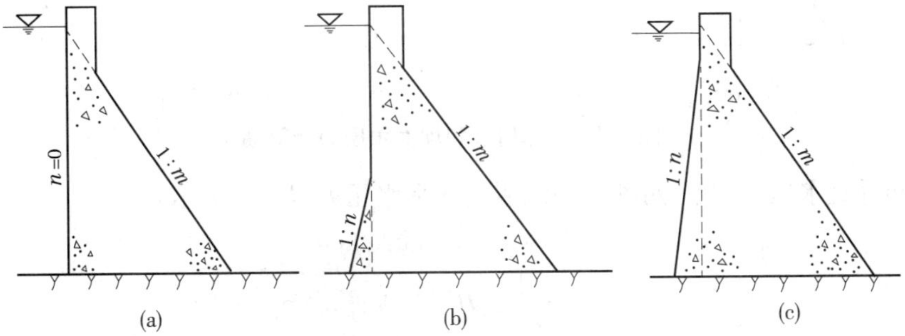

图 1-7　非溢流重力坝剖面形态

(2)图 1-7(b)是工程上常用的实用剖面，上游坝面上部铅直、下部倾斜。优点：既可以利用部分水重增加坝的稳定，又可保留铅直的上部便于管道进口布置设备和操作。上游坡起坡点位置应结合应力控制条件和引水、泄水建筑物的进口高程确定，一般在坝高的 1/3～2/3 范围内。设计时也要验算起坡点高程水平截面的强度和稳定条件。

(3)图 1-7(c)是上游略呈倾斜的基本三角形加坝顶而成，适用于坝基摩擦系数较小的情况。优点：倾斜的上游坝面可增加坝体自重和利用一部分水重，以满足抗滑要求。修建在地震区的重力坝，为避免空库时下游坝面拉应力过大，可采用此剖面。

实用剖面不拘泥于这些形式，根据具体条件，参考已建工程，选取合理剖面。

二、重力坝荷载及其组合

（一）重力坝的荷载（作用）

重力坝的荷载（作用）主要有自重、静水压力、动水压力、淤沙压力、浪压力、扬压力、地震作用、冰压力和其他荷载。取单位坝长（1 m）计算如下。

1. 自重（包括永久设备自重）

单位宽度上坝体自重 W 标准值计算公式如下：

$$W = \gamma_c A \quad (\text{kN/m}) \tag{1-8}$$

式中　A——坝体横剖面的面积，m^2；

γ_c——坝体混凝土的重度，根据选定的配合比通过试验确定，一般采用 23.5～24.0 kN/m^3。

计算自重时，坝上永久性固定设备，如闸门、固定式启闭机的重量也应计算在内，坝内较大的孔洞应该扣除。

2. 静水压力

静水压力是作用在上下游坝面的主要荷载，如图 1-8 所示，计算时常分解为水平水压力（P_H）和垂直水压力（P_V）两种。溢流堰前水平水压力以 P_{H1} 表示：

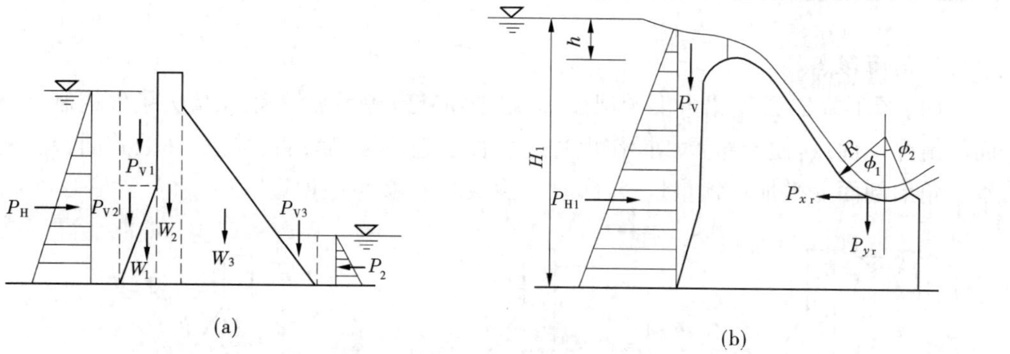

图 1-8　坝体自重和坝面水压力计算图

$$P_V = A_w \gamma_w \quad (\text{kN/m}) \tag{1-9}$$

$$P_H = \frac{1}{2}\gamma_w H^2 \quad (\text{kN/m}) \tag{1-10}$$

$$P_{H1} = \frac{1}{2}\gamma_w (H^2 - h^2) \quad (\text{kN/m}) \tag{1-11}$$

式中　A_w——坝踵处所作的垂线与上游水面和上游坝面所围成图形的面积，m^2；

H——计算点处的作用水头，m；

h——堰顶溢流水深，m；

γ_w——水的重度，kN/m^3，常采用 9.81 kN/m^3。

3. 动水压力

当水流流经曲面(如溢流坝面或泄水隧洞的反弧段),由于流向改变,在该处产生动水压力。动水压力的水平分力代表值 P_{xr} 和垂直分力代表值 P_{yr} 为

$$P_{xr} = q\rho_w v(\cos\varphi_2 - \cos\varphi_1) \quad (\text{N/m}) \tag{1-12}$$

$$P_{yr} = q\rho_w v(\sin\varphi_2 + \sin\varphi_1) \quad (\text{N/m}) \tag{1-13}$$

式中　q——相应设计状况下反弧段上的单宽流量,$\text{m}^3/(\text{s}\cdot\text{m})$;

ρ_w——水的密度,kg/m^3;

v——反弧段最低点处的断面平均流速,m/s;

φ_1、φ_2——反弧段圆心竖线左、右的中心角,取其绝对值。

P_{xr} 和 P_{yr} 的作用点可近似地认为在反弧段长度的中点,图 1-8(b)所示方向为正。

4. 淤沙压力

入库水流挟带的泥沙在水库中淤积,淤积在坝前的泥沙对坝面产生的压力叫淤沙压力。淤积的规律是从库首至坝前,随水深的增加而流速减小,沉积的粒径由粗到细,坝前淤积的是极细的泥沙,淤积泥沙的深度和内摩擦角随时间变化,一般计算年限取 50~100 年。单位坝长上的水平淤沙压力标准值 P_{sk} 为

$$P_{sk} = \frac{1}{2}\gamma_{sb}h_s^2\tan^2\left(45° - \frac{\varphi_s}{2}\right) \quad (\text{kN/m}) \tag{1-14}$$

式中　γ_{sb}——淤沙的浮重度,kN/m^3;

h_s——坝前泥沙淤积厚度,m;

φ_s——淤沙的内摩擦角,(°)。

当上游坝面倾斜时,应计入竖向淤沙压力,按淤沙的浮重度计算。

5. 浪压力

水库表面波浪对建筑物产生的拍击力叫浪压力。随着水深的不同,坝前有三种可能的波浪发生,即深水波、浅水波、破碎波。不同的波浪分布如图 1-9 所示。

临界水深 H_{cr} 的计算公式为

$$H_{cr} = \frac{L}{4\pi}\ln\left(\frac{L + 2\pi h_{1\%}}{L - 2\pi h_{1\%}}\right) \tag{1-15}$$

当坝前水深大于半坡长,即 $H \geqslant H_{cr}$ 和 $H \geqslant L/2$ 时,波浪运动不受库底的约束,这种条件下的波浪称为深水波,如图 1-9(a)所示。

$$P_L = \frac{\gamma_w L}{4}(h_{1\%} + h_z) \quad (\text{kN/m}) \tag{1-16}$$

当 $H_{cr} < H < L/2$ 时,波浪运动受到库底的影响,称为浅水波,如图 1-9(b)所示。

$$P_L = \frac{1}{2}[(h_{1\%} + h_z)(\gamma_w H + P_{Lf}) + HP_{Lf}] \tag{1-17}$$

$$P_{Lf} = \gamma_w h_{1\%}\,\text{sech}\,\frac{2\pi H}{L}$$

式中　P_{Lf}——水下底面处浪压力的剩余强度,kN/m^2。

当坝前水深小于临界水深,即 $H < H_{cr}$ 时,波浪发生破碎,称为破碎波,如图 1-9(c)所示。

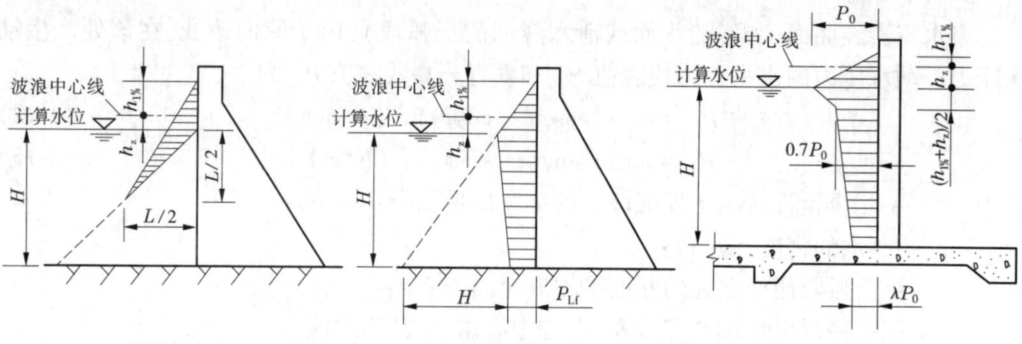

图 1-9　波浪压力分布

$$P_L = \frac{P_0}{2}[(1.5 - 0.5\lambda)h_{1\%} + (0.7 + \lambda)H] \tag{1-18}$$

$$P_0 = K_0\gamma_w h_{1\%}$$

式中　λ——水下底面处浪压力强度的折减系数，当 $H \leqslant 1.7h_{1\%}$ 时，采用 0.6，当 $H > 1.7h_{1\%}$ 时，采用 0.5；

P_0——计算水位处的浪压力强度，kN/m^2；

K_0——建筑物前底坡影响系数，与河底坡 i 有关，见表 1-4。

表 1-4　河底坡 i 对应的 K_0 值

底坡 i	1/10	1/20	1/30	1/40	1/50	1/60	1/80	<1/100
K_0 值	1.89	1.61	1.48	1.41	1.36	1.33	1.29	1.25

6. 扬压力

扬压力包括渗透压力和浮托力两部分。渗透压力是由上下游水位差产生的渗流，在坝内或坝基面上形成的向上的压力。浮托力是由下游水深淹没坝体计算截面而产生向上的压力。

扬压力的分布与坝体结构、上下游水位、防渗排水设施等因素有关。不同计算情况有不同的扬压力，扬压力代表值是根据扬压力分布图形面积计算的，如图 1-10 所示。

码 1-3　微课-重力坝扬压力及计算

1）坝底面上的扬压力

岩基上坝底面上的扬压力按下列三种情况确定：

（1）当坝基设有防渗帷幕和排水孔幕时，坝底面上游（坝踵）处的扬压力作用水头为 H_1；排水孔中心线处的扬压力作用水头为 $H_2+a(H_1-H_2)$；下游（坝趾）处为 H_2；三者之间用直线连接，如图 1-10(a)～(d)所示。

（2）当坝基设有防渗帷幕、上游主排水孔幕、下游副排水孔及抽排系统时，坝底面上游处的扬压力作用水头为 H_1，下游坝趾处为 H_2，主、副排水孔中心线处分别为 a_1H_1、a_2H_2，其间各段用直线连接，如图 1-10(e)所示。

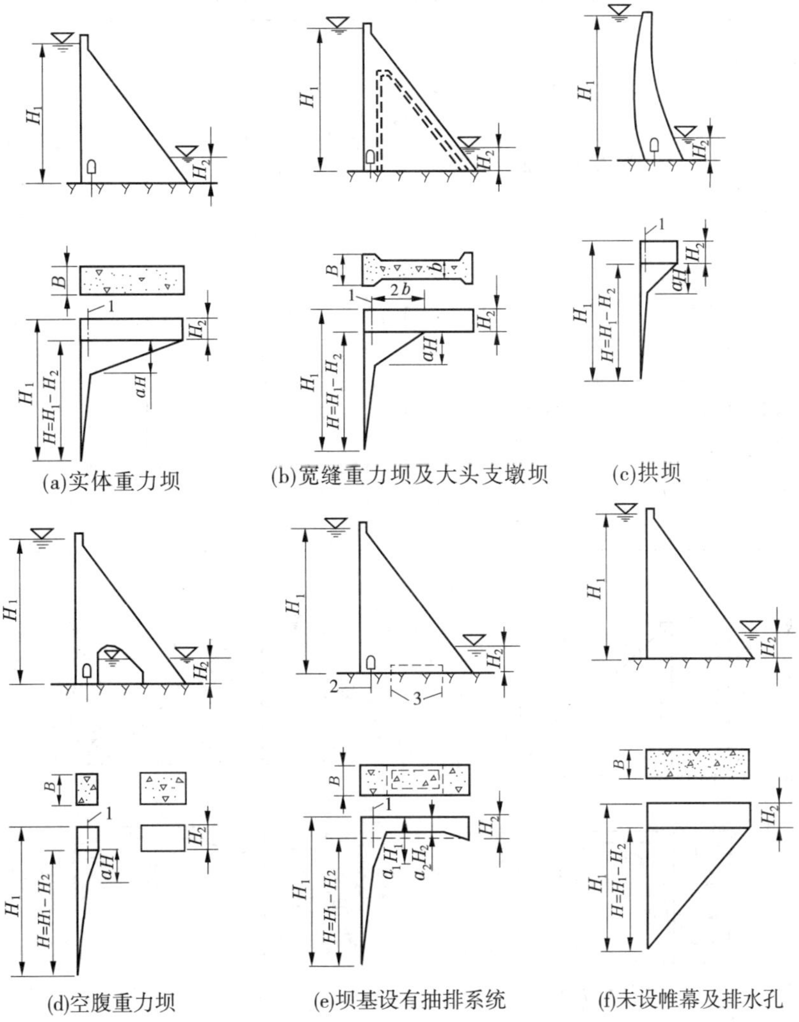

1—排水孔中心线;2—主排水孔;3—副排水孔

图 1-10　坝底面扬压力分布图

(3)当坝基无防渗帷幕、排水孔幕时,坝底面上游处的扬压力作用水头为 H_1,下游处为 H_2,其间用直线连接,如图 1-10(f)所示。

上述(1)、(2)中的渗透压力强度系数 a、扬压力强度系数 a_1 及残余扬压力强度系数 a_2 可参照表 1-5 采用。应注意,对河床坝段和岸坡坝段 a 取值不同,后者计及三向渗流作用,a_2 取值应大些。

2)坝体内部扬压力

由于坝体混凝土是透水的,在水头差的作用下产生坝体渗流,引起坝内扬压力,其计算截面处扬压力分布如图 1-11 所示。其中,排水管线处的坝体内部渗透压力强度系数 a_3 按下列情况采用:实体重力坝、拱坝及空腹重力坝的实体部位 $a_3=0.2$,宽缝重力坝、大头支墩坝的宽缝部位 $a_3=0.15$。

表 1-5　坝底面上的渗透压力和扬压力强度系数

部位及坝型		坝基处理情况		
		设置防渗帷幕及排水孔	设置防渗帷幕及主、副排水孔并抽排	
部位	坝型	渗透压力强度系数 a	主排水孔前扬压力强度系数 a_1	残余扬压力强度系数 a_2
河床坝段	实体重力坝	0.25	0.20	0.50
	宽缝重力坝	0.20	0.15	0.50
	大头支墩坝	0.20	0.15	0.50
	拱坝	0.25	0.20	0.50
岸坡坝段	实体重力坝	0.35		
	宽缝重力坝	0.30		
	大头支墩坝	0.30		
	拱坝	0.35		

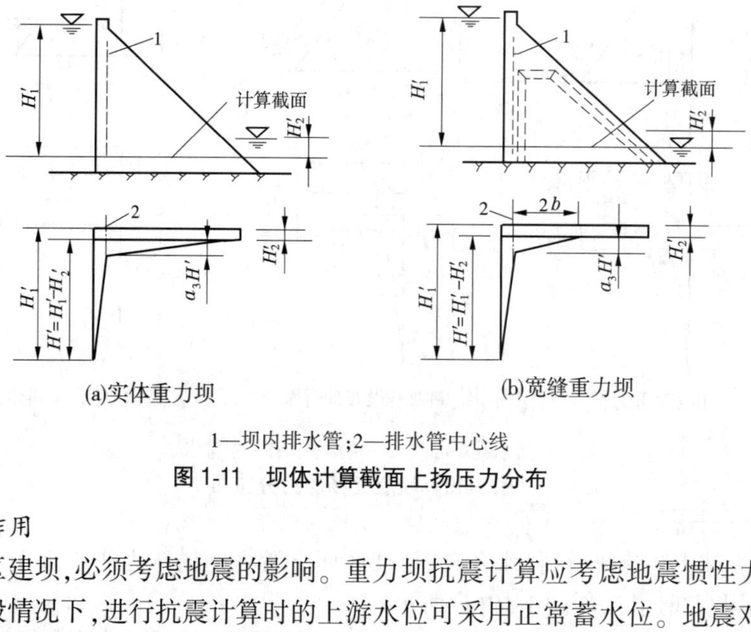

(a)实体重力坝　　(b)宽缝重力坝

1—坝内排水管；2—排水管中心线

图 1-11　坝体计算截面上扬压力分布

7. 地震作用

在地震区建坝，必须考虑地震的影响。重力坝抗震计算应考虑地震惯性力和地震动水压力。一般情况下，进行抗震计算时的上游水位可采用正常蓄水位。地震对建筑物的影响程度常用地震烈度表示。地震烈度分为 12 度。烈度越大，对建筑物的破坏越大，抗震设计要求越高。

抗震设计中常用到基本烈度和设计烈度两个基本概念。基本烈度是水工建筑物所在地区一定时期内（约 100 年）可能遇到的地震最大烈度；设计烈度是抗震设计时实际采用的地震烈度。一般情况下，采用基本烈度作为设计烈度。《水工建筑物抗震设计标准》（GB 51247—2018）规定，水工建筑物的工程抗震设防类别根据其重要性和工程场地基本烈度按表 1-6 确定。

表 1-6 工程抗震设防类别

工程抗震设防类别	建筑物级别	场地基本烈度
甲	1(壅水)	≥6
乙	1(非壅水)、2(壅水)	
丙	2(非壅水)、3	≥7
丁	4、5	

1)地震惯性力

地震时,重力坝随地壳做加速运动时产生了地震惯性力。地震惯性力的方向是任意的,一般情况下只考虑水平向地震作用,对于设计烈度为 8 度、9 度的 1、2 级重力坝,应同时计入水平向和竖向地震作用。

当采用拟静力法计算地震作用效应时,沿建筑物高度作用于质点 i 的水平向地震惯性力代表值应按下式计算:

$$F_i = \frac{a_h \xi G_{Ei} a_i}{g} \tag{1-19}$$

式中 F_i——作用在质点 i 的水平向地震惯性力代表值,kN/m;

ξ——地震作用的效应折减系数,除另有规定外,取 0.25;

a_h——水平向设计地震加速度代表值,由表 1-7 确定;

G_{Ei}——集中在质点 i 的重力作用标准值,kN;

a_i——质点 i 的动态分布系数,计算重力坝地震作用效应时,由式(1-20)确定;

g——重力加速度,取 9.81 m/s^2。

$$a_i = 1.4 \times \frac{1 + 4(h_i/H)^4}{1 + 4\sum_{j=1}^{n} \frac{G_{Ej}}{G_E}(h_j/H)^4} \tag{1-20}$$

式中 n——坝体计算质点总数;

H——坝高,m,溢流坝的 H 应计算至闸墩顶;

h_i、h_j——质点 i、j 的高度,m;

G_E——产生地震惯性力的建筑物总重力作用的标准值,kN。

表 1-7 水平向设计地震加速度代表值

设计烈度	7 度	8 度	9 度
a_h	0.1g	0.2g	0.4g

竖向设计地震加速度的代表值 a_V 应取水平向设计地震加速度代表值的 2/3。

当同时计算水平向和竖向地震作用效应时,总的地震作用效应可将竖向地震作用效应乘以 0.5 的耦合系数后与水平向地震作用效应直接相加。

2)地震动水压力

地震时,坝前、坝后的水体随着振动,形成作用在坝面上的激荡力。

采用拟静力法计算重力坝地震作用效应时，直立坝面水深 y 处的地震动水压力代表值按式(1-21)计算：

$$P_w(h) = a_h \xi \psi(h) \rho_w H_0 \tag{1-21}$$

式中 $P_w(h)$——作用在直立迎水坝面水深 h 处的地震动水压力代表值，kN/m；

$\psi(h)$——水深 h 处的地震动水压力分布系数，应按表1-8的规定取值；

ρ_w——水体质量密度标准值，kN/m^3；

H_0——水深，m；

其他符号意义同前。

表 1-8 重力坝地震动水压力分布系数 $\psi(h)$

h/H_0	$\psi(h)$	h/H_0	$\psi(h)$
0	0	0.6	0.76
0.1	0.43	0.7	0.75
0.2	0.58	0.8	0.71
0.3	0.68	0.9	0.68
0.4	0.74	1.0	0.67
0.5	0.76		

单位宽度坝面总地震动水压力作用在水面以下 $0.54H_0$ 处，其代表值 F_0 按下式计算：

$$F_0 = 0.65 a_h \xi \rho_w H_0^2 \quad (kN/m) \tag{1-22}$$

与水平面夹角为 θ 的倾斜迎水坝面，按式(1-22)的规定计算的动水压力代表值应乘以折减系数 η_c：

$$\eta_c = \frac{\theta}{90} \tag{1-23}$$

迎水坝面有折坡时，若水面以下直立部分的高度大于或等于 H_0 的一半，可近似取作直立坝面，否则应取水面点与坡脚点连线代替坡度。

作用在坝体上下游的地震动水压力均与坝面垂直，且两者的作用方向一致。例如，当地震加速度的方向指向上游时，作用在上下游坝面的地震动水压力方向均指向下游。

8. 冰压力

冰对建筑物的作用力称为冰压力。冰压力分静冰压力和动冰压力两种。水库表面结冰后，体积增加约9%，在气温回升时，冰盖加速膨胀，受到坝面和库岸的约束，在坝面上产生的压力称为静冰压力。冰盖解冻，冰块顺风顺水漂流撞击在坝面、闸门或闸墩上的撞击力称为动冰压力。冰压力的计算详见《水工建筑物荷载设计规范》(DL 5077—1997)。

9. 其他荷载

常见的其他荷载有土压力、温度荷载、灌浆压力、风荷载、雪荷载、坝顶车辆荷载、永久设备荷载等。它们对重力坝的影响是次要的，当需要计算时，查相应规范。

(二)重力坝的荷载(作用)组合

1. 荷载(作用)的分类

重力坝的荷载,除坝体自重外,其大小和出现的概率都有一定的变化。重力坝主要荷载按随时间变异分三类:

(1)永久作用。包括:①坝体自重和永久性设备自重;②淤沙压力(有排沙设施时可列为可变作用);③土压力。

(2)可变作用。包括:①静水压力;②扬压力(包括渗透压力和浮托力);③动水压力;④浪压力;⑤冰压力(包括静冰压力和动冰压力);⑥风雪荷载;⑦机动荷载。

(3)偶然作用。包括:①地震作用;②校核洪水位时的静水压力。

2. 荷载(作用)的组合

在设计混凝土重力坝坝体剖面时,荷载组合分基本组合和特殊组合两种。基本组合属永久作用与可变作用的效应组合,即设计情况和正常情况;特殊组合除一些永久作用与可变作用外,尚包括可能同时出现的一种或几种偶然作用,属校核情况和非常情况。

1)荷载(作用)的基本组合

(1)坝体及永久性设备的自重。

(2)以发电为主的水库,上游用正常蓄水位,下游按照运用要求泄放最小流量时的水位,且防渗及排水设施正常工作时的水作用:①大坝上下游面的静水压力;②扬压力。

(3)大坝上游泥沙压力。

(4)大坝上下游侧向土压力。

(5)以防洪为主的水库,上游用防洪高水位,下游用其相应的水位,且防渗及排水设施正常工作时的水作用:①大坝上下游面的静水压力;②扬压力;③相应泄洪时的动水压力。

(6)浪压力:①取 50 年一遇风速引起的浪压力(相当于多年平均最大风速的 1.5~2 倍引起的浪压力);②多年平均最大风速引起的浪压力。

(7)冰压力:取正常蓄水位时的冰作用。

(8)其他出现机会较多的作用。

2)荷载(作用)的特殊组合

除计入一些永久作用和可变作用外,还应计入下列的一个偶然作用:

(9)当水库泄放校核洪水(偶然状况)流量时,上下游水位的作用,且防渗排水正常工作时的水作用:①坝上下游面的静水压力;②扬压力;③相应泄洪时的动水压力。

(10)地震作用。一般取正常蓄水情况时相应的上下游水深。

(11)其他出现机会很少的作用。

将上述各种荷载的作用组合列入表 1-9。

三、重力坝的抗滑稳定及应力分析

重力坝的抗滑稳定及应力分析即在各种荷载组合情况下,对初拟的断面尺寸进行稳定计算、强度校核,最终定出经济断面。

表1-9　荷载(作用)组合

荷载组合	主要考虑情况	荷载类别									说明
		自重	静水压力	扬压力	泥沙压力	浪压力	冰压力	动水压力	土压力	地震作用	
基本组合	1.正常蓄水位情况	①	②	②	③	⑥	—	—	④	—	以发电为主的水库,土压力根据坝体外是否有填土而定(下同)
	2.防洪高水位情况	①	⑤	⑤	③	⑥	—	⑤	④	—	以防洪为主的水库,正常蓄水位较低
	3.冰冻情况	①	②	②	③	—	⑦	—	④	—	静水压力及扬压力按相应冬季水位计算
	4.施工期临时挡水	①	②	②					④		
特殊组合	1.校核洪水情况	①	⑨	⑨	③	⑥	—	⑨	④	—	
	2.地震情况	①	②	②	③	⑥	—	—	④	⑩	静水压力、扬压力和浪压力按正常蓄水位计算,有论证时可另作规定

注:1.应根据各种荷载作用同时发生的概率,选择计算中最不利的组合。
2.根据地质和其他条件,当考虑运用时排水设备易于堵塞,需经常维修时,应考虑排水失效的情况,作为特殊组合。

(一)重力坝的抗滑稳定分析

抗滑稳定分析是重力坝设计中的一项重要内容,其目的是核算坝体沿坝基面或沿地基深层软弱结构面抗滑稳定的安全度。

1.抗滑稳定计算截面的选取

重力坝的稳定应根据坝基的地质条件和坝体剖面形式,选择受力大、抗剪强度较低、容易产生滑动的截面作为计算截面。重力坝抗滑稳定计算主要是核算沿坝基面及混凝土面(包括常态混凝土水平施工缝或碾压混凝土层面)的抗滑稳定性。另外,当坝基内有软弱夹层、缓倾角结构面时,也应核算其深层抗滑稳定性。

2.重力坝的沿坝基面抗滑稳定分析

以一个坝段或取单宽作为计算单元。计算公式有抗剪强度公式和抗剪断公式。

1)抗剪强度公式

将坝体与基岩间看成是一个接触面,而不是胶结面。

当接触面呈水平时[见图1-12(a)],其抗滑稳定安全系数 K_s 为

$$K_s = \frac{f(\sum W - U)}{\sum P} \tag{1-24}$$

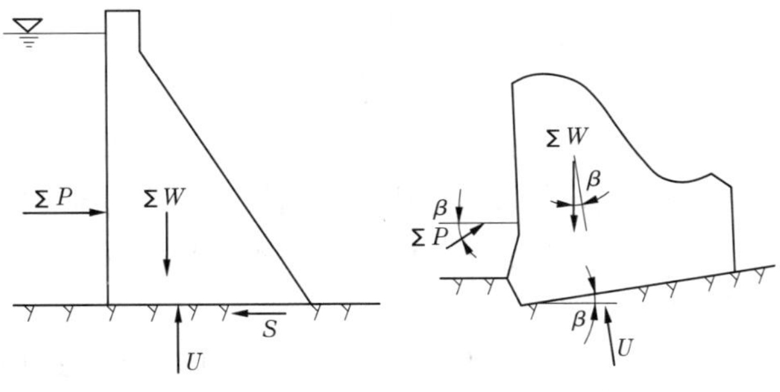

图 1-12 重力坝抗滑稳定计算简图

式中 $\sum W$——接触面以上的总铅直力；

$\sum P$——接触面以上的总水平力；

U——作用在接触面上的扬压力；

f——接触面间的摩擦系数。

当接触面倾向上游时[见图 1-12(b)]，其抗滑稳定安全系数 K_s 为

$$K_s = \frac{f(\sum W\cos\beta - U) + \sum P\sin\beta}{\sum P\cos\beta - \sum W\sin\beta} \tag{1-25}$$

式中 β——接触面与水平面间的夹角。

由式(1-25)可以看出，当接触面倾向上游时，对坝体抗滑有利；当接触面倾向下游时，β 为负值，使抗滑力减小，滑动力增大，对坝体稳定不利。

混凝土与基岩间的摩擦系数 f 值常取 0.5~0.8，摩擦系数的选定直接关系到大坝的造价与安全，f 值越小，为维持稳定所需的 $\sum W$ 越大，即坝体剖面面积越大，以新安江工程重力坝为例，若 f 值减小 0.01，坝体混凝土就要增加 2 万 m^3。

由于抗剪强度公式未考虑坝体混凝土与基岩间的凝聚力，而将其作为安全储备，因此相应的安全系数 K_s 值就不应再定得过高。用抗剪强度公式设计时，各种荷载组合情况下的安全系数不小于表 1-10 的规定。

表 1-10 抗滑稳定安全系数 K_s 值

荷载组合		坝的级别		
		1	2	3
基本组合		1.10	1.05	1.05
特殊组合	1	1.05	1.00	1.00
	2	1.00	1.00	1.00

2) 抗剪断公式

利用抗剪断公式时，认为坝体混凝土与基岩接触良好，直接采用接触面上的抗剪断参数 f' 和 c' 计算抗滑稳定安全系数。此处，f' 为抗剪断摩擦系数，c' 为抗剪断凝聚力。

$$K'_s = \frac{f'(\sum W - U) + c'A}{\sum P} \tag{1-26}$$

对于大中型工程，在设计阶段，强度参数 f' 和 c' 应有野外及室内试验成果；在规划和可行性研究阶段可参照规范给定的数值选用。我国设计规范用统计的方法给出了不同级别岩石的抗剪断参数的计算参考值，规范规定 K'_s 值不分坝的级别，基本组合为3.0、特殊组合(1)为2.5、特殊组合(2)为2.3。

上述抗剪强度公式(1-24)形式简单，对摩擦系数 f 的选择，多年来积累了丰富的经验，在国内外应用广泛。但该式忽略了坝体与基岩间的胶结作用，不能完全反映坝的实际工作性态。抗剪断公式(1-26)直接采用接触面上的抗剪强度参数，物理概念明确，比较符合坝的实际工作情况，已日益被各国所采用。

3. 坝基深层抗滑稳定计算

在很多情况下，重力坝的最危险滑动面往往不在坝身与地基的接触面上，而是在地基内部。因为基岩内经常有各种形式的软弱面存在，坝体将带动一部分基岩沿这些软弱面滑动，即所谓的深层滑动。

(1)当深层滑动面为一简单的平面时(见图1-13)，可用式(1-24)及式(1-25)进行计算。

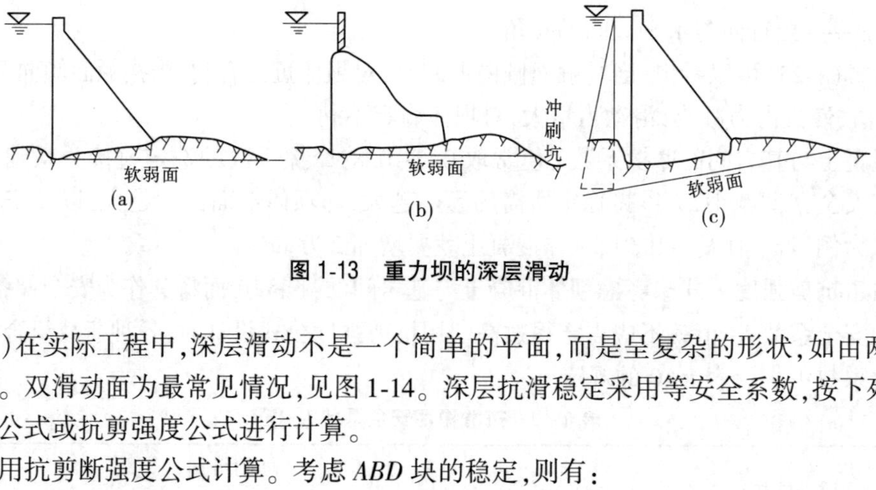

图1-13　重力坝的深层滑动

(2)在实际工程中，深层滑动不是一个简单的平面，而是呈复杂的形状，如由两个斜面组成。双滑动面为最常见情况，见图1-14。深层抗滑稳定采用等安全系数，按下列抗剪断强度公式或抗剪强度公式进行计算。

采用抗剪断强度公式计算。考虑 ABD 块的稳定，则有：

$$K'_1 = \frac{f'_1[(W + G_1)\cos\alpha - H\sin\alpha - Q\sin(\varphi - \alpha) - U_1 + U_3\sin\alpha] + c'_1A_1}{(W + G_1)\sin\alpha + H\cos\alpha - U_3\cos\alpha - Q\cos(\varphi - \alpha)} \tag{1-27}$$

考虑 BCD 块的稳定，则有：

$$K'_2 = \frac{f'_2[G_2\cos\beta + Q\sin(\varphi + \beta) - U_2 + U_3\sin\beta] + c'_2A_2}{Q\cos(\varphi + \beta) - G_2\sin\beta + U_3\cos\beta} \tag{1-28}$$

式中　K'_1、K'_2——按抗剪断强度计算的抗滑稳定安全系数；

W——作用于坝体上全部荷载(不包括扬压力，下同)的垂直分值，kN；

H——作用于坝体上全部荷载的水平分值，kN；

G_1、G_2——岩体 ABD、BCD 重量的垂直作用力，kN；

f'_1、f'_2——AB、BC 滑动面的抗剪断摩擦系数；
c'_1、c'_2——AB、BC 滑动面的抗剪断凝聚力，kPa；
A_1、A_2——AB、BC 面的面积，m^2；
α、β——AB、BC 面与水平面的夹角；
U_1、U_2、U_3——AB、BC、BD 面上的扬压力，kN；
Q——BD 面上的作用力，kN；
φ——BD 面上的作用力 Q 与水平面的夹角，夹角 φ 值需经论证后选用，从偏于安全考虑 φ 可取 0°。

通过式(1-27)、式(1-28)及 $K'_1=K'_2=K'$，求解 Q、K'值。

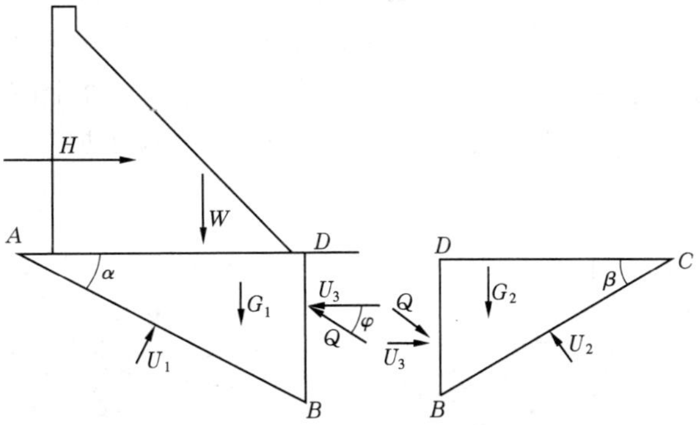

图 1-14　双层滑动面深层抗滑稳定计算示意图

采用抗剪强度公式计算。考虑 ABD 块的稳定，则有：

$$K_1=\frac{f_1[(W+G_1)\cos\alpha-H\sin\alpha-Q\sin(\varphi-\alpha)-U_1+U_3\sin\alpha]}{(W+G_1)\sin\alpha+H\cos\alpha-U_3\cos\alpha-Q\cos(\varphi-\alpha)} \tag{1-29}$$

考虑 BCD 块的稳定，则有：

$$K_2=\frac{f_2[G_2\cos\beta+Q\sin(\varphi+\beta)-U_2+U_3\sin\beta]}{Q\cos(\varphi+\beta)-G_2\sin\beta+U_3\cos\beta} \tag{1-30}$$

式中　K_1、K_2——按抗剪强度计算的抗滑稳定安全系数；
f_1、f_2——AB、BC 滑动面的抗剪摩擦系数。

通过式(1-29)、式(1-30)及 $K_1=K_2=K$，求解 Q、K 值。

多滑面的情况比较复杂，可参照双滑面的计算方法求解 K 值。

4. 提高坝体抗滑稳定的工程措施

(1)设置倾斜的上游坝面，利用坝面上水重增加稳定。但应注意，上游面的坡度不宜过缓，应控制在 1:0.1～1:0.2；否则，在上游坝面容易产生拉应力，对强度不利。

(2)采用有利的开挖轮廓线。开挖坝基时，最好利用岩面的自然坡度，使坝基面倾向上游，见图 1-15(a)。有时，有意将坝踵高程降低，使坝基面倾向上游，见图 1-15(b)，但这种做法将加大上游水压力，增加开挖量和浇筑量，故较少采用。当基岩比较固定时，可以开挖成锯齿状，形成局部倾向上游的斜面，见图 1-15(c)，但能否开挖成锯齿状，主要取决于基岩节理裂隙的产状。

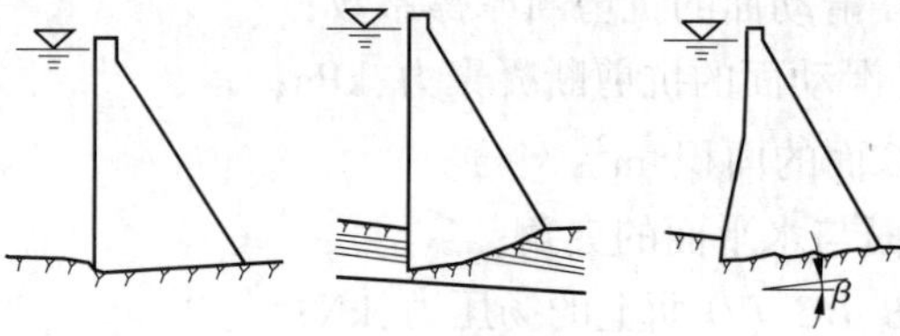

(a)　(b)　(c)

图 1-15　坝基开挖轮廓

(3)设置齿墙。如图 1-16(a)所示,当基岩内有倾向下游的软弱面时,可在坝踵部位设置齿墙,切断较浅的软弱面,迫使可能的滑动面由 abc 成为 $a'b'c'$,这样既增大了滑动体的重量,同时增大了抗滑体的抗力。如在坝趾部位设置齿墙,将坝趾放在较好的岩层上[见图 1-16(b)],则可更多地发挥抗滑体的作用,可在一定程度上改善坝踵应力,同时由于坝趾的压应力较大,设在坝趾下齿墙的抗剪能力也会相应增加。

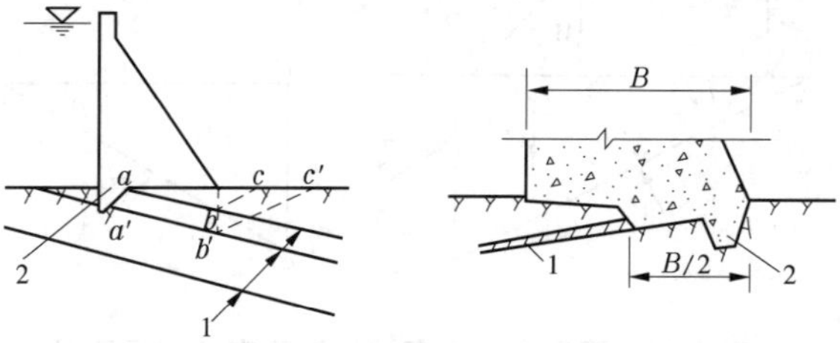

(a)　(b)

1—泥化夹层;2—齿墙

图 1-16　齿墙设置

(4)抽水降压措施。当下游水位较高,坝体承受的浮托力较大时,可考虑在坝基面设置排水系统,定时抽水以减小坝底浮托力。如我国的龚嘴工程,下游水深达 30 m,采取抽水措施后,浮托力只按 10 m 水深计算,节省了许多浇筑量。

(5)加固地基。包括帷幕灌浆、固结灌浆及断层、软弱夹层的处理等。

(二) 重力坝的应力分析

1. 重力坝应力分析的目的和方法

重力坝应力分析的目的是检验坝体在施工期和运用期各部位的应力是否超过坝体材料的容许值,根据坝体应力大小的分布规律进行坝体材料标号的区分设计,同时为设计穿过坝体的廊道、管道、孔口等提供依据。

重力坝应力分析方法有理论计算和模型试验两大类。理论计算方法主要有材料力学法和有限元法。对于中、低坝,当地质条件较简单时,可只按材料力学法计算坝的应力,有时可只计算坝的边缘应力。对于高坝,尤其当地质条件复杂时,除用材料力学法计算外,宜同时进行模型试验或采用有限元法进行计算。对于修建在复杂地基上的中、低坝亦可根据需要进行上述研究。

2. 材料力学法计算坝体应力

材料力学法计算坝体应力,首先在坝的横剖面上截取若干个控制性水平截面进行应力计算。一般情况下,应在坝基面、折坡处、坝体削弱部位(如廊道、泄水管道、坝内有孔洞的部位)以及认为需要计算坝体应力的部位截取计算截面。

对于实体重力坝,常在坝体最高处沿坝轴线取单位坝长(1 m)作为计算对象,选定荷载组合,确定计算截面,进行应力计算。

1)基本假定

(1)假定坝体混凝土为均质、连续、各向同性的弹性材料。

(2)视坝段为固定于坝基上的悬臂梁,不考虑地基变形对坝体应力的影响,并认为各坝段独立工作,横缝不传力。

(3)假定坝体水平截面上的正应力 σ_y 按直线分布,不考虑廊道等对坝体应力的影响。

2)边缘应力的计算

一般情况下,坝体的最大应力和最小应力都出现在坝面,所以对重力坝首先应校核坝体边缘应力是否满足强度要求。

计算图形及应力与荷载的方向见图 1-17。右上角应力和力的箭头方向为正。

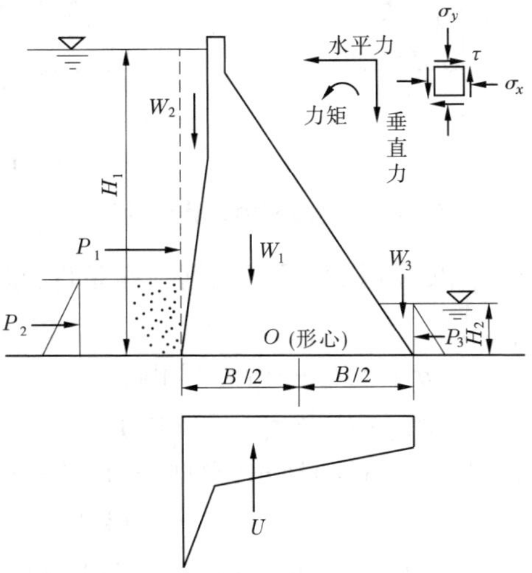

图 1-17 坝体应力计算图

(1)水平截面上的正应力。因为假定 σ_y 按直线分布,所以可按偏心受压式(1-31)、式(1-32)计算上下游边缘应力 σ_{yu} 和 σ_{yd}:

$$\sigma_{yu} = \frac{\sum W}{B} + \frac{6\sum M}{B^2} \quad (\text{kPa}) \tag{1-31}$$

$$\sigma_{yd} = \frac{\sum W}{B} - \frac{6\sum M}{B^2} \quad (\text{kPa}) \tag{1-32}$$

式中 $\sum W$——作用于计算截面以上全部荷载的铅直分力总和,kN;

$\sum M$——作用于计算截面以上全部荷载对截面形心的力矩总和,kN · m;

B——计算截面的长度,m。

（2）剪应力。已知 σ_{yu} 和 σ_{yd} 以后，可以根据边缘微分体的平衡条件，解出上下游边缘剪应力 τ_u 和 τ_d，见图 1-18(a)。

$$\tau_u = (P_u - \sigma_{yu})n \quad (\text{kPa}) \tag{1-33}$$

$$\tau_d = (\sigma_{yd} - P_d)m \quad (\text{kPa}) \tag{1-34}$$

式中　P_u——上游面水压力强度，kPa；

P_d——下游面水压力强度，kPa；

n——上游坝坡坡率，$n = \tan\varphi_u$；

m——下游坝坡坡率，$m = \tan\varphi_d$；

φ_u、φ_d——上下游坝面与铅直面的夹角。

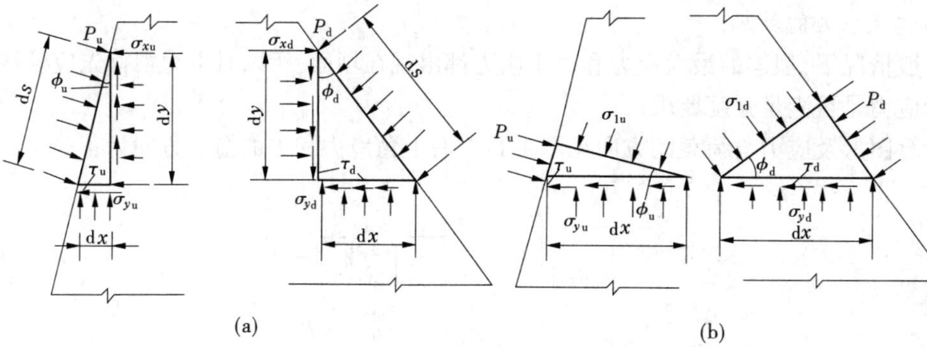

图 1-18　边缘应力计算示意图

（3）水平正应力。已知 τ_u 和 τ_d 以后，可以根据平衡条件，求得上下游边缘的水平正应力 σ_{xu} 和 σ_{xd}。

$$\sigma_{xu} = P_u - \tau_u n \quad (\text{kPa}) \tag{1-35}$$

$$\sigma_{xd} = P_d + \tau_d m \quad (\text{kPa}) \tag{1-36}$$

（4）主应力。取微分体，如图 1-18(b)所示，根据平衡条件，则

$$\sigma_{1u} = (1 + n^2)\sigma_{yu} - P_u n^2 \quad (\text{kPa}) \tag{1-37}$$

$$\sigma_{1d} = (1 + m^2)\sigma_{yd} - P_d m^2 \quad (\text{kPa}) \tag{1-38}$$

显然，上下游坝面水压力强度是另一个主应力，分别为

$$\sigma_{2u} = P_u \quad (\text{kPa}) \tag{1-39}$$

$$\sigma_{2d} = P_d \quad (\text{kPa}) \tag{1-40}$$

由式(1-37)可以推得，当上游坝面倾向上游（坡率 $n>0$）时，随着 n 的增大，上游面主应力 $\sigma_{1u}<0$，即为拉应力。因此，岩基上的重力坝常把上游面做成铅直的（$n=0$），或小坡率（$n<0.2$）的折坡坝面。

3）内部应力计算

应用偏心受压公式求出坝体水平截面上的 σ_y 以后，便可利用平衡条件求出截面上内部各点的应力分量 τ 和 σ_x。

（1）坝内水平截面上的正应力 σ_y。假定 σ_y 在水平截面上按直线分布，即

$$\sigma_y = a + bx \tag{1-41}$$

坐标原点设在下游坝面，由偏心受压公式可以得出系数 a 和 b，如图 1-19(a)所示。

$$a=\frac{\sum W}{B}-\frac{6\sum M}{B^2},\quad b=\frac{12\sum M}{B^3}$$

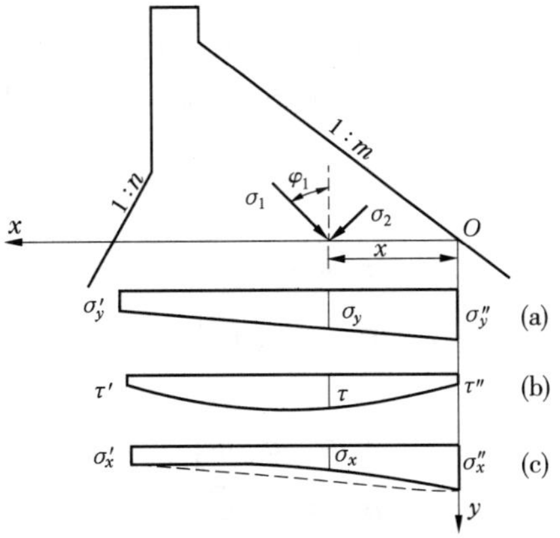

图 1-19　坝内应力分布图

(2)坝内剪应力 τ。由于 σ_y 呈线性分布，由平衡条件可得出水平截面上剪应力 τ 呈二次抛物线分布，如图 1-19(b)所示，即

$$\tau=a_1+b_1x+c_1x^2 \tag{1-42}$$

其中

$$\left.\begin{aligned}a_1&=\tau_d\\ b_1&=-\frac{1}{B}\left(\frac{6\sum P}{B}+2\tau_u+4\tau_d\right)\\ c_1&=\frac{1}{B^2}\left(\frac{6\sum P}{B}+3\tau_u+3\tau_d\right)\end{aligned}\right\}$$

(3)坝内水平正应力 σ_x。σ_x 的分布接近直线，如图 1-19(c)所示。因此，对中、小型坝可近似假定：

$$\sigma_x=a_2+b_2x \tag{1-43}$$

其中　$a_2=\sigma_{xd}$，　$b_2=\dfrac{\sigma_{xu}-\sigma_{xd}}{B}$

(4)坝内主应力 σ_1 和 σ_2。求得任意点的三个应力分量 σ_x、σ_y 和 τ 以后，即可计算该点的主应力和第一主应力的方向 φ_1：

$$\left.\begin{aligned}\sigma_1&=\frac{\sigma_x+\sigma_y}{2}+\sqrt{\left(\frac{\sigma_y-\sigma_x}{2}\right)^2+\tau^2}\\ \sigma_2&=\frac{\sigma_x+\sigma_y}{2}-\sqrt{\left(\frac{\sigma_y-\sigma_x}{2}\right)^2+\tau^2}\\ \varphi_1&=\frac{1}{2}\arctan\left(-\frac{2\tau}{\sigma_y-\sigma_x}\right)\end{aligned}\right\} \tag{1-44}$$

φ_1 以顺时针方向为正，当 $\sigma_y>\sigma_x$ 时，自竖直线量取；当 $\sigma_y<\sigma_x$ 时，自水平线量取。

求出各点的主应力后，即可在计算点上用矢量表示其大小，构成主应力图。必要时，还可根据此绘出主应力轨迹线和等应力图。

4）考虑扬压力时的应力计算

上述应力计算公式均未计入扬压力。当需要考虑扬压力时，可将计算截面上的扬压力作为外荷载计入，根据边缘微分体的平衡条件，求得应力公式。

（1）求边缘应力。

上游边缘 τ_u、σ_{xu} 为

$$\left.\begin{aligned}\tau_u &= -\sigma_{yu}n\\ \sigma_{xu} &= \sigma_{yu}n^2\end{aligned}\right\} \tag{1-45}$$

下游边缘 τ_d、σ_{xd} 为

$$\left.\begin{aligned}\tau_d &= -\sigma_{yd}m\\ \sigma_{xd} &= \sigma_{yd}m^2\end{aligned}\right\} \tag{1-46}$$

上下游边缘主应力 σ_{1u}、σ_{2u}、σ_{1d}、σ_{2d} 为

$$\left.\begin{aligned}\sigma_{1u} &= (1+n^2)\sigma_{yu}\\ \sigma_{2u} &= 0\\ \sigma_{1d} &= (1+m^2)\sigma_{yd}\\ \sigma_{2d} &= 0\end{aligned}\right\} \tag{1-47}$$

可见，考虑与不考虑扬压力时，τ、σ_x 和 σ_1、σ_2 的计算公式是不相同的。

（2）求坝内压力。可先不计扬压力，按上述有关公式计算各点应力，然后叠加扬压力引起的应力。

3. 坝体和坝基的应力控制

1）重力坝坝基面坝踵、坝趾的垂直应力应符合的要求

（1）运用期。

①在各种荷载组合下（地震荷载除外），坝踵垂直应力不应出现拉应力，坝趾垂直应力应小于坝基容许压应力。

②在地震荷载作用下，坝踵、坝趾的垂直应力应符合《水工建筑物抗震设计标准》（GB 51247—2018）的要求。

（2）施工期。

坝趾垂直应力允许有小于 0.1 MPa 的拉应力。

2）重力坝坝体应力应符合的要求

（1）运用期。

①坝体上游面的垂直应力不出现拉应力（计扬压力）。

②坝体最大主压应力不应大于混凝土的允许压应力值。

③在地震情况下，坝体上游面的应力控制标准应符合《水工建筑物抗震设计标准》（GB 51247—2018）的要求。

（2）施工期。

①坝体任何截面上的主压应力不应大于混凝土的允许压应力。

②在坝体的下游面，允许有不大于 0.25 MPa 的主拉应力。

混凝土的允许应力应按混凝土的极限强度除以相应的安全系数确定。坝体混凝土抗压安全系数，基本组合不应小于 4.0、特殊组合（不含地震情况）不应小于 3.5。当局部混凝土有抗拉要求时，抗拉安全系数不应小于 4.0。

【案例 1-2】 非溢流坝设计

一、剖面尺寸拟订

（一）坝顶高程的确定

按非溢流重力坝的实用剖面中的坝顶高程确定方法，分设计、校核两种情况分别计算坝顶高程，计算成果见表 1-11。

表 1-11 坝顶高程计算成果

计算情况	风速 v/m/s	波高/m	波长/m	风壅水面高度/m	安全加高/m	静水位以上的超高/m	坝顶高程/m
设计情况	28	1.47	14.20	0.48	0.5	2.45	387.8
校核情况	14	0.62	7.10	0.17	0.4	1.19	387.9

经比较可以得出坝顶或防浪墙墙顶高程为 387.9 m，并取防浪墙高 1.2 m，则

坝顶高程为 $387.9-1.2=386.7(m)$

最大坝高为 $386.7-327=59.7(m)$

（二）坝顶宽度

考虑交通要求，坝顶宽度取 7 m。

（三）坝面坡度

上游坝坡采用折线面，起坡点高程为 347 m，坡度为 1∶0.2；下游坡度为 1∶0.7。因为基本三角形的顶点与校核洪水位齐平，故重力坝剖面的下游坡向上延伸应与校核洪水位相交，则可以得出下游坡起坡点的高程为 379.5 m。

（四）坝基的防渗与排水设施拟订

由于防渗的需要，坝基须设置防渗帷幕和排水孔幕。据基础廊道的布置要求，初步拟订防渗帷幕及排水孔中心线在坝基面处距离坝踵分别为 7 m 和 9 m。

拟订的剖面尺寸如图 1-20 所示。对初拟的剖面修改—校核—再修改的重复计算过程略。

二、荷载计算

（一）计算情况的选择

在设计重力坝的剖面时，分基本组合和特殊组合。荷载组合有正常蓄水位情况、设计洪水情况、冰冻情况，特殊组合有校核洪水情况、地震情况。设计时应对这五种情况分别进行计算。本次设计仅以设计洪水情况为例进行荷载分析计算。

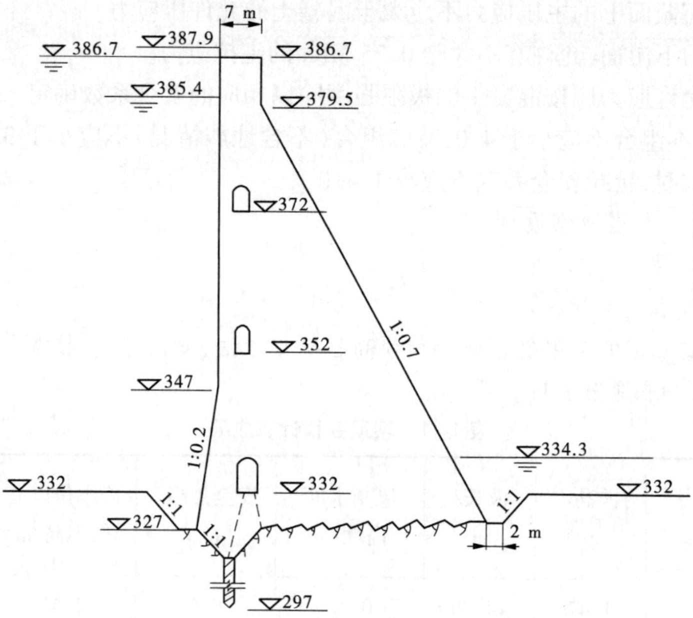

图 1-20　非溢流坝剖面图

（二）计算截面的选择

抗滑稳定的计算截面一般选择在受力较大、抗剪强度低、容易产生滑动破坏的截面，一般情况有以下几种：坝基面、坝基内软弱层面、坝基缓倾角结构面、不利的地形、混凝土的层面等。

应力分析的位置一般有坝基面、折坡处的截面、坝体削弱部位等。

本次设计仅以坝基面为例来分析计算。

（三）荷载计算

设计洪水情况下作用在坝基面上的荷载有自重、静水压力、扬压力、泥沙压力、浪压力。有关参数的选择：混凝土的重度为 24 kN/m^3，水的重度为 9.81 kN/m^3，扬压力的折减系数为 0.25，泥沙的浮重度为 9.5 kN/m^3，抗剪断参数（混凝土与基岩之间）$f'=0.9$、$c'=700$ kPa，基岩的允许抗压强度为 3 000 kPa。

荷载的计算成果见表 1-12。

三、抗滑稳定分析

利用抗剪断公式时，认为坝体混凝土与基岩接触良好，直接采用接触面上的抗剪断参数 f' 和 c' 计算抗滑稳定安全系数。

$$K=(0.9\times 27\ 864.12+700\times 47.75)/17\ 544.41=3.33>K'_s=3$$

由以上计算可知：设计洪水情况下，坝基面满足抗滑稳定要求。

四、应力分析

分析坝基水平截面上下游边缘应力 σ_{yu} 和 σ_{yd}。非溢流坝荷载设计成果见表 1-12。

表 1-12 非溢流坝荷载设计成果

荷载名称及符号		垂直力/kN		水平力/kN		对截面形心的力臂/m	力矩的标准值/(kN·m)	
		↓	↑	→	←		+	-
自重	W_1	960.00				21.21	20 361.60	
	W_2	10 029.60				16.38	164 284.85	
	W_3	23 152.50				0.62	14 354.55	
水平水压力	P_{H1}			16 728.80		21.88		366 026.14
	P_{H2}				261.39	2.43	635.18	
垂直水压力	P_{V1}	1 506.82				21.88	32 969.22	
	P_{V2}	392.82				22.55	8 858.09	
	P_{V3}	182.97				22.18		4 058.30
泥沙压力	P_{skH}			1 009.00		6.00		6 054.00
	P_{skV}	308.00				21.70	6 683.60	
浪压力	$P_{1.1}$			315.00		54.30		17 104.50
	$P_{1.2}$				247.00	53.70	13 263.90	
小计		36 532.71 ↓		17 544.41 →			-131 831.95	
扬压力	U_1		3 419.52			0		0
	U_2		1 128.35			19.38		21 867.42
	U_3		2 429.08			1.95		4 736.71
	U_4		1 691.64			20.88		35 321.44
	小计	8 668.59 ↑					-61 925.57	
总计		27 864.12 ↓		17 544.41 →			-193 757.52	

已知 $m=0.7$，$B=47.75$ m。

坝趾处：$\sigma_{yd}=\sum W/B-6\sum M/B^2$

$=27\ 864.12/47.75-6\times193\ 757.52/47.75^2$

$=73.67$ (kPa)>0

$\sigma_{yu}=\sum W/B+6\sum M/B^2$

$=27\ 864.12/47.75+6\times193\ 757.52/47.75^2$

$=1\ 093.42$(kPa)<3 000 kPa

由以上计算可知：设计洪水情况下，坝趾、坝踵处的应力符合强度要求。

任务三　溢流坝的设计

溢流重力坝既是挡水建筑物又是泄水建筑物。其泄水方式有坝顶溢流和坝身泄水孔泄水两种。在水利枢纽中,它可承担泄洪、向下游输水、排沙、放空水库和施工导流等任务。

溢流坝是枢纽中最重要的泄水建筑物之一,将规划库容所不能容纳的大部分洪水经坝顶泄向下游,以便保证大坝安全。溢流坝应满足泄洪的设计要求:①有足够的孔口尺寸、良好的孔口体形和泄水时具有较大的流量系数;②使水流平顺地通过坝体,不允许产生不利的负压和振动,避免发生空蚀现象;③保证下游河床不产生危及坝体安全的冲坑和冲刷;④溢流坝段在枢纽中的位置,应使下游流态平顺,不产生折冲水流,不影响枢纽中其他建筑物的正常运行;⑤有灵活控制水流下泄的设备,如闸门、启闭机等。

因此,坝体剖面设计除要满足稳定和强度要求外,还要满足泄水的要求,同时要考虑下游的消能问题。当溢流坝段在河床上的位置确定后,先选择合适的泄水方式,并根据洪水标准和运用要求确定孔口尺寸及溢流堰顶高程。

一、孔口设计

溢流坝的孔口设计涉及很多因素,如洪水设计标准、下游防洪要求、库水位壅高的限制、泄水方式、堰面曲线以及枢纽所在地段的地形、地质条件等。设计时,先选定泄水方式,拟订若干个泄水布置方案(除堰面溢流外,还可配合坝身泄水孔或泄洪隧洞泄流)。初步确定孔口尺寸,按规定的洪水设计标准进行调洪演算,求出各方案的防洪库容、设计洪水位和校核洪水位及相应的下泄流量,然后估算淹没损失和枢纽造价,进行综合比较,选出最优方案。

(一)孔口形式

溢流坝的泄水方式有堰顶溢流式和大孔口溢流式两种,如图 1-21 所示。

1. 堰顶溢流式

根据运用要求,堰顶可以设闸门,也可以不设闸门。

不设闸门时,堰顶高程等于水库的正常蓄水位,泄水时,靠壅高库内水位增加下泄量,这种情况增加了库内的淹没损失、非溢流坝的坝顶高程和坝体工程量。泄洪时不仅用于排泄洪水,而且用于排泄其他漂浮物。它结构简单、可自动泄洪、管理方便,适用于洪水流量较小,淹没损失不大的中、小型水库。

当堰顶设有闸门时,堰顶高程较低,可利用闸门不同开启度调节库内水位和下泄流量,减少上游淹没损失和非溢流坝的高度及坝体的工程量。与深孔闸门比较,堰顶闸门承受的水头较小,其孔口尺寸较大,由于闸门安装在堰顶,操作、检验均比深孔闸门方便。当闸门全开时,下泄流量与堰上水头 H_0 的 1.5 次方成正比。随着库水位的升高,下泄流量增加较快,具有较大的超泄能力。在大、中型水库工程中得到广泛的应用。

2. 大孔口溢流式

大孔口溢流式在闸墩上部设置胸墙,既可利用胸墙挡水,又可减小闸门的高度和降低堰顶高程。它可以根据洪水预报提前放水,腾出较大的防洪库容,提高水库的调洪能力。当库水位低于胸墙下缘时,下泄水流流态与堰顶开敞溢流式相同;当库水位高于孔口一定

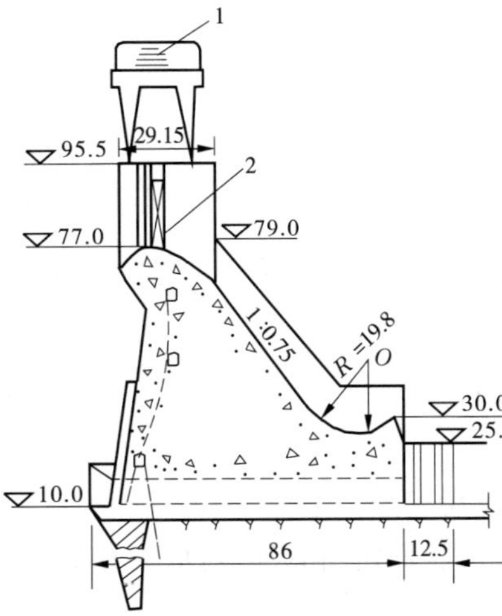

(a)堰顶溢流式

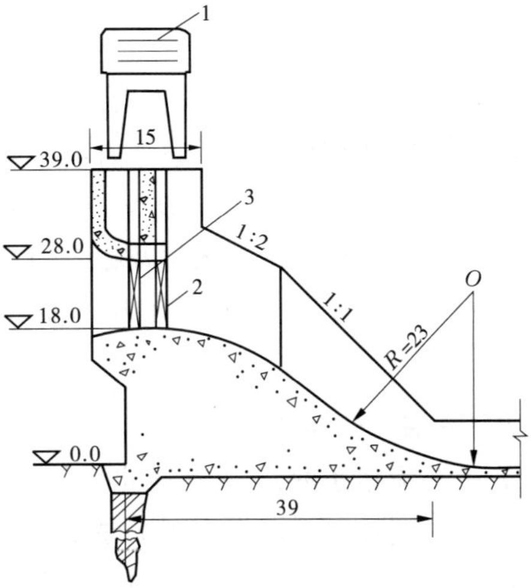

(b)大孔口溢流式

1—门机;2—工作闸门;3—检修闸门

图 1-21 溢流坝泄水方式 (单位:m)

高度时,呈大孔口出流。胸墙多为钢筋混凝土结构,常固接在闸墩上,也有做成活动式的。遇特大洪水时可将胸墙吊起,以加大泄洪能力,利于排放漂浮物。

(二)孔口尺寸

1. 单宽流量的确定

单宽流量一经选定,就可以初步确定溢流坝段的净宽和堰顶高程。单宽流量愈大,下泄水流的动能愈集中,消能问题就愈突出,下游局部冲刷会愈严重,但溢流前缘短,对枢纽布置有利。因此,一个经济而又安全的单宽流量,必须综合地质条件、下游河道水深、枢纽布置和消能工设计多种因素,通过技术经济比较后选定。

工程实践证明,对于软弱岩石常取 $q=20\sim50\ m^3/(s\cdot m)$,中等坚硬的岩石取 $q=50\sim100\ m^3/(s\cdot m)$,特别坚硬的岩石取 $q=100\sim150\ m^3/(s\cdot m)$,地质条件好可以选取更大的单宽流量。近年来,随着消能技术的进步,选用的单宽流量也不断增大。在我国已建成的大坝中,龚嘴水电站的单宽流量达 254.2 $m^3/(s\cdot m)$,安康水电站的单宽流量达 282.7 $m^3/(s\cdot m)$。而委内瑞拉的古里坝,其单宽流量已突破了 300 $m^3/(s\cdot m)$的界限。

2. 孔口尺寸的确定

溢流孔口尺寸主要取决于通过溢流孔口的下泄洪水流量 $Q_{溢}$,根据设计和校核情况下的洪水来量,经调洪演算确定下泄洪水流量 $Q_{总}$,再减去泄水孔和其他建筑物下泄流量之和 Q_0,即得 $Q_{溢}$:

$$Q_{溢}=Q_{总}-\alpha Q_0 \quad (m^3/s) \tag{1-48}$$

式中 Q_0——经由水电站、船闸及其他泄水孔下泄的流量;

α——系数,考虑水电站部分运行,或由于闸门障碍等因素对下泄流量的影响,正常运用时取 0.75~0.90,校核情况下取 1.0。

单宽流量 q 确定以后,溢流孔净宽 B(不包括闸墩厚度)为

$$B = \frac{Q_{溢}}{q} \quad (\mathrm{m}) \tag{1-49}$$

装有闸门的溢流坝，用闸墩将溢流段分隔为若干个等宽的孔。设孔口总数为 n，孔口宽度 $b=B/n$，d 为闸墩厚度，则溢流前缘总宽度 B_1 为

$$B_1 = nb + (n-1)d \quad (\mathrm{m}) \tag{1-50}$$

经调洪演算求得设计洪水位及相应的下泄流量后，可利用下式计算包括流速水头在内的堰顶水头 H_z，当采用开敞式溢流坝泄流时：

$$Q_{溢} = m_z \varepsilon \sigma_m B \sqrt{2g} H_z^{3/2} \tag{1-51}$$

式中 B——溢流孔净宽，m；

m_z——流量系数，可从有关水力计算手册中查得；

ε——侧收缩系数，根据闸墩厚度及闸墩头部形状而定，初设时可取为0.90~0.95；

σ_m——淹没系数，视淹没程度而定；

g——重力加速度，取9.81 m/s^2。

用设计洪水位减去堰顶水头 H_z（此时堰顶水头应扣除流速水头）即得堰顶高程。

当采用孔口泄流时：

$$Q_{溢} = \mu A_k \sqrt{2gH_z} \tag{1-52}$$

式中 A_k——出口处的面积，m^2；

μ——孔口或管道的流量系数，初设时对有胸墙的堰顶孔口，当 $H_z/D=2.0\sim2.4$ 时（D 为孔口高，m），取 $\mu=0.74\sim0.82$，对深孔取 $\mu=0.83\sim0.93$，当为有压流时，μ 值必须通过计算沿程及局部水头损失来确定；

H_z——自由出流时为孔口中心处的作用水头，淹没出流时为上下游水位差，m。

二、溢流坝的剖面设计

溢流坝的基本剖面也呈三角形。上游坝面可以做成铅直面，也可以做成折坡面。溢流面由顶部曲线段、中间直线段和底部反弧段三部分组成，如图1-22所示。

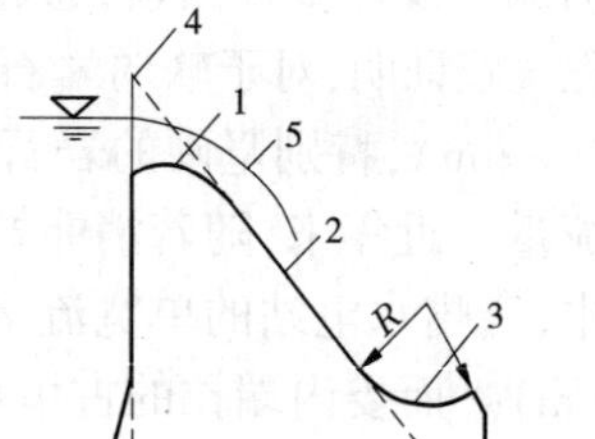

1—顶部曲线段；2—中间直线段；3—底部反弧段；4—基本剖面；5—溢流水舌

图1-22 溢流坝剖面

（一）溢流坝的堰面曲线

1. 顶部曲线段

溢流堰面曲线常采用非真空剖面曲线。较广泛的非真空剖面曲线有克—奥曲线和幂曲线（或称WES曲线）两种。克—奥曲线与幂曲线在堰项以下（2/5~1/2）H_d（H_d 为定型设计水头）范围内基本重合，在此范围外，克—奥曲线不给出曲线方程，只给定曲线坐标值，插值计算和施工放样均不方便。而幂曲线给定曲线方程，如式（1-53），便于计算和放样。克—奥曲线流量系数小于幂曲线流量系数（最大值0.502），故近年来堰面曲线多采用

码1-4 微课-溢流坝剖面设计

幂曲线。

(1)开敞式溢流堰面曲线。如图 1-23 所示,采用幂曲线时按下式设计堰面曲线:

$$x^n = KH_d^{n-1}y \tag{1-53}$$

式中　H_d——定型设计水头,按堰顶最大作用水头 H_{zmax} 的 75%~95%计算,m;

n、K——与上游坝面坡度有关的指数和系数,见表 1-13;

x、y——溢流面曲线的坐标,其原点设在堰面曲线的最高点。

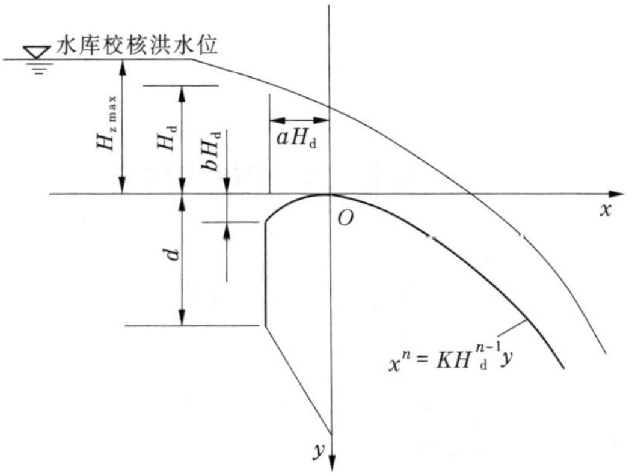

图 1-23　开敞式溢流堰面曲线

表 1-13　K、n 值

上游坝面坡度	K	n	上游坝面坡度	K	n
铅直面(3∶0)	2.000	1.850	倾斜面(3∶1)	1.936	1.836

原点上游宜有椭圆曲线,其方程式为

$$\frac{x^2}{(aH_d)^2} + \frac{(bH_d - y)^2}{(bH_d)^2} = 1 \tag{1-54}$$

式中　aH_d、bH_d——椭圆曲线的长轴和短轴,若上游面铅直,a、b 可按下式选取:

$$\frac{a}{b} = 0.87 + 3a \quad (a \approx 0.28 \sim 0.30)$$

当采用倒悬堰顶时(见图 1-23),应满足 $d>H_{zmax}/2$ 的条件,仍可采用式(1-53)计算。

(2)设有胸墙的堰面曲线。如图 1-24 所示,当堰顶最大作用水头(H_{zmax})(孔口中心线以上)与孔口高度(D)的比值 $H_{zmax}/D>1.5$ 时,或闸门全开仍属孔口泄流时,可按下式设计堰面曲线:

$$y = \frac{x^2}{4\varphi^2 H_d} \tag{1-55}$$

式中　H_d——定型设计水头,一般取孔口中心线至水库校核洪水位水头的 75%~95%;

φ——孔口收缩断面上的流速系数,一般取 $\varphi=0.96$,若孔前设有检修闸门,取 $\varphi=$

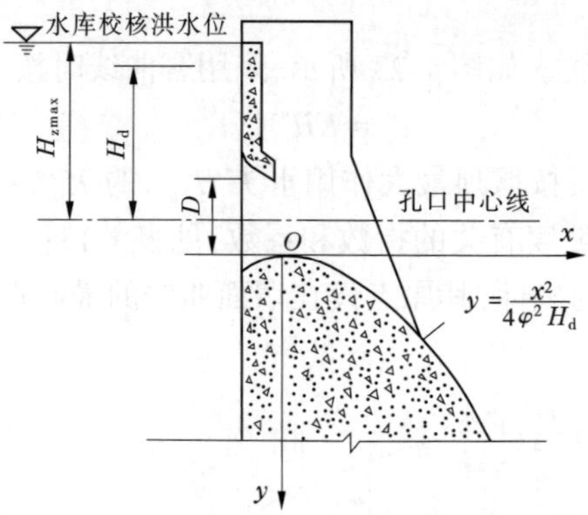

图 1-24 带胸墙大孔口的堰面曲线

0.95；

x、y——曲线坐标，其原点设在堰顶最高点，如图 1-24 所示。

坐标原点的上游段可采用单圆曲线、复合圆曲线或椭圆曲线与上游坝面连接，胸墙底缘也可采用圆弧或椭圆曲线外形，原点上游曲线与胸墙底缘曲线应通盘考虑，若 $1.2<H_{zmax}/D<1.5$，堰面曲线应通过试验确定。

按定型设计水头确定的溢流面顶部曲线，当通过校核洪水时将出现负压，一般要求负压值不超过 3~6 m 水柱高。

2. 中间直线段

中间直线段的上端与堰顶曲线相切，下端与反弧段相切，坡度与非溢流坝段的下游坡相同。

3. 底部反弧段

溢流坝面反弧段是使沿溢流面下泄水流平顺转向的工程设施，要求沿程压力分布均匀，不产生负压和不致引起有害的脉动压力。通常采用圆弧曲线，其反弧半径 $R=(4\sim10)h$（h 为校核洪水闸门全开时反弧最低点的水深）。反弧最低点的流速愈大，要求反弧半径愈大。当流速小于 16 m/s 时，取下限；流速大时，宜采用较大值。当采用底流消能，反弧段与护坦相连时，宜采用上限值。

（二）溢流坝实用剖面设计

溢流坝的实用剖面，是在三角形基本剖面基础上结合堰面曲线修改而成的。

（1）溢流坝堰面曲线超出基本三角形剖面。如图 1-25（a）所示，在坚固完好的岩基上，会出现这种情况，设计时需对基本剖面进行修正。

根据溢流坝的定型设计水头 H_d 和选定的堰面曲线形式，点绘出堰面曲线 ABC，将基本三角形的下游边与溢流坝面的切线重合，坝上游阴影部分可以省去。为了不影响堰顶泄流，保留高度 d 的悬臂实体，且要求 $d\geq H_{zmax}/2$（H_{zmax} 为堰顶最大作用水头）。

（2）溢流堰面曲线落在三角形基本剖面以内，如图 1-25（b）所示。当溢流重力坝剖面小于基本三角形剖面时，可适当调整堰顶曲线。通常是在溢流坝顶加一斜直线 AA'，使之与溢流曲线相切于 A 点，增加上游阴影部分坝体体积，且有利于坝体稳定。

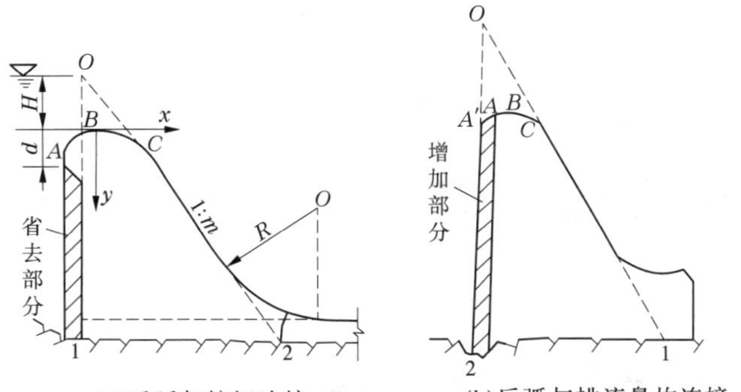

(a)反弧与护坦连接　(b)反弧与挑流鼻坎连接

图 1-25　溢流坝剖面绘制

(3)具有挑流鼻坎的溢流坝。当鼻坎超出基本三角形剖面以外时(见图 1-26),若$l/h>0.5$,则须核算 $B—B'$截面处的应力;若拉应力较大,可考虑在 $B—B'$截面处设置结构缝,把鼻坎与坝体分开;若拉应力不大,也可采取局部加强措施,不设结构缝。

溢流坝和非溢流坝的上游坝面要求应尽量一致对齐。

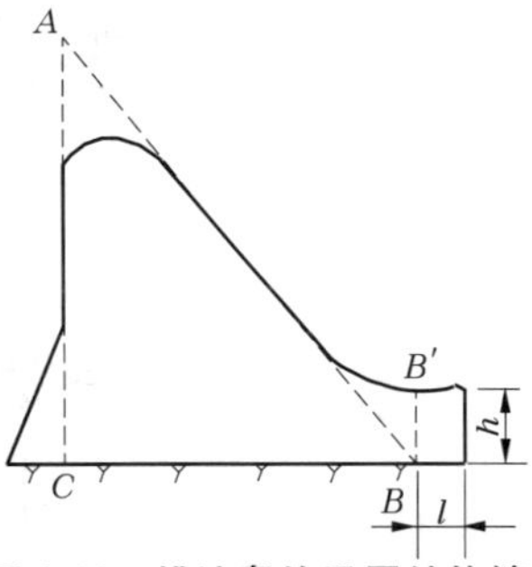

图 1-26　挑流鼻坎设置结构缝

三、溢流坝的消能防冲

因为溢流坝下泄的水流具有很大的动能,如此巨大的能量,若不进行妥善处理,势必导致下游河床被严重冲刷,甚至造成岸坡坍塌和大坝失事,所以消能措施的合理选择和设计,对枢纽布置、大坝安全及工程造价都有重要意义。

消能工的设计原则是:①尽量使下泄水流的大部分动能消耗在水流内部的紊动中,以及水流与空气的摩擦上;②不产生危及坝体安全的河床或岸坡的局部冲刷;③下泄水流平稳,不影响枢纽中其他建筑物的正常运行;④结构简单,工作可靠;⑤工程量小,造价低。

常用的消能方式有底流消能、挑流消能、面流消能和消力戽消能等。消能形式的选择主要取决于水利枢纽的具体条件,根据水头及单宽流量的大小,下游水深及其变幅,坝基地质、地形条件以及枢纽布置情况等,经技术经济比较后选定。挑流消能应用最广,底流消能次之,面流消能和消力戽消能一般应用较少。本任务重点介绍挑流消能。

(一)挑流消能

挑流消能是利用溢流坝下游反弧段的鼻坎,将下泄的高速水流挑射抛向空中,抛射水流在掺入大量空气时消耗部分能量,而后落到距坝较远的下游河床水垫中产生强烈的旋滚,并冲刷河床形成冲坑,随着冲坑的逐渐加深,大量能量消耗在水流旋滚的摩擦之中,冲坑也逐渐趋于稳定。挑流消能一般适用于基岩比较坚固的中、高溢流重力坝。

码 1-5　微课-挑流消能设计

挑流消能设计主要包括:选择合适的鼻坎形式、鼻坎高程、挑射角度、反弧半径、鼻坎构造和尺寸,计算挑射距离和最大冲坑深度,如图 1-27、图 1-28 所示。本任务主要介绍连续式挑流消能的设计。

(1)鼻坎形式:常用的挑流鼻坎形式有连续式和差动式两种。连续式挑流鼻坎构造

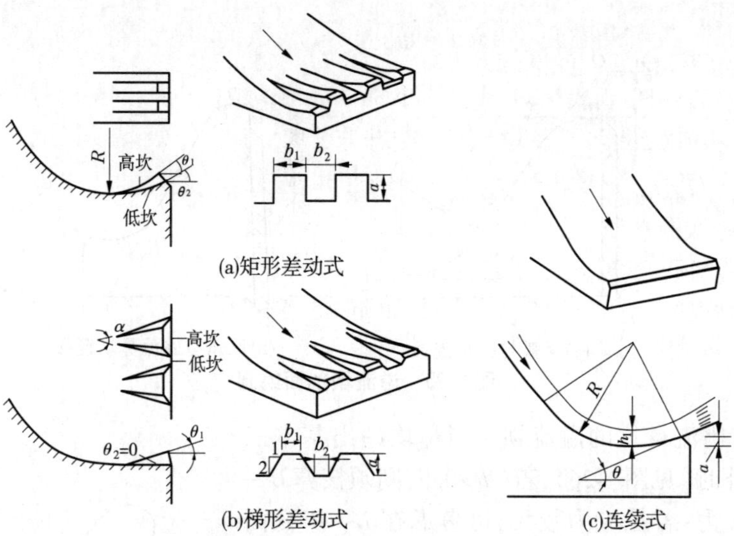

图 1-27　挑流鼻坎示意图

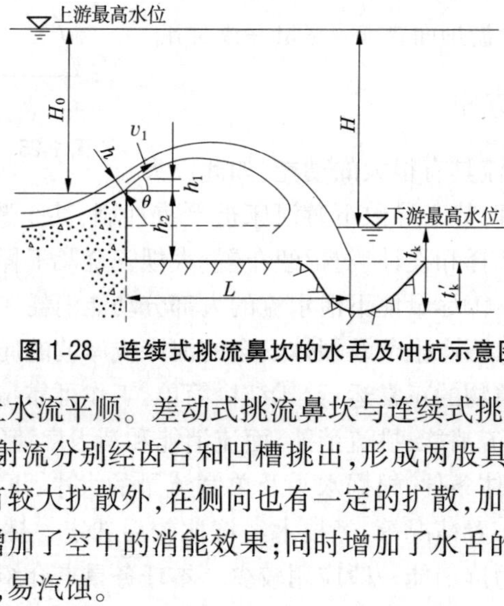

图 1-28　连续式挑流鼻坎的水舌及冲坑示意图

简单、射程较远，鼻坎上水流平顺。差动式挑流鼻坎与连续式挑流鼻坎不同之处在于鼻坎末端设有齿坎，挑流时射流分别经齿台和凹槽挑出，形成两股具有不同挑射角的水流，两股水流除在垂直面上有较大扩散外，在侧向也有一定的扩散，加上高低水流在空中相互撞击，使掺气现象加剧，增加了空中的消能效果；同时增加了水舌的入水范围，减小了河床的冲刷深度，但施工复杂，易汽蚀。

（2）鼻坎挑射角度：一般情况下取 $\theta=20°\sim25°$。对于深水河槽，以选用 $\theta=15°\sim20°$ 为宜。加大挑射角，虽然可以增加挑射距离，但由于水舌与下游水面的交角加大，使冲坑加深。

（3）鼻坎反弧半径 R：一般采用 $(8\sim10)h$（h 为反弧最低点处的水深）。R 太小的鼻坎水流转向不顺畅；R 过大时，将迫使鼻坎向下延伸太长，增加了鼻坎工程量。鼻坎反弧也可采用抛物线，曲率半径由大到小，这样既可以获得较大的挑射角 θ，又不至于增加鼻坎工程量，但鼻坎施工复杂，在实际运用中受到限制。

（4）鼻坎高程：应高于鼻坎附近下游最高水位 1~2 m。

（5）挑射距离：由于冲坑最深点大致落在水舌外缘的延长线上，故挑射距离按以下公式估算：

$$L = \frac{1}{g}\left[v_1^2\sin\theta\cos\theta + v_1\cos\theta\sqrt{v_1^2\sin^2\theta + 2g(h_1 + h_2)}\right] \tag{1-56}$$

式中 L——水舌挑射距离，m，挑流鼻坎下垂直面至冲坑最深点的水平距离；

v_1——坎顶水面流速，m/s，按鼻坎处平均流速 v 的 1.1 倍计，即 $v_1=1.1v$，$v_1=1.1\varphi\sqrt{2gH_0}$（$H_0$ 为库水位至坎顶的落差，φ 为堰面流速系数）；

θ——鼻坎的挑角，(°)；

h_1——坎顶平均水深 h 在铅直方向的投影，m，$h_1=h\cos\theta$；

h_2——坎顶至下游河床面高差，m，如冲坑已经形成，在计算冲坑进一步发展时，可算至坑底。

(6)最大冲坑深度：最大冲坑水垫厚度 t_k 在工程上常按下式估算：

$$t_k = \alpha q^{0.5}H^{0.25} \tag{1-57}$$

式中 t_k——水垫厚度，自水面算至坑底，m；

q——单宽流量，$m^3/(s \cdot m)$；

H——上下游水位差，m；

α——冲坑系数，坚硬完整的基岩，$\alpha=0.9\sim1.2$，坚硬但完整性较差的基岩，$\alpha=1.2\sim1.5$，软弱破碎、裂缝发育的基岩，$\alpha=1.5\sim2.0$。

最大冲坑水垫厚度 t_k 求出后，根据河床水深即可求得最大冲坑深度 t_k'。

射流形成的冲坑是否会延伸到鼻坎处以致危及坝体安全，主要取决于最大冲坑深度 t_k' 与挑射距离 L 的比值，即 L/t_k' 值。一般认为，基岩倾角较陡时要求 $L/t_k'>2.5$，基岩倾角较缓时要求 $L/t_k'>5.0$。

(二)底流消能

底流消能是在坝下设置消力池、消力坎或综合式消力池和其他辅助消能设施，促使下泄水流在限定的范围内产生水跃。主要通过水流内部的旋滚、摩擦、掺气和撞击达到消能的目的，以减轻对下游河床的冲刷。底流消能工作可靠，但工程量较大，多用于低水头、大流量的溢流重力坝。

【案例 1-3】 溢流坝设计

一、孔口设计

(一)泄水方式的选择

比较堰顶溢流式与大孔口溢流式两种方式，为使水库具有较大的超泄能力，采用堰顶溢流式。

(二)洪水标准的确定

本次设计的重力坝是 3 级建筑物，采用 50 年一遇的洪水标准设计，500 年一遇的洪水标准校核。

(三)流量的确定

设计情况下，溢流坝的下泄流量为 1 250 m^3/s；校核情况下，溢流坝的下泄流量为 1 680 m^3/s。

(四)单宽流量的选择

坝址处基岩比较坚硬完整，坝址处河床宽度为 208.5 m，河槽宽度为 20~30 m，综合枢纽的布置及下游的消能防冲要求，单宽流量取 50~100 $m^3/(s \cdot m)$。

（五）孔口净宽拟订

分别计算设计情况和校核情况下溢洪道所需的孔口宽度，计算成果如表 1-14 所示。

表 1-14 孔口净宽计算

计算情况	流量 $Q/(m^3/s)$	单宽流量 $q/[m^3/(s \cdot m)]$	孔口净宽 B/m
设计情况	1 250	50~100	25~12.5
校核情况	1 680	50~100	33.6~16.8

根据以上计算，溢流坝孔口净宽取 24 m，假设每孔宽为 8 m，则孔数 n 为 3。

（六）溢流坝段总长度的确定

根据工程经验，拟订闸墩的厚度。初拟中墩厚 d 为 3 m，边墩厚 t 为 2 m，则溢流坝段的总长度 B_0 为

$$B_0 = nb + (n-1)d + 2t = 24 + (3-1) \times 3 + 2 \times 2 = 34(\text{m})$$

（七）堰顶高程的确定

初拟侧收缩系数为 0.95，流量系数为 0.502，因为过堰水流为自由出流，故 $\sigma_s = 1$，由堰流公式计算堰上水头 H，计算水位分别减去其相应的堰上水头即为堰顶高程。计算成果见表 1-15。

表 1-15 堰顶高程计算成果

计算情况	泄流量 $Q/(m^3/s)$	侧收缩系数 ε	流量系数 m	孔口净宽 B/m	堰上水头 H/m	堰顶高程
设计情况	1 250	0.95	0.502	24	8.5	376.9
校核情况	1 680	0.95	0.502	24	10.3	376.4

根据以上计算，取堰顶高程为 376.4 m。

（八）闸门高度的确定

闸门高度＝正常高水位－溢流坝坝顶高程＋(0.1~0.2)

＝383.5－376.4＋0.1＝7.2(m)

按规范取门高为 8 cm。

（九）定型设计水头的确定

堰上最大水头＝校核洪水位－堰顶高程，即

$$H_{max} = 386.7 - 376.4 = 10.3(\text{m})$$

定型设计水头为

$$H_d = (75\% \sim 95\%) H_{max} = 7.73 \sim 9.79(\text{m})$$

取 $H_d = 8.8$ m。

（十）泄流能力校核

先由水力学公式计算侧收缩系数 ε，然后计算不同水头作用下的流量系数 m，据已知条件，运用堰流公式校核溢流堰的泄流能力。计算成果汇总如表 1-16 所示。

表 1-16 泄流能力校核计算成果

计算情况	流量系数 m	侧收缩系数 ε	孔口净宽 B/m	堰上水头 H/m	泄流量 $Q'/(m^3/s)$	$\frac{Q'-Q}{Q}\times100\%$
设计情况	0.502	0.90	24	9	1 297	3.8%
校核情况	0.502	0.92	24	10.3	1 671	0.5%

二、消能防冲设计

根据地形地质条件，选用挑流消能。根据已建工程经验，挑射角 $\theta=25°$，挑流鼻坎应高出下游最高水位(335.2 m)1~2 m，鼻坎的高程为：335.2+1=336.2(m)。设计洪水位至坎坝顶高差 H=385.4−336.2−49.2(m)。

(一)反弧半径的确定

坎顶水流流速 v 按下式计算：

$$v=\varphi\sqrt{2gH}=0.96\times\sqrt{19.6\times49.2}=29.8(\mathrm{m/s})$$

坎顶水深为

$$h=\frac{Q}{Bv}=\frac{1\ 680}{30\times29.8}=1.88(\mathrm{m})$$

反弧半径 R 为

$$R=(4\sim10)h=(4\sim10)\times1.88=7.52\sim18.8(\mathrm{m})$$

取 R=18 m。

(二)水舌的挑距 L 及可能最大冲坑的深度 t_k 估算

水舌的挑距 L 及可能最大冲坑的深度 t_k 可按式(1-56)、式(1-57)计算。经计算得：L=102 m，t_k=23 m；L/t_k=4.43>2.5。由此可知，挑流消能形成的冲坑不会影响大坝的安全。

三、溢流坝剖面设计

首先绘出顶部的曲线，坐标原点以上部分采用1/4椭圆曲线，以下部分采用幂曲线。然后绘出其基本剖面，求得基本剖面的下游面与幂曲线的切点 C 的坐标为(14.7,11.4)，由于上游侧超出基本剖面，故需将溢流坝做成倒悬的堰顶以满足溢流曲线的要求，倒悬的高度为5.4 m。最后做出反弧段，反弧半径 R=18 m。溢流坝的剖面如图1-29所示。

幂曲线方程中：n、K 为与上游堰面坡度有关的参数，这里 n=1.85、K=2.0，H_d 为定型设计水头，H_d=8.8 m。

$$y=\frac{x^n}{KH_d^{n-1}}=0.079x^{1.85}$$

椭圆曲线方程中，取 a=0.3，b=0.17，则 aH_d=2.64，bH_d=1.5，其方程如下：

$$\frac{x^2}{2.64^2}+\frac{(1.5-y)^2}{1.5^2}=1$$

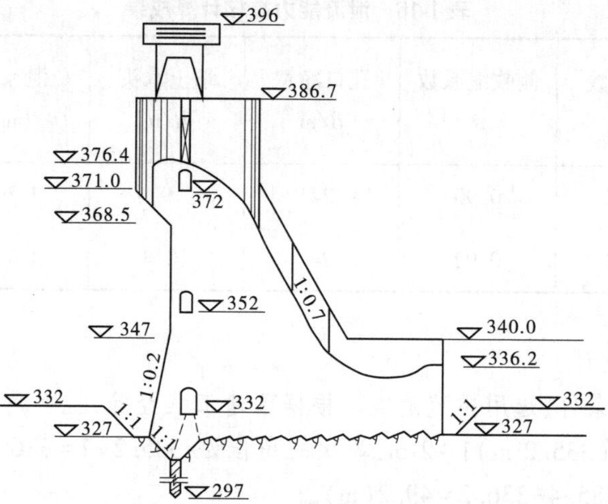

图1-29　溢流坝剖面图

任务四　重力坝的材料及构造

一、重力坝的材料

重力坝的建筑材料主要是混凝土。对于水工混凝土,尤其是筑坝混凝土，除应有足够的强度保证其安全承受荷载外,应按其所处的部位和工作条件,在抗渗、抗冻、抗冲刷、抗侵蚀、低热、抗裂性方面提出不同的要求。

（一）混凝土强度等级

大坝常用混凝土强度等级有C10、C15、C20、C25、C30,高于C30的混凝土用于重要构件和部位。

（二）混凝土的耐久性

1. 抗渗性

大坝的上游面、基础层和下游水位以下的坝面均为防渗部位。其混凝土应具有抵抗压力水渗透的能力。抗渗性通常用“W”,即抗渗等级表示。

大坝混凝土抗渗等级应根据所在部位和水力坡降确定,抗渗等级有W2、W4 、W6、W8、W10。

2. 抗冻性

混凝土的抗冻性指混凝土在饱和状态下,经多次冻融循环而不被破坏,且不严重降低强度的性能。抗冻性通常用“F”,即抗冻等级来表示。

抗冻等级一般应视气候分区、冻融循环次数、表面局部小气候条件、水分饱和程度、结构构件重要性和检修的难易程度确定,抗冻等级有F50、F100 、F150、F200、F300。

3. 抗磨性

抗磨性指抵抗高速水流或挟沙水流的冲刷、抗磨损的能力。目前,尚未制定出定量的技术标准,一般而言,对于有抗磨要求的混凝土,应采用高强度混凝土或高强硅粉混凝土，其抗压强度等级不应低于 C20,要求高的则不应低于 C30。

4. 抗侵蚀性

抗侵蚀性指抵抗环境水的侵蚀性能。当环境水具有侵蚀性时,应选用适宜的水泥和尽量提高混凝土的密实性。

5. 抗裂性

为防止大体积混凝土结构产生温度裂缝,除采用合理分缝、分块和温控措施外,应选用发热量低的水泥、合理的掺合料,减少水泥用量,提高混凝土的抗裂性。

(三)混凝土重力坝的材料分区

由于坝体各部分的工作条件不同,因而对混凝土强度等级、抗掺、抗冻、抗冲刷、抗裂等性能要求也不同,为了节省和合理使用水泥,通常将坝体不同部位按不同工作条件分区,采用不同等级的混凝土,图 1-30 为重力坝的三种坝段分区。

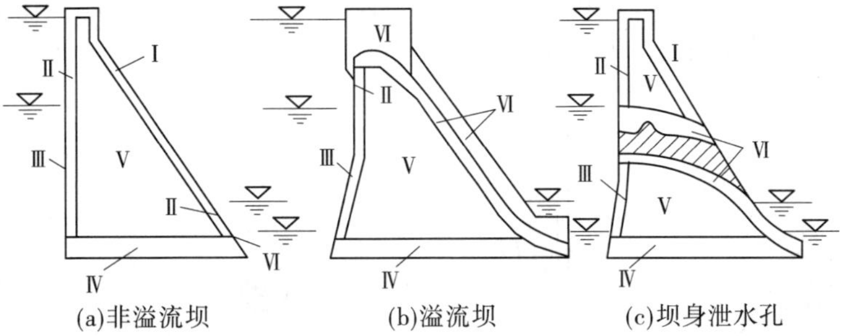

图 1-30 坝体分区示意图

Ⅰ区为上下游以上坝体外部表面混凝土,Ⅱ区为上下游变动区的坝体外部表面混凝土,Ⅲ区为上下游以下坝体外部表面混凝土,Ⅳ区为坝体基础,Ⅴ区为坝体内部,Ⅵ区为抗冲刷部位(如溢洪道溢流面、泄水孔、导墙和闸墩等)。大坝分区特征见表 1-17。

表 1-17 大坝分区特征

分区	强度等级	抗渗	抗冻	抗冲刷	抗侵蚀	低热	最大水灰比	选择各分区的主要因素
Ⅰ	+	–	++	–	–	+	+	抗冻
Ⅱ	+	+	++	–	+	+	+	抗冻、抗裂
Ⅲ	++	++	+	–	+	+	+	抗渗、抗裂
Ⅳ	++	+	+	–	+	++	+	抗裂
Ⅴ	++	+	+	–	–	++	+	
Ⅵ	++	–	++	++	++	+	+	抗冲耐磨

注:表中有“++”的项目为选择各区混凝土等级的主要控制因素,有“+”的项目为需要提出要求的,有“–”的项目为不需要提出要求的。

坝体内部混凝土的强度等级不应低于 $C_{90}10$,过流表面混凝土的强度等级不应低于 $C_{28}30$。同一浇筑块中混凝土强度等级不宜超过 2 种,等级差不宜超过 2 级。分区厚度尺寸最小为 2.0 m。

二、重力坝的构造

(一) 坝体的防渗与排水设施

1. 坝体的防渗

在混凝土重力坝坝体上游面和下游面最高水位以下部分，多采用一层具有防渗、抗冻、抗侵蚀的混凝土作为坝体防渗设施，防渗指标根据水头和防渗要求而定，防渗厚度一般为水头的 1/10~1/20，但不小于 2 m。

2. 坝体排水设施

靠近上游坝面设置排水管幕，以减小坝体渗透压力。排水管幕距上游坝面的距离一般为作用水头的 1/15~1/25，且不小于 2 m。排水管间距为 2~3 m，管径为 15~20 cm。排水管幕沿坝轴线一字排列，管孔铅直，与纵向排水、检查廊道相通，上下端与坝顶和廊道直通，便于清洗、检查和排水[见图 1-31(a)]。

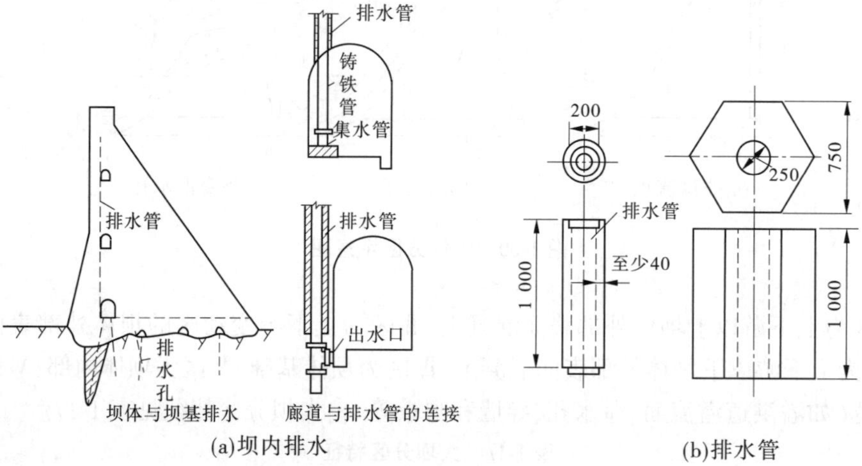

图 1-31　重力坝内部排水构造　(单位:mm)

排水管一般用无砂混凝土管，可预制成圆筒形和空心多棱柱形[见图 1-31(b)]，在浇筑坝体混凝土时，应保护好排水管，防止水泥浆漏入排水管内，阻塞排水管道。

(二) 重力坝的坝身廊道及泄水孔

1. 坝内廊道

重力坝的坝体内部，为了满足灌浆、排水、观测、检查和交通等要求，在坝体内设置了不同用途的廊道，这些廊道相互连通，构成了坝体内部廊道系统，如图 1-32 所示。

坝基灌浆排水廊道通常沿纵向布设在坝踵附近，一般距上游坝面不应小于水头的 5%~10%，且不小于 4~5 m，廊道底距基岩面 3~5 m，在两岸则沿岸坡布置。如岸坡过陡，则分层设置廊道并用竖井将它们连接。廊道尺寸要满足钻机尺寸，一般最小为 2.5 m×3.0 m(宽×高)。

检查和观测廊道用以检查坝身工作性能，并安放观测设备，通常沿坝高每 15~30 m 设一道。此种廊道最小尺寸为 1.2 m×2.2 m。

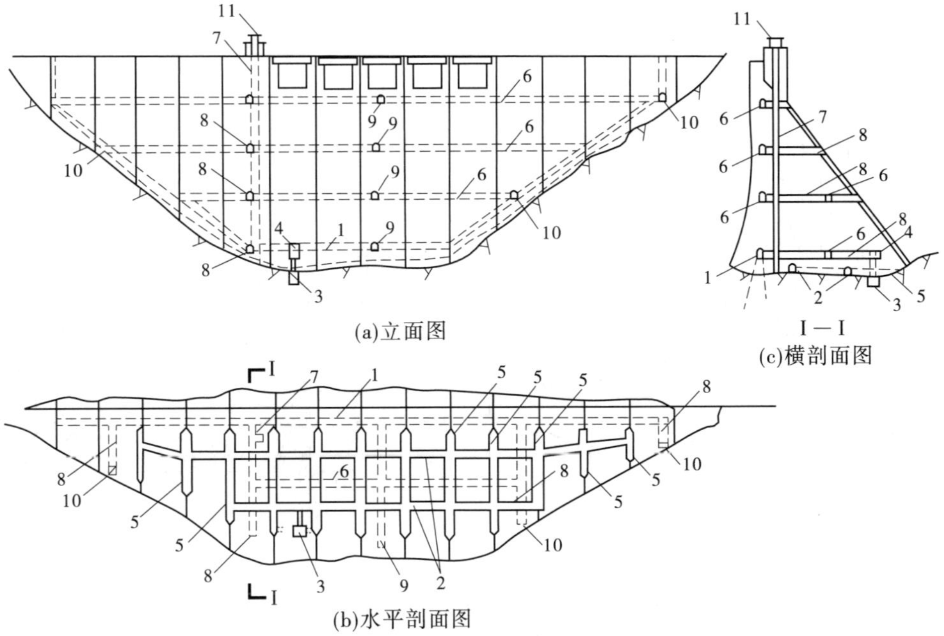

1—坝基灌浆排水廊道；2—基面排水廊道；3—集水井；4—水泵室；5—横向排水廊道；
6—检查廊道；7—电梯井；8—交通廊道；9—观测廊道；10—进出口；11—电梯塔

图 1-32 坝内廊道系统

交通廊道和竖井用以通行及器材设备的运输，并将有关的廊道连通起来，各层廊道左右岸各有一个出口，要求与竖井、电梯井连通。

坝基的排水廊道由坝基排水孔收集基岩排出的水，经过设在廊道底角的排水沟流入集水井，并排至下游。若排水廊道低于下游水位，则应用水泵将水送至下游。收集坝身渗水的排水廊道沿坝高每隔 15~20 m 布置一道。渗水由坝身排水管进入廊道排水沟，再沿岸坡排水沟流至最低排水廊道的集水井。

坝内廊道的布置应力求一道多用，综合布置，以减少廊道的数目。一般廊道离上游的坝面不应小于 2~2.5 m。廊道的断面形式一般采用城门洞形，这种断面应力条件较好，也可采用矩形断面。

此外，还可根据需要设专门性廊道。

2. 坝内泄水孔

在水利枢纽中，为了满足泄洪、灌溉、发电、排沙、放空水库及施工导流等要求，需在重力坝坝身设置多种泄、放水的孔口。这些孔口一般都布置在设计水位以下较深的部位，工程上称为深式泄水孔，见图 1-33。泄水孔无论孔口的用途如何，按孔内水流状态分为有压泄水孔和无压泄水孔两大类。发电压力输水孔为有压孔，其他用途的泄水、放水孔可以是有压孔或无压孔。有关泄水孔布置结构组成、高程及应力计算，可参考其他文献。

尽管各种泄水孔口用途不同，但在技术允许的条件下，应尽可能一孔多用，如导流与泄洪孔结合、放空水库与排沙相结合，或放空水库与导流相结合、灌溉与发电相结合等。

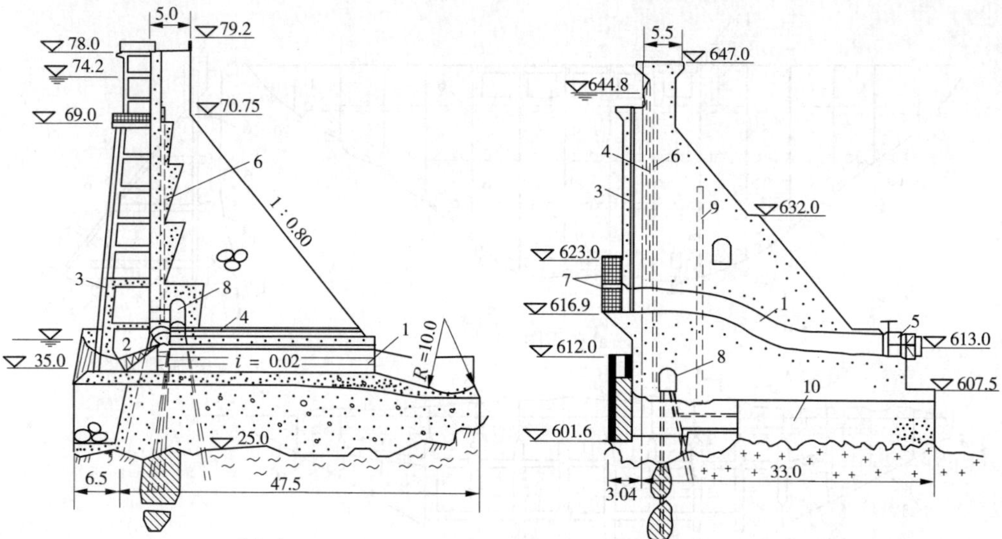

(a)　　　　(b)

1—泄洪孔;2—弧形门;3—检修门槽;4—通气孔;5—锥形阀;

6—排水管;7—拦污栅;8—廊道;9—检查井;10—导流底孔

图1-33　坝身泄水孔　(单位:m)

(三)重力坝的分缝与止水

1.坝体分缝

由于地基不均匀沉降和温度变化,施工时期的温度应力及施工浇筑能力和温度控制等因素,一般要求将重力坝坝体进行分缝。

按缝的作用可分为沉降缝、温度缝及工作缝。沉降缝是将坝体分成若干段,以适应地基的不均匀沉降,防止产生沉降裂缝,常设在地基岩性突变处。温度缝是将坝体分块,以减小坝体伸缩时地基对坝体的约束,以及新旧混凝土之间的约束,从而防止产生裂缝。工作缝(施工缝)主要是便于分期分块浇筑、装拆模板以及混凝土的散热而设的临时缝。

按缝的位置可分为横缝、纵缝、水平缝。

1)横缝

横缝是垂直于坝轴线的竖向缝,如图1-34(a)所示,可兼作沉降缝和温度缝,一般有永久性和临时性两种。永久性横缝是指从坝底至坝顶的贯通缝,将坝体分若干独立的坝段,若缝面为平面,不设缝槽,不进行灌浆,使各坝段独立工作。横缝间距(坝段长度)一般可为12~20 m,有时可达到24 m(温度缝)。若做沉降缝考虑,间距可达50~60 m。当坝内设有泄水孔或水电站引水管道时,还应考虑泄水孔和水电站机组间距;对于溢流坝,可将缝设在闸墩中;地基若为坚硬的基岩也可将缝布置在闸孔中央。

横缝也可做成临时缝。主要用于当岸坡较陡、坝基地质条件较差或强地震区,为提高坝体的抗滑稳定性,在施工期用横缝将坝体沿轴线分段浇筑,以利于温度控制,然后对横缝进行灌浆,形成整体重力坝。

2)纵缝

纵缝是为适应混凝土浇筑能力和减小施工期温度应力而设置的临时缝,可兼作温度

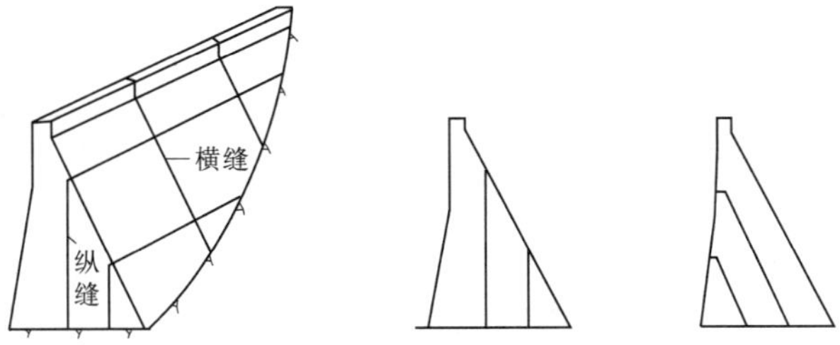

(a)横缝及纵缝布置　　(b)竖直纵缝　　(c)斜缝

图 1-34　重力坝的横缝及纵缝

缝和施工缝。纵缝布置形式有竖直纵缝、斜缝和错缝。

竖直纵缝将坝体分成柱块状，如图 1-34(b)所示，混凝土浇筑施工时干扰小，是应用最多的一种施工缝，间距视混凝土浇筑能力和施工期温度控制而定，一般为 15~30 m。纵缝须设在水库蓄水运行前，混凝土充分冷却收缩，坝体达到稳定温度的条件下进行灌浆填实，使坝段成为整体。

斜缝是大致沿主应力方向设置的缝，如图 1-34(c)所示，由于缝面剪应力很小，从结构的角度看，斜缝比直缝合理。斜缝张开度很小，一般不必进行水泥灌浆。但斜缝对相邻坝块施工干扰较大，对施工程序要求严格，加之缝面应力传递不够明确，故目前已很少采用。

错缝浇筑类似砌砖方式，是采用小块分缝，交错地向上浇筑，缝的间距一般为 10~15 m，浇筑高度一般为 3~4 m，在靠近基岩面附近为 1.5~2.0 m。采用错缝布置时，可不进行灌浆，但结构整体性较差。由于错缝在施工中各浇筑块相互干扰大，温度应力较复杂，故此法只在低坝中应用，我国用得极少。

3）水平缝

水平缝是上下层新老混凝土浇筑块之间的施工接缝，是临时性的。施工时需先将下块混凝土表面的水泥乳及浮渣用风水枪或压力水冲洗并使表面成为干净的麻面，再铺一层 2~3 cm 厚的水泥砂浆，然后在上面浇筑混凝土。国内外普遍采用薄层浇筑，每层厚 1.5~4.0 m，以便通过表面散热，降低混凝土温度。

2. 止水

重力坝横缝的上游面、溢流面、下游面最高尾水位以下及坝内廊道和孔洞穿过分缝处的四周等部位应设置止水设施。

止水有金属的、橡胶的、塑料的、沥青的及钢筋的。金属止水片有铜片、铝片和镀锌片，止水片厚一般为 1.0~1.6 mm，两端插入的深度不小于 20~25 cm。橡胶止水和塑料止水适应变形能力较强，在气候温和地区可用塑料止水，在寒冷地区则可采用橡胶止水，应根据工作水头、气候条件、所在部位等选用标准型号。沥青止水置于沥青井内，井内设有蒸汽或电热设备，加热可使沥青玛琋脂熔化，使其与混凝土有良好的接触。钢筋止水是把做成的钢筋混凝土塞设置在缝的上游面，塞与坝体间设有沥青油毛毡层，当受水压时，钢筋混凝土塞压紧沥青油毛毡层而起止水作用。

高坝的横缝止水常采用两道金属止水片和一道防渗沥青井，如图 1-35 所示。当有特

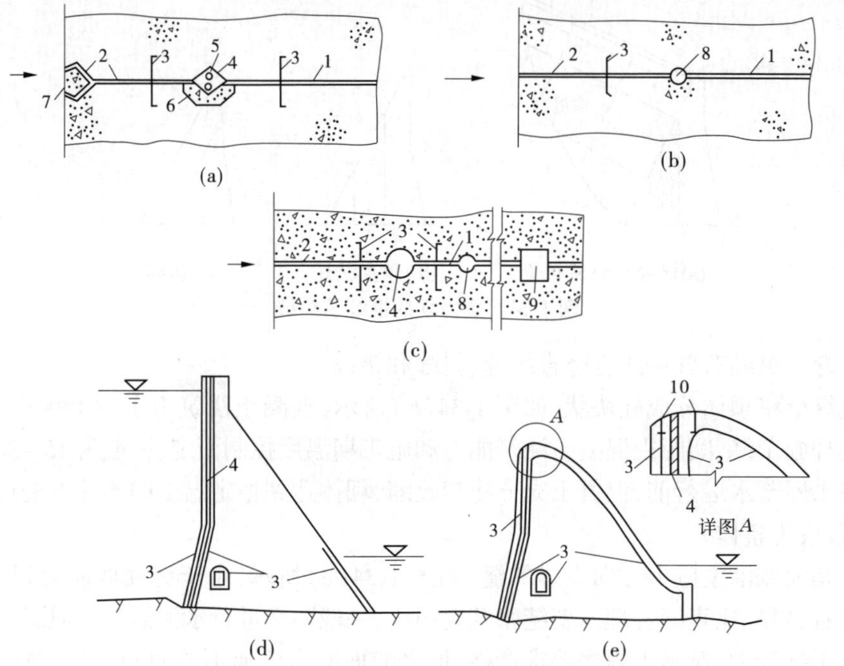

1—横缝；2—沥青油毡；3—止水片；4—沥青井；5—加热电极；6—预制块；
7—钢筋混凝土塞；8—排水井；9—检查井；10—闸门底槛预埋件

图1-35　横缝止水

殊要求时，可考虑在横缝的第二道止水片与检查井之间进行灌浆止水的辅助设施。

对于中、低坝的横缝止水可适当简化。如中坝第二道止水片可采用橡胶或塑料片等；低坝经论证也可采用一道止水片，一般止水片距上游坝面为0.5~2.0 m，以后各道止水片设施之间的距离为0.5~1.0 m。

在坝底，横缝止水必须与坝基岩石妥善连接。通常在基岩上挖一深30~50 cm的方槽，将止水片嵌入，然后用混凝土填实。

任务五　重力坝的地基处理

由于长期受地质作用，天然的坝基一般都存在风化、节理、裂隙等缺陷，有时也存在断层、破碎带和软弱夹层等，因此必须进行地基处理。地基处理的目的有三方面：渗流控制、强度控制和稳定控制。经过处理后坝基满足下列要求：①具有足够的抗渗性，以满足渗透稳定，控制流量；②具有足够的强度，以承受坝体的压力；③具有足够的整体性和均匀性，以满足坝基的抗滑稳定和减少不均匀沉降；④具有足够的耐久性，以防止岩体性质在水的长期作用下发生恶化。

地基处理的措施包括开挖清理、固结灌浆、破碎带或软弱夹层的专门处理、断层防渗帷幕灌浆、钻孔排水等。

一、坝基的开挖与清理

坝基开挖清理的目的是将坝体坐落在稳定、坚固的地基上,坝基的开挖深度应根据坝基应力情况、岩石强度及其完整性,结合上部结构对基础的要求研究确定。

对于超过 100 m 的高坝应建在新鲜、微风化或弱风化层下部的基岩上;对一些中、小型工程,坝高 50~100 m 时,也可考虑在微风化或弱风化上部—中部基岩上,对两岸较高部位的坝段,其开挖基岩的标准可比河床部位适当放宽。

坝基开挖的边坡必须保持稳定,在顺河流方向基岩石尽可能略向上游倾斜,以增强坝体的抗滑稳定,必要时可挖成分段平台,两岸岸坡应开挖成台阶以利坝块的侧向稳定。基坑开挖轮廓应尽量平顺,避免有高差悬殊的突变,以免应力集中造成坝体裂缝,当坝基中有软弱夹层存在,且用其他措施无法解决时,也可挖掉。

坝基开挖应分层进行,避免爆破基岩被震裂,靠近底层应用小炮爆破,最后 0.2~0.3 m 用风镐开挖,不用爆破。基岩表面应进行修整,使表面起伏不超过 0.3 m。

坝基开挖后,在浇筑混凝土前,要进行彻底、认真地清理和冲洗:清除松动的岩块,打掉凸出的尖角,封堵原有勘探钻洞、探井、探洞,清洗表面尘土、石粉等。

二、坝基的加固处理

坝基加固的目的:①提高基岩的整体性和弹性模量;②减少基岩受力后的不均匀变形;③提高基岩的抗压、抗剪强度;④降低坝基的渗透性。

(一)坝基的固结灌浆

混凝土坝工程中,对岩石的节理裂隙采用浅孔低压灌注水泥浆的方法对坝基进行加固处理,称为固结灌浆。

固结灌浆的目的是提高基岩的整体性和弹性模量,减少基岩受力后的变形,并提高基岩的抗压、抗剪强度,降低坝基的渗透性,减少渗流量。在防渗帷幕范围内先进行固结灌浆可提高帷幕灌浆的压力。

固结灌浆的范围主要根据坝基的地质条件、岩石破碎程度及坝基受力情况而定。当基岩较好时,可仅在坝基上下游应力较大的地区进行,坝基岩石普遍较差而坝又较高的情况下,多进行坝基全面积固结灌浆。有的工程甚至在坝基以外的一定范围内也进行固结灌浆。灌浆孔的布置采用梅花形排列,孔距、排距随岩石破碎情况而定,一般为 3~4 m,孔深一般为 5~8 m。灌浆时,先用稀浆,而后逐步加大浆液的稠度,灌浆压力一般为 0.2~0.4 MPa,在有混凝土盖重时为 0.4~0.7 MPa,以不掀动岩石为限,如图 1-36 所示。

(二)坝基软弱破碎带的处理

当坝基中存在较大的软弱破碎带时(如断层破碎带、软弱夹层、泥化层、裂隙密集带等),断层破碎带的强度低,压缩变形大,易产生不均匀沉降导致坝体开裂,若与水库连通,使渗透压力加大,易产生机械或化学管涌,危及大坝安全。岩石层间软弱夹层厚度较小,遇水容易发生软化或泥化,致使抗剪强度低,特别是倾角小于 30°的连续软弱夹层更为不利。

对于侧角较大或与基面接近垂直的断层破碎带,需采取开挖回填混凝土的措施,如做

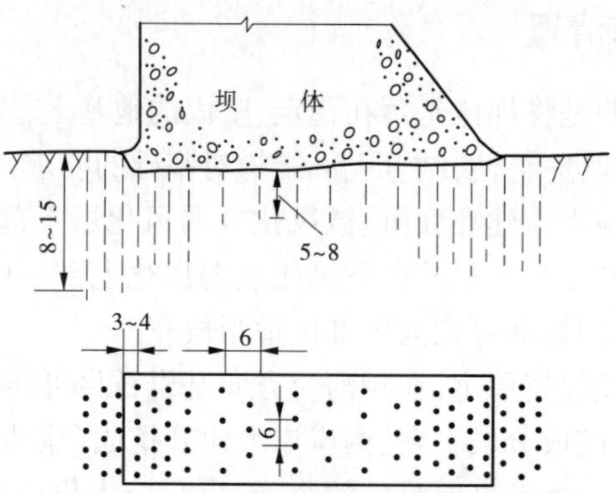

图 1-36　岩基固结灌浆孔布置示意图　（单位:m）

成混凝土塞或混凝土拱进行加固,如图 1-37 所示。当软弱带的宽度为 2~3 m 时,混凝土塞的高度(开挖深度)一般可采用软弱带宽度的 1~1.5 倍,且不小于 1 m,或根据计算确定。混凝土塞的两侧可挖成 1:1~1:0.5 斜坡,以便将坝体的压力以混凝土塞(拱)传到两侧完整的基岩上。如破碎带延伸至坝体上下游边界线以外,则混凝土塞也应向外延伸,延伸长度取 1.5~2 倍混凝土塞的高度。若软弱层破碎带与上游水库连通,还必须做好防渗处理。

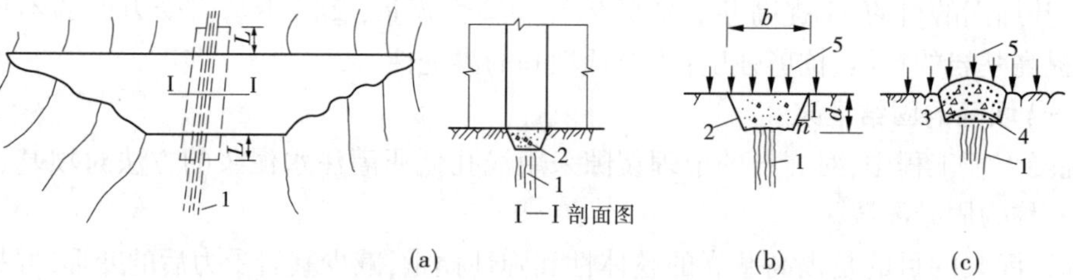

1—破碎带;2—混凝土梁或混凝土塞;3—混凝土拱;4—回填混凝土;5—坝体荷载

图 1-37　破碎带处理示意图

对于软弱的夹层,如浅埋软弱夹层要用明挖换基的方法,将夹层挖除,回填混凝土。对埋藏较深的,应结合工程情况分别采用坝踵部位做混凝土深齿土墙,切断软弱夹层直达完整基岩,见图 1-37;在夹层内设置混凝土塞,见图 1-38(a);在坝趾处建混凝土深齿墙,见图 1-38(b);在坝趾下游侧岩体内设钢筋混凝土抗滑桩,或预应力钢索加固、化学灌浆等,见图 1-38(c),以提高坝体和坝基的抗滑稳定性。

在同一工程中,根据具体情况,常采用多种处理方法。

三、坝基的防渗和排水

(一)帷幕灌浆

帷幕灌浆是最好的防渗方法,可降低渗透水压力,减少渗流量,防止坝基产生机械或化学管涌。常用的灌浆材料有水泥浆和化学浆,应优先采用膨胀水泥浆。化学浆可灌性好,抗渗性好,但价格昂贵。

防渗帷幕的位置布置在靠近上游坝面的坝轴线附近,自河床向两岸延伸,如图 1-39

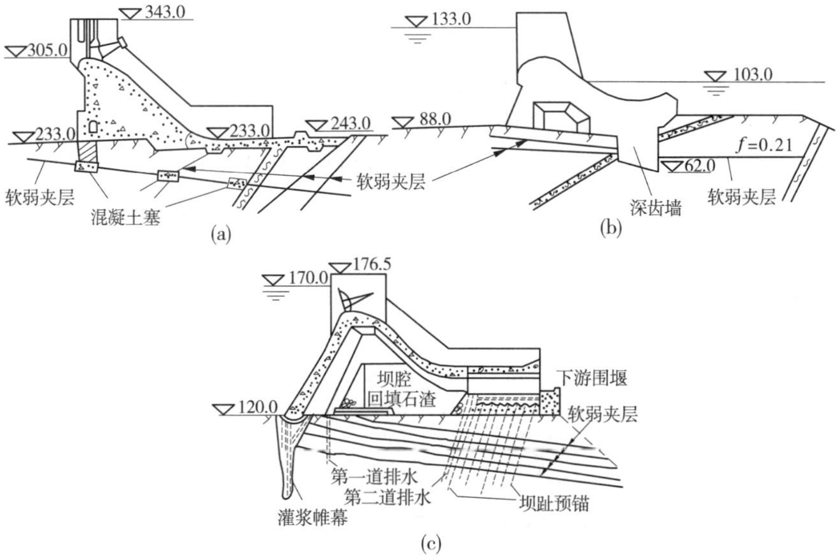

图 1-38　软弱夹层处理（高程单位：m）

所示。钻孔和灌浆常在坝体灌浆廊道内，靠近岸坡可以在坝顶、岸坡或平硐内进行。钻孔一般为铅直或向上游不大于10°的斜坡。

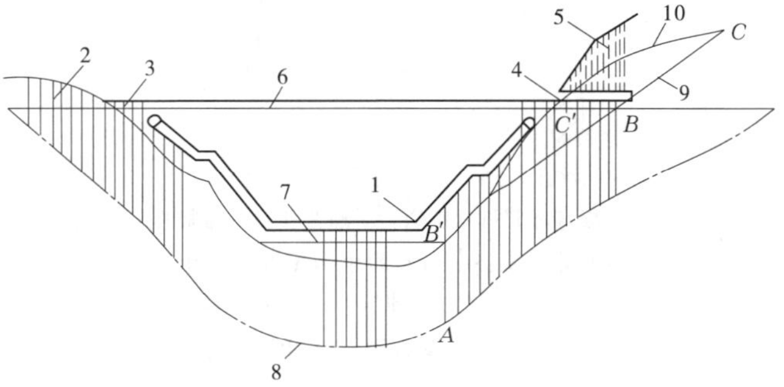

1—灌浆廊道；2—山坡钻进；3—坝顶钻进；4—灌浆平硐；
5—排水孔；6—正常蓄水位；7—原河水位；8—防渗帷幕底线；
9—原地下水位线；10—蓄水后地下水位线

图 1-39　防渗帷幕沿坝轴线的布置

防渗帷幕的深度应根据作用水头、工程地质、地下水文特性确定；坝基内透水层厚度不大时，帷幕可穿过透水层，深入相对隔水层 3～5 m。相对隔水层较深时，帷幕深度可根据防渗要求确定，常用坝高的 30%～70%，形成河床部位深、两岸渐浅的帷幕布置形式。

防渗帷幕的厚度应当满足抗渗稳定的要求，即帷幕内的渗透坡降应小于容许的渗透坡降。防渗帷幕厚度应以浆液扩散半径组成区域的最小厚度为准，厚度与排数有关，中、高坝可设两排以上，低坝设一排，多排灌浆时一排必须达到设计深度，两侧其余各排可取设计深度的 1/2～1/3。孔距一般为 1.5～4.0 m，排距宜比孔距略小，还可以在上游坝踵处加一排补强。

帷幕灌浆的时间，应在坝基固结灌浆后并要求坝体混凝土浇筑到一定的高度（有盖重后）施工。灌浆压力在孔底应大于2~3倍坝前静水头，帷幕表层段应大于1~1.5倍坝前静水头，但应以不破坏岩体为原则。

防渗帷幕伸入两岸的范围由河床向两岸延伸一定距离，与两岸不透水层衔接起来，当两岸相对不透水层较深时，可将帷幕伸入原地下水位线与最高库水位交点（见图1-39中B点）处为止。岸坡在水库最高水位以上的水通过排水孔或平硐排出，增加岸坡的稳定性。

（二）坝基排水

降低坝基底面的扬压力，可在防渗帷幕后设置主排水孔幕和辅助排水孔幕（见图1-40）。

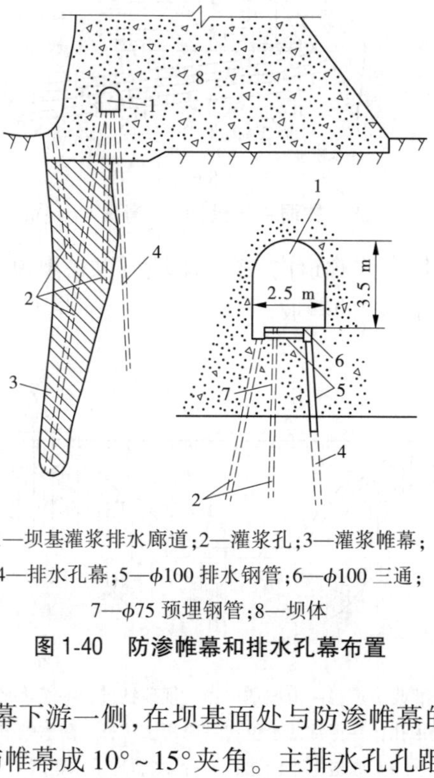

1—坝基灌浆排水廊道；2—灌浆孔；3—灌浆帷幕；
4—排水孔幕；5—ϕ100排水钢管；6—ϕ100三通；
7—ϕ75预埋钢管；8—坝体

图1-40　防渗帷幕和排水孔幕布置

主排水孔幕在防渗帷幕下游一侧，在坝基面处与防渗帷幕的距离应大于2 m。主排水孔幕一般向下游倾斜，与帷幕成10°~15°夹角。主排水孔孔距为2~3 m，孔径为150~200 mm，孔径过小容易堵塞，孔深可取防渗帷幕深度的40%~60%，高、中坝的排水孔孔深不宜小于10 m。

主排水孔幕在帷幕灌浆后施工。排水孔穿过坝体部分要预埋钢管，穿过坝基部分待帷幕灌浆后才能钻孔。渗水通过排水沟汇入集水井，自流或抽排向下游。

辅助排水孔幕高坝一般可设2~3排，中坝可设1~2排，布置在纵向排水廊道内，孔距为3~5 m，孔深为6~12 m。有时还在横向排水廊道或在宽缝内设排水孔。纵横交错、相互连通就构成了坝基排水系统，如图1-41所示。如下游水位较深、历时较长，要在靠近坝趾处增设一道防渗帷幕，坝基排水系统要靠抽排。

实践证明，我国新安江、丹江口、刘家峡等重力坝采用坝基排水系统，减压效果明显，较常规扬压力减小30%。浙江、湖南等地设计中采取了抽水减压措施，收到了良好的效果。

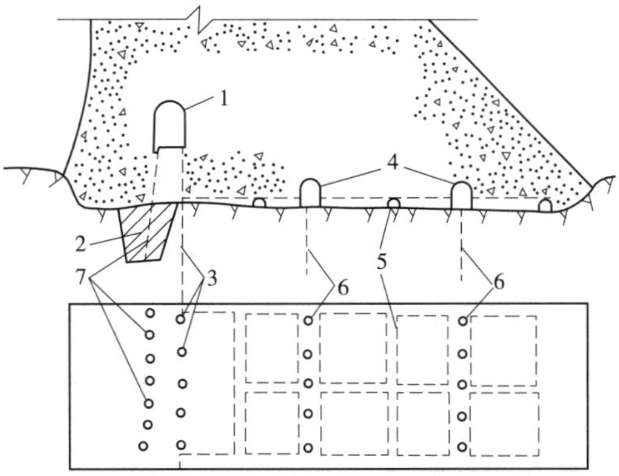

1—灌浆排水廊道;2—灌浆帷幕;3—主排水孔幕;4—纵向排水廊道;
5—半圆混凝土管;6—辅助排水孔幕;7—灌浆孔

图 1-41　坝基排水系统

【案例 1-4】　重力坝坝体构造及地基处理

一、坝体构造

(一)坝顶构造

1. 非溢流坝

坝顶上游设置防浪墙,与坝体连成整体,其结构为钢筋混凝土结构。防浪墙在坝体横缝处留有伸缩缝,缝内设止水。墙高为 1.2 m,厚度为 30 cm,以满足运用安全的要求。坝顶采用混凝土路面,向两侧倾斜,坡度为 2%,两边设有排水管,汇集路面的雨水,并排入水库中。坝顶公路两侧设有宽 0.75 m 人行道,并高出坝顶路面 20 cm,坝顶总宽度为 7 m,下游侧设置栏杆及路灯,细部构造图略。

2. 溢流坝

溢流坝的上部设有闸门、闸墩、门机、交通桥等结构和设备。

闸门的布置:工作闸门布置在溢流坝的顶稍偏向下游一些,以防闸门部分开启时水舌脱离坝面而形成负压。采用平面钢闸门,闸门的尺寸:高×宽=8 m×8 m,工作闸门的上游设有检修闸门,两闸门之间的净距为 2 m。

闸墩:闸墩的墩头形状,上游采用半圆形,下游采用流线型。其上游布置工作桥,顶部高程取非溢流坝坝顶高程,即 386.7 m;下游布置交通桥,桥面高程为非溢流坝坝顶高程。中墩的厚度为 3 m,边墩的厚度为 2 m,溢流坝的分缝设在闸孔中间,故没有缝墩。工作闸门槽深 1 m、宽 1 m,检修闸门槽深 0.5 m、宽 0.5 m。

导水墙:边墩向下游延伸成导水墙。其长度延伸到挑流鼻坎的末端,高度经计算得 3.5 m。导水墙需分缝,间距为 15 m,其横断面为梯形,顶宽取 0.5 m。细部构造图略。

(二)分缝与止水

1. 横缝

横缝垂直于坝轴线布置,缝距为 15 m,缝宽 2 cm,内有止水。

2. 止水

设有两道止水片和一道防渗沥青井。止水片采用 1.0 mm 厚的紫铜片,第一道止水片距上游坝面1.0 m。两道止水片间距为1 m，中间设有直径为20 cm的沥青井，止水片的下部深入基岩30 cm，并与混凝土紧密嵌固，上部伸到坝顶。

3. 纵缝

纵缝为临时性缝，缝内设有键槽，待混凝土充分冷却后，水库蓄水前进行灌浆。纵缝与坝面正交，缝距为15 m。

4. 水平缝

混凝土浇筑块厚度为4 m，纵缝两侧相邻坝块的水平缝错开布置，上下层混凝土浇筑间歇为5 d，上层混凝土浇筑前对下层混凝土凿毛，并冲洗干净，铺2 cm厚的水泥砂浆。

（三）廊道系统

（1）基础廊道。位置：廊道底部距坝基面5 m，上游侧距上游坝面7 m；形状：城门洞形，底宽3 m，高3.5 m；内部上游侧设排水沟，并在最低处设集水井。平行于坝轴线方向廊道向两岸沿地形逐渐升高，坡度不大于40°。

（2）坝体廊道。自基础廊道沿坝高每隔20 m设置一层廊道，共设两层。底部高程分别为352 m、372 m，形状为城门洞形，其上游侧距上游坝面3 m，底宽1.5 m，高2.5 m，左右岸各有一个出口。

（四）泄水孔设计

设计中发电孔设计为有压孔，灌溉孔设计为无压孔，利用发电尾水供水。下面以发电孔为例说明有压孔的设计，对于无压泄水孔的设计部分省略。

发电孔的进口处设置拦污栅和事故闸门（兼作检修闸门），工作闸门布置在出口，孔的断面为圆形，孔内用钢板衬砌。发电孔共设两条，为单元供水方式。

1. 孔径D的拟订

最大发电流量$Q=74\ m^3/s$，共设两台发电机组，由有压泄水孔设计方法中有关的公式，经过计算得到：$D=3.06\sim2.80$ m，取$D=3.0$ m。

2. 进水口体形设计

进水口顶部采用椭圆曲线，曲线方程为

$$\frac{x^2}{9}+\frac{y^2}{1}=1$$

列表计算曲线坐标值见表1-18。

表1-18　椭圆曲线坐标值

x	3	2	1	0
y	0	0.75	0.9	1

进水口底缘采用平底。

3. 闸门与门槽

进水口处设置拦污栅和平面事故闸门、平面工作闸门。事故闸门紧贴上游坝面布置，闸门槽尺寸为0.5 m×0.5 m，为矩形闸门槽。

4. 渐变段

在进水口闸门后需设置渐变段,渐变段采用圆角过渡,其长度为(2~3)D,取6 m。

5. 出水口

出水口前采用1:10压坡段,出口断面面积为孔身断面面积的85%~95%,由于孔身断面面积A为7.07 m^2,故出口断面面积为6~6.7 m^2。出口断面为方形,其尺寸取2.5 m×2.5 m,面积A_c=6.25 m^2。

6. 水力计算

(1)泄流能力验算。A_c=6.25 m^2,A=7.07 m^2,经计算沿程水头损失系数为0.145,局部水头损失系数分别为:拦污栅0.097、进水口0.01、闸门槽0.062 5、两个弯管0.163,由有压泄水孔设计方法中有关公式得μ=0.853,Q=169.3 m^3/s。

(2)泄水孔内压坡线可以根据能量方程求得(略)。

(五)坝体防渗与排水

1. 坝体防渗

在坝的上游面、溢流面及下游面的最高水位以下部分,采用一层厚2 m具有防渗性能的混凝土作为坝体的防渗设施。

2. 坝体排水

距离坝的上游面3 m沿坝轴线方向设一排竖向排水管幕。管内径为15 cm,间距为3 m,上端通至坝顶,下端通至廊道,垂直布置。排水管采用无砂混凝土管。

二、地基处理

由于坝趾处河床上有2~3 m的覆盖层,有1~2 m的风化层,地基开挖时应把覆盖层和严重的风化层全部挖除,坝底面的最低高程为327.0 m,顺水流方向开挖成锯齿状,并在上下游坝基面开挖一个浅齿墙。沿坝轴线方向的两岸岸坡坝段基础开挖成有足够宽度的分级平台,平台的宽度至少为1/3坝段长,相邻两级平台的高差不超过10 m。注意根据横缝的位置、开挖的深度调整平台的宽度和高程。

(一)坝基的防渗处理

在基础灌浆廊道内钻设防渗帷幕和排水孔幕。防渗帷幕采用膨胀水泥浆做灌浆材料,其位置布置在靠近上游坝面的坝基及两岸。帷幕的深度取10~30 m,河床部位深,两岸逐渐变浅,灌浆孔直径取80 mm,方向竖直,孔距取2 m,设置一排。

(二)坝基排水

坝基的排水孔幕布置在防渗帷幕的下游,向下游倾斜,与灌浆帷幕的夹角为10°,孔距取3 m,孔径为130 mm,孔深为10~15 m,沿坝轴线方向设置一排。

任务六 其他类型的重力坝

一、碾压混凝土重力坝

碾压混凝土重力坝是将土石坝施工中的碾压技术应用于混凝土坝,采用水泥含量低的超干硬混凝土熟料、现代施工机械和碾压设备实施运料,通仓铺填,逐层碾压固结而成的坝。与常态混凝土重力坝相比,其坝身构造简单、水泥用量省。碾压混凝土的单位体积胶凝材料用量一般为混凝土总重量的5%~7%,扣除粉煤灰等活性材料,每立方米碾压混凝土的水泥用量仅为60~90 kg。另外,碾压混凝土模板用量省、施工速度快、工程造价低。

迄今全世界完建和在建坝高超过15 m的碾压混凝土重力坝已经超过210座,中国已建成的和在建的碾压混凝土坝共40多座,数量和规模均居世界之首,其中,我国龙滩水电站大坝高216.5 m,是目前世界上最高的碾压混凝土坝。

碾压混凝土坝的断面设计、水力设计、应力和稳定分析与常态混凝土重力坝相同,但在材料和构造方面需要适应碾压混凝土的特点。

(一)碾压混凝土的原材料

碾压混凝土的原材料与常态混凝土无本质的区别,凡适应于水工混凝土使用的水泥均可采用。胶凝材料用量远低于常态混凝土,其中,粉煤灰在胶凝材料中所占比重一般为30%~60%,有的高达70%。为防止骨料分离,一般选用骨料的最大粒径为80 mm,并需级配良好。含砂率一般比常态混凝土大3%~5%,细骨料中宜有10%左右粒径小于0.16 mm的质地坚硬的微粒。一般水胶比(水与胶凝材料含量的质量比)为0.45~0.7。

外加剂用量为胶凝材料的0.25%左右。

(二)碾压混凝土的物理力学性能

尽管碾压混凝土的物理力学性能指标及其测定方法与常态混凝土类似,但由于两者在材料的组成和施工方法上有很大的不同,因此材料强度等指标的变化规律和影响因素也有很大的区别。可见,碾压混凝土是不同于常态混凝土的新型水工材料。

1. 抗压强度

碾压混凝土的强度直接与压实密度有关,还受碾压时含水量的影响。因此,设计碾压混凝土配合比时,不但要考虑水灰比,还要考虑振压密实所需的含水量。

另外,碾压层的厚度也是影响抗压强度的重要因素。试验表明,当碾压厚度小于50 cm时,每层上下混凝土强度基本均匀,当层厚达70 cm时,强度明显下高上低,差别可达20%~40%,所以碾压混凝土坝体应采用薄层填筑以提高坝体各部位的强度均匀性。

2. 抗拉强度

混凝土的抗拉强度随着骨料体积的变化而变化。当骨料体积由0增加到20%时,其抗拉强度逐渐降低;当骨料体积由20%逐渐增加时,抗拉强度也随之增加;当骨料体积达到80%~85%时,其抗拉强度大于常态混凝土。混凝土的抗拉强度随骨料最大粒径的增加而下降,因此骨料粒径不宜太大。

可以认为,同量级碾压混凝土的抗拉强度大于常态混凝土的抗拉强度。

3. 抗剪强度

根据国内外测试结果,对于连续填筑的层面或整体的碾压混凝土,若能保证施工质量均匀,其抗剪强度不亚于常态混凝土,可达到3 MPa以上,剪压比亦为1/4~1/6。

4. 变形性能

由于掺有大量粉煤灰,胶凝浆体的受力变形较大。因此,碾压混凝土初期弹性模量较低,混凝土表面裂缝较少。碾压混凝土的徐变与混凝土的配合比、水泥的品种等多种因素有关,故对碾压混凝土的徐变值应做具体试验确定。

混凝土的极限拉伸值是混凝土抗裂能力的重要指标。其值随混凝土抗拉强度和胶凝材料用量的增加而增加，对于高粉煤灰掺量的混凝土，其早期强度比不掺者降低较多，因胶凝材料总量增加，水灰比降低，其早期强度和极限拉伸值不低于常态混凝土。又因二次水化比较慢，其后期强度与极限拉伸值均增长较多，这对抗裂非常有利。对于胶凝材料用量少的碾压混凝土，由于相应灰浆量少，水灰比大，故极限拉伸值降低，抗裂能力远不如高粉煤灰掺量的碾压混凝土。

总之，碾压混凝土的各种物理力学性能，若精心设计、保证施工质量，则都将优于常态混凝土。但碾压混凝土的施工质量控制应较常态混凝土严格。

(三)碾压混凝土在坝内的布置

碾压混凝土重力坝断面设计可采用下述三种典型布置及相应的填筑碾压方式。

(1)全断面为碾压混凝土，常态混凝土仅做模板兼坝面防护层。采用薄层连续碾压，层面不进行处理。多数情况下也不设横缝。因而具有构造简单、施工方便、速度快、效益高等优点，但坝体防渗、抗冻、抗裂性稍差。当采用高粉煤灰掺量时，其粉煤灰所占胶凝材料量中比例降至 60~70 kg/m^3。

(2)在坝体与基岩和两岸的连接部位设常态混凝土垫层，在坝顶和上下游坝面设常态混凝土保护层。其厚度及原材料的配合比由工作条件(防渗、抗冻、抗冲耐磨、强度、构造和施工要求)决定，其中上游面常态混凝土最小有效厚度一般为坝面水头的 1/30~1/15，我国多采用 1.5~3.5 m。此种坝基本上由常态混凝土坝演变而来，其防渗、抗裂和抗冻性相对较好，但水泥量较多，施工干扰大，经济效益稍差。坝内除廊道和管道周围应按强度要求，设置一定厚度的低含钢率钢筋混凝土外，其余部分均为碾压混凝土。当采用低粉煤灰掺量时，其所占胶凝材料总量中的比例在 30%左右填筑时碾压分层较薄，一般为 75~100 cm，碾压后间隔一定时间先进行层面处理，然后填筑上一层；坝体设横缝，横缝迎水面的止水和坝身排水管均设在常态混凝土内，碾压混凝土部分的横缝在碾压后凝固前由振动切缝机造成，缝内以聚氯乙烯充填。日本岛地川坝和玉川坝均属这种坝，如图 1-42(a)所示。

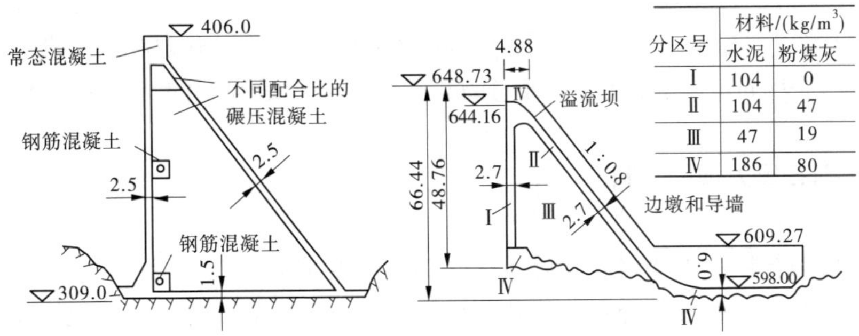

分区号	材料/(kg/m^3)	
	水泥	粉煤灰
Ⅰ	104	0
Ⅱ	104	47
Ⅲ	47	19
Ⅳ	186	80

(a)玉川坝的典型断面　　(b)美国柳溪坝的典型断面

图 1-42 国外两座碾压混凝土坝断面 (单位:m)

(3)坝体的绝大部分为碾压混凝土，粉煤灰掺量较高，填筑碾压方式与第一种方式类似。该类型布置要在坝前设专门的防渗设施，如设置沥青防渗层，并用预制钢筋混凝土板兼作模板与防渗层等，如图 1-43 所示；敷设合成橡胶防渗薄板；喷涂低黏度聚合物防渗层；在上游安装预制空格模板，随着坝体上升而在其中浇筑常态混凝土，或预填骨料，然后进行水泥灌浆，形成防渗板。

总之，碾压混凝土坝的坝体内应尽量少设廊道和孔洞，坝基帷幕灌浆宜在坝踵处的平台上进行，确需在坝内设置廊道和孔洞时，其周边必须妥善施工，以保证质量；也可在碾压后挖廊道和孔洞部位，回填无胶凝材料的骨料，而后继续填筑，待工程完工后，再挖除回填的骨料，形成廊道和孔洞。

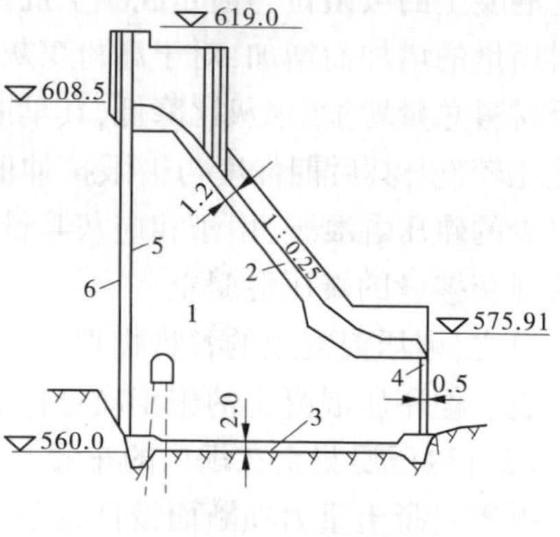

1—碾压混凝土；2—钢筋混凝土；
3—常态混凝土；4—预制混凝土板；
5—沥青砂浆防渗层；6—预制钢筋混凝土板

图1-43 中国坑口坝的典型断面 （单位：m）

碾压混凝土坝的施工要点为：混凝土是在预制式拌和机中拌制而成的；用自卸汽车直接入仓散料，用推土机将混凝土铺摊平，当采用粉煤灰掺量时，每层铺筑厚度一般为25 cm左右，用重力为80~150 kN的振动碾碾压密实，碾压次数由试验确定，一般为6~8遍，有横缝的常用振动切缝机切割成缝；在浇筑新一层混凝土前，用钢丝刷将老混凝土面刷毛、清洗，或用压力水冲刷，以加强层间结合；填缝可用镀锌铁片或聚氯乙烯板；养护期一般在3周以上，宜采用喷雾养护。

当然，碾压混凝土发展历史较短，有些技术问题尚待进一步研究解决和完善，而随着科学技术水平的不断提高和经验积累，碾压混凝土坝必将在规模、数量上得以更快地发展。

二、浆砌石重力坝

浆砌石重力坝与混凝土重力坝相比，具有就地取材、节省水泥、节省模板、不需要另设温控措施、施工技术简单易于掌握等优点，因而在中小型工程中得到广泛应用。但由于人工砌筑，砌体质量不易控制，防渗性能差，且修整、砌筑机械化程度较低，施工期较长，耗费劳动力，故在大型工程中较少采用。我国已建成的最高浆砌石重力坝为河北省沙河县朱庄重力坝，坝高95 m。目前，世界上最高的浆砌石重力坝是印度的纳加琼纳萨格坝，坝高125 m。

（一）浆砌石重力坝的材料

1. 石料

石料是浆砌石坝的主要材料。砌筑坝体的石料要求质地均匀、无裂缝、不易风化和有足够的抗压强度。石料按其外形分为片石（毛石）、块石和条石等。片石无一定的规则形状和尺寸，砌体强度差，胶结材料用量大，一般仅用于坝体的次要部分。块石是具有两个较大平行面且基本方正的石料，砌体强度较高，宜用于砌筑浆砌石坝体。条石是经过加工修整而外形大致平整的长方形石料，砌体强度高，节省胶结材料，砌筑速度快，但费工较多，一般用于上下游坝面及溢流面等部位。砌筑坝体的石块尺寸越大越节省胶结材料，砌体强度也越高，但应以能运输上坝为原则。一般片石厚度不应小于15 cm，块石、条石的厚度不小于 25~30 cm。

2. 胶结材料

胶结材料的作用是把石块胶结成整体,以承受坝体的各种作用荷载,并填实石料间的空隙,减少坝体渗漏量。常用的胶结材料有水泥砂浆、细石混凝土及混合砂浆等。

水泥砂浆由水泥、砂和水按一定比例拌和而成。水泥砂浆所用的砂应级配良好,砂质坚硬,最大粒径不超过 5 mm,杂质含量不超过 5%。一般用的砂浆较稠,水灰比可控制在 0.55~0.65;灌缝砂浆较稀,水灰比一般为 0.8~1.0。

细石混凝土是目前广泛应用的一种胶结材料,适用于块石砌筑的坝,与水泥砂浆相比,可节省水泥,改善砂料的级配,从而提高砌体的密实度和强度,但不能用于浆砌条石。

对于一些小型工程,坝体内部常采用混合砂浆砌筑,混合砂浆是在水泥砂浆中掺入一定比例的石灰或黏土等掺合料组成的。这种胶结材料只用于坝体的次要部位。

(二)砌体的强度

砌体的强度不仅取决于石料和胶结材料的强度,而且与石料的形状、大小及砌筑质量有关。

砌体强度随石料强度的增大而增大,但当达到一定强度后,其影响不甚明显。胶结材料的强度愈高,砌体强度也愈高,但影响程度随石料的种类不同而有所差异。一般情况下,细石混凝土砂浆砌筑比水泥砂浆砌筑的砌体强度高。胶结材料的和易性好的,则砌体强度较高。此外,石料的形状愈不规则,大小愈不均匀,则砌体强度就愈低。

(三)浆砌石重力坝的构造特点

浆砌石重力坝在构造上与混凝土重力坝大致相同,但在坝体防渗、分缝、溢流坝面的衬护等方面有其特点和要求,见图 1-44。

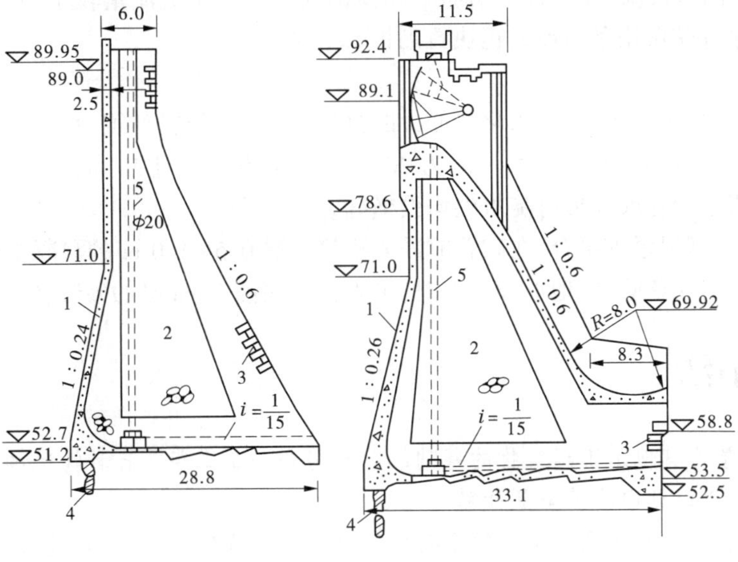

1—混凝土防渗面板;2—水泥砂浆砌块石;3—水泥砂浆砌条石、块石;4—帷幕灌浆;5—竖向排水管

图 1-44 浆砌石重力坝的构造 (单位:m)

1. 坝体的防渗

工程中常采取以下两种防渗措施。

1）混凝土防渗面板

在坝体迎水面设置混凝土防渗面板，是大、中型浆砌石重力坝广泛应用的一种防渗措施。

面板的底部应嵌入完整基岩内1~1.5 m，并与坝基防渗设施连成整体，见图1-44。防渗面板的厚度一般为上游水深的1/20~1/15或更薄，但不得小于0.3 m。防渗面板一般采用强度等级为C15或C20的混凝土，并适当布置纵、横温度钢筋，使温度钢筋与砌体内的预埋钢筋连接，面板在沿坝轴线方向设伸缩缝，一般间距为10~20 m，缝宽约1.0 cm，缝内应设止水。

有的工程混凝土防渗面板做在距上游坝面1~2 m的坝体内，迎水面用浆砌石或预制混凝土砌筑，以省去浇筑混凝土面板的模板支撑及脚手架。

2）砌筑条石防渗层

在坝体迎水面用水泥砂浆砌筑一层质地良好的条石作为防渗层。厚度不超过坝上水头的1/20，砌缝的宽度应控制在1~2 cm。用M7.5~M10水泥砂浆作为胶结材料，表面用M10~M15水泥砂浆仔细勾缝；也有工程采用凿槽填缝防渗，即将已砌好的防渗层在迎水面沿砌缝凿成宽4~5 cm、深3 cm的梯形槽，然后用M10~M15水泥砂浆填塞满，勾成平缝或突缝。此种防渗措施适用于小型工程。此外，也可在迎水面采用钢丝网水泥喷浆护面及预制混凝土板护面等防渗措施。

2. 溢流坝面的衬护

溢流坝面需用混凝土衬护，混凝土层厚0.6~1.5 m，不得小于0.3 m，混凝土强度等级为C20，衬护内布设温度筋，且用锚筋与砌体锚固。对于单宽流量较小的工程，除坝顶混凝土外，其余部位可用条石或方正块石砌护。

3. 坝体分缝

由于浆砌石坝水泥用量少，水化热低，加之施工时又是分层砌筑，所以一般不需要设纵向施工缝。横缝间距也可增大，一般为20~30 m，但不宜超过50 m。为了适应不均匀沉降，在基岩岩性变化或地形有陡坎处均设横缝。

为使砌体与基岩紧密结合，在砌石前需先浇筑一层0.5~1.0 m的混凝土垫层。当工程规模较小、基岩完整坚硬、地形较规整时，可先在坝底铺5 cm厚的砂浆，然后砌石。

项目小结

重力坝是学习其他水工建筑物的基础。荷载组合分基本组合三种情况和特殊组合两种情况，实际工程设计中均需全部计算。

抗滑稳定和应力分析是该项目的重要内容之一。工程实践表明，坝基面、深层软弱夹层面、碾压混凝土重力坝的层面均有可能发生滑动，都需要验算。

材料力学法进行应力计算，假定各水平截面上垂直正应力呈直线分布，采用偏心公式计算，进一步计算出剪应力、水平正应力和主应力。

溢流坝剖面在设计时应保证运行和泄水的安全。泄水方式与孔口布置、水库运用和坝体结构有关，重力坝消能方式根据使用条件选择，高坝最常用的方式是挑流消能。

本项目对混凝土重力坝的材料提出了具体要求，论述了坝体防渗和排水设施的布置要求，介绍了坝体分缝的原则、要求，以及止水设置要求。坝内廊道系统由不同的廊道组成，从灌浆、交通、观测等方面选择纵横廊道的数量及构造尺寸。重力坝对地基有严格的要求，首先应进行开挖与清理，对不满足要求的地基要加固处理。为了减小扬压力，布置了防渗帷幕和排水孔幕，并提出了具体要求。

项目自测题

一、简答题

1. 重力坝的工作原理和重力坝的工作特点是什么？
2. 重力坝的主要荷载有哪些？如何计算？
3. 简述重力坝的设计要点。
4. 简述抗剪强度公式和抗剪断公式的优缺点。提高坝体抗滑稳定的措施有哪些？
5. 溢流坝的剖面设计原则和步骤各是什么？
6. 溢流重力坝的鼻坎挑流消能设计主要包括哪些内容？
7. 坝体材料为什么要分区？如何分区？
8. 坝内廊道有哪些？各有何作用？各自的设置部位和尺寸如何？
9. 为什么重力坝要分缝？缝有哪几种类型？施工中应如何处理？
10. 重力坝地基的处理措施有哪些？坝基排水的目的是什么？如何布置？

二、计算题

已知某重力坝剖面如图 1-45 所示，上游正常高水位为 50.00 m，相应下游水位为 15.00 m，坝顶高程为 60.00 m，上游坝坡为 1∶0.2，下游坝坡为 1∶0.7，坝顶宽度为 5 m，在距上游坝面 7 m 处设有排水孔幕。混凝土的容重采用 $\gamma_c = 24\ \text{kN/m}^3$，水的容重采用 $\gamma_w = 10\ \text{kN/m}^3$，渗透压力强度折减系数 $\alpha = 0.3$。（浪压力忽略不计）

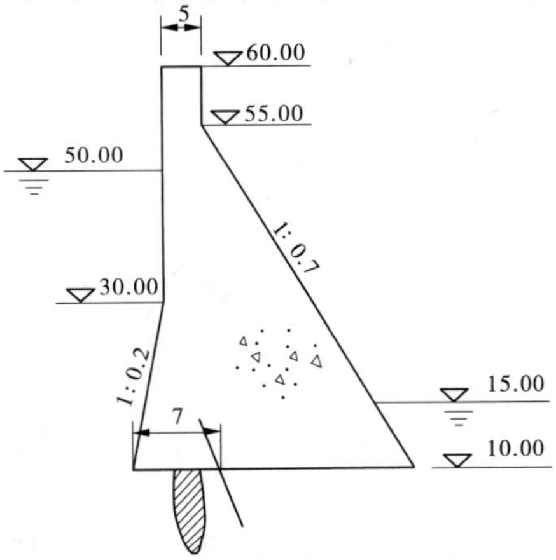

图 1-45　某重力坝剖面图　（单位：m）

（1）计算荷载大小；

（2）画出荷载分布图，标出荷载作用的位置；

（3）已知接触面的抗剪断参数 $f' = 0.9$、$c' = 700$ kPa，抗滑稳定安全系数允许值 $[K_s] = 3.0$，试用抗剪强度公式求 K_s 并判别是否满足抗滑稳定要求。

项目二 拱坝设计

【思政导引】白鹤滩水电站——世界难度最高的水电工程

【项目简述】

拱坝是在平面上呈凸向上游的拱形挡水建筑物，利用拱的作用将水压力的全部或部分传给河谷两岸的基岩。坝体的稳定主要是利用拱端基岩的反作用来支承。拱圈截面上主要承受轴向反力，可充分利用筑坝材料的强度。因此，是一种经济性和安全性都很好的坝型。

【拱坝设计基本资料】

某拱坝枢纽为Ⅳ等工程，拦河坝为4级建筑物，正常蓄水位为388.0 m；设计洪水位达389.72 m，相应下泄流量为980 m^3/s；校核洪水位为391.46 m，相应下泄流量为1 560 m^3/s。流域多年月平均最高气温27.3 ℃（7月），多年月平均最低气温8.7 ℃（1月）。洪水期多年平均最大风速15 m/s，水库吹程1 km。

坝址处河谷较狭窄，属V形河谷，宽高比 $L/H \approx 2.5$，坝址处的工程地质剖面见图2-1。摩擦系数及凝聚力：混凝土、砂浆与岩石面 $f=0.65$、$f'=0.9$，$c'=0.5$ MPa；与弱风化岩石面 $f=0.6$、$f'=1.1$，$c'=1.0$ MPa。开挖边坡：全风化或覆盖层1:1，强风化或弱风化岩层1:0.3，微风化或新鲜岩层1:0.2~1:0.0。基础弹性模量：右岸及河中基岩 $E=1.0\times10^4$ MPa，左岸基岩 $E=1.5\times10^4$ MPa。基岩泊松比 $\mu=0.2$，线膨胀系数 $\alpha_c=1\times10^{-5}/℃$。

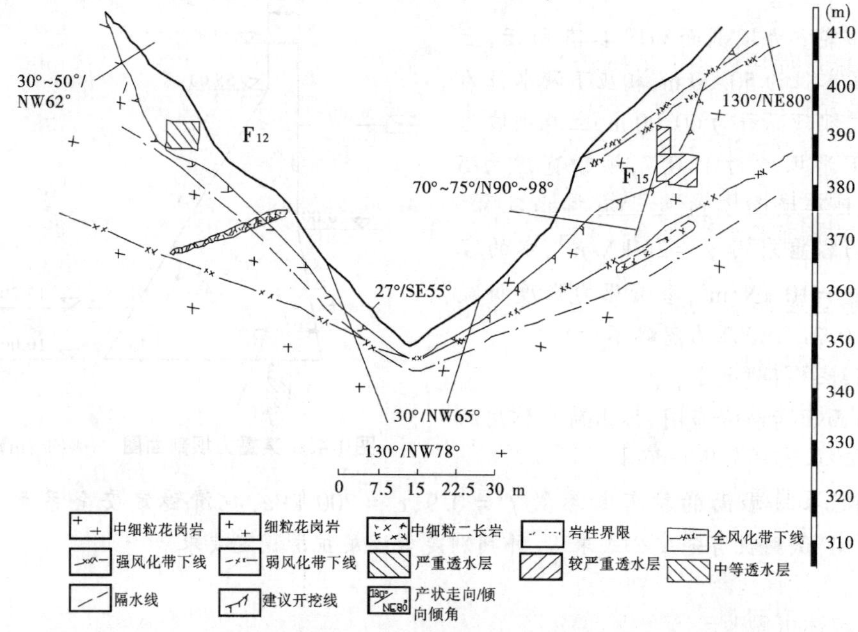

图2-1 坝址处工程地质剖面图

【项目实施方法及教学目标】

(一)项目实施方法

项目实施分为四个阶段:

第一阶段是项目实施的准备阶段。尽快准备项目实施所需的资料和计算、绘图工具。

第二阶段是设计计算阶段。它是项目实施一个非常重要的阶段。在这个阶段中要尽快熟悉计算理论,并快速实施具体的计算。在这个过程中,可能会遇到许多问题,因此在本阶段要培养学生解决问题的能力。通过这一阶段的实施,使学生的专业技能得到较大提高。

第三阶段是绘制图纸阶段。它是将第二阶段的成果用图纸的形式表达出来的阶段。

第四阶段是设计计算报告的编写。设计计算报告是设计成果的重要体现,报告编写要符合规定要求。

(二)项目教学目标

拱坝设计项目教学目标包括知识目标、技能目标和思政目标三个方面。知识目标是基础目标,技能目标是核心目标,思政目标贯穿整个项目实施过程,是项目实施的重要保证。

1. 知识目标

(1)熟悉拱坝特点、类型及布置。

(2)了解拱坝结构及应力计算方法。

2. 技能目标

(1)能够正确运用有关规范、手册等资料进行基本设计计算。

(2)基本掌握拱坝布置、稳定分析和应力分析的方法。

(3)能够使用绘图工具和计算机绘制图纸。

3. 思政目标

(1)认真严肃进行设计,培养忠诚、干净、担当、科学、求实、创新的水利精神。

(2)培养团队精神,与项目其他角色人员共同探讨问题,切磋提升技能水平。

(3)克服项目实施中遇到的困难,培养顽强的职业精神。

【成果提交要求】

(一)设计报告

设计报告包括说明和计算两大部分。说明部分应全面表达设计者的设计思想、方法和分析能力,包含对设计成果、采用的设计参数和理论依据的充分说明。要求章节分明、简明扼要、文理通顺,既有计算成果又有分析论证和明确结论,必要时,使用附表和插图(应按比例绘制)。计算部分是设计者的设计程序、设计成果的来源,要求详细列出所有计算过程。计算过程尽量列表计算,附计算草图;列出计算成果,并说明成果是否合理,如不合理,叙述可做改动的步骤;要求计算方法正确、参数取值合理、数据真实可靠、计算结果正确可信。

(二) 设计图纸

设计图纸主要包括拱坝的平面布置图、细部构造图等。绘图应符合制图标准和相关规范,要求制图正确、布局合理、主次分明、比例适当、线条清晰、尺寸齐全,必要时应有简明注解。

(三) 成果说明

要求简要说明计算成果及合理性,或设计的不足和可以进一步改进的地方,并对设计过程进行总结。

任务一　拱坝基本设计

一、拱坝布置

(一) 拱坝的特点

拱坝是固接于基岩的空间壳体结构,在平面上呈凸向上游的拱形,其拱冠梁剖面呈竖直或向上游凸出的曲线形。拱坝结构既有拱的作用又有垂直悬臂梁的作用,所承受的荷载一部分通过拱的作用传至两岸基岩,另一部分通过梁的作用传至坝底基岩,如图2-2所示。拱坝的稳定主要依靠两岸拱端的反作用力来维持,不像重力坝那样依靠自重来维持稳定。由于拱圈截面上主要承受轴向力,可充分利用筑坝材料的强度,这样可以将拱坝设计得较薄,节省工程量。在同一坝址处,修建拱坝的工程量比同一高度的重力坝可节省20%~70%。因此,拱坝是一种经济性和安全性都很好的坝型。

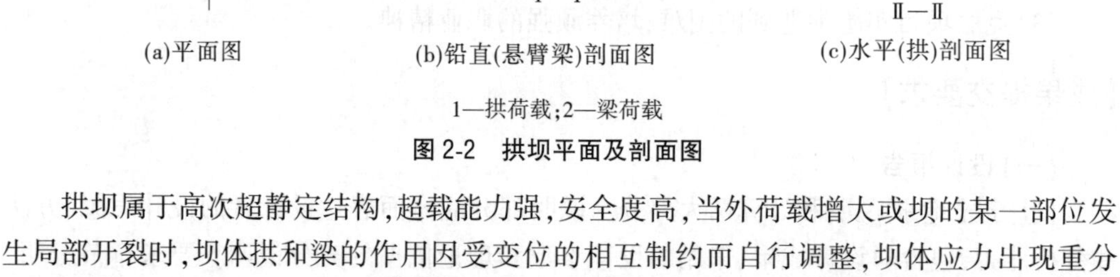

(a)平面图　(b)铅直(悬臂梁)剖面图　(c)水平(拱)剖面图

1—拱荷载;2—梁荷载

图2-2　拱坝平面及剖面图

拱坝属于高次超静定结构,超载能力强,安全度高,当外荷载增大或坝的某一部位发生局部开裂时,坝体拱和梁的作用因受变位的相互制约而自行调整,坝体应力出现重分配,原来应力较低的部位将承受增大的应力。从模型试验来看,拱坝的超载能力可以达到设计荷载的5~11倍。拱坝坝体轻韧,弹性较好,工程实践证明,拱坝具有良好的抗震性能。迄今为止,拱坝的失事比例远小于其他坝型,而且几乎没有因坝身问题而失事的,拱坝的失事基本上是由于坝肩抗滑失稳所致。因此,应十分重视坝肩岩体的抗滑稳定分析。

拱坝需要水平拱圈起整体作用,故坝身不设永久性伸缩缝,其周边通常固结于基岩上,温度变化和基岩变形对坝体应力的影响比较显著,设计时,必须考虑基岩变形,并将温度荷载作用作为一项主要荷载。

实践证明,拱坝不仅可以在坝顶安全溢流,也可以在坝身设置单层或多层大孔口泄流,且泄洪量和单宽流量也越来越大。目前,有的工程单宽流量达到 200 $m^3/(s \cdot m)$,我国的溪洛渡拱坝坝身总泄量达到 30 000 m^3/s。

由于拱坝剖面较薄,坝体几何形状复杂,因此对于施工质量、筑坝材料强度和防渗要求等都较重力坝严格。

(二)拱坝坝址的地形和地质条件

1. 对地形的要求

地形条件是决定拱坝结构形式、工程布置以及经济性的主要因素。理想的地形应是坝址上游较为宽阔,左右两岸对称,岸坡平顺无突变,在平面上向下游收缩的峡谷段。坝端下游侧要有足够的岩体支承,以保证坝体的稳定,如图 2-3 所示。

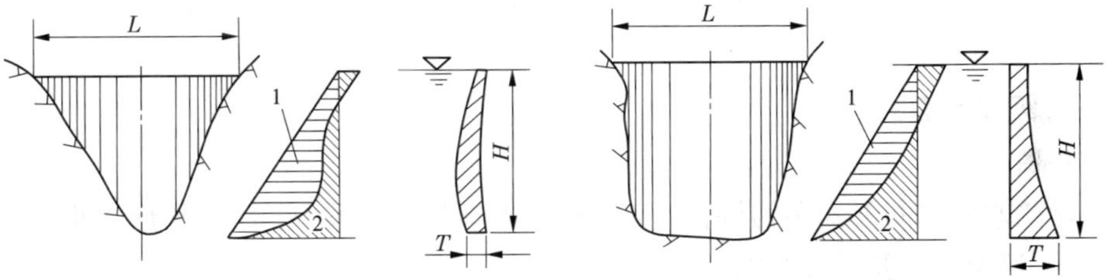

(a)V形河谷　(b)U形河谷

1—拱荷载;2—梁荷载

图 2-3　河谷形状对荷载分配和坝体剖面的影响

河谷的形状特征常用坝顶高程处的河谷宽度 L 与最大坝高 H 的比值,即宽高比 L/H 来表示。拱坝的厚薄程度常以坝底最大厚度 T 和最大坝高 H 的比值,即厚高比 T/H 来区分。一般情况下,在 $L/H<1.5$ 的深切河谷可以修建薄拱坝,$T/H<0.2$;在 $L/H=1.5\sim3.0$ 的稍宽河谷可以修建中厚拱坝,$T/H=0.2\sim0.35$;在 $L/H=3.0\sim4.5$ 的宽河谷多修建重力拱坝,$T/H>0.35$;在 $L/H>4.5$ 的宽浅河谷,由于拱的作用很小,梁的作用将成为主要的传力方式,一般认为修建重力坝或拱形重力坝较为适合。随着近代拱坝建设技术的发展,已有一些成功的实例突破了这些界限,如奥地利的希勒格尔斯双曲拱坝,高 130 m,$L/H=5.5$,$T/H=0.25$;美国的奥本三圆心拱坝,高 210 m,$L/H=6.0$,$T/H=0.29$。

不同河谷即使具有同一宽高比,其断面形状可能相差很大。左右对称的 V 形河谷最适于发挥拱的作用,靠近底部水压强度最大,但拱跨短,因此底拱厚度仍可较薄;U 形河谷靠近底部拱的作用显著降低,大部分荷载由梁的作用来承担,故厚度较大;梯形河谷的情况则介于这两者之间。

根据工程经验,拱坝最好修建在对称河谷中,但在不对称河谷中也可修建,其缺点是坝体受力条件较差,设计、施工复杂。

2. 对地质的要求

地质条件也是拱坝建设中的一个重要问题。河谷两岸的基岩必须能承受由拱端传来的推力,要在任何情况下都能保持稳定,不致危害坝体的安全。理想的地质条件是基岩比较均匀、坚固完整、有足够的强度、透水性小、能抵抗水的侵蚀、耐风化、岸坡稳定、没有大断裂等。

由于地质等自然因素,基岩总会存在一些不连续面,如断层带、剪切带、节理裂隙密集带、软弱岩石夹层、软弱风化破碎体(带),甚至卸荷裂隙等,选择坝址时要完全避开这些不连续面往往不可能。因此,一方面要力求把拱坝和枢纽中的重要建筑物(如地下厂房)等选择在不连续面规模尽量小、数量尽量少的坝址;另一方面要在查明工程地质条件的基础上,妥善采取有效措施处理各种地质缺陷。

随着经验的不断积累和地基处理技术水平的不断提高,在地质条件较差的地基上也建成了不少高拱坝,如我国的龙羊峡拱坝,高178 m,基岩被众多的断层和裂隙所切割,岩体破碎,且位于9度强震区。但当地质条件复杂到难以处理,或处理工作量太大、费用过高时,应另选其他坝型。

(三)坝体断面初选

1. 拱圈形式

拱坝的水平拱圈形式多为圆拱,随着近代拱坝技术的发展,其他的形式也不断被采用。目前,拱圈的主要形式有以下几种。

1)圆拱

圆拱也称单圆心等厚拱[见图2-4(a)],是拱坝最常用的一种形式,早期修建的混凝土拱坝及目前国内中小型砌石拱坝多采用这种形式,其具有结构简单、设计计算及施工方便的优点。

2)三心圆拱

三心圆拱如图2-4(b)所示,这一类型的拱圈在20世纪50年代末开始采用,拱圈的厚度可以是均匀的,也可以是变化的。

3)二心圆拱

二心圆拱有两种类型:一种是上下游面拱弧各具一个圆心(一般两个圆心布置在对称中心线上),因而整个拱圈为均匀变截面形状;另一种是左右拱采用不同的圆心和半径[见图2-4(c)],适用于不对称河谷,陡岸一侧可用曲率半径较小的拱。

4)抛物线拱

抛物线拱如图2-4(d)所示,其主要优点是:①较圆拱更能适应不对称河谷或两岸开挖较多的特殊地形;②水压力在拱内所产生的压力线接近抛物线形状,尤其当河谷较宽时更是如此,采用抛物线拱时,拱圈可更接近中心受压状态;③可减小中心角,改善拱端交角且减小弯矩;④对整个拱坝应力及倒悬情况均有利。

5)椭圆拱

椭圆拱如图2-4(e)所示,其水平拱采用椭圆短轴一侧的弧线,拱冠处曲率半径较小,逐渐向拱座增大。椭圆拱可减小拱冠处弯矩及应力,改善拱座推力方向,增加稳定性。

6）对数螺旋线拱

对数螺旋线拱如图2-4(f)所示，其主要优点是：坝体应力分布较好，拱端推力与岸坡交角较理想，一般可保证在45°左右。坝面平顺适于宽的河谷及V形河谷，因其具有两个对数自由度，所以在水平、铅直方向更容易灵活调整。

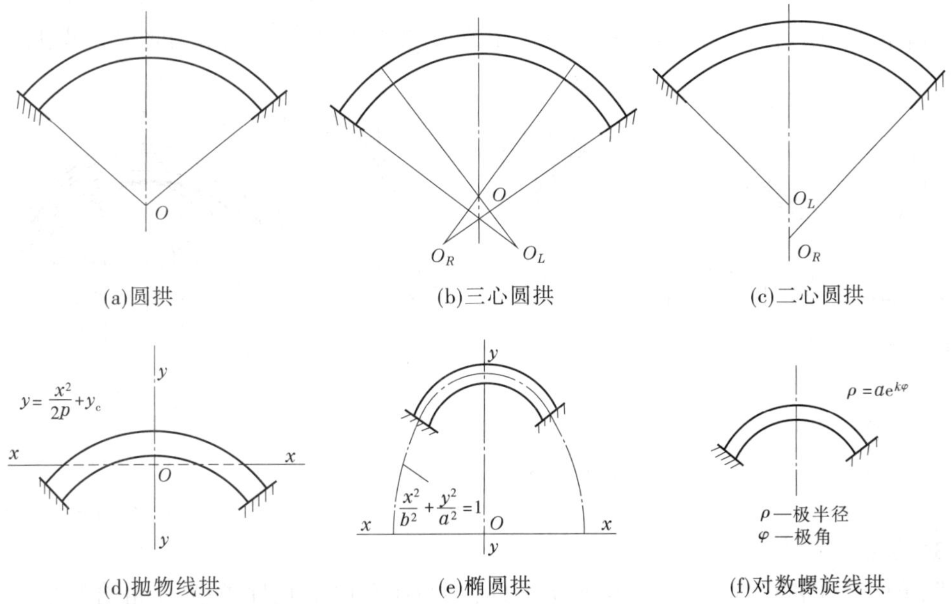

图2-4 拱坝的水平拱圈形式

合理的拱圈形式应当使压力线接近拱轴线，使拱截面内的压应力分布趋于均匀。在河谷狭窄且对称的坝址，大部分水平荷载由拱传到两岸，此时采用圆弧拱圈，在设计和施工上都比较方便。但从水平荷载在拱梁系统的分配情况看，拱所承担的水平荷载并不是沿拱圈均匀分布，而是从拱冠向拱端逐渐减小的，如图2-2所示。因此，为改善拱圈的受力条件，并考虑坝肩岩体的抗滑稳定，合理的拱圈形式应当是变曲率、变厚度、扁平的。因此，近年来，拱圈形式已由早期的单心圆拱向多心圆拱、抛物线拱、椭圆拱和对数螺旋线拱等多种形式发展。

2. 坝体类型

为适应各种地质地形条件，达到安全、经济的目的，拱坝出现了多种体形，主要有以下几种。

1）单曲拱坝

单曲拱坝[见图2-5(a)]在垂直向上无曲率或基本无曲率，一般为定圆心、定外半径。其优点是结构简单，设计、施工方便；缺点是当坝顶和坝底处河谷宽度相差较大时(如V形河谷或梯形河谷)，由于下部拱圈中心角太小，拱的作用不能充分发挥，致使坝底部厚度过大而不经济。目前国内中小型拱坝，特别是砌石拱坝，多采用此种形式。

2）双曲拱坝

双曲拱坝在垂直向上有曲率[见图2-5(b)]，是拱坝普遍采用的一种体形，也是高拱坝的发展方向之一。该形式不仅有平面拱的作用，而且有竖向拱的作用，使“梁”的弯矩减小、刚性加大，同时梁的倒悬也可以改善梁的应力状态，材料强度能较好发挥。双曲拱坝比单曲拱坝的承载能力大，若坝顶溢流，水流跌落也距坝脚较远。由于双曲拱坝具有这些优点，尽管在结构布置上比较复杂、施工不方便，但仍越来越多地采用此种类型坝。

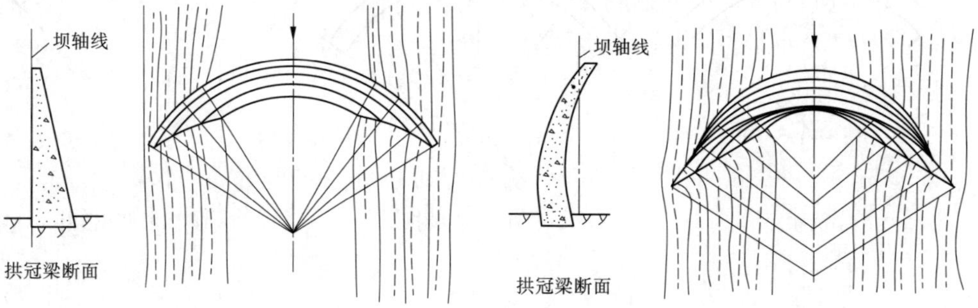

(a)单曲拱坝　(b)双曲拱坝

图2-5　单、双曲拱坝示意图

3）其他

除单曲拱坝和双曲拱坝两种常见类型外，拱坝还有以下几种类型：①混合型拱坝；②上拱下部支墩式拱坝；③空腹拱坝；④多层拱坝；⑤拱上拱坝；⑥周边缝拱坝；⑦平底缝拱坝；⑧铰拱坝；⑨预应力拱坝。

3. 断面初拟

1）拱圈中心角选取

（1）按坝身应力和经济要求选择中心角，如图2-6所示。

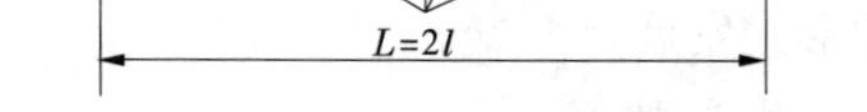

图2-6　圆弧拱圈

设拱圈厚度为T，中心角为$2\varphi_A$，沿外弧均匀水压为p，坝体材料允许应力为$[\sigma]$，据圆筒公式可以确定拱圈所需要的厚度T为

$$T=\frac{pR_u}{[\sigma]} \tag{2-1}$$

式中　R_u——外弧半径，m。

由式(2-1)可知，拱圈厚度T取决于荷载的压强p和拱圈外弧半径R_u，荷载越大，拱圈厚度越大。在同样的荷载和跨度下，半径越大，拱圈厚度也越大，导致拱圈工程量增加，不经济；另外，当跨度固定时，半径小，则拱的中心角增大，拱圈的弧长增加，同样不经济。为求得最有利的半径或最有利的中心角，应使拱圈的工程量最小，即体积最小。拱圈的体积为

$$V = \frac{2\pi}{360} \times 2\varphi_A RT \tag{2-2}$$

式中 R——拱圈中心线半径，m。

对式(2-2)求导可得，当 $2\varphi_A = 133°34'$ 时，拱圈的体积最小。

由于拱圈与圆筒存在差异，结合拱圈的实际工作情况，最优中心角并非133°34′，一般为105°～125°。

对于U形河谷，由于拱坝上、下部河谷宽度没有实质性变化，结合其他要求，数值可以取小些；对于V形河谷，由于上、下部河谷宽度变化大，宜选用大值；梯形河谷介于二者之间，但如有可能，结合其他要求，亦宜选用大值。对于单曲拱坝，为使中下部拱圈有较好的中心角，顶拱中心角宜选大值；对于双曲拱坝，相对于单曲拱坝可取小值。

拱圈应力状况随中心角的增加得以改善，当中心角大于115°时，拱冠不再受拉；当中心角大于158°时，拱冠、拱端均不再受拉。

(2)按坝肩稳定与安全性要求选择中心角。

从坝肩稳定出发，拱坝最优的中心角既不是133°34′，也不是105°～125°，而是60°～90°，更多的是60°～80°。

中心角的大小直接影响到应力条件、工程造价和坝肩岩体的稳定。中心角的选择在满足坝肩稳定条件下，尽量加大中心角，从而使坝体体积最小，保证经济性的要求。

《混凝土拱坝设计规范》(SL 282—2018)规定，坝体顶部拱圈最大中心角应根据稳定、应力、工程量等因素采用75°～110°；而在坝的底部，由于拱作用不大，拱中心角可适当减小，一般为50°～80°。

2)坝体尺寸初拟

坝体尺寸主要包括：拱圈的平面形式及各层拱圈轴线的半径和中心角；拱冠梁(中央铅直剖面)上、下游面形式及其沿高程的厚度。当坝高已定，首先要拟订顶拱轴线，然后是拱冠梁和拱圈的形式及尺寸。有关顶拱轴线的选择，见拱坝布置的内容。

(1)拱冠梁的形式和尺寸。

在拱坝的轴线和顶拱确定以后，即可拟订拱冠梁的尺寸。

在U形河谷中，可采用上游面铅直的单曲拱坝，在V形和接近V形河谷中，多采用具有竖向曲率的双曲拱坝。

拱冠梁的厚度可根据《水工设计手册》建议的公式初步拟订。

$$T_C = 2\varphi_C R_{轴}(3R_f/2E)^{1/2}/\pi \tag{2-3}$$

$$T_B = 3.5(L_1 + L_2)H/[\sigma] \tag{2-4}$$

$$T_{0.45H} = 0.385HL_{0.45H}/[\sigma] \tag{2-5}$$

式中 T_C、T_B、$T_{0.45H}$——拱冠顶厚、底厚和0.45H高度处的厚度，m；

φ_C——顶拱的中心角，rad；

$R_{轴}$——顶拱中心线的半径，m；

R_f——混凝土的极限抗压强度，kPa；

E——混凝土的弹性模量，kPa；

L_1——坝顶高程处拱端可利用基岩面间的河谷宽度，m；

L_2——坝底以上 0.15H 处拱端可利用基岩面间的河谷宽度，m；

H——拱冠梁的高度，m；

$[\sigma]$——坝体混凝土的容许压应力，kPa；

$L_{0.45H}$——拱冠梁 0.45H 高度处两岸可利用基岩面间的河谷宽度，m。

美国垦务局建议的公式为

$$T_C = 0.01(H + 1.2L_1) \tag{2-6}$$

$$T_B = \sqrt[3]{0.0012HL_1L_2\left(\frac{H}{122}\right)^{H/122}} \tag{2-7}$$

式中符号意义同前。

式(2-3)～式(2-5)是根据混凝土强度确定的，式(2-6)、式(2-7)则是根据拱坝设计资料总结出来的，可以互为参考。在选择拱冠梁的坝顶厚度 T_C 时，还应考虑工程规模和运用要求，如无交通规定，一般为 3～5 m，不宜小于 3 m。坝顶厚度体现了顶部拱圈的刚度，顶拱刚度不仅对坝体上部应力有影响，而且对拱冠梁附近的梁底应力也有较大的影响。当河谷上部较宽时，适当加大坝顶厚度，有利于降低梁底上游面的拉应力。

对于双曲拱坝，美国垦务局推荐的拱冠梁剖面的尺寸和形式见表 2-1 和图 2-7，其中用式(2-3)～式(2-5)计算，当 3 个控制厚度确定后，即可以用光滑曲线绘出拱冠梁剖面，用作初选时参考。

表 2-1　拱冠梁剖面参考尺寸

高程	坝顶	0.45H	坝底
上游偏距	0	0.95T_B	0.67T_B
下游偏距	T_C	0	0.33T_B

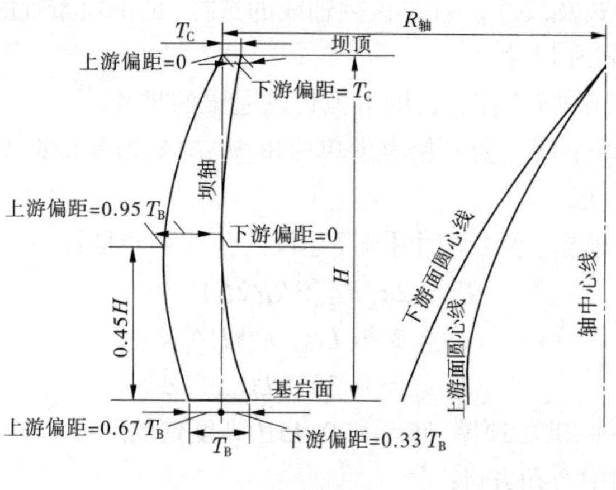

图 2-7　拱冠梁尺寸示意图

对于一般的双曲拱坝，上游面曲线可用二次多项式表示，如图 2-8 所示。

$$y = a_1z + a_2z^2 \tag{2-8}$$

式中的系数 a_1、a_2 分别由下式确定：

$$a_1 = -2\beta_1 a_2 H \tag{2-9}$$

$$a_2 = \frac{\beta_2 T_B}{(2\beta_1 - 1)H^2} \tag{2-10}$$

式中 β_1、β_2——经验系数，通常可取 $\beta_1 = 0.60$，$\beta_2 = 0.30 \sim 0.60$。

对于单曲拱坝，拱冠梁上游面是铅直线，下游面是倾斜直线或几段折线。

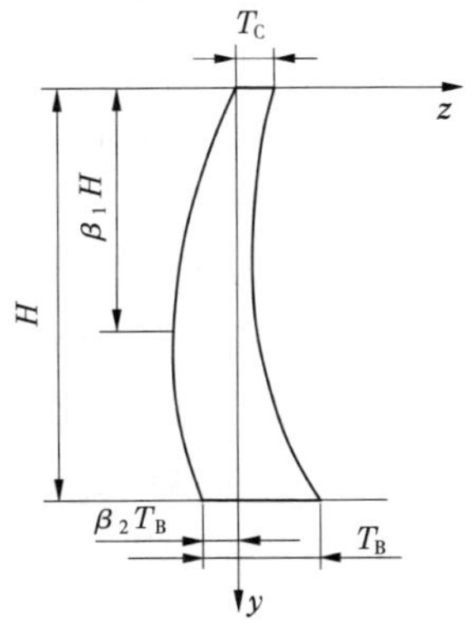

图 2-8 拱冠梁剖面图

(2)水平拱圈的形式选择。

水平拱圈以圆弧拱最为常用。由式(2-1)可知，加大中心角，可减小拱圈厚度，改善坝体应力。但从稳定条件考虑，过大的中心角将使拱轴线与河岸基岩等高线间的交角过小，以致拱端推力过于趋向岸边，不利于拱座的稳定。现代拱坝，顶拱中心角多为 90°~110°；对向下游缩窄的河谷，可采用 110°~120°；当坝址下游基岩内有软弱带或坝肩支承在比较单薄的山嘴时，则应适当减小拱的中心角，使拱端推力转向岩体内侧，以加强坝肩稳定。

由于拱坝的最大应力常在坝高 1/3~1/2 处，所以大部分拱坝工程在坝的(0.4~0.7)H 范围内采用较大的中心角，由此向上向下中心角都减小，如我国的泉水拱坝，最大中心角为 101°24′，约在 2/5 坝高处；伊朗的卡雷迪拱坝，最大中心角为 117°，位于坝的中下部。

合理的拱圈形式应当使压力线接近拱轴线，使拱截面内的压应力分布趋于均匀。近年来，对建在较宽河谷中的拱坝，为使拱圈中间部分接近于均匀受压，并改善拱座的抗滑稳定条件，拱圈形式已由早期的单心圆拱向三心圆拱、椭圆拱、抛物线拱和对数螺旋线拱等多种形式(见图 2-4)发展。因此，最合理的拱圈形式应当是变曲率、变厚度、扁平的。

(四)坝体布置

拱坝布置的原则是根据坝址地形、地质、水文等自然条件以及枢纽综合利用要求统筹布置，在满足稳定和建筑物运用的要求下，通过调整拱坝的外形尺寸，使坝体材料的强度得到充分发挥，控制拉应力在允许范围之内，而坝的工程量最省。

1. 确定坝顶高程

坝顶高程按重力坝的计算方法确定。

2. 步骤

由于拱坝体形比较复杂，剖面形状又随地形、地质情况而变化，因此拱坝的布置并无一成不变的固定程序，而是一个从粗到细反复调整和修改的过程。根据经验，大致可以归纳为以下几个步骤：

(1)根据坝址地形图、地质图和地质勘查资料，定出开挖深度，画出可利用基岩面等高线地形图。

(2)在可利用基岩面等高线地形图上，试定顶拱轴线的位置。在实际工程中常以顶拱外弧作为拱坝的轴线。顶拱轴线的半径可用 $R_{轴} = 0.6L_1$，L_1 的含义见式(2-4)或参考其他类似工程初步拟订。将顶拱轴线绘在透明纸上，以便在地形图上移动、调整位置，尽量使拱轴线与基岩等高线在拱端处的夹角不小于30°，并使两端夹角大致相近。按选定的半径、中心角及顶拱厚度画出顶拱内外缘弧线。

（3）初拟拱冠梁剖面尺寸，布置其他高程拱圈。自坝顶往下，一般选取5~10层拱圈，绘制各层拱圈平面图，布置原则与顶拱相同。各层拱圈的圆心连线在平面上最好能对称于河谷可利用岩面的等高线，在竖直面上圆心连线应能形成光滑的曲线。

（4）切取若干铅直剖面，检查其轮廓线是否光滑连续，有无倒悬现象，确定倒悬度是否太大。为了便于检查，可将各层拱圈的半径、圆心位置以及中心角分别按高程点绘，连成上、下游面圆心线和中心角线。必要时，可修改不连续或变化急剧的部位，以求沿高程各点连线达到平顺光滑。

（5）进行应力计算和拱座抗滑稳定校核。如不符合要求，应修改坝体布置和尺寸，重复以上的工作程序，直至满足要求。

（6）将坝体沿拱轴线展开，绘成坝的立视图，显示基岩面的起伏变化，对突变处应采取削平或填塞措施。

（7）计算坝体工程量，作为不同方案比较的依据。

归纳起来，拱坝布置的基本原则是：坝体轮廓线连续光滑，坝体轮廓力求简单；基岩轮廓线连续光滑，避免有任何突变，如图2-9所示。

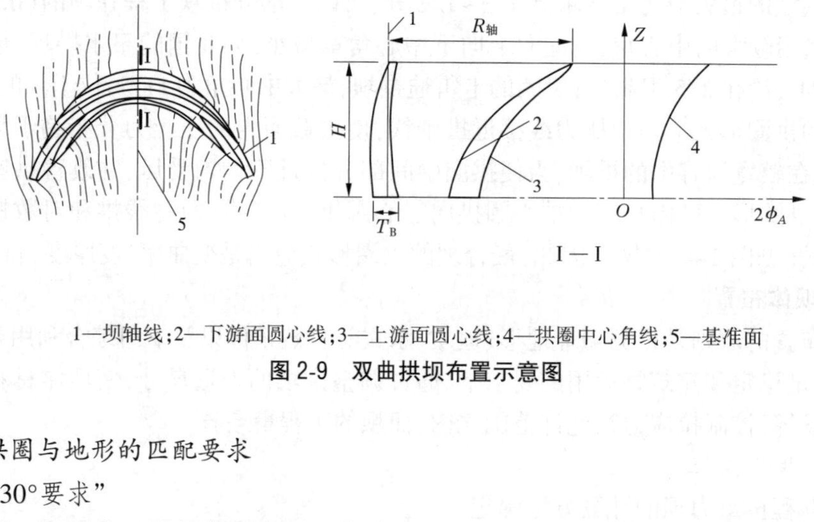

1—坝轴线；2—下游面圆心线；3—上游面圆心线；4—拱圈中心角线；5—基准面

图2-9 双曲拱坝布置示意图

3. 拱圈与地形的匹配要求

1）“30°要求”

所谓“30°要求”，就是拱圈内弧面与该高程可利用岩体等高线间的夹角宜大于或等于30°，这是从拱坝推力在基础岩体中的安全扩散传递，求得稳定和较好的坝肩工作条件而提出的。如果由于地形的限制，上述“30°要求”难以满足，也可以考虑在必要时进行人工填混凝土，修补地形缺陷，在“整容”后的地形情况下布置拱坝。

2）拱端的布置原则

拱坝两端与基岩的连接也是拱坝布置的一个重要方面。拱端应嵌入开挖后的坚实基岩内。拱端与基岩的接触面原则上应做成全径向的，以使拱端推力接近垂直于拱座面。但在坝体下部，当按全径向开挖将使上游面可利用岩体开挖过多时，允许自坝顶往下由全径向拱座渐变为1/2径向拱座，如图2-10(a)所示。此时，靠上游边的1/2拱座面与基准面的交角应大于 10°。当用全半径向拱座将使下游面基岩开挖太多时，也可改用中心角大于半径向中心角的非径向拱座，如图 2-10(b)所示，此时，拱座面与基准面的夹角根据经验应不大于 80°。

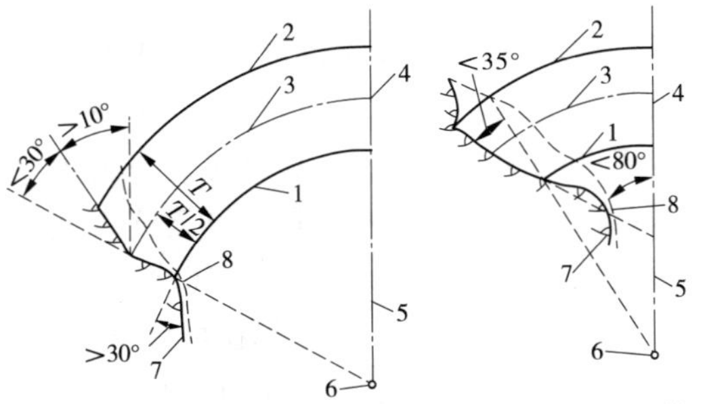

(a)1/2径向拱座　　(b)非径向拱座

1—内弧面；2—外弧面；3—坝轴线；4—拱冠；5—基准面；
6—坝轴线圆心；7—可利用岩面线；8—原地面线

图 2-10　拱座形状准则

4. 拱坝倒悬的处理

由于上、下层拱圈半径及中心角的变化，坝体上游面不能保持直立。如上层坝面突出于下层坝面，就形成了坝面的倒悬，这种上、下层的错动距离与其间高差之比称为倒悬度。在双曲拱坝中，很容易出现坝面倒悬现象。这种倒悬不仅增加了施工上的困难，而且未封拱前，由于自重作用很可能在与其倒悬相对的另一侧坝面产生拉应力甚至开裂。对于倒悬的处理，如图 2-11 所示，大致可归纳为以下几种方式：

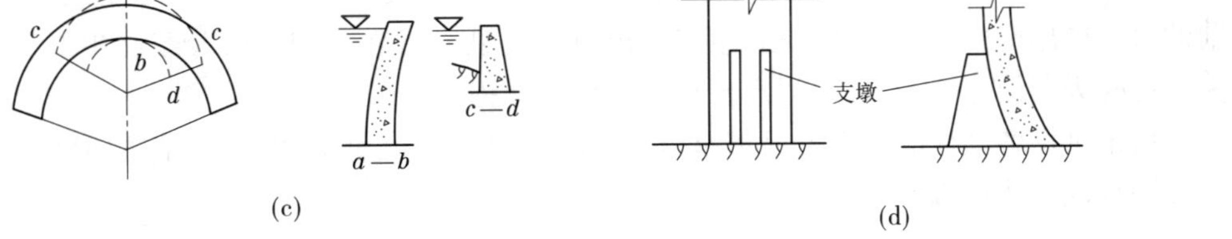

图 2-11　拱坝倒悬的处理

(1)使靠近岸边的坝体上游面维持直立，这样河床中部坝体将俯向下游，如图 2-11(a)所示。

(2)使河床中间的坝体上游面维持直立，而岸边坝体向上游倒悬，如图 2-11(b)所示。

(3)协调前两种方案,使河床段坝体稍俯向下游,岸坡段坝体稍向上游倒悬,如图 2-11(c)所示。

设计时宜采用第三种折中处理方式,以减小坝面的倒悬度。按《混凝土拱坝设计规范》(SL 282—2018)(见码 2-1)规定,混凝土拱坝在满足施工期自重应力控制标准及坝表孔布置的要求下,可选取较大的下游面倒悬度;悬臂梁的上游面倒悬度不宜大于 0.3∶1。对向上游倒悬的岸边段坝体,在其下游面可能产生过大的拉应力,必要时需在上游坝脚加设支墩,如图 2-11(d)所示;或在开挖基岩时留下部分基坑岩壁作为支撑。对俯向下游的河床段坝体,在俯向下游部分需加速冷却,采用重复灌浆,使伸缩缝随浇随灌。现代的双曲拱坝,一般都在坝体下部 1/3 左右坝高范围内向上游倒悬,再向上就逐渐俯向下游。这样,不仅改善了坝体应力情况,而且有助于解决岸边坝段的倒悬问题。

码 2-1　《混凝土拱坝设计规范》信息

二、拱坝稳定分析与应力分析

(一)拱坝荷载及其组合

1.拱坝的设计荷载

拱坝的设计荷载包括静水压力、动水压力、自重、扬压力、泥沙压力、冰压力、浪压力、温度作用以及地震荷载等,基本上与重力坝荷载相同。但由于拱坝本身的结构特点,有些荷载的计算及其对坝体应力的影响与重力坝的不尽相同。本任务只介绍这些荷载的不同特点。

1)一般荷载

(1)水平径向荷载。包括静水压力、泥沙压力、浪压力及冰压力,计算方法同重力坝。其中,静水压力是坝体上的最主要荷载,应由拱和梁共同承担,可通过拱梁分载法来确定拱系和梁系上的荷载分配。

(2)自重。混凝土拱坝在施工时常采用分段浇筑,最后进行灌浆封拱,形成整体。这样,由自重产生的变位在施工过程中已经完成,全部自重应由悬臂梁承担,悬臂梁的最终应力是由拱梁分载法算出的应力加上由于自重而产生的应力。在实际工程中,如遇:①需要提前蓄水,要求坝体浇筑到某一高程后提前封拱;②对具有显著竖向曲率的双曲拱坝,为保持坝块稳定,需要在其冷却后先行灌浆封拱;③为了度汛,要求分期灌浆等情况:灌浆前的自重作用应由梁系单独承担,灌浆后浇筑的混凝土自重参加拱梁分载法中的变位调整。有时为了简化计算,也常假定自重全由梁系承担。

由于拱坝各坝块的水平截面都呈扇形,如图 2-12 所示,截面 A_1 与 A_2 间的坝块自重 G 可按辛普森公式计算:

$$G = \frac{1}{6}\gamma_c \Delta Z(A_1 + 4A_m + A_2) \quad (\mathrm{kN}) \tag{2-11}$$

式中　γ_c——混凝土重度,kN/m^3;

ΔZ——计算坝块的高度,m;

A_1、A_2、A_m——上、下两端和中间截面的面积,m^2。

或简单地按下式计算:

$$G = \frac{1}{2}\gamma_c \Delta Z(A_1 + A_2) \qquad (2\text{-}12)$$

有覆盖时,岩体自重在计算坝肩稳定、变形和应力时需计入。岩石重度应通过试验测定。

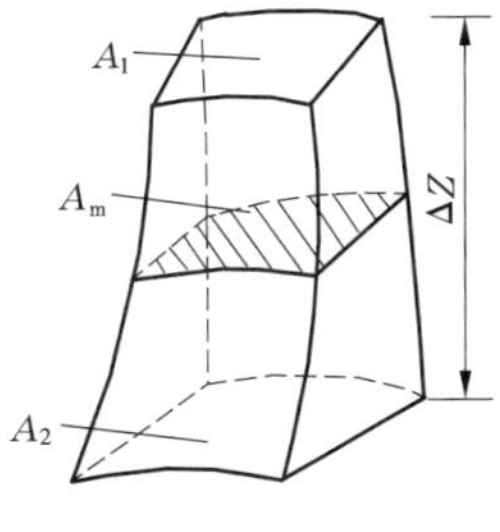

图 2-12 坝块自重计算图

(3)扬压力。从近年美国对一座中等高度拱坝坝内渗透压力所做的分析表明,由扬压力引起的应力在总应力中约占 5%。由于所占比例很小,设计中对于薄拱坝可以忽略不计;对于重力拱坝和中厚拱坝则宜予以考虑,在对坝基及拱座进行抗滑稳定分析时,必须计入扬压力或渗透压力的不利影响。

(4)动水压力。拱坝采用坝顶或坝面溢流时,应计算溢流坝面上的动水压力。对溢流面的脉动压力和负压的影响可以不计。

实践证明,岩体赋存于一定的地应力环境中,对修建在高地应力区的高拱坝,应当考虑地应力对坝基开挖、坝体施工、蓄水过程中的坝体应力以及拱座抗滑稳定的影响。

2)温度荷载

温度荷载是拱坝设计中的一项主要荷载。实测资料分析表明,在由水压力和温度变化共同引起的径向总变位中,后者占 1/3~1/2,在靠近坝顶部分,温度变化的影响就更为显著。拱坝系分块浇筑,经充分冷却,待温度趋于相对稳定后,再灌浆封拱,形成整体。封拱前,根据坝体稳定温度场(见图 2-13),可定出沿不同高程各灌浆分区的封拱温度。封拱温度低,有利于降低坝内拉应力,一般选在年平均气温或略低时进行封拱。封拱温度即作为坝体温升和温降的计算基准,以后坝体温度随外界温度做周期性变化,产生了相对于上述稳定温度的改变值。由于拱座嵌固在基岩中,限制坝体随温度变化而自由伸缩,于是就在坝体内产生了温度应力。上述温度改变值,即为温度荷载。

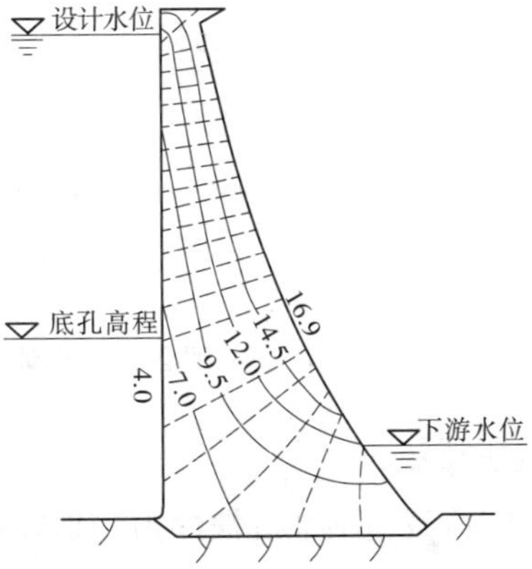

图 2-13 重力拱坝的稳定温度场 (单位:℃)

坝体温度受外界温度及其变幅、周期、封拱温度、坝体厚度及材料的热学特性等因素制约,同一高程沿坝厚呈曲线分布。设坝内任一水平截面在某一时刻的温度分布如图 2-14 所示。为便于计算,可将其与封拱温度的差值,即温差视为三部分的叠加。

(1)均匀温度变化 t_m,即温差的均值,这是温度荷载的主要部分。它对拱圈轴向力和力矩、悬臂梁力矩等都有很大影响。

(2)等效线性温差 t_d。等效线性化后,上下游坝面的温度差值用以表示水库蓄水后,由于水温变幅小于下游气温变幅沿坝厚的温度梯度 t_d/T。它对拱圈力矩的影响较大,而对拱圈轴向力和悬臂梁力矩的影响很小。

(3)非线性温差变化 t_n。它是从坝体温度变化曲线 $t(y)$ 扣去以上两部分后剩余的部分,是局部性的,只产生局部应力,不影响整体变形,在拱坝设计中一般可略去不计。

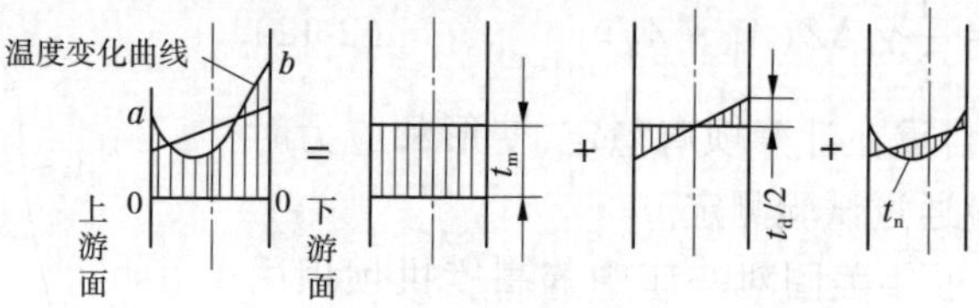

图 2-14 拱圈温度分布及温差分解示意图

当坝体温度低于封拱温度(称为温降)时,坝轴线收缩,使坝体向下游变位,如图 2-15(a)所示,由此产生的弯矩和剪力的方向与水压力作用所产生的相同,但轴力方向相反。当坝体温度高于封拱温度(称为温升)时,坝轴线伸长,使坝体向上游变位,如图 2-15(b)所示,由此产生的弯矩和剪力的方向与水压力作用产生的相反,但轴力方向相同。因此,在一般情况下,温降对坝体应力不利;温升将使拱端推力加大,对拱座稳定不利。

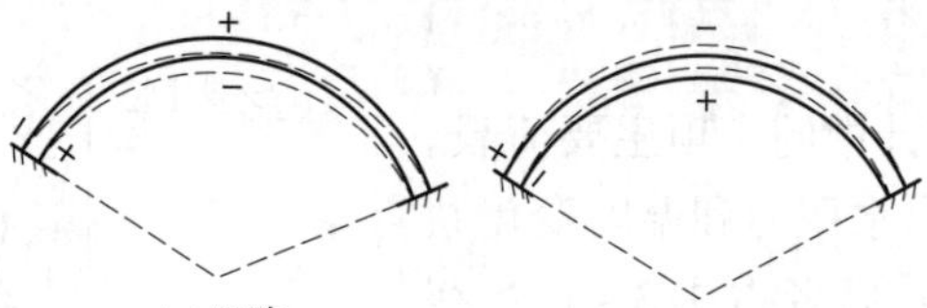

(a)温降　　(b)温升

“+”—压应力;“−”—拉应力

图 2-15 坝体由温度变化产生的变形示意图

3)地震荷载

地震荷载包括地震惯性力和地震动水压力。其计算可参照《水工建筑物抗震设计标准》(GB 51247—2018)的规定执行。

2. 荷载组合

混凝土拱坝设计荷载组合可分为基本组合和特殊组合两类。基本组合由基本荷载组成,特殊组合除相应的基本荷载外,还应包括某些特殊荷载。荷载组合应按表 2-2 的规定确定。

拱坝的荷载组合应根据各种荷载同时作用的实际可能性选择最不利情况,作为分析坝体应力和拱座抗滑稳定的依据。

(二)拱坝稳定分析

拱座坝肩岩体稳定是拱坝安全的根本保证。拱座稳定分析主要研究岩体的可能滑动问题,但在拱座下游附近如存在较大的软弱带或断层而有可能引起较大的变形时,即使拱座抗滑稳定能够满足要求,也应对拱座变形问题进行专门研究。必要时,需采取适当的加固措施。

1. 稳定分析方法

目前,国内外评价拱座稳定的方法归纳起来有以下三种。

表 2-2 荷载组合

荷载组合	主要考虑情况		荷载类别									
			自重	静水压力	温度荷载		扬压力	泥沙压力	浪压力	冰压力	动水压力	地震荷载
					设计正常温降	设计正常温升						
基本组合	1. 正常蓄水位情况		√	√	√		√	√	√	√		
基本组合	2. 正常蓄水位情况		√	√		√	√	√	√			
基本组合	3. 设计洪水位情况		√	√		√	√	√	√			
基本组合	4. 死水位(或运行最低水位)情况		√	√		√	√	√	√			
基本组合	5. 其他常遇的不利荷载组合											
特殊组合	1. 校核洪水位情况		√	√		√	√	√	√		√	
特殊组合	2. 地震情况	(1)基本组合 1+地震荷载	√	√	√		√	√	√	√		√
特殊组合	2. 地震情况	(2)基本组合 2+地震荷载	√	√		√	√	√	√			√
特殊组合	2. 地震情况	(3)常遇低水位情况+地震荷载	√	√		√	√	√	√			√
特殊组合	3. 施工期情况	(1)未灌浆	√									
特殊组合	3. 施工期情况	(2)未灌浆遭遇施工洪水	√	√								
特殊组合	3. 施工期情况	(3)灌浆	√		√							
特殊组合	3. 施工期情况	(4)灌浆遭遇施工洪水	√	√		√						
特殊组合	4. 其他稀遇的不利荷载组合											

注:1. 上述荷载组合中,可根据工程的实际情况选择控制性的荷载组合进行计算。

2. 地震较频繁地区,当施工期较长时,应采取措施及时封拱,必要时对施工期的荷载组合尚应增加一项"上述情况加地震荷载",其地震烈度可按设计烈度降低 1 度考虑。

3. 表中"特殊组合 3. 施工期情况 (3)灌浆"状况下的荷载组合,也可为自重和设计正常温升的温度荷载组合。

1)刚体极限平衡法

在实际工程设计中,用作判断拱座稳定性的常用方法是刚体极限平衡法,其基本假定是:①将滑移体视为刚体,不考虑其中各部分之间的相对位移;②不考虑拱端作用的力矩的影响,认为其可由力的分布自行调整满足,只考虑滑移体上力的平衡;③忽略拱坝的内力重分布作用,认为作用在岩体上的力系为定值;④达到极限平衡状态时,滑裂面上的剪力方向将与滑移的方向平行,指向相反,数值达到极限值。

刚体极限平衡法是半经验性的计算方法,因其具有长期的工程实践经验,采用的抗剪强度指标和安全系数是配套的,与目前勘探试验所得到的原始数据的精度相匹配,方法简便易行。所以,目前国内外仍沿用它作为判断拱座稳定的主要手段。对于大型工程或当地基情况复杂时,可辅以结构模型试验和有限元分析。

《混凝土拱坝设计规范》(SL 282—2018)规定:拱座抗滑稳定分析应按空间问题计算可能滑动体的抗滑稳定安全系数。拱座无特定的滑裂面或做初步计算时,可简化为平面问题进行核算。

2)有限元法

《混凝土拱坝设计规范》(SL 282—2018)规定:拱座抗滑稳定的计算方法应以刚体极限平衡法为主,对于大型或坝基地质情况复杂的工程,可辅以有限元法或其他方法进行分析论证。实际上,岩体并非刚体,其应力应变关系有着显著的非线性特性。岩体的破坏过程十分复杂,一般要经过硬化、软化、剪胀阶段,并伴随有裂隙的扩展过程。这样复杂的本构关系,刚体极限平衡滑移破坏的假定并不能真实反映拱座的失稳机制。有限元法,特别是三维非线性有限元分析,为复核和论证拱座稳定条件提供了较为合理的途径。

有限元法可用于进行平面或空间拱座稳定分析。对单元的物理力学特性,可以采用线弹性模型,也可以采用非线性模型。对于平面问题,可取单高拱圈或单宽悬臂梁剖面划分单元;对于空间问题,则按整体划分单元,如图2-16所示。计算模型的边界范围应根据地质和荷载条件选定,一般为坝高的1.0~1.5倍。详细论述可参阅有关文献。

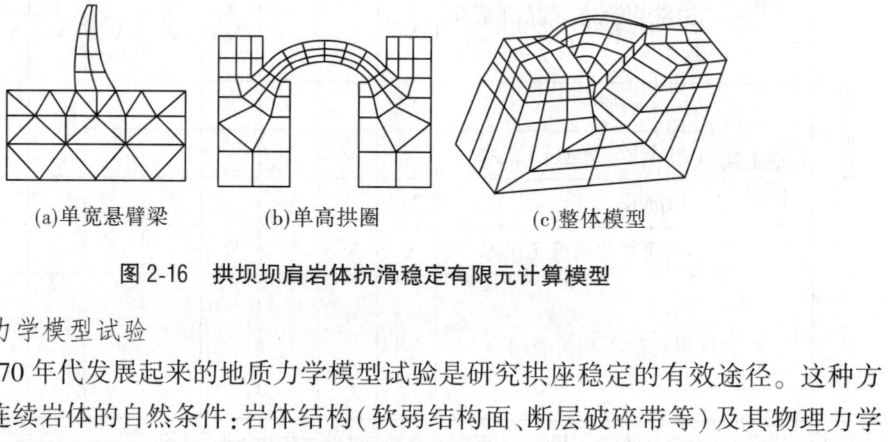

(a)单宽悬臂梁　(b)单高拱圈　(c)整体模型

图2-16　拱坝坝肩岩体抗滑稳定有限元计算模型

3)地质力学模型试验

20世纪70年代发展起来的地质力学模型试验是研究拱座稳定的有效途径。这种方法能模拟不连续岩体的自然条件:岩体结构(软弱结构面、断层破碎带等)及其物理力学特性(岩体自重、变形模量、抗剪强度指标等)。国内多采用石膏加重晶石粉、甘油、淀粉等作为模型材料,其特性是重度高、强度低和变形模量小。采用小块体叠砌或用大模块拼装成型。量测系统主要是位移量测和应变量测。通过试验可以了解复杂地基上拱坝和拱座相互作用下的变形特性、超载能力、破坏过程和破坏机制、拱推力在拱座内的影响范围、裂缝的分布规律、各部位的相对位移和需要加固的薄弱部位以及地基处理后的效果等,是一种很有发展前途的研究方法。但由于地质构造复杂,模型不易做到与实际一致,一些参数难以准确测定,温度作用和渗透压力难以模拟,因而试验成果也带有一定的近似性;另外,试验工作量大,费用高。就试验本身讲,还需要进一步研究模型材料,改进测试手段和加载方法等,以提高试验精度。

2.拱坝的失稳形式

在拱坝设计的各个阶段,都应重视两岸拱座的稳定性,做出相应于各阶段工作深度的分析论证。必要时应采取适当的工程措施,以保证拱座的稳定。分析以往一些拱坝事故,绝大多数是由于坝肩岩体失稳或变形过大所致,很少是由于拱坝本身应力问题所造成的。

坝肩岩体失稳最常见的形式是坝肩岩体荷载作用后发生滑动破坏。这种情况一般发生在岩体中存在着明显的滑裂面,如断层、节理、裂隙、软弱夹层等,如图 2-17 所示。另一种情况是当坝的下游岩体中存在着较大的软弱带或断层时,即使坝肩岩体抗滑稳定性满足要求,但过大的变形仍会在坝体内产生不利的应力,同样会给工程带来危害,应当尽量避免,如图 2-18 所示。

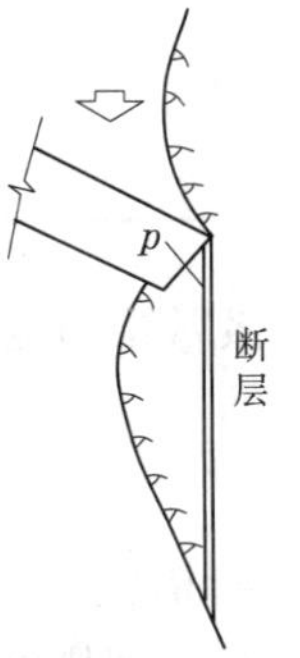

图 2-17 坝肩岩体失稳情况

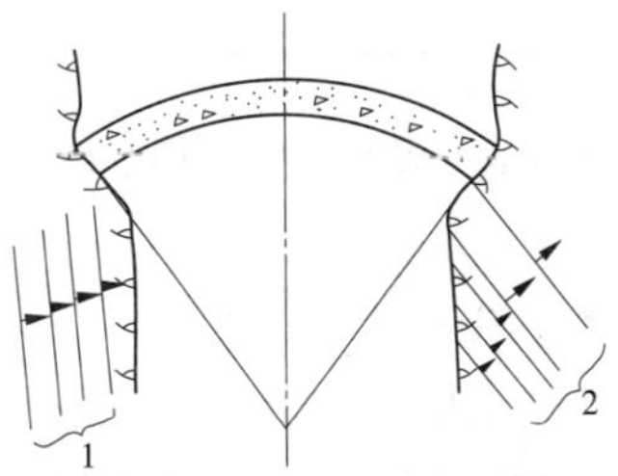

1—不利陡倾角结构面;2—影响较小的结构面

图 2-18 不利结构面对坝肩稳定的影响

3. 渗透水压力对拱座稳定的影响

在拱坝拱座稳定计算中,应当考虑下列荷载:坝体传来的作用力、岩体的自重、渗透水压力和地震荷载,其中渗透水压力是控制拱座稳定的重要因素之一。例如,1959 年法国马尔巴塞拱坝在初次蓄水不久即全坝溃决,其原因是渗透压力增大而导致岩体失稳。1962 年我国梅山连拱坝右坝端发生错动,其原因也是库水渗入陡倾角裂隙,渗透压力加大(高达库水静压力的 82%),致使岩体沿另一组缓倾角裂隙面向河床方向滑动。还有许多岩体滑坡事故都与渗透压力直接有关。这就充分说明在拱座稳定分析中渗透压力的重要作用,它不仅能在岩体中形成相当大的渗透压力推动岩体滑动,而且会改变岩体的力学性质(降低抗压强度和抗剪强度)。

4. 拱座稳定的控制指标

规范规定,拱座抗滑稳定计算,以刚体极限平衡法为主。对 1、2 级拱坝及高拱坝采用抗剪断公式计算,其他则可采用抗剪断公式或抗剪强度公式计算。

$$K_1 = \frac{\sum (f_1 N + c_1 A)}{\sum Q} \tag{2-13}$$

$$K_2 = \frac{\sum f_2 N}{\sum Q} \tag{2-14}$$

式中 N——滑动面上的法向力,kN;

Q——滑动面上的滑动力,kN;

K_1、K_2——抗滑稳定安全系数,按表 2-3 选取;

A——计算滑裂面的面积，m^2；

f_1、f_2、c_1——滑裂面的抗剪断摩擦系数、抗剪摩擦系数和凝聚力，MPa。

表 2-3　拱座抗滑稳定安全系数

荷载组合		建筑物级别		
		1	2	3
按式(2-13)计算	基本	3.50	3.25	3.00
	特殊(非地震)	3.00	2.75	2.50
按式(2-14)计算	基本	—	—	1.30
	特殊(非地震)	—	—	1.10

规范规定，采用式(2-13)和式(2-14)计算时，相应安全系数应满足表2-3规定的要求。

5. 改善拱座稳定的措施

通过拱座稳定分析，如发现不能满足要求，可采取以下改善措施：

(1)通过挖除某些不利的软弱部位和加强固结灌浆等坝基处理措施来提高基岩的抗剪强度。

(2)深开挖。将拱端嵌入坝肩深处，可避开不利的结构面及增大下游抗滑体的重量。

(3)加强坝肩帷幕灌浆及排水措施，减小岩体内的渗透压力。

(4)调整水平拱圈形态，采用三心圆拱或抛物线等扁平的变曲率拱圈，使拱推力偏向坝肩岩体内部。

(5)如坝基承载力较差，可采取局部扩大拱端厚度、推力墩或人工扩大基础等措施。

(三)拱坝应力分析

1. 应力分析方法

拱坝是一个变厚度、变曲率而边界条件又很复杂的空间壳体结构，要进行严格的理论计算是有困难的。在实际工程中，通常需要做一些必要的假定和简化。

拱坝是高次超静定空间结构，因边界条件及荷载很复杂，要进行严格的理论计算求解应力十分困难。在工程设计中，常采用三类方法求解拱坝的应力。

1)结构力学法

拱坝设计一般以结构力学法(包括纯拱法、拱梁分载法)作为应力分析的基本方法。

根据设计阶段的不同，可采用不同精度的拱梁分载法：在可行性研究阶段，一般用拱冠梁法；在初步和技施设计阶段，宜采用多拱梁法(拱梁分载法)。所谓拱梁分载法，是在坝体中选取若干个拱圈和若干个悬臂梁作为计算体系，然后将坝所承受的主要荷载(径向压力)划分为两部分：一部分作用在拱上，另一部分作用在梁上，选两者之一为未知量。另外，在拱和梁上各施加三组内力系，即切向内力系、水平扭转内力系、垂直扭转内力系。这些内力系沿拱轴线或梁轴线分布，都是“自平衡”的，即作用在拱上某点和作用在梁上同一点的内力大小相等、方向相反，均为未知量。然后分别取出每条拱和每根梁，列出它们在各自负担的外荷载及上述内力系作用下的变位计算公式，按照交点处变位一致条件，建立代数方程组即可求出外荷载和内力系未知量,从而可求出拱坝的变位和应力。采用拱梁分载法计算时,拱梁布置宜力求均匀,拱梁数目的选用应达到设计精度的要求。例如,在技施设计阶段一般取 5~7 个拱单元和 9~13 个梁单元进行计算。拱冠梁法仅在拱冠处截取一根代表梁进行拱坝的变位和应力计算,是简化了的拱梁分载法。

纯拱法由于没有反映拱圈之间的相互作用,假定荷载全部由水平拱承担,不符合拱坝的实际受力状况,求出的应力一般偏大,尤其对重力拱坝,误差更大,故以前多用于小型工程的低坝。目前,实际工程已很少采用此法计算拱坝的应力和变位,但在拱梁分载法(含拱冠梁法)中,需要计算拱的变位。

2)弹性力学法

弹性力学法包括差分方法、变分方法和有限单元法。前两种方法由于只能解决简单的情况,故在实际工程中还未得到推广应用。有限单元法适用性强,可用于解算体形复杂、坝内有较大的中孔或底孔、设有垫座或重力墩以及坝基内有断层、裂隙、软弱夹层的拱坝在各种荷载作用下的应力和变形,还可以求解地震对坝体—坝基—库水相互作用的动力反应,是拱坝应力分析的一种有效方法。

3)结构模型试验

一般用石膏加硅藻土组成的脆性材料制作整体模型,用应变仪量测加载前后的模型各点的应变变化,求得坝体应力分布;也可用环氧树脂制造模型,用偏光弹性力学的方法来量测并分析得出拱坝的应力。

拱坝应力分析一般以拱梁分载法计算成果作为衡量强度安全的主要标准。对于 1、2 级拱坝,或比较复杂的拱坝,如拱坝内没有大的孔洞、基础条件复杂等情况,当用拱梁分载法计算不能取得可靠的应力成果时,应进行有限元法计算或结构模型试验加以验证。必要时,二者应同时进行,相互验证。

2. 拱坝应力分析

1)拱坝地基变形的计算

拱坝是一个高次超静定的空间壳体结构,坝体受荷载后,通过梁和拱的作用传给地基,地基在坝体的力的作用下,必然要产生变位,该变位反过来影响坝体的受力、变形及坝肩稳定,因此拱坝的地基变形的计算是一个很重要的课题。但由于坝体受力的复杂性以及地基的物理力学指标的复杂性,要想精确计算坝基变形量是不可能的,只能做近似处理。现在的办法有:

(1)伏格特法。伏格特地基模型假定岩基为无限深、均匀、各向同性的弹性材料,而且假定除坝基接触面范围外,库岸和库底所受水荷载不引起拱座地基位移。

伏格特概化拱坝地基模型是把坝底与岩基的接触面沿拱弧线展开,摊平为一平面,如图 2-19 所示。然后按面积相等、长宽比例近似的原则,用一矩形来替代这个展开面积,称此矩形为等量展开面积,其长宽比为 b/a。对于一座特定的拱坝,b/a 是一个常数。在计算某一单元的地基变位时,取地基宽度 a' 等于坝的厚度 T,地基长度 $b'=(b/a)T$,所以 $b/a=b'/a'$。伏格特基本公式中的系数就是根据 b/a 和岩基的泊松比 μ 而确定的。

按照上述概化坝基模型,依据有关公式求得沿长度方向单宽范围内单位力矩或单位力产生的各地基变位、拱座基岩变位和梁底基岩变位。

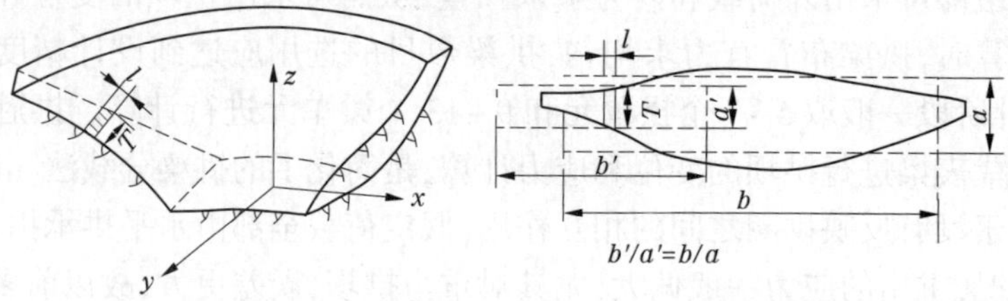

(a)拱基与基岩接触面图 (b)展视图

图 2-19 计算拱坝地基变形的当量矩形图

(2)延长坝高法。是将坝体沿固边添加一定的长度，在延长的部分用坝体尺寸代替坝基，其上作用水荷载等，用延长的坝体的变形代替原地基的变形，该方法的关键是坝体延长的长度。

(3)FEM法。随着坝基条件越来越复杂，地基变形越来越受地基缺陷的控制，使传统的方法一般只能考虑均匀地基，而不能考虑各种构造的影响。因此，如何考虑复杂地基的变形是近年来水工人员研究的一个重要课题。

由于拱坝是超静定结构，地基变位对拱坝的应力分布有较大的影响，所以在应力分析中必须予以考虑。目前，国内外常用的方法是将拱坝地基概化为伏格特所给模型的近似算法。

2)纯拱法

纯拱法假定坝体由若干层独立的水平拱圈叠合而成，每层拱圈可作为弹性固端拱进行计算。与一般弹性拱相比：①由于拱坝厚度较大，拱圈的剪力也较大，当拱厚 T 与拱圈平均半径 R 之比大于1/5时，忽略剪力对内力计算成果将带来较大的误差；②拱坝的轴力很大，不能忽略轴向变位；③基岩变形影响显著，不能忽略。由于纯拱法没有反映拱圈之间的相互作用，假定荷载全部由水平拱承担，不符合拱坝的实际受力状况，因而求出的应力一般偏大，尤其对重力拱坝，误差更大。但对于狭窄河谷中的薄拱坝，仍不失为一个简单实用的计算方法；另外，按拱梁分载法计算时，纯拱法也是其中的一个重要组成部分。

3)拱梁分载法

拱梁分载法是将拱坝视为由若干水平拱圈和竖直悬臂梁组成的空间结构，坝体承受的荷载一部分由拱系承担、一部分由梁系承担，拱和梁的荷载分配由拱系和梁系在各交点处变位一致的条件来确定。荷载分配以后，梁是静定结构，应力不难计算；拱的应力可按纯拱法计算。荷载分配从20世纪30年代开始采用试载法，先将总的荷载试分配由拱系和梁系承担，然后分别计算拱、梁变位。第一次试分配的荷载不会恰好使拱和梁共轭点的变位一致，必须再调整荷载分配，继续试算，直到变位接近一致。近代由于电子计算机的出现，可以通过求解结点变位一致的代数方程组来求得拱系和梁系的荷载分配，避免了烦琐的计算。拱梁分载法是目前国内外广泛采用的一种拱坝应力分析方法，它把复杂的弹性壳体问题简化为结构力学的杆件计算，概念清晰，易于掌握。

拱冠梁法是一种简化了的拱梁分载法。它是以拱冠处的一根悬臂梁为代表与若干水平拱作为计算单元，按拱、梁交点径向线变位一致的条件来建立变形协调方程，并进行荷载分配，然后计算拱冠梁及各个拱圈的应力，计算工作量比多拱梁分载法节省很多。拱冠梁法可用于大体对称、比较狭窄河谷中的拱坝的初步应力分析。对于中、低拱坝也可用于可行性研究阶段的坝体应力分析。拱冠梁法是最简单的拱梁分载法,可采用拱冠梁作为所有悬臂梁的代表与许多拱圈组成拱梁系统,可大大减少工作量。

拱冠梁法的主要步骤是:

(1)选定若干拱圈,分别计算各拱圈拱顶以及拱冠梁与各拱圈交点在单位径向荷载作用下的变位,这些变位称为单位变位。

(2)根据各共轭点拱、梁径向变位协调的关系,以及各点荷载之和应等于总荷载强度的要求建立变位协调方程组。

(3)将上述方程组联立求解,得出各点的荷载分配。

(4)根据求得的荷载分配值,分别计算拱冠梁和各拱圈的内力及应力。

如图 2-20 所示,将拱坝从坝顶到坝底划分为 5~7 层水平拱圈,拱圈各高 1 m,令各划分点的序号为自坝顶 $i=1$ 至坝底 $i=n$,各层拱圈之间取相等距离 Δh。

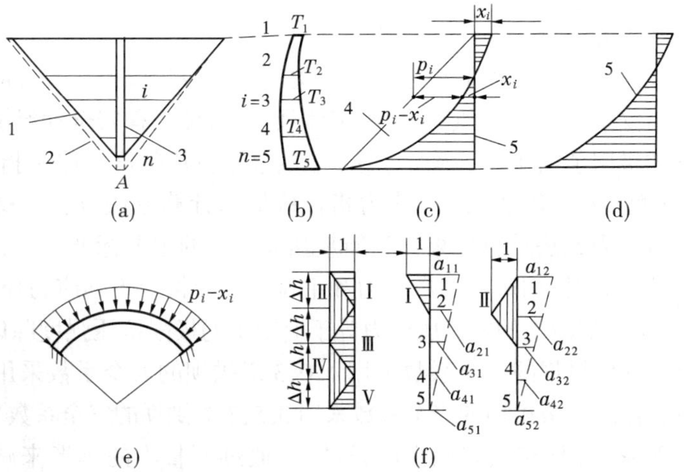

1—地基表面;2—可利用基岩面;3—拱冠梁;4—拱荷载;5—梁荷载

图 2-20 拱冠梁法荷载分配示意图

由拱冠梁和各层拱圈交点处径向变位一致的条件,可以列出方程组为

$$\sum_{j=1}^{n} a_{ij}x_j + \delta_i^{\omega} = (p_i - x_i)\delta_i + \Delta A_i \tag{2-15}$$

式中 i——拱冠梁与水平拱交点的序号,即拱的层数,$i=1,2,\cdots,n$;

j——单位荷载作用点的序号;

p_i——作用在第 i 层拱圈中面高程上总的水平径向荷载强度,包括水压力、泥沙压力等;

x_i——拱冠梁在第 i 层拱高程上所分配到的水平径向荷载,为未知数;

p_i-x_i——第 i 层拱圈所分配的水平径向均布荷载强度;

x_j——梁在 j 点所分配到的荷载强度;

a_{ij}——梁上 j 点的单位荷载所引起 i 点的径向变位,称为梁的单位变位,单位荷载是指在作用点(j 点)上强度为 1,在上下 Δh 距离处强度为 0 的三角形分布荷载,如图 2-20 中的Ⅰ、Ⅱ和Ⅲ等;

δ_i——单位径向均布荷载作用在第 i 层水平拱圈时，在拱冠处所引起的径向变位，称为拱的单位变位；

δ_i^{ω}——拱冠梁第 i 截面在铅直荷载作用下产生的水平径向变位；

ΔA_i——第 i 层拱圈由于均匀温度变化 t_m 在拱冠处产生的径向变位。

拱坝应力分析一般以拱梁分载法或有限元法计算成果作为衡量强度安全的主要标准。但对1、2级拱坝和高拱坝或情况比较复杂的拱坝(如坝内设有较大的中孔或底孔以及坝基地质条件复杂等情况)，除用拱梁分载法计算外，还应采用有限元法计算。必要时，应进行结构模型试验加以验证。

目前，拱坝应力分析的电算程序较多，但由于每个程序均有其适用范围和对一些具体问题不同的处理方法，因而计算成果也有所差异。近年来，我国学者围绕提高计算精度、扩展程序功能，对拱梁分载法的计算模型、计算方法等方面进行了拓展与改进，使拱梁分载法更趋完善与合理。

3. 拱坝设计的应力指标

应力指标涉及筑坝材料强度的极限值和有关安全系数的取值。容许应力为坝体材料强度的极限强度与安全系数的比值，是控制坝体尺寸、保证工程安全和经济性的一项重要指标。材料强度的极限值需由试验确定，混凝土的极限抗压强度一般是指90 d龄期边长15 cm立方体的强度，保证率为80%。应力指标取值与计算方法有关。拱坝应力分析一般以拱梁分载法或有限元法计算成果作为衡量强度安全的主要标准。

用拱梁分载法计算时，坝体的主压应力和主拉应力应符合下列应力控制指标的规定：

(1)容许压应力。混凝土的容许压应力等于混凝土的极限抗压强度除以安全系数。对于基本荷载组合，1、2级拱坝的安全系数采用4.0，3级拱坝的安全系数采用3.5；对于非地震情况特殊荷载组合，1、2级拱坝的安全系数采用3.5，3级拱坝的安全系数采用3.0。

(2)容许拉应力。在保持拱座稳定的条件下，通过调整坝的体形来减小坝体拉应力的作用范围和数值。对于基本荷载组合，拉应力不得大于1.2 MPa；对于非地震情况特殊荷载组合，拉应力不得大于1.5 MPa。

用有限元法计算时，应补充计算“有限元等效应力”。按“有限元等效应力”求得的坝体主拉应力和主压应力，应符合下列应力控制指标的规定：

(1)容许压应力。按拱梁分载法的规定执行。

(2)容许拉应力。对于基本荷载组合，拉应力不得大于1.5 MPa；对于非地震情况特殊荷载组合，拉应力不得大于2.0 MPa。超过上述指标时，应调整坝的体形以减小坝体拉应力的作用范围和数值。

【案例2-1】 拱坝基本设计

一、项目任务

设计资料如拱坝设计基本资料所示。根据项目资料确定坝体尺寸；进行荷载计算及作用组合，并进行坝肩稳定分析和坝体应力计算。

二、拱坝尺寸设计

(一)坝顶高程的确定

根据工程调洪演算，确定设计洪水位为389.72 m，校核洪水位为391.46 m，据此确定坝顶高程。

1. 正常蓄水位情况

波浪高度 $h_l = 0.0166v^{5/4}D^{1/3} = 0.0166 \times (2 \times 15)^{5/4} \times 1^{1/3} = 1.165(\mathrm{m})$

波浪长度 $L_m = 10.4(h_l)^{0.8} = 10.4 \times 1.165^{0.8} = 11.752(\mathrm{m})$

坝前水深 $H > L_m/2$,波浪中心线超出静水面的高度 h_z 按下式计算:

$$h_z \approx \frac{\pi h_l^2}{L_m} = \frac{\pi(1.165)^2}{11.752} = 0.363(\mathrm{m})$$

4 级建筑物安全加高 $h_c = 0.3$ m,坝顶高程为

$$\nabla_{顶} \geqslant \nabla_{正} + h_l + h_z + h_c = 388.0 + 1.165 + 0.363 + 0.3 = 389.828(\mathrm{m})$$

2. 校核洪水位情况

$$h_l = 0.0166 \times 15^{5/4} \times 1^{1/3} = 0.49(\mathrm{m})$$

波浪长度计算得 5.877 m,h_z=0.128 m。

校核洪水位的安全加高 $h_c = 0.2$ m,由此确定的坝顶高程为

$$\nabla_{顶} \geqslant \nabla_{校} + h_l + h_z + h_c = 391.46 + 0.49 + 0.128 + 0.2 = 392.3(\mathrm{m})$$

综合上述两式 $\nabla_{顶}$的计算结果,最后确定坝顶高程为 392.5 m。

(二)尺寸拟订

坝型选取为浆砌石拱坝,拱轴线采用圆弧拱,考虑浆砌石拱坝施工要求,迎水面平均倒悬度控制在 0.2 左右。

1. 坝顶厚度 T_C

该坝坝顶无通车要求,采用式(2-6)计算并考虑构造要求,则

$$T_C = 0.01(H + 1.2L_1) = 0.01 \times (49.5 + 1.2 \times 110) = 1.815(\mathrm{m})$$

式中 L_1——顶拱弦长,L_1=110 m;

H——坝高,H=49.5 m。

根据构造要求,中等高度的拱坝坝顶厚度一般不小于 3 m,最终拟订坝顶厚度为 3 m。

2. 坝底厚度 T_B

这是拱坝的一个控制性尺寸,对坝体方量影响比较大,分别采用式(2-4)和式(2-7)计算,并结合实际情况选用。

(1)经验公式。根据式(2-4),将各数值代入后有:

$$T_B = 3.5 \times (110 + 25) \times 49.5/2\,000 = 11.7(\mathrm{m})$$

这里的允许压应力应取偏低的数值,本工程为 2 MPa。

(2)美国垦务局公式。根据式(2-7),将各数值代入后有:

$$T_B = \sqrt[3]{0.0012 \times 49.5 \times 110 \times 25 \times (49.5/122)^{49.5/122}} = 4.84(\mathrm{m})$$

垦务局公式一般适合于混凝土双曲薄拱坝,所以计算出的厚度较薄。最后确定坝底厚度 T_B=11.0 m,厚高比 T_B/H=11/49.5=0.22。

3. 双曲拱坝拱冠梁尺寸的拟订

双曲拱坝拱冠梁尺寸的拟订见表 2-4 及图 2-21。

表 2-4　拱冠梁尺寸拟订计算表

y/H	T	x/H	y	x	$T-x$
0	3	0	0	0	3
0.1	3.984	0.03	4.95	1.634	2.350
0.2	4.808	0.057	9.90	2.822	1.986
0.3	5.720	0.081	14.85	4.010	1.710
0.4	6.544	0.102	19.80	5.049	1.495
0.5	7.224	0.115	24.75	5.692	1.532
0.6	7.984	0.123	29.70	6.088	1.896
0.7	8.584	0.126	34.65	6.237	2.347
0.8	9.336	0.123	39.60	6.088	3.248
0.9	10.176	0.114	44.55	5.643	4.533
1.0	11	0.098	49.50	4.851	6.149

注：$H=49.5$ m。

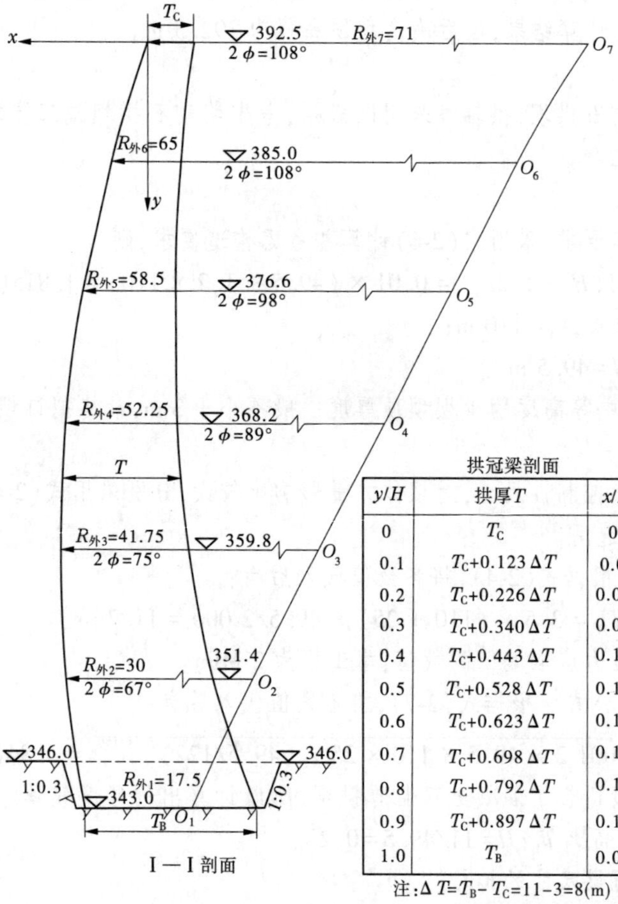

拱冠梁剖面

y/H	拱厚 T	x/H
0	T_C	0
0.1	$T_C+0.123\Delta T$	0.03
0.2	$T_C+0.226\Delta T$	0.057
0.3	$T_C+0.340\Delta T$	0.081
0.4	$T_C+0.443\Delta T$	0.102
0.5	$T_C+0.528\Delta T$	0.115
0.6	$T_C+0.623\Delta T$	0.123
0.7	$T_C+0.698\Delta T$	0.126
0.8	$T_C+0.792\Delta T$	0.123
0.9	$T_C+0.897\Delta T$	0.114
1.0	T_B	0.098

注：$\Delta T=T_B-T_C=11-3=8$(m)

图 2-21　拱冠梁剖面图　（单位：m）

(三)拱坝平面布置

根据拱坝布置的原则,经过反复修改,才能得到一个较优的设计方案。该拱坝各层拱圈的主要参数见表2-5,坝址地形图见图2-22,拱坝的平面布置图、各悬臂梁剖面图分别见图2-23、图2-24。

表2-5　各层拱圈参数

高程/m	拱圈厚/m	外半径/m	内半径/m	左中心角/(°)	右中心角/(°)	弦长/m
392.5	3	71	68	54	54	110.03
385.0	4.6	65	60.6	54	54	97.08
376.6	6	58.5	52.5	49	49	79.24
368.2	7.2	52.25	45.05	48	41	63.03
359.8	8.2	41.75	33.55	39	36	40.83
351.4	9.6	30	20.4	34	33	22.52
343.0	11	17.5	6.5	30	30	6.5

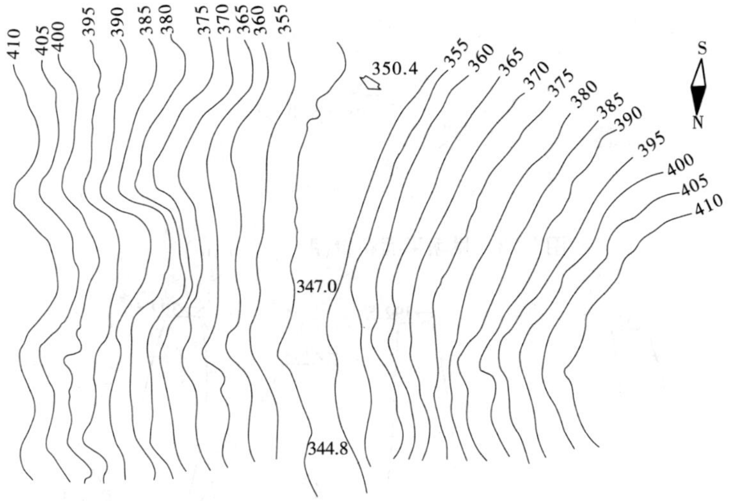

图2-22　坝址地形图　(单位:m)

三、坝肩稳定分析

(一)混凝土及砌体参数

混凝土:重度$\gamma=24\ kN/m^3$,弹性模量$E=(2.3\sim2.6)\times10^4$ MPa,泊松比$\mu=0.2$;拱坝砌体:$\gamma=24\ kN/m^3$,$E=0.8\times10^4$ MPa,$\mu=0.2$,线膨胀系数$\alpha_c=0.8\times10^{-5}/℃$。

(二)荷载及其组合

1. 基本荷载

基本荷载包括坝体自重、正常蓄水位或设计洪水位时的静水压力、死水位时的静水压力、泥沙压力、温度荷载、浪压力。

2. 特殊荷载

特殊荷载包括校核洪水位时的静水压力、相应于校核洪水位时的浪压力。

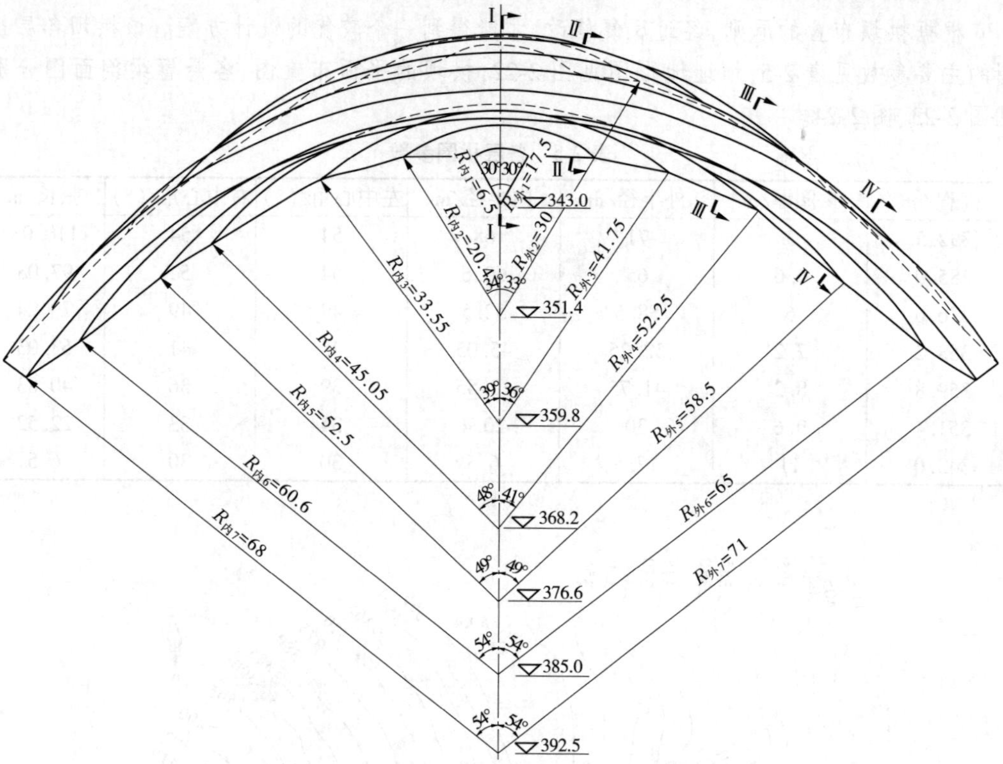

图 2-23　拱坝平面布置图　(单位:m)

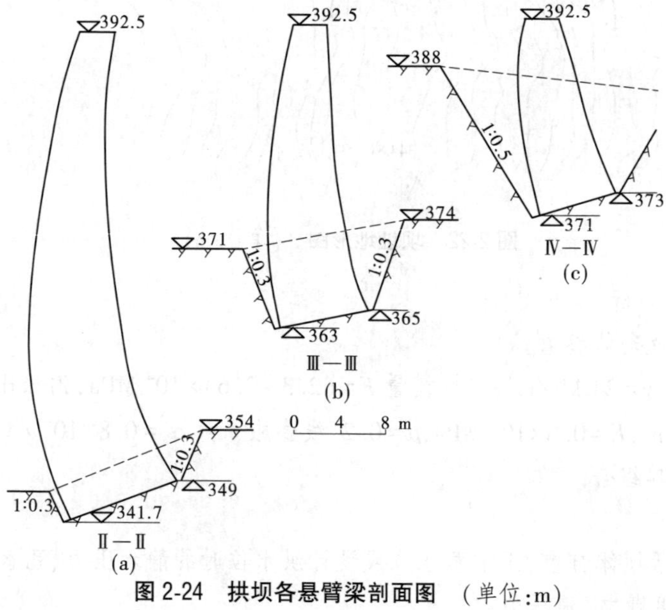

图 2-24　拱坝各悬臂梁剖面图　(单位:m)

3. 荷载基本组合

正常情况Ⅰ:正常(或设计)水位时的水压力+自重+泥沙压力+温降。

正常情况Ⅱ:死水位时相应的水压力+自重+泥沙压力+温升。

4. 荷载特殊组合

非正常情况Ⅰ:校核洪水位时相应的水压力+自重+泥沙压力+温升。

(三)坝肩稳定分析

1. 主要结构构造

坝址区岩性为中细粒黑云母斑状花岗岩,坚硬呈块状结构,风化层较浅;另有石英岩脉、灰绿岩脉侵入,岩脉与围岩接触面胶结良好。

坝址区断层规模不大,且大多远离坝肩,对坝肩稳定无太大影响。

2. 稳定分析

根据工程规模和地质条件,采用刚体极限平衡法进行平面稳定分析,主要包括两方面的工作:一是计算坝肩岩体稳定线,确定开挖深度;二是计算坝肩岩体稳定安全系数。坝肩岩体稳定计算示意图见图 2-25。

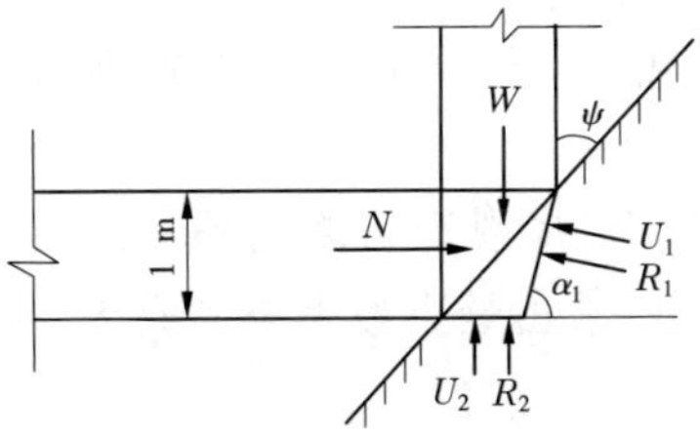

(a)垂直立面图

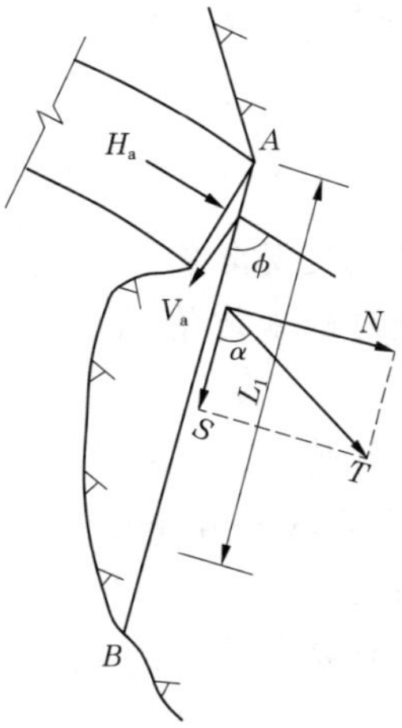

(b)水平剖面图

图 2-25　坝肩岩体稳定计算示意图

1)坝肩岩体稳定线

第 i 层拱圈沿某一滑裂面 AB 的坝肩岩体稳定长度 L_i 按下面公式计算:

$$L_i = \frac{T(K_c\cos\alpha - f\sin\alpha)}{\tau - \frac{1}{2}\mu H + \gamma_0} \tag{2-16}$$

式中　T——滑动面的法向力 N 和切向力 S 的合力;

K_c——安全系数,$K_c=3.0$;

f——抗剪断摩擦系数,$f=1.1$;

τ——滑动面的抗剪强度,$\tau=1\ 000$ kPa;

μ——滑动面裂隙的水压力系数,$\mu=0.5$;

γ_0——水的重度,kN/m^3;

H——裂隙水压力水头，m，取该层拱圈的上游水头；

α——合力 T 与滑移力 S 的夹角。

坝肩岩体稳定线见图 2-26。

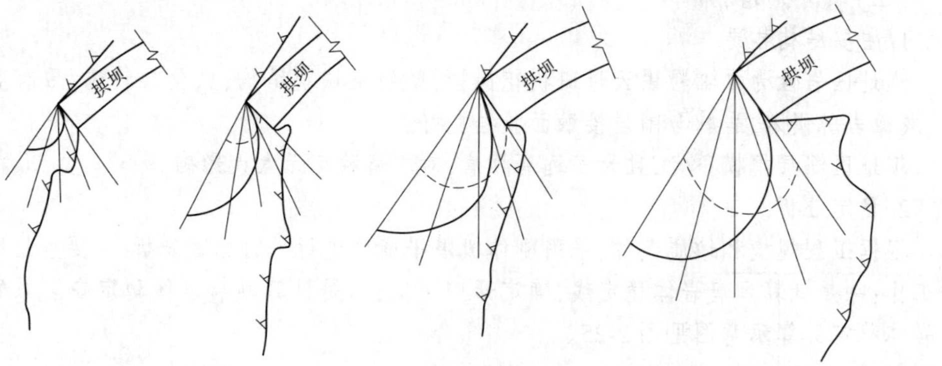

(a)385.0 m高程　(b)376.0 m高程　(c)368.2 m高程　(d)360.0 m高程

-----正常情况Ⅰ；——非正常情况Ⅰ；385.0 m 高程正常情况Ⅰ岩体稳定线未示出

图 2-26　坝肩岩体稳定线

2）坝肩岩体稳定安全系数

根据两岸坝肩的地质情况，无形成坝肩整体滑动的地质问题，即不存在整体稳定问题。

平面稳定分析是取一组裂隙，取不利的倾向，底裂面认为是平面，以拱上游端为起滑点，在各个计算高程取 3~4 个滑动面分别计算，求出最小的安全系数 K_c 作为该层拱圈的坝肩稳定安全系数。

平面稳定分析安全系数 K_c 按下式计算：

$$K_c = \frac{f_1R_1 + c_1L/\sin\alpha_1 + f_2R_2 + c_2L(\tan\psi - \cot\alpha_1)}{H_a\cos\varphi + V_a\sin\varphi} \tag{2-17}$$

$$R_1 = \frac{N}{\sin\alpha_1} - U_1$$

$$N = H_a\sin\alpha - V_a\cos\varphi$$

$$R_2 = W - U_2 - (R_1 + U_1)\cos\alpha_1$$

式中　K_c——安全系数；

H_a——拱端传来的轴力，kN；

V_a——拱端传来的剪力（还应包括梁底部传来的剪力）；

N——法向力，kN；

R_1——滑移面上的反力，kN；

U_1——滑移面上的渗压力，kN；

R_2——底部滑动面上的反力，kN；

U_2——滑裂面顶、底两面的渗压力差值，可近似取为 0；

W——悬臂梁自重和滑裂体自重（为简化计算，滑裂体自重可不计，偏安全），kN；

f_1 ——上、下岩石间的摩擦系数,本工程取 1.1;

c_1——侧向滑移面单位面积上的黏聚力,取 $c_1=1.0$ MPa;

c_2——上、下岩石间单位面积上的黏聚力,取 $c_2=1.0$ MPa;

L——侧向滑移面长度, m;

ψ ——坡角度,(°);

α_1——侧滑面的倾角,取 $\alpha_1=75°$;

φ ——滑裂面与轴力之间的水平夹角,(°)。

各高程坝肩稳定安全系数见表 2-6 及图 2-27。从坝肩稳定计算结果来看,坝肩岩体稳定线无论是在左岸还是在右岸,对于确定的开挖深度都可以满足岩体稳定线的要求。

表 2-6 各高程坝肩稳定安全系数 K_c

岸别	高程/m	安全系数	
		正常情况 I	非正常情况 I
左岸	385.0	33.16	15.28
	376.6	7.44	7.19
	368.2	3.33	4.33
	360.0	2.93	4.26
右岸	385.0	5.86	4.21
	376.6	3.22	4.17
	368.2	2.81	3.01
	360.0	5.50	6.93

左右岸坝肩岩体稳定安全系数基本满足规范要求(基本荷载组合下 $K_c \geq 3.0$),仅右岸 368.2 m 高程处安全系数略小于 3.0,这些部位必要时可在施工中以局部加深开挖来解决。拱坝分层平面稳定分析方法是一种偏安全的简化分析方法,即使某一计算高程基岩稳定性较差。由于拱坝是一超静定空间结构,只要上下层坝肩稳定性是足够的,坝体和基岩会自己进行变位及应力调整,因此从整体上看,该拱坝坝肩稳定是安全可靠的。

四、拱坝应力计算

拱坝的应力计算采用纯拱法。应力控制标准为:拉应力 2.0 MPa、压应力 4.0 MPa。

(一)坝体应力计算方法

(1)依据纯拱法,利用应力数表求取应力;计算过程如下所示(以正常情况 I 的正常蓄水位计算工况为例)。

分层计算拱坝拱厚 T、平均半径 r 的厚径比 T/r。

根据拟订的拱圈参数,各层拱圈的厚径比 T/r 见表 2-7。

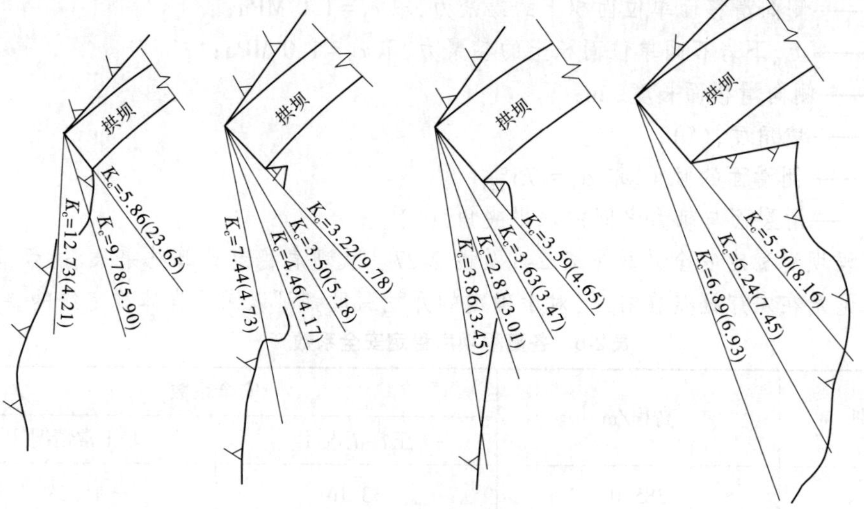

(a)385.0 m高程　(b)376.6 m高程　(c)368.2 m高程　(d)360.0 m高程

(注:括号内的数据为非正常情况Ⅰ安全系数)

图 2-27　拱坝右坝肩各高程稳定安全系数 K_c

表 2-7　各层拱圈的计算参数

高程/m	拱厚 T/m	平均半径 r/m	T/r	半拱中心角/(°)
392.5	3	71	0.042	54
385.0	4.6	62.8	0.073	54
376.6	6	54.3	0.110	49
368.2	7.2	46.6	0.155	44.5
359.8	8.2	35.6	0.230	37.5
351.4	9.6	24.04	0.399	33.5
343.0	11	12.65	0.870	30

(2)以 T/r 和 φ_a 为引数,查固端等厚圆拱应力系数表(见表 2-8、表 2-9),求出应力系数 σ'(取一位小数),当引数不是整数时,可用内插法(取两位小数)。

表 2-8　固端等厚圆拱应力系数(均布径向荷载)

半拱中心角/(°)	拱冠上游侧 T/r															
	0.025	0.05	0.075	0.1	0.125	0.15	0.175	0.2	0.25	0.3	0.35	0.4	0.5	0.625	0.75	1
5	13.182	3.336	1.516	0.875	0.576	0.411	0.311	0.245	0.166	0.121	0.094	0.076	0.054	0.039	0.030	0.021
10	46.835	13.300	6.114	3.527	2.314	1.648	1.243	0.977	0.659	0.482	0.373	0.301	0.212	0.153	0.119	0.082
15	63.391	25.314	12.869	7.686	5.110	3.659	2.764	2.173	1.464	1.069	0.826	0.664	0.468	0.336	0.260	0.180
20	61.385	31.338	18.538	11.979	8.305	6.086	4.660	3.693	2.509	1.838	1.421	1.143	0.805	0.577	0.447	0.307
25	56.371	31.766	21.095	14.867	10.929	8.326	6.541	5.276	3.659	2.709	2.106	1.700	1.200	0.861	0.666	0.458
30	52.361	30.216	21.317	16.012	12.424	9.874	8.010	6.618	4.737	3.573	2.809	2.283	1.623	1.169	0.906	0.623
35	49.519	28.451	20.569	16.025	12.922	10.637	8.893	7.534	5.595	4.323	3.454	2.836	2.042	1.482	1.152	0.795
40	47.513	26.945	19.599	15.541	12.824	10.820	9.263	8.018	6.169	4.892	3.982	3.314	2.427	1.780	1.392	0.965
45	46.073	25.753	18.693	14.921	12.463	10.677	9.291	8.174	6.480	5.265	4.367	3.688	2.755	2.049	1.615	1.127
50	45.010	24.821	17.918	14.314	12.021	10.385	9.132	8.125	6.589	5.465	4.613	3.952	3.014	2.278	1.812	1.277
55	44.204	24.091	17.278	13.773	11.583	10.048	8.888	7.966	6.565	5.536	4.743	4.117	3.204	2.462	1.979	1.410
60	43.585	23.513	16.754	13.310	11.185	9.716	8.621	7.759	6.465	5.518	4.785	4.200	3.329	2.602	2.114	1.525
65	43.096	23.051	16.325	12.919	10.836	9.410	8.359	7.540	6.326	5.445	4.766	4.222	3.402	2.700	2.219	1.622
70	42.705	22.676	15.971	12.590	10.533	9.137	8.115	7.327	6.171	5.343	4.709	4.201	3.432	2.763	2.295	1.700
75	42.387	22.369	15.677	12.312	10.273	8.869	7.895	7.129	6.015	5.227	4.629	4.152	3.430	2.796	2.346	1.762
80	42.124	22.113	15.430	12.076	10.050	8.686	7.700	6.948	5.865	5.108	4.538	4.087	3.406	2.806	2.375	1.807
85	41.906	21.899	15.222	11.875	9.857	8.503	7.526	6.785	5.725	4.991	4.443	4.012	3.366	2.798	2.388	1.839
90	41.721	21.718	15.045	11.702	9.690	8.343	7.373	6.640	5.596	4.879	4.348	3.934	3.317	2.778	2.387	1.859

续表 2-8

半拱中心角/(°)	拱冠下游侧 T/r															
	0. 025	0. 05	0. 075	0. 1	0. 125	0. 15	0. 175	0. 2	0. 25	0. 3	0. 35	0. 4	0. 5	0. 625	0. 75	1
5	-10. 739	-2. 829	-1. 269	-0. 711	-0. 452	-0. 311	-0. 226	-0. 171	-0. 107	-0. 072	-0. 051	-0. 038	-0. 022	-0. 012	-0. 007	-0. 002
10	-24. 329	-9. 063	-4. 418	-2. 568	-1. 664	-1. 159	-0. 849	-0. 649	-0. 406	-0. 274	-0. 195	-0. 144	-0. 084	-0. 046	-0. 026	-0. 007
15	-8. 820	-10. 613	-6. 814	-4. 444	-3. 057	-2. 206	-1. 654	-1. 279	-0. 819	-0. 561	-0. 402	-0. 298	-0. 175	-0. 097	-0. 055	-0. 014
20	8. 750	-5. 581	-6. 719	-4. 992	-3. 845	-2. 969	-2. 327	-1. 854	-1. 233	-0. 864	-0. 628	-0. 470	-0. 279	-0. 155	-0. 088	-0. 021
25	19. 778	1. 104	-3. 018	-3. 728	-3. 479	-3. 006	-2. 535	-2. 125	-1. 508	-1. 096	-0. 816	-0. 620	-0. 375	-0. 210	-0. 188	-0. 026
30	26. 222	6. 375	0. 605	-1. 480	-2. 170	-2. 285	-2. 166	-1. 965	-1. 539	-1. 184	-0. 914	-0. 712	-0. 443	-0. 250	-0. 140	-0. 026
35	30. 160	10. 034	3. 629	0. 825	-0. 504	-1. 118	-1. 367	-1. 427	-1. 305	-1. 095	-0. 892	-0. 719	-0. 465	-0. 267	-0. 147	-0. 020
40	32. 709	12. 541	5. 909	2. 775	1. 092	0. 148	-0. 384	-0. 671	-0. 868	-0. 843	-0. 740	-0. 634	-0. 434	-0. 255	-0. 137	-0. 005
45	34. 440	14. 289	7. 581	4. 304	2. 443	1. 307	0. 592	0. 139	-0. 323	-0. 480	-0. 502	-0. 467	-0. 349	-0. 211	-0. 108	0. 018
50	35. 672	15. 546	8. 818	5. 482	2. 532	2. 292	1. 467	0. 905	0. 249	-0. 060	-0. 195	-0. 240	-0. 219	-0. 137	-0. 058	0. 051
55	36. 579	16. 476	9. 747	6. 387	4. 395	3. 101	2. 213	1. 583	0. 795	0. 370	0. 141	0. 022	-0. 055	-0. 038	0. 009	0. 092
60	37. 263	17. 182	10. 457	7. 090	5. 079	3. 756	2. 832	2. 162	1. 288	0. 780	0. 477	0. 296	0. 129	0. 080	0. 090	0. 141
65	37. 794	17. 728	11. 012	7. 644	5. 624	4. 286	3. 348	2. 649	1. 720	1. 154	0. 797	0. 567	0. 323	0. 211	0. 183	0. 197
70	38. 214	18. 161	11. 451	8. 085	6. 063	4. 718	3. 764	3. 056	2. 093	1. 488	1. 091	0. 824	0. 516	0. 347	0. 283	0. 258
75	38. 563	18. 509	11. 805	8. 442	6. 420	5. 072	4. 112	3. 397	2. 412	0. 782	1. 357	1. 062	0. 703	0. 486	0. 387	0. 324
80	38. 829	18. 793	12. 095	8. 735	6. 714	5. 366	4. 403	3. 683	2. 686	2. 038	1. 593	1. 278	0. 880	0. 622	0. 492	0. 392
85	39. 059	19. 028	12. 335	8. 978	6. 959	5. 610	4. 647	3. 924	2. 919	2. 260	1. 803	1. 473	1. 045	0. 752	0. 597	0. 462
90	39. 251	19. 225	12. 536	9. 182	7. 165	5. 817	4. 853	4. 130	3. 120	2. 454	1. 987	1. 647	1. 197	0. 878	0. 699	0. 532

续表 2-8

半拱中心角/(°)	拱端上游侧 T/r															
	0. 025	0. 05	0. 075	0. 1	0. 125	0. 15	0. 175	0. 2	0. 25	0. 3	0. 35	0. 4	0. 5	0. 625	0. 75	1
5	−22. 540	−5. 832	−2. 605	−1. 464	−0. 933	−0. 645	−0. 471	−0. 358	−0. 226	−0. 154	−0. 111	−0. 083	−0. 050	−0. 030	−0. 018	−0. 008
10	−59. 359	−19. 932	−9. 471	−5. 454	−3. 523	−2. 453	−1. 800	−1. 374	−0. 869	−0. 594	−0. 429	−0. 321	−0. 195	−0. 115	−0. 072	−0. 029
15	−44. 228	−28. 005	−16. 219	−10. 164	−0. 858	−4. 898	−3. 655	−2. 820	−1. 811	−1. 248	−0. 904	−0. 680	−0. 414	−0. 244	−0. 152	−0. 062
20	−16. 918	−23. 355	−17. 925	−12. 951	−9. 468	−7. 103	−5. 473	−4. 318	−2. 849	−1. 996	−1. 461	−1. 106	−0. 680	−0. 403	−0. 252	−0. 102
25	2. 056	−13. 554	−14. 395	−12. 386	−10. 098	−8. 142	−6. 592	−5. 388	−3. 721	−2. 679	−1. 995	−1. 528	−0. 952	−0. 569	−0. 356	−0. 143
30	13. 673	−4. 924	−9. 083	−9. 553	−8. 815	−7. 745	−6. 673	−5. 714	−4. 202	−3. 144	−2. 403	−1. 872	−1. 191	−0. 721	−0. 454	−0. 181
35	20. 960	1. 397	−4. 210	−6. 116	−6. 551	−6. 341	−5. 863	−5. 297	−4. 201	−3. 802	−2. 608	−2. 079	−1. 362	−0. 840	−0. 532	−0. 211
40	25. 758	5. 868	−0. 350	−2. 983	−4. 127	−4. 535	−4. 556	−4. 377	−3. 783	−3. 148	−2. 588	−2. 123	−1. 442	−0. 910	−0. 583	−0. 228
45	29. 055	9. 052	2. 572	−0. 416	−1. 951	−2. 744	−3. 116	−3. 238	−3. 098	−2. 753	−2. 369	−2. 009	−1. 425	−0. 925	−0. 599	−0. 231
50	31. 416	11. 376	4. 781	1. 618	−0. 130	−1. 150	−1. 746	−2. 078	−2. 293	−2. 208	−2. 005	−1. 768	1. 319	−0. 885	−0. 580	−0. 217
55	33. 162	13. 113	6. 465	3. 214	1. 351	0. 200	−0. 534	−1. 004	−1. 474	−1. 599	−1. 557	−1. 440	1. 140	−0. 794	−0. 528	−0. 187
60	34. 484	14. 440	7. 769	4. 472	2. 546	1. 319	0. 500	−0. 059	−0. 704	−0. 986	−1. 077	−1. 065	−0. 910	−0. 662	−0. 445	−0. 142
65	35. 517	15. 474	8. 793	5. 473	3. 511	2. 239	1. 369	0. 753	−0. 009	−0. 406	−0. 599	−0. 675	−0. 650	−0. 501	−0. 338	−0. 083
70	36. 332	16. 295	9. 610	6. 277	4. 296	2. 997	2. 095	1. 444	0. 602	0. 124	−0. 146	−0. 291	−0. 377	−0. 321	−0. 214	−0. 012
75	36. 988	16. 956	10. 271	6. 932	4. 939	3. 625	2. 702	2. 028	1. 133	0. 599	0. 272	0. 074	−0. 104	−0. 131	−0. 078	0. 067
80	37. 523	17. 496	10. 812	7. 470	5. 471	4. 147	3. 212	2. 523	1. 593	1. 018	0. 650	0. 411	0. 160	0. 062	0. 065	0. 153
85	37. 966	17. 943	11. 260	7. 917	5. 914	4. 585	3. 642	2. 943	1. 989	1. 387	0. 988	0. 719	0. 410	0. 252	0. 211	0. 244
90	38. 336	18. 317	11. 635	8. 292	6. 288	4. 954	4. 007	3. 301	2. 332	1. 709	1. 289	0. 997	0. 643	0. 436	0. 355	0. 337

续表 2-8

半拱中心角/(°)	拱端下游侧 T/r															
	0.025	0.05	0.075	0.1	0.125	0.15	0.175	0.2	0.25	0.3	0.35	0.4	0.5	0.625	0.75	1
5	25.282	6.496	2.959	1.707	1.121	0.799	0.603	0.473	0.319	0.233	0.179	0.144	0.101	0.072	0.056	0.038
10	82.753	24.727	11.561	6.718	4.421	3.153	2.377	1.866	1.256	0.916	0.706	0.566	0.397	0.283	0.218	0.148
15	99.699	43.602	23.011	14.011	9.421	6.791	5.151	4.059	2.740	2.000	1.542	1.238	0.857	0.618	0.476	0.314
20	87.708	50.032	31.208	20.783	14.684	10.897	8.415	6.709	4.590	3.374	2.611	2.100	1.475	1.052	0.810	0.552
25	74.547	47.186	33.370	24.449	18.443	14.306	11.387	9.274	6.514	4.859	3.794	3.068	2.168	1.552	1.197	0.816
30	65.234	42.107	31.775	24.951	19.973	16.238	13.399	11.216	8.177	6.240	4.943	4.036	2.884	2.079	1.609	1.100
35	58.957	37.543	29.035	23.717	19.798	16.731	14.275	12.289	9.343	7.333	5.921	4.899	2.558	2.594	2.019	1.388
40	54.645	33.972	26.363	21.927	18.765	16.290	14.266	12.578	9.949	8.043	6.637	5.580	4.139	3.061	2.402	1.665
45	51.601	31.271	24.110	20.161	17.470	15.416	13.745	12.338	10.087	8.382	7.068	6.044	4.591	3.455	2.739	1.910
50	49.380	29.217	22.287	18.608	16.200	14.419	12.998	11.812	9.903	8.421	7.244	6.297	4.901	3.761	3.017	2.142
55	47.714	27.639	20.833	17.304	15.063	13.454	12.201	11.172	9.534	8.255	7.222	6.372	5.077	3.975	3.231	2.328
60	46.437	26.408	19.670	16.228	14.087	12.584	11.441	10.520	9.080	7.968	7.065	6.313	5.139	4.103	3.380	2.475
65	45.437	25.433	18.734	15.343	13.261	11.825	10.753	9.904	8.606	7.622	6.827	6.163	5.111	4.156	3.470	2.583
70	44.641	24.650	17.973	14.611	12.566	11.172	10.146	9.346	8.146	7.257	6.547	5.957	5.017	4.148	3.508	2.656
75	43.996	24.012	17.348	14.005	11.982	10.614	9.618	8.849	7.718	6.898	6.254	5.723	4.880	4.093	3.503	2.696
80	43.468	23.487	16.830	13.497	11.488	10.138	9.160	8.412	7.329	6.558	5.963	5.479	4.716	4.004	3.463	2.708
85	43.031	23.050	16.397	13.070	11.070	9.730	8.764	8.032	6.980	6.244	5.685	5.236	4.539	3.891	3.397	2.695
90	42.664	22.683	16.031	12.708	10.712	9.379	8.422	7.699	6.668	5.957	5.425	5.003	4.357	3.764	3.312	2.663

注：本表应力系数，未计入拱圈曲率影响及基础变形影响。

表 2-9　固端等厚圆拱应力系数（温度荷载）

半拱中心角/(°)	拱冠上游侧 T/r															
	0.025	0.05	0.075	0.1	0.125	0.15	0.175	0.2	0.25	0.3	0.35	0.4	0.5	0.625	0.75	1
5	-27.318	-17.164	-12.317	-9.623	-7.924	-6.756	-5.903	-5.255	-4.334	-3.712	-3.263	-2.924	-2.446	-2.061	-1.803	-1.479
10	6.335	-7.200	-7.719	-6.973	-6.186	-5.519	-4.971	-4.523	-3.841	-3.351	-2.984	-2.699	-2.288	-1.947	-1.714	-1.418
15	22.891	4.814	-0.964	-2.814	-3.390	-3.508	-3.450	-3.327	-3.036	-2.764	-2.531	-2.336	-2.032	-1.764	-1.573	-1.320
20	20.885	10.838	4.705	1.479	-0.185	-1.081	-1.554	-1.807	-1.991	-1.995	-1.936	-1.857	-1.695	-1.523	-1.386	-1.193
25	15.871	11.266	7.262	4.367	2.429	1.159	0.327	-0.224	-0.841	-1.124	-1.251	-1.300	-1.300	-1.239	-1.167	-1.042
30	11.861	9.716	7.484	5.512	3.924	2.707	1.796	1.118	0.237	-0.260	-0.548	-0.717	-0.877	-0.931	-0.927	-0.877
35	9.019	7.951	6.736	5.525	4.422	3.470	2.679	2.034	1.095	0.490	0.097	-0.164	-0.458	-0.618	-0.681	-0.705
40	7.013	6.445	5.766	5.041	4.324	3.653	3.049	2.518	1.669	1.059	0.625	0.314	-0.073	-0.320	-0.441	-0.535
45	5.573	5.253	4.860	4.421	3.963	3.510	3.077	2.674	1.980	1.432	1.010	0.688	0.255	-0.051	-0.218	-0.373
50	4.510	4.321	4.085	3.814	3.521	3.218	2.918	2.625	2.089	1.632	1.256	0.952	0.514	0.178	-0.021	-0.223
55	3.704	3.591	3.445	3.273	3.083	2.881	2.674	2.466	2.065	1.703	1.336	1.117	0.704	0.362	0.146	-0.090
60	3.085	3.013	2.921	2.810	2.685	2.549	2.407	2.259	1.965	1.685	1.428	1.200	0.829	0.502	0.281	0.025
65	2.596	2.551	2.492	2.419	2.336	2.243	2.145	2.040	1.826	1.612	1.409	1.222	0.902	0.600	0.386	0.122
70	2.205	2.176	2.138	2.090	2.033	1.970	1.901	1.827	1.671	1.510	1.352	1.201	0.932	0.663	0.462	0.200
75	1.887	1.869	1.844	1.812	1.773	1.729	1.681	1.629	1.515	1.394	1.272	1.152	0.930	0.696	0.513	0.262
80	1.624	1.613	1.597	1.576	1.550	1.519	1.486	1.448	1.365	1.275	1.181	1.087	0.906	0.706	0.542	0.307
85	1.406	1.399	1.389	1.375	1.357	1.336	1.312	1.285	1.225	1.158	1.086	1.012	0.866	0.698	0.555	0.339
90	1.221	1.218	1.212	1.202	1.190	1.176	1.159	1.140	1.096	1.046	0.991	0.934	0.817	0.678	0.554	0.359

表 2-9

半拱中心角/(°)	拱冠下游侧 T/r														
	0.025	0.05	0.075	0.1	0.125	0.15	0.175	0.2	0.25	0.3	0.35	0.4	0.5	0.625	0.75	1
5	−51.239	−23.329	−15.100	−11.211	−8.952	−7.478	−6.440	−5.671	−4.607	−3.905	−3.408	−3.038	−2.522	−2.112	−1.840	−1.502
10	−64.829	−29.563	−18.251	−13.068	−10.164	−8.326	−7.063	−6.146	−4.906	−4.107	−3.552	−3.144	−2.584	−2.146	−1.859	−1.507
15	−49.320	−31.113	−20.647	−14.944	−11.557	−9.373	−7.868	−6.779	−5.319	−4.394	−3.759	−3.298	−2.675	−2.197	−1.888	−1.514
20	−31.750	−26.081	−20.012	−15.492	−12.345	−10.136	−8.541	−7.354	−5.733	−4.697	−3.985	−3.470	−2.779	−2.255	−1.921	−1.521
25	−20.722	−19.396	−16.851	−14.228	−11.979	−10.173	−8.749	−7.625	−6.008	−4.929	−4.173	−3.620	−2.875	−2.310	−1.951	−1.526
30	−14.278	−14.125	−13.228	−11.980	−10.670	−9.452	−8.380	−7.465	−6.039	−5.017	−4.271	−3.712	−2.943	−2.350	−1.973	−1.526
35	−10.340	−10.466	−10.204	−9.675	−9.004	−8.285	−7.581	−6.927	−5.805	−4.928	−4.249	−3.719	−2.965	−2.367	−1.980	−1.520
40	−7.791	−7.959	−7.924	−7.725	−7.408	−7.019	−6.598	−6.171	−5.368	−4.676	−4.097	−3.634	−2.934	−2.355	−1.970	−1.505
45	−6.060	−6.211	−6.252	−6.196	−6.057	−5.860	−5.622	−5.361	−4.823	−4.313	−3.859	−3.467	−2.849	−2.311	−1.941	−1.482
50	−4.828	−4.954	−5.015	−5.018	−4.968	−4.875	−4.747	−4.595	−4.251	−3.893	−3.552	−3.240	−2.719	2.237	−1.891	−1.449
55	−3.921	−4.024	−4.086	−4.113	−4.105	−4.066	−4.001	−3.917	−3.705	−3.463	−3.216	−2.978	−2.555	−2.138	−1.824	−1.408
60	−3.237	−3.318	−3.376	−3.410	−3.421	−3.411	−3.382	−3.338	−3.212	−3.053	−2.880	−2.704	−2.371	−2.020	−1.743	−1.359
65	−2.706	−2.772	−2.821	−2.856	−2.876	−2.881	−2.871	−2.851	−2.780	−2.679	−2.560	−2.433	−2.177	−1.889	−1.650	−1.303
70	−2.286	−2.339	−2.382	−2.415	−2.437	−2.449	−2.450	−2.444	−2.407	−2.345	−2.266	−2.176	−1.984	−1.753	−1.550	−1.242
75	−1.947	−1.991	−2.028	−2.058	−2.080	−2.095	−2.102	−2.103	−2.088	−2.051	−2.000	−1.938	−1.797	−1.614	−1.446	−1.176
80	−1.671	−1.707	−1.738	−1.765	−1.786	−1.801	−1.811	−1.817	−1.814	−1.795	−1.764	−1.722	−1.620	−1.478	−1.341	−1.108
85	−1.441	−1.472	−1.498	−1.522	−1.541	−1.557	−1.567	−1.576	−1.581	−1.573	−1.554	−1.527	−1.455	−1.347	−1.236	−1.038
90	−1.249	−1.275	−1.297	−1.318	−1.335	−1.350	−1.361	−1.370	−1.380	−1.379	−1.370	−1.353	−1.303	−1.222	−1.134	−0.968

续表 2-9

半拱中心角/(°)	拱端上游侧 T/r															
	0.025	0.05	0.075	0.1	0.125	0.15	0.175	0.2	0.25	0.3	0.35	0.4	0.5	0.625	0.75	1
5	-63.040	-26.332	-16.438	-11.964	-9.433	-7.812	-6.685	5.858	-4.726	-3.987	-3.468	-3.083	-2.550	-2.130	-1.851	-1.508
10	-99.859	-40.432	-23.304	-15.954	-12.023	-9.620	-8.014	-6.874	-5.369	-4.427	-3.786	-3.321	-2.695	-2.215	-1.905	-1.529
15	-84.728	-48.505	-30.052	-20.664	-15.358	-12.065	-9.869	-8.320	-6.311	-5.081	-4.261	-3.680	-2.914	-2.344	-1.985	-1.562
20	-57.418	-43.855	-31.758	-23.451	-17.968	-14.270	-11.687	-9.818	-7.349	-5.829	-4.818	-4.106	-3.180	-2.503	-2.085	-1.602
25	-38.444	-34.054	-28.228	-22.886	-18.598	-15.309	-12.806	-10.888	-8.221	-6.512	-5.352	-4.528	-3.452	-2.669	-2.189	-1.643
30	-26.827	-25.424	-22.916	-20.053	-17.315	-14.912	-12.887	-11.214	-8.707	-6.977	-5.760	-4.872	-3.691	-2.821	-2.287	-1.681
35	-19.540	-19.103	-18.043	-16.616	-15.051	-13.508	-12.077	-10.797	-8.701	-7.135	-5.965	-5.079	-3.862	-2.940	-2.365	-1.711
40	-14.742	-14.632	-14.183	-13.483	-12.627	-11.702	-10.770	-9.877	-8.283	-6.981	-5.945	-5.123	-3.942	-3.010	-2.416	-1.728
45	-11.445	-11.448	-11.261	-10.916	-10.451	-9.911	-9.330	-8.738	-7.598	-6.586	-5.726	-5.009	-3.925	-3.025	-2.432	-1.731
50	-9.084	-9.124	-9.052	-8.882	-8.630	-8.317	-7.960	-7.578	-6.793	-6.041	-5.362	-4.768	-3.819	-2.985	-2.413	-1.717
55	-7.338	-7.387	-7.368	-7.286	-7.149	-6.967	-6.748	-6.504	-5.974	-5.432	-4.914	-4.440	-3.640	-2.894	-2.361	-1.687
60	-6.016	-6.060	-6.064	-6.028	-5.954	-5.848	-5.714	-5.559	-5.204	-4.819	-4.434	-4.065	-3.410	-2.762	-2.278	-1.642
65	-4.983	-5.026	-5.040	-5.027	-4.989	-4.928	-4.845	-4.747	-4.509	-4.239	-3.958	-3.675	-3.150	-2.601	-2.171	-1.583
70	-4.168	-4.205	-4.223	-4.223	-4.204	-4.170	-4.119	-4.056	-3.898	-3.709	-3.503	-3.291	-2.877	-2.421	-2.047	-1.512
75	-3.512	-3.544	-3.562	-3.568	-3.561	-3.542	-3.512	-3.472	-3.367	-3.234	-3.085	-2.926	-2.604	-2.231	-1.911	-1.433
80	-2.977	-3.004	-3.021	-3.030	-3.029	-3.020	-3.002	-2.977	-2.907	-2.815	-2.707	-2.589	-2.340	-2.038	-1.768	-1.347
85	-2.534	-2.557	-2.573	-2.583	-2.586	-2.582	-2.572	-2.557	-2.511	-2.446	-2.369	-2.281	-2.090	-1.848	-1.622	-1.256
90	-2.164	-2.183	-2.198	-2.208	-2.212	-2.213	-2.207	-2.199	-2.168	-2.124	-2.068	-2.003	-1.857	-1.664	-1.478	-1.163

表 2-9

半拱中心角(°)	拱端下游侧 T/r															
	0.025	0.05	0.075	0.1	0.125	0.15	0.175	0.2	0.25	0.3	0.35	0.4	0.5	0.625	0.75	1
5	-15.218	-14.006	-10.874	-8.793	-7.379	-6.368	-5.611	-5.027	-4.181	-3.600	-3.178	-2.856	-2.399	-2.028	-1.777	-1.462
10	42.253	4.227	-2.272	-3.782	-4.079	-4.014	-3.837	-3.634	-3.244	-2.917	-2.651	-2.434	-2.103	-1.817	-1.615	-1.352
15	59.199	23.102	9.178	3.511	0.921	-0.376	-1.063	-1.441	-1.760	-1.833	-1.815	-1.762	-1.633	-1.482	-1.357	-1.186
20	47.208	29.532	17.375	10.283	6.184	3.730	2.201	1.209	0.090	-0.459	-0.746	-0.900	-1.025	-1.048	-1.023	-0.948
25	34.047	26.686	19.537	13.949	9.943	7.139	5.173	3.774	2.014	1.026	0.437	0.068	-0.332	-0.548	-0.636	-0.684
30	24.734	21.607	17.942	14.451	11.473	9.071	7.185	5.716	3.677	2.407	1.586	1.036	0.384	-0.021	-0.224	-0.400
35	18.457	17.043	15.202	13.217	11.298	9.564	8.061	6.789	4.843	3.500	2.564	1.899	1.058	0.494	0.186	-0.112
40	14.145	13.472	12.530	11.427	10.265	9.123	8.052	7.078	5.449	4.210	3.280	2.580	1.639	0.961	0.569	0.165
45	11.101	10.771	10.277	9.661	8.970	8.249	7.531	6.838	5.587	4.549	3.711	3.044	2.091	1.355	0.906	0.419
50	8.880	8.717	8.454	8.108	7.700	7.252	6.784	6.312	5.403	4.588	3.887	3.297	2.401	1.661	1.184	0.642
55	7.214	7.139	7.000	6.804	6.563	6.287	5.987	5.672	5.034	4.422	3.865	3.372	2.577	1.875	1.398	0.828
60	5.937	5.908	5.837	5.728	5.587	5.417	5.227	5.020	4.580	4.135	3.708	3.313	2.639	2.003	1.547	0.975
65	4.937	4.933	4.901	4.843	4.761	4.658	4.539	4.404	4.106	3.789	3.470	3.163	2.611	2.056	1.637	1.083
70	4.141	4.150	4.140	4.111	4.066	4.005	3.932	3.846	3.646	3.424	3.190	2.957	2.517	2.048	1.675	1.156
75	3.596	3.512	3.515	3.505	3.482	3.447	3.404	3.349	3.218	3.065	2.897	2.723	2.380	1.993	1.670	1.196
80	2.968	2.987	2.997	2.997	2.988	2.971	2.746	2.913	2.829	2.725	2.606	2.479	2.216	1.904	1.630	1.208
85	2.531	2.550	2.564	2.570	2.570	2.563	2.550	2.532	2.480	2.411	2.328	2.236	2.039	1.791	1.564	1.195
90	2.164	2.183	2.198	2.208	2.212	2.212	2.208	2.199	2.168	2.124	2.068	2.003	1.857	1.664	1.479	1.163

(3)应力系数乘以荷载强度(或折算水头)p,即得应力。

拱冠上游侧: $\sigma_{0上} = p \cdot \sigma'_{0上}$

拱冠下游侧: $\sigma_{0下} = p \cdot \sigma'_{0下}$

拱端上游侧: $\sigma_{a上} = p \cdot \sigma'_{a上}$

拱端下游侧: $\sigma_{a下} = p \cdot \sigma'_{a下}$

(二)坝体应力计算

1. 荷载计算

计算各层拱圈所受荷载,如表 2-10 所示。

表 2-10 拱圈水压力、泥沙压力计算结果(正常蓄水位 388.0 m)

项目	单位	高程/m						
		392.5	385.0	376.6	368.2	359.8	351.4	343.0
拱厚 T	m	3	4.6	6	7.2	8.2	9.6	11
平均半径 r	m	71	62.8	54.3	46.6	35.6	24.04	12.65
厚径比 T/r		0.042	0.073	0.110	0.155	0.230	0.399	0.870
半中心角	(°)	54	54	49	44.5	37.5	33.5	30
上游水深 $h_上=Z_上-Z$	m	0	3	11.4	19.8	28.2	36.6	45
上游泥沙荷载强度 P_s	kPa	0	0	0	0	15.54	36.60	57.66
拱圈水沙荷载强度 P_a	kPa	0	29.43	111.83	194.24	292.18	395.65	499.11

注:不计浪压力,淤沙高程为 366.0 m。

2. 应力计算

应力计算过程及结果见表 2-11~表 2-13。

表 2-11 拱圈水沙应力计算结果

项目	单位	高程/m						
		392.5	385.0	376.6	368.2	359.8	351.4	343.0
拱厚 T	m	3	4.6	6	7.2	8.2	9.6	11
平均半径 r	m	71	62.8	54.3	46.6	35.6	24.04	12.65
厚径比 T/r		0.042	0.073	0.110	0.155	0.230	0.399	0.870
半中心角	(°)	54	54	49	44.5	37.5	33.5	30
拱圈水沙荷载强度 P_a(见表 2-10)	kPa	0	29.43	111.83	194.24	292.18	395.65	499.11
拱冠	kPa	30.53	17.83	13.40	10.40	6.83	2.84	0.77
		0	524.73	1 498.52	2 020.09	1 995.58	1 123.64	384.31
		22.91	10.28	4.3	1.16	-0.87	-0.719	-0.09
		0	302.54	480.86	225.31	-254.19	-284.47	-44.91
拱端	kPa	19.52	6.99	0.91	-2.82	-4.11	-2.08	-0.32
		0	205.71	101.76	547.75	-1 200.85	-822.95	-159.71
		34.01	21.38	17.65	15.08	10.93	4.9	1.36
		0	629.21	1 973.80	2 929.13	3 193.52	1 938.68	678.78

表 2-12 拱圈温度应力计算结果

项目	单位	高程/m						
		392.5	385.0	376.6	368.2	359.8	351.4	343.0
拱厚 T	m	3	4.6	6	7.2	8.2	9.6	11
平均半径 r	m	71	62.8	54.3	46.6	35.6	24.04	12.65
厚径比 T/r		0.042	0.073	0.110	0.155	0.230	0.399	0.870
半中心角	(°)	54	54	49	44.5	37.5	33.5	30
均匀温降 $t=-47/(T+3.39)$	℃	-7.36	-5.88	-5.01	-4.44	-4.06	-3.62	-3.27
温度折算水头	kPa	19.78	27.47	35.27	44.04	59.76	92.44	182.07
拱冠	kPa	3.63	3.46	3.7	3.42	1.93	-0.16	-0.9
		71.81	95.05	130.50	150.63	115.34	-14.79	-163.86
		-3.99	-4.08	-5	-5.81	-5.77	-3.72	-1.76
		-78.932	-112.08	-176.35	-255.90	-344.83	-343.87	-320.44
拱端	kPa	-7.38	-7.38	-8.79	-9.8	-9.01	-5.08	-2
		-146.00	-202.73	-310.02	-431.63	-538.46	-469.59	-364.14
		7.17	7.02	7.95	8.11	6.03	1.9	-0.31
		141.84	192.84	280.39	357.20	360.37	175.63	-56.44

表 2-13 应力叠加分析结果

计算情况：正常情况 I　　　　单位：kPa

部位		高程/m						
		392.5	385.0	376.6	368.2	359.8	351.4	343.0
拱冠	上游面	71.81	619.78	1 629.02	2 170.72	2 110.92	1 108.85	220.45
	下游面	-78.932	190.46	304.51	-30.59	-599.02	-628.34	-365.35
拱端	上游面	-146.00	2.98	-208.26	116.12	-1 739.31	-1 292.54	-523.85
	下游面	141.84	822.05	2 254.19	3 286.33	3 553.89	2 114.31	622.34

注：1. 应力以压应力为正。

2. 拱圈压力=由水沙荷载引起的应力（见表 2-11）+由温度变化引起的应力（见表 2-12）。

（三）计算结果分析

（1）最大压应力为 3.55 MPa，出现在 5/7 坝高（由顶拱向下起算）的拱端下游面，允许应力值为 4.0 MPa，符合应力控制条件。

（2）最大拉应力为 1.74 MPa（拉应力为负），出现在 5/7 坝高（由顶拱向下起算）的拱端上游面，允许应力值为 2.0 MPa，符合应力控制要求。

(四)应力计算成果分析

本工程计算了三种荷载工况下拱坝的应力,分别是:

(1)基本组合。

正常情况Ⅰ:正常水位时的水压力+自重+泥沙压力+温降。

正常情况Ⅱ:死水位时相应的水压力+自重+泥沙压力+温升。

(2)特殊组合:

非正常情况Ⅰ:校核洪水位时相应的水压力+自重+泥沙压力+温升。

坝体拉应力由正常情况Ⅰ控制,最大值为1.74 MPa,符合应力控制的要求。坝体压应力由非正常情况Ⅰ控制,最大值为3.55 MPa,符合应力控制的要求。

任务二　拱坝泄洪设计

拱坝泄洪方式的选择,应根据泄洪量的大小,结合工程具体情况确定。除有明显合适的岸边溢洪道外,宜首先研究采用拱坝坝身泄洪的可行性。但由于拱坝在平面上呈拱形,坝体较薄,下泄水流有向心集中的特点,使水流入水处单宽流量增大,加剧下游消能防冲的困难。与呈直线布置的溢流重力坝相比,更应重视消能设计。

一、拱坝坝身泄水方式

常用的拱坝泄流方式有坝顶泄流(自由跌流式、鼻坎挑流式)、坝身孔口泄流、坝面泄流、坝肩滑雪道泄流、坝后厂顶溢流(厂前挑流)等。

(一)自由跌流式

对于比较薄的双曲拱坝或小型拱坝,常采用坝顶自由跌流的方式,如图2-28所示。溢流头部通常采用非真空的标准堰型。这种形式适用于基岩良好、单宽泄流量较小的情况。由于下落水舌距坝脚较近,坝下必须设有防护设施,堰顶设或不设闸门,视水库淹没损失和运用条件而定。

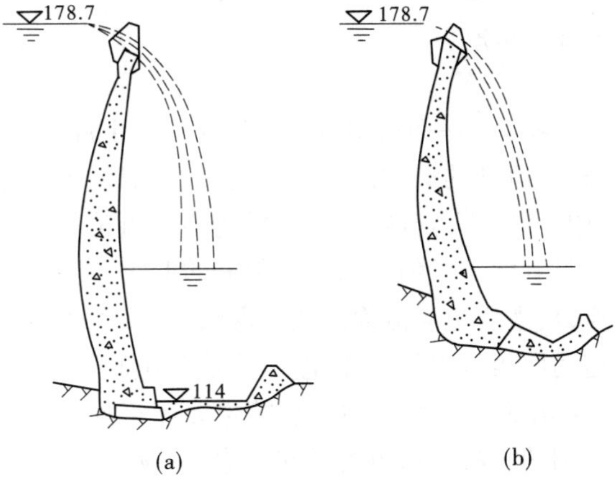

图2-28　布桑拱坝的自由跌流与护坦布置

（二）鼻坎挑流式

为了使泄水跌落点远离坝脚，常在溢流堰顶曲线末端以反弧段连接成为挑流鼻坎，如图 2-29 所示。挑流鼻坎多采用连续式结构，挑坎末端与堰顶之间的高差一般不大于 6~8 m，约为堰顶设计水头 H_d 的 1.5 倍；坎的挑角 $10° \leqslant \alpha \leqslant 25°$；反弧半径 R 与 H_d 大致接近，最后应由水工模型试验来确定。差动式齿坎可促使水流在空中扩散，增加与空气的摩擦，减小单位面积的入水量；但在构造与施工上都较复杂，又易受汽蚀破坏。溢流段的布置，有的工程是沿全坝顶，有的只布置在坝顶中部。溢流顶高程，有的同高，有的中间低而两侧稍高，小流量时由中间过水，大流量时中部流量大于两岸，以利于消能。堰顶可设或者不设闸门。

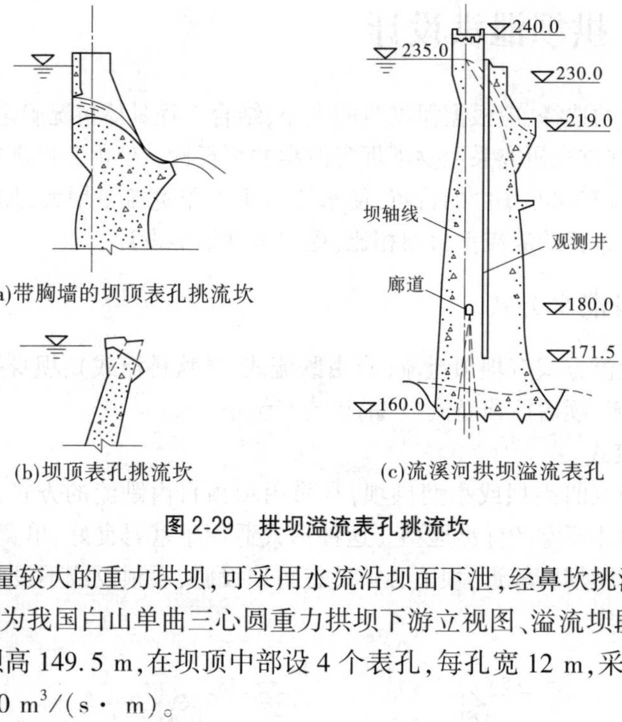

(a)带胸墙的坝顶表孔挑流坎

(b)坝顶表孔挑流坎

(c)流溪河拱坝溢流表孔

图 2-29　拱坝溢流表孔挑流坎

对于单宽流量较大的重力拱坝，可采用水流沿坝面下泄，经鼻坎挑流或底流水跃的消能方式。图 2-30 为我国白山单曲三心圆重力拱坝下游立视图、溢流坝段和泄洪中孔坝段的剖面图，最大坝高 149.5 m，在坝顶中部设 4 个表孔，每孔宽 12 m，采用挑流消能，最大单宽泄流量为 140 $m^3/(s \cdot m)$。

（三）滑雪道式

滑雪道式泄洪是拱坝特有的一种泄洪方式，其溢流面由溢流坝顶和与之相连接的泄槽组成，而泄槽为坝体轮廓以外的结构部分。水流过坝以后，流经泄槽，由槽尾端的挑流鼻坎挑出，使水流在空中扩散，下落到距坝较远的地点。挑流坎一般都比堰顶低很多，落差较大，因而挑距较远，是其优点。但滑雪道各部分的形状、尺寸必须适应水流条件，否则容易产生汽蚀破坏。所以，滑雪道溢流面的曲线形状、反弧半径和鼻坎尺寸等都需经过试验研究来确定。滑雪道的底板可设置于水电站厂房的顶部（见图 2-31）或专门的支撑结构上（见图 2-32），前者的溢流段和水电站厂房等主要建筑物集中布置，对溢洪量大而河谷狭窄的枢纽是比较有利的。滑雪道也可设在岸边，一般多采用两岸对称布置，也有只布置在一岸的。滑雪道式泄洪适用于泄洪量大、较薄的拱坝。

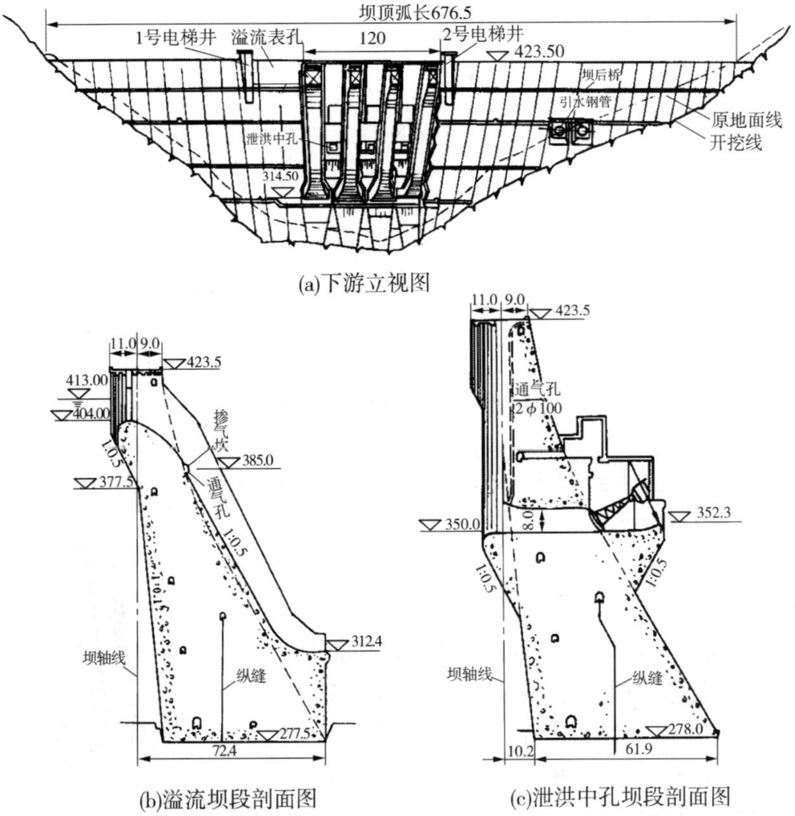

图 2-30　白山单曲三心圆重力拱坝工程布置图　(单位:m)

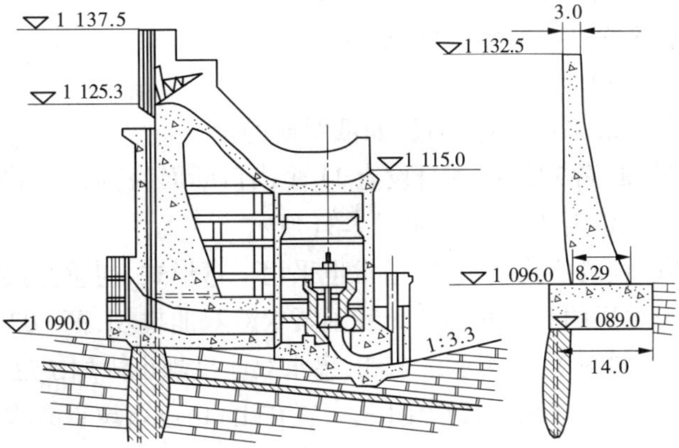

图 2-31　修文水电站拱坝剖面图　(单位:m)

(四)坝身泄水孔式

坝身泄水孔是指位于水面以下一定深度的中孔(大致位于坝体中部高程,进水口水

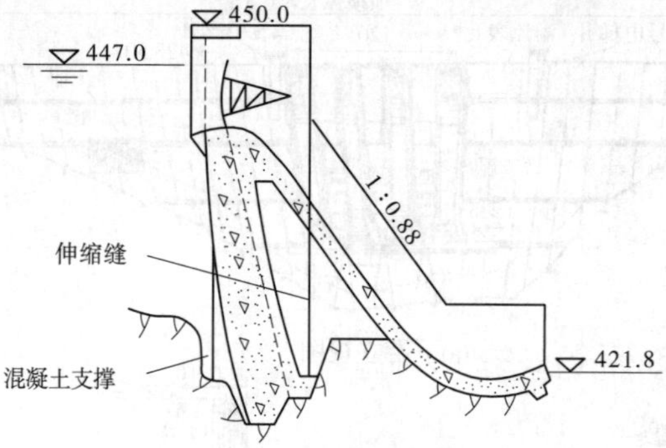

图 2-32 泉水拱坝表孔滑雪道

头不大于 60 m)或底孔(大致位于坝体中、下部高程,进水口水头大于 60 m)。中孔多用于泄洪;底孔多用于放空水库,辅助泄洪和排沙以及施工导流。坝身泄水孔一般都是压力流,比坝顶溢流流速大,挑射距离远。

泄水中孔一般设置在河床中部的坝段,以便消能与防冲;也有的工程将泄水中孔分设在两岸坝段,在河床中部布置水电站厂房。泄水中孔孔身一般可做成水平或近似水平、上翘和下弯三种形式。对于设置在河床中部的泄水中孔,通常多布置成水平形的,如白山拱坝共有 3 个出口断面为宽 6 m、高 7 m 的泄水中孔,分别布置在 4 个表孔之间,如图 2-30(a)、(c)所示,但也有采用上翘形的,如莫桑比克的卡博拉巴萨双曲拱坝,高 164 m,坝身设有 8 个出口断面为宽 6 m、高 7.8 m 的上翘形中孔,如图 2-33 所示。

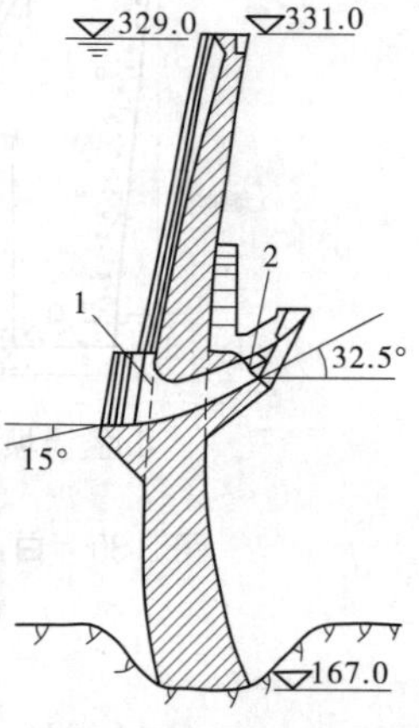

1—检修闸门槽;2—弧形闸门

图 2-33 卡博拉巴萨双曲拱坝中孔坝段剖面

对于重力拱坝,一般采用下弯形式,如俄罗斯的萨扬-舒申斯克重力拱坝,高 242 m,坝身设有 11 个出口断面为宽 5 m、高 6 m 的下弯形中孔及两层导流孔(最后用混凝土封堵),如图 2-34 所示。

对于设置在两岸坝段的泄水中孔,通常也采用下弯形式,与重力拱坝下弯形式不同之处,在于出口后与滑雪道的泄槽相衔接。我国紧水滩双曲拱坝,高 102 m,左、右岸对称设置了中、浅孔各 1 个,如图 2-35 所示。东江、泉水双曲拱坝也采用了这种形式。

泄水孔的工作闸门大多采用弧形闸门,布置在出口,进口设事故检修闸门。这样不仅便于布置闸门的提升设备,而且结构模型试验成果表明,在泄水孔口末端设置闸墩及挑流坎后,由于局部加厚了孔口附近的坝体,可显著地改善孔口周边的应力状态,对于孔底的拱应力也有所改善。实践证明,孔口对坝体应力的影响是局部的,拉应力可能使孔口边缘开裂,但只限于孔口附近,不致危及坝的整体安全。对于局部应力的影响,可在孔口周围布置钢筋。

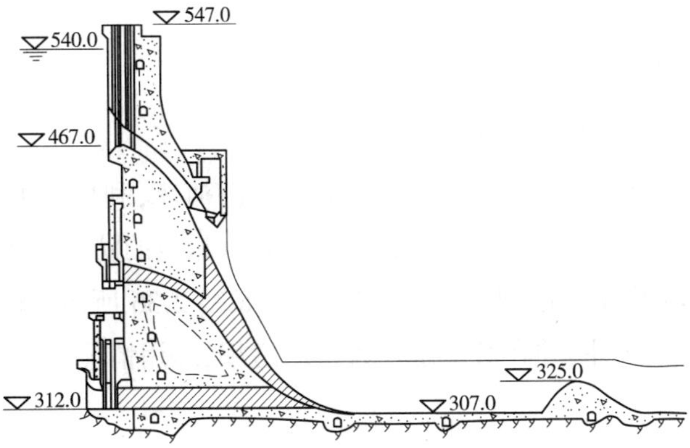

图 2-34　萨扬-舒申斯克重力拱坝泄洪中孔

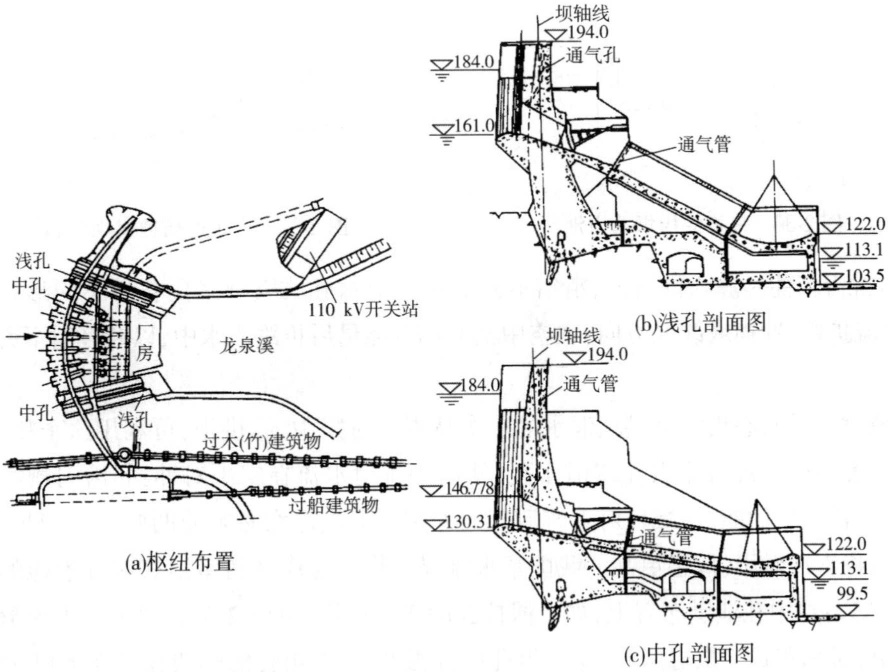

图 2-35　紧水滩双曲拱坝

由于拱坝较薄,中孔断面一般采用矩形。为使孔口泄流保持压力流,避免发生负压,应将出口断面缩小,出口高为孔身高度的 70%~80%。为使水流平顺,提高泄水能力,进口及沿程体形宜做成曲线形。对大、中型工程还应通过水工模型试验研究确定。

底孔处于水下更深处,孔口尺寸往往限于高压闸门的制作和操作条件而不能太大。目前,深孔闸门的作用水头已达 154 m。在薄拱坝内,多采用矩形断面。对重力拱坝等较厚的坝体,可以采用圆形断面,以渐变段与闸门段的矩形断面相连接。

拱坝的坝身泄水还可将上述各种形式结合使用,如坝顶溢流可以同时设置坝身泄水孔。当泄洪量大,坝身泄水不能满足要求时,还可布置泄洪隧洞或岸边溢洪道。

二、拱坝的消能与防冲

拱坝的消能方式主要有以下几种:

(1)跌流消能。水流从坝顶表孔直接跌落到下游河床,利用下游水垫消能。跌流消能最为简单,但由于水舌入水点距坝趾较近,需要采取相应的防冲措施。法国的乌格朗拱坝利用下游施工围堰做成二道坝,抬高下游水位,如图2-36所示;美国的卡尔德伍德拱坝,在跌流的落水处建戽斗,并在其下游设置了二道坝,运用情况良好,如图2-37所示。

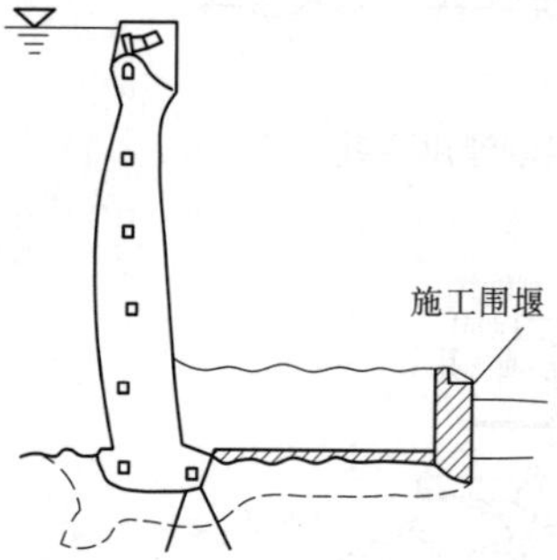

图2-36 乌格朗拱坝消力池

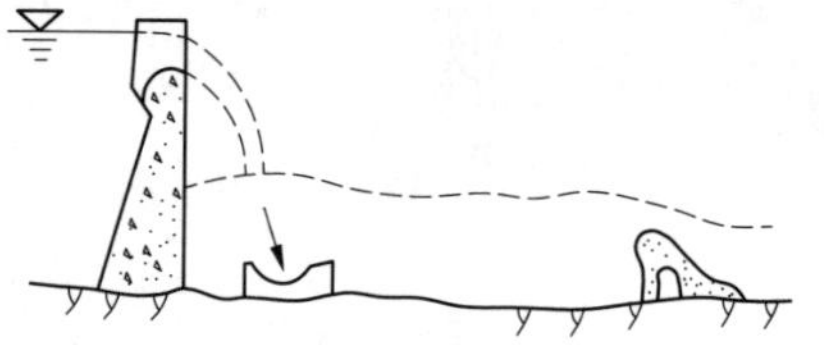

图2-37 卡尔德伍德拱坝消力池

(2)挑流消能。鼻坎挑流式、滑雪道式和坝身泄水孔式大都采用各种不同形式的鼻坎,使水流扩散、冲撞或改变方向,在空中消减部分能量后再跌入水中,以减轻对下游河床的冲刷。

泄流过坝后向心集中是拱坝泄水的一个特点。对于中、高拱坝,可利用这个特点,在拱冠两侧各布置一组溢流表孔或泄水孔,使两侧挑射水流在空中对冲,并沿河槽纵向扩散,从而消耗大量的能量,减轻对下游河床的冲刷。但应注意必须使两侧闸门同步开启,否则射流将直冲对岸,危害更甚。我国紧水滩双曲拱坝是岸坡滑雪道式对冲消能的一例(见图2-35);在中孔泄洪布置上,如卡博拉巴萨双曲拱坝(见图2-33),将8个上翘形中孔分为两组,对称布置于拱冠两侧,每一组孔口自相平行,两组孔的轴线在平面上以8°角相交,水舌在空中对撞,消能效果良好。

近年来,不少中、高拱坝,特别是在大泄量情况下,采用高、低坎大差动形式,形成水股上、下对撞消能。这种消能形式不仅把集中的水流分散成多股水流,而且由于通气充分,有利于减免汽蚀破坏。但上述对撞水流造成的"雾化"程度更甚于其他的挑流方式,必须加以控制,必要时采取一定的防护措施。

(3)底流消能。对于重力拱坝,有的也可采用底流消能,如前所述的萨扬-舒申斯克重力拱坝(见图2-34),高242 m,采用下弯形中孔,泄流沿下游坝面流入设有二道坝的收缩式消力池,池的上游端宽123 m、下游端宽97 m,长约130 m,二道坝下游护坦长235 m,

末端设有齿墙,单宽流量为 139 $m^3/(s\cdot m)$,运用情况良好。

其他如窄缝式挑坎消能、反向防冲堰消能等曾在有些工程中采用,也取得了良好效果。

拱坝河谷一般比较狭窄,不仅要防止过坝水流冲刷岸坡,而且要注意当泄流量集中在河床中部时,避免两侧形成强力回流,淘刷岸坡,以保证坝体稳定。

泄水拱坝的下游一般都需采取防冲加固措施,如护坦、护坡、二道坝等。护坦、护坡的长度、范围以及二道坝的位置和高度等,应由水工模型试验确定。

【案例 2-2】 拱坝泄洪设计

一、项目任务

设计资料如拱坝设计基本资料所示。根据项目资料选择泄洪方式,布置泄水建筑物,进行溢流剖面设计和水力计算,并进行消能计算。

二、泄水建筑物的布置

根据设计资料可知,本工程的洪峰流量较大,校核洪水最大下泄流量为 1 560 m^3/s,设计洪水下泄流量为 980 m^3/s,洪水历时较短,一般为 2~3 d。本工程厂房采用引水式布置,远离坝址,一方面为布置坝身泄洪提供了良好条件,另一方面不会因泄洪影响厂房的运行。

砌石拱坝在结构、材料抗拉强度及抗震性能等方面均不如混凝土拱坝,因此一般不宜在坝身布置大孔口泄洪。

该工程坝址区及下游基岩为花岗岩,岩性坚硬完整,抗冲能力强,覆盖层薄。

根据以上几方面的考虑,枢纽的泄洪方式采用坝顶高挑坎泄洪。在坝顶布置 10 孔泄水闸,每孔净宽 5 m,正常挡水高 3 m,闸门采用钢筋混凝土闸门,启闭机采用双吊点螺杆式启闭机,整个坝顶的溢流布置结构简单,运行和维修均方便可靠。在布置上应注意以下几个因素:

(1)坝顶溢洪道尽量布置在河床主河道上,使下泄水流方向与原河床主流方向尽量一致。

(2)尽量加大溢流前缘的长度,以降低孔口高度,减小单宽流量。溢流前缘的长度以不冲刷两岸岸坡为限。

(3)选择适当的溢流坝坝顶半径,减少对河床及岩坡的冲刷,溢流中心线与下游河道主流线一致。

(4)由于拱坝坝身较薄,溢流坝断面应选用较瘦型断面,以便坝顶布置。

坝顶高程为 385 m,坝轴线处溢流前缘长度为 61.5 m,坝顶溢流的结构形式见图 2-38、图 2-39。

三、坝顶顶端溢流剖面设计及水力计算

(一)堰面曲线

采用幂曲线:

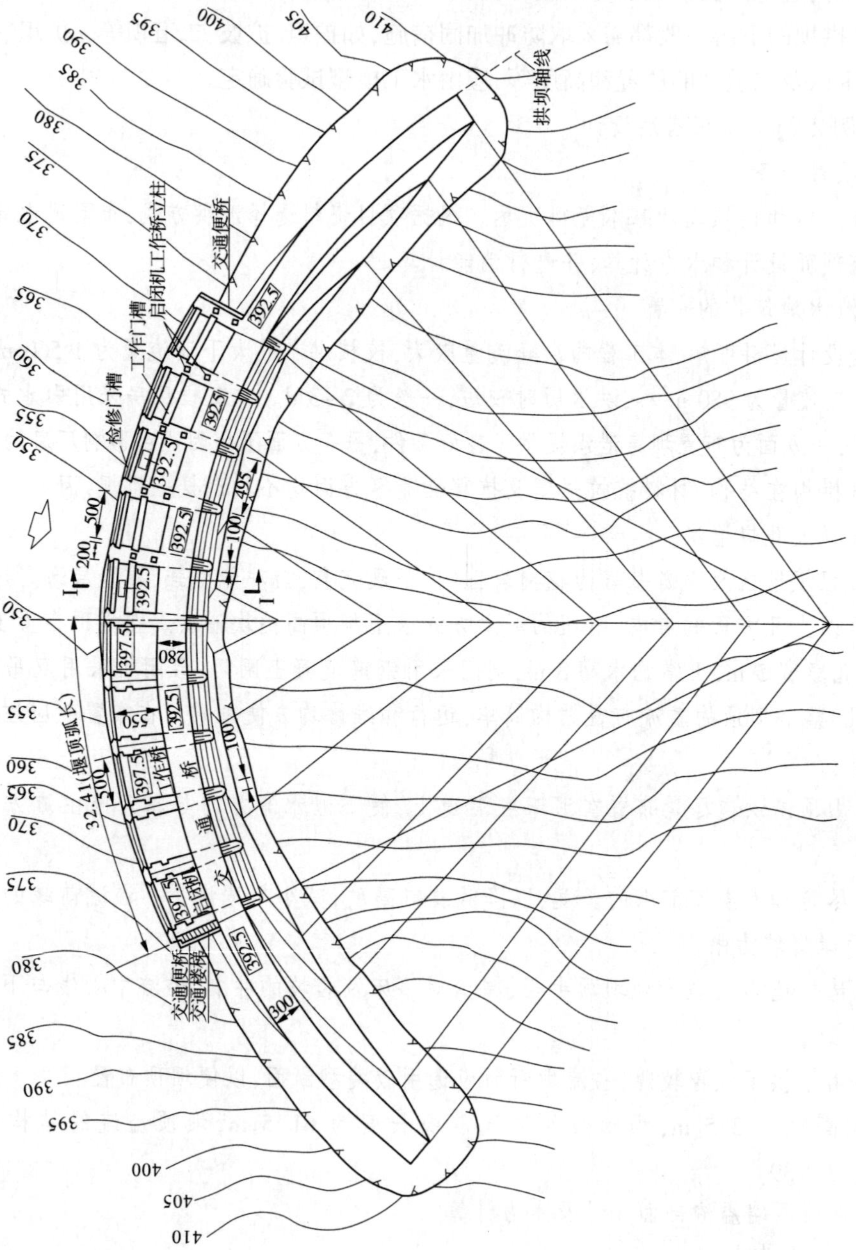

图 2-38　坝顶溢流俯视图　（单位：尺寸，cm；高程，m）

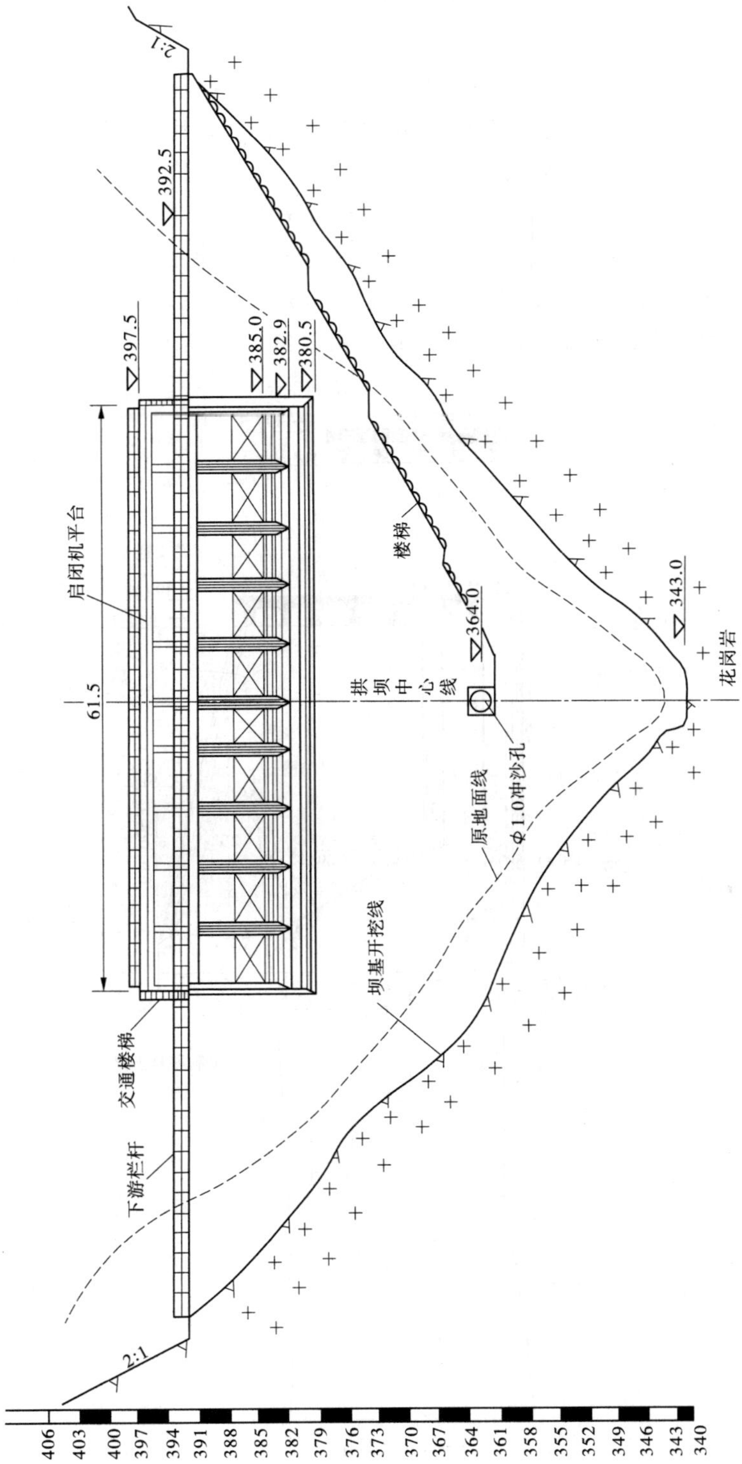

图 2-39　拱坝下游立视图　（单位：m）

$$x^n = KH_d^{n-1}y$$

式中，H_d 为堰顶定位设计水头，取 $H_d=0.85H_{max}=5.49$ m（其中 $H_{max}=6.46$ m，为校核洪水位时的堰上水头）。

堰顶可能出现的最大负压为 $0.3H_d=1.65$ m，符合规范要求。

为了满足采用瘦型堰面的条件，要对方程 $x^n=KH_d^{n-1}y$ 中的系数 K 和指数 n 进行修正：修正后 $K=1.5163$，$n=1.85$，则堰面方程为

$$y = 0.15509x^{1.85}$$

堰面曲线下部为反弧段，对于中、小型拱坝，该反弧半径 R 常采用 $(0.8\sim1.2)H_d$，为 5~7 m；这里采用反弧半径 $R=4.5$ m，鼻坎挑角 $\theta=15°$，挑坎最低点至堰顶高差 $X=2.5$ m；坝顶溢流堰剖面图见图 2-40，闸墩形体见图 2-41。

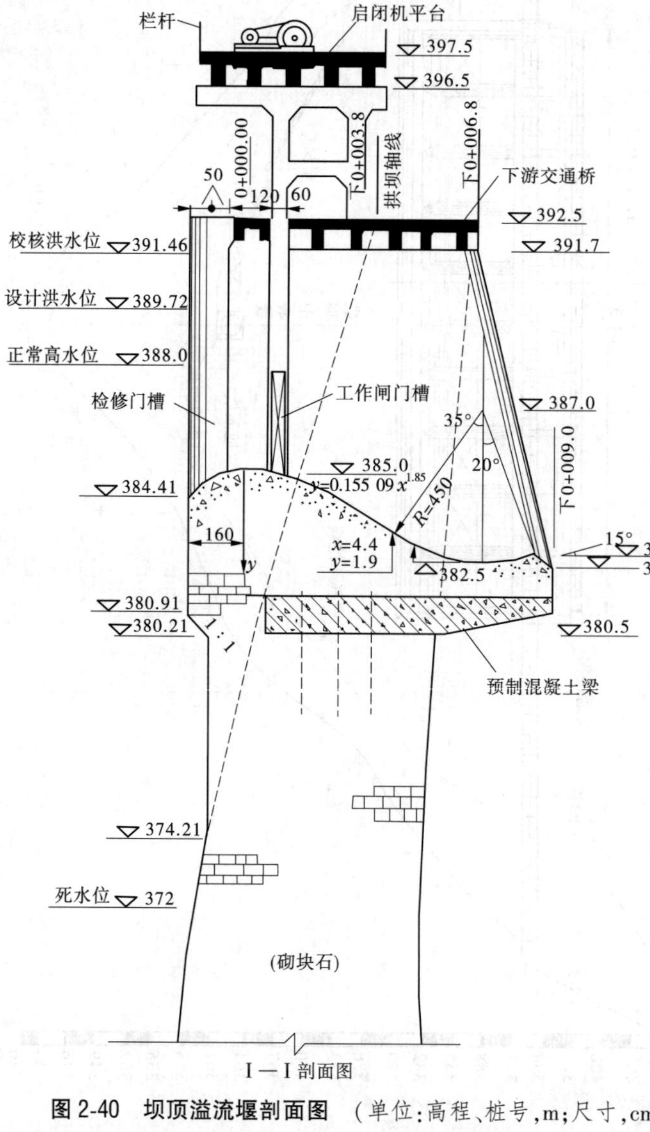

图 2-40　坝顶溢流堰剖面图　（单位：高程、桩号，m；尺寸，cm）

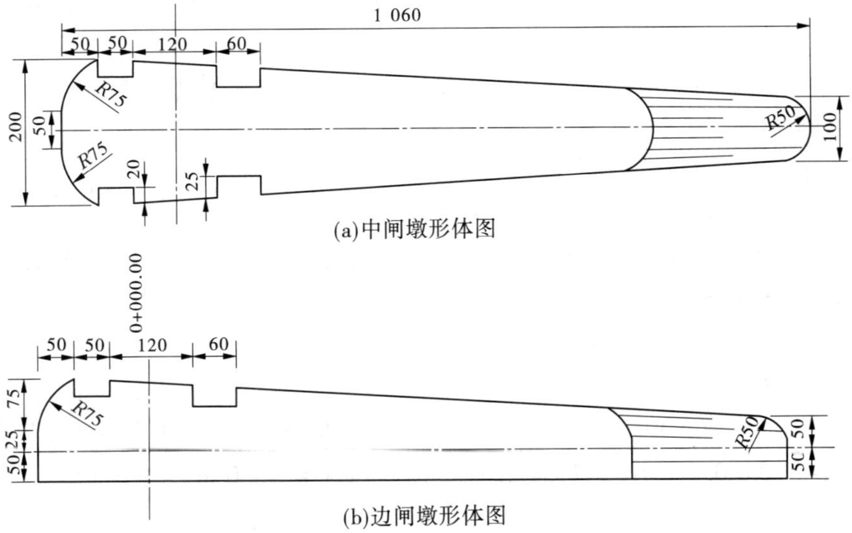

(a)中闸墩形体图

(b)边闸墩形体图

图 2-41　闸墩形体　(单位:桩号,m;尺寸,cm)

溢流堰头部曲线坐标值见表 2-14。

表 2-14　溢流堰头部曲线坐标值

x	0	-0. 20	-0. 40	-0. 60	-0. 80	-0. 10	-0. 12	-0. 14	-0. 16
y	0	0. 007	0. 03	0. 07	0. 12	0. 20	0. 30	0. 46	0. 9

$$\frac{x^2}{(aH_d)^2}+\frac{(bH_d-y)^2}{(bH_d)^2}=1$$

因为 $a=0.29$, $a/b=0.87+3a$, $b=0.167$,则原点上游曲线为

$$\frac{x^2}{1.592^2}+\frac{(0.917-y)^2}{0.917^2}=1$$

(二)坝顶泄流能力计算

闸门挡水高度为 3 cm,溢流净宽 5×10=50(m),采用实用堰流公式

$$Q=\alpha_n\varepsilon mB\sqrt{2g}H_0^{3/2}$$

式中　α_n——水流向心折减系数,一般可取 $\alpha_n=0.95$;

ε——侧收缩系数,根据闸墩厚及墩头形状而定,初设时一般取 0. 9~0. 95,这里取 $\varepsilon=0.9$;

B——溢流净宽;

H_0——溢流堰顶总水头,可近似取 $H_0\approx H$;

m——流量系数,可由 H_0/H 查《混凝土拱坝设计规范》(SL 282—2018)附录 A 表 A. 1. 4。

在 $H=H_d$(堰顶工作水头等于堰面设计水头)时,$m=m_d$。通常,对于高堰,即 $P/H>3$ (P 为上游堰高,即溢流坝坝高)时,$m_d=0.49\sim0.516$;对于低堰,即 $P/H\leqslant3$ 时,$m_d=0.46\sim0.49$。

本工程溢流坝坝高 P 远大于堰上工作水头 H 的 3 倍，为高堰，取中值 $m_d = 0.502$。

1. 设计洪水情况

堰上工作水头 $H = 389.72 - 385.0 = 4.72(\mathrm{m})$，设计洪水流量 $Q = 980\ \mathrm{m^3/s}$，满足此泄量的溢流净宽 B 为

$$B = \frac{Q}{\alpha_n \varepsilon m \sqrt{2g} H_0^{3/2}} = \frac{980}{0.95 \times 0.9 \times 0.49 \times 4.43 \times 4.72^{3/2}} \approx 50(\mathrm{m})$$

其中，m 由 $H/H_d = 4.72/5.49 = 0.86$，查规范 SL 282—2018 附录 A 表 A. 1. 4 得：$m = 0.985 m_d = 0.985 \times 0.502 = 0.49$。

上述情况说明，设计洪水位时，溢流净宽符合要求。

2. 校核洪水情况

堰上工作水头 $H = 391.46 - 385.0 = 6.46(\mathrm{m})$，$H/H_d = 6.46/4.72 = 1.37$，查表得：$m = 1.03 m_d = 1.03 \times 0.502 = 0.517$，满足校核洪水流量 $Q = 1\,560\ \mathrm{m^3/s}$ 所需的溢流净宽为

$$B = \frac{1\,560}{0.95 \times 0.9 \times 0.517 \times 4.43 \times 6.46^{3/2}} = 48.5(\mathrm{m}) < 50\ \mathrm{m}$$

结论：选择溢流孔数为 10 孔，每孔净宽 5 m，按此方式布置能满足泄流能力的要求。设计洪水流量下的单宽泄流量 $q_{设} = 980/51 = 19.2[\mathrm{m^3/(s \cdot m)}]$，校核洪水流量下的单宽泄流量 $q_{校} = 1\,560/51 = 30.6[\mathrm{m^3/(s \cdot m)}]$，均在合适范围。

四、拱坝坝顶挑流消能计算

（1）拱坝坝顶开敞式低落差挑坎的挑距 L 可采用下式计算：

$$L = \frac{\alpha_0}{g}\left[v_1^2 \sin\theta\cos\theta + v_1\cos\theta\sqrt{v_1^2\sin^2\theta + 2g(h_1 + h_2)}\right]$$

其中

$$v_1 = 1.1\varphi\sqrt{2gH_0}, \quad \varphi = 1 - \frac{0.002\,75}{\left[q/(\sqrt{g}H_0^{3/2})\right]^{0.746}}$$

式中 α_0——水流向心对挑距的影响系数，一般 $\alpha_0 = 0.9 \sim 0.95$，本工程取 $\alpha_0 = 0.92$；

v_1——挑坎处水面流速；

H_0——库水面至挑坎顶高差；

φ——堰面流速系数；

h_2——坎顶至下游河床面高差，如果冲坑已形成，作为计算冲坑进一步发展时，可算至坑底；

h_1——坎顶平均水深 $h(h = q/v_1)$ 在垂直方向的投影，$h_1 = h\cos\theta$。

（2）冲坑深计算。最大冲坑水垫厚度 t_k 按下式估算：

$$t_k = \alpha_1 \alpha_2 q^{0.5} H^{0.25}$$

最大冲坑深度 t'_k 为

$$t'_k = \alpha_1 \alpha_2 q^{0.5} H^{0.25} - H_2$$

式中 α_1——冲坑系数，坚硬完整的基岩 $\alpha_1 = 0.7 \sim 1.1$，坚硬但完整性较差的基岩 $\alpha_1 = 1.1 \sim 1.4$，软弱破碎的基岩 $\alpha_1 = 1.4 \sim 1.8$，本工程根据地质条件取 $\alpha_1 = 1.4$；

α_2——水流分散程度影响系数，分散充分 $\alpha_2 = 0.8 \sim 1.1$，分散较好 $\alpha_2 = 1.1 \sim 1.4$，分

散欠佳 $\alpha_2=1.4\sim1.7$，水流集中 $\alpha_2=1.7\sim2.0$，本工程根据实际情况取 $\alpha_2=1.4$；

H——上下游水位差；

H_2——相应于下泄流量 Q 的下游水深。

(3)设计洪水情况的挑流计算。单宽流量 $q=980/51=19.2[\mathrm{m^3/(s\cdot m)}]$，库水面至挑坎顶高差 $H_0=389.72-382.9=6.82(\mathrm{m})$，流速系数为

$$\varphi=1-\frac{0.00275}{\left[\dfrac{19.2}{\sqrt{9.8}\times6.82^{1.5}}\right]^{0.746}}=0.99$$

因此
$$v_1=1.1\times0.99\times\sqrt{2\times9.8\times6.82}=12.6(\mathrm{m/s})$$

坎顶平均水深为

$$h=q/v_1=19.2/12.6=1.52(\mathrm{m})$$
$$h_1=h\cos\theta=1.52\times\cos15^\circ=1.47(\mathrm{m})$$
$$h_2=382.9-346.0=36.9(\mathrm{m})$$

挑距为

$$L=\frac{0.92}{9.8}\times[12.6^2\sin15^\circ\cos15^\circ+12.6\cos15^\circ\times\sqrt{12.6^2\sin^2 15^\circ+19.2\times38.37}]=35.0(\mathrm{m})$$

冲坑深为

$$t'_k=1.4\times1.4\times19.2^{0.5}\times(389.72-360.3)^{0.25}-(360.3-346.0)=5.7(\mathrm{m})$$

(4)校核洪水位情况下的挑流计算(略)。

(5)坝顶高挑坎挑流消能评价。拱坝溢流道位置较高，本工程采用了低落差挑坎挑流消能。从计算出的挑距、冲坑深、冲坑后坡等水力要素看，挑距较理想，冲坑也不太深。而基础为花岗岩，坚硬完整，冲刷坑后坡都在0.2以内，可认为冲坑不会危及坝身安全，因此下游暂不设二道坝。运行中应加强观测，如果冲坑的发展超过一定的限度，可以再考虑以混凝土衬砌冲刷坑的某些部位，以减轻冲坑深度的进一步发展。

挑流计算成果见表2-15。

表2-15 挑流计算成果

洪水频率	设计洪水($p=3.3\%$)	校核洪水($p=0.33\%$)
下泄流量/($\mathrm{m^3/s}$)	980	1 560
挑距 L/m	35.0	44.9
下游水深/m	14.3	17
冲坑深 t_k/m	5.7	6.3
冲坑后坡 t_k/L	$0.16<[i]=0.2$	$0.143<[i]$

坝顶设闸控制，可以减轻或防止小流量时水舌不能起挑的现象，防止了直接冲刷坝脚。

任务三　拱坝构造和地基处理

一、拱坝构造

(一)拱坝分缝与接缝处理

拱坝是整体结构，为便于施工期间混凝土散热和降低收缩应力，防止混凝土产生裂缝，需要分段浇筑，各段之间设有收缩缝，在坝体混凝土冷却到年平均气温左右，混凝土充分收缩后，再灌浆封填，以保证坝的整体性。

收缩缝有横缝和纵缝两类，如图2-42所示。横缝是径向的，间距一般取15～20 m。在变半径的拱坝中，为了使横缝与径向一致，必然会形成一个扭曲面。有时为了简化施工，对不太高的拱坝也可以中间高程处的径向为准，仍用铅直平面来分缝。横缝底部缝面与地基面的夹角不得小于60°，并应尽可能接近正交。缝内设铅直向的梯形键槽，以提高坝体的抗剪强度。拱坝厚度较薄，一般可不设纵缝，对厚度大于40 m的拱坝，经分析论证，可考虑设置纵缝。相邻坝块间的纵缝应错开，纵缝的间距为20～40 m。为方便施工，一般采用铅直纵缝，到缝顶附近应缓转与下游坝面正交，避免浇筑块出现尖角。

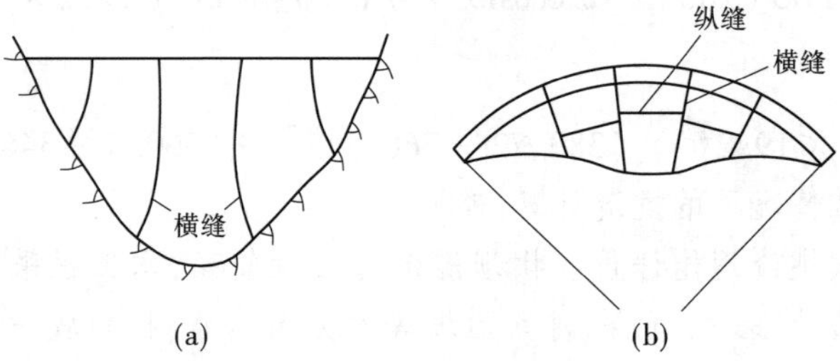

图2-42　拱坝的横缝和纵缝

收缩缝是两个相邻坝段收缩后自然形成的冷缝，缝的表面做成键槽，预埋灌浆管与出浆盒，在坝体冷却后进行压力灌浆。收缩缝的灌浆工艺和重力坝相同。

横缝上游侧应设置止水片。止水片可与上游止浆片结合。止水的材料和做法与重力坝相同。

(二)坝顶

拱坝坝顶的结构形式和尺寸应按使用要求来确定。当无交通要求时，非溢流坝的顶宽不宜小于3 m。溢流坝段坝顶工作桥、交通桥的尺寸和布置必须能满足泄洪、闸门启闭、设备安装、运行操作、交通、检修和观测等的要求。地震区的坝顶工作桥、交通桥等结构应尽量减轻自重，以提高结构的抗震性能。

(三)廊道与排水

坝内应设置基础灌浆廊道，对于中、低高度的薄拱坝，也可不设廊道，而将检查、观测、交通和坝缝灌浆等工作移到坝后桥上进行，桥宽一般为1.2～1.5 m，上下层间隔20～40 m，在与坝体横缝对应处留有伸缩缝，缝宽1～3 cm。

无冰冻地区薄拱坝的坝身可不设排水管。对较厚的或建在寒冷地区的薄拱坝,则要求和重力坝一样布置排水管,一般间距为 2.5~3.5 m,管内径为 15~20 cm。图 2-43 所示为我国响洪甸重力拱坝最大剖面的廊道及排水管布置图。

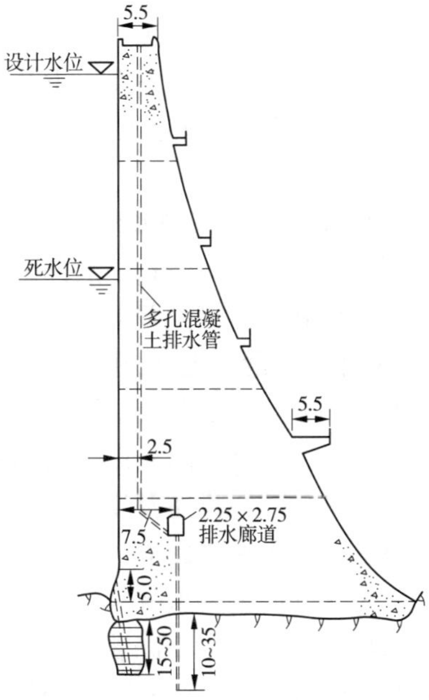

图 2-43 响洪甸重力拱坝的廊道与排水管布置图 (单位:m)

(四)重力墩

重力墩是拱坝坝端的人工支座,可用于河谷形状不规则,为减小宽高比,避免岸坡的大量开挖;河谷有一岸较平缓,用重力墩与其他坝段(如重力坝或土坝)或岸边溢洪道相连接等情况。如图 2-44 所示是我国龙羊峡水电站的枢纽布置图,在其左、右坝肩设置重力墩后,坝体可基本上保持对称。通过重力墩可将坝体传来的作用力传到基岩。

二、拱坝的地基处理

拱坝的地基处理和岩基上的重力坝基本相同,但要求更为严格,特别是对两岸坝肩的处理尤为重要。

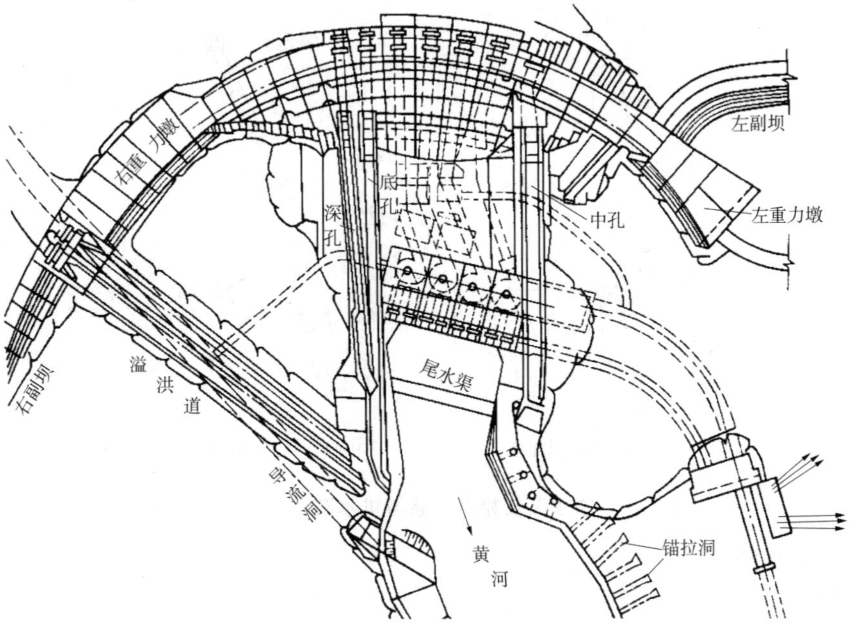

图 2-44 龙羊峡水电站枢纽布置图

(一)坝基开挖

根据坝址具体地质情况,结合坝高,选择新鲜、微风化或弱风化中下部的基岩作为建基面。在开挖过程中还应注意以下几点:拱端开挖应注意前述拱端布置原则;河床段利用岩面的上、下游高差不应过大,宜略向上游倾斜;整个坝基利用岩面的纵坡应平顺,无突变。

(二)固结灌浆和接触灌浆

拱坝坝基的固结灌浆孔一般按全坝段布置。对于比较坚硬完整的基岩,也可以只在坝基的上游侧和下游侧设置数排固结灌浆孔。对节理、裂隙发育的基岩,为了减小地基变形,增加岩体的抗滑稳定性,还需在坝基外的上、下游侧扩大固结灌浆的范围。对于坝体与陡于50°~60°的岸坡间,与上游侧的坝基接触面及基岩中所有槽、井、洞等回填混凝土的顶部,均需进行接触灌浆,以提高接触面的强度,减少渗漏。

帷幕线的位置与拱座及坝基应力情况有关,一般布置在压应力区,且靠近上游坝面。防渗帷幕还应深入两岸山坡内,深入长度与方向应根据工程地质、水文地质、地形条件、拱座的稳定情况和防渗要求等来确定,并与河床部位的帷幕保持连续性。

防渗帷幕一般采用水泥灌浆。在水泥灌浆达不到防渗要求时,可采用化学材料补充灌浆,但应注意防止污染环境。帷幕灌浆一般在廊道中进行,两岸山坡内的帷幕灌浆,可在岩体内开挖的平硐中进行,如图2-45所示。

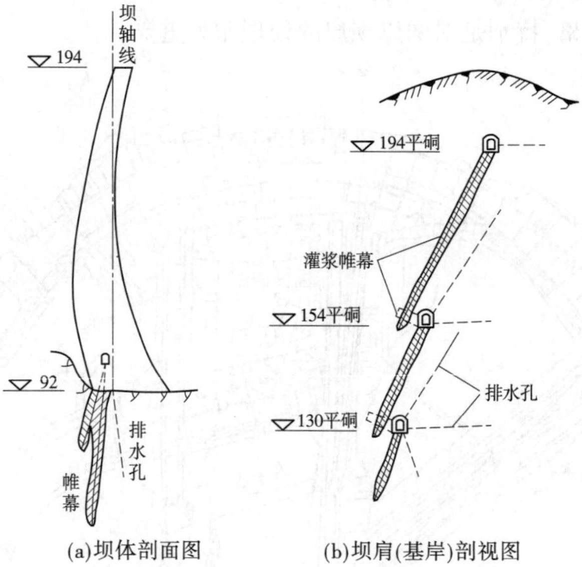

(a)坝体剖面图　(b)坝肩(基岸)剖视图

图2-45　拱坝基岩帷幕灌浆与排水孔布置　(单位:m)

(三)坝基排水

在防渗帷幕的下游侧应布置坝基排水,设1排主排水孔,必要时加设1~3排辅助排水孔。在裂隙较大的岩层中,防渗帷幕可有效地减小渗透压力,减小渗水量。但在弱透水性的微裂隙岩体中,防渗帷幕降低渗压的效果就不甚明显,而排水孔则可显著地降低渗透压力,因此对坝基排水应予重视。

(四)断层破碎带或软弱夹层的处理

对于坝基范围内的断层破碎带或软弱夹层,应根据其产状、宽度、充填物性质、所在部位和有关的试验资料,分析研究其对坝体和地基的应力、变形、稳定与渗漏的影响,并结合施工条件,采用适当的方法进行处理。

当河床覆盖层较深,挖除有困难时,可采取结构措施。例如,贵州猫跳河上的窄巷口双曲拱坝,先在覆盖层上方修建跨河基础拱桥,再在拱桥上修建拱坝,并对覆盖层进行防渗处理。另一座拱上拱结构是四川省的鱼鳞碑砌石拱坝(高 36.9 m)。

【案例 2-3】 拱坝地基处理

一、项目任务

设计资料如拱坝设计基本资料所示。根据项目资料进行地质情况分析,确定拱坝地基处理措施。

二、地质概况

(1)坝基岩性为中粗粒似斑状黑云母花岗岩,坚硬、块状结构,风化层较浅,并有石英岩脉、辉绿岩侵入,与围岩接触胶结良好。

(2)坝址附近的断层规模较小,倾角较陡,对坝肩稳定影响不大。未发现控制性的缓倾角结构面。

(3)岩体风化深度:根据钻孔资料分析,弱风化顶板埋深较浅,如左岸为 3 m;河床为弱风化出露,右岸为 2 m。弱风化岩层厚度左岸为 24 m,河床为 14 m,右岸为 4 m。

(4)岩体渗透情况:基岩透水性受区域断裂破碎带影响。坝基弱风化岩透水性也很不均一,左岸透水性较强。据钻孔压水资料分析,$\omega \leqslant 0.03$ L/(min · m · m)线处,右岸埋深 15 m 左右,河床埋深 25 m 左右,左岸埋深 30 m 左右。坝址处基础处理展示图见图 2-46。

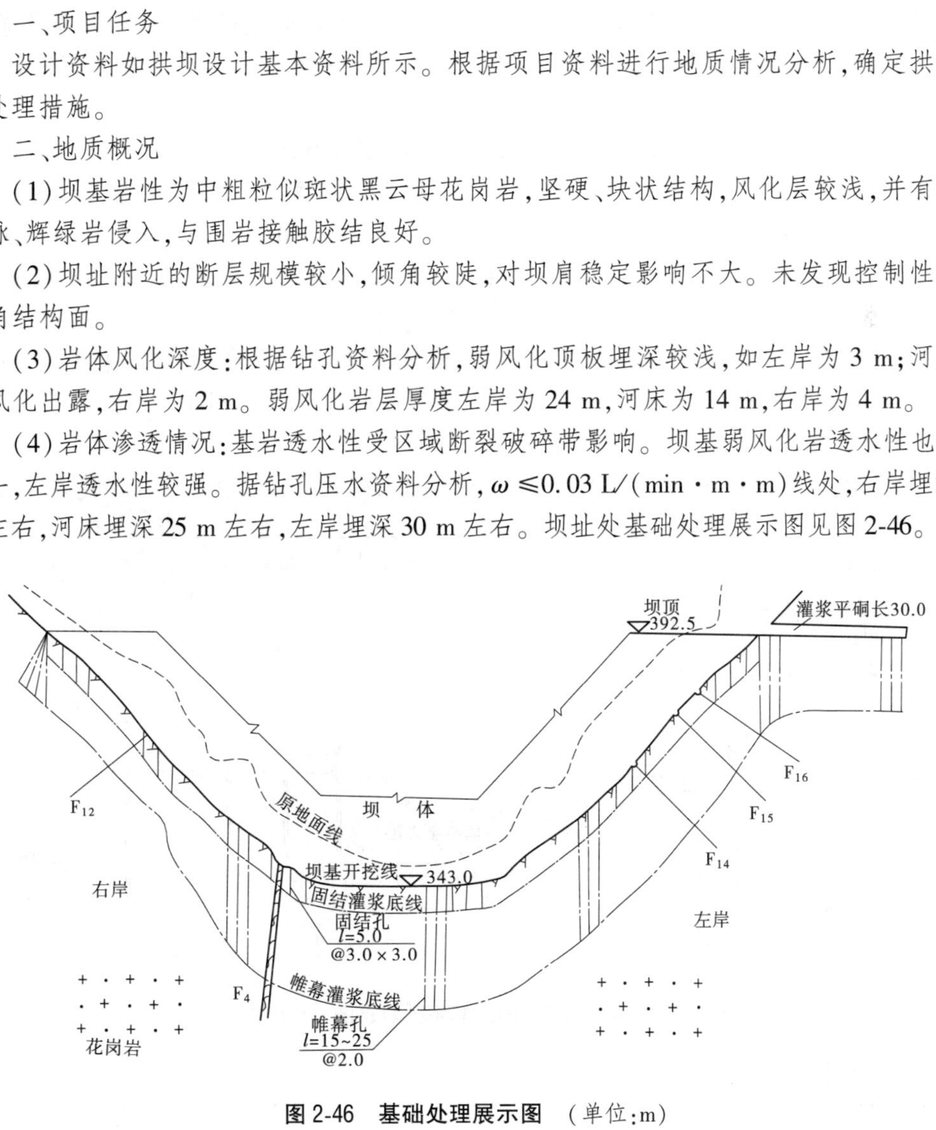

图 2-46 基础处理展示图 (单位:m)

三、基坑开挖

(1)基岩面利用标准:拱坝建基面弱风化岩中部岩石,要求岩石强度大于 60 MPa,变形模量在100 MPa以上,岩体裂隙大部分不张开,无夹泥,对于埋藏较浅的缓倾角夹泥裂隙或破碎带予以挖除。基岩面平均开挖深度:右岸为6 m,河床为5 m,左岸为10 m。

(2)开挖形式:拱座面按径向开挖。沿轴线方向岩石面呈连续斜面,尽量减少出现大的台阶。开挖边坡:覆盖面、全风化岩1:1,弱风化岩3:1,微风化、新鲜岩4:1或垂直边坡。

(3)开挖爆破:上部每次爆破厚度不限,但在接近利用岩面时预留1 m厚的保护层;然后用小炮浅孔爆破、人工开挖(风铲凿去),以免造成基岩面起伏过大和岩面松动。

(4)断层破碎带处理:对于断层破碎带宽度小于0.3 m的不做挖槽处理,仅清除松动的岩块及夹泥。宽度大于0.3 m的断层破碎带进行挖槽处理,挖槽深度等于破碎带宽度,两边坡度不大于60°,上下游槽长外伸坝脚0.5 m。断层槽要求尽早回填C15混凝土。

四、灌浆

(1)防渗帷幕:由一排孔组成,幕底深达相对隔水层 $\omega \leq 0.03$ L/(min·m·m)线处,最大帷幕深25 m,约为坝高的1/2。钻孔基本为垂直孔,孔距2 m,在断层带处加密孔距,为了避免与坝体施工互相干扰,将帷幕轴线布于上游坝踵外0.5 m处。对于绕坝渗漏,右岸基岩较完整,无须做更多处理,对渗透性较大的左岸坝头进行灌浆,做一排帷幕,见图2-47(a)。

(2)固结灌浆:目的是减小表层渗漏量、降低扬压力及提高坝基承载力。孔距为3 m×3 m,坝基下孔深为5 m,下游坝趾外一排孔深8 m,见图2-47(b)。

(3)砌体和岸坡接触处设置预埋接触灌浆系统。

(4)坝体防渗灌浆:在坝体距上游1/3处断面内,布设压水检查孔兼作防渗灌浆孔。

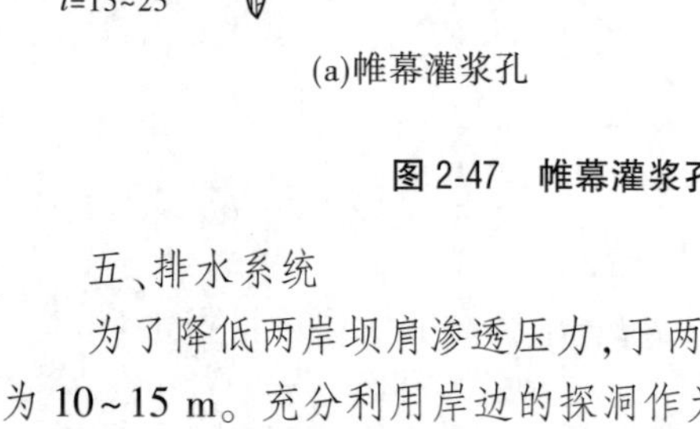

(a)帷幕灌浆孔

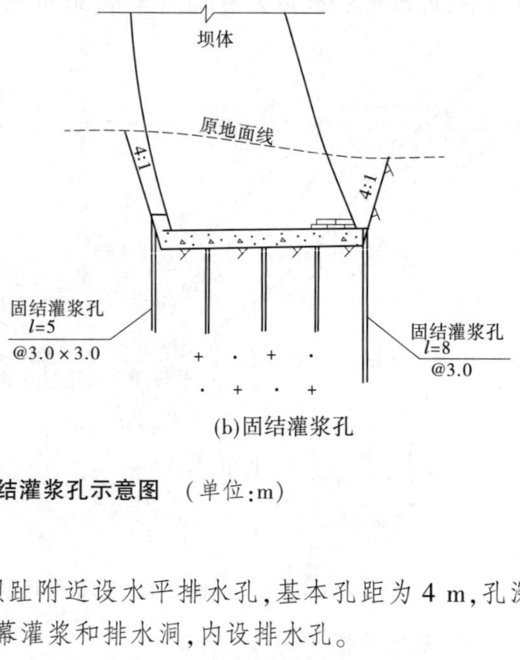

(b)固结灌浆孔

图2-47 帷幕灌浆孔、固结灌浆孔示意图 (单位:m)

五、排水系统

为了降低两岸坝肩渗透压力,于两岸坝趾附近设水平排水孔,基本孔距为4 m,孔深为10~15 m。充分利用岸边的探洞作为帷幕灌浆和排水洞,内设排水孔。

项目小结

拱坝具有抗震性好，综合安全性高，超载能力强且较为经济的坝工结构。本项目以实际工程初步设计展开，结合拱坝的基本概念、原理、计算，通过拱坝布置、坝肩稳定分析、坝体应力分析、拱坝泄洪设计及地基处理等基本内容的实际分析和计算，让读者理论联系实际，更好地掌握拱坝设计的基本方法和理论。

项目自测题

一、简答题

1. 拱坝具有哪些特点？
2. 拱坝对坝址地形条件和地质条件的要求是什么？
3. 拱坝设计荷载和重力坝设计荷载特点有何区别？为什么？
4. 拱圈中心角如何确定？
5. 对拱坝布置有何要求？拱坝布置的步骤是什么？
6. 拱坝为什么在稍低于年平均温度时进行封拱？
7. 纯拱法进行应力分析的原理是什么？
8. 拱冠梁法的基本原理是什么？
9. 拱坝坝肩岩体滑动面形式有哪些？
10. 坝肩岩体稳定分析的方法有哪几种？适用条件如何？
11. 改善坝肩岩体稳定的措施有哪些？
12. 拱坝坝身泄流方式有哪几种？各自的优缺点是什么？
13. 拱坝坝体为什么分缝？有几种类型？接缝如何处理？
14. 拱坝地基处理和重力坝地基处理有何区别？

二、计算题

已知资料：坝址可利用基岩的地形平面图（见图 2-48），两岸基岩坚硬、完整，岩性均匀，无重大地质构造裂缝，拟建浆砌石拱坝，坝顶高程 140 m，河岸可利用基岩面最低处高程 98.0 m。

成果要求：

(1) 作出拱坝平面布置图。

(2) 绘出拱冠梁铅直面剖面图（定为双曲拱坝）和各高程拱圈圆心位置的连线在铅直面上的投影，标明拱冠梁主要参数。

(3) 列出拱坝的主要参数表（见表 2-16）。

(4) 用拱冠梁法进行拱坝应力计算。

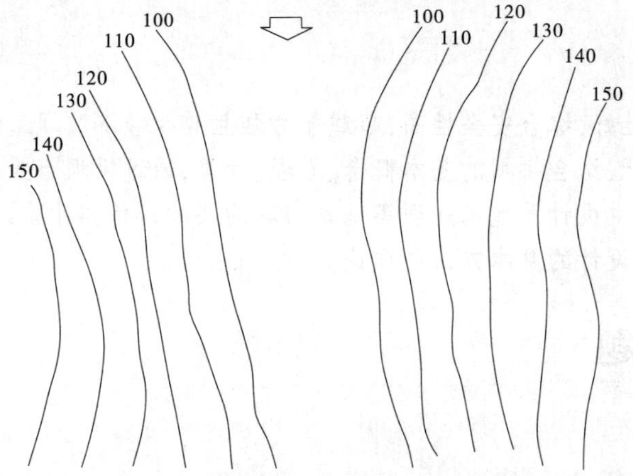

图 2-48　坝址可利用基岩面地形图(1:1 000)

表 2-16　拱坝主要参数

高程/m	弦长/m	中心角/(°)	外半径/m	内半径/m	拱厚/m	上游偏距/m	下游偏距/m

项目三　土石坝设计

【思政导引】黄河小浪底水利枢纽——守护母亲河的生态枢纽

【项目简述】

土石坝是最常见到的一种坝型，与重力坝、拱坝等刚性坝相比，土石坝由于筑坝材料易得(就地取材)，使用范围广(对地基要求较低)，施工方法简单灵活而得到最广泛的使用。

【土石坝设计基本资料】

(一)枢纽任务及设计标准

本工程同时兼具防洪、发电、灌溉、渔业等综合作用。发电机装机容量 24 MW，多年平均发电量为 1.05 亿 kW·h；灌溉方面，增加保灌面积 10 万亩。防洪可减轻洪水对下游城镇、厂矿和农村的威胁。

水库特征水位：校核洪水位 2 823.33 m，设计洪水位 2 822.41 m，正常蓄水位 2 821.4 m。

该工程等别为Ⅱ等，工程规模属于大(2)型，主要建筑物级别为 2 级、次要建筑物级别为 3 级、临时性建筑物级别为 4 级。

(二)流域概况

某河流位于我国西南地区，全长约 122 km，流域面积为 2 558 km^2，在坝址以上流域面积为 780 km。本流域大部分为山岭地带，山脉和盆地交错于其间，地形变化剧烈，流域内支流很多，但多为小的山区河流，地表大部分为松软的砂岩、页岩、玄武岩及石灰岩的风化层，汛期河流的含沙量较大。冲积层较厚，两岸有崩塌现象。

本流域内因山脉连绵、交通不便，故居民较少，全区农田面积仅占总面积的 20%，林木面积约占全区的 30%，其种类有松、杉等。其余为荒山及草皮覆盖。

(三)气候特性

1. 气温

年平均气温约为 12.8 ℃，最高气温为 30.5 ℃，发生在 7 月，最低气温为 -5.3 ℃，发生在 1 月。

2. 湿度

本区域气候特征是冬干夏湿，每年 11 月至次年 4 月特别干燥，其相对湿度为 51%~73%，夏季因降雨日数较多，相对湿度随之增大，一般变化范围为 67%~86%。

3. 降水量

最大年降水量可达 1 213 mm，最小年降水量为 617 mm，多年平均降水量为 905 mm。

4. 风力及风向

一般 1~4 月风力较大，实测最大风速为 19.1 m/s，相当于 8 级风力，风向为西北偏西。水库吹程为 15 km。

(四)工程地质

库区内出露的地层有石灰岩、玄武岩、火山角砾岩与凝灰岩等。坝址位于此河流中游地段的峡谷地带,河床比较平缓,坡降不太大,两岸高山耸立,构成高山深谷的地貌特征。坝址区地层以玄武岩为主,间有少量火山角砾岩和凝灰岩穿过。坝址附近无大的断层,但两岸露出的岩石,节理特别发育。

河床冲积层主要为卵砾石类土,砂质黏土与砂层均甚少,且多呈透镜体状,并有大漂石掺杂其中。卵砾石成分以玄武岩为主,石灰岩与砂岩占极少数。沿河谷内分布:坝基部分冲积层厚度最大为32 m,一般为20 m左右,靠岸边最小为几米。颗粒组成以卵砾石为主,砂粒和细小颗粒为数很少。卵石最小直径一般为10~100 mm、砾石直径一般为2~10 mm、砂粒直径为0.05~0.2 mm、细小颗粒小于0.1 mm。冲积层的渗透性能:经抽水试验得,渗透系数k值为$3\times10^{-2}\sim1\times10^{2}$ cm/s。坡积层:在水库区及坝址区山麓地带均可见到,经短距离搬运沉积后,形成黏土与碎石的混合物质。

本地区地震烈度定为7度,基岩与混凝土之间的摩擦系数取0.65。

【项目实施方法及教学目标】

(一)项目实施方法

项目实施分为四个阶段:

第一阶段是熟悉资料,了解项目任务。

第二阶段是任务驱动,学习掌握相关知识,完成知识目标。在此过程中,可能需要探寻查阅有关资料,完成项目任务实施之前的必要知识储备。

第三阶段是项目具体设计计算阶段,实现能力目标。在这个阶段,可能会遇到许多问题,因此在本阶段要着重培养学生发现问题、分析问题、解决问题的能力。通过这一阶段的实施,令学生的专业技能得到较大提高。

第四阶段是绘制图纸阶段,编写设计计算说明书,将第二阶段的成果表达出来。在这个过程中,训练学生的制图能力和编写报告能力。

(二)项目教学目标

土石坝设计项目教学目标包括知识目标、技能目标和思政目标三个方面。知识目标是基础目标,技能目标是核心目标,思政目标贯穿整个项目实施过程,是项目实施的重要保证。

1. 知识目标

(1)熟悉土石坝的特点和类型。

(2)掌握土石坝的剖面拟订和构造设计方法。

(3)理解土石坝渗流及稳定计算。

(4)掌握常见土石坝地基处理方法。

2. 技能目标

(1)能够正确运用规范、手册等资料进行基本设计计算。

(2)能够根据工具书进行土石坝的剖面拟订和构造设计。

(3)能对常见土石坝地基进行地基处理设计。

(4)能够使用绘图工具和计算机绘制断面与构造图形。

3. 思政目标

(1)认真严肃进行设计,培养忠诚、干净、担当、科学、求实、创新的水利精神。

(2)培养学生克服困难、吃苦耐劳、坚韧顽强的职业精神。

(3)促进良好职业道德意识和职业素养的养成。

【成果提交要求】

(一)设计报告

设计报告包括说明和计算两大部分。说明部分学生应按设计任务书所给的原始资料、基本数据,阐述自己的设计方案、考虑因素、计算原则和方法、设计成果等。说明书要求章节分明、条理清楚、文句通顺、字体端正,并恰当地使用插图及附表。计算部分是设计者的设计程序、设计成果的来源,要求详细列出所有计算过程。计算过程尽量列表计算,附计算草图;列出计算成果,并说明成果是否合理,如不合理,叙述可做改动的步骤;要求计算方法正确、参数取值合理、数据真实可靠、计算结果正确可信。

(二)设计图纸

设计图纸主要包括土石坝的平面布置图、最大断面图、细部构造图等。绘图应符合制图标准和相关规范,要求制图正确、布局合理、主次分明、比例得当、线条清晰、尺寸齐全,必要时应有简明注解。

(三)成果说明

要求简要说明计算成果及合理性,或设计的不足和可以进一步改进的地方,并对设计过程进行总结。

任务一　土石坝认知

土石坝是指主要利用当地土料、石料或土石混合料,经过抛填、碾压等方法堆筑成的挡水建筑物。由于筑坝材料主要来自坝区,因而也称为当地材料坝。

土石坝历史悠久,是应用最为广泛和最有发展前途的一种坝型。主要原因是:

(1)可以就地取材,节约大量水泥、木材和钢材,减少工地的外线运输量。由于土石坝设计和施工技术的发展,放宽了对筑坝材料的要求,几乎任何土石料均可筑坝。

(2)能适应各种不同的地形、地质和气候条件。任何不良的坝址地基,经处理后均可筑坝。特别是在气候恶劣、工程地质条件复杂和高烈度地震区的情况下,土石坝实际上是唯一可取的坝型。

(3)大功率、多功能、高效率施工机械的发展,提高了土石坝的施工质量,加快了进度,降低了造价,促进了高土石坝建设的发展。

(4)岩土力学理论、实验手段和技术的发展,提高大坝分析计算的水平,加快了设计进度,进一步保障了大坝设计的安全可靠度。

(5)高边坡、地下工程结构、高速水流消能防冲等土石坝配套工程设计和施工技术的发展。

(6)结构简单,便于维修和加高扩建。

码 3-1　微课-土石坝的工作特点和设计要求

一、土石坝的特点和设计要求

土石坝是由散粒体土石料填筑而成的,因此土石坝与其他坝型相比,在稳定、渗流、冲刷、沉降等方面具有不同的特点和设计要求。

（一）稳定方面

土石坝的基本剖面为梯形。由于填筑坝体的土石料为散粒体，抗剪强度低，上下游坝坡平缓，坝体体积和重量都较大，在水平水压力的作用力下不会发生水平整体滑动。土石坝失稳的形式主要是坝坡滑动或坝坡连同部分坝基一起滑动。坝坡滑动会影响土坝的正常工作，严重的将导致工程失事。设计时应合理选择坝坡和防渗排水设备，做好地基处理并严格控制施工质量。

（二）渗流方面

土石坝挡水后，在上下游水位差的作用下，在坝体内形成由上游向下游的渗流。渗流不仅使水库损失水量，还易引起管涌、流土等渗透变形。渗流在坝内的自由水面称为浸润面，浸润面与垂直于坝轴线剖面的交线称为浸润线（见图 3-1）。浸润线以下的土料承受渗透水压力和浮力，减小了有效重量，并使土的内摩擦角和凝聚力减小，对坝坡稳定不利；坝体与坝基、两岸及其他非土质建筑物的结合面，易产生集中渗流；当渗透坡降超过一定的界限可能会发生渗透变形。设计应采取防渗设施减少渗漏，保证渗透稳定性，做好各种结合面的处理。

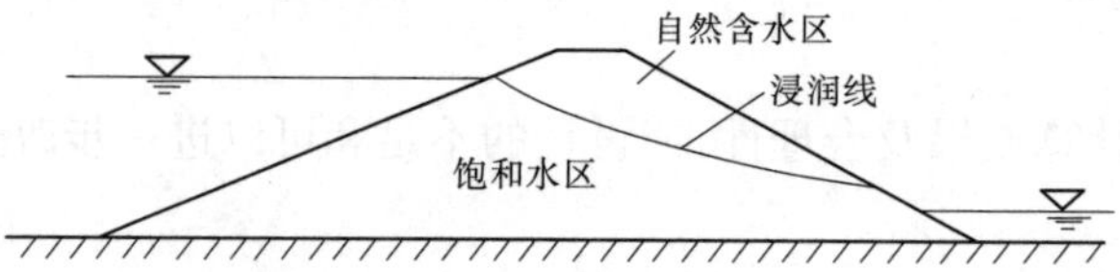

图 3-1　浸润线

（三）冲刷方面

土石坝为散粒体结构，颗粒间的凝聚力很小，抗冲力很低。坝坡会受到波浪、雨水冲刷，设计时应设置护坡、坝面排水；为防止漫顶，坝顶应有一定的超高。同时，在布置泄水建筑物时，注意进出口离坝坡要有一定的距离，以免泄水时对坝坡的冲刷。

（四）沉降方面

土石料间存在较大的空隙，易产生相对的运动，在自重及其他荷载的作用下，会有较大的沉降。均匀沉降使顶部高程不足，不均匀沉降还会产生裂缝。设计时对于重要工程，沉降值应通过沉降计算确定。对于一般的中小型土石坝，如坝基没有压缩性很大的土层，可按坝高的 1%～2%预留沉降值。同时，施工时应严格控制碾压质量。

（五）其他方面

严寒地区水库水面冬季结冰膨胀对坝坡产生很大的推力，导致护坡的破坏；地震地区的地震惯性力也会增加滑坡和液化的可能性。

根据一些国家对土坝失事的统计，水流漫顶失事占 30%、滑坡失事占 25%、坝基渗漏占 25%、坝下涵管失事占 13%、其他占 7%。根据土石坝的特点，认真分析研究基本资料，在枢纽布置时，应特别重视并尽量减少或避免土石坝与刚性建筑物的连接。对有条件的坝址，尽量选用开敞式溢洪道，提高泄洪的超载能力。

码 3-2　微课-土石坝的特点和类型

二、土石坝的类型

土石坝常按坝高、施工方法或筑坝材料分类（见图 3-2）。

(一) 按坝高分类

土石坝按坝高可分为低坝、中坝和高坝。《碾压式土石坝设计规范》(SL 274—2020)规定:高度在 30 m 以下的为低坝,高度在 30~70 m 的为中坝,高度超过 70 m 的为高坝。土石坝的坝高应从坝体防渗体(不含混凝土防渗墙、灌浆帷幕、截水墙等坝基防渗设施)底部或坝轴线部位的建基面算至坝顶(不含防浪墙),取其大者。

码 3-3 《碾压式土石坝设计规范》

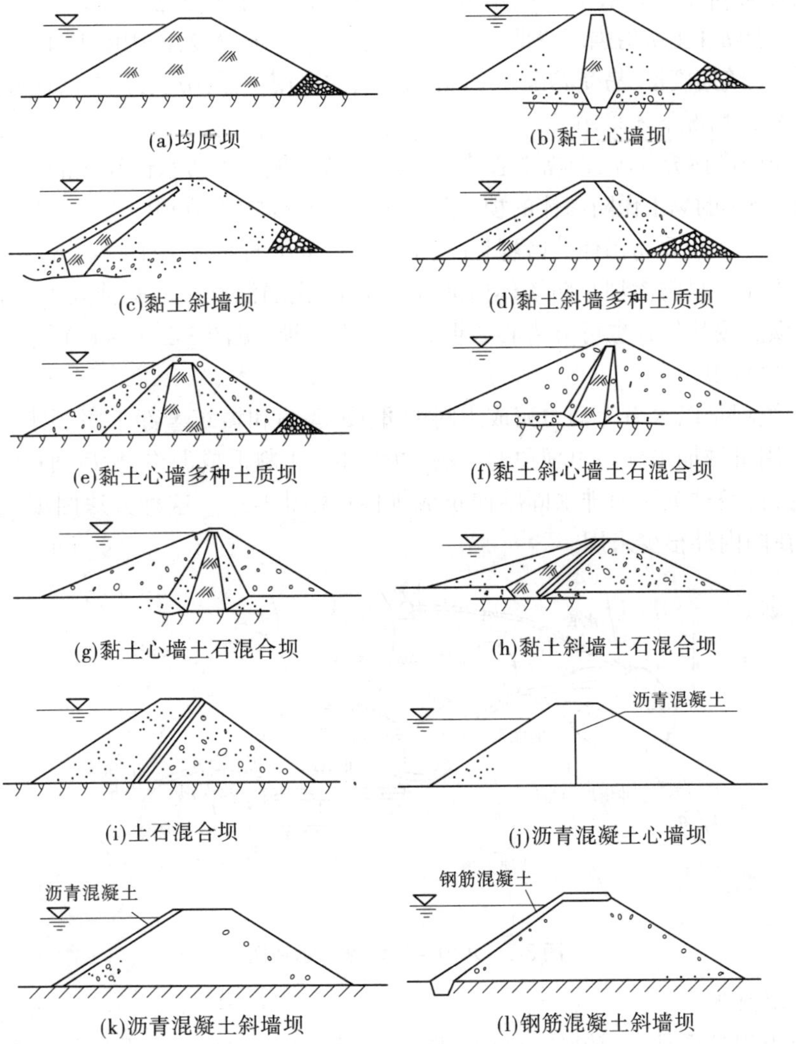

图 3-2　土石坝的类型

(二)按施工方法分类

1. 碾压式土石坝

碾压式土石坝是用适当的土料分层堆筑，并逐层加以压实（碾压）而成的坝。这种方法在土坝中用得较多。近年来，用振动碾压修建堆石坝得到了迅速的发展，本项目主要阐述这种类型的土石坝。它又可分为以下三种类型：

码 3-4 动画-碾压式土石坝分类

（1）均质坝。坝体断面不分防渗体和坝壳，坝体基本上是由均一的黏性土料（壤土、砂壤土）筑成，整个坝体用以防渗并保持自身的稳定[见图3-2(a)]。由于黏性土抗剪强度较低，对坝坡稳定不利，坝坡较缓，体积庞大，使用的土料多、铺土厚度薄，填筑速度慢，易受降雨和冰冻的影响，故多用于低、中坝，且在坝址处除土料外，缺乏其他材料的情况下才采用。

（2）土质防渗体分区坝，即黏土心墙坝和黏土斜墙坝。用透水性较大的土料做坝的主体，用透水性极小的黏土做防渗体的坝。防渗体设在坝体中央或稍向上游的称为黏土心墙坝或黏土斜墙坝。土质防渗体分区坝是高、中坝中最常用的坝型[见图3-2(b)～(h)]。

（3）非土质材料防渗坝。防渗体由沥青混凝土、钢筋混凝土或其他人工材料（如土工膜）建成的坝。按其位置也可分为心墙坝或面板坝两种[见图3-2(i)～(l)]。

2. 水力冲填坝

水力冲填坝是以水力为动力完成土料的开采、运输和填筑全部工序而建成的坝。其施工方法是用机械抽水到高出坝顶的土场，以水冲击土料形成泥浆，然后通过泥浆泵将泥浆送到坝址，再经过沉淀和排水固结而筑成坝体（见图3-3）。这种方法因填筑质量难以保证，目前在国内外很少采用。

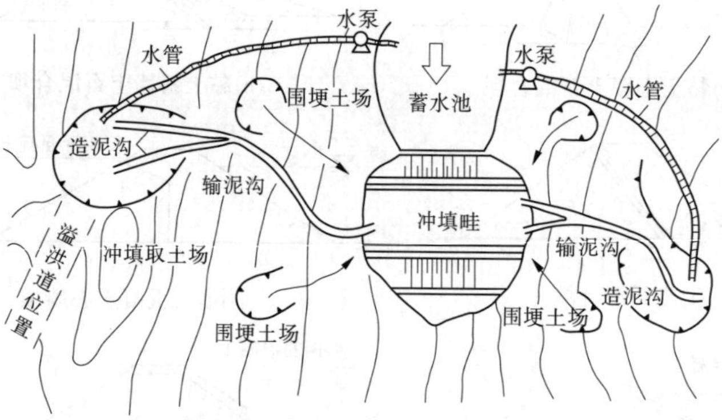

图 3-3 水力冲填坝施工示意图

3. 水中填土坝

水中填土坝是用易于崩解的土料，一层一层倒入由许多小土堤分隔围成的静水中填筑而成的坝。这种施工方法无须机械压实，而是靠土的重量进行压实和排水固结。该法施工受雨季影响小、工效较高，且不用专门碾压设备，但由于坝体填土干重度低、抗剪强度小、要求坝坡缓、工程量大等，仅在我国华北黄土地区、广东含砾风化黏性土地区曾用此法建造过一些坝，并未得到广泛的应用。

4. 定向爆破堆石坝

定向爆破堆石坝是按预定要求埋设炸药,使爆出的大部分岩石抛向预定的地点而形成的坝。这种坝填筑防渗部分比较困难。除苏联外,其他国家采用极少。

(三)按坝体材料所占比例分类

(1)土坝。坝体材料以土和砂砾为主。

(2)土石混合坝。当两类材料均占相当比例时,根据防渗体的位置和材料的不同,可分为心墙坝、斜墙坝和人工材料防渗坝。

(3)堆石坝。以石渣、卵石、爆破石料为主,除防渗体外,坝体的绝大部分或全部由石料堆筑起来的称为堆石坝。按防渗体布置,同样也有斜墙坝、心墙坝两种。钢筋混凝土刚性斜墙堆石坝也称为钢筋混凝土面板堆石坝。

【案例 3-1】 土石坝坝型选择

一、坝址选择

根据地质资料,经过比较选择地形图所示河湾地段作为坝址,并选择Ⅰ—Ⅰ、Ⅱ—Ⅱ两条较有利的坝轴线,两轴线河宽基本相近。因而大坝工程量基本相近。由地质剖面图(见图 3-4)可以看出:Ⅰ—Ⅰ剖面,河床覆盖层厚平均 20 m,河床中部最大达 32 m,坝肩除 10 m 左右范围的风化岩外,还有数十条破碎带,其余为坚硬的玄武岩,地质构造总体良好(对土石坝而言);Ⅱ—Ⅱ剖面除与Ⅰ—Ⅰ剖面具有大致相同厚度的覆盖层及风化岩外,底部玄武岩破碎带纵横交错,若将坝建于此,则绕坝渗流可能较大,进行地基处理工程量会加大,综合考虑以上因素,坝轴线选择Ⅰ—Ⅰ处。

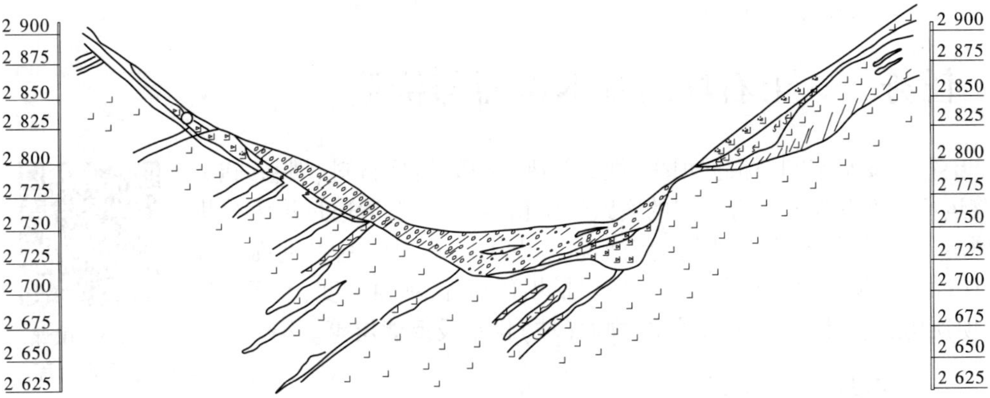

图 3-4 Ⅰ—Ⅰ坝址纵剖面图 (单位:m)

二、坝型选择

所选的坝轴线处河床冲积层较深,两岸风化岩石透水性大,基岩的强度较低,且不完整。从地质条件看不宜建拱坝及支墩坝。较高的混凝土重力坝也要求修建在岩石基础上,并且需要消耗大量水泥。土石坝适应地基变形能力较强,对地基的要求较低,并能就地取材。通过各种不同的坝型进行定性的分析比较,综合考虑地形条件、地质条件、建筑材料、施工条件、综合效益等因素,最终选择土石坝的方案。

影响土石坝坝型选择的因素很多,其主要影响因素有附近的筑坝材料、地形地质条件、气候条件、施工条件、坝基处理、抗震要求等。

土石坝按其施工方法可分为碾压式土石坝、抛填式堆石坝、定向爆破堆石坝、水中填土坝和水力冲填坝。从地形地质条件以及附近建筑材料来看，本次设计坝型应选择碾压式土石坝。碾压式土石坝根据土料配置的位置和防渗体所用材料种类的不同，又分为均质坝和土质防渗体分区坝、非土质材料防渗体分区坝。

均质坝材料单一、工序简单，但坝坡较缓，剖面大，工程量大，施工易受气候影响，冬季施工较为不便，坝体空隙水压力大。从本工程来看，经探明坝址附近可筑坝的土料只有 190 万 m^3，远远不能满足均质坝填筑土料数量上的要求，因此从材料上考虑均质坝方案是不宜采用的。

土质防渗体分区坝主要有心墙坝、斜心墙坝、斜墙坝和多种土质坝等类型。

(1)心墙坝土质防渗体设在坝体中部，两侧为透水性较好的砂石料，该坝型黏性土料所占比例不大，施工受季节影响较小，但施工时心墙与坝体同时填筑，相互干扰较大。

(2)斜心墙坝和心墙坝基本类似，并且可以改善坝体应力状态，能显著减弱坝壳对心墙的拱效应，其抗裂性能优于心墙坝和斜墙坝。

(3)斜墙坝土质防渗体设在上游或接近上游面，该坝型斜墙与坝体施工干扰小，但其抗震性和适应不均匀沉降的性能不如心墙坝。由于该工程所在地区地震烈度定为 7 度，基岩与混凝土之间的摩擦系数取 0.65，故不宜采用斜墙坝。

(4)多种土质坝施工工序复杂，相互干扰较大，施工易受气候影响，在此不予采用。

非土质材料防渗体坝的防渗体一般由混凝土、沥青混凝土或土工膜等材料组成，而其余部分由土石料组成，因工程附近建筑材料丰富，为就地取材不宜采取该坝型。

由上述比较可以看出，斜心墙坝综合了心墙坝与斜墙坝的优缺点，斜心墙有足够的斜度，能减弱坝壳对心墙的拱效应作用；斜心墙坝对下游支承棱体的沉降不如斜墙那样敏感，斜心墙坝的应力状态较好，因而最终采用斜心墙坝的方案。

任务二　土石坝的基本剖面与构造

土石坝的基本剖面根据坝高、坝的等级、坝型、筑坝材料、坝基、施工以及运行条件等参照现有工程的实践经验初步拟订，然后通过渗流分析和稳定分析，最终确定合理的剖面形状。由于土石坝的基本剖面是梯形，所以土石坝剖面的基本尺寸主要包括坝顶高程、坝顶宽度、上下游坝坡、坝顶构造、坝体坝基防渗排水、坝面（坡）排水及反滤层等。

码 3-5　微课-土石坝剖面

一、土石坝基本剖面

（一）坝顶高程

坝顶高程根据正常运用和非常运用的静水位加相应的超高确定

$$y = R + e + A \tag{3-1}$$

$$e = \frac{K v_0^2 D}{2gH_m}\cos\beta \tag{3-2}$$

式中　y——坝顶超高，m；

R——最大波浪在坝坡上的爬高，m；

e——最大风壅水面高度，即风壅水面超出原库水位高度的最大值，m；

H_m——坝前水域平均水深，m；

K——综合摩阻系数，其值变化在$(1.5 \sim 5.0)\times10^{-6}$，计算时一般取 $K=3.6\times10^{-6}$；

β——风向与水域中线(或坝轴线法线)的夹角,(°);

v_0、D——水面以上 10 m 处 10 min 的平均风速,m/s,吹程,km;

A——安全加高,m,见表 3-1。

表 3-1　安全加高 A　单位:m

运用情况		坝的级别			
		1	2	3	4、5
设计		1.50	1.00	0.70	0.50
校核	山区、丘陵区	0.70	0.50	0.40	0.30
	平原、滨海区	1.00	0.70	0.50	0.30

波浪沿建筑物坡面爬升的垂直高度(由风壅水面算起)称为波浪爬高,如图 3-5 中 R 所示。它与坝前的波浪要素(波高和波长)、坝坡坡度、坡面糙率、坝前水深、风速等因素有关。对于波浪爬高 R 的计算,土石坝设计规范推荐采用蒲田试验站的公式,其具体计算方法如下:

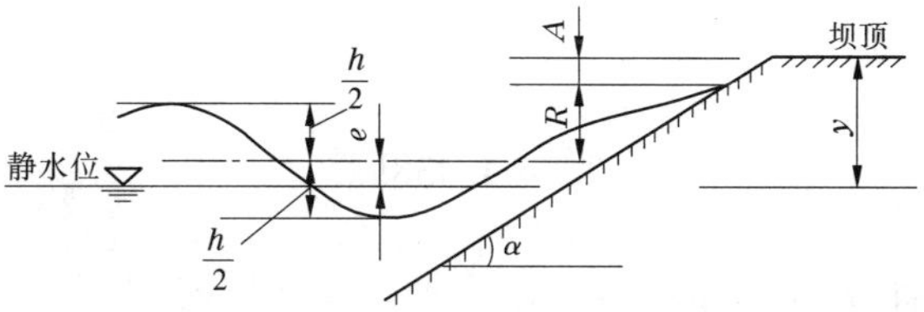

图 3-5　坝顶超高计算简图

(1)平均波浪爬高 R_m。

当坝坡系数 $m=1.5\sim5.0$ 时,R_m 为

$$R_m = \frac{K_\Delta K_w}{\sqrt{1+m^2}}\sqrt{h_m L_m} \tag{3-3}$$

当 $m\leq1.25$ 时,R_m 为

$$R_m = K_\Delta K_w R_0 h_m \tag{3-4}$$

式中　R_0——无风情况下,平均波高 $h_m=1.0$ m 时,光滑不透水护面($K_\Delta=1$)的爬高值;

K_Δ——斜坡的糙率渗透性系数,根据护面的类型查表 3-2;

m——单坡的坡度系数,若单坡坡角为 α,则 $m=\cot\alpha$;

K_w——经验系数,按表 3-3 确定;

h_m、L_m——平均波高和平均波长,m。

表 3-2　糙率渗透性系数 K_Δ

护面类型	K_Δ	护面类型	K_Δ
光滑不透水护面(沥青混凝土)	1.00	砌石护面	0.75~0.80
混凝土板护面	0.90	抛填两层块石(不透水基础)	0.60~0.65
草皮护面	0.85~0.90	抛填两层块石(透水基础)	0.50~0.55

表 3-3 经验系数 K_w

$\frac{v_0}{\sqrt{gH_m}}$	≤1.0	1.5	2.0	2.5	3.0	3.5	4.0	>5.0
K_w	1	1.02	1.08	1.16	1.22	1.25	1.28	1.33

当 $1.25<m<1.5$ 时,可由 $m=1.25$ 和 $m=1.5$ 的直线内插得 R_m。

蒲田试验站的波高和波长计算如下。

平均波高 h_m 用式(3-5)计算:

$$\frac{gh_m}{v_0^2}=0.13\text{th}\left[0.7\left(\frac{gH_m}{v_0^2}\right)^{0.7}\right]\text{th}\left\{\frac{0.0018\left(\frac{gD}{v_0^2}\right)^{0.45}}{0.13\text{th}\left[0.7\left(\frac{gH_m}{v_0^2}\right)^{0.7}\right]}\right\} \tag{3-5}$$

式中符号意义同前。

①平均周期。

$$T_m=4.438h_m^{0.5} \tag{3-6}$$

②平均波长 L_m。

当 $H_m/L_m \geqslant 0.5$ 时,称为深水波,L_m 为

$$L_m=\frac{gT_m^2}{2\pi} \tag{3-7}$$

当 $H_m/L_m<0.5$ 时,L_m 为

$$L_m=\frac{gT_m^2}{2\pi}\text{th}\frac{2\pi H}{L_m} \tag{3-8}$$

式中 H——坝迎水面前水深,m。

(2)设计爬高 R。

不同累计频率的爬高 R_p 与 R_m 的比,可根据爬高统计分布确定(见表 3-4)。设计爬高值按建筑物的级别而定,对Ⅰ、Ⅱ、Ⅲ级土石坝取累计频率 $p=1\%$ 的爬高值 $R_{1\%}$;对Ⅳ、Ⅴ级土石坝取累计频率 $p=5\%$ 的爬高值 $R_{5\%}$。

表 3-4 爬高统计分布(R_p/R_m 值)

h_m/H_m	p/%									
	0.1	1	2	4	5	10	14	20	30	50
<0.1	2.66	2.23	2.07	1.90	1.84	1.64	1.54	1.39	1.22	0.96
0.1~0.3	2.44	2.08	1.94	1.80	1.75	1.57	1.48	1.36	1.21	0.97
>0.3	2.13	1.86	1.76	1.65	1.61	1.48	1.42	1.31	1.19	0.99

当风向与坝轴线的法线成一夹角 β 时,波浪爬高应乘以折减系数 K_β,其值由表 3-5 确定。

表 3-5 斜向坡折减系数 K_β

β/(°)	0	10	20	30	40	50	60
K_β	1	0.98	0.96	0.92	0.87	0.82	0.76

坝顶高程等于水库静水位与超高之和,应分别按:①设计洪水位+正常运用情况的坝顶超高;②正常蓄水位+正常运用情况的坝顶超高;③校核洪水位+非常运用情况的坝顶超高;④正常蓄水位+非常运用情况的坝顶超高+地震安全加高四种情况进行计算,然后取其中最大值为坝顶高程。

坝顶设防浪墙时,超高值 y 是指静水位与墙顶的高差。

应该指出的是,坝顶高程是坝顶沉降稳定后的数值,竣工时的坝顶高程还应有足够的预留沉降值。对于施工质量良好的土石坝,坝顶沉降值约为坝高的1%。

(二)坝顶宽度

坝顶宽度应根据构造、施工、运行和抗震等因素确定。如无特殊要求,高坝可选用10~15 m,中、低坝可选用5~10 m。同时,坝顶宽度必须充分考虑心墙或斜墙顶部及反滤层、保护层的构造需要。

(三)坝坡

土石坝坝坡坡度对坝体稳定及工程量大小均起重要作用。坝坡坡度选择一般遵循以下规律:

(1)上游坝坡长期处于水下饱和状态,水库水位也可能快速下降,为了保持坝坡稳定,上游坝坡常比下游坝坡缓,但堆石坝上下游坝坡坡率的差别要比砂土料小。

(2)土质防渗体斜墙坝上游坝坡的稳定受斜墙土料特性的控制,所以斜墙的上游坝坡一般较心墙坝缓。而心墙坝,特别是厚心墙坝的下游坝坡,因其稳定性受心墙土料特性的影响,一般较斜墙坝缓。

(3)黏性土料的稳定坝坡为一曲面,上部坡陡、下部坡缓,所以用黏性土料做成的坝坡,常沿高度分成数段,每段10~30 m,从上而下逐渐放缓,相邻坡率差值取0.25或0.5。砂土和堆石的稳定坝坡为一平面,可采用均一坡率。由于地震荷载一般沿坝高呈非均匀分布,所以砂土和石料有时也做成变坡形式。

(4)由粉土、砂、轻壤土修建的均质坝,透水性较大,为了保持渗流稳定,一般要求适当放缓下游坝坡。

(5)当坝基或坝体土料沿坝轴线分布不一致时,应分段采用不同坡率,在各段间设过渡区,在坝坡缓慢变化。

土石坝的坝坡初选一般参照已有工程的实践经验拟订(见表3-6)。

表 3-6　坝坡经验尺寸

类型			上游坝坡	下游坝坡
土坝（坝高/m）	<10		1∶2.00~1∶2.50	1∶1.50~1∶2.00
	10~20		1∶2.25~1∶2.75	1∶2.00~1∶2.50
	20~30		1∶2.50~1∶3.00	1∶2.25~1∶2.75
	>30		1∶3.00~1∶3.50	1∶2.50~1∶3.00
分区坝	心墙坝	堆石（坝壳）	1∶1.7~1∶2.7	1∶1.5~1∶2.5
		土料（坝壳）	1∶2.5~1∶3.5	1∶2.0~1∶3.0
	斜墙坝		石质斜墙坝比心墙坝缓 0.2，土质斜墙坝比心墙坝缓 0.5	取值比心墙坝可适当偏陡
人工材料面板坝			1∶1.4~1∶1.7	1∶1.30~1∶1.40（堆石） 1∶1.50~1∶1.60（卵石）

碾压式土石坝上下游坝坡常沿高程每隔 10~30 m 设置一条马道，其宽度不小于 1.5 m，用以拦截雨水、防止冲刷坝面，同时兼做交通、检修和观测之用，还有利于坝坡稳定。马道一般设在坡度变化处。碾压堆石坝下游坝坡常设 1~2 条马道。土质防渗体分区坝和均质坝上游坡宜少设马道。非土质防渗体面板坝上游不宜设马道。

二、土石坝构造

（一）坝顶构造

坝顶一般都做护面，护面的材料可采用碎石、单层砌石、沥青或混凝土，Ⅳ级以下的坝也可以采用草皮护面。如有公路交通要求，还应满足公路路面的有关规定。

码 3-6　微课-土石坝的构造一

坝顶上游侧常设防浪墙，防浪墙应坚固而不透水，可用混凝土或浆砌石修建。墙基要与坝体防渗体可靠地连接起来，以防高水位时漏水。防浪墙的高度一般为 1.0~1.2 m，下游侧宜设缘石。为了排除雨水，坝顶应做成向一侧或两侧倾斜的横向坡度，坡度宜采用 2%~3%。对于有防浪墙的坝顶，则宜采用单向向下游倾斜的横坡。在坝顶下游侧设纵向排水沟，将汇集的雨水经坝面排水沟排至下游，见图 3-6。

码 3-7　微课-土石坝的构造二

（二）防渗体

设置防渗设施的目的是：减小通过坝体和坝基的渗流量；降低浸润线，增加下游坝坡的稳定性；降低渗透坡降，防止渗透变形。土坝的防渗措施应包括坝体防渗、坝基防渗，以及坝身与坝基、岸坡及其他建筑物连接处的防渗。防渗体主要是心墙、斜墙、铺盖、截水墙等，其结构和尺寸应能满足防渗、构造、施工和管理方面的要求。

1. 黏土心墙

心墙一般布置在坝体中部，有时稍偏上游并略为倾斜，以便和坝顶的防浪墙相连接，并可使心墙后的坝壳先期施工，得到充分的先期沉降，以避免或减少裂缝。

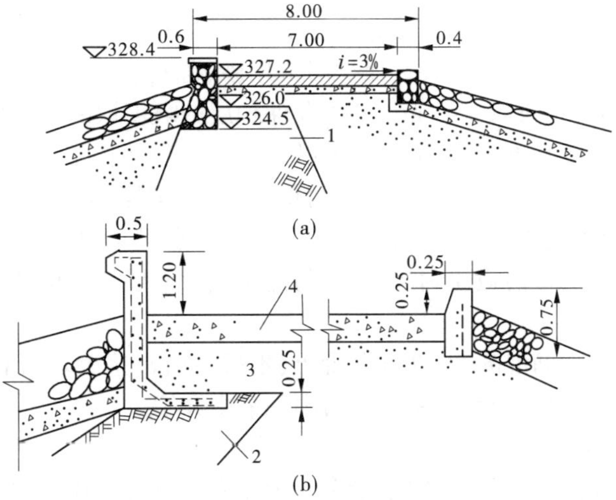

1—心墙;2—斜墙;3—回填土;4—路面

图 3-6 坝顶构造 (单位:m)

心墙顶部水平厚度一般不小于 3 m,以便机械化施工。由于心墙多为黏性土,材料的抗剪强度低,施工质量受气候的影响大,一般不宜做肥厚的心墙。心墙厚度常根据土壤的允许渗透坡降而定,有时也应考虑降低下游浸润线的需要。《碾压式土石坝设计规范》(SL 274—2020)规定心墙底部厚度不宜小于作用水头的 1/4。黏土心墙两侧边坡多为 1∶0.15~1∶0.3,有些肥大心墙为 1∶0.4~1∶0.5。心墙的顶部应高出设计洪水位 0.3~0.6 m,且不低于校核洪水位,当有可靠的防浪墙时,心墙顶部高程也不应低于设计洪水位。心墙顶与坝顶之间应设有保护层,厚度不小于该地区的冰冻或干燥深度,同时按结构要求不宜小于 1 m。心墙与坝壳之间应设置过渡层,过渡层的结构虽比反滤层的要求低一些,但也应采用级配良好的、抗风化的细粒石料和砂砾石料,以使整个坝体内应力传递均匀,并保证坝壳的排水效果良好。心墙与地基和两岸必须有可靠的连接。岩石地基上的心墙(见图 3-7)一般还要设混凝土垫座,或修建 1~3 道混凝土齿墙。齿墙的高度为 1.5~2.0 m,切入岩基的深度常为 0.2~0.5 m,有时还要在下部进行帷幕灌浆。

码 3-8 微课-土石坝黏土心墙与斜墙

当坝下有涵管穿过时,要把涵管放在坚固的地基上或垫座上,将心墙适当加厚,并认真填筑密实以确保安全。

2. 黏土斜墙

黏土斜墙的构造除外形外,其他均与心墙类似。顶厚(指与斜墙上游坡面垂直的厚度)也不宜小于 3 m。为保证抗渗稳定,底厚不宜小于作用水头的 1/5。墙顶应高出设计洪水位 0.6~0.8 m,且不低于

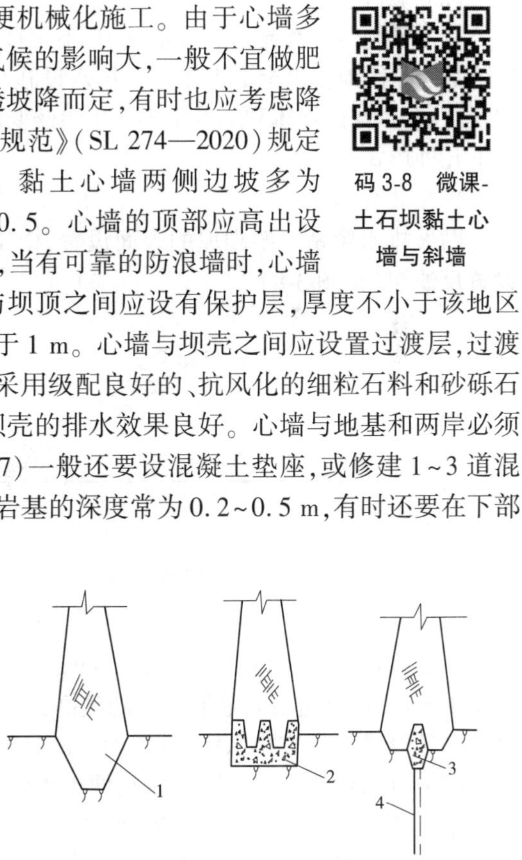

1—黏土截水墙;2—混凝土垫座;3—混凝土齿墙;4—灌浆孔

图 3-7 心墙与地基的连接

校核洪水位。同样,如有可靠的防浪墙,斜墙顶部也不应低于设计洪水位。为防止斜墙因弯曲、沉降而断裂,其厚度应比仅按渗透稳定条件确定的数值大。斜墙顶部和上游坡都必须设保护层,以防冲刷、冰冻和干裂。保护层常用砂、砾石、卵石或碎石等砌成,厚度不得小于冰冻和干燥深度,一般取2~3 m。斜墙及保护层的坡度取决于土坝稳定计算的结果,一般内坡不宜陡于1∶2.0,外坡常在1∶2.5以上。斜墙与保护层以及下游坝体之间应根据需要分别设置过渡层。上游的过渡层可简单一些,保护层的材料合适时,可只设一层,有时甚至不设;与坝体连接的过渡层,与心墙后的过渡层类似,但为了使应力均匀并适应变形,要求还应高一些,常需设置两层,斜墙与铺盖或截水墙的连接都应牢靠。

3. 非土料防渗体

非土料防渗体有钢筋混凝土、沥青混凝土、木板、钢板、浆砌块石和塑料薄膜等,较常用的是沥青混凝土和钢筋混凝土,将在堆石坝一节中介绍。

(三)排水设施

土石坝虽有防渗体,但仍有一定水量渗入坝体内。设置坝体排水设施,可以将渗入坝体内的水有计划地排出坝外。坝体排水的目的是降低坝体浸润线及孔隙水压力,改变渗流方向,防止出逸处渗透变形,防止坝坡土冻胀破坏。

码3-9　微课-土石坝的坝体排水

排水设施应具有充分的排水能力,不至被泥沙堵塞,以保证在任何情况下都能自由地排出全部渗水。在排水设施与坝体、土基接合处,都应设置反滤层,以保证坝体和地基土不产生渗透变形,并应便于观测和检修。常用的坝体排水有以下几种形式。

1. 贴坡排水

贴坡排水紧贴下游坝坡的表面设置,由1~2层堆石或砌石筑成,在石块与坝坡之间设置反滤层(见图3-8)。

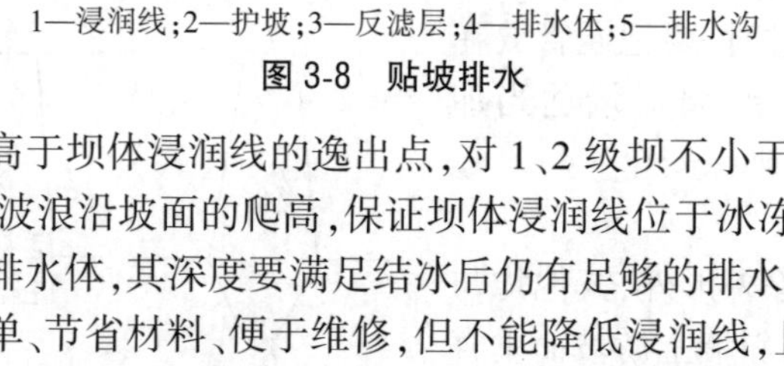

1—浸润线;2—护坡;3—反滤层;4—排水体;5—排水沟

图3-8　贴坡排水

贴坡排水顶部应高于坝体浸润线的逸出点,对1、2级坝不小于2.0 m,3、4、5级坝不小于1.5 m,并应超出波浪沿坡面的爬高,保证坝体浸润线位于冰冻深度以下。贴坡排水底部必须设排水沟或排水体,其深度要满足结冰后仍有足够的排水断面。

贴坡排水构造简单、节省材料、便于维修,但不能降低浸润线,且易因冰冻而失效,常用于中小型工程下游无水的均质坝或浸润线较低的中等高度坝,当下游有水时还应满足波浪爬高的要求。

2. 棱体排水(滤水坝址)

如图3-9所示,在下游坝脚处用块石堆成棱体,顶部高程应超出下游最高水位,超出高度应大于波浪沿坡面的爬高，且对1、2级坝不小于1.0 m，对3、4、5级坝不小于0.5 m，并使坝体浸润线距坝坡的距离大于冰冻深度。堆石棱体内坡一般为1∶1.25～1∶1.5，外坡为1∶1.5～1∶2.0或更缓。应避免棱体排水上游坡脚出现锐角，顶宽应根据施工条件及检查观测需要确定，但不得小于1.0 m。

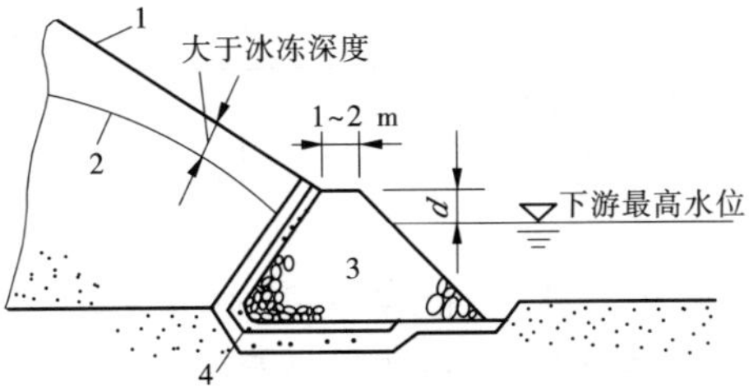

1—下游坝坡；2—浸润线；3—棱体排水；4—反滤层

图 3-9 棱体排水

棱体排水可降低浸润线，防止坝坡冻胀和渗透变形，保护下游坝脚不受尾水淘刷，且有支撑坝体增加稳定的作用，是效果较好的一种排水形式。多用于河床部分的下游坝脚处。但石料用量较大、费用较高，与坝体施工有干扰，检修也较困难。

3. 褥垫排水

褥垫排水是伸展到坝体内的一种排水设施，在坝基面上平铺一层厚0.4～0.5 m的块石，并用反滤层包裹。褥垫伸入坝体内的长度应根据渗流计算确定，对于黏性土均质坝不大于坝底宽的1/2，对于砂性土均质坝不大于1/3。构造如图3-10所示。

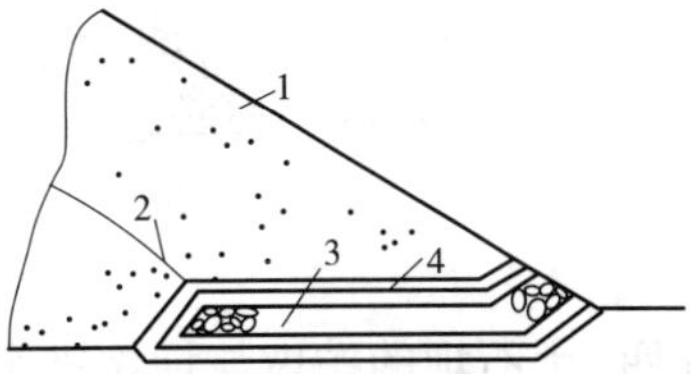

1—护坡；2—浸润线；3—褥垫排水；4—反滤层

图 3-10 褥垫排水

褥垫排水向下游方向设有0.5%～1%的纵坡。排水层的厚度应根据排水量计算确定，并应满足反滤层最小厚度的要求。当下游水位低于排水设施时，降低浸润线的效果显著，还有助于坝基排水固结。但当坝基产生不均匀沉降时，褥垫排水层易遭断裂，而且检修困难，施工时有干扰，常适用于下游无水且对浸润线要求较高的坝段。

4. 管式排水

管式排水的构造如图3-11所示。埋入坝体的暗管可以是带孔的陶瓦管、混凝土管或钢筋混凝土管，还可以是由碎石堆筑而成的。平行于坝轴线的集水管收集渗水，经由垂直于坝轴线的横向排水管排向下游。横向排水管的间距为15～20 m。垂直管式排水的优缺点与褥垫排水相似，排水效果不如褥垫式好，但用料少。它一般用于土石坝岸坡及台地地段，因为这里坝体下游经常无水，排水效果好。

5. 综合式排水

为发挥各种排水形式的优点，在实际工程中常根据具体情况采用几种排水形式组合在一起的综合式排水。例如，若下游高水位持续时间不长，为节省石料可考虑在下游正常高水位以上采用贴坡排水、以下采用棱体排水。还可以采用褥垫与棱体排水组合、贴坡与褥垫排水组合等综合式排水（见图3-12）。

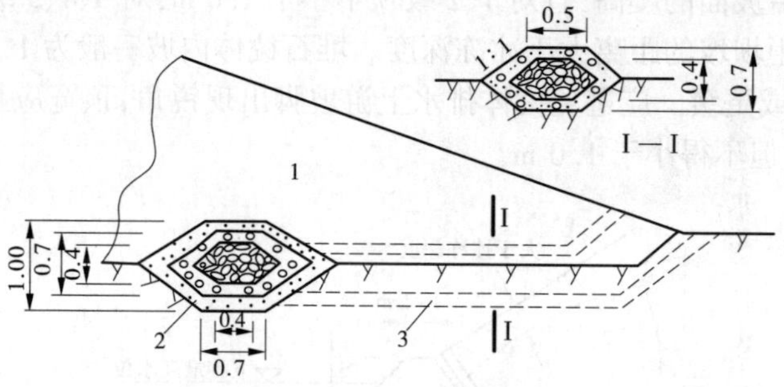

1—坝体;2—集水管;3—横向排水管

图 3-11　管式排水　(单位:m)

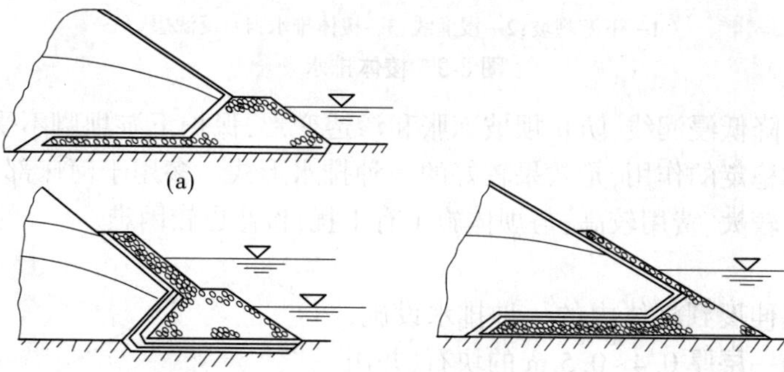

(a)　(b)　(c)

图 3-12　综合式排水

(四)土石坝的护坡与坝坡排水

土石坝的上游面要防止波浪淘刷、顺坝水流冲刷、冰冻和漂浮物的损害,下游面要防止雨水、水下部位的风浪、动物、冰冻、水流、干裂等因素的破坏。

1. 上游护坡

上游护坡的形式有抛石、干砌石(见图 3-13)、浆砌石、混凝土或钢筋混凝土板(见图 3-14)、沥青混凝土或水泥土等。

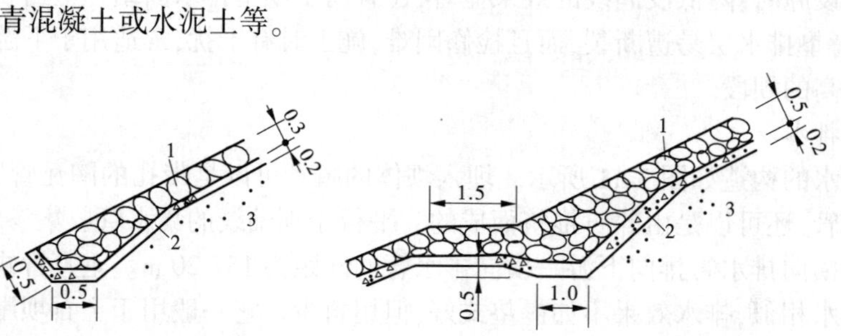

(a)马道　(b)护坡坡角

1—干砌石;2—垫层;3—坝体

图 3-13　干砌石护坡　(单位:m)

护坡覆盖的范围是应由坝顶起护至水库死水位以下不宜小于 2.50 m,4、5 级坝可减至 1.50 m,最低水位不确定时应护至坝脚底。

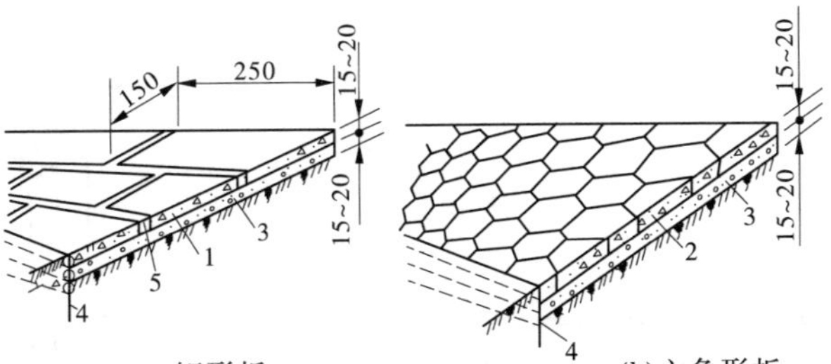

(a)矩形板　　　　(b)六角形板

1—矩形混凝土板;2—六角形混凝土板,3—碎石或砾石;4—木挡柱;5—结合缝

图 3-14 混凝土板护坡 (单位:m)

(1)抛石(堆石)护坡。是将适当级配的石块倾倒在坝面垫层上的一种护坡。优点是施工进度快、节省人力,但工程量比砌石护坡大。堆石护坡的厚度一般认为至少要包括 2~3 层块石,这样便于在波浪作用下自动调整,不致因垫层暴露而遭到破坏。当坝壳为黏性小的细粒土时,往往需要两层垫层,靠近坝壳的一层垫层最小厚度为 15 cm。

(2)砌石护坡。是用人工将块石铺砌在碎石或砾石垫层上,有干砌石和浆砌石两种。要求石料比较坚硬并耐风化。

干砌石应力求嵌紧,通常厚度为 20~60 cm。有时根据需要用 2~3 层垫层,它有反滤作用。

2. 下游护坡

下游护坡可采用干砌石、堆石、卵石、碎石、草皮、钢筋混凝土框格填石或土工合成材料等。其护坡范围是从坝顶到排水棱体,无排水棱体时应护至坝脚。

3. 坝面排水

除干砌石或堆石护面外,均必须设坝面排水;除堆石坝与基岩交坡处外,坝坡与岸坡连接处均必须设排水沟,其集水面积应包括岸坡集水面积。为了防止雨水冲刷下游坝坡,常设纵横向连通的排水沟。与岸坡的接合处,也应设置排水沟以拦截山坡上的雨水。坝面上的纵向排水沟沿马道内侧布置,用浆砌石或混凝土板铺设成矩形或梯形。若坝较短,纵向排水沟拦截的雨水可引至两岸的排水沟排至下游;若坝较长,则应沿坝轴线方向每隔 50~100 m 设一横向排水沟,以便排除雨水。排水沟的横断面一般深 0.2 m、宽 0.3 m,必要时可按水力计算确定,如图 3-15 所示。

三、筑坝材料选择与填筑标准

码 3-10 微课-土石坝建筑材料及压实标准

(一)坝体各组成部分对材料的要求

坝体不同部分由于任务和工作条件不同,对材料的要求也有所不同。

1. 均质坝土料

均质坝土料应具有一定的抗渗性能,其渗透系数不宜大于 10^{-4} cm/s;黏粒含量一般为 10%~30%;有机质含量(按质量计)不大于 5%,最常用于均质坝的土料是砂质黏土和壤土。

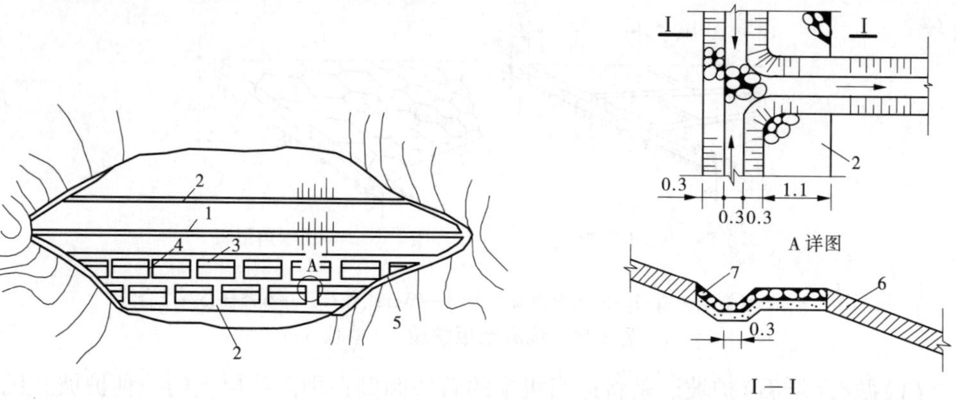

1—坝坡；2—马道；3—纵向排水沟；4—横向排水沟；5—岸坡排水沟；6—草皮护坡；7—浆砌石排水沟

图 3-15　排水沟布置与构造　（单位：m）

2. 防渗体土料

防渗体土料应满足下列要求：①渗透系数：均质坝应不大于 1×10^{-4} cm/s，心墙和斜墙应不大于 1×10^{-5} cm/s；②水溶盐（指易溶盐、中溶盐，按质量计）含量不大于 3%；③有机质含量（按质量计）：均质坝应不大于 5%，心墙和斜墙应不大于 2%；④具有较好的塑性和渗透稳定性；⑤浸水与失水时体积变化较小。

以下几种黏性土不宜作为坝的防渗体填筑料：塑性指数大于 20 和液限大于 40%的冲积黏土，膨胀土，开挖、压实困难的干硬黏土，冻土，分散性黏土。必须采用时，应根据其特性采取相应的措施。

3. 坝壳土石料

料场开采和建筑物开挖的无黏性土（包括砂、砾石、卵石、漂石等）、石料和风化料、砾石土均可作为坝壳料，并应根据材料性质用于坝壳的不同部位。均匀中、细砂及粉砂可用于中、低坝坝壳的干燥区，但地震区不宜采用。采用风化石料和软岩填筑坝壳时，应按压实后的级配研究确定材料的物理力学指标，并应考虑浸水后抗剪强度的降低、压缩性增加等不利情况。对软化系数低、不能压碎成砾石的风化石料和软岩宜填筑在干燥区。下游坝壳水下部位和上游坝壳水位变动区应采用透水料填筑。

4. 排水体、护坡石料

反滤料、过渡层料和排水体料应符合下列要求：质地致密；抗水性和抗风化性能满足工程运用的技术要求；具有符合使用要求的级配和透水性；反滤料和排水体料中粒径小于 0.075 mm 的颗粒含量应不超过 5%。

反滤料可利用天然或经过筛选的砂砾石料，也可采用块石、砾石轧制，或天然和轧制的掺合料。3 级低坝经过论证可采用土工织物作为反滤层。

护坡石料应采用质地致密、抗水性和抗风化性能满足工程运用条件要求的硬岩石料。

（二）土料填筑标准的确定

1. 黏性土的压实标准

对不含砾石或含少量砾石的黏性土的填筑标准应以压实度和最优含水量作为控制指

标。黏性土压实最优含水率多在塑限附近,设计干重度应以最大干重度乘以压实度确定。

$$\gamma_d = P\gamma_{dmax} \tag{3-9}$$

式中　γ_d——设计干重度;

P——压实度;

γ_{dmax}——标准击实试验平均最大干重度。

对于1、2级坝和3级以下高坝,压实度不应低于98%,3级中坝、低坝及3级以下的中坝,压实度不应低于96%;设计地震烈度为8度、9度的坝,应在上述基础上相应提高;有特殊用途和性质特殊的土料,压实度另行确定。

2. 非黏性土料的压实标准

砂砾石和砂的填筑标准以相对密度为设计控制指标,并应符合下列要求:砂砾石的相对密度不应低于0.75,砂的相对密度不应低于0.70,反滤料的相对密度宜为0.70;砂砾料中粗粒料含量小于50%时,应保证细料(小于5 mm的颗粒)的相对密度也符合上述要求;地震区的相对密度设计标准应符合《水工建筑物抗震设计标准》(GB 51247—2018)的规定。压密程度一般与含水量关系不大,而与粒径级配和压实功能有密切关系。非黏性土料设计中的一个重要问题是防止产生液化,解决的途径除要求有较高的密实度外,还要注意颗粒不能太小、级配要适当、不能过于均匀。

堆石料的填筑标准宜用孔隙率为设计控制指标,并应符合下列要求:土质防渗体分区坝和沥青混凝土心墙坝的堆石料,孔隙率宜取19%~26%;沥青混凝土面板坝堆石料的孔隙率宜在混凝土面板堆石坝和土质防渗体分区坝的孔隙率之间选择;采用软岩、风化岩石筑坝时,孔隙率宜根据坝体变形、应力及抗剪强度等要求确定;设计地震烈度为8度、9度的地区,可取上述孔隙率的小值。

【案例3-2】　土石坝剖面及构造拟订

大坝剖面轮廓尺寸包括坝顶高程、坝顶宽度、上下游坝坡,以及防渗体和排水设备等。

一、坝顶高程计算

根据《碾压式土石坝设计规范》(SL 274—2020)规定,坝顶高程分别按照正常蓄水位加正常运用条件下的坝顶超高、设计洪水位加正常运用条件下的坝顶超高、校核洪水位加非常运用条件下的坝顶超高进行计算,因该地区地震烈度为7度,故还需考虑正常蓄水位加非常运用条件下的坝顶超高再加上地震涌浪高度,最后取以上四种工况中的最大值,同时并保留一定的沉降值。

坝顶高程在水库正常运用和非常运用期间的静水位以上应该有足够的超高,以保证水库不漫顶,其超高值y按式(3-1)计算。

根据SL 274—2020,计算大坝波浪爬高时,所采用设计风速:正常运用条件下为多年平均最大风速的1.6倍,非常运用条件下,采用多年平均最大风速。根据气象资料统计,该水库多年平均最大风速为15.0 m/s,最大吹程为12 km。

平均波高及平均波长按式(3-5)~式(3-8)计算。

平均波浪爬高R_m按式(3-3)、式(3-4)计算,初步拟订水库大坝上游坝坡$m=2.5$,砌石护面确定$K_\Delta=0.75$。

最大波浪在坝坡上的爬高设计值R按2级土石坝取累积频率$p=1\%$爬高值$R_{1\%}$计算。根据计算,该水库在设计条件下和校核条件下的累积频率$p=1\%$的经验系数K_p

值为2.23。

风浪壅高按式(3-2)计算。

根据以上公式及参数,坝顶超高计算成果见表3-7。

表3-7　坝顶超高计算成果

工况	水位/m	设计风速/(m/s)	平均波长/m	平均波高/m	平均波浪爬高/m	风浪壅高/m	设计爬高/m	安全加高/m	坝顶超高/m
设计($p=1\%$)	2 822.41	24.0	7.57	0.25	0.38	0.032	0.85	1.0	1.88
校核($p=0.05\%$)	2 823.33	15.0	11.81	0.38	0.59	0.012	1.32	0.5	1.84

由于水库所在地区地震基本烈度为7度,按照《水工建筑物抗震设计标准》(GB 51247—2018),水工建筑物抗震计算的上游水位可采用正常最高蓄水位,地震区的地震涌浪高度,可根据设计烈度和坝前水深,一般为0.5~1.5 m,该水库地震涌浪高度取用1.0 m,不考虑地震作用的附加沉降计算。

根据《碾压式土石坝设计规范》(SL 274—2020)第5.3.3条的规定,坝顶高程分别按以下运用情况计算,取其最大值:

(1)设计洪水位加正常运用条件下的坝顶超高:2 822.41+1.88=2 824.29(m);

(2)正常蓄水位加正常运用条件下的坝顶超高:2 821.4+1.88=2 823.28(m);

(3)校核洪水位加非常运用条件下的坝顶超高:2 823.33+1.84=2 825.17(m);

(4)正常蓄水位加非常运用条件下的坝顶超高,再加地震安全加高:2 821.4+1.84+1.0=2 824.24(m)。

经计算可以看出该大坝坝顶高程由校核情况控制为2 825.17 m,取2 825.2 m。

二、坝顶宽度

坝顶宽度主要取决于交通需要、构造要求和施工条件,同时要考虑防汛抢险、防空、防震等特殊需要。根据SL 274—2020规定,坝顶无特殊要求时,高坝的顶部宽度可选用10~15 m,中、低坝可选用5~10 m。该水库挡水大坝坝基高程为2 750 m,根据计算坝高为75.2 m,大于70 m属高坝,故综合各方面因素可取该土石坝坝顶宽度为10 m。

三、坝坡

土石坝的坝面坡度取决于坝高、筑坝材料性质、运用情况、地基条件、施工方法及坝型等因素。一般是参考已建成类似工程的经验拟订坝坡,再通过计算分析,逐步修改确定。在满足稳定要求的前提下,应尽可能使坝坡陡些,以减小坝体工程量。

根据 SL 274—2020 规定与实际结合，上游坝坡上部取 2.5，下部取 3.0，下游自上而下均取 2.50，下游在 2 800 m、2 775 m 高程处各变坡一次。

在坝坡改变处，尤其在下游坡，通常设置 1.5~2 m 宽的马道以汇集坝面的雨水，防止冲刷坝坡，并同时作为交通、观测、检修之用，综合上述等各方面因素，其宽度取为 2 m。

四、坝体排水

由于本地区石料比较丰富，故采用堆石棱体排水比较适宜，另外采用棱体排水可以降低坝体浸润线，防止坝坡冻胀和渗透变形，保护下游坝址免受尾水淘刷，并可支撑坝体，增加下游坝坡的稳定性。

按 SL 274—2020 规定，以棱体顶面高程高出下游最高水位 1 m 为原则，校核洪水时下游水位可由坝址流量水位曲线查得为 2 755.22 m，最后取棱体顶面高程为 2 756.3 m，堆石棱体内坡取 1:1.5，外坡取 1:2.0，顶宽 2 m，下游水位以上用贴坡排水。

五、大坝防渗体

大坝防渗体的设计主要包括坝体防渗和坝基防渗两个方面。

(一)坝体防渗

坝体防渗的结构和尺寸必须满足减小渗透流量、降低浸润线、控制渗透坡降的要求，同时要满足构造、施工、防裂、稳定等方面的要求。该坝体采用黏土斜心墙，其底部最小厚度由黏土的允许坡降而定，本设计允许渗透坡降$[J]=5$，上游校核洪水时承受的最大水头为 73.33 m，墙的厚度 $B>73.33/5=14.666$(m)。参考以往工程的经验，斜心墙的顶部宽度取为 5 m(满足大于 3 m 机械化施工要求)。黏土斜心墙的上游坝坡的坡度为 1:0.4~1:1.0，有资料研究认为，斜心墙向上游倾斜的坡度为 1:0.25~1:0.75 时较好，本次设计取为 1:0.4，下游坡度取为 1:0.2。黏土斜心墙的顶部高程以设计洪水位加一定的超高(超高 0.6~0.8 m)并高于校核洪水位为原则，最终取其墙顶高程为 2 823.4 m，经计算底宽为 19.68 m，大于 14.666 m。墙顶的上部留有 1.8 m 的保护层，并且黏土斜心墙顶部向下游倾斜。

(二)坝基防渗

由坝址处地质剖面图可知，该坝基为砂砾石地基，对砂砾石地基防渗措施主要有开挖截水槽回填黏土、混凝土防渗墙、帷幕灌浆等。

从材料来看，由于附近黏土材料储量较少，故不适合采用黏土截水槽，又根据 SL 274—2020，80 m 以内的砂砾石地基可采用混凝土防渗墙。由坝址处地质剖面图可知，该坝基河槽段砂砾石最大层厚为 32 m，因此该坝基河床中部及两岸坡均采用混凝土防渗墙，厚度取 0.8 m，防渗墙伸入坝体防渗体的长度不小于坝高的 10%，本次设计取 7.5 m，防渗墙布置在心墙底面中部偏上。根据 SL 274—2020 规定，墙体底部应深入岩基 0.5~1.0 m，本次设计取 0.5 m，岸坡混凝土防渗墙底高程沿岸坡逐渐变化。

大坝剖面示意图见图 3-16。

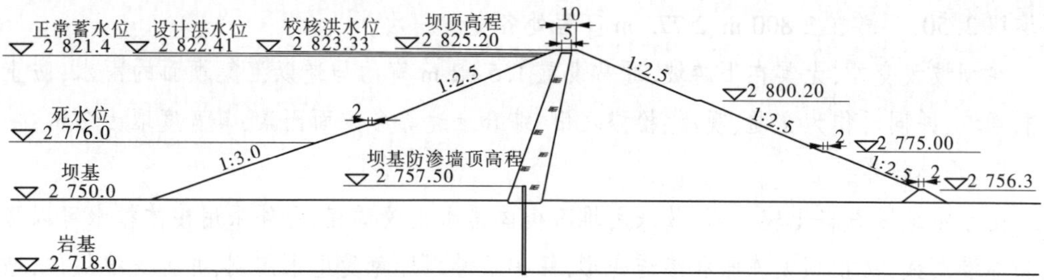

图 3-16 大坝剖面示意图 （单位：m）

任务三 土石坝的渗流稳定计算

一、渗流分析的目的、方法及计算情况

（一）渗流分析的目的

（1）确定坝体浸润线和下游逸出点的位置，绘制坝体及坝基内的等势线分布图或流网图；同时为坝体稳定及水上、水下土料分区设置提供依据。

（2）确定坝体与坝基的渗流量，以便估计水库渗漏损失和确定坝体排水设备。

（3）确定坝坡出逸段和下游地基表面的出逸坡降，以及不同土层之间的渗透坡降，以判断该处的渗透稳定性。

（4）确定库水位降落时上游坝坡浸润线的位置和孔隙水压力，供上游坝坡稳定分析之用。

（5）确定坝肩的等势线、渗流量和渗透比降。

（二）渗流分析的方法

土石坝渗流分析通常是把一个实际比较复杂的空间问题近似转化为平面问题。土石坝的渗流分析方法主要有解析法、手绘流网法、试验法和数值法四种。

解析法分为流体力学法和水力学法。本节主要介绍水力学法。

手绘流网法是一种简单易行的方法，能够求渗流场内任一点的渗流要素，并具有一定的精度，但在渗流场内具有不同土质，且在其渗透系数差别较大的情况下较难应用。

（三）计算情况

《碾压式土石坝设计规范》（SL 274—2020）规定，需计算下列水位组成的情况：①上游正常蓄水位与下游相应的最低水位；②上游设计洪水位与下游相应的水位；③上游校核洪水位与下游相应的水位；④库水位降落时上游坝坡稳定最不利情况。

二、渗流分析的水力学法

（一）基本假定

（1）坝体土是均质的，坝内各点在各个方向的渗透系数相同。

（2）渗流是层流，符合达西定律，$v = KJ$。

(3)渗流是渐变流,过水断面上各点的坡降和流速是相等的。

(二)渗流计算基本公式

对于不透水地基上矩形土体内的渗流,如图 3-17 所示。

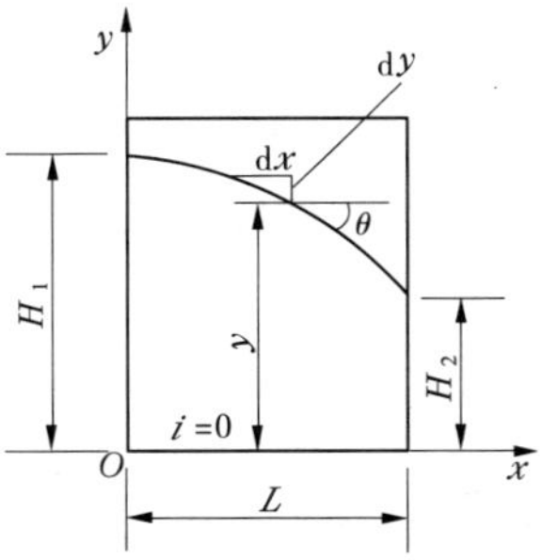

图 3-17 渗流计算图

应用达西定律,并假定任一铅直过水断面内各点的渗透坡降相等,对不透水地基上的矩形土体,流过断面上的平均流速为

$$v = -K\frac{dy}{dx} = -KJ \quad (3\text{-}10)$$

单宽流量为

$$q = vy = -Ky\frac{dy}{dx} \quad (3\text{-}11)$$

自上游向下游积分,得

$$q = \frac{K(H_1^2 - H_2^2)}{2L} \quad (3\text{-}12)$$

自上游向区域中某点(x,y)积分,得浸润线方程:

$$y = \sqrt{H_1^2 - \frac{2q}{K}x} \quad (3\text{-}13)$$

由式(3-13)可知,浸润线是一个二次抛物线。当渗流量 q 已知时,即可绘制浸润线,若边界条件已知,即可计算单宽渗流量。

三、均质坝的渗流计算

(一)不透水地基上均质土石坝的渗流计算

1. 土石坝下游有水而无排水设备的情况

以下游有水而无排水设备或设有贴坡排水的情况,过 B' 点作铅垂线将坝体分为两部分;用虚拟矩形 $AEOF$ 代替三角形 AMF,如图 3-18 所示。

等效矩形宽度为

$$\Delta L = \lambda H_1$$

λ 值由下式计算:

$$\lambda = \frac{m_1}{2m_1 + 1} \quad (3\text{-}14)$$

式中 m_1——上游坝面的边坡系数,如为变坡则取平均值;

H_1——上游水深。

(1)上游坝体段计算。

$$q_1 = K\frac{H_1^2 - (H_2 + a_0)^2}{2L'} \quad (3\text{-}15)$$

式中 a_0——浸润线出逸点在下游水面以上高度;

K——坝身土料渗透系数;

H_1——上游水深；

H_2——下游水深；

L'——见图 3-18。

(2)下游坝体段计算。下游水位以上部分单宽渗流量(见图 3-19)为

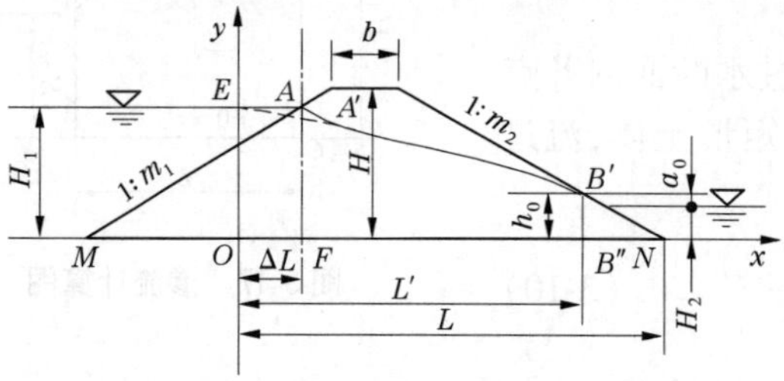

图 3-18　不透水地基上均质土坝的渗流计算图

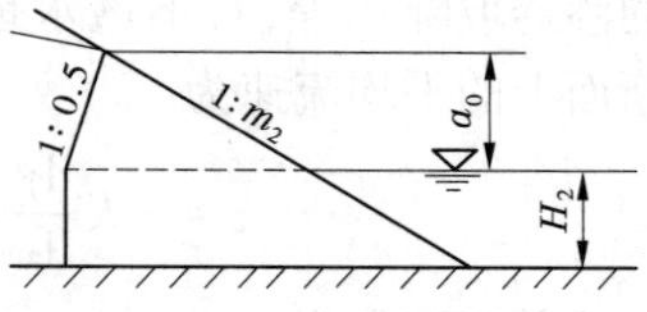

图 3-19　下游楔形体渗流计算图

$$q'_2 = K\frac{a_0}{m_2 + 0.5} \tag{3-16}$$

下游水位以下部分单宽渗流量为

$$q''_2 = K\frac{a_0 H_2}{(m_2 + 0.5)a_0 + \dfrac{m_2 H_2}{1 + 2m_2}} \tag{3-17}$$

通过下游坝体总单宽渗流量为

$$q_2 = q'_2 + q''_2 = K\frac{a_0}{m_2 + 0.5}\left(1 + \frac{H_2}{a_0 + a_m H_2}\right) \tag{3-18}$$

其中

$$a_m = \frac{m_2}{2(m_2 + 0.5)^2} \tag{3-19}$$

根据水流连续条件

$$q_1 = q_2 = q \tag{3-20}$$

可求两个未知数,即渗流量 q 和出逸点高度 a_0。

可由式(3-13)确定浸润线。上游坝面附近的浸润线需作适当修正,自 A 点作与坝坡 AM 正交的平滑曲线,曲线下端与计算求得的浸润线相切于 A' 点。

当下游无水时,以上各式中的 $H_2 = 0$;当下游有贴坡排水时,因贴坡排水基本上不影响坝体浸润线的位置,所以计算方法与下游不设排水时相同。

2. 土石坝下游有褥垫排水的情况

如图 3-20 所示,浸润线为抛物线,其方程为

$$L' = \frac{y^2 - h_0^2}{2h_0} + x \tag{3-21}$$

$$h_0 = \sqrt{L'^2 + H_1^2} - L' \tag{3-22}$$

通过坝身的单宽渗流量为

$$q = \frac{K}{2L'}(H_1^2 - h_0^2) \tag{3-23}$$

3. 土石坝下游有棱体排水的情况

如图 3-21 所示,当下游无水时,按上述褥垫排水情况计算。

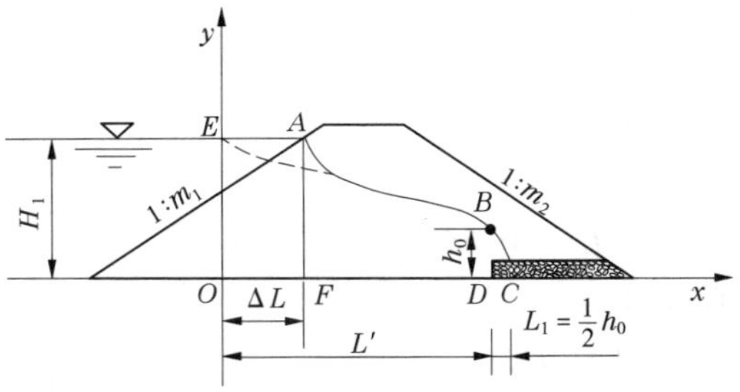

图 3-20　有褥垫排水时渗流计算图

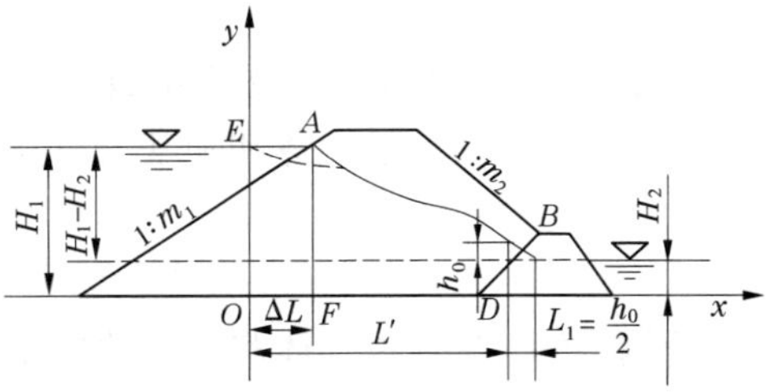

图 3-21　有棱体排水时渗流计算图

当下游有水时,将下游水面以上部分按照褥垫排水下游无水情况处理,即

$$y = \sqrt{H_1^2 - \frac{2q}{K}x} \tag{3-24}$$

$$q = \frac{K}{2L'}[H_1^2 - (H_2 + h_0)^2] \tag{3-25}$$

$$h_0 = \sqrt{L'^2 + (H_1 - H_2)^2} - L' \tag{3-26}$$

(二)有限深透水地基上均质土石坝的渗流计算

对坝体和地基渗透系数相近的均质土坝,可先假定地基不透水,按上述方法确定坝体的渗流量 q_1 和浸润线;坝体浸润线可不考虑坝基渗透的影响,仍用地基不透水情况下算出的结果,然后假定坝体不透水,计算坝基的渗流量 q_2;最后将 q_1 和 q_2 相加,即可近似地得到坝体坝基的渗流量。当坝体的渗透系数是坝基渗透系数的 1/100 时,认为坝体是不透水的;当坝基的渗透系数是坝体渗透系数的 1/100 时,认为坝基是不透水地基。

如图 3-22 所示,考虑坝基透水的影响,上游面的等效矩形宽度应按下式计算:

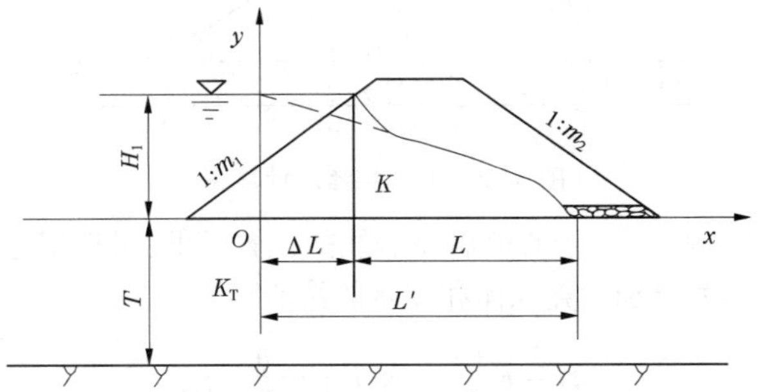

图 3-22　有限深透水地基均质土石坝渗流图

$$\Delta L = \frac{\beta_1\beta_2 + \beta_3\dfrac{K_T}{K}}{\beta_1 + \dfrac{K_T}{K}} \tag{3-27}$$

$$\beta_1=\frac{2m_1H_1}{T}+\frac{0.44}{m_1}-0.12,\quad \beta_2=\frac{m_1H_1}{1+2m_1},\quad \beta_3=m_1H_1+0.44T$$

式中 T——透水地基厚度；

K_T——透水地基的渗透系数。

下游无水时，通过坝体和坝基的单宽渗流量为

$$q=q_1+q_2=K\frac{H_1^2}{2L'}+K_T\frac{TH_1}{L'+0.44T} \tag{3-28}$$

下游有水时，通过坝体和坝基的单宽渗流量为

$$q=K\frac{H_1^2-H_2^2}{2L'}+K_T\frac{H_1-H_2}{L'+0.44T}T \tag{3-29}$$

浸润线仍按式(3-13)计算，式中的 q 用坝体的渗流量 q_1 代入。

用这种近似方法计算的渗流量比实际值小，浸润线比实际的高。

四、心墙坝的渗流计算

有限深透水地基上的心墙坝一般都做有截水槽以拦截透水地基渗流。心墙土料的渗透系数 K_e 常比坝壳土料的渗透系数小得多，故可近似地认为上游坝壳中无水头损失，心墙前的水位仍为水库的水位。计算时一般分下述两段。

(1)心墙、截水墙段：其土料一般是均一的，可取平均厚度 δ 进行计算。若心墙后的浸润线高度为 h，则通过心墙、截水墙的渗流量 q_1 为

$$q_1=K_e\frac{(H_1+T)^2-(h+T)^2}{2\delta} \tag{3-30}$$

式中符号意义见图3-23。

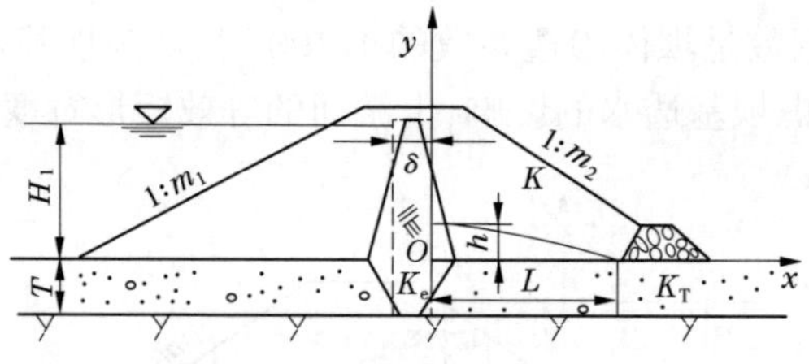

图3-23 心墙坝渗流计算图

(2)下游坝壳和坝基段：由于心墙后浸润线的位置较低，可近似地取浸润线末端与堆石棱体的上游相交，然后分别计算坝体和坝基的渗流量：

$$q_2=K\frac{h_2}{2L}+K_TT\frac{h}{L+0.44T} \tag{3-31}$$

按连续性 $q_1=q_2=q$，可由式(3-30)和式(3-31)求得 q 和 h。心墙后的浸润线可按下式近似计算：

$$y=\sqrt{h^2-\frac{h^2}{L}x} \tag{3-32}$$

取 $T=0$，即可得到不透水地基心墙坝的渗流量计算公式。当下游有水时，可近似地假定浸润线逸出点在下游水面与堆石棱体内坡的交点处，用上述同样的方法进行计算。

五、斜墙坝的渗流计算

有限深透水地基上的斜墙坝一般同时设有截水墙或铺盖。前者用于地基透水层较薄时截断透水地基渗流，后者用于透水地基较厚时延长渗径、减小渗透坡降、防止渗透变形。两种结构的布置见图 3-24。

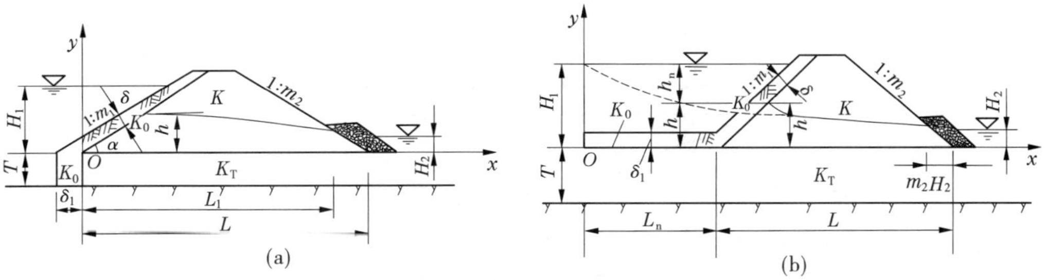

图 3-24　透水地基斜墙坝渗流计算图

(1)有截水墙的情况。它与心墙坝的情况类似，也可分为两段：斜墙和截水墙段、坝体和坝基段。计算前一段时，取斜墙和截水墙的平均厚度分别为 δ 和 δ_1。当斜墙后浸润线起点距坝底面的高度为 h 时，可取该点以下斜墙及截水墙上下游面水头差都为 H_1-h［见图 3-24(a)］，则通过第一段的渗流量 q_1 可近似地用下式计算：

$$q_1=\frac{K_0(H_1^2-h^2)}{2\delta\sin\alpha}+\frac{K_0(H_1-h)}{\delta}T \tag{3-33}$$

第二段，即斜墙后的坝体和坝基段，当下游无排水或只设贴坡排水时，渗流量 q_2 为

$$q_2=\frac{K(h^2-H_2^2)}{2(L-m_2H_2)}+\frac{K_T(h-H_2)}{L+0.44T}T \tag{3-34}$$

根据 $q_1=q_2=q$，可由式(3-33)和式(3-34)求得 q 和 h。当 $T=0$ 时，也可得出不透水地基上斜墙坝的渗流量计算公式。

斜墙后坝体浸润线方程为

$$y=\sqrt{\frac{L_1}{L_1-m_1h}h^2-\frac{h^2}{L_1-m_1h}x} \tag{3-35}$$

(2)有铺盖的情况。当铺盖与斜墙的渗透系数比坝体和坝基的渗透系数小很多时，可近似地认为铺盖与斜墙是不透水的，并以铺盖末端为分界线，将渗流区分为两段进行计算。设坝体的浸润线起点高度为 h，可取第一段的水头损失为 H_1-h［见图 3-24(b)］，则两段的渗流量计算公式为

$$q_1=K_T\frac{H_1-h}{L_n+0.44T}T \tag{3-36}$$

$$q_2=K\frac{h^2-H_2^2}{2(L-m_2H_2)}+K_T\frac{h-H_2}{L+0.44T}T \tag{3-37}$$

同理，根据 $q_1=q_2=q$ 求解式(3-36)、式(3-37)可得出 q 和 h。斜墙后坝体浸润线方程用式(3-35)求得。

六、总渗流量的计算

计算总流量时，应根据地形、地质、防渗排水的变化情况，将土石坝沿坝轴线分为若干段，如图 3-25 所示，然后分别计算各段的平均单宽渗流量，再按式(3-38)计算总渗流量。

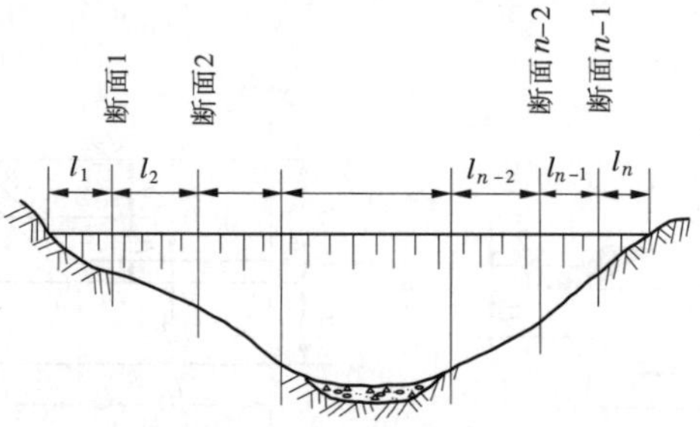

图 3-25　总渗流量计算图

$$Q = \frac{1}{2}[q_1 l_1 + (q_1 + q_2) l_2 + \cdots + (q_{n-2} + q_{n-1}) l_{n-1} + q_{n-1} l_n] \tag{3-38}$$

式中　$l_1, l_2, \cdots, l_n$ ——各段坝长；

$q_1, q_2, \cdots, q_{n-1}$——断面 1、断面 2，…，断面 $n-1$ 处的单宽流量。

七、土石坝的渗透变形及其防治措施

土石坝及地基中的渗流，由于机械作用和化学作用，可能使土体产生局部破坏，称为渗透变形。严重时会导致工程失事，必须采取有效的控制措施。

码 3-11　微课-土石坝的渗透变形及其防止措施

(一)渗透变形的分类与特点

渗透变形的形式及其发生发展过程与土料性质、土粒级配、水流条件以及防渗排水措施等因素有关，通常可分为下列几种形式。

1. 管涌

土体中的细颗粒在渗流作用下从骨架孔隙通道流失的现象称为管涌。常发生在坝的下游或闸坝下游地基面渗流逸出处。没有凝聚力的黏性砂土、砾石砂土中容易出现管涌；黏性土的颗粒之间存在凝聚力，一般不易发生管涌。

码 3-12　动画-管涌

管涌开始时只是细小颗粒从土壤中被带出，以后随着小颗粒土的流失，土壤的孔隙加大，较大颗粒也会被带走，逐渐向内部发展，形成集中的渗流通道。

2. 流土

在渗流作用下，局部土体表面隆起、顶穿或粗细颗粒同时浮动而流失的现象称为流土。它主要发生在黏性土及均匀非黏性土体的渗流出口处。

3. 接触冲刷

渗流沿着渗透系数不同的土层接触面流动时，沿层面带走细颗粒的现象，称为接触冲刷。接触冲刷可能使临近接触面的不同土层混合起来。

码 3-13　动画-流土

4. 接触流土

渗流垂直于渗透系数相差较大的两相邻土层流动时，将渗透系数较小的土层中的细颗粒带入渗透系数较大的土层中的现象，称为接触流土。

渗透变形的形式，可能是单一的，也可能是上述两种或多种形式同时出现于不同部位。设计时应进行分析判别，采取合适的防护措施。

(二)非黏性土管涌与流土的判别

试验研究表明，土壤中的细颗粒含量是影响土体渗透性能和渗透变形的主要因素。南京水利科学研究院进行大量研究，结论是以粒径在2 mm以下为细粒，含量$P_z>35\%$时，孔隙填充饱满，易产生流土；$P_z<25\%$时，孔隙填充不足，易产生管涌；$25\% \leqslant P_z \leqslant 35\%$时，可能产生管涌或流土，并提出产生管涌或流土的细粒临界含量与孔隙率的关系为

$$P_z = \alpha \frac{\sqrt{n}}{1+\sqrt{n}} \tag{3-39}$$

式中　P_z——粒径等于或小于2 mm的细颗粒临界含量(%)；

α——修正系数，取0.95~1.0；

n——土壤孔隙率。

当土体的细粒含量>P_z时，可能产生流土；当土体的细粒含量≤P_z时，则可能产生管涌。

(三)渗透变形的临界坡降和允许渗透坡降

1. 产生管涌的临界坡降J_c和允许渗透坡降$[J_c]$

对于大中型工程，应进行管涌试验，求出实际产生管涌的临界坡降；对于中小型工程及初步设计时，当渗流为由下向上时，可用南京水利科学研究院的经验公式推算：

$$J_c = \frac{42d_3}{\sqrt{\frac{K}{n^3}}} \tag{3-40}$$

式中　d_3——相应于粒径曲线上含量为3%的粒径，cm；

K——渗透系数，cm/s；

n——土壤孔隙率。

允许渗透坡降$[J_c]$可根据建筑物的级别和土壤的类型选用安全系数2~3。$[J_c]$值还可参照不均匀系数η值选用：$10<\eta<20$的非黏性土，$[J_c]=0.20$；$\eta>20$的非黏性土，$[J_c]=0.10$。

2. 产生流土的临界坡降J_B和允许渗透坡降$[J_B]$

当渗流自下向上作用时，常采用根据极限平衡得到的太沙基公式计算，即

$$J_B = (G-1)(1-n) \tag{3-41}$$

式中　G——土粒比重；

n——土的孔隙率。

J_B一般为0.8~1.2。南京水利科学研究院建议把式(3-41)乘以1.17。允许渗透坡降$[J_B]$也要采用一定的安全系数，对于黏性土，可用1.5；对于非黏性土，可用2.0~2.5。

无黏性土的允许渗透坡降如表3-8所示。

表 3-8　无黏性土的允许渗透坡降

允许渗透坡降	渗透变形形式					
	流土型			过渡型	管涌型	
	$C_u \leqslant 3$	$3 < C_u \leqslant 5$	$C_u > 5$		连续级配	不连续级配
$[J_B]$	0.25~0.35	0.35~0.50	0.50~0.80	0.25~0.40	0.15~0.25	0.10~0.20

(四)防止渗透变形的工程措施

土体发生渗透变形的原因主要取决于渗透坡降、土颗粒的性质。设计时应尽量降低渗透坡降和增加渗流出口处土体抵抗渗流变形的能力。为防止渗透变形，常采取的工程措施有截断或延长渗径，设置排水设施、反滤层或排水减压井等。这里只介绍反滤层。

反滤层作用是滤土排水，它是提高抗渗破坏能力、防止各类渗透变形，特别是防止管涌的有效措施。在任何渗流流入排水设施处一般都要设置反滤层。

砂石反滤层的结构：反滤层一般是由 2~3 层不同粒径的非黏性土、砂和砂砾石组成的。层次排列应尽量与渗流的方向垂直，各层次的粒径则按渗流方向逐层增加，如图 3-26 所示。

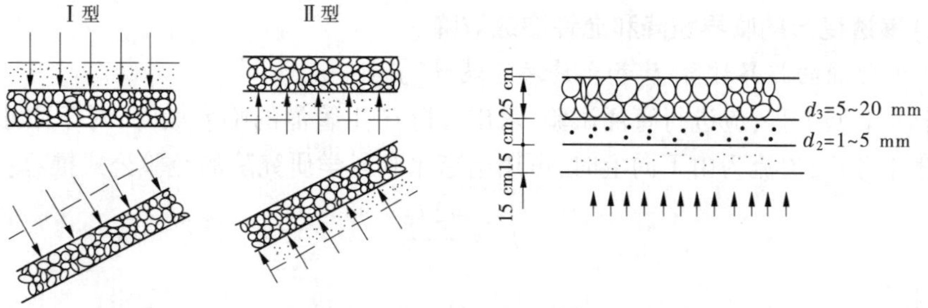

图 3-26　反滤层布置图

砂石反滤层的设计原则：被保护土壤的颗粒不得穿过反滤层，各层的颗粒不得发生移动。相邻两层间，较小的一层颗粒不得穿过较粗一层的孔隙；反滤层不能被堵塞，而且应具有足够的透水性，以保证排水畅通。应保证耐久、稳定。

砂石反滤层的材料：质地坚硬，抗水性和抗风化性能满足工程条件要求；具有要求的级配；具有要求的透水性；粒径小于 0.075 mm 的颗粒含量应不超过 5%。

土工织物已广泛应用于坝体排水反滤以及作为坝体和渠道的防渗材料。在土坝坝体底部或靠下游边坡的坝体内部沿水平方向铺设土工织物，可提高土体抗剪强度，增加边坡稳定性，详见《土工合成材料应用技术规范》(GB/T 50290—2014)。

土工织物的作用可归纳成水力学方面和力学方面。在水力学方面，主要包括排水作用和反滤作用；在力学方面，主要包括隔离作用和加强作用，这些主要作用都与土工织物本身的力学性质(强度、渗透性、孔隙度、粗糙度等)有关。

【案例 3-3】　土石坝渗流计算

土石坝的渗流计算主要包括确定坝体浸润线的位置，为坝体的稳定分析和布置观测设备提供依据；同时，确定坝体与坝基的渗流量，以估算水库的渗漏损失，而且要确定坝体和坝基渗流区的渗透坡降,检查产生渗透变形的可能性,以便采取适合的控制措施。

一、计算方法

选择水力学方法求解土坝渗流问题。根据坝内各部分渗流状况的特点,将坝体分为若干段,应用达西定律近似求解土坝渗流问题,计算假定任一铅直过水断面内各点渗透坡降均相等,计算简图如图 3-27 所示。

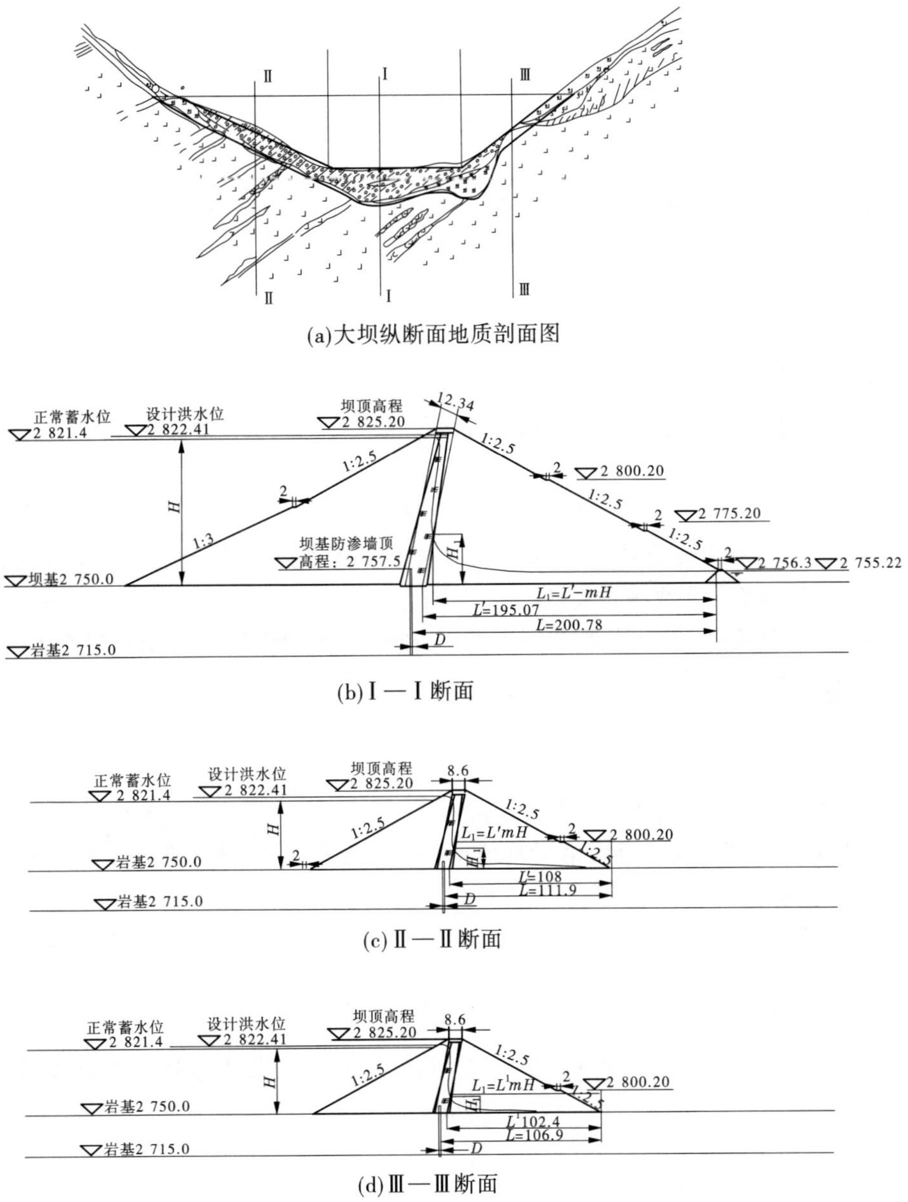

图 3-27　渗流计算示意图　(单位:m)

通过防渗体的渗流量为

$$q_1 = \frac{K(H^2 - H_1^2)}{2B\sin\alpha} + \frac{K_2(H_1 - T_1)}{D}T \tag{3-42}$$

通过防渗体后的渗流量为

$$q_2 = \frac{K_1(H_1^2 - T_1^2)}{2L_1} + \frac{K_T(H_1 - T_1)}{L + 0.44T}T \tag{3-43}$$

式中 K——防渗体渗透系数,取 4.317×10^{-8} m/s;

H——上游水深;

H_1——逸出水深;

B——防渗体有效厚度;

α——防渗体等效倾角;

K_2——混凝土防渗墙渗透系数,取 1.5×10^{-11} m/s;

T_1——下游水深;

T——冲积层厚度,取最大值 35 m;

D——防渗墙厚度;

K_1——防渗体后渗透系数,取 2×10^{-4} m/s;

K_T——冲积层渗透系数,取 2×10^{-4} m/s。

假设:

(1)不考虑防渗体上游侧坝壳损耗水头的作用;

(2)由于砂砾料渗透系数较大,防渗体又损耗了大部分水头,逸出水位与下游水位相差不是很大,认为不会形成逸出高度;

(3)对于岸坡断面,下游水位在坝底以下,水流从上往下流时由于横向落差,此时实际上不是平面渗流,但计算仍按平面渗流计算,近似认为下游水位为零。

由于河床冲积层的作用,岸坡实际不会形成逸出点,计算时假定浸润线末端即为坝趾。

二、计算断面及计算情况的选择

对河床中间断面Ⅰ—Ⅰ及左右对称的两典型断面Ⅱ—Ⅱ、Ⅲ—Ⅲ进行渗流计算,计算主要针对正常蓄水及设计洪水的工况进行。

三、计算结果

渗流计算结果见表3-9。

四、渗透稳定验算

斜心墙之后的坝壳,由于水头大部分在防渗体损耗了,坝壳渗透坡降及渗透速度甚小,发生渗透破坏的可能性不大,而在防渗墙与黏土斜墙的接触面按允许坡降设计也可以。在斜墙逸出点渗透坡降较大,应予以验算。

渗透坡降的计算公式为

$$J = \frac{\Delta H}{\overline{B}} \tag{3-44}$$

式中 ΔH——上游水深减逸出水深;

$\overline{B}$——防渗体的平均厚度。

计算结果见表 3-10。

表 3-9 渗流计算结果

计算项目		计算情况	
		正常蓄水位	设计洪水位
上游水深 H/m	Ⅰ—Ⅰ	71.4	72.6
	Ⅱ—Ⅱ	34.0	35.2
	Ⅲ—Ⅲ	32.0	33.2
下游水深 T_1/m	Ⅰ—Ⅰ	2.20	5.06
	Ⅱ—Ⅱ	0	0
	Ⅲ—Ⅲ	0	0
逸出水深 H_1/m	Ⅰ—Ⅰ	2.210 8	5.064 8
	Ⅱ—Ⅱ	0.165 9	0.171 8
	Ⅲ—Ⅲ	0.162 5	0.168 7
渗流量 $q[10^{-4}m^3/(s\cdot m)]$	Ⅰ—Ⅰ	9.30	9.58
	Ⅱ—Ⅱ	3.03	3.25
	Ⅲ—Ⅲ	2.75	2.96
总渗流量 Q/(万 m^3/d)		1.387	1.442

表 3-10 各种工况渗流逸出点坡降

断面	Ⅰ—Ⅰ		Ⅱ—Ⅱ		Ⅲ—Ⅲ	
计算情况	正常	设计	正常	设计	正常	设计
坡降 J	6.04	6.09	4.07	4.26	3.92	4.11

填筑土料的安全坡降,根据实践经验一般为 5~10,故而认为渗透坡降满足要求,加上黏土斜心墙有反滤层,故而认为不会发生渗透破坏。

五、成果分析与结论

以斜心墙、混凝土防渗墙与两岸坝肩开挖风化岩填以黏土形成黏土截水墙的垂直防渗带作为防渗措施。总渗流在正常蓄水时为 0.161 m^3/s、设计洪水时为 0.167 m^3/s,与同类工程相比显然是很小的。在计算中考虑绕坝渗流及岩基透水,混凝土防渗墙的渗透系数应取较大值,$K_2=1.5\times10^{-9}$ cm/s,这样取值估计的渗流量可能大于实际渗流量,但坝的渗透坡降仍满足设计要求,说明取值合理。

任务四　土石坝的稳定分析

一、稳定计算的目的

稳定分析是确定坝体设计剖面经济安全的主要依据。由于土石坝体积大、坝体重，不可能产生水平滑动，其失稳形式主要是坝坡滑动或坝坡与坝基一起滑动。

土石坝稳定计算的目的是保证土石坝在自重、孔隙压力、外荷载的作用下，具有足够的稳定性，不致发生通过坝体或坝基的整体或局部剪切破坏。

二、滑裂面的形状及工作情况

坝坡稳定计算时，应先确定滑裂面的形状，土石坝滑坡的形式与坝体结构、土料和地基的性质以及坝的工作条件密切相关，图3-28表示了各种可能的滑裂面形式。

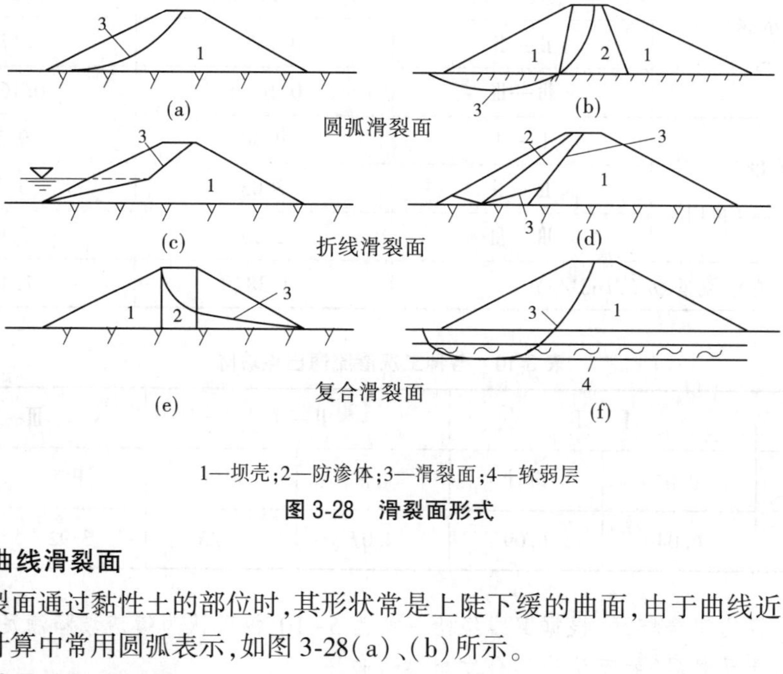

1—坝壳；2—防渗体；3—滑裂面；4—软弱层

图3-28　滑裂面形式

（一）曲线滑裂面

当滑裂面通过黏性土的部位时，其形状常是上陡下缓的曲面，由于曲线近似圆弧，因而在实际计算中常用圆弧表示，如图3-28(a)、(b)所示。

（二）直线或折线滑裂面

滑裂面通过无黏性土时，滑裂面的形状可能是直线形或折线形。当坝坡干燥或全部浸入水中时呈直线形；当坝坡部分浸入水中时呈折线形，如图3-28(c)所示。斜墙坝的上游坡失稳时，通常是沿着斜墙与坝体交界面滑动，如图3-28(d)所示。

（三）复合滑裂面

当滑裂面通过性质不同的几种土料时，可能是由直线和曲线组成的复合形状滑裂面，如图3-28(e)、(f)所示。

三、稳定安全系数

(一)稳定计算情况

1. 正常运用情况

(1)上游为正常蓄水位、下游为相应的最低水位或上游为设计洪水位、下游为相应的最高水位,坝内形成稳定渗流时,上下游坝坡的稳定计算。

(2)库水位位于正常蓄水位和设计洪水位之间范围内的正常降落,上游坝坡的稳定计算。

2. 非常运用情况Ⅰ

(1)施工期,考虑孔隙压力时的上下游坝坡稳定计算。

(2)库水位非常降落,如自校核洪水位降落至死水位以下,以及大流量快速泄空等情况下的上游坝坡稳定计算。

(3)校核洪水位下有可能形成稳定渗流时的下游坝坡稳定计算。

3. 非常运用情况Ⅱ

正常运用情况遇到地震时上下游坝坡稳定验算。

(二)稳定安全系数标准

采用计入条块间作用力计算方法时,坝坡的抗滑稳定安全系数应不小于表3-11规定的数值。采用不计入条块间作用力的瑞典圆弧法计算坝坡稳定时,对1级坝,正常应用情况下最小稳定安全系数应不小于1.30,其他情况应比表3-11中规定的降低8%。

表3-11 允许最小抗滑稳定安全系数

运用条件	工程等级			
	1	2	3	4、5
正常运用情况	1.50	1.35	1.30	1.25
非常运用情况Ⅰ	1.30	1.25	1.20	1.15
非常运用情况Ⅱ	1.20	1.15	1.15	1.10

四、土料抗剪强度指标的选取

稳定计算时应该采用黏性土固结后的强度指标。确定抗剪强度指标的方法有前述的有效应力法和总应力法两种,《碾压式土石坝设计规范》(SL 274—2020)规定,稳定渗流期采用有效应力抗剪强度指标进行稳定计算。对于施工期和库水位降落期,采用有效应力抗剪强度指标和总应力抗剪强度指标计算安全系数的较小值。

土料的抗剪强度指标 φ 为颗粒间的内摩擦角,c 为黏聚力。对同一种土料,其抗剪强度指标 φ、c 并不是一个常量,它与土的性质、土料的固结度、应力历史、荷载条件等诸多因素有关。

(一)黏性土的抗剪强度选用

施工期与竣工时,按不排水剪或快剪测定的指标 φ、c 进行总应力分析,但实际上施工期孔隙水压力会部分消散,故按总应力分析偏于保守。

稳定渗流期:采用有效应力强度指标进行有效应力分析具有良好的精度。

库水位降落期：上游坝坡的控制情况适宜采用有效应力分析。

对于重要的工程，抗剪强度指标的选择应注意填土的各向性、应力历史等。

（二）非黏性土的抗剪强度选用

非黏性土的透水性强，其抗剪强度取决于有效法向应力和内摩擦角，一般通过排水剪切试验确定强度指标。

非黏性土的抗剪强度的选取：浸润线以上的土体采用湿土的抗剪强度，浸润线以下的土体采用饱和土的抗剪强度。

五、稳定分析方法

（一）圆弧滑动面稳定计算

码 3-14　微课-土石坝最危险滑动圆弧位置的确定

土石坝设计中目前应用最广泛的圆弧滑动计算方法有瑞典圆弧法和简化的毕肖普法。

1. 瑞典圆弧法

瑞典圆弧法（见图 3-29）是不计条块间作用力的方法，计算简单，已积累了丰富的经验，但理论上有缺陷，且孔隙压力较大和地基软弱时误差较大。其基本原理是将滑动面上的土体按一定宽度分为若干个铅直土条，不计条块间作用力，计算各土条对滑动圆心的抗滑力矩和滑动力矩，再分别取其总和，其比值即为该滑动面的稳定安全系数。

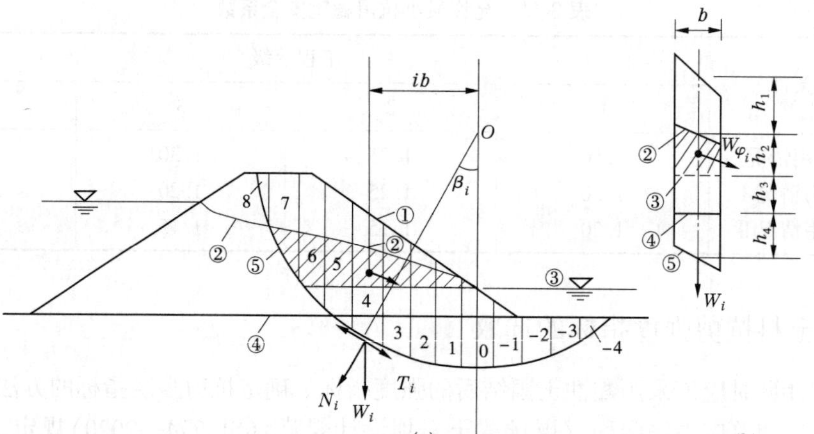

①—坝坡线；②—浸润线；③—下游水面；④—地基面；⑤—滑裂面

图 3-29　圆弧滑动计算简图

计算步骤如下：

（1）确定圆心、半径，绘制圆弧。

（2）将土条编号。为便于计算，土条宽度取 $b=0.1R$（圆弧半径）。各块土条编号的顺序为：零号土条位于圆心之下，向上游（对下游坝坡而言）各土条的顺序为 1、2、3…往下游的顺序为-1、-2、-3…。

（3）计算各土条重量。计算抗滑力时，浸润线以上部分用湿重度，浸润线以下部分用浮重度；计算滑动力时，下游水面以上部分用湿重度，下游水面以下部分用饱和重度。

(4)计算稳定安全系数。计算公式为

$$K=\frac{\sum\{[(W_i\pm V)\cos\beta_i-ub\sec\beta_i-Q\sin\beta_i]\tan\varphi_i'+c_i'b\sec\beta_i\}}{\sum[(W_i\pm V)\sin\beta_i+M_c/R]} \tag{3-45}$$

式中　W_i——土条重量；

Q,V——水平地震惯性力和垂直地震惯性力(向上为负、向下为正)；

u——作用于土条底面的孔隙压力；

β_i——条块重力线与通过此条块底面中点的半径之间的夹角；

b——土条宽度；

c_i',φ_i'——土条底面的有效应力抗剪强度指标；

M_c——水平地震惯性力对圆心的力矩；

R——圆弧半径。

2. 简化的毕肖普法

简化的毕肖普法(见图 3-30)近似考虑了土条间相互作用力的影响，能反映土体滑动土条之间的客观状况，但计算比瑞典圆弧法复杂。图 3-30 中 E_i 和 X_i 分别表示土条间的法向力和切向力；W_i 为土条自重，在浸润线上、下分别按湿重度和饱和重度计算；N_i 和 T_i 分别为土条底部的总法向力和总切向力，其他符号意义同上。为使问题可解，毕肖普假设 $X_i=X_{i+1}$，即略去土条间的切向力，使计算工作量大为减少，而成果与精确法计算的仍很接近，故称简化的毕肖普法。计算公式为

$$K=\frac{\sum\{[(W_i\pm V)\sec\beta_i-ub\sec\beta_i]\tan\varphi_i'+c_i'b\sec\beta_i\}[1/(1+\tan\beta_i\tan\varphi_i'/K)]}{\sum[(W_i\pm V)\sin\beta_i+M_c/R]} \tag{3-46}$$

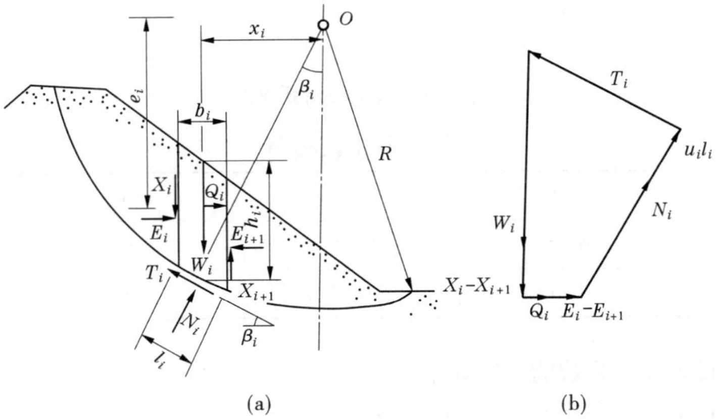

图 3-30　简化的毕肖普法

3. 考虑渗透动水压力时的坝坡稳定计算

当坝体内有渗流作用时，还应考虑渗流对坝坡稳定的影响。在工程中常采用替代法。

例如，在审查下游坝坡稳定时，可将下游水位以上、浸润线与滑弧间包围的土体在计算滑动力矩时用饱和重度，而计算抗滑力矩时则用浮重度，浸润线以上仍用湿重度计算，下游水位以下土体仍用浮重度计算。其稳定安全系数表达式为

$$K=\frac{\sum b_i(\gamma_m h_{1i}+\gamma' h_{2i})\cos\beta_i\tan\varphi_i+\sum c_i l_i}{\sum b_i(\gamma_m h_{1i}+\gamma_{sat} h_{2i})\sin\beta_i} \tag{3-47}$$

式中 γ_m ——土体的湿重度；

γ' ——土体的浮重度；

γ_{sat} ——土体的饱和重度；

h_1、h_2——浸润线以上和浸润线与滑弧之间的土条高度。

替代法适用于浸润面与滑动面大致平行，而且 β_i 角较小的情况，因而是近似的。

4. 最危险圆弧位置的确定

如图 3-31 所示，首先由下游坝坡中点 a 引出两条直线，一条是铅直线，另一条与坝坡线成 85°角，再以 a 为圆心，以 $R_内$、$R_外$ 为半径（$R_内$、$R_外$ 值由表 3-12 查得）作两个圆弧，得到扇形 $bcdf$，然后按图示作直线 M_1M_2 并延长使其与扇形相交，交点为 eg。最危险的滑弧圆心就在扇形面积中的 eg 线附近。

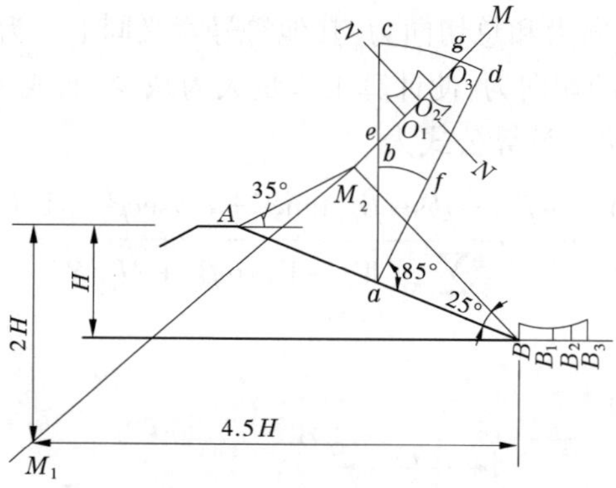

图 3-31 最危险滑弧求解

表 3-12 $R_内$、$R_外$ 值

坝坡	1:1	1:2	1:3	1:4
$R_内/H$	0.75	0.75	1.0	1.5
$R_外/H$	1.5	1.75	2.3	3.7

计算最小稳定安全系数的步骤如下：

(1)首先在 eg 线上假定几个圆心 O_1、O_2、O_3 等，从每个圆心作滑弧通过坝脚点，按公式分别计算其 K_c 值。按比例将 K_c 值画在相应的圆心上，绘制 K_c 值的变化曲线，可找到该曲线上的最小 K_c 值，例如 O_2 点。

(2)再通过 eg 线上 K_c 最小的点 O_2，作 eg 的垂线 $N—N$。在 $N—N$ 线上取数点为圆心，画弧仍通过 B 点，求出 $N—N$ 线上最小的 K_c 值。一般认为该 K_c 值即为通过 B 点的最

小安全系数,并按比例画在 B 点。

(3)根据坝基土质情况,在坝坡上或坝脚外,再选数点 B_1、B_2、B_3 等,仿照上述方法,求出相应的最小安全系数 K_{c1}、K_{c2}、K_{c3} 等,并标注在相应点上,与 B 点的 K_c 连成曲线找到 K_{cmin}。一般至少要计算 15 个滑弧才能得到答案。

(二)非圆弧滑动稳定计算

非黏性土坝坡,如心墙的上下游坡和斜墙坝的下游坝坡,以及斜墙坝的上游保护层和保护层连同斜墙一起滑动时,常形成折线滑动面。

折线法常采用两种假定:滑楔间作用力为水平向,采用与圆弧滑动法相同的安全系数;滑楔间作用力平行滑动面,采用与毕肖普法相同的安全系数。

1. 非黏性土坝坡部分浸水的稳定计算

如图 3-32 所示,对于部分浸水的非黏性土坝坡,由于水上与水下土的物理性质不同,滑裂面不是一个平面,而是近似折线面。图中 ADC 为一滑裂面,折点 D 在上游水位处;用铅直线 DE 将滑动土体分为 2 块,重为 W_1、W_2;假设条块间的作用力为 P_1,方向平行于 DC;2 块土体底面的抗剪强度指标分别为 $\tan\varphi_1$、$\tan\varphi_2$。

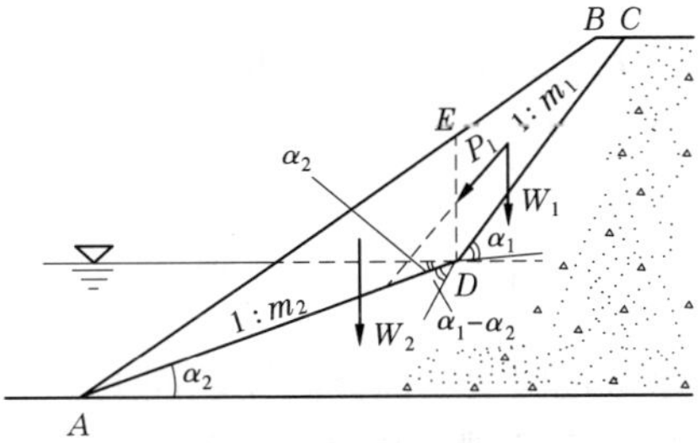

图 3-32　非黏性土坝坡部分浸水的稳定计算

土块 $BCDE$ 沿 CD 滑动面的力平衡式为

$$P_1 - W_1\sin\alpha_1 + \frac{1}{K}W_1\cos\alpha_1\tan\varphi_1 = 0 \tag{3-48}$$

土体 ADE 沿 AD 滑动面的力平衡式为

$$\frac{1}{K}[W_2\cos\alpha_2 + P_1\sin(\alpha_1 - \alpha_2)]\tan\varphi_2 - W_2\sin\alpha_2 - P_1\cos(\alpha_1 - \alpha_2) = 0 \tag{3-49}$$

式(3-48)、式(3-49)联立,可以求得安全系数 K。

坝坡的最危险滑动面的稳定安全系数:先假定 α_2 和上游水位不变的情况下,一般至少假设 3 个 α_1 才能求出最危险的 α_1。同理,求最危险的水位和 α_2。最危险的水位和 α_1、α_2 对应的滑动面的安全系数即为最小稳定安全系数。

2. 斜墙坝上游坝坡的稳定计算

斜墙坝上游坝坡的稳定计算,包括保护层沿斜墙和保护层连同斜墙沿坝体滑动两种情况,因为斜墙同保护层和斜墙同坝体的接触面是两种不同的土料填筑的,接触面处往往强度低,有可能斜墙和保护层共同沿斜墙底面折线滑动,如图 3-33 所示,对厚斜墙还应进行圆弧滑动稳定计算。

设试算滑动面 $abcd$,将滑动土体分成 3 块。土体重量分别为 W_1、W_2、W_3,滑面折线与水平面的夹角分别为 α_1、α_2、α_3,P_1、P_2 分别沿着 α_1、α_2 的方向。分别对 3 块土体沿滑动面方向建立力平衡方程:

$$P_1 - W_1\sin\alpha_1 + \frac{1}{K}W_1\cos\alpha_1\tan\varphi_1 = 0 \tag{3-50}$$

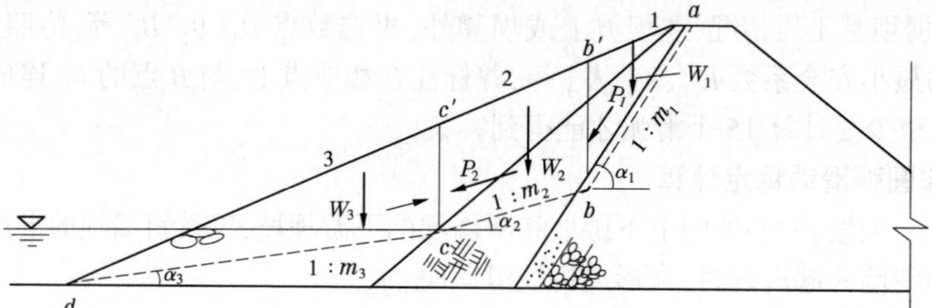

图 3-33　斜墙同保护层一起滑动的稳定计算

$$P_2 - P_1\cos(\alpha_1 - \alpha_2) - W_2\sin\alpha_2 - \frac{1}{K}\{[W_2\cos\alpha_2 + P_1\sin(\alpha_1 - \alpha_2)]\tan\varphi_2 + c_2 l_2\} = 0 \tag{3-51}$$

$$P_2\cos(\alpha_2 - \alpha_3) - W_3\sin\alpha_3 - \frac{1}{K}[W_3\cos\alpha_3 + P_2\sin(\alpha_2 - \alpha_3)]\tan\varphi_3 = 0 \tag{3-52}$$

求最危险滑动面方法原理同上。

（三）复合滑动面稳定计算

当滑动面通过不同土料时，常有直线与圆弧组合的形式。例如，厚心墙坝的滑动面，通过砂性土部分为直线，通过黏性土部分为圆弧。当坝基下较浅处存在软弱夹层时，滑动面也可能通过软弱夹层而形成如图 3-34 所示的复合滑动面。

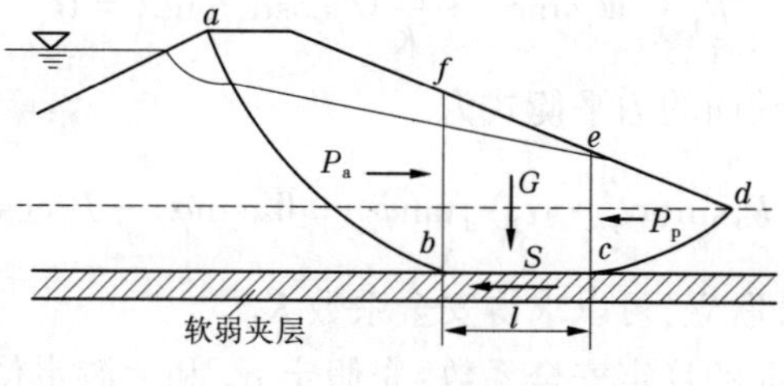

图 3-34　复合滑动面

计算时，可将滑动土体分为 3 个区，在左侧有主动土压力 P_a，在右侧有被动土压力 P_p，并假定它们的方向均水平，中间土体重 G，同时在 bc 面上有抗滑力 $S = G\tan\varphi + cl$，则安全系数 K 可表示为

$$K = \frac{P_p + S}{P_a} \tag{3-53}$$

经过多次试算，才能求出沿这种滑动面的最小稳定安全系数。

【案例 3-4】　土石坝稳定计算

一、计算方法

按施工期、稳定渗流期、库水位降落期三个控制时期核算土石坝的稳定。心（斜心）墙坝的上下游坝坡滑动时形成折线滑动面。部分浸水的非黏土坝坡，由于水位上下的土料重度不同，有水时 φ、c 值也有所降低，此时坝坡失稳时最可能的滑动面近于折线。

在滑动面上抗剪强度的发挥是一样的，安全系数的表示方式为

$$\tan\varphi'_1 = \frac{\tan\varphi_1}{K_c} \tag{3-54}$$

$$\tan\varphi'_2 = \frac{\tan\varphi_2}{K_c} \tag{3-55}$$

$$\tan\varphi'_3 = \frac{\tan\varphi_3}{K_c} \tag{3-56}$$

式中　φ_1、φ_2、φ_3——试验得到的抗剪强度指标。

二、上下游坝坡折线滑动法计算

上下游坝坡稳定计算结果见表3-13。

表3-13　上下游坝坡稳定计算结果

部位	计算工况	上游水位/m	下游水位/m	最小安全系数/K_{min}	规范值
上游坝坡	施工期(1/3坝高)	2 775	2 752.20	1.43	1.35
	稳定渗流期	2 821.4	2 755.06	1.42	1.35
	库水位降落期	2 823.58~2 796	—	1.39	1.25
	正常蓄水位+地震	2 821.4	2 752.20	1.26	1.15
下游坝坡	稳定渗流期(正常)	2 821.4	2 752.20	1.58	1.35
	稳定渗流期(设计)	2 822.60	2 755.06	1.58	1.35
	稳定渗流期(校核)	2 823.58	2 755.22	1.52	1.25
	正常蓄水位+地震	2 821.4	2 752.20	1.41	1.15

三、稳定成果分析

根据表3-13可看出上下游坝坡稳定均满足规范要求，由于上游坝坡较缓，稳定渗流期以及库水位降落期，不考虑地震时，$K_{min}=1.42$，考虑地震时，$K_{min}=1.26$；下游坝坡情况也类似，正常情况$K_{min}=1.58$，非常情况$K_{min}=1.52$，坝的稳定安全系数偏大，就此而言，可考虑加陡坝坡以减小工程量。鉴于各种因素考虑不全，实际安全系数可能要小些，故而不改变坝坡，维持原拟订的剖面。

任务五　土石坝的地基处理

土石坝底面面积大，坝基应力较小，坝身具有一定适应变形的能力，坝身断面分区和材料的选择又具有灵活性，因此土石坝对地基的要求比混凝土坝低，可不必挖除地表面透水土壤和砂砾石等，但地基的性质对土石坝的构造和尺寸仍有很大影响。国外资料统计，土石坝失事约有40%是由地基问题引起的，可见地基处理的重要性。土石坝地基处理的任务是：①控制渗流，使地基以及坝身不产生渗透变形，并把渗流量控制在允许的范围内；②控制稳定，静力和动力稳定避免坝体及坝基发生整体或局部滑动；③控制变形，限制沉降量与不均匀沉降，以限制坝体裂缝的发生。

筑坝前要清除表面的腐殖土，以及可能发生集中渗流和可能发生滑动的表层土石，如较薄的细砂层、稀泥、草皮、树根以及乱石和松动的岩块等，清除深度一般为 0.3~1.0 m。

岩石地基的强度大、变形小，一般均能满足土石坝的要求，其处理的目的主要是控制渗流，处理方法基本与重力坝相同，本任务仅介绍非岩石地基的处理。

一、砂砾石地基处理

码 3-15　微课-土石坝的砂砾石地基处理

砂砾石地基的承载力一般能满足要求，砂砾石地基的处理主要是解决渗流问题。处理的目的是减小坝基的渗透量并保证坝基和坝体的抗渗稳定。处理的方法是"上防下排"，即在上游侧设垂直的黏土截水槽、混凝土防渗墙和帷幕灌浆，截断渗流或水平方向的防渗铺盖延长渗径，降低渗透坡降，减小渗流量，控制渗透稳定；在下游侧设水平排水层、排水沟、减压井、透水盖重等滤土、排水、降压，增加坝坡及渗透稳定性。所有这些措施既可以单独使用，也可以联合使用。

铅直的防渗措施能够截断地基渗流，可靠而有效地解决地基渗流问题，在技术条件可能而又经济合理时应优先采用。

（一）黏性土截水槽

截水槽（也称截水墙）是均质坝体、斜墙或心墙向透水地基中的延伸部分。它是最简单和最有效的一种坝基防渗措施。其做法是：在坝轴线处或靠近上游的透水坝基上，平行于坝轴线开挖直达不透水层的梯形断面，底宽由回填土的允许渗透坡降（一般砂壤土为3，壤土为3~5，黏土为5~10）和施工条件确定（最小不小于3.0 m），边坡应根据开挖后坝基的稳定性确定，一般不陡于1∶1~1∶1.5，回填与坝体防渗材料相同的材料（两侧可设过渡层或反滤层），分层压实，与坝体防渗体连成整体。它适用于深度小于15 m的砂砾层，太深则开挖困难。均质土坝截水槽的位置常设在距上游坝踵坝底宽度的1/3~1/2距离内（见图3-35）。

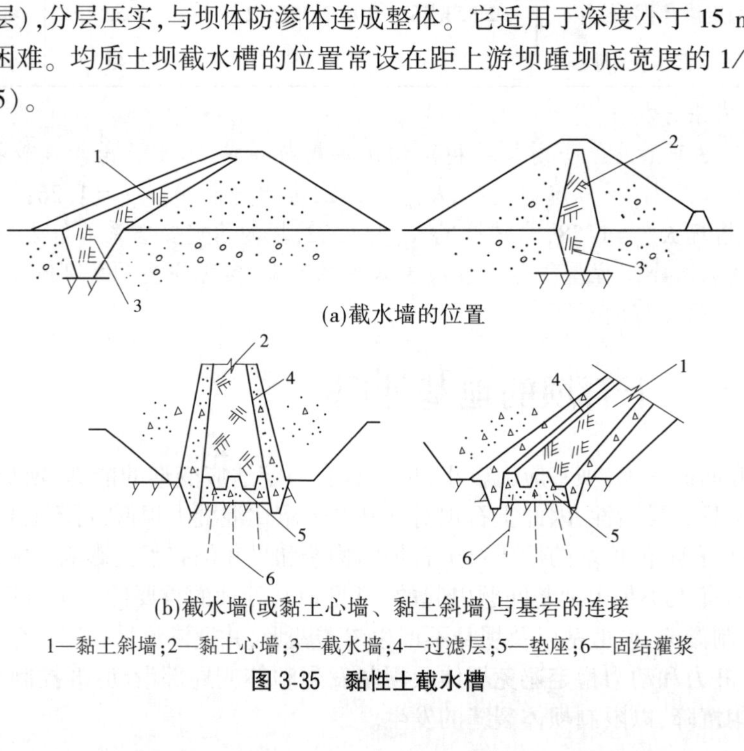

(a)截水墙的位置

(b)截水墙(或黏土心墙、黏土斜墙)与基岩的连接

1—黏土斜墙；2—黏土心墙；3—截水墙；4—过滤层；5—垫座；6—固结灌浆

图3-35　黏性土截水槽

截水槽底部与不透水层接触面是防渗的薄弱环节。若不透水层为岩基,则为了防止因槽底的接触面发生集中渗流而造成的冲刷破坏,可在岩基建混凝土或钢筋混凝土齿墙。若岩石破碎,应在齿墙下进行帷幕灌浆。中、小型工程也可在截水槽底基岩上挖一条齿槽,以延长接触面的渗径,加强截水槽与基岩的连接。若不透水层为土层,则将截水槽底部嵌入不透水层 0.5~1.0 m。截水槽与岩石接触面常做成齿墙,齿墙应嵌入基岩内,上部尺寸应根据沿渗径的接触允许渗透坡降(壤土为 3,黏土为 5 左右)而定。沿齿墙壁长度方向每隔 10~15 m 设缝,缝内设止水,齿墙侧面坡度不陡于 1∶0.1,以利于和回填土的结合。截水槽回填时,应在齿墙壁表面和齿槽岩面抹黏土浆。

(二)混凝土防渗墙

砂砾石层深度在 80 m 以内时采用该方法,具体做法是用钻机或其他设备在土层中造圆孔或槽孔,再在孔中浇混凝土,最后连成一片即形成一道整体的混凝土防渗墙。

板槽型防渗墙是一种开挖沟槽浇筑混凝土的方法,具体做法是将一个槽孔分为几个主孔和副孔,先钻主孔,再钻副孔,主、副孔形成如图 3-36 所示的狭长形沟槽后再浇混凝土。副孔深度可比主孔小一些。防渗墙厚度根据防渗和强度要求确定。按施工条件可选用 0.6~1.3 m(一般为 0.8 m),因受钻孔机具的限制,墙厚不能超过 1.3 m,如不能满足设计要求则应采用两道墙,厚度也不宜小于 0.6 m,因厚度减小时钻孔数量随之增加,减少的混凝土量已不能抵偿钻孔量增大的代价。墙底应嵌入基岩 0.5~1.0 m,对风化较深和断层破碎带可根据情况加深。顶端插入防渗体,插入深度应为坝高的 1/10,高坝可适当降低,低坝应不低于 2 m。

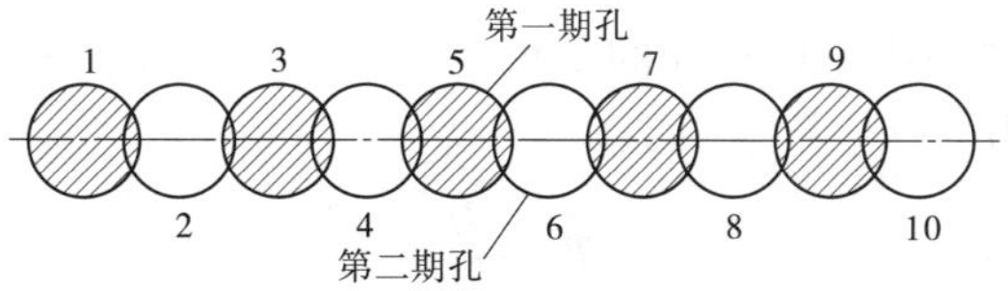

图 3-36　混凝土防渗墙平面布置

修建混凝土防渗墙需要一定的机械设备,但并无特殊要求,关键是在施工过程中要保持钻孔稳定,不致坍塌,常采用膨润土或优质黏土制成的泥浆进行固壁,这种泥浆还可以起到悬浮和挟带岩屑以及冷却和润滑钻头的作用。

从 20 世纪 60 年代起,混凝土防渗墙得到了广泛的应用,积累了不少施工经验,并发展了反循环回转新型冲击钻机、液压抓斗挖槽等技术,在砂卵石层中纯钻工效(70 m 以内)平均达到 0.85 m/h,进入国际先进行列。黄河小浪底工程采用深度 70 m 的双排防渗墙,单排墙厚 1.2 m,如图 3-37 所示。

(三)帷幕灌浆

当砂卵石层很厚时,用上述两种处理方法都较困难或不够经济,可采用帷幕灌浆防渗或在深层采用帷幕灌浆、上层采用明挖回填黏土截水槽或混凝土防渗墙。

码 3-16　微课-帷幕灌浆

帷幕灌浆的施工方法是:先用旋转式钻机造孔,同时用泥浆固壁,钻完孔后在孔中注入填料,插入带孔的钢管,待填料凝固后,在带孔的钢管中置入双塞灌浆器,用一定压力将水泥浆或水泥黏土浆压入透水层的孔隙中。压浆可自

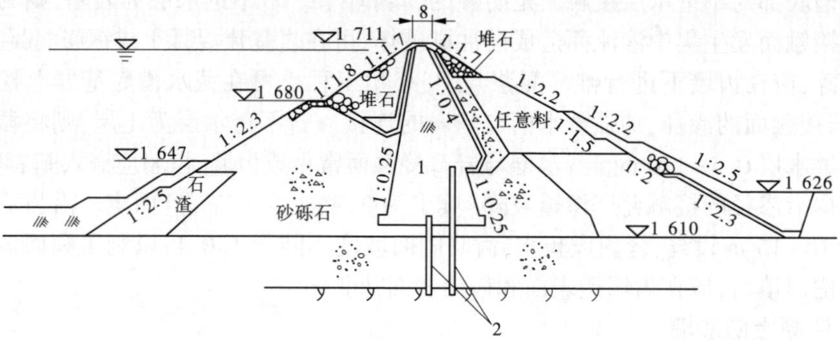

1—黏土心墙；2—混凝土防渗墙

图 3-37　小浪底混凝土防渗墙　（单位：m）

下而上分段进行，分段可根据透水层性质采用 0.33~0.5 m 不等。待浆液凝固后，就形成了防渗帷幕。

在砂卵石地基进行帷幕灌浆前，宜先按可灌比判别其可灌性：$M>15$ 可灌水泥浆；$M>10$ 可灌水泥黏土浆。

$$M = \frac{D_{15}}{d_{85}} \tag{3-57}$$

式中　D_{15}——受灌地层中小于该粒径的土重占总土重的 15%，mm；

d_{85}——灌注材料中小于该粒径的土重占总土重的 85%，mm。

帷幕灌浆的厚度为

$$T = \frac{H}{[J]} \tag{3-58}$$

式中　T——最大设计水头，m；

$[J]$——帷幕的允许水力比降，对一般的水泥黏土浆，可采用 3~4。

帷幕灌浆厚度较大，因此需几排钻孔，孔距和排距由现场试验确定，通常为 3~5 m，边排孔稍密，中排孔稍稀。灌浆时，先灌边排孔，后灌中排孔，浆液由稀到浓，灌浆压力自下而上逐渐减小，由 2 500~4 000 kPa 减小到 200~500 kPa。帷幕灌浆伸入砂卵石层下的不透水层内至少 1.0 m。灌浆后将表层胶结不好的砂卵石挖除，做黏土截水墙或混凝土防渗墙。

我国在密云水库白河主坝、上马岭和毛家村土石坝的砂砾石地基中采用了水泥黏土帷幕灌浆，灌浆深度达 40 m；法国谢尔蓬松坝高 129 m，砂砾石冲积层地基，1957 年建成帷幕灌浆，深约 110 m，顶部厚度为 35 m，底部厚度为 15 m，钻孔 19 排，中间 4 排直达基岩，边孔深度逐渐变浅，渗透坡降为 3.5~8。在砂砾石层中最深的水泥黏土帷幕灌浆已经达 170 m。

帷幕灌浆的优点是灌浆深度大，当覆盖层内有大孤石时，可不受限制。这种方法的主要问题是对地基的适应性较差，有的地基如粉砂、细砂地基，不易灌进，而透水性太大的地基又往往耗浆量太大。所以，使用这种方法时，必须对覆盖层的性质深入勘测和分析，并进行必要的现场试验。20 世纪 80 年代后，我国发展了高压定向喷射灌浆技术，其原理是：将 30~50 MPa 的高压水和 0.7~0.8 MPa 的压缩空气输到喷嘴，喷嘴直径为 2~3 mm，造成流速为 100~200 m/s 的射流，切割地层形成缝槽，同时用 1.0 MPa 左右的压力把水泥浆由另一钢管输送到另一喷嘴以充填上述缝槽并渗入缝壁砂砾石地层中，凝结后形成防渗板墙。施工时，在事先形成的泥浆护壁钻孔中，将高压喷头自下而上逐渐提升即可形成全孔高的防渗板墙。这种防渗板墙的渗透系数为 10^{-5}~10^{-6} cm/s，抗压强度为 6.0~20.0 MPa，允许渗透坡降突破规范限制，达到 80~100，施工效率高，有一定的发展前途。

（四）防渗铺盖

防渗铺盖是一种由黏性土做成的水平防渗设施，是斜墙、心墙或均质坝体向上游延伸的部分，一般应和下游排水联合作用。当采用垂直防渗有困难或不经济时，可考虑采用铺盖防渗。防渗铺盖构造简单，造价一般不高，但它不能完全截断渗流，只是通过延长渗径的办法，降低渗透坡降、减小渗流量，所以对解决渗流控制问题有一定的局限性。其布置形式如图 3-38 所示。

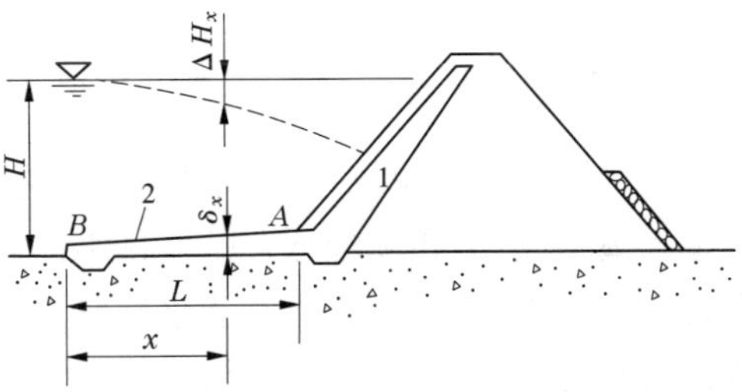

1—斜墙；2—铺盖

图 3-38　水平铺盖

防渗铺盖厚度不小于 0.5~1.0 m，与斜墙连接处常达 3~5 m。渗透系数应小于坝基渗透系数的 1/100，铺盖表面应设保护层，以防蓄水前黏土发生干裂及运用期间波浪作用和水流冲刷的破坏，铺盖与砂砾石地基之间应根据需要设置反滤层或垫层。

巴基斯坦塔贝拉土坝坝高 147 m，坝基砂砾石层厚约 200 m，采用了厚 1.5~10 m、长 2 347 m 的铺盖，是目前世界上最长的铺盖。我国采用铺盖防渗有成功的实例，但在运用中也确有一些程度不同的裂缝、塌坑、漏水等现象，影响了防渗效果，如果地基是渗透性很大的砾石层或者渗透稳定性很差的粉细砂，不宜采用铺盖；对高、中坝及复杂地层和防渗要求较高的工程，应慎重选用。

（五）排水减压措施

坝基中的渗流有可能引起坝下地层的渗透变形或沼泽化，或使坝体的浸润线过高时，宜设坝基排水设施。在坝下游设置穿过相对不透水层并深入透水层一定深度的排水减压装置，以导出渗水，降低渗透压力，确保土石坝及其下游地区的安全。常用的排水减压设施有排水减压井和排水暗沟，分别如图 3-39、图 3-40 所示。

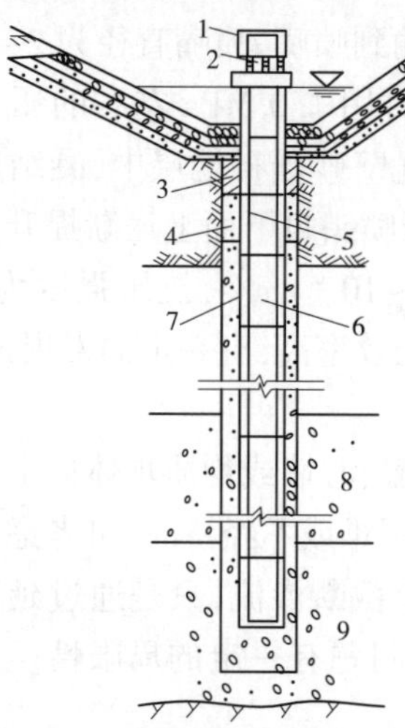

1—井帽;2—钢丝出水口;3—回填混凝土;4—回填砂;
5—上升管;6—穿孔管;7—反滤层;8—砂砾石;9—砂卵石

图3-39 排水减压井

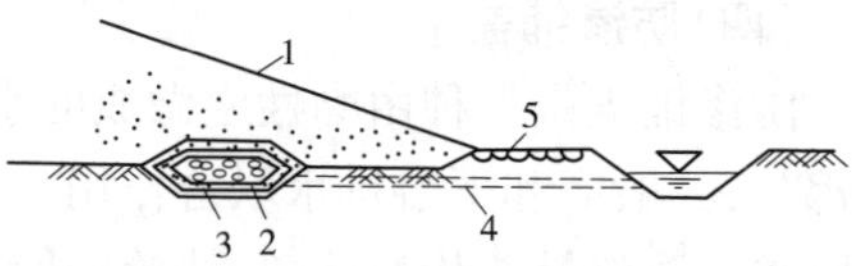

1—坝体;2—坝身排水;3—反滤层;
4—暗沟;5—堆石盖重

图3-40 排水暗沟

排水减压基本措施:①透水性均匀的单层结构坝基以及上层渗透系数大于下层的双层结构坝基,可采用水平排水垫层,也可在坝趾结合贴坡排水体做反滤排水沟。②双层结构透水坝基,当表层为不太厚的弱透水层,且其下的透水层较浅,渗透性较均匀时,宜将坝底表层挖穿做反滤排水暗沟,并与坝底的水平排水垫层相连,将水导出。此外,也可在下游坝趾做反滤排水沟。③当表层弱透水层太厚,或透水层成层性较显著时,宜采用减压井深入强透水层。

二、细砂地基处理

饱和的均匀细砂地基在动力作用下,特别是在地震作用下易于液化,应采取工程措施加以处理。当厚度不大时,可考虑将其挖除;当厚度较大时,可首先考虑采取人工加密措施,使之达到与设计地震烈度相适应的密实状态,然后采取加盖重、加强排水等附加防护设施。

在易液化土层的人工加密措施中,对浅层土可以进行表面振动加密,对深层土则以振冲、强夯等方法较为经济和有效。振冲法,是依靠振动和水冲使砂土加密,并可在振冲孔中填入粗粒料形成砂石桩。强夯法,在国内是利用8~25 t的重锤反复多次夯击地面,夯击产生的应力和振动通过波的传播影响到地层深处,可使不同深度的地层得到不同程度的加固。

三、软黏土和黄土地基处理

软黏土不宜做坝基,经论证可修建低均质坝和心墙坝。土层较薄时,一般全部挖除。当土层较厚,较难以挖除时,可采用排水砂井、加荷预压、振冲置换等方法。

黄土地基可用于低坝,在我国西北部地区分布较广,其主要特点是浸水后沉降较大。

处理的方法一般有挖除、翻压、强夯、消除其湿陷性,经过论证,可用预先浸水法等。

四、土石坝坝体与地基、岸坡及其他建筑物的连接

土石坝与坝基、岸坡及混凝土建筑物的连接是土石坝处理的关键部位:①接触面都是防渗的薄弱部位,必须妥善处理,使其结合紧密,避免产生集中渗流;②保证坝体与河床及岸坡结合面的质量,不使其形成影响坝体稳定的软弱层面;③不致因岸坡形状或坡度不当引起坝体不均匀沉降而产生裂缝。

(一)坝体与土质地基及岸坡的连接

坝体与土质地基及岸坡的连接必须做到:①坝断面范围必须清除坝体与地基、岸坡上的草皮、树根、含有植物的表土、碎石、垃圾及其他废料,并将清理后的地基表面土层压实;②坝体断面范围内的低强度、高压缩性软土及地震时易液化的土层应清除或处理;③土质防渗体应坐落在相对不透水土基上,或经过防渗处理的坝基上;④坝基覆盖层与下游坝壳粗粒料(如堆石等)接触处,应符合反滤要求,如不符合应设置反滤层。

心墙和斜墙在与两端岸坡连接处应扩大其断面,以加强连接处防渗的可靠性(见图3-41)。扩大断面与正常断面之间应以渐变的形式过渡,并且岸坡应大致平顺,不应呈台阶状。反坡或突然变坡,岸上缓下陡时,变坡角应小于20°,岸坡不宜陡于1∶1.5。

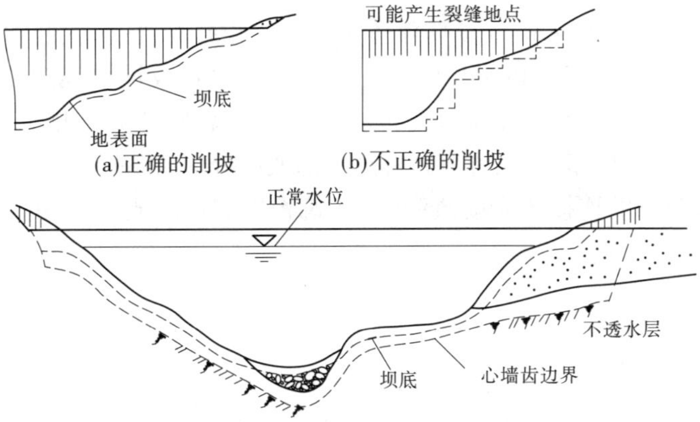

(a)正确的削坡　(b)不正确的削坡

(c)心墙落在不透水层上

图3-41　坝体与土质地基及岸坡的连接

(二)坝体与岩石地基及岸坡的连接

坝体与岩石地基及岸坡的连接必须做到:①坝断面范围内的岩石坝基与岸坡,应清除表面松动石块、凹处积土和突出的岩石。②土质防渗体和反滤层宜与坚硬、不冲蚀和可灌浆的岩石连接。当风化层较深时,高坝宜开挖到弱风化层上部,中、低坝可开挖到强风化层下部,在开挖的基础上对基岩再进行灌浆等处理。在开挖完毕后,宜用水枪冲洗干净,对断层、张开节理裂隙应逐条开挖清理,并用混凝土或砂浆封堵。坝基岩面上宜设混凝土盖板、喷混凝土或喷水泥砂浆。③对失水时很快风化变质的软岩石(如页岩、泥岩等),开挖时应预留保护层,待开始回填时,随挖除、随回填,或在开挖后用喷砂浆或混凝土保护。④土质防渗体与岩石或混凝土建筑物相接处,如防渗土料为细粒黏性土,则在邻近接触面

0.5~1.0 m 范围内应控制在高于最优含水量不大于3%的情况下填筑，在填土前用黏土浆抹面。如防渗土料为砾石土，临近接触面应采用纯黏性土或砾石含量少的黏性土，在略高于最优含水量下填筑，使其结合良好并适应不均匀沉降。

岩石岸坡一般不陡于1∶0.5，陡于此坡度应有专门论证，并采取必要措施，如做好结合面处的湿黏土回填、加强结合面下游的反滤层等。岩石岸坡的其他要求与土质岸坡相同。

在高坝防渗体底部混凝土盖板以下的基岩中，宜进行浅层铺盖式灌浆，以改善接触条件。在与防渗体接触的覆盖层中，也宜进行浅层铺盖式灌浆。

（三）坝体与混凝土建筑物的连接

土石坝与混凝土坝、溢洪道、船闸、涵管等混凝土建筑物的连接，必须防止接触面的集中渗流，防止因不均匀沉降而产生的裂缝，以及因水流对上下游坝坡和坝脚的冲刷。

土石坝与混凝土坝的连接可采用侧墙式［重力墩或翼墙式（见图3-42）］、插入式（见图3-43）或经过论证的其他形式。土石坝与船闸、溢洪道等建筑物的连接应采用侧墙式。土质防渗体与混凝土建筑物的连接面应有足够的渗径长度。坝体与混凝土建筑物采用侧墙式连接时，土质防渗体与混凝土面结合的坡度不宜陡于1∶0.25，下游侧接触面与土石坝轴线的水平夹角宜为85°~90°。连接段的防渗体宜适当加大断面，或选用高塑性黏土填筑并充分压实，且在接合面附近加强防渗体下游反滤层等。严寒地区应符合防冻要求。坝下埋设涵管应符合下列要求：土质防渗体坝下涵管连接处，应扩大防渗体断面；涵管本身设置永久伸缩缝和沉降时，必须做好止水，并在接缝处设反滤层；防渗体下游面与坝下涵管接触处，应做好反滤层，将涵管包围起来；为灌浆、观测、检修和排水等方面的需要设置的廊道，可布置在坝底基岩上，并宜将廊道全部或部分埋入基岩内。地震区的土石坝与岸坡和混凝土建筑物的连接还应按照《水工建筑物抗震设计规范》（SL 203—97）有关规定执行。

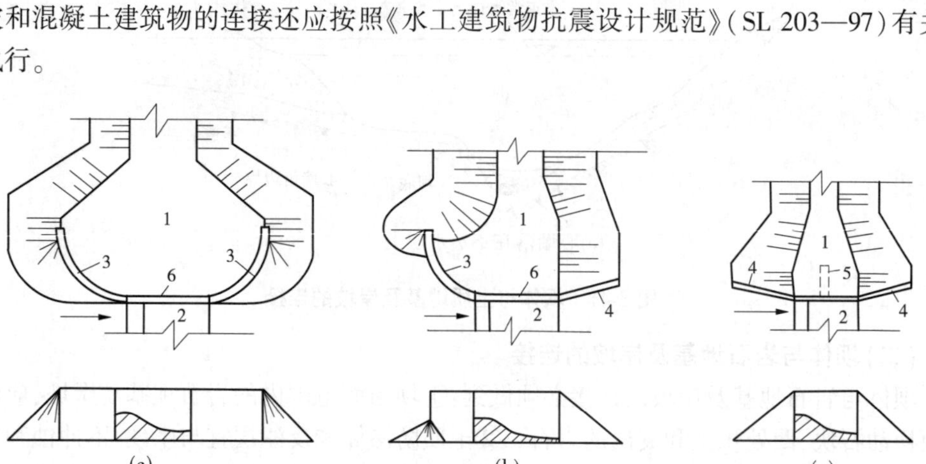

1—土石坝；2—溢流重力坝；3—圆弧翼墙；4—斜降翼墙；5—刺墙；6—边墩

图3-42 翼墙式

我国三道岭水库，坝高24 m，与土坝黏土心墙连接处坝高17 m，采用插入式连接。海城地震时该坝位于8度震区，震后发现土坝坝顶有一条延伸很长的宽大裂缝，缝宽3~15

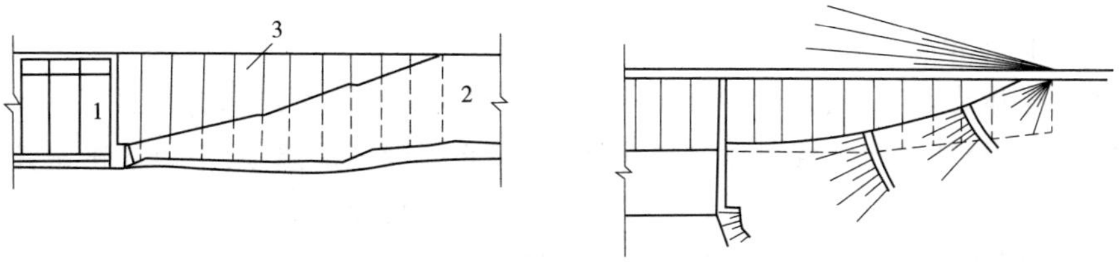

1—溢流重力坝;2—土坝;3—插入段

图 3-43 插入式

cm,混凝土插入墙外土坡锥体沉降 60~70 cm,墙两侧黏土心墙下沉 8 cm,并在接触面上形成裂缝,缝的深度达 1 m 以上,运用中未发现漏水异常,说明这种结构形式具有一定的抗震能力。

【案例 3-5】 土石坝地基处理

一、基础处理部分

(一)河床部分

1. 渗流控制方案

条件允许时优先考虑垂直防渗方案。在透水层较浅(10~15 m 以下)时,可采用回填黏土截水槽方案,由于坝址处河床冲积层平均深 20 m,最大达 35 m,施工比较困难而不予采用;又由于河床有孤石,采用钢板桩也比较困难,造价也高。帷幕灌浆在此地存在可灌性问题。混凝土防渗墙方案,施工快、材料省、防渗效果好,对于这种深度透水层是比较合适的,所以决定采用这种方案。按混凝土的允许渗透坡降及水头定出厚度为 0.8 m。

防渗墙深入河床冲积层,底部嵌入基岩,上部与斜心墙连接。由于防渗墙两侧冲积层易沉降,引起防渗墙顶部黏土心墙与两侧黏土心墙的不均匀沉降而导致裂缝。因此,防渗墙顶部做成尖劈状,两侧以高塑性黏土填筑,伸入斜心墙深已经确定为 7.5 m,底部深入基岩 0.5 m,尖劈顶宽 0.25 m,详见细部构造设计。

2. 防渗墙的形式、材料及布置

根据以往经验,对于透水层厚度为 30~60 m 的情况,采用槽板式混凝土防渗墙比较合适,该设计中采用这种形式。

混凝土防渗墙要求材料有足够的抗渗能力及耐久性,能防止环境水的侵蚀和溶蚀;有一定的强度,满足压应力、拉应力、剪应力等各项强度;要求有良好的流动性、和易性,以便在运输中不发生离析现象,而且能在水下施工。

防渗墙布置于斜心墙之下,从防渗角度来看偏上游好,但从防裂角度看偏下游一侧好,综合考虑布置于心墙底面中心位置。

(二)坝肩处理

坝肩两岸为覆盖层及全风化岩石,深约 20 m,性质较差,为良好的透水料,底部为半风化岩石,性质良好,但由于节理的作用,透水性也较强。针对以上情况做以下处理:设置混凝土防渗墙至半风化岩基,与河床部分防渗墙相连,并在墙下设置灌浆孔,详见细部构造设计。

二、细部构造设计

(一)坝体防渗体、排水设备

坝体防渗体为斜心墙,斜心墙上下游设置反滤层;坝基防渗体为防渗墙和黏土截水槽;坝体排水为棱体排水。在排水体与坝体、坝基之间设置反滤层;下游戗道设置排水沟,并在坝坡设置横向排水沟以汇集雨水,岸坡与坝坡交接处也设置排水沟,以汇集岸坡雨水,防止雨水淘刷坝坡,见细部构造设计图3-44~图3-49。

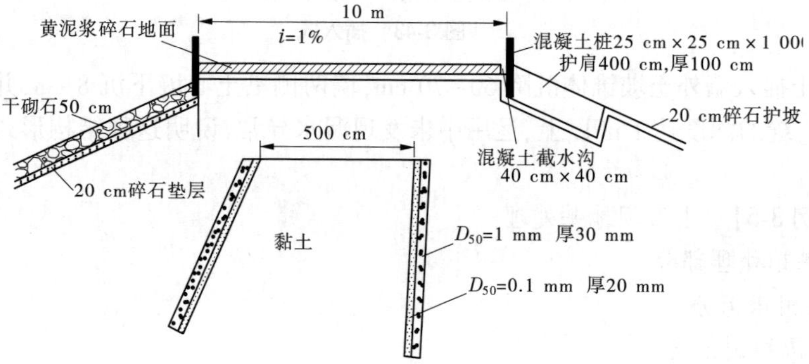

图3-44 坝顶布置

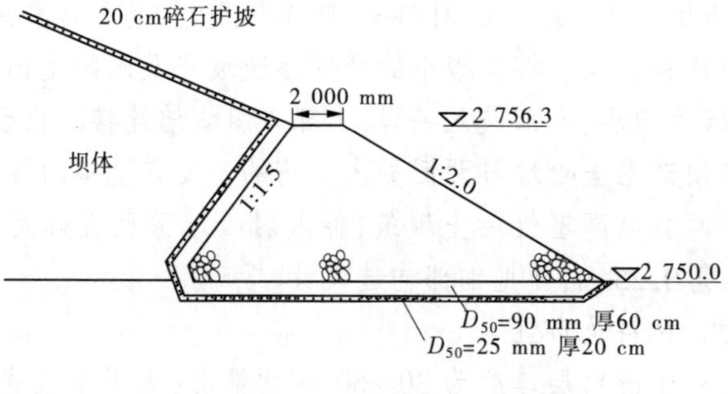

图3-45 棱体排水

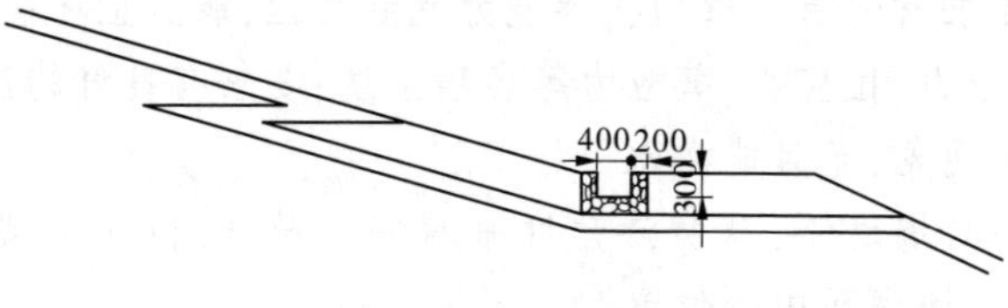

图3-46 坝坡纵向排水 (单位:mm)

(二)反滤层设计

1.设计标准

对于被保护土的第一层反滤料,考虑安全系数为1.5~2.0,按太沙基公式为基准确定,即

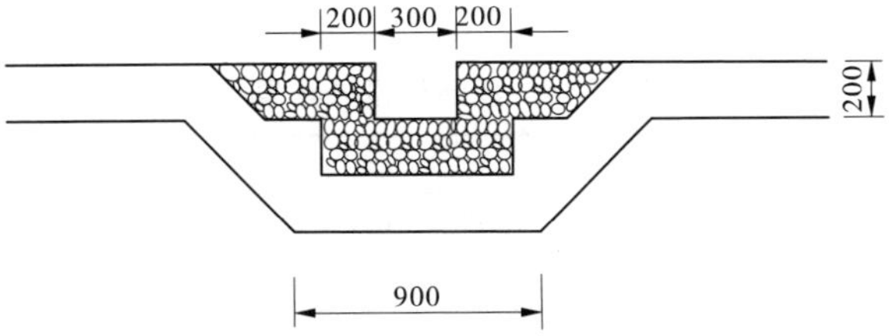

图 3-47 坝体横向排水 （单位:mm）

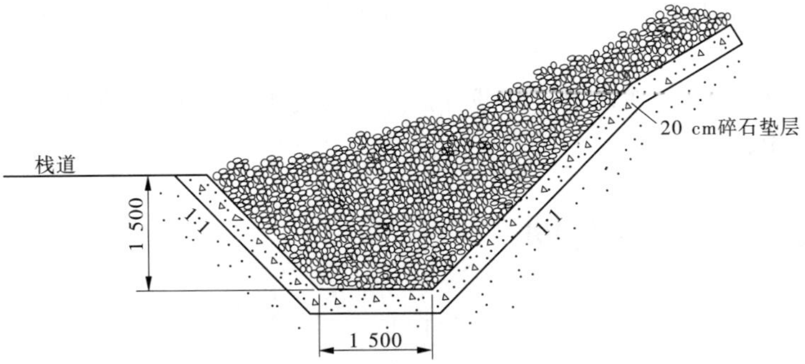

图 3-48 上游护坡详图 （单位:mm）

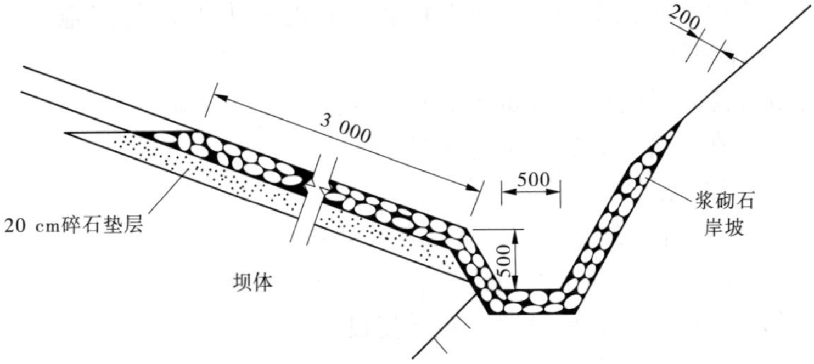

图 3-49 岸坡排水 （单位:mm）

$$\left.\begin{aligned} D_{15}/d_{85} &\leqslant 4 \sim 5 \\ D_{15}/d_{15} &\geqslant 5 \end{aligned}\right\} \tag{3-59}$$

式中 D_{15}——滤料粒径,小于该粒径的土占总土重的 15%;

d_{85}——被保护土粒径,小于该粒径的土占总土重的 85%;

d_{15}——保护土粒径,小于该粒径的土占总土重的 15%。

第二层反滤料的选择也按上述办法进行。

按此标准天然砂砾料不能满足要求,须对土料进行筛选。

2. 设计结果

设计结果见表3-14。

表3-14　反滤层设计结果

部位	第一层		第二层	
	D_{50}/mm	厚度 h_c/cm	D_{50}/mm	厚度 h_c/cm
防渗体周边部位	0.1	20	1.0	30
排水部位	25	20	90	60

3. 护坡设计

上游护坡用于砌石，因其抵御风浪的能力较强，下游坝面直接铺上20 cm的碎石作为护坡。上游护坡由坝顶做至死水位以下（加设计浪高），为了方便做至2 773.0 m高程。

4. 坝顶布置

坝顶设置泥结石路面，坝顶向下游设1%横坡以便汇集雨水，并设置纵向排水沟，经坡面排水排至下游，坝顶设置栏杆以策安全。

任务六　面板堆石坝

一、概述

堆石坝主要由堆石作为支承体和弱透水材料作为防渗体这两部分组成。按防渗体的位置分为心墙坝和斜墙坝，按防渗体材料的性质分为刚性防渗体（如混凝土、钢筋混凝土、木板和钢板等）坝和塑性防渗体（如土料和沥青混凝土等）坝，按施工方法分为抛填坝、碾压坝和定向爆破坝。

面板堆石坝与其他坝型相比有如下主要特点：

(1)就地取材，在经济上有较大的优越性。

(2)施工度汛问题比土坝较为容易解决。

(3)对地形地质和自然条件适应性较混凝土坝强。

(4)方便机械化施工，有利于加快施工工期和减少沉降。

(5)坝身不能泄洪，一般需另设泄洪和导流设施。

二、面板堆石坝的剖面设计

（一）坝顶

面板堆石坝普遍在其顶部设置L形的钢筋混凝土防浪墙，以利于节省坝体堆石量，防浪墙高可采用4~6 m。防浪墙与面板间要保证良好的止水连接，其底面与坝顶连接处的堆石宽度不宜小于9 m，以便浇筑面板时有足够的工作场地进行滑模设备的操作，按此设计，坝顶填筑堆石后的宽度约为5 m。

（二）坝坡

堆石坝的坝坡与石料性质、坝高、坝型和地基条件有关，其上下游坝坡坡度可参照类似工程确定，一般多采用1∶1.3~1∶1.4。对于地质条件较差或堆石体填料抗剪强度较低以及地震区的面板堆石坝，其坝坡应适当放缓。

三、面板堆石坝的构造

面板堆石坝主要由堆石体、钢筋混凝土面板及其与河床和岸坡相连接的趾板等构成的防渗系统组成。

(一)堆石体

堆石体是面板堆石坝的主体部分，根据其受力情况和在坝体所发挥的功能，又可划分为垫层区(2A 区)、过渡区(3A 区)、主堆石区(3B 区)和次堆石区(3C 区)，如图 3-50 所示。

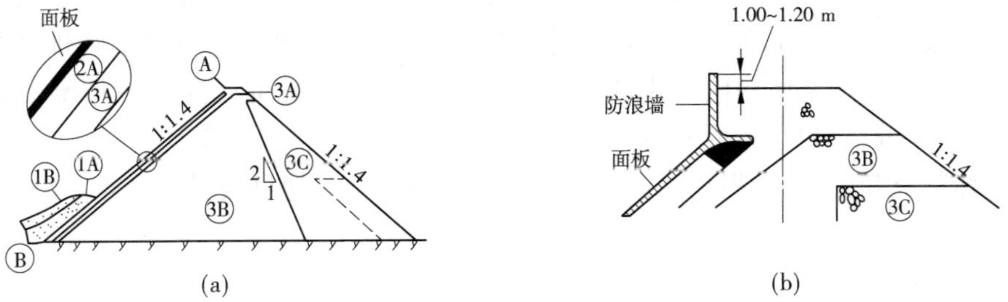

图 3-50　混凝土面板堆石坝

1. 垫层区

垫层区应选用质地新鲜、坚硬且耐久性较好的石料，可采用经筛选加工的砂砾石、人工石料或者由两者混合掺配。高坝垫层料应具有连续级配，一般最大粒径为 80~100 mm，粒径小于 5 mm 的颗粒含量为 35%~55%。

2. 过渡区

过渡区介于垫层区与主堆石区之间，起过渡作用，石料的粒径级配和密实度应介于垫层区与主堆石区两者之间。

3. 主堆石区

主堆石区为面板坝堆石的主体，是承受水压力的主要部分，它将面板承受的水压力传递到地基和下游次堆石区，该区既应具有足够的强度和较小的沉降量，同时应具有一定的透水性和耐久性。

4. 次堆石区

下游次堆石区承受水压力较小，其沉降和变形对面板变形影响一般也不大，因而对填筑要求可酌情放宽。

(二)防渗面板的构造

1. 钢筋混凝土面板

钢筋混凝土面板防渗体主要由防渗面板和趾板组成。面板是防渗的主体，对质量有较高的要求，即要求面板具有符合设计要求的强度、不透水性和耐久性。面板底部厚度宜采用最大工作水头的 1%，考虑施工要求，顶部最小厚度不宜小于 30 cm。

2. 趾板(底座)

趾板是面板的底座，其作用是保证面板与河床及岸坡之间的不透水连接，同时作为坝基帷幕灌浆的盖板和滑模施工的起始工作面。

面板接缝设计(包括面板与趾板的周边接缝和趾板之间接缝)主要是止水布置,周边缝止水布置最为关键。面板中间部位的伸缩缝一般设1~2道止水,底部用止水铜片,上部用聚氯乙烯止水带。周边缝受力较复杂,一般采用2~3道止水,在上述止水布置的中部再加PVC止水。如布置止水困难,可将周边缝面板局部加厚。

3. 面板与岩坡的连接

为保证趾板与岸坡紧密结合和加大灌浆压重,趾板与岸坡之间应插锚筋固定。锚筋直径一般为25~35 mm,间距为1.0~1.5 m,长为3~5 m。

趾板范围内的岸坡应满足自身稳定和防渗要求,为此应认真做好该处岸坡的固结灌浆和帷幕灌浆设计。固结灌浆可布置两排,深3~5 m。帷幕灌浆宜布置在两排固结灌浆之间,一般为一排,深度按相应水头的1/3~1/2确定。灌浆孔的间距视岸坡地质条件而定,一般取2~4 m,重要工程应根据现场灌浆试验确定。为了保证岸坡的稳定,防止岸坡坍塌而砸坏趾板和面板,趾板高程以上的上游坡应按永久性边坡设计。

项目小结

本项目从土石坝设计任务出发,从土石坝的基本特点入手,围绕剖面设计,介绍了土石坝的分类、特征、基本剖面与构造、渗流分析、材料与填筑要求、地基处理等内容。其中心是剖面设计,重点在于渗流和稳定分析。通过实际工程案例过程,理论联系实际,让学生更好地掌握土石坝设计的基本方法和理论。

项目自测题

1. 土石坝的特点是什么?
2. 土石坝的主要类型有哪些?各有什么优缺点?
3. 土石坝的基本剖面为什么是梯形?
4. 确定土石坝坝顶高程和重力坝坝顶高程的不同点是什么?
5. 影响坝坡的因素是什么?如何影响?
6. 土石坝渗透变形有哪几类?什么叫流土、管涌?
7. 防止渗透变形的原则是什么?措施有哪些?
8. 重力坝、土石坝、拱坝的稳定破坏形式有什么不同?
9. 土石坝坝坡滑裂面的形状如何确定?
10. 瑞典圆弧法的基本假定是什么?
11. 怎样确定滑弧及土坝的最小稳定安全系数?
12. 土石坝的填筑标准是什么?
13. 土石坝为什么要设防渗排水?坝身、坝基防渗排水有哪些?
14. 土石坝地基必须满足的条件是什么?为什么?砂砾石地基处理的一般方法是什么?
15. 反滤层的作用、构造、设置位置是什么?
16. 土石坝体与地基、岸坡及其他建筑物连接时应注意什么问题?

项目四　河岸溢洪道设计

【思政导引】糯扎渡水电站——创新铸就水电丰碑工程

【项目简述】

在水利枢纽中,必须设置泄水建筑物,溢洪道作为一种最常见的泄水建筑物,用于排泄水库的多余水量,必要时放空水库以及施工期导流,以满足安全和其他要求。常用的泄水建筑物有河床溢洪道、河岸溢洪道,对于土石坝及某些轻型坝等水利枢纽,常在坝体以外的岸边或天然垭口布置溢洪道,称为河岸溢洪道。

【溢洪道设计基本资料】

某水库总库容 1 420 万 m^3,根据《水利水电工程等级划分及洪水标准》(SL 252—2017),该枢纽为Ⅲ等,枢纽主要建筑物有土坝、溢洪道、放水涵管,级别为 3 级。正常蓄水位为 116.70 m,百年一遇设计洪水位为 117.90 m,下游水位为 84.70 m;500 年一遇校核洪水位为 119.60 m,下游水位为 100.95 m;设计下泄流量 110 m^3/s,最大下泄流量 150 m^3/s,死水位为 93.60 m,死库容为 115 万 m^3。

根据坝址自然条件,在左岸高程适宜、距离坝轴线 150 m 处有一天然垭口,是布置溢洪道的理想位置,不会危及大坝安全,也便于管理。

【项目实施方法及教学目标】

(一)项目实施方法

项目实施分为四个阶段:

第一阶段是项目实施的准备阶段,尽快准备项目实施所需的资料和计算、绘图工具。

第二阶段是设计计算阶段,是项目实施的一个非常重要的阶段。在这个阶段中要尽快熟悉计算理论,并尽快实施具体的计算。在这个过程中,可能会遇到许多问题,因此在本阶段要培养学生解决问题的能力。通过这一阶段的实施,令学生的专业技能得到较大提高。

第三阶段是绘制图纸阶段,是将第二阶段的成果用图纸的形式表达出来的阶段。

第四阶段是设计计算报告的编写。设计计算报告是设计成果的重要体现,报告编写要符合规定要求。

(二)项目教学目标

河岸溢洪道设计项目教学目标包括知识目标、技能目标和思政目标三个方面。知识目标是基础目标,技能目标是核心目标,思政目标贯穿整个项目实施过程,是项目实施的重要保证。

1. 知识目标

(1)熟悉溢洪道的作用、类型和组成。

(2)掌握溢洪道的水力计算方法。

(3)了解溢洪道细部构造要求。

(4)掌握消能计算方法。

2. 技能目标

(1)能够正确运用规范、手册等资料进行基本设计计算。

(2)基本掌握河岸溢洪道布置、水力计算和消能防冲计算的方法。

(3)能够使用绘图工具和计算机绘制图纸。

3. 思政目标

(1)认真严肃进行设计,培养忠诚、干净、担当、科学、求实、创新的水利精神。

(2)培养团队精神,与项目其他角色人员共同探讨问题,切磋提升技能水平。

(3)克服困难,培养顽强的职业精神。

【成果提交要求】

(一)设计报告

设计报告包括说明和计算两大部分。说明部分应全面表达设计者的设计思想、方法和分析能力,包含对设计成果、采用的设计参数和理论依据的充分说明。要求章节分明、简明扼要、文理通顺,既有计算成果,又有分析论证和明确结论,必要时,使用附表和插图(应按比例绘制)。计算部分是设计者的设计程序、设计成果的来源,要求详细列出所有计算过程。计算过程尽量列表计算,附计算草图;列出计算成果,并说明成果是否合理,如不合理,叙述可做改动的步骤;要求计算方法正确、参数取值合理、数据真实可靠、计算结果正确可信。

(二)设计图纸

设计图纸主要包括溢洪道的河岸平面布置图、总剖视图、细部构造图等。绘图应符合制图标准和相关规范,要求制图正确、布局合理、主次分明、比例得当、线条清晰、尺寸齐全,必要时应有简明注解。

(三)成果说明

要求简要说明计算成果及合理性,或设计的不足和可以进一步改进的地方,并对设计过程进行总结。

任务一　概　述

在水利枢纽中,为了防止洪水漫过坝顶,危及大坝和枢纽的安全,必须布置泄水建筑物,以宣泄水库按运行要求不能容纳的多余来水量。常用的泄水建筑物有河床溢洪道、河岸溢洪道。对于土石坝及某些轻型坝等水利枢纽,常在坝体以外的岸边或天然垭口布置溢洪道,称河岸溢洪道。

码 4-1　动画-溢洪道

一、河岸溢洪道的类型与特点

河岸溢洪道分为正常溢洪道和非常溢洪道两大类，正常溢洪道常用的形式主要有正槽式、侧槽式、井式和虹吸式四种，非常溢洪道常用的形式主要有漫流式、自溃式和爆破引溃式三种。

（一）正常溢洪道

（1）正槽式溢洪道，如图 4-1 所示。这种溢洪道的泄槽轴线与溢流堰轴线正交，过堰水流与泄槽轴线方向一致，其水流平顺，超泄能力大，并且结构简单，运用安全可靠，是一种采用最多的河岸溢洪道形式。

（2）侧槽式溢洪道，如图 4-2 所示。这种溢洪道的溢流堰与泄槽的轴线接近平行，过堰水流在侧槽内转弯约 90°，再经泄槽泄入下游，因而水流在侧槽中的紊动和撞击都很强烈，且距坝头较近，直接关系到大坝的安全。它适宜坝肩山体高，岸坡较陡的中、小型水库。

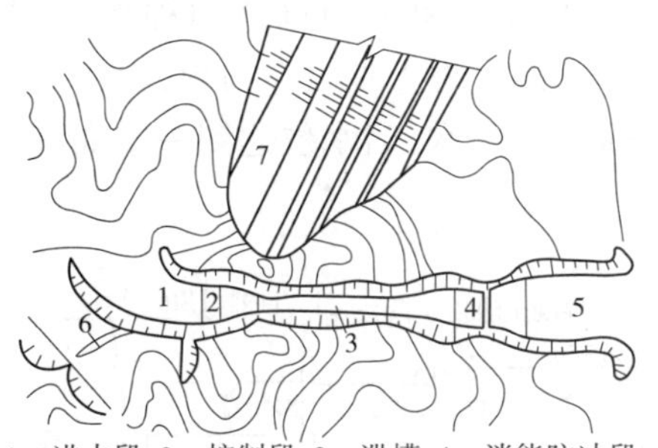

1—进水段；2—控制段；3—泄槽；4—消能防冲段；
5—出水渠；6—非常溢洪道；7—土石坝

图 4-1 正槽式溢洪道

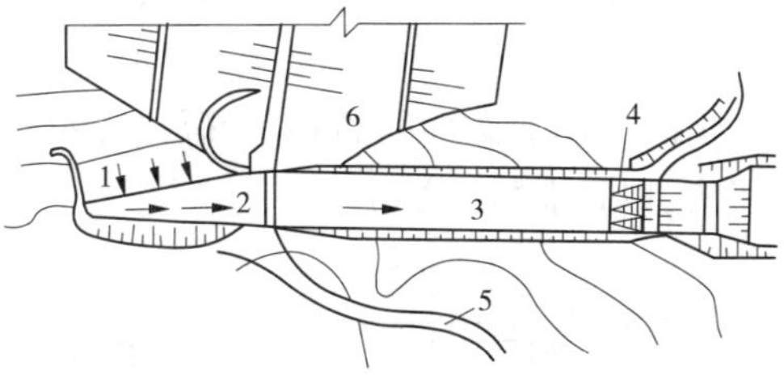

1—溢流堰；2—侧槽；3—泄槽；
4—出口消能段；5—上坝公路；6—土石坝

图 4-2 侧槽式溢洪道

（3）井式溢洪道。其组成主要有溢流喇叭口段、渐变段、竖井段、弯道段和水平泄洪洞段，如图 4-3 所示。它适用于岸坡陡峻、地质条件良好，又有适宜地形的情况，可避免大量的土石方开挖，但水流条件复杂，超泄能力小，容易产生空蚀和振动。因此，我国目前较少采用。

（4）虹吸式溢洪道，如图 4-4 所示。其工作原理是利用虹吸的作用泄水。当库水位达到一定高程时，淹没了通气孔，水流将流过堰顶并逐渐将曲管内的空气带出，使曲管内产生真空，形成虹吸作用自动泄水。这种溢洪道的优点是能自动调节上游水位，不需设置闸门；其缺点是超泄能力较小，构造复杂，且进口易堵塞，管内易空蚀。它适用于上游淹没高程有严格限制的中、小型水库。

以上四种类型的泄洪设施，前两种整个流程是完全敞开的，故又称为开敞式溢洪道，而后两种又称为封闭式溢洪道。

（二）非常溢洪道

非常溢洪道是一种保坝的重要措施，仅在发生特大洪水，正常溢洪道宣泄不及致使库水位将要漫顶时才启用。

（1）漫流式非常溢洪道。这种溢洪道与正槽式溢洪道类似，将堰顶建在准备开始溢流的水位附近，而且任其自由漫流。溢流水深一般较小，因而堰长较大，多设于垭口或地势平坦之处，以减小土石方开挖量。

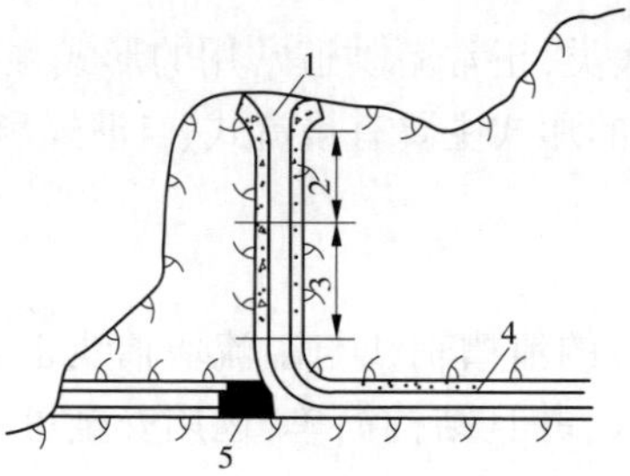

1—溢流喇叭口段；2—渐变段；3—竖井段；
4—水平泄洪洞段；5—导流洞(后期封堵)

图 4-3　井式溢洪道　(单位：m)

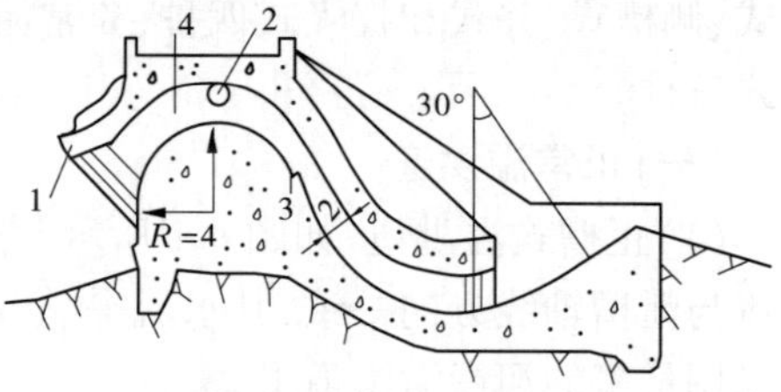

1—遮檐；2—通气孔；3—挑流坎；4—曲管

图 4-4　虹吸式溢洪道　(单位：m)

(2)自溃式非常溢洪道。按溃决方式可分为漫顶自溃和引冲自溃两种形式，如图 4-5、图 4-6 所示。这种形式的溢洪道是在非常溢洪道的底板上加设自溃堤，堤体可根据实际情况采用非黏性的砂料、砂砾或碎石填筑，平时可以挡水，当水位达到一定高程时自行溃决，以宣泄特大洪水。

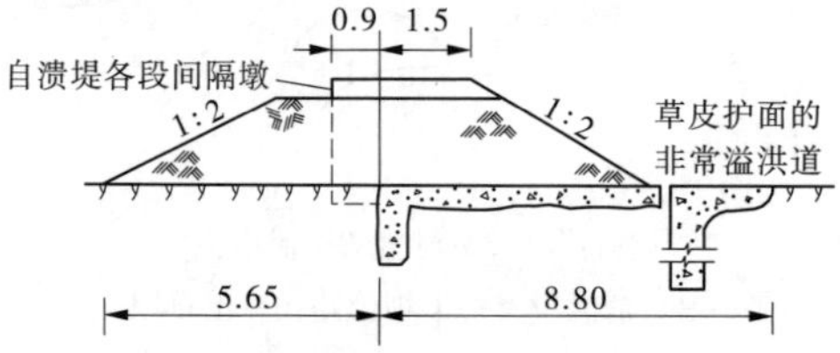

图 4-5　漫顶自溃式非常溢洪道　(单位：m)

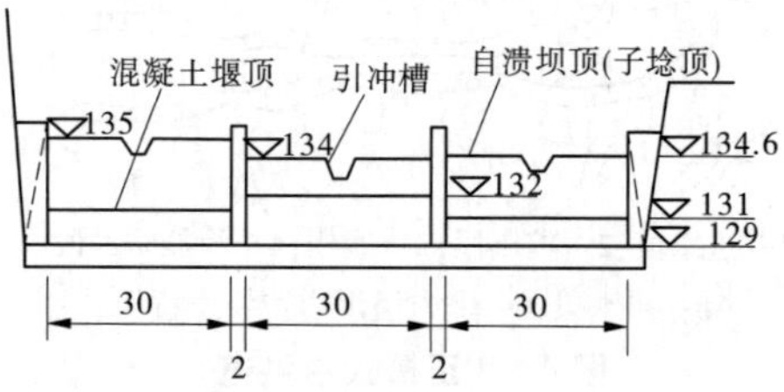

图 4-6　引冲自溃式非常溢洪道　(单位：m)

漫顶自溃式构造简单、管理方便，但溢流缺口的位置和自溃时间无法进行人工控制，有可能溃坝提前或滞后。一般用于自溃坝高度较低，分担洪水比重不大的情况。当漫顶自溃坝较长时，可用隔墙将其分成若干段，各段采用不同的坝高，满足不同水位的特大洪水下泄，避免当泄量突然加大时给下游造成损失。

引冲自溃式是在自溃坝的适当位置加引冲槽，当库水位达到启溃水位后，水流即漫过引冲槽，冲刷下游坝坡形成口门并向两侧发展，使之在较短时间内溃决。在工程中应用较广泛。

(3)爆破引溃式非常溢洪道，如图 4-7 所示。爆破引溃式溢洪道是当需要泄洪时引爆预埋的炸药，使非常溢洪道的坝体形成一定尺寸的爆破漏斗，形成引冲槽，通过坝体引冲作用使其在短时间内迅速溃决，达到泄洪目的。

由于非常溢洪道的运用概率很小，实践经验还不多。目前在设计中如何确定合理的洪水标准、非常泄洪设施的启用条件及各种设施的可靠性等，尚待进一步研究解决。

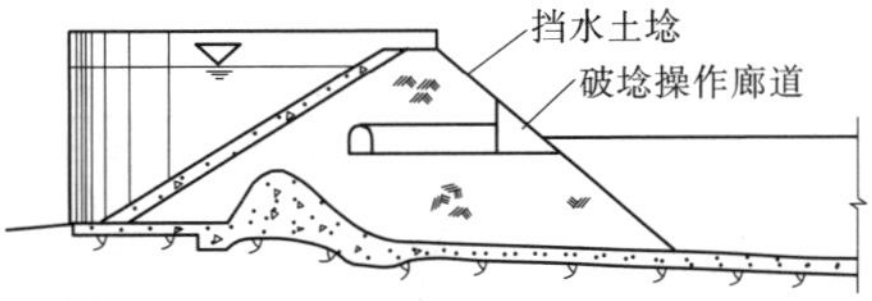

图 4-7　爆破引溃式非常溢洪道

二、河岸溢洪道的位置选择

河岸溢洪道位置选择是否得当,对水库工程的安全和造价有很大影响。溢洪道位置选择主要应考虑以下几个条件:

(1)地形条件。是决定溢洪道形式和布置的主要因素。较理想的地形条件是:离大坝不远的库岸有通向下游的马鞍形山垭口,其高程在正常蓄水位附近,垭口后面有长度不大的冲沟直通原河道,出口离下游坝脚较远,这对工程的经济、安全及管理运用均有利,且易于解决下泄水流的归河问题。

如果坝肩具有有利的地形条件,且高程适宜,可将溢洪道布置在坝肩上。这种布置形式工程量小,对于土石坝枢纽还具有利用其开挖料作为筑坝材料的优点,是较常见的布置形式。

当两岸山坡陡峻时,可将溢流堰沿岸坡等高线方向布置,即采用侧槽式溢洪道,以减小开挖工程量。

(2)地质条件。是影响溢洪道安全的关键因素。溢洪道应尽量布置在坚固、完整、稳定的岩石地基上,以减小砌护工程量并有利于工程的安全。溢洪道两侧山坡也必须稳定,以防止泄洪时山坡崩塌堵塞或摧毁溢洪道,危及大坝安全,产生严重后果。

(3)水流条件。溢洪道的轴线一般宜取直线,力求水流顺畅,流态稳定。当因地形或地质条件的限制而需转弯时,应尽量将弯道设置在进水渠或出水渠段。为避免冲刷坝体,溢洪道进口距坝端不宜太近,一般最少要在 20 m 以上。溢洪道出口距坝脚不应小于 50~60 m,以免水流冲刷坝脚或其他建筑物。但为了管理方便,溢洪道也不宜距离大坝太远。

(4)施工条件。应避免溢洪道开挖与其他建筑物施工相互干扰,选择出渣路线及堆渣场所,以便布置,并尽量利用开挖土石料填筑坝体。

【案例 4-1】　溢洪道位置选择

一、项目任务

根据项目基本资料完成形式和位置的选择。

二、溢洪道布置

(一)形式选择

因为开敞式溢洪道泄洪能力大,工作可靠,结构简单,施工、管理和维修方便,水流条件较好,可省去闸门和启闭设备,本设计选用开敞式溢洪道。

(二)位置选择

该坝址左岸距大坝 150 m 处有一天然山谷垭口,是布置溢洪道较理想的位置,具体布置如图 4-8 所示。

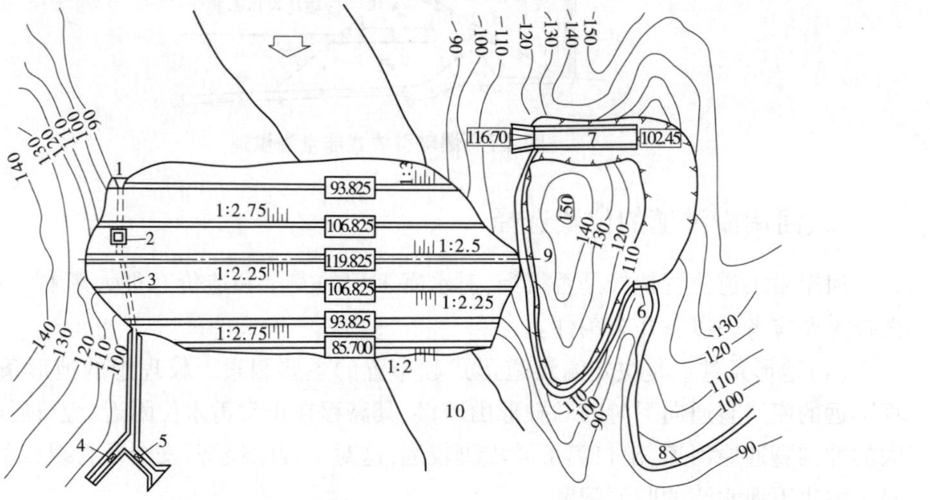

1—进水口；2—启闭塔；3—输水洞；4—分水闸；5—泄水闸；
6—桥；7—溢洪道；8—公路；9—坝轴线；10—永兴河

图 4-8　枢纽平面布置图

任务二　正槽式溢洪道设计

正槽式溢洪道一般由进水渠、控制段（溢流堰）、泄槽、消能防冲设施及出水渠五部分组成。

码 4-2　微课-正槽式溢洪道

一、进水渠

进水渠的作用是将水库的水平顺地引至溢流堰前。其设计原则是在合理的开挖方量下尽量减小水头损失，以增加溢洪道的泄洪能力。因此，进水渠布置时应注意以下几点：

（1）平面布置。进水渠在平面上宜布置成直线。若受地形或地质条件限制，进水渠必须转弯，则应使弯曲半径不小于 4 倍的渠底宽度，并力求在控制段前有一直线段，直线段的长度不小于 2 倍的堰上水头，以保证控制段为正向进水。

进水渠长度应尽量短，在不引起其他组成部分工程量增加过多的情况下，应尽量使溢流堰直接面临水库，这样就不需要进水渠，只在堰前做一个喇叭形进水口即可，如图 4-9 所示。

（2）横断面。进水渠的横断面尺寸应足够大，以减小渠内流速，减小水头损失。渠内设计流速应大于悬移质不淤流速，小于渠道不冲流速，且水头损失较小，一般采用 3～5 m/s。进水渠的边坡根据稳定要求确定。为了减小糙率和防止冲刷，进水渠应做衬砌。

（3）纵断面。应做成平底或底坡较小的反坡。当溢流堰为实用堰时，渠底在溢流堰处宜低于堰顶至少 $0.5H_d$（H_d 为堰面定型设计水头），但对于宽顶堰则无此要求。

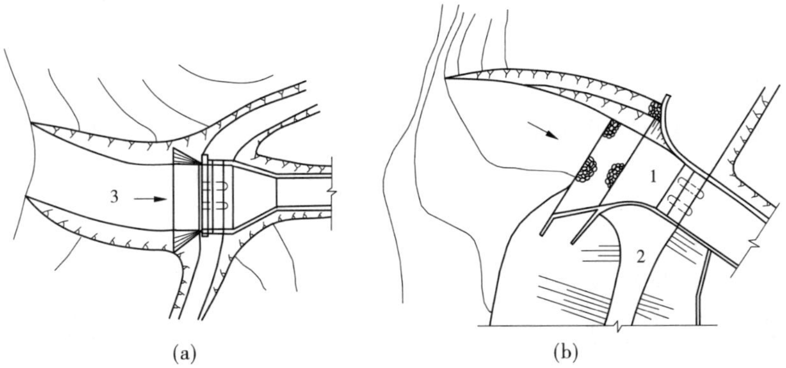

1—喇叭口;2—土坝;3—引水渠

图 4-9 溢洪道进水渠形式

二、控制段

溢洪道的控制段包括溢流堰及两侧连接建筑物,是控制溢洪道泄流能力的关键部位。

(一)溢流堰的形式

溢流堰通常选用宽顶堰、实用堰,有时也采用驼峰堰、折线形堰。溢流堰的体形应尽量满足增大流量系数,在泄流时不产生空穴水流或诱发振动的负压等。

1. 宽顶堰

宽顶堰的特点是结构简单、施工方便,但流量系数较小。由于宽顶堰荷载小,对承载力较差的土基适应能力较强,因此在泄量不大或附近地形较平缓的中、小型工程中应用较广,如图 4-10 所示。

2. 实用堰

实用堰与宽顶堰相比较,实用堰的流量系数比较大,在泄量相同的条件下需要的溢流前缘较短,工程量相对较小,但施工较复杂。大、中型水库,特别是岸坡较陡时,多采用这种形式,如图 4-11 所示。

溢洪道中的实用堰一般都比较低矮,其流量系数介于溢流重力坝和宽顶堰之间。实用堰的泄流能力与其上下游堰高、定型设计水头、堰面曲线形式等因素有关。

实用堰的断面形式很多,在溢洪道设计规范中建议优先采用 WES 型堰。溢流堰按上游堰高 P_1 和定型设计水头 H_d 的比值分为高堰($P_1/H_d>1.33$)和低堰($P_1/H_d\leqslant1.33$)。高堰的流量系数接近一个常数,一般不随 P_1/H_d 的变化而受影响;低堰的流量系数则随 P_1/H_d 的减小而减小。这是因为进水渠中流速加大,水头损失加大,同时过堰水舌下缘垂直收缩不完全,压能增大,动能减小。为了获得较大的流量系数,一般上游堰高 $P_1\geqslant0.3H_d$。低堰的流量系数还与下游堰高 P_2 有关。当堰顶水头较大,下游堰高 P_2 不足,堰后水流不能保证自由泄流时,将会出现流量系数随水头增加而减小的现象。为了消除这种现象,一般要求下游堰高 $P_2\geqslant0.6H_d$。

低堰泄流时由于下游堰面水深比较大,堰面一般不会出现过大的负压,不致发生破坏性的空蚀和振动,因此在设计溢洪道的低堰时,可选择较小的定型设计水头,使高水位时的流量系数加大。根据试验研究，堰面定型设计水头 H_d 可采用堰顶最大水头的 60% ~ 75%。

3. 驼峰堰

驼峰堰是一种复合圆弧的溢流低堰，堰面由不同半径的圆弧组成，如图 4-12 所示。其流量系数可达 0. 42 以上，设计与施工简便，对地基的要求低，适用于软弱地基。

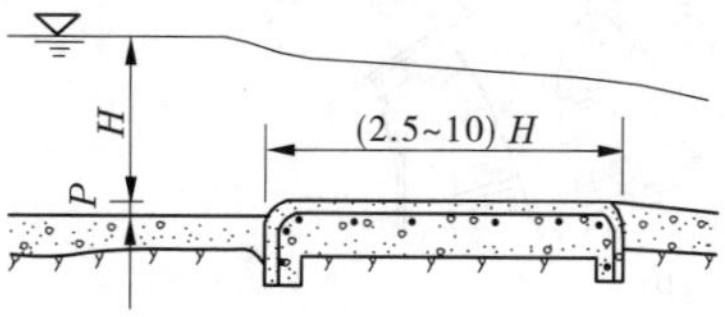

图 4-10　宽顶堰

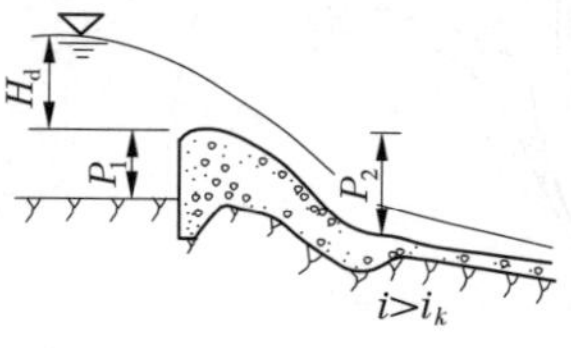

图 4-11　实用堰

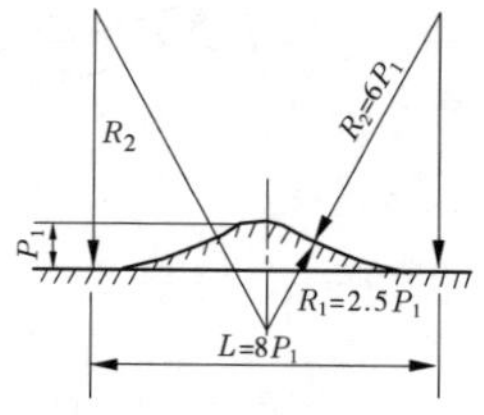

图 4-12　驼峰堰

4. 折线形堰

为获得较长的溢流前缘，在平面上将溢流堰做成折线形，称为折线形堰。

（二）溢流孔口尺寸的拟订

溢洪道的溢流孔口尺寸拟订，主要是溢流堰堰顶高程和溢流前缘长度的确定。中、小型水库溢洪道，特别是小型水库溢洪道常不设闸门，堰顶高程就是水库的正常蓄水位；溢洪道设闸门时，堰顶高程低于水库的正常蓄水位。堰顶是否设置闸门，应从工程安全、洪水调度、水库运行、工程投资等方面论证确定。侧槽式溢洪道的溢流堰一般不设闸门。

溢流堰前缘长度和孔口尺寸的拟订以及单宽流量的选择，与溢流重力坝基本相同。但由于溢洪道出口一般离坝脚较远，其单宽流量可以比溢流重力坝所采用的数值大一些。

三、泄槽

正槽式溢洪道在溢流堰后多用泄槽与消能防冲设施相连，以便将过堰洪水安全地泄向下游河道。河岸溢洪道的落差主要集中在该段。泄槽的底坡常大于水流的临界坡，所以又称陡槽。槽内水流处于急流状态，紊动剧烈，由急流产生的高速水流对边界条件的变化非常敏感。当边墙有转折时就会产生冲击波，并可能向下游移动；当槽壁不平整时，极易产生掺气、空蚀等问题。

（一）泄槽的平面布置

泄槽在平面上应尽可能采用直线、等宽、对称布置，力求使水流平顺、结构简单、施工方便。当泄槽的长度较大，地形、地质条件不允许做成直线，或为了减小开挖工程量、便于洪水归河和有利于消能等，常设置收缩段、扩散段或弯道段。

(1) 收缩角与扩散角。泄槽段水流属于急流，当泄槽的边墙向内收缩时，将使槽内水流产生陡冲击波。冲击波的波高取决于边墙的偏转角 θ，其值越大，波高就越大。当边墙向外扩散时，水流将产生缓冲击波。若扩散角 θ 过大，水流将产生脱离边墙的现象。因此，应严格控制其边墙的收缩角和扩散角，一般不宜大于 6° ~ 8°，也可按下式确定：

$$\tan\theta = \frac{1}{kFr} = \frac{\sqrt{gh}}{kv} \tag{4-1}$$

式中 θ——边墙与泄槽中心线的夹角,(°);

k——经验系数,一般取 3.0;

Fr——扩散段或收缩段的起、止断面的平均弗劳德数;

h——扩散段或收缩段的起、止断面的平均水深,m;

v——扩散段或收缩段的起、止断面的平均流速,m/s。

(2)弯道段。泄槽在平面上需要设置弯道时,弯道段宜设置在流速小、水流比较平稳、底坡较缓且无变化部位。在直线段和弯曲段之间可设置缓和过渡段。为降低边墙高度和调整水流,宜在弯道段及缓和过渡段渠底设置横向坡。弯道的转弯半径可采用6~10倍的泄槽底宽,如图 4-13 所示。

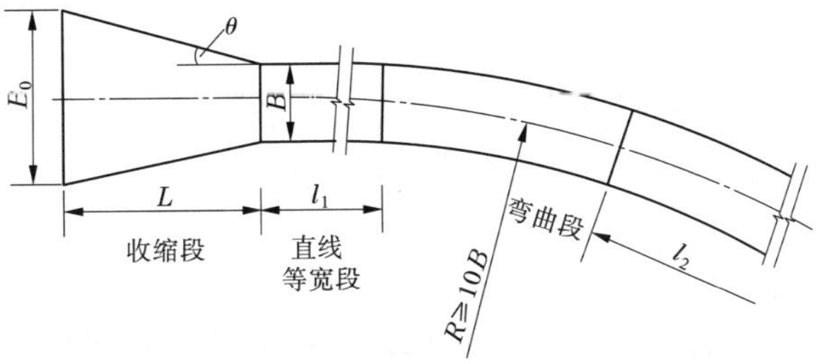

图 4-13 泄槽的平面布置

(二)泄槽的纵剖面

泄槽的纵剖面应尽量按地形、地质以及工程量小、结构安全稳定、水流流态良好的原则进行布置。泄槽纵坡必须保证槽中的水位不影响溢流堰自由泄流,使水流处于急流状态。因此,泄槽纵坡必须大于水流临界坡度。常用的纵坡为 1%~5%,有时可达 10%~15%,坚硬的岩石上可以更大,实践中有用到 1:1的。

为了减小开挖方量,泄槽的纵坡通常随地形、地质条件而改变,但变坡次数不宜过多,而且在不同坡度连接处要用平滑曲面相连接,以免高速水流在变坡处发生脱离槽底引起负压或槽底遭到动水压力的破坏。

当坡度由陡变缓时,可采用半径为(6~12)h 的反向弧段连接(h 为反弧段水深),流速大者宜选用大值;当底坡由缓变陡时,可采用竖向射流抛物线连接,如图 4-14 所示。其抛物线方程可按下式计算:

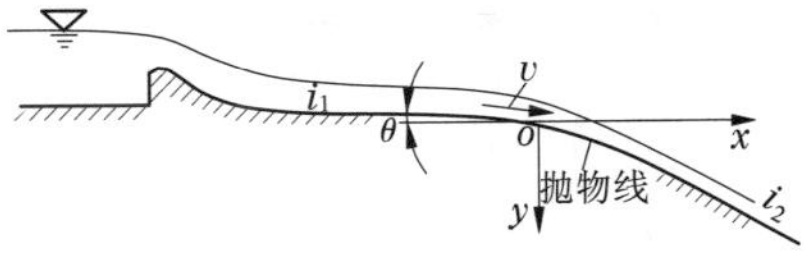

图 4-14 变坡处抛物线连接

$$y = x\tan\theta + \frac{x^2}{K(4H_0\cos^2\theta)} \qquad (4\text{-}2)$$

式中 x、y——以缓坡泄槽末端为原点的抛物线横、纵坐标,m;

θ——缓坡泄槽底坡坡角,(°);

H_0——抛物线起始断面比能,$H_0 = h + \frac{\alpha v^2}{2g}$, m,$h$ 为抛物线起始断面水深, m,v 为抛物线起始断面流速, m/s,α 为流速分布不均匀系数,通常取 $\alpha = 1.0$;

K——系数，对于落差较大的重要工程，取 1.5，对于落差较小的工程，取 1.1~1.3。

（三）泄槽的横剖面

泄槽横剖面形状在岩基上多做成矩形或近似于矩形，以使水流均匀分布和有利于下游消能，边坡坡比为 1∶0.1~1∶0.3；在土基上则采用梯形，但边坡不宜太缓，以防止水流外溢和影响流态，边坡坡比为 1∶1~1∶2。

泄槽边墙顶高程应根据波动和掺气后的水面线加上 0.5~1.5 m 的超高来确定。对非直线段、过渡段、弯道等水力条件比较复杂的部位，超高应适当增加。掺气程度与流速、水深、边界糙率及进口形状等因素有关。

掺气水深可用下式估算：

$$h_b = \left(1 + \frac{\zeta v}{100}\right) h \tag{4-3}$$

式中　h、h_b——泄槽计算断面不掺气水深及掺气后水深，m；

v——不掺气情况下计算断面的平均流速，m/s；

ζ——修正系数，一般取 1.0~1.4 s/m，当流速大时宜取大值。

在泄槽转弯处的横剖面，弯道处水流流态复杂，由弯道离心力及冲击波共同作用下形成的外墙水面与中心线水面的高差 Δz 如图 4-15(a)所示。Δz 可按下式计算：

$$\Delta z = K\frac{v^2 b}{gR_0} \tag{4-4}$$

式中　Δz——横向水面差，m；

R_0——弯道段中心线曲率半径，m；

b——按直线段计算所得水面宽度，m；

v——计算断面平均流速，m/s；

K——超高系数，其值可按表 4-1 查取。

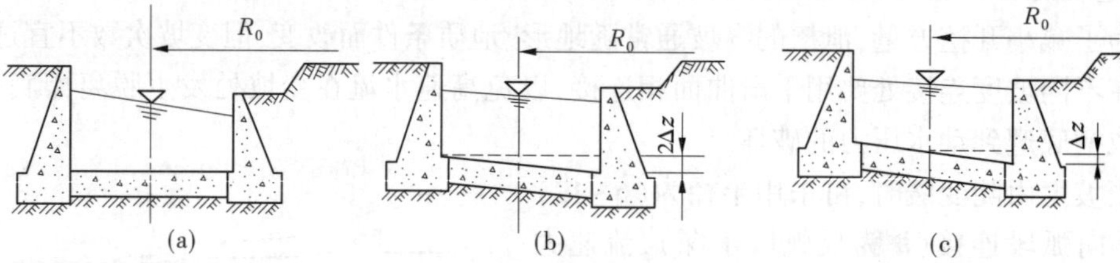

图 4-15　弯道横向水面超高

表 4-1　不同断面形状泄槽的超高系数 K 值

泄槽断面形状	弯道曲线的几何形状	K 值
矩形	简单圆曲线	1.0
梯形	简单圆曲线	1.0
矩形	带有缓和曲线过渡段的复曲线	0.5
梯形	带有缓和曲线过渡段的复曲线	1.0
矩形	既有缓和曲线的过渡段，槽底又横向倾斜	0.5

为消除弯道段的水面干扰,保持泄槽轴线的原底部高程、边墙高程等不变,以利施工,常将内侧渠底较轴线高程下降 Δz ,而外侧渠底则抬高 Δz ,如图 4-15 所示。

(四)泄槽的构造

1. 泄槽的衬砌

泄槽通常均需衬砌。为了保证泄槽安全泄水,衬砌必须做到光滑平整、止水可靠、排水通畅、坚固耐用。衬砌表面光滑平整,可以防止引起不利的负压和空蚀;衬砌接缝处的止水可靠,可以避免高速水流钻入底板以下,因脉动压力引起破坏;底板下的排水系统通畅,可以减小作用于底板上的扬压力以增加衬砌的稳定性;衬砌材料应能抵抗水流冲刷、适应温度变化、抵御风化剥蚀和冻融循环的作用以延长使用寿命。

如岩基很好,在离开溢流堰较远的地方也可不衬砌,只需将岩石加以平整即可。

泄槽一般采用混凝土衬砌,流速不大的中、小型工程也可以采用水泥砂浆或细石混凝土砌石衬砌,但应适当控制砌体表面的平整度。

衬砌的厚度应满足其稳定、不漏水,以及在气温变化下不裂缝,或当水流挟沙时不致被磨损破坏等要求。由于作用在衬砌上的各种力难以准确计算,目前尚未形成成熟的计算方法和公式,设计中一般是参照条件类似的已建工程拟订,一般取 0. 4~0. 5 m,不应小于 0. 3 m。当单宽流量或流速较大时,衬砌厚度应适当加厚,甚至可达 0. 8 m。

为了防止温度变化引起温度裂缝,重要的工程常在衬砌临水面配置适量的钢筋网,每个方向的含钢率为 0. 1%~0. 2%。岩基上的衬砌,在必要的情况下可布置锚筋插入新鲜岩层,以增加衬砌的稳定性。锚筋的直径为 25 mm 以上,间距为 1. 5~3. 0 m,插入基岩 1. 0~1. 5 m。在土基上,由于衬砌与地基之间基本无凝聚力,又不能采用锚筋,为增加衬砌的稳定性,可适当增加衬砌厚度或增设上下游齿墙。

2. 衬砌的分缝、止水和排水

为防止产生温度裂缝,除配置温度钢筋外,在衬砌上还应设置横缝和纵缝,并与堰体及边墙贯通。衬砌分缝的缝宽一般多采用 1~2 cm。由于岩基对衬砌的约束力大,所以岩基上的混凝土衬砌分缝的间距不宜太大,一般采用 10~15 m,衬砌较薄时对温度影响较敏感,应取小值。衬砌的接缝有平接、搭接和键槽、齿槽等多种形式,如图 4-16 所示。垂直于流向的横缝比纵缝要求高,宜采用搭接式,岩基较坚硬且衬砌较厚时也可采用键槽缝;纵缝可采用平接的形式。

(a)平接缝 (b)键槽缝 (c)搭接缝 (d)齿槽缝

图 4-16 衬砌接缝的形式

为防止高速水流通过缝口钻入衬砌底面,将衬砌掀动,所有的伸缩缝都应布置止水,其布置要求与水闸底板基本相同。

衬砌的纵缝和横缝下面应设置排水设施,且互相连通,渗水集中到纵向排水管内排向下游。岩基上的横向排水通常是在岩石上开挖沟槽并回填不易风化的碎石,沟槽尺寸一般采用 0. 3 m×0. 3 m,顶面盖上木板或沥青油毛毡,防止浇筑衬砌时砂浆进入而影响排水效果。纵向排水通常是在沟槽内放置透水的混凝土管，管径一般采用 10~20 cm。管与横向排水沟的接口不封闭，以便收集渗水，管周围用不易风化的卵石或碎石填满。为了防止排水管有可能被堵塞而影响排水，纵向排水管至少应有两排，以确保排水通畅。

土基或破碎软弱的岩基，常在衬砌底板下面设置厚约 30 cm 的碎石垫层，形成平面排水，以减小底板承受的渗透压力，如图 4-17 所示。如果地基为黏性土，先铺一层厚 0.2~0.5 cm 的砂砾垫层，垫层以上再铺卵石或碎石排水层，或直接在砂砾垫层中做纵、横排水管，管周围做反滤层。如果地基为细砂，应先铺一层 0.2~0.4 m 的粗砂，再做碎石排水层，以防止渗透破坏。

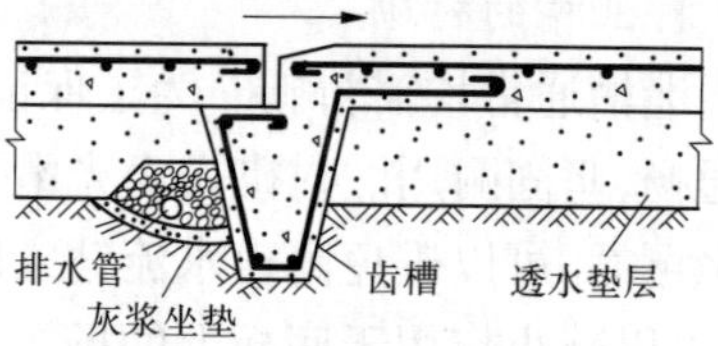

图 4-17　衬砌接缝与排水构造

泄槽边墙的构造基本上与底板相同。边墙的横缝间距与底板一致，缝内设止水，其后设排水并与底板下的排水管连通。在排水管靠近边墙顶部的一端设通气孔以便排水通畅。边墙的断面形式根据地基条件和泄槽断面形状而定，当岩石良好时，可采用衬砌式，厚度一般不小于 30 cm；当岩石较弱时，需将边墙做成重力式挡土墙。混凝土边墙顶宽应不小于 0.5 m，以利通行。

四、消能防冲设施

溢洪道宣泄的洪水，单宽流量大，流速高，能量集中。因此，消能防冲设施应根据地形条件、地质条件、泄流条件、运行方式、下游水深及河床抗冲能力、消能防冲要求、下游水流衔接及对其他建筑物的影响等因素，通过技术经济比较选定。

河岸溢洪道一般采用挑流消能或底流消能。

挑流消能一般适用于较好岩石地基的高、中水头枢纽，有关计算内容和方法与重力坝类似。

挑流坎的结构形式一般有重力式和衬砌式两种，如图 4-18 所示。前者适用于较软弱岩基，后者适用于坚实完整岩基。挑流坎下游常做一段短护坦以防止小流量时产生贴流而冲刷齿墙底脚。挑流坎上还常设置通气孔和排水孔，如图 4-19 所示。通气孔的作用是从边墙顶部孔口向水舌补充空气，避免形成真空影响挑距或造成结构空蚀。坎上排水孔用来排除反弧段积水；坎底排水孔则用来排放地基渗水，减小扬压力。

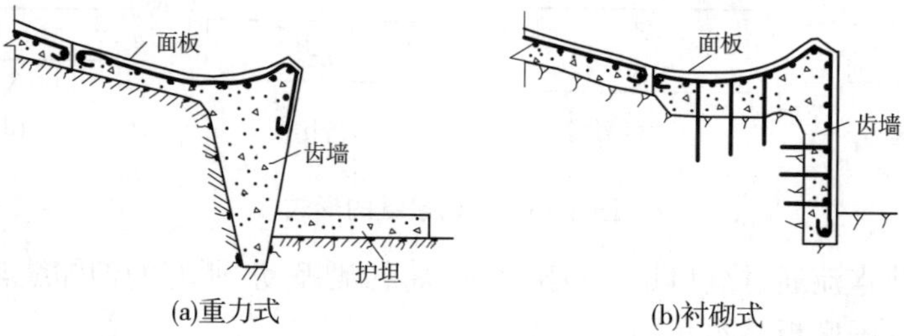

图 4-18　挑流坎结构形式

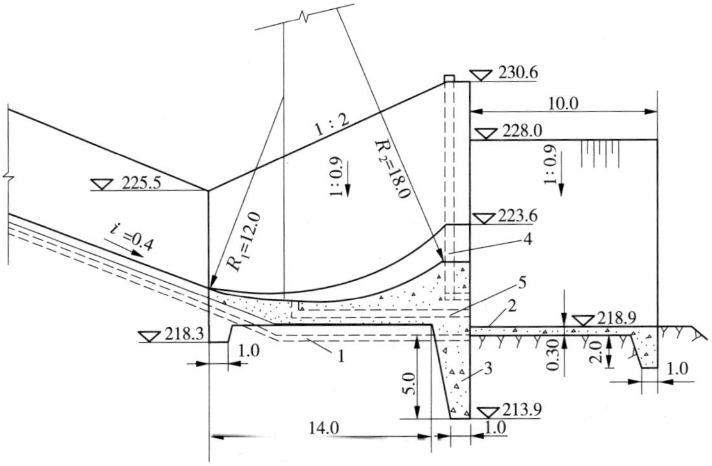

1—纵向排水;2—护坦;3—混凝土齿墙;4—ϕ50 cm 通气孔;5—ϕ10 cm 排水孔

图 4-19 挑流坎构造 (单位:m)

底流消能一般适用于土基或破碎软弱的岩基,其消能原理和布置与水闸相应内容基本相同。

五、出水渠

溢洪道下泄水流经消能后,不能直接泄入河道而造成危害时,应设置出水渠。选择出水渠线路应经济合理,其轴线方向应尽量顺应河势,利用天然冲沟或河沟。

【案例 4-2】 溢洪道结构形式选择

一、项目任务

根据项目基本资料和溢洪道布置情况,进行溢洪道结构形式选择。

二、溢洪道结构形式选择

(1)进口段。由于溢洪道进口紧靠水库,水流条件较好,不需要引水渠,仅做喇叭口式进水段。

(2)控制段。控制段采用宽顶堰,堰顶高程为 116.70 m,净宽 20 m,顺水流方向长 9 m。

(3)泄槽段。由渐变段和陡坡段组成。渐变段收缩角为 25°,长 11.291 m,底坡为 0.05;陡坡段宽度为 15 m,底坡为 0.125,长 116.384 m,等宽、等坡。

(4)消能段。采用挑流消能,挑射角为 25°,反弧半径为 8 m,鼻坎高程为 102.45 m。

(5)出水渠。将河道冲沟简单处理,使水流经冲沟平顺进入原河道。

溢洪道平面图、纵剖面图分别见图 4-20、图 4-21。

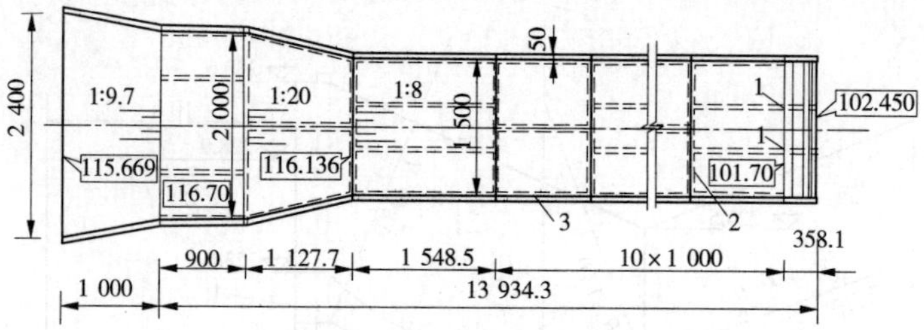

1—排水孔；2—横向排水；3—纵向排水

图4-20　溢洪道平面图　（单位：高程：m；尺寸：cm）

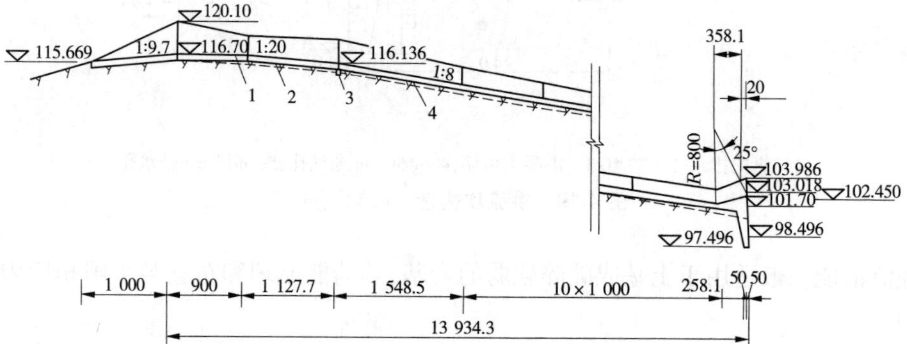

1—C10混凝土；2—纵向排水沟；3—横向排水沟；4—花岗片麻岩

图4-21　溢洪道纵剖面图　（单位：高程：m；尺寸：cm）

任务三　溢洪道的水力计算

溢洪道各部分的形状和尺寸拟订以后，应验算其泄流能力和进行水面线及消能计算，以判断方案布置是否合理。

一、进水渠的水力计算

进水渠水力计算的内容是：根据渠内流速的大小，求库水位与下泄流量关系曲线，校核泄流能力；求渠内水面曲线，确定进水渠边墙高。

（1）根据堰流公式，求 H_0（已知 B、Q）。

$$H_0=\left(\frac{Q}{\varepsilon\sigma_s mB\sqrt{2g}}\right)^{\frac{2}{3}} \tag{4-5}$$

式中　H_0——包括行近流速水头的堰上水头，m；

B——全部闸孔净宽，m；

m——流量系数；

ε——侧收缩系数；

σ_s——淹没系数；

Q——流量，m^3/s。

（2）联立求解下列方程，计算堰前水深 h 和流速 v。

$$\left.\begin{aligned} h &= H_0 + P_1 - \frac{v^2}{2g} \\ v &= \frac{Q}{\omega} = \frac{Q}{bh + mh^2} \end{aligned}\right\} \tag{4-6}$$

进水渠为梯形断面，b 为渠底宽、m 为进水渠边坡系数。其余参数见图 4-22。

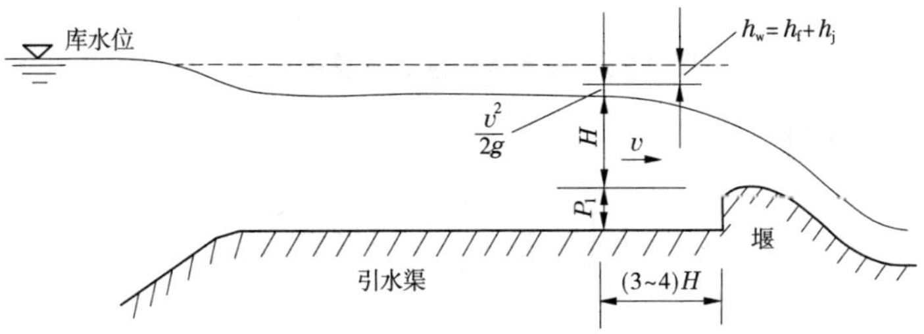

图 4-22 进水渠段水力计算图（一）

（3）计算库水位。

当进水渠流速 $v \leqslant 0.5$ m/s 时，进水渠水头损失很小，可忽略不计，则

$$库水位 = 堰顶高程 + H_0$$

当进水渠流速 $v = 0.5 \sim 3.0$ m/s，并且进水渠沿程断面糙率不变（或变化很小）、平面布置比较顺直时，进水渠水头损失所占比例也很小，这时仍可按明渠均匀流公式进行近似计算，计算误差并不是很大，且偏于安全，则

$$库水位 = 堰顶高程 + H + \frac{\alpha v^2}{2g} + h_w \tag{4-7}$$

式中 h_w——进水渠总水头损失，为沿程水头损失 h_f 与局部水头损失 h_j 之和，$h_j = \zeta \dfrac{v^2}{2g}$，$h_j = JL = \dfrac{v^2 n^2 L}{R^{\frac{4}{3}}}$，$\zeta$ 为局部水头损失系数，参见有关水力学教材，L 为进水渠长度，m，J 为水力坡降；

α——动能修正系数，一般均取 1.0。

当进水渠流速 $v \geqslant 3.0$ m/s，进水渠沿程断面糙率变化较大时，则要用明渠非均匀流公式进行计算。

首先计算起始断面的水力要素——水深、流速。进水渠的起始断面一般可选择在堰前（3~4）H 处，如图 4-23 中的 1—1 断面。起始断面水深为 h_1，流速为 v_1［用式（4-6）试算］。

然后假定 h_2，求 $v_2 = Q/\omega_2$；根据式（4-8）计算 $\bar{J}$。

$$\bar{J} = \frac{\bar{v}^2}{\bar{C}^2 \bar{R}} \tag{4-8}$$

式中
$$\bar{v} = \frac{v_1 + v_2}{2} \qquad \bar{C} = \frac{C_1 + C_2}{2} \qquad \bar{R} = \frac{R_1 + R_2}{2}$$

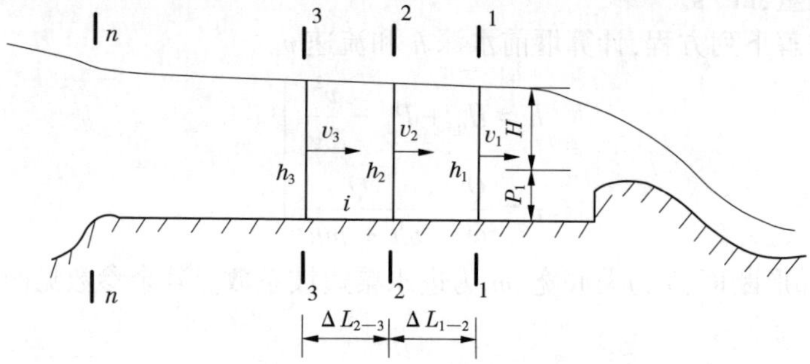

图4-23　进水渠段水力计算图（二）

将 $\bar{J}$ 代入式(4-9)求得 ΔL_{1-2}。

$$\Delta L_{1-2} = \frac{\left(h_1 + \frac{\alpha_1 v_1^2}{2g}\right) - \left(h_2 + \frac{\alpha_2 v_2^2}{2g}\right)}{i - \bar{J}} \tag{4-9}$$

式中　i——引渠纵坡；

α_1、α_2——动能修正系数，一般均取 $\alpha = 1.0$。

重复上述步骤求得 ΔL_{2-3}，ΔL_{3-4}…直至 $\sum \Delta L$ 等于引渠全长，推算到渠首断面 n—n 计算 h_n、v_n，即可推求引渠的水面线，则库水位可由式(4-10)计算。

$$库水位 = 渠底高程 + h_n + \frac{\alpha v_n^2}{2g} + \zeta \frac{\alpha v_n^2}{2g} \tag{4-10}$$

二、控制段水力计算

控制段水力计算主要是校核溢流堰的过流能力。

溢流堰选用实用堰($0.67H<\delta<2.5H$)或宽顶堰($2.5H<\delta<10H$)，其堰上水头 H_0 都可用式(4-5)计算，则上游堰高 $=h-H_0$。泄流能力的校核可采用下式进行验算：

$$Q = \varepsilon \sigma_s m B \sqrt{2g} H_0^{\frac{3}{2}} \tag{4-11}$$

当宽顶堰顺水流方向的长度 $\delta>10H$ 时，水流流态已不属于宽顶堰流，而是明渠非均匀流，它的沿程水头损失已不能忽略。如图4-24所示，当一个平坡或缓坡接一陡坡时，渠中水流由缓流变为急流，在两坡的交接断面处，水深可以近似看成是临界水深 h_k。对该情况可用下述方法求得其泄流量。

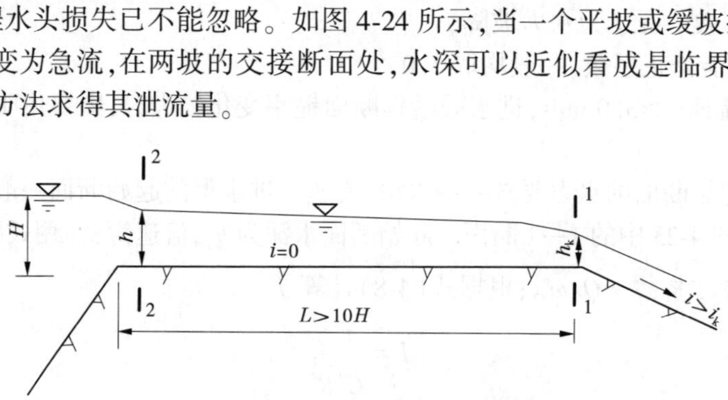

图4-24　水力计算示意图

取断面 1—1 和 2—2 列能量方程如下：

$$h + \frac{v^2}{2g} = h_k + \frac{{v_k}^2}{2g} + h_f \tag{4-12}$$

式中　h、v、h_k、v_k——2—2 断面和 1—1 断面的水深、流速；

h_f——两断面之间的能量损失。

计算时，假定 h，按下式求流量 Q：

$$Q = \varphi Bh\sqrt{2g(H-h)} \tag{4-13}$$

式中　φ——流速系数，视进口形状而定，一般为 0.96 左右；

B——进口 2—2 断面的渠底宽；

H——库水位与渠底高差。

求得 Q 后，即可求得式(4-12)中的 v、h_k、v_k 及 h_f（$v=\frac{Q}{Bh}$，$h_k=\sqrt{\frac{Q^2}{B_k^2 g}}$，$v_k=\frac{Q}{B_k h_k}$，$h_f=\frac{\bar{v}^2 n^2 L}{\bar{R}^{\frac{4}{3}}}$，$\bar{v}$、$\bar{R}$ 为两断面之间的平均流速和水力半径，B_k 为 1—1 断面的渠底宽）。将以上各值代入式(4-12)，如左右相等，h、Q 即为所求值；如不相等，则再设 h 重新试算。

三、过渡段的水力计算

过渡段的作用是用来连接控制段和泄槽，它把单宽流量小、溢流前缘长的宽浅式进口与宽深合适，开挖、衬砌工程量较省的陡槽有机地结合起来。过渡段大多是变宽度、变底坡，有的甚至是改变方向的明槽。过渡段可布置在陡槽（也叫渐变槽）上，平面布置如图 4-25 所示；也可采用缩窄陡槽过渡段：先用斜坡缩窄底宽、降低槽底高程，再由调整段调整水流，使其平顺流入下游陡槽，如图 4-26 所示。

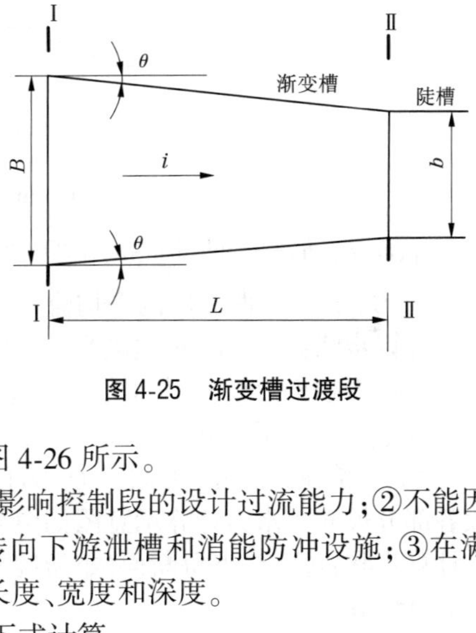

图 4-25　渐变槽过渡段

过渡段的水力设计应考虑以下要求：①不能影响控制段的设计过流能力；②不能因收缩或改变流向而引起水流扰动（如冲击波等），传向下游泄槽和消能防冲设施；③在满足前两点的情况下，尽可能简化过渡段形式，减小长度、宽度和深度。

(1) 渐变槽过渡段，其水平方向长度 L 可用下式计算：

$$L = \frac{B-b}{2\tan\theta} \tag{4-14}$$

Ⅰ—Ⅰ断面水深认为近似等于临界水深 $h_k=\sqrt[3]{\frac{\alpha q^2}{g}}$，Ⅰ—Ⅰ断面到Ⅱ—Ⅱ断面水深按式(4-15)能量方程求解。

$$E_1 + i_1 L = E_2 + h_f \tag{4-15}$$

其中　$E_1 = h_1 + \frac{\alpha v_1^2}{2g}$　$E_2 = h_2 + \frac{\alpha v_2^2}{2g}$　$h_f = \frac{\bar{v}^2 L}{\bar{C}^2 \bar{R}}$

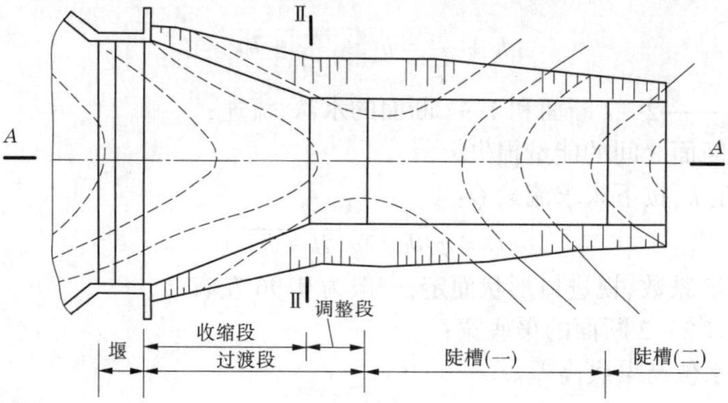

(a)平面图

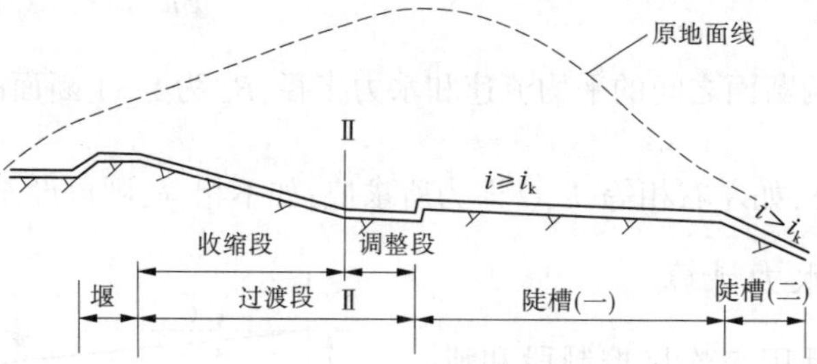

(b)A—A剖面图

图 4-26　缩窄陡槽过渡段

式中　v_1、v_2、h_1、h_2——两断面的流速及水深；

$\bar{v}$、$\bar{C}$、$\bar{R}$——两断面的平均流速、平均谢才系数、平均水力半径。

其计算步骤：先求 $h_1(h_k)$ 验算 i_1，i_1 应大于 i_k，再设 h_2，试算 E_2，直至满足能量方程。

(2)缩窄陡槽过渡段，其水力计算基本假定为：上游控制段为宽顶堰或平底渠，通过设计流量 Q_k 时，上下游断面水深都等于临界水深 h_k，中间不存在水跃。设计条件为已知 Q_k，以及上下游断面尺寸(可假设 Q_k 为设计流量或校核流量)。水力计算内容是确定过渡段各部分尺寸。水力计算示意图如图 4-27 所示。

计算步骤：过渡段下游断面(下游陡槽的起始断面)槽底与上游溢流堰高差 ΔZ_k 采用式(4-16)计算。

$$\Delta Z_k = h_{k2} - h_{k1} + \frac{v_{k_2}^2 - v_{k_1}^2}{2g} + h_w \tag{4-16}$$

式中　h_{k1}、h_{k2}——通过流量 Q_k 时，过渡段上下游的临界水深，m；

v_{k1}、v_{k2}——相应的临界流速，m/s；

h_w——过渡段的水头损失，m，$h_w = h_f + h_j$，h_f 为沿程水头损失，$h_f = \frac{\bar{v}^2 n^2}{\bar{R}^{4/3}} l$，m，$\bar{v}$、$\bar{R}$、$n$ 为平均流速、平均水力半径和糙率，h_j 为缩窄断面而成的局部水头损失，$h_j = \zeta \frac{v_{k2}^2 - v_{k1}^2}{2g}$，m，选用 $\zeta = 0.1 \sim 0.2$。

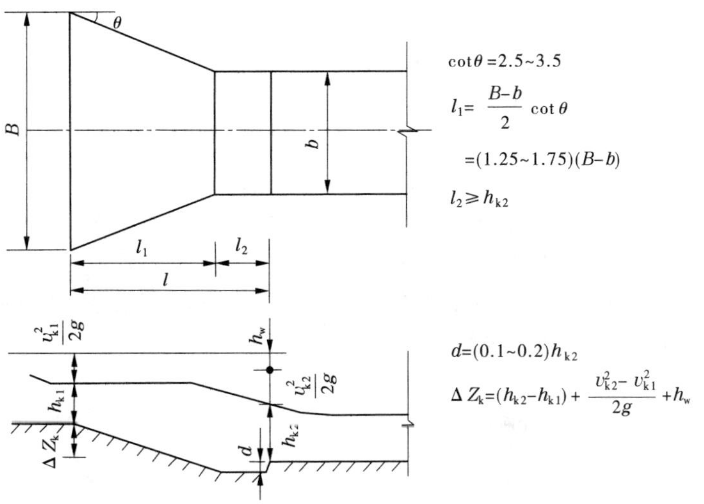

图 4-27　缩窄陡槽过渡段水力计算示意图

为简化计算，h_w 和 ΔZ_k 可采用下式计算：

$$h_w = \zeta' \frac{v_{k2}^2 - v_{k1}^2}{2g}$$

选用 $\zeta' = 0.2 \sim 0.3$。

$$\Delta Z_k = (h_{k2} - h_{k1}) + (1 + \zeta') \frac{v_{k2}^2 - v_{k1}^2}{2g}$$

收缩段长度 l_1 根据式(4-14)计算。

调整段长度 l_2 的计算。调整段的作用是使受缩影响后而在断面上产生分布不均的水流，在此平面内得到调整，并较平顺地流到下游泄槽，其长度不要小于 2 倍的末端断面水深，即 $l_2 \geq 2h_{k2}$。挖深 d 值一般采用$(0.1 \sim 0.2)h_{k2}$。

四、泄槽的水力计算

泄槽水力计算是在确定了泄槽的纵向坡度及断面尺寸后，根据溢洪道的设计流量与校核流量，计算泄槽内水深和流速的沿程变化，即进行水面线计算，以便确定边墙高度，为边墙及衬砌的结构设计和下游消能计算提供依据。

(一)泄槽水面线的定性分析

计算水面线之前，必须先确定所要计算水面线的变化趋势，以及上下两断面的位置(定出水面线的范围)。以泄槽底坡线、均匀流的水面线(n—n 线)和临界水深的连线(k—k 线)三者的位置来区分，则可将泄槽渠底以上的空间分成(a)、(b)、(c)三个区域，如图 4-28 所示。(a)区为缓流区，(b)、(c)区为急流区。泄槽中可以发生 a_{II} 型壅水曲线、b_{II} 型降水曲线及 c_{II} 型壅水曲线三种，出现最多的是 b_{II} 型降水曲线，其形状如图 4-28 所示。

(二)用分段求和法计算泄槽水面线

泄槽水面线计算的首要问题是确定起始断面，起始断面一般都在泄槽的起点，水面线的计算从该断面开始向下游逐段进行。起始断面的水深则与上游渠道情况有关。

(1)泄槽上游接宽顶堰，或缓坡明渠，或过渡段，如图4-29所示，起始断面水深等于临界水深h_k。

(2)泄槽上接实用堰，如图4-30(a)所示。起始水深h_c可由堰前断面0—0与起始断面c—c的能量方程求得。当$h_c<h_0$时，泄槽首端一定范围内将发生$c_{Ⅱ}$型壅水曲线，其后水深沿程下降；当$h_0<h_c<h_k$时，

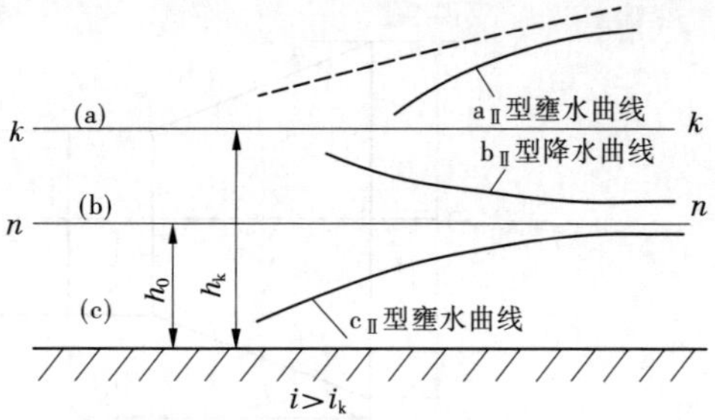

图4-28　陡坡上的水面线

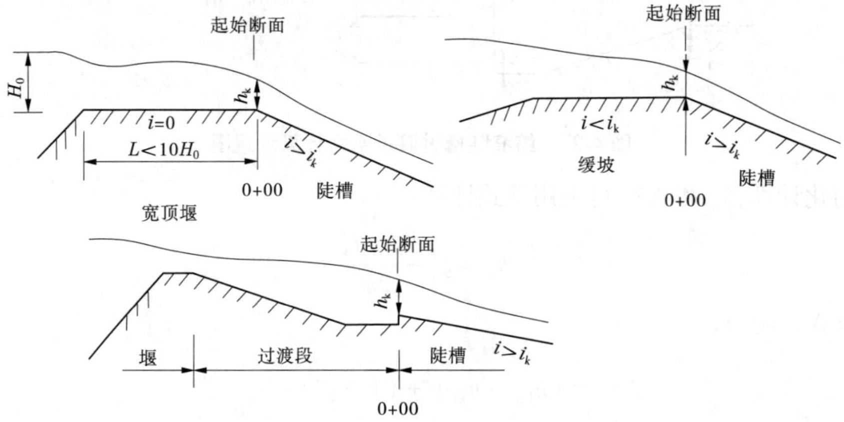

图4-29　泄槽起始断面水深示意图(一)

泄槽中发生$b_{Ⅱ}$型降水曲线。泄槽上游接另一个泄槽，如图4-30(b)所示。起始段水深由上游段泄槽水力计算求得。

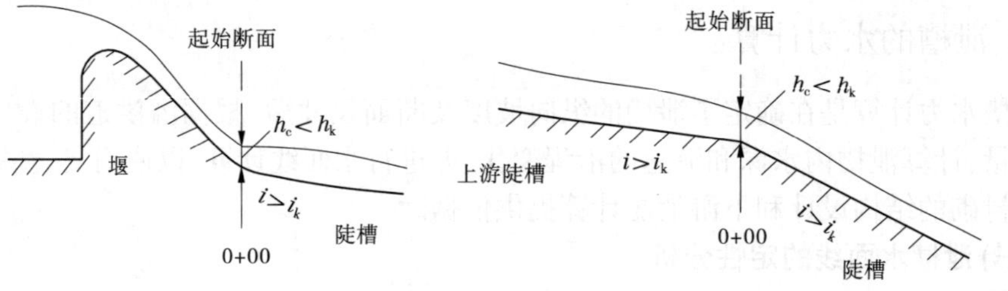

图4-30　泄槽起始断面水深示意图(二)

(3)泄槽水面线的计算及边墙高度的确定。泄槽水面线的计算采用分段求和法。该法的基本公式为式(4-9)，计算步骤同引渠水面线计算所述，或参考有关水力学教材进行计算。水面线确定以后可根据槽内流速大小及式(4-3)，考虑施工方便，确定边墙高度。

五、消能设计的水力计算

溢洪道消能设计水力计算可参考项目一有关挑流消能设计内容及项目五有关底流消能设计内容进行计算。

【案例4-3】 溢洪道水力计算

一、项目任务

根据项目基本资料及溢洪道布置情况,对溢洪道进行过流能力校核、泄槽水面线计算和消能防冲设计。

二、溢洪道水力计算

(一)宽顶堰

(1)堰顶宽度。因堰后为陡槽段,不影响堰的过水能力,其流量按宽顶堰自由堰流公式计算。经计算,溢洪道堰顶宽度为19.6 m,最终确定为20 m。

$$B = \frac{Q_{泄}}{m\sqrt{2g}}$$

(2)顺水流方向长度。按水力学要求$2.5H<\delta<10H$,取$\delta=3H$,则

$$\delta = 3H = 3 \times 2.90 = 8.70(\text{m})$$

设计选用顺水流方向长度为9 m。

(二)渐变段

(1)渐变段长度。渐变段首段断面宽$B=20$ m,末端取断面宽$b=15$ m,渐变段收缩角为25°,渐变段长度为

$$L = \frac{B - b}{2\tan\frac{25^\circ}{2}} = 2.26 \times (20 - 15) = 11.30(\text{m})$$

(2)渐变段进口水深。为使堰顶洪水安全宣泄,渐变段的底坡i应大于或等于临界坡度i_k,渐变段进口水深等于临界水深。根据公式$h_k = \sqrt[3]{\frac{\alpha q^2}{g}}$计算得临界水深为1.85 m。通过各水力要素计算,可以判别渐变段为陡坡,所以渐变段进口水深$h_1 = h_k = 1.85$ m。

(3)渐变段出口水深。利用能量公式进行试算可得渐变段出口水深$h_2 = 2.21$ m。

(三)陡坡段

(1)判别底坡类型。根据选定的溢洪道位置落差和溢洪道宽度,通过各水力要素计算,确定陡坡段正常水深和临界水深、底坡和临界底坡,并进行判别,泄槽为陡坡,水流为急流,水面曲线为b_{II}型降水曲线。

(2)陡坡长度。已知堰顶高程为116.70 m,收缩段落差为0.56 m,反弧段最低点高程为101.70 m,泄槽底坡$i=0.125$,陡坡长度利用三角关系可以计算为116.38 m。

(3)水面曲线。用分段求和法计算水面曲线。将全长分为三段,1—2段20 m,2—3段50 m,3—4段45.485 m。分别计算1—1断面水深为2.210 m,2—2断面水深为1.108 m,3—3断面水深为0.790 m,4—4断面水深为0.718 m。

(4)掺气水深。已知各断面水深后,计算出各过水断面面积和流速,用前面公式计算

出掺气高度，水深加掺气高度等于掺气水深，经计算 1—1 断面至 4—4 断面掺气水深分别为 2.31 m、1.21 m、0.89 m、0.82 m。

(5)边墙高度。溢洪道边墙高度等于最大水深加安全超高，超高一般采用 30 ~ 50 cm，本设计采用 50 cm。

(6)根据计算结果绘制水面曲线，见图 4-31。

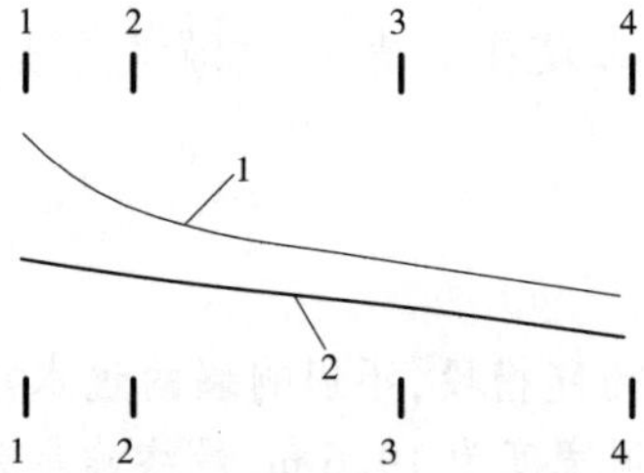

断面	1—1	2—2	3—3	4—4
距离/m	20	70	115.485	
水深/m	2.210	1.108	0.790	0.718

1—水面曲线；2—陡坡底板

图 4-31　陡坡段水面曲线

(四)消能段验算

消能段验算参见“重力坝设计”，计算过程略。

项目小结

本项目从实际工程出发，结合土石坝枢纽设计，介绍了河岸溢洪道的作用、类型和运用条件，并对正槽式溢洪道进水渠、控制段、泄槽、消能防冲设施及出水渠的设计原理和方法、水力计算进行了介绍；理论联系实际，让学生更好地掌握溢洪道设计的基本方法和理论。

项目自测题

1. 河岸溢洪道有哪几种形式？其特点是什么？
2. 如何进行河岸溢洪道的位置选择？
3. 正槽式溢洪道由哪几部分组成？并说明各部分的作用。
4. 非常溢洪道的形式有哪些？各自具有什么特点？
5. 溢流堰的形式有哪几种？各自的特点是什么？
6. 泄槽的水力特点是什么？如何进行泄槽的平面布置？
7. 简述泄槽纵、横剖面的设计要求。
8. 泄槽衬砌的目的是什么？应满足哪些要求？
9. 如何选择河岸溢洪道的消能方式？

【思政导引】都江堰水利枢纽工程——人与自然和谐的生态工程

项目五 水 闸

【项目简述】

水闸是修建在河道或渠道上利用闸门控制流量和调节水位的低水头水工建筑物，具有挡水和泄(引)水的双重功能。关闭闸门可以拦洪、挡潮或抬高上游水位，以满足灌溉、发电、航运、水产、环保、工业和生活用水等需要，开启闸门，可以宣泄洪水、涝水、弃水或废水，也可对下游河道或渠道供水。在防洪、灌溉、供水、治涝、航运、发电、挡潮、冲沙等水利工程中的应用十分广泛。

【水闸设计基本资料】

本工程位于河南省某县城郊处，它是某河流梯级开发中最末一级工程。该河属稳定性河流，河面宽约 200 m，深 7~10 m。为解决当地 40 万亩农田的灌溉问题，经上级批准修建水闸枢纽工程。该水闸所承担的任务是正常情况下拦河挡水，抬高水位，以利灌溉；洪水时开闸泄水，以保安全。

(一)地质、地形资料

根据钻孔了解闸址地层属河流冲积相，河床部分地层属第四纪更新世 Q_3 层与第四纪全新世 Q_4 层的交错出现，闸址两岸高程均在 41 m 左右。

闸址处地层向下分布情况如表 5-1 所示。

表 5-1 闸址处地层分布情况

土质名称	重粉质壤土	细砂	中砂	重粉质壤土	中粉质壤土
分布范围 由上而下	河床表面 以下深约 3 m	高程 28.80 m 以下	厚度约 5 m	高程 22.00 m 以下	厚度为 5~8 m

闸址处系平原型河段，两岸地势平坦，地面高程约为 40.00 m，河床坡降平缓，纵坡约为 1/10 000，河床平均标高约 30.00 m，主河槽宽度 80~100 m，河滩宽平，呈复式河床横断面，河流比较顺直。

(二)水文气象

(1)气温。本地区年最高气温 42.2 ℃，最低气温-20.7 ℃，平均气温为 14.4 ℃。

(2)风速。最大风速为 20 m/s，吹程为 0.6 km。

(3)径流量。非汛期(1~6 月及 10~12 月) 9 个月月平均最大流量为 9.1 m^3/s。汛期(7~9 月) 3 个月月平均最大流量为 149 m^3/s，年平均最大流量 $Q=26.2\ m^3/s$，最大年径流总量为 8.25 亿 m^3。

（4）冰冻。闸址处河水无冰冻现象。

（三）土的物理力学性质指标

土的物理力学性质指标主要包括物理性质、允许承载力、渗透系数等，具体数据见表 5-2、表 5-3。

表 5-2　土的物理性质指标

湿重度	饱和重度	浮重度	细砂相对密度	细砂干重度
19 kN/m^3	21 kN/m^3	11 kN/m^3	27	15 kN/m^3

表 5-3　土的力学性质指标

内摩擦角	土基允许承载力	摩擦系数	不均匀系数	渗透系数/（cm/s）
自然含水量时 $\varphi=28°$	$[\sigma]=200\ kN/m^2$	混凝土、砌石与土基的摩擦系数，当土基为密实细砂层时 $f=0.36$	黏土 $[\eta]=1.5\sim2.0$	中细砂层 $K=5\times10^{-3}$
饱和含水量时 $\varphi=25°$			黏土 $[\eta]=2.4$	土层 $K=5\times10^{-5}$

（四）工程材料

（1）石料。本地区不产石料，需从外地运进，距公路很近，交通方便。

（2）黏土。经调查本地区附近有较丰富的黏土材料。

（3）砂料。闸址处有足够的中细砂。

（五）批准的规划成果

（1）根据《水利水电工程等级划分及洪水标准》（SL 252—2017）的规定，本枢纽工程为Ⅲ等工程，其中永久性主要建筑物为 3 级。

（2）灌溉用水季节，拦河闸正常挡水位为 38.50 m。

（3）洪水标准见表 5-4。

表 5-4　洪水标准

项目	重现期/年	洪水流量/（m^3/s）	闸前水位/m	下游水位/m
设计洪水	20	937	39.15	39
校核洪水	50	1 220	40.35	40.2

（六）施工条件

（1）工期为 2 年。

（2）材料供应情况。水泥由某水泥厂运输 260 km 至某市，再运输 80 km 至工地仓库，其他材料由汽车运至工地；电源由电网供电，工地距电源线 1.0 km；地下水位平均为 28.0~30.0 m。

【项目实施方法及教学目标】

(一)项目实施方法

项目实施分为三个阶段:

第一阶段是项目学习阶段,学习水闸项目各部分的基础知识和设计计算方法,结合项目自测题,使学生掌握水闸项目的知识点。

第二阶段是学生设计计算阶段,根据所学知识和任务案例,实际动手进行水闸的设计计算,使学生将所学知识与具体的设计结合,培养学生解决实际问题的能力。

第三阶段是结合项目设计的基本资料,系统地进行水闸项目的设计,编写设计报告书和绘制图纸,使学生完整地掌握水闸的各部分知识内容。

(二)项目教学目标

水闸项目教学目标包括知识目标、技能目标和思政目标三个方面。知识目标是基础目标,技能目标是核心目标,思政目标贯穿整个项目实施过程,是项目的重要保证。

1. 知识目标

(1)熟悉水闸的作用、类型和组成。

(2)掌握水闸的水力计算、消能防冲计算、防渗排水等的计算方法。

(3)理解水闸设计的整体设计过程和设计思路。

2. 技能目标

(1)能够正确运用规范、手册等资料进行基本设计计算。

(2)能进行水闸布置构造、水力计算、消能防冲计算、防渗排水等的设计计算,并能编写设计报告书。

(3)能够使用绘图工具和计算机绘制图纸。

3. 思政目标

(1)认真严肃进行设计,培养忠诚、干净、担当、科学、求实、创新的水利精神。

(2)遇到问题能积极想办法解决,培养良好的职业素养。

【成果提交要求】

(一)设计报告

设计报告包括说明和计算两大部分。说明部分应全面表达设计者的设计思想、方法和分析能力,包含对设计成果、采用的设计参数和理论依据的充分说明。要求章节分明、简明扼要、文理通顺,既有计算成果,又有分析论证和明确结论,必要时,使用附表和插图(应按比例绘制)。计算部分是设计者的设计程序、设计成果的来源,要求详细列出所有计算过程。计算过程尽量列表计算,附计算草图;列出计算成果,并说明成果是否合理,如不合理,叙述可做改动的步骤;要求计算方法正确、参数取值合理、数据真实可靠、计算结果正确可信。

(二)设计图纸

设计图纸主要包括水闸半平面布置图、纵剖面图、上游立面图、其他各主要断面图、细部构造图等。绘图应符合制图标准和相关规范,要求制图正确、布局合理、主次分明、比例得当、线条清晰、尺寸齐全。必要时应有简明注解。

(三)成果说明

要求简要说明计算成果及合理性,或设计的不足和可以进一步改进的地方,并对设计过程进行总结。

任务一　概　述

码 5-1　动画-水闸

水闸是一种利用闸门的启闭来调节水位、控制流量的低水头水工建筑物,具有挡水和泄(引)水的双重功能。多修建在软土地基上,在防洪、灌溉、供水、治涝、航运、发电、挡潮、冲沙等水利工程中的应用十分广泛。

一、水闸的类型

码 5-2　微课-水闸的认知

(一)按水闸所承担的任务分类

(1)进水闸(或取水闸)。建在河道、渠道、水库或湖泊的岸边,用来控制引水流量,以满足灌溉、发电或供水的需要。位于干渠首部的进水闸又称为渠首闸,位于支渠首部的进水闸常称为分水闸,位于斗渠、农渠首部的进水闸又称为斗门、农门。

(2)节制闸。拦河或在渠道上建造。枯水期用以拦截河道,抬高水位,以利上游取水或航运要求;洪水期则开闸泄洪,控制下泄流量。位于河道上的节制闸称为拦河闸。

(3)冲沙闸(或排沙闸)。多建在多泥沙河流上的引水枢纽或渠系中沉沙池的末端,也可设在引水渠内布置有节制闸的分水枢纽处,并常与节制闸并排布置。用于排除进水闸、节制闸前河道或渠系中沉积的泥沙,防止闸前河段或渠道的淤积。也可利用泄水闸排沙。

(4)分洪闸。建造在天然河道的一侧,用来将超过下游河道安全泄量的洪水泄入预定的湖泊、洼地等滞洪区,以削减洪峰,保证下游河道的安全。

(5)排水闸。在江河沿岸建造。外河水位上涨时关闸以防河水倒灌,外河水位较低时开闸排除其附近低洼地区的积水,防止农田涝渍。因此,排水闸具有闸身高度较大而闸底板高程较低的特点,且受双向水头作用。

(6)挡潮闸。建在入海河口附近,涨潮时关闸不使海水沿河上溯,退潮时开闸泄水,以达到挡潮、排水和蓄淡的目的。挡潮闸具有双向挡水的特点。

上述各闸的相对位置布置如图 5-1 所示。

(二)按闸室结构形式分类

(1)开敞式水闸。闸室上面不填土、不封闭的水闸,应用较为普遍。它又可分为无胸墙和有胸墙两种形式,如图 5-2(a)、(b)所示 。一般有泄洪、排水、过木等要求时,多采用无胸墙开敞式水闸,多用于拦河闸、排冰闸等;当上游水位变幅大,而下泄流量又有限制时,为避免闸门过高,常采用有胸墙开敞式水闸,如进水闸、排水闸、挡潮闸多用这种形式。

(2)涵洞式水闸。闸(洞)身上面填土封闭的水闸,又称封闭式水闸,如图 5-2(c)所示。常用于穿堤取水或排水的水闸。洞内水流可以是有压的或者是无压的。

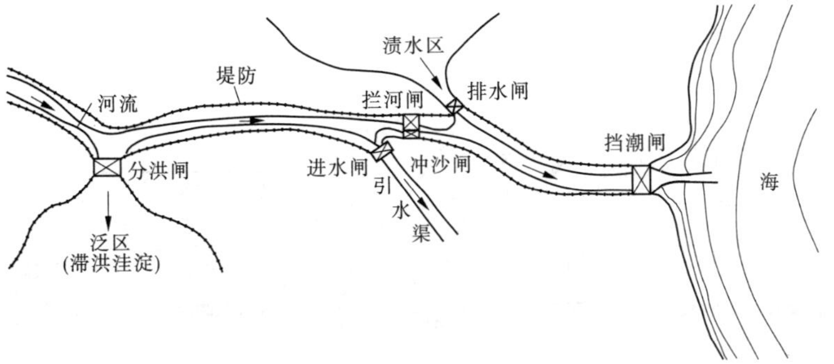

图 5-1 水闸的分类及位置示意图

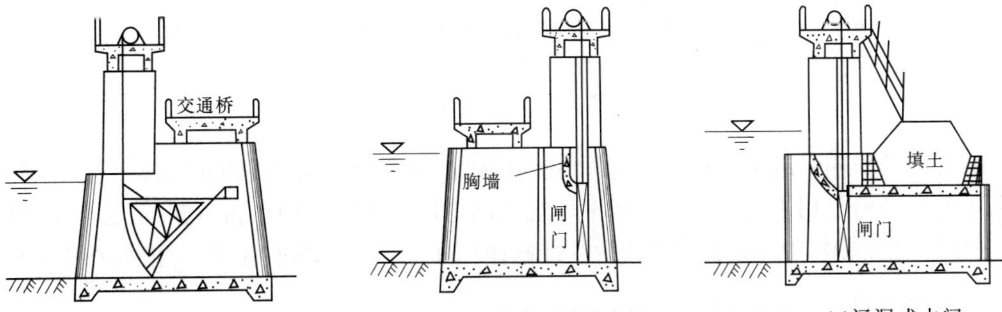

(a)无胸墙开敞式水闸 (b)有胸墙开敞式水闸 (c)涵洞式水闸

图 5-2 水闸结构形式

(三)按过闸流量大小分类

按照水闸过闸流量的大小,将水闸分为大、中、小型三种。过闸流量在 1 000 m^3/s 以上的为大型水闸;1 000~100 m^3/s 的为中型水闸;小于 100 m^3/s 的为小型水闸。

二、水闸的组成及各部分的作用

水闸一般由上游连接段、闸室段和下游连接段三部分组成,如图 5-3 所示。

(1)上游连接段。主要是引导水流平顺、均匀地进入闸室,避免对闸前河床及两岸产生有害冲刷,减少闸基或两岸渗流对水闸的不利影响。它一般由铺盖、上游翼墙、上游护底、防冲槽(或防冲齿墙)及两岸护坡等部分组成。铺盖紧靠闸室底板上游,主要起防渗、防冲作用;上游翼墙的作用是引导水流平顺地进入闸孔、侧向防渗、防冲和挡土;上游护底、防冲槽及两岸护坡是用来防止进闸水流冲刷河床、破坏铺盖,保护两侧岸坡的。

(2)闸室段。是水闸的主体部分,起挡水和调节水流作用。它包括底板、闸墩、闸门、胸墙、工作桥和交通桥等。底板是水闸闸室基础,承受闸室全部荷载并较均匀地传给地基,兼起防渗和防冲作用,同时闸室的稳定主要由底板与地基间的摩擦力来维持;闸墩的主要作用是分隔闸孔,支撑闸门,承受和传递上部结构荷载;闸门则用于控制水位和调节流量;工作桥和交通桥是用来安装启闭设备、操作闸门和联系两岸交通的。

(3)下游连接段。主要用来消能、防冲及安全排出流经闸基和两岸的渗流。它一般包括消力池、海漫、下游防冲槽、下游翼墙及两岸护坡等。消力池主要用来消能,兼有防冲

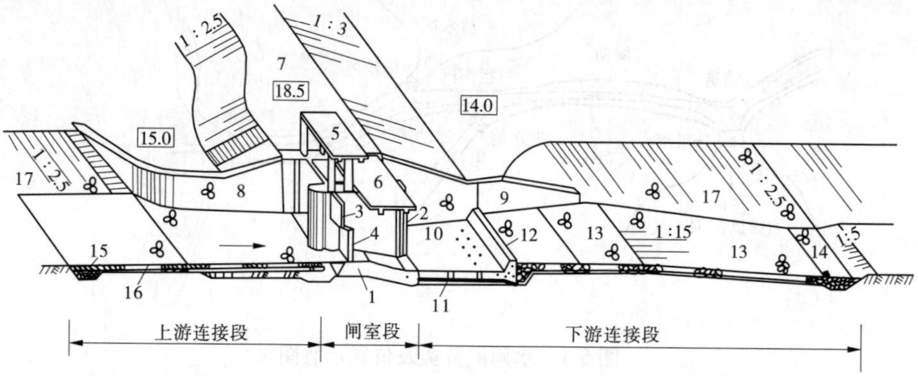

1—闸室底板;2—闸墩;3—胸墙;4—闸门;5—工作桥;6—交通桥;7—堤顶;8—上游翼墙;9—下游翼墙;10—消力池;11—排水孔;12—消力坎;13—海漫;14—下游防冲槽;15—上游防冲槽;16—上游护底;17—上、下游护坡

图 5-3　水闸的组成

作用;海漫的作用是继续消除水流余能、扩散水流、调整流速分布、防止河床产生冲刷破坏;下游防冲槽是用来防止下游河床冲坑继续向上游发展的防冲加固措施;下游翼墙则用来引导过闸水流均匀扩散,保护两岸免受冲刷;两岸护坡是用来保护岸坡,防止水流冲刷的。

三、水闸的工作特点

(1)防渗方面。由于上下游水位差的作用,水将通过地基和两岸向下游渗透。渗流会引起水量损失,同时地基土在渗流作用下,容易产生渗透变形。严重时闸基和两岸的土壤会被淘空,危及水闸安全。渗流对闸室和两岸连接建筑物的稳定也不利。因此,应妥善进行防渗设计。

(2)稳定方面。关门挡水时,水闸上下游较大的水位差造成较大的水平推力,使水闸有可能沿基面产生向下游的滑动,同时,渗流将对水闸底部施加向上的渗透压力,减小了水闸的有效重量,从而降低了水闸的抗滑稳定性。因此,水闸必须具有足够的重量维持自身的稳定。

(3)消能防冲方面。水闸开闸泄水时,在上下游水位差的作用下,过闸水流往往具有较大的动能,流态也较复杂,而土质河床的抗冲能力较低,可能引起冲刷。此外,水闸下游常出现波状水跃和折冲水流,会进一步加剧对河床和两岸的淘刷。因此,设计水闸除应保证闸室具有足够的过水能力外,还必须采取有效的消能防冲措施,以防止河道产生有害的冲刷。

(4)沉降方面。土基上建闸,由于土基的压缩性大,抗剪强度低,在闸室的重力和外部荷载作用下,可能产生较大的沉降,影响正常使用,尤其是不均匀沉降会导致水闸倾斜,甚至断裂。在水闸设计时,必须合理地选择闸型、构造,安排好施工程序,采取必要的地基处理等措施,以减小地基沉降。

四、水闸的设计内容及所需的基本资料

水闸设计的内容有:①闸址选择;②水闸等级划分及洪水标准确定;③水闸枢纽布置;

④确定孔口形式和尺寸;⑤消能防冲设计;⑥防渗排水设计;⑦闸室布置;⑧稳定计算;⑨沉降计算;⑩结构计算和地基处理及两岸连接建筑物设计等。

水闸设计所需的各项基本资料主要包括:闸址处的地形、地质、水文、气象、试验资料,工程施工条件、建筑材料、河流规划、运用要求,所在地区的生态环境、社会经济状况等。

五、闸址选择

闸址应根据水闸的功能、特点、运用要求及区域经济条件,综合考虑地形、地质、水文、水流、施工、管理、潮汐、泥沙、冻土、冰情、周围环境等因素,经技术经济比较后选定。

闸址选择时,应具体注意以下几个方面的问题:①地形、地质方面:闸址宜选择在地形开阔、岸坡稳定、岩土坚实和地下水位较低的地点。特别应考虑选在地质条件良好的天然地基。②水流条件方面:应考虑建闸后,过闸水流平顺,流量分布均匀,不出现偏流和危害性冲刷或淤积。③施工管理方面:应考虑材料来源较近,施工导流易解决,对外交通、场地布置、基坑排水、施工水电供应方便及水闸建成后工程管理维修方便、防汛抢险易进行的地点。另外,选择闸址还要考虑占用土地及拆迁房屋少;尽量利用周围已有公路、航运、动力、通信等公用设施;有利于绿化、净化、美化环境和生态环境保护;有利于开展综合经营等。

【案例 5-1】 水闸的基本设计

根据上述的水闸设计基本资料,设计任务如下:

(1)闸址的选择;

(2)闸孔形式的选择;

(3)确定闸底板高程。

设计参考步骤如下:

(1)闸址选择。闸址、闸轴线的选择关系到工程的安全、施工难度、工程量和工程成本等方面的问题。在选择时要根据工程地形、地质、水流、施工管理及当地情况进行分析研究,权衡利弊,经全面分析比较后合理确定。

(2)闸孔形式选择。本工程主要任务是正常情况下拦河截水,以利灌溉,而当洪水来临时,开闸泄水,以保防洪安全。由于是建于平原河道上的拦河闸,应具有较大的超泄能力,并利于排除漂浮物,因此采用无胸墙开敞式水闸。

(3)闸底板高程确定。由于河槽蓄水、闸前淤积对洪水位影响较大,为便于排出淤沙,闸底板高程应尽可能低。因此,采用无底坎平顶板宽顶堰,堰顶高程与河床同高,即闸底板高程为 30.00 m。

任务二 水闸的孔口设计

一、闸孔形式选择

闸孔有宽顶堰孔口、低堰孔口两种形式,如图 5-4(a)、(b)所示。

当上游水位变幅较大,且高水位需要控制泄量时,在孔口顶部常设胸墙,可以减小闸门高度,宽顶堰和低堰均可以设置胸墙,如图 5-4(c)所示。

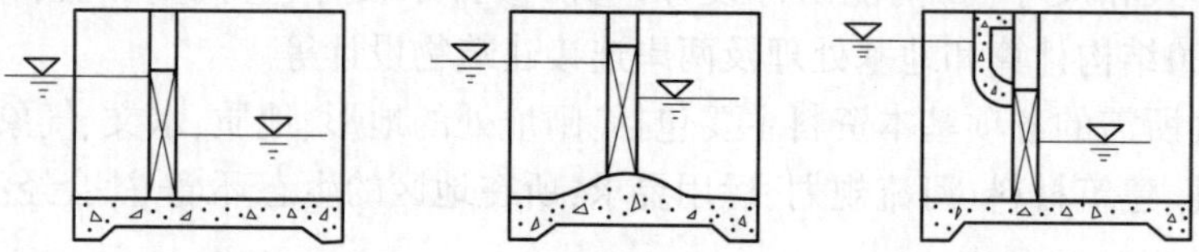

(a)宽顶堰孔口　　(b)低堰孔口　　(c)带胸墙的宽顶堰孔口

图 5-4　闸孔形式

(1)宽顶堰孔口。闸底板为平底板，主要优点是结构简单，施工方便，泄流能力比较稳定；其缺点是自由泄流时流量系数较小，比较容易产生波状水跃。它可用作泄洪、冲沙、通航、排污、排冰等。

(2)低堰孔口。闸底板为曲面底板，具体有 WES 低堰、梯形堰和驼峰堰等形式。其优点是自由泄流时流量系数较大，水流条件较好，泄流能力较强，且闸门高度可减小；缺点是泄流能力不如平底板孔口泄流时稳定，下游水位变化对泄流能力有显著的影响，同时施工也较平底板孔口复杂。当上游水位较高，为限制过闸单宽流量，需要抬高堰顶高程时；或由于地基表层松软，需要降低闸底高程以避免地基处理时；或在多泥沙河道上有拦沙要求时，常选用这种形式。

二、闸底板顶面高程的确定

闸底板顶面高程的确定关系到闸孔形式和尺寸的确定，也直接影响整个水闸的工程量和造价。如将闸底板顶面高程定得低些，闸前水深和过闸单宽流量都要大些，从而使闸孔总宽度缩短，减少工程投资。但是，闸底板顶面高程定得太低，将增大闸身和两岸结构的高度，并增加基坑开挖和闸下消能防冲布置上的困难，可能反而增加工程投资。可见，闸底板顶面高程的确定应依据河(渠)底高程、水流、泥沙、闸址地形、闸址地质等条件，结合水闸规模、所选用的堰型、门型，经技术经济比较后确定。应将闸底板置于较为坚实的地基上，并应尽量利用天然地基。

一般情况下，对于节制闸、泄洪闸、进水闸、冲沙闸，闸底板顶面高程与河(渠)底齐平，以便多泄水，多冲沙；对于多泥沙河流上的进水闸、分水闸、分洪闸，在满足引水、分水、泄水的条件下，闸底板顶面高程可比河底略高，以防止大量推移质泥沙被挟带入渠或分洪区；对于排水闸、泄水闸、挡潮闸，在满足排水、泄水的条件下，闸底板顶面高程应尽量低些，以保证将涝水或渠系积水面积内的洪水迅速排走；对于建造在复式河床上的水闸，当闸基为岩石或坚硬的黏性土时，可选用高、低闸底板的布置形式。

三、过闸单宽流量的确定

过闸单宽流量的采用，对水闸的工程造价和下游消能防冲设施的安全运用都有直接的影响。所选单宽流量越大，所需要的闸孔净宽越小，闸的总宽便可以缩短，但过闸单宽流量越大，下游消能防冲越困难，则消能防冲设施的投资越大，工程总费用也不一定经济。单宽流量的确定主要应综合考虑以下因素：①下游河床地质条件；②上下游水位差；③下游尾水深度；④闸室总宽度与河道宽度的比值；⑤闸的结构特点；⑥下游消能防冲设施等因素。在不致造成下游消能防冲过大的条件下,一般选用较大的过闸单宽流量,但对其数值应有所限制。

在水闸的可行性研究阶段,其过闸单宽流量可按下列数据选用:黏土地基,可取 15~25 $m^3/(s \cdot m)$;壤土地基,可取 15~20 $m^3/(s \cdot m)$;砂壤土地基,可取 10~15 $m^3/(s \cdot m)$;粉砂、细砂、粉土和淤泥地基,可取 5~10 $m^3/(s \cdot m)$。

四、过闸水位差的选用

过闸水位差的选用关系到水闸的上游淹没影响和工程造价。若采用较大的过闸水位差,虽可缩减闸孔总净宽、降低工程造价,但却抬高了闸的上游水位,不仅要加高上游堤坝坝顶高程,而且有可能增加上游淹没损失。因此,选用水闸的过闸水位差时,应认真处理好水闸工程造价、上游堤防工程量及淹没影响等方面的关系。设计中应结合水闸所承担的任务、特点、运用要求等具体情况来选定。一般水闸的过闸水位差可采用 0.1~0.3 m。

五、闸孔宽度设计

确定闸孔宽度时,首先要计算闸孔总净宽 B_0,然后根据运用要求选定每孔净宽 b,进而求得孔数 n,最后通过过流能力校核验证其经济合理性。

(一)计算闸孔总净宽

闸孔总净宽 B_0 应根据下游闸槛形式和布置、上下游水位衔接要求、泄流状态等因素计算确定。本书只列举了常用的宽顶堰(平底板)闸孔的总净宽计算公式,对于低堰或其他形式的水闸闸孔总净宽计算,可参考水力学计算手册。

1. 判别堰的出流流态(平底板)

(1)当 $\frac{h_e}{H}>0.65$ 时,为堰流;

(2)当 $\frac{h_e}{H}\leqslant 0.65$ 时,为孔流。

其中,h_e 为孔口高度,m;H 为闸前堰上水深,m。

2. 计算闸孔总净宽 B_0

对于平底板宽顶堰,采用以下公式进行计算。

(1)当为堰流时,闸孔总净宽 B_0 可按式(5-1)进行计算,计算示意图如图 5-5 所示。

$$B_0=\frac{Q}{\sigma\varepsilon m\sqrt{2g}H_0^{3/2}} \tag{5-1}$$

式中　B_0——闸孔总净宽,m;

Q——过闸流量,m^3/s;

H_0——计入行近流速水头的堰上水深,m;

σ、ε、m——堰流淹没系数、堰流侧收缩系数和堰流流量系数,可由《水闸设计规范》(SL 265—2016)的附表 A 查得,设计时,要先拟订,后校核;

g——重力加速度,采用 9.81 m/s^2。

当$\frac{h_s}{H}\geqslant 0.9$时，为堰流的高淹没状态。可按式(5-2)和式(5-3)进行计算：

$$B_0=\frac{Q}{\mu_0 h_s\sqrt{2g(H_0-h_s)}} \tag{5-2}$$

$$\mu_0=0.877+\left(\frac{h_s}{H_0}-0.65\right)^2 \tag{5-3}$$

式中　h_s——下游水深，m；

μ_0——高淹没度下的综合流量系数；

其他符号意义同前。

(2)当为孔流时，闸孔总净宽 B_0 可按式(5-4)计算，计算示意图如图5-6所示。

$$B_0=\frac{Q}{\sigma'\mu h_e\sqrt{2gH_0}} \tag{5-4}$$

式中　h_e——孔口高度，m；

σ'、μ——孔流的淹没系数和流量系数，可由SL 265—2016查得；

其他符号意义同前。

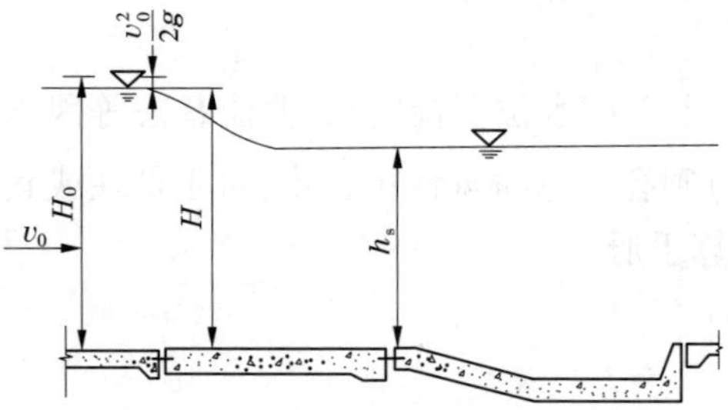

图5-5　平底板堰流计算示意图

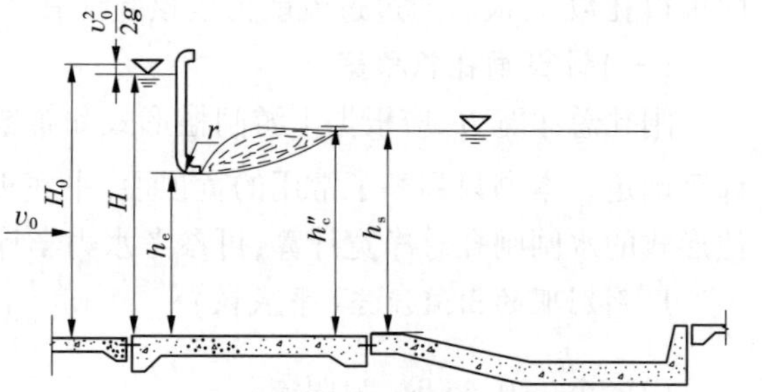

图5-6　平底板孔流计算示意图

(二)确定每孔净宽 b_0

选定 b_0 时要综合考虑闸的地基条件、运用要求、闸门结构形式、启闭机容量，以及闸门的制作、运输、安装等因素，进行综合分析确定，一般大中型水闸的 b_0 可取8~12 m，小型水闸的 b_0 可取3~8 m。选用的闸孔孔径应符合国家现行的《水利水电工程钢闸门设计规范》(SL 74—2019)等所规定的闸门孔口尺寸系列标准。

(三)确定闸孔数目 n

选定每孔净宽 b_0 后，确定所需闸孔数目为 $n\approx B_0/b_0$，n 值取略大于计算值的整数，但总净宽不宜超过计算值的3%~5%。当闸孔孔数少于8孔时，n 值最好采用单数，以使过闸水流匀称。

(四)确定闸室总宽度 B

闸室总宽度 $B=nb_0+(n-1)d_z+2d_b$，其中 d_z 为中墩厚，d_b 为边墩厚。从过水能力和消能防冲两方面考虑，闸室总宽度 B 值应与上下游河道或渠道宽度相适应。一般闸室总宽度应等于或大于河(渠)道宽度的60%~85%，河(渠)道宽度较大时，取较大值。

(五)过流能力校核

按拟订的闸孔尺寸,考虑闸墩形状等的影响,进一步验算水闸的过水能力。一般实际过流量与设计过流量的差值不得超过±5%,否则需调整闸孔尺寸,直至满足要求。

【案例 5-2】 水闸的孔口设计

根据上述的水闸设计基本资料,设计任务如下:

(1)判别堰的出流流态;

(2)确定闸室总宽度;

(3)过流能力校核。

设计参考步骤如下:

由于已知上下游水位,可推算上游水头及下游水深,如表 5-5 所示。

表 5-5 上游水头计算

流量 Q/(m^3/s)	下游水深 h_s/m	上游水深 H/m	过水断面面积/m^2	行近流速/(m^3/s)	$\frac{v_0^2}{2g}$	上游水头 H_0/m
设计流量 937	9	9.15	995.768	0.941	0.045	9.195
校核流量 1 220	10.20	10.35	1 166.768	1.046	0.056	10.406

(1)判别堰的出流流态。

闸门全开泄洪时,为平底板宽顶堰堰流,根据公式判别是否为淹没出流,如表 5-6 所示。

表 5-6 淹没出流判别结果

计算情况	下游水深 h_s/m	上游水头 h_0/m	$h_s \geqslant 0.8H_0$	流态
设计水位	9	9.195	9≥7.357	淹没出流
校核水位	10.20	10.406	10≥8.203 25	淹没出流

(2)确定闸孔总净宽及墩厚。

按照闸孔总净宽计算式(5-1),根据设计洪水和校核洪水两种情况分别计算,如表 5-7 所示。其中 ε 为堰流侧收缩系数,取 0.96,m 为堰流流量系数,取 0.385。

表 5-7 闸孔总净宽计算结果

流量 Q/(m^3/s)	下游水深 h_s/m	上游水头 H_0/m	$\frac{h_s}{H_0}$	淹没系数 σ	b_0/m
设计流量 937	9	9.195	0.979	0.045	50.07
校核流量 1 220	10.20	10.406	0.98	0.056	55.50

根据《水利水电工程钢闸门设计规范》(SL 74—2019)中闸孔尺寸和水头系列标准,选定单孔净宽 b_0=8 m,同时为了保证闸门对称开启,防止不良水流形态,选用 7 孔,闸室总宽度为

$$L = 7 \times 8 + 2 \times 1.6 + 4 \times 1.2 + 2 \times 1.0 = 66(\mathrm{m})$$

拟订闸墩厚度，由于闸基为软基河床，选用整体式闸底板，采用缝墩形式，中墩厚1.2 m，缝墩厚1.6 m，边墩厚1.0 m。取中间三孔为一联，两边各为两孔一联。

(3)过流能力校核。

根据孔口与闸墩的尺寸，计算堰流侧收缩系数，可查SL 265—2016，得到结果如下：

中孔，$\dfrac{b_0}{b_s}=\dfrac{8}{8+1.2}=0.870$　查得 $\varepsilon_{中1}=0.976$

靠缝墩孔，$\dfrac{b_0}{b_s}=\dfrac{8}{8+1.6}=0.833$　查得 $\varepsilon_{中2}=0.973$

边孔，$\dfrac{b_0}{b_s}=\dfrac{8}{8+41.05}=0.163$　查得 $\varepsilon_{中3}=0.909$

所以
$$\varepsilon=\frac{n_1\varepsilon_{中1}+n_2\varepsilon_{中2}+n_3\varepsilon_{中3}}{n_1+n_2+n_3}=0.956$$

与假定接近，根据选定的孔口尺寸与上下游水位，进一步换算流量，如表5-8所示。

表5-8　过流能力校核计算结果

计算情况/(m^3/s)	堰上水头 H_0/m	$\dfrac{h_s}{H_0}$	σ	ε	实际情况/(m^3/s)	校核过流能力
设计流量937	9.195	0.979	0.41	0.96	设计流量1 048.04	11.8%
校核流量1 220	10.406	0.98	0.4	0.96	校核流量1 230.99	0.8%

设计情况超过了规定的5%要求，说明孔口尺寸偏大，但满足校核流量要求，所以不再进行孔口尺寸的调整。

任务三　水闸的消能防冲设计

水闸泄水时，水的部分势能转为动能，流速增大，具有较强的冲刷能力，而土质河床一般抗冲能力较低。因此，为了保证水闸的安全运行，必须采取适当的消能防冲措施，进行水闸的消能防冲设计。

一、水闸的泄流特点及消能方式的选择

（一）水闸的泄流特点

(1)水流形式复杂。初始泄流时，闸下水深较浅，随着闸门开度的增大而逐渐加深，闸下出流由孔流到堰流，由自由出流到淹没出流都会发生，水流形态比较复杂。因此，消能设施应在任意工作情况下，均能满足消能的要求并与下游水流很好地衔接。

(2)闸下易形成波状水跃。水闸上下游水位差较小，出闸水流的弗劳德数较小($Fr=1\sim1.7$)，容易发生波状水跃，特别在平底板的情况下更是如此。此时无强烈的水跃旋滚，水面波动，消能效果差，具有较大的冲刷能力。另外，水流处于急流状态，不易向两侧扩散，致使

两侧产生回流,缩小河槽过水有效宽度,局部单宽流量增大,加剧对下游河道的冲刷。

(3)闸下易出现折冲水流。一般水闸的宽度较上下游河道窄,水流过闸时先收缩而后扩散。若工程布置或运行操作不当,出闸水流不能均匀扩散,使主流集中,蜿蜒蛇行,左冲右撞,形成折冲水流,冲毁消能防冲设施和下游河道。

(二)消能方式的选择

水闸消能方式一般有底流式、挑流式和面流式三种。平原土基上的水闸,河床及岸坡的抗冲能力较低,且承受水头不高,闸下跃前水流弗劳德数较小,故宜采用底流式消能;当水闸承受较高水头,且闸下河床及岸坡为坚硬岩体时,可采用挑流式消能;当水闸闸下尾水深度较深且变化较小,河床及岸坡抗冲能力较强时,可采用面流式消能。

在夹有较大砾石的多泥沙河流上的水闸,不宜设消力池,可采用抗冲耐磨的斜坡护坦与下游河道连接,末端应设防冲墙。在高速水流部位,尚应采取抗冲磨与抗空蚀的措施。

二、水闸消能防冲设施的布置与构造

我国水闸多修建在平原地区的土基上,最常用的是底流式消能,这里主要介绍底流式消能形式。底流式消能的作用是通过增加下游水深,保证产生淹没式水跃,防止土基冲刷破坏,保证闸室安全。底流式消能防冲设施主要由消力池、海漫、防冲槽等部分组成。

码 5-3 微课-水闸的底流消能

(一)消力池

1. 消力池的布置形式

底流式消能的消力池的形式主要有下挖式消力池、突槛式消力池、综合式消力池三种,如图 5-7 所示。当闸下尾水深度小于跃后水深时,可采用下挖式消力池消能。消力池可采用斜坡面与闸底板相连接,斜坡面的坡度不宜陡于 1∶4;当闸下尾水深度略小于跃后水深时,可采用突槛式消力池消能;当闸下尾水深度远小于跃后水深,且计算消力池深度又较深时,可采用下挖式消力池与突槛式消力池相结合的综合式消力池消能。当水闸上下游水位差较大,且尾水深度较浅时,宜采用二级或多级消力池消能。

2. 消力池的尺寸确定

消力池的尺寸主要包括深度、长度和底板厚度等。计算步骤:首先分析下游水流的衔接形式,判断是否要建消力池,再选定消力池形式,经过水力计算,最终确定池深、池长。

1)消力池深度

消力池深度可按式(5-5)~式(5-8)计算,计算示意图如图 5-7 所示。

$$d = \sigma_0 h_c'' - h_s' - \Delta z \tag{5-5}$$

$$h_c'' = \frac{h_c}{2}\left(\sqrt{1 + \frac{8\alpha q^3}{g h_c^3}} - 1\right)\left(\frac{b_1}{b_2}\right)^{0.25} \tag{5-6}$$

$$h_c^3 - T_0 h_c^2 + \frac{\alpha q^2}{2g\varphi^2} = 0 \tag{5-7}$$

$$\Delta z = \frac{\alpha q^2}{2g\varphi^2 h_s'^2} - \frac{\alpha q^2}{2g h_c''^2} \tag{5-8}$$

式中 d——消力池深度,m;

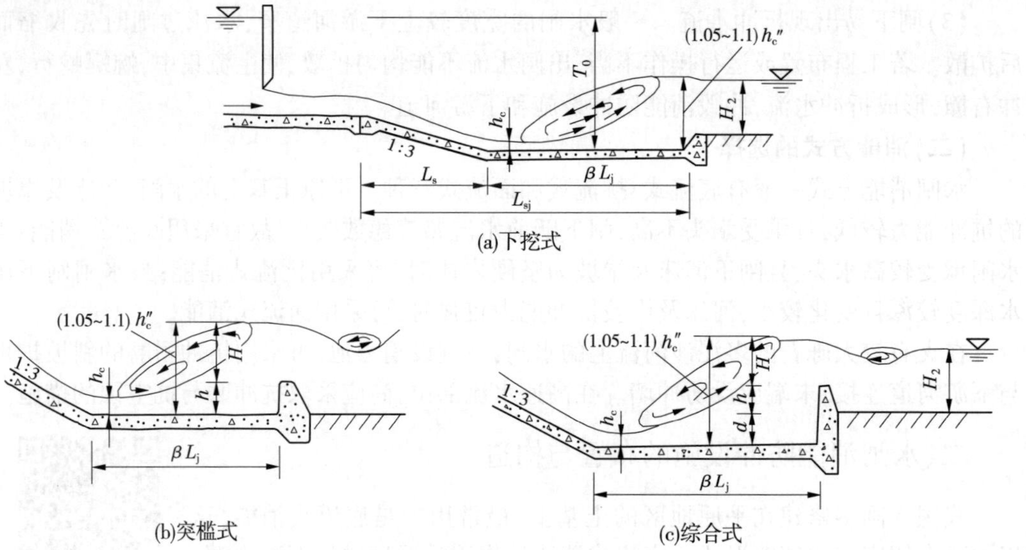

图 5-7 消力池形式示意图

σ_0——水跃淹没系数，可采用 1.05～1.10；

h_c''——跃后水深，m；

h_s'——出池河床水深，m；

q——过闸单宽流量，$m^3/(s \cdot m)$；

h_c——收缩水深，m；

α——水流动能校正系数，可采用 1.0～1.05；

b_1——消力池首端宽度，m；

b_2——消力池末端宽度，m；

T_0——由消力池底板算起的总势能，m；

Δz——出池落差，m。

2）消力池长度

消力池长度可按式(5-9)和式(5-10)计算，计算示意图如图 5-7 所示。

$$L_{sj} = L_s + \beta L_j \tag{5-9}$$

$$L_j = 6.9(h_c'' - h_c) \tag{5-10}$$

式中 L_{sj}——消力池长度，m；

L_s——消力池斜坡段水平投影长度，m；

β——水跃长度校正系数，可采用 0.7～0.8；

L_j——水跃长度，m。

3）消力池底板厚度

消力池底板厚度可根据抗冲和抗浮要求，按照有关公式计算。一般大、中型水闸为 0.5～1.0 m，长消力池可自上而下逐渐减薄，采用不同的厚度。末端厚度可采用 $t/2$（t 为消力池底板始端厚度），但不宜小于 0.5 m，个别大型水闸可更厚。小型水闸一般是等厚的，可减薄，但也不宜小于 0.3 m。

大型水闸的消力池深度和长度，在初步设计阶段应进行水工模型试验验证。

3. 消力池的构造

(1)消力池底板(护坦)。承受水流的冲击力、水流脉动压力和底部扬压力等作用，应具有足够的重量、强度和抗冲耐磨的能力，一般采用 C15 或 C20 混凝土浇筑而成。底板一般配置Φ 10～12 mm@ 25～30 cm 的构造钢筋，大型水闸消力池的顶、底面均需配筋，中、小型的可只在顶面配筋。为了降低护坦底部的渗透压力，可在水平护坦的中后部设置排水孔，孔下铺设反滤层，排水孔孔径一般为 5～10 cm，间距为 1.0～3.0 m，呈梅花形布置。护坦的构造如图 5-8 所示。

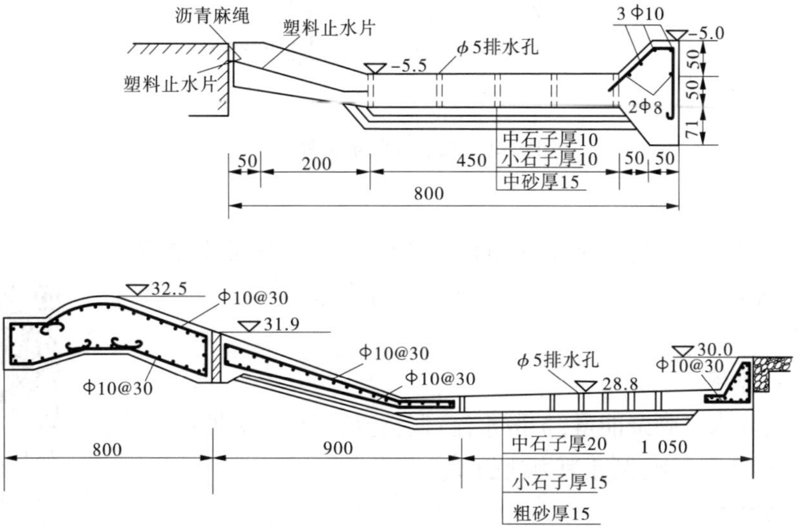

图 5-8　护坦的构造　(单位:高程,m;尺寸,cm)

(2)分缝与止水。消力池与闸底板、翼墙、海漫之间以及消力池本身顺水流方向均应分缝，以适应不均匀沉陷和温度变形。缝距为 10～20 m，地基承载力不足时为 8～12 m，靠近翼墙的消力池缝距应取得小一些。垂直水流方向通常不设缝，以保证其整体稳定性。缝宽 2.0～2.5 cm。缝的位置如在闸基防渗范围内，缝中应设止水；否则，不用设止水，但一般都铺设沥青油毛毡。

(3)尾槛和齿墙。消力池末端通常还设有尾槛，其作用是壅高池内水位，形成水跃，缩短水跃长度，将出流挑向水面，调整出池水流的流速分布，减小下游河床的冲刷。尾槛的形式可分为连续式的实体槛和差动式的齿槛两大类。为增强护坦的抗滑稳定性，常在消力池的末端设置齿墙，墙深一般为 0.8～1.5 m，宽为 0.6～0.8 m。

(二)辅助消能工

辅助消能工的形式主要有消力墩、消力齿等，如图 5-9 所示。其作用是使下泄水流受阻，促使水流撞击，形成涡流，加强紊动扩散，稳定水跃，减小消力池尺寸，提高消能效果，减小工程量。消力墩一般布置在消力池的前部或后部，成两排或三排交错排列。消力齿的作用是将部分高速水流挑起，促使水流在池内形成水跃，避免射流冲击尾槛，并分散池水流，使各股水流在齿槛后互相冲击产生漩涡，消除一部分动能，以改善水闸开门放水的始流条件。消力齿一般设置在消力池的陡坡坡脚处，适用于下游水位较小的情况。

辅助消能工的消能效果与其自身形状、尺寸、在池中的布置情况及池中水深、泄量变化等因素有关，应慎重布置。对于大型水闸，应通过水工模型试验来进行布置。

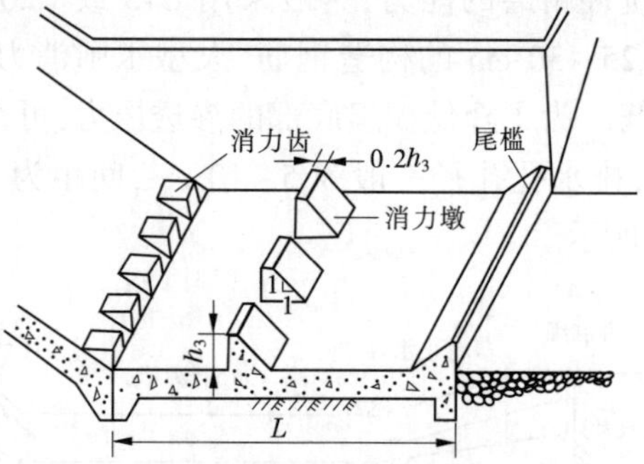

图 5-9　消力池辅助消能工

(三) 海漫及防冲槽

在消力池底板（护坦）下游需采取海漫等防冲加固措施，以便进一步消能，使水流均匀扩散，调整流速分布逐步接近天然河道的水流形态。

1. 海漫

1) 海漫的作用

进一步消除水流剩余能量；扩散水流；调整流速分布，保护消力池后面的一段河床不受冲刷，保证消力池的安全。

码 5-4　动画-海漫

2) 对海漫的要求

海漫应具有一定的柔性，以适应下游河床可能的冲刷变形；具有一定的透水性，以便使渗水自由排出，降低扬压力；具有一定的表面粗糙性，以利进一步消除余能；具有与水流流速相适应的抗冲能力，以保证海漫本身不致被水流冲动，从而达到保护河床的目的。

3) 海漫长度计算

海漫的长度应根据可能出现的不利水位、流量组合情况按式(5-11)进行计算确定。

$$L_p = K_s\sqrt{q_s\sqrt{\Delta H'}} \tag{5-11}$$

式中　L_p——海漫长度，m；

K_s——海漫长度计算系数，可由表 5-9 查得；

q_s——消力池末端单宽流量，$m^3/(s \cdot m)$；

$\Delta H'$——闸孔泄水时的上下游水位差，m。

式(5-11)适合于$\sqrt{q_s\sqrt{\Delta H'}}=1\sim 9$且消能扩散良好的情况。

表 5-9　K_s 值

河床土质	粉砂、细砂	中砂、粗砂、粉质壤土	粉质黏土	坚硬黏土
K_s	14~13	12~11	10~9	8~7

4)海漫的布置和构造

海漫一般采用整体向下游倾斜的形式或将前 5~10 m 做成水平段,其顶面高程可与护坦齐平或在消力池尾槛顶以下 0.5 m,水平段后宜做成等于或缓于 1:10 的斜坡,同时沿水流方向在平面上向两侧逐渐扩散,如图 5-10 所示。

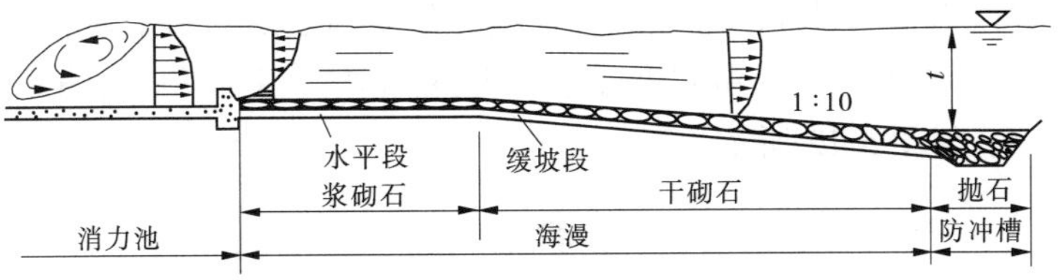

图 5-10 海漫布置示意图

5)海漫常用的结构形式

(1)干砌石海漫。一般由粒径大于 30 cm 的块石砌成,厚度为 0.3~0.5 m,下面铺设垫层,厚度为 10~15 cm。其抗冲流速为 2.5~4.0 m/s。为了增大其抗冲能力,可每隔 6~10 m 设一浆砌石埂。常用在海漫后段。

(2)浆砌石海漫。常以粒径大于 30 cm 的块石,用强度等级为 M5 或 M8 的水泥砂浆砌筑而成,厚度为 0.3~0.5 m,砌石设排水孔,下面铺设反滤层或垫层(见图 5-11)。其抗冲流速可达 3~6 m/s,但柔性和透水性较差。一般用于海漫的前部水平段。

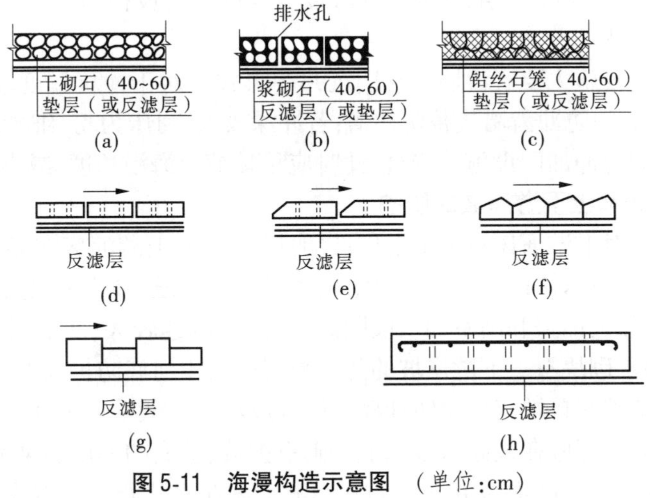

图 5-11 海漫构造示意图 (单位:cm)

(3)混凝土海漫。整个海漫由边长为 2~5 m、厚度为 0.1~0.2 m 的板块拼铺而成,板中有排水孔,下面铺设反滤层或垫层。其抗冲流速可达 6~10 m/s。通常采用斜面式或垛式拼铺形式,以增加表面糙率。

(4)钢筋混凝土海漫。当出池水流的剩余能量较大时,可在尾槛下游 5~10 m 范围内采用钢筋混凝土板海漫,板中有排水孔,下面铺设反滤层或垫层。

(5)其他形式海漫。如铅丝石笼海漫等。

2. 防冲槽和其他加固措施

为了防止海漫末端处发生冲刷破坏而危及海漫和消力池的稳定，进而危及闸室安全，常在海漫末端设置防冲槽或其他加固措施。

1）防冲槽

在海漫末端挖槽抛填足够的粒径大于 30 cm 的块石，以便当水流冲刷河床形成冲坑时，槽内石块便可沿着冲坑的上游斜坡陆续滚下，铺满整个上游斜坡，防止冲坑向上游扩展，保护海漫安全，如图 5-12 所示。

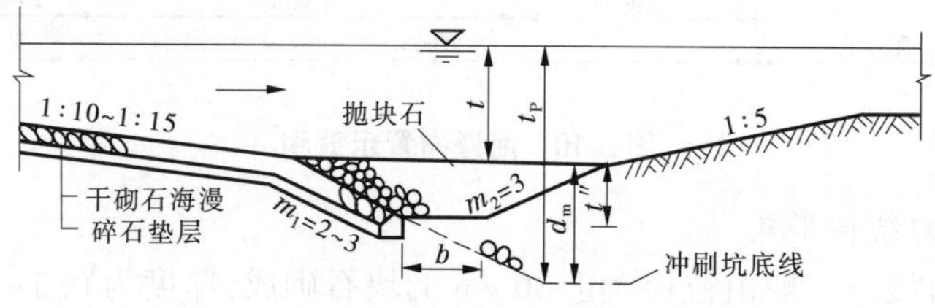

图 5-12　防冲槽

防冲槽的尺寸主要取决于抛石量的多少，而抛石体积可根据下游冲至最深时，石块坍塌铺满冲刷坑上游斜坡所需要的方量来定。已建工程多将防冲槽开挖成宽浅式的梯形断面，槽深一般取 1.5~2.5 m，底宽 b 取 2~3 倍的槽深，防冲槽上下游边坡 m 按河床土质的安全坡度确定，一般为 1∶2~1∶4，两侧边坡坡度可与两岸河坡相同。

2）其他防冲加固设施

其他防冲加固设施主要有齿墙、板桩、沉井等形式。对于冲坑深度较小的工程，可以采用深度为 1~2 m 的防冲齿墙代替防冲槽；若冲深较大，河床为粉、细砂时，采用板桩、井柱或沉井等形式的防冲加固设施较安全，此时应尽量缩短海漫长度，减小工程量。

（四）上游河床和上下游岸坡的防护

为了避免水流对上游河床及上下游岸坡的冲刷，一般上游河床在靠近铺盖的一段需要防护，其长度为上游水深的 3~5 倍。上游岸坡在对应铺盖和护底的范围内都要进行防护。护底、护坡在靠近铺盖和闸室的一段距离内，由于流速较大，防护材料一般都用浆砌块石，其他部分用干砌块石。下游岸坡的防护长度应大于河底防护长度，护坡材料同上游岸坡。必要时上游护底首端宜增设防冲槽，其深度较小，一般采用 1.0~1.5 m。

上下游护坡的顶部应在最高水位以上。砌石护坡、护底的厚度通常为 0.3~0.5 m，下面铺设卵石及砂垫层，厚度均为 10 cm，防止岸坡土壤在水位降落时被渗透水流带出。护坡每隔 8~10 m 常设置混凝土埂（或浆砌石埂）一道，在护坡坡脚处应做混凝土齿墙嵌入土中，以增加护坡的稳定性。若护坡改用现浇混凝土，其厚度一般采用 0.2~0.3 m，寒冷地区宜加厚至 0.3~0.5 m，若改用预制混凝土板铺砌，其厚度一般采用 0.1~0.2 m。

近年来，有的水闸工程也有采用土工织物进行护岸和防冲的。防护用土工合成材料主要有无纺土工织物、织造土工织物、土工模袋、土工膜、土工格室、三维植被网等，有时也需用土工格栅、土工网等加筋。

（五）波状水跃、折冲水流的防止措施

（1）波状水跃的防止措施：①水闸底板采用低实用堰型，有助于消除波状水跃。②对于平底板水闸,可在消力池斜坡段的顶部上游预留一段 0.5~1.0 m 宽的平台,其上设置一道小槛,使水流越槛入池,促成底流式水跃。槛高约为闸孔出流的第一共轭水深的 1/4。小槛迎水面做成斜坡,以减弱水流的冲击作用,槛底设排水孔。③如将小槛改成齿形槛分水墩,效果会更好。

(2)折冲水流的防止措施:①直线对称布置。在平面布置上尽量使上游引河具有较长的直线段,并能在上游两岸对称布置翼墙,出闸水流与原河床主流的位置和方向一致。②合适的下游翼墙扩散角,每侧宜采用 7°~12°,墙顶应高于下游最高水位,以免回流由墙顶漫向消力池。③制定合理的闸门开启程序。如低泄量时隔孔开启,使水流均匀出闸,或开闸时先开中间孔,继而开两侧邻孔至同一高度,直至全部开至所需高度,闭门与之相反,由两边孔向中间孔依次对称地操作。

三、消能防冲设计条件的选择

由于水闸的运用要求、上下游水位、过闸流量以及泄流方式等常常是复杂多变的,这就要求消能防冲设施必须在各种可能出现的水力条件下,都能满足消散动能与均匀扩散水流的要求,且应与下游河道有良好的衔接。但是不同类型的水闸,其泄流特点各不相同,因而控制消能设计的水力条件也不尽相同。因此,应以闸门的开启程序、开启孔数和开启高度进行多种组合计算,进行分析比较确定。如拦河节制闸宜以在保持闸上最高蓄水位的情况下,排泄上游多余来水量为控制消能设计的水力条件;当闸的下游河道已渠化时,应考虑下一级的蓄水位对闸下水位的影响。又如分洪闸宜以闸门全开,通过最大分洪流量为控制消能设计的水力条件。再如排水闸(排涝闸)宜以冬、春季蓄水期通过排涝流量为控制消能设计的水力条件;挡潮闸宜以蓄水期排泄上游多余来水量时,有时需用闸门控制泄水,上下游可能出现较大的水位差为控制消能设计的水力条件等。

【案例 5-3】 水闸的消能防冲设计

根据上述的水闸设计基本资料,设计任务如下:

(1)确定消能防冲设计的控制条件;

(2)消力池的深度、长度和构造设计;

(3)海漫的长度和构造设计;

(4)防冲槽的设计。

设计参考步骤如下:

(1)消能防冲设计的控制条件。

由于本闸位于平原地区,河床的抗冲刷能力较低,所以采用底流式消能。

设计水位或校核水位时闸门全开宣泄洪水,为淹没出流无须消能。闸前为正常高水位 38.50 m,部分闸门局部开启,只宣泄较小流量时,下游水位不高,闸下射流速度较大,才会出现严重的冲刷河床现象,需设置相应的消能设施。为了保证无论何种开启高度的情况下均能发生淹没式水跃消能,所以采用闸前水深 H=8.5 m,闸门局部开启情况,作为消能防冲设计的控制情况。

为了降低工程造价,确保水闸安全运行,可以规定闸门的操作规程,本次设计按 1、3、5、7 孔对称方式开启,分别对不同开启孔数和开启高度进行组合计算,找出消力池池深和池长的控制条件。

按式(5-5)~式(5-10)计算，结果列入表5-10。

表5-10　消力池池深、池长估算结果

开启孔数 n	开启高度 e/m	堰流侧收缩系数 ε	泄流量 Q/(m³/s)	单宽流量 q/[m³/(m·s)]	收缩水深 h_c/m	跃后水深 h_c''/m	下游水深 H_s/m	流态判别	消力池尺寸 池深 d/m	池长 L_s/m	水跃长 L_{sj}/m	说明
1	0.8	0.554	44	5.44	0.49	3.27	2.40	自由出流	1.03	21.5	19.2	
	1.0	0.616	60	7.55	0.62	4.03	2.65		1.6	24.5	23.5	
	1.2	0.617	73	9.08	0.74	4.41	2.95		1.7	25.7	25.3	
	1.5	0.619	91	11.4	0.93	4.90	3.25		1.9	27.2	27.4	池深控制
	2.0	0.621	122	15.3	1.24	5.53	3.62		2.2	31.7	29.6	限开
3	0.8	0.554	131	5.44	0.49	3.27	3.75	淹没出流				
	1.0	0.616	181	7.55	0.62	4.03	4.25					
	1.2	0.617	217	9.08	0.74	4.41	4.58					
	1.5	0.619	273	11.4	0.93	4.90						
	2.0	0.621	366	15.3	1.24	5.53						

通过计算，为了节省工程造价，防止消力池过深，对开启1孔开启高度为2.0 m限开，得出开启1孔开启高度为2.0 m为消力池的池深控制条件。

(2)消力池尺寸及构造。

①消力池深度。根据所选择的控制条件，估算池深为2.0 m，用式(5-6)~式(5-8)计算挖池后的收缩水深 h_c 和相应的出池落差 Δz 及跃后水深 h_c''，验算水跃淹没系数符合在1.05~1.10的要求。

$$\sigma_0 = \frac{d + h_s' + \Delta z}{h_c''} = \frac{2.0 + 3.25 + 0.01}{5.0} = 1.05$$

②消力池池长。根据池深为2.0 m，用式(5-9)及式(5-10)计算出相应的消力池长度为32 m。

③消力池的构造。采用挖深式消力池。为了便于施工，消力池的底板做成等厚，为了降低底板下部的渗透压力，在水平底板的后半部设置排水孔，孔下铺设反滤层，排水孔孔径为10 cm，间距为2 m，呈梅花形布置。

(3)海漫设计。

①海漫长度计算。用式(5-11)计算，海漫的长度为40 m。

②海漫的构造。考虑海漫的柔性和粗糙性的要求，在海漫的起始段采用10 m的浆砌石水平段，后30 m做成1:15的干砌石段。

(4)防冲槽设计。

防冲槽的深度为1.7 m。采用宽浅的断面形式，底宽3.4 m，上游边坡为1:2、下游边坡为 1∶3。出槽后与下游河床相连。

任务四 水闸的防渗排水设计

码 5-5 微课-水闸的地下轮廓线

水闸防渗排水设计的任务是经济合理地确定水闸的地下轮廓线并采取必要、可靠的防渗排水措施，以消除和减小渗流对水闸产生的不利影响，防止闸基和两岸产生渗透破坏，保证水闸的工作安全。

一、闸基防渗长度的确定

如图 5-13 所示，在上下游水位差 H 的作用下，水闸渗流的过程为上游水从河床入渗，绕过上游铺盖、板桩、闸底板经过反滤层由排水孔排至下游。其中，铺盖、板桩和闸底板等不透水部分与地基的接触线称为地下轮廓线，即图中 0—1—2—3—…—16 的折线。地下轮廓线是闸基渗流的第一根流线，其长度称为闸基防渗长度（又称渗径长度）。

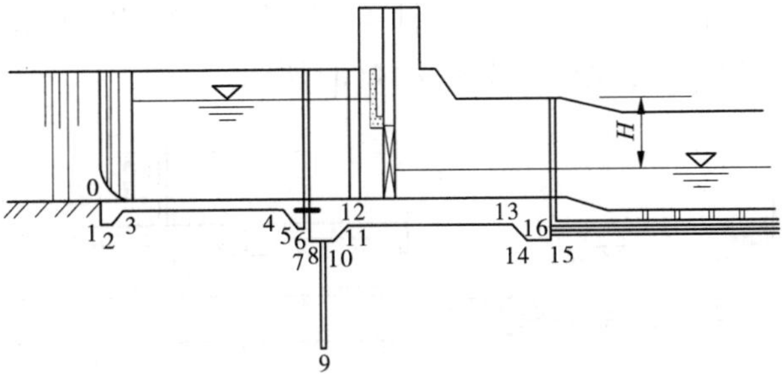

图 5-13 防渗长度示意图

在工程规划和可行性研究阶段，闸基防渗长度可按照式（5-12）初步拟订。

$$L = CH \tag{5-12}$$

式中 L——闸基防渗长度，即闸基轮廓线防渗部分水平段和垂直段长度的总和，m；

C——允许渗径系数，可查表 5-11；

H——水闸上下游水位差，m。

表 5-11 允许渗径系数 C 值

排水条件	地基类别									
	粉砂	细砂	中砂	粗砂	中砾、细砾	粗砾夹卵石	轻粉质砂壤土	轻砂壤土	壤土	黏土
有滤层	13~9	9~7	7~5	5~4	4~3	3~2.5	11~7	9~5	5~7	3~2
无滤层	—	—	—	—	—	—	—	—	7~4	4~3

若在工程初步设计或施工图设计阶段，还应采用改进阻力系数法校验。

二、闸基防渗排水布置

闸基防渗排水布置,即进行不同地基的地下轮廓布置。闸基防渗长度初步确定后,可根据地基特性,参考已建的工程经验确定闸基地下轮廓形状和尺寸。

(一)布置原则

闸基防渗排水布置总的原则是"高防低排"。"高防"是在高水位一侧布置铺盖、板桩、齿墙等防渗设施,以延长渗径,减小作用在底板上的渗透压力,降低闸基渗流的平均坡降;"低排"是在低水位一侧布置排水孔、反滤层等排水设施,使渗透水流尽快地安全排走,防止渗流出口附近的土壤颗粒被渗透水流带走而发生渗透变形,减小闸底板上的渗透压力。

(二)不同地基地下轮廓线的布置

(1)黏性土地基。①特点:不易发生管涌等渗透变形,但摩擦力较小;②排水布置:可将排水设施前移到闸底板下,以降低底板下的渗透压力并有利于黏土加速固结,提高闸室稳定性;③防渗布置:防渗措施常采用水平铺盖,而不用板桩,以免破坏黏土的天然结构,在板桩与地基间造成集中渗流通道,如图5-14(a)所示。

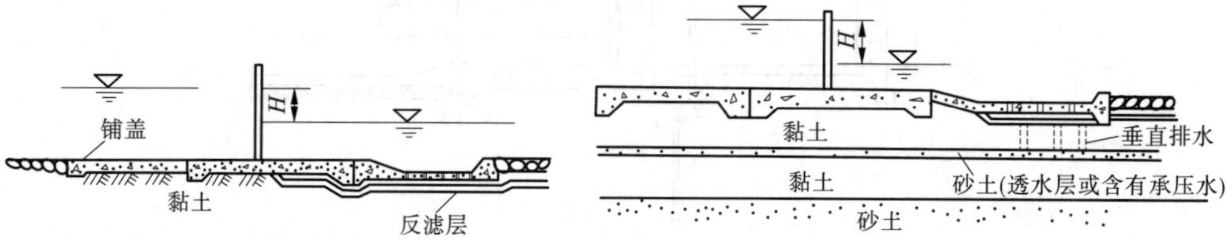

(a)黏性地基　　(b)黏性地基夹有透水砂层

图5-14　黏性土闸基防渗排水布置

黏性土地基内夹有承压透水层时,应考虑设置垂直排水(如排水减压井),以便将透水层的承压水引出,如图5-14(b)所示。

(2)砂性土地基。①特点:砂性土粒间无凝聚力,易产生管涌,主要应防止发生渗透变形。砂性土摩擦系数较大,对减小渗透压力要求相对较小。②排水布置:当砂层很厚时,可采用铺盖与板桩相结合的形式,排水设施布置在护坦上,必要时,在铺盖前端再加设一道短板桩,以加长渗径,如图5-15(a)所示;当砂层较薄,下面有不透水层时,可将板桩插入不透水层。当地基为粉细砂土基时,为了防止地基液化,常将闸基四周用板桩封闭起来,如图5-15(b)所示。在渗流水出口处需设置反滤层。

如水闸承受双向水头作用,水闸上下游均设有排水设施,设计时应以水头差较大的一边为主,另一边为辅,并采取除减小渗透压力外的其他措施,提高闸室的稳定性,如图5-15(c)所示。

三、防渗及排水设施

水闸的防渗设施包括水平防渗设施(铺盖)和垂直防渗设施(板桩、齿墙、防渗墙、灌注式水泥砂浆帷幕、高压喷射灌浆帷幕及垂直防渗土工膜等),而排水设施则是指铺设在

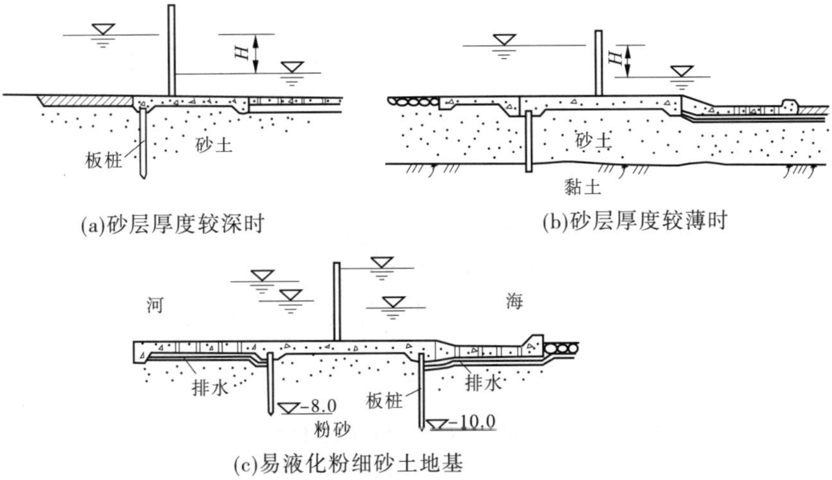

(a)砂层厚度较深时　(b)砂层厚度较薄时

(c)易液化粉细砂土地基

图 5-15　砂性土地基防渗排水布置

护坦(消力池底板)、浆砌石海漫底部或闸底板下游段的排水孔和起导渗作用的砂砾石层,为防止渗透变形,砂砾石层一般做成反滤层的形式。

(一)铺盖

铺盖应有可靠的不透水性及一定的柔性,以适应地基变形,保证防渗作用。实际工程中,常用的形式有黏土、混凝土、钢筋混凝土或土工膜防渗铺盖等。

1. 黏土、黏壤土防渗铺盖

黏土、黏壤土防渗铺盖的渗透系数应比地基土的渗透系数至少要小 100 倍。铺盖的长度应由闸基防渗需要确定。铺盖的厚度应根据铺盖土料的允许水力坡降值计算确定,实际工程上游端一般采用 0.6~0.8 m,并逐渐向闸室方向加厚,靠近闸室处为 1.0~1.5 m。为了防止铺盖在施工期被损坏和运用时被水流冲刷,其上面应设置厚 0.3~0.5 m 浆砌块石或混凝土板保护层。保护层与铺盖间设置一二层砂砾石垫层。铺盖与闸室底板连接处是薄弱环节,应处理好,如图 5-16 所示。

2. 混凝土或钢筋混凝土防渗铺盖

当当地缺乏黏土、黏壤土,或要用铺盖兼作阻滑板以提高闸室抗滑稳定性时,可采用混凝土或钢筋混凝土防渗铺盖(见图 5-17)。其厚度一般根据构造要求确定,最小厚度不宜小于 0.4 m,在与底板连接处应加厚至 0.8~1.0 m。铺盖与底板、翼墙之间用沉降缝分开。铺盖本身亦应设温度沉降缝,靠近翼墙的缝距应小一些。缝宽可采用 2~3 cm,缝中均应设止水。混凝土铺盖中混凝土强度等级一般为 C15,配置温度构造筋。对于起阻滑作用的钢筋混凝土防渗铺盖则要根据受力情况配置轴向受拉钢筋。受拉钢筋与闸室在接缝处应采用铰接的构造形式。这种铺盖的混凝土强度等级一般不低于 C20。

3. 土工膜防渗铺盖

水闸防渗铺盖也可用土工膜代替传统的弱透水土料。用于防渗的土工合成材料主要有土工膜或复合土工膜,其厚度应根据作用水头、膜下土体可能产生裂隙宽度、膜的应变和强度等因素确定,但不宜小于 0.5 mm。防渗土工膜上部可采用水泥砂浆、砌石或预制

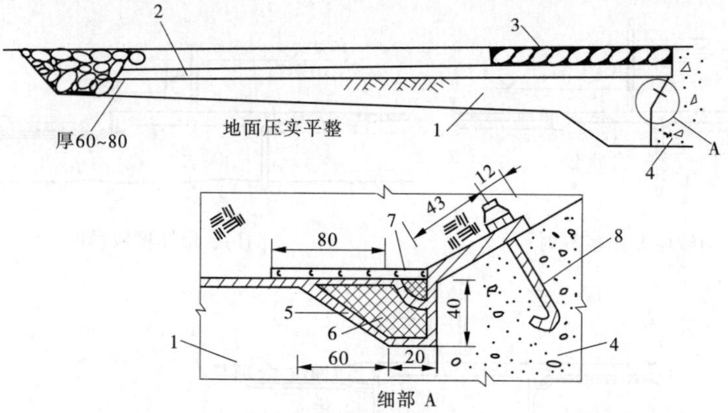

1—黏土铺盖；2—垫层；3—浆砌块石（或混凝土板）保护层；4—闸室底板；
5—沥青麻袋；6—沥青填料；7—木盖板；8—斜面上螺栓

图 5-16 黏土铺盖构造 （单位：cm）

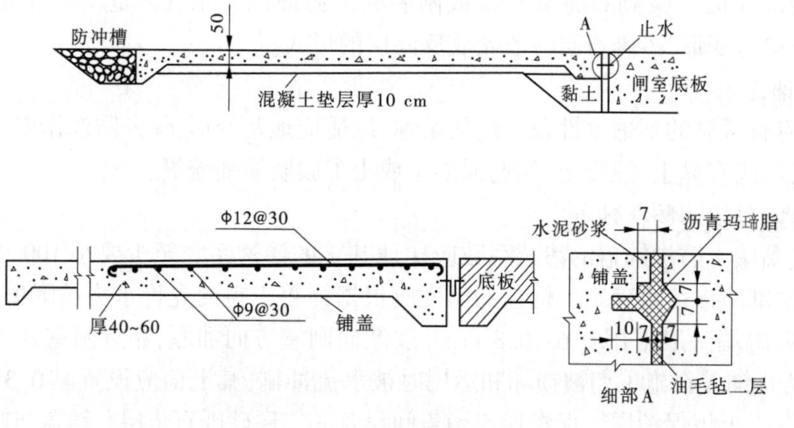

图 5-17 混凝土及钢筋混凝土铺盖构造 （单位：cm）

混凝土块做防护层、上垫层，下部应设下垫层。

（二）板桩

板桩的作用随其位置不同而不同。一般设在闸底板上游端或铺盖前端，主要用以减小渗透压力，有时也设在闸底板下游端，以减小出口段坡降或出逸坡降。板桩长度与透水层深度有关，若透水层较浅，可用板桩插入不透水层 0.5~1.0 m；若透水层较深，则采用悬挂式板桩，考虑防渗效果、工程造价、施工方法等因素，其入土深度一般为作用水头的 70%~120%。

板桩的材料主要有钢筋混凝土板桩、钢板桩、砂浆板和木板桩等，目前采用最多的是钢筋混凝土板桩，它适合于各种地基。其最小厚度不宜小于 0.2 m，宽度不宜小于 0.4 m；其入土深度多数采用 3~5 m，最长达 8 m。

板桩与闸底板的连接形式有两种：①嵌入式。将板桩紧靠底板前缘，顶部嵌入黏土铺盖一定深度，适用于闸室沉降量较大而板桩桩尖已插入坚实土层的情况。②悬挂式。将板桩顶部嵌入底板底面特设的凹槽中,桩顶填塞沥青等可塑性较大的不透水材料,适用于闸室沉降量小而板桩桩尖未达到坚实土层的情况,如图 5-18 所示。

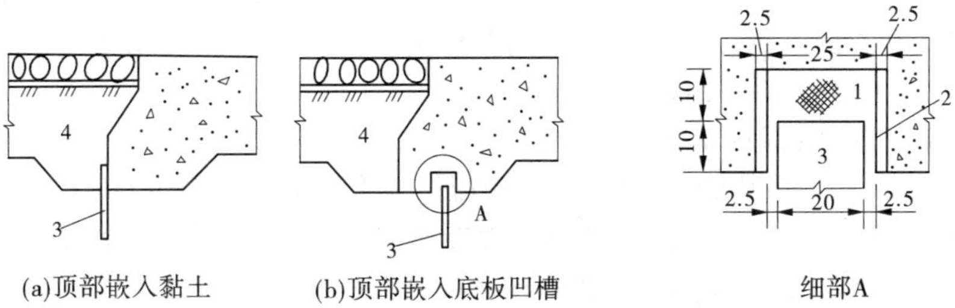

1—沥青;2—预制挡板;3—板桩;4—铺盖

图 5-18 板桩与闸底板的连接形式 (单位:cm)

(三)齿墙

闸底板和铺盖的上下游端以及消力池底板的下游端一般设有齿墙,它有利于抗滑稳定,并可延长渗径。齿墙深度一般为 0.5~1.5 m,最大不宜超过 2.0 m,否则施工困难。

根据具体情况,水闸的防渗设施还可采用混凝土防渗墙、水泥砂浆帷幕、高压喷射灌浆帷幕及垂直防渗土工膜等。

(四)排水设施

闸基排水设施的作用是将闸底渗透水流尽快排到下游,以减小渗透压力,因此要求排水设施透水性好,并与下游畅通。排水形式通常有:

(1)平铺式排水。在护坦和浆砌石海漫的底部或深入底板下游齿墙稍前方平铺粒径为 1~2 cm 的卵石、砾石或碎石(见图 5-19),平铺厚度为 15~30 cm,为防止地基的细颗粒被渗流水带走而发生渗透变形,在排水和地基土的接触面需设置反滤层,一般将反滤层中最大粒径的一层适当加厚,作为排水体。

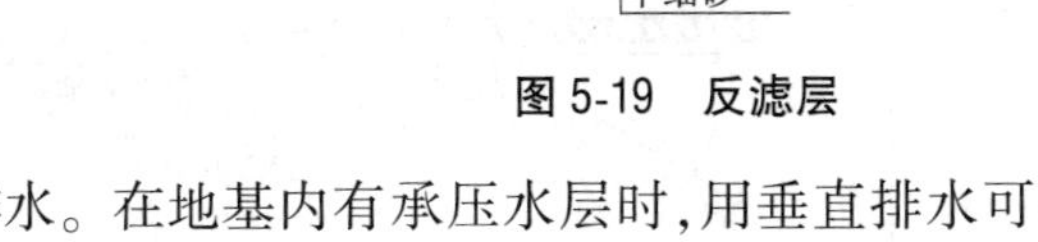

图 5-19 反滤层

(2)垂直排水。在地基内有承压水层时,用垂直排水可有效地降低承压水头。将排水井伸入到该层内 0.3~0.5 m,引出承压水,达到降压的目的。排水井的井径一般为 0.3 m 左右,间距 3 m 左右,内填滤料。

(3)水平带状排水。多用于岩基上,与重力坝地基排水设施相同。

四、闸基渗流计算

闸基渗流计算的目的：求解渗透压力、渗透坡降、渗流量等，并验算地基土在初步拟订的地下轮廓线下的抗渗稳定性。土基上闸基渗流计算主要采用直线比例法（渗径系数法）、流网法、改进阻力系数法等近似计算方法。

（一）直线比例法（渗径系数法）

直线比例法（渗径系数法）原理是假定渗流沿地下轮廓线流动时，其渗透水头是呈直线比例逐渐减小的，即沿程渗透坡降的大小都是相同的。因此，当总水头 H 及防渗长度 L 已定时，便可按直线比例关系求出防渗长度上各点（沿地下轮廓上各点）的渗透压力水头值。该法计算精度不高，特别是用该法进行渗透压力及出逸坡降计算时，误差较大。但由于该法具有一定的实践基础，又很简单，故在小型水闸设计中仍有使用。

按照防渗长度确定的方法不同，直线比例法（渗透系数法）又分为勃莱法和莱因法两种。

（1）勃莱法。假定闸基渗流沿防渗长度均匀地削减水头，即在单位长度上削减的水头是相同的，并假定防渗长度与水头的比值如不小于某一数值，闸基就不会产生渗透变形。

用勃莱法确定距地下轮廓线下游端为 x 处的渗透压力 h_x 时（见图5-20），可按式（5-13）计算：

$$h_x = \frac{x}{L}H \tag{5-13}$$

（2）莱因法。该法认为水平渗径不如铅直渗径的防渗效果好，并认为水平渗径的防渗效能只有垂直渗径的1/3。因此，用该法计算渗透压力时，应先将 x、L 中的水平渗径长度除以3后，再加上垂直渗径长度，然后代入式（5-13）计算。

（二）流网法

对于边界条件复杂的渗流场，很难精确求得任一点的渗流要素值，工程上通常采用流网法来解决这类问题，误差可以控制在5%以内。流网的绘制可以采用电模拟等试验的方法或图解法来完成。前者适用于大型水闸复杂的地下轮廓线和土基，后者用于均质地基上的水闸，既简便迅速，又有足够的精度。流网绘成后（见图5-21），便可应用其算出渗透压力、渗透坡降、渗透流速和渗流量等要素。

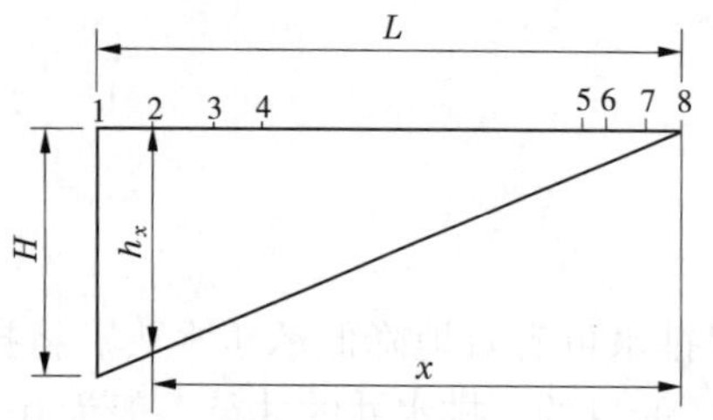

图5-20　直线比例法计算渗透压强图

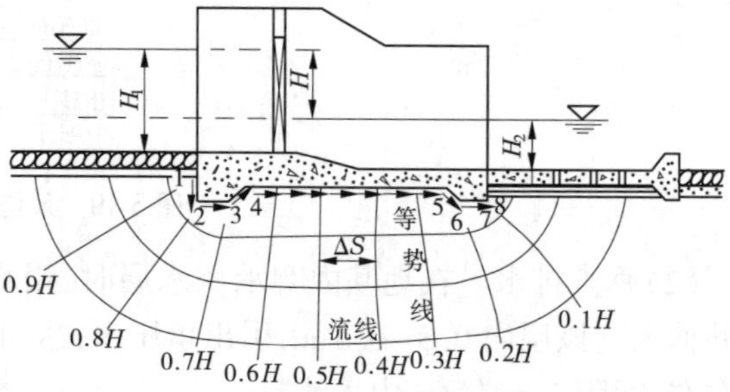

图5-21　流网示意图

(三)改进阻力系数法

改进阻力系数法是在阻力系数法的基础上发展起来的,这两种方法的基本原理非常相似,主要区别是前者的渗流区划分比后者多,在进、出口局部修正方面考虑得更详细些。因此,改进阻力系数法是一种精度较高的近似计算方法。

1. 基本原理

如图 5-22 所示,有一简单的矩形断面渗流区,其长度为 L,透水土层厚度为 T,两断面间的测压管水位差为 h。根据达西定律,通过该渗流区的单宽渗流量 q 为

$$q = K\frac{h}{L}T \quad \text{或} \quad h = \frac{L}{T}\frac{q}{K} \tag{5-14}$$

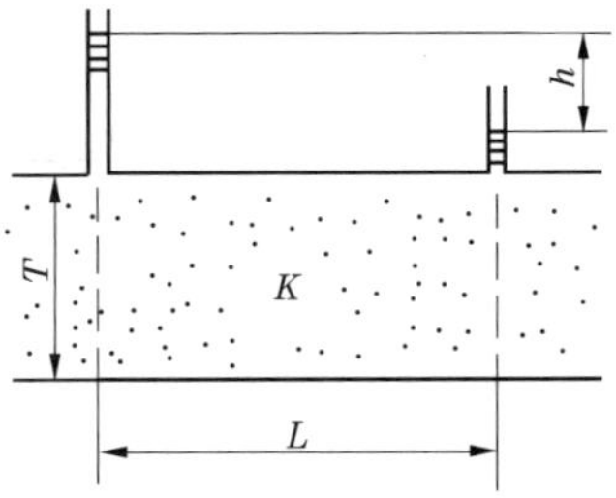

图 5-22　基本原理示意图

令 $L/T=\xi$,则得

$$h = \xi\frac{q}{K} \tag{5-15}$$

式中,ξ 称为阻力系数,ξ 值仅与渗流区的几何形状有关,它是渗流边界条件的函数。对于比较复杂的地下轮廓,需要把整个渗流区大致按等势线位置分成若干个典型渗流段。每个典型渗流段都可利用解析法或试验法求得阻力系数 ξ,其计算公式见表 5-12。图 5-23 所示的简化地下轮廓,可由 2、3、4、5、6、7、8、9、10 点引出等势线,将渗流区划分成 10 个典型流段,并按表 5-12 的公式计算出各段的 ξ_i。再由式(5-16)得到任一典型流段的水头损失 h_i,即

表 5-12　典型流段的阻力系数

区段名称	典型流段形式	阻力系数 ξ 的计算公式
进口段和出口段	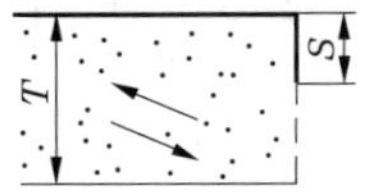	$\xi_0 = 1.5\left(\frac{S}{T}\right)^{3/2} + 0.441$
内部垂直段	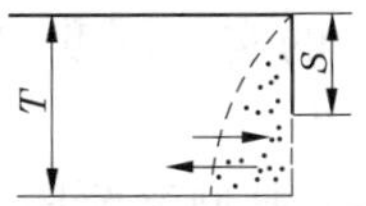	$\xi_y = \frac{2}{\pi}\ln\cot\left[\frac{\pi}{4}\left(1-\frac{S}{T}\right)\right]$
内部水平段	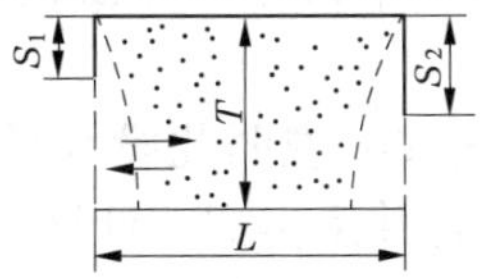	$\xi_x = \frac{L-0.7(S_1+S_2)}{T}$

$$h_i = \xi_i\frac{q}{K} \tag{5-16}$$

对于不同的典型段,ξ 值是不同的,而根据水流的连续原理,各段的单宽渗流量应该相同。所以,各段的 q/K 值相同,而总水头 H 应为各段水头损失的总和,于是得

$$H = \sum_{i=1}^{m} h_i = \frac{q}{K}\sum_{i=1}^{m}\xi_i \tag{5-17}$$

将式(5-17)代入式(5-15)得各段的水头损失为

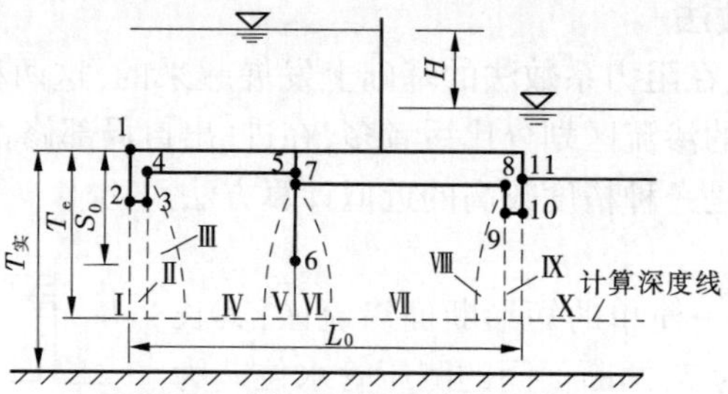

图 5-23　地下轮廓线简化示意图

$$h_i = \xi_i \frac{H}{\sum_{i=1}^{m} \xi_i} \tag{5-18}$$

求出各段的水头损失后，再由出口处向上游方向依次叠加，即得各段分界点的渗压水头。两点之间的渗透压强可近似地认为呈直线分布。进、出口附近各点的渗透压强有时需要修正。如要计算 q，可按式(5-14)进行。

2. 计算步骤

(1) 确定地基计算深度。上述计算方法在地基相对不透水层较浅时可直接应用，但在相对不透水层较深时，须用有效深度 T_e 作为计算深度 T_c。T_e 可按式(5-19)计算确定：

$$\left.\begin{aligned} &当\frac{L_0}{S_0} \geqslant 5 时 \qquad T_e = 0.5L_0 \\ &当\frac{L_0}{S_0} < 5 时 \qquad T_e = \frac{5L_0}{1.6\frac{L_0}{S_0} + 2} \end{aligned}\right\} \tag{5-19}$$

式中　L_0——地下轮廓的水平投影长度，m；

S_0——地下轮廓的铅直投影长度，m。

算出有效深度 T_e 后，再与相对不透水层的实际深度 $T_实$ 相比较，应取其中的小值作为计算深度 T_c。

(2) 按地下轮廓形状将渗流区分成若干个典型渗流段，利用表 5-14 计算各段的阻力系数 ξ_i，并计算各段的水头损失 h_i。

如果计算某一水平段的阻力系数值 $\xi_x \leqslant 0$，说明此段水平距离太短，即可判断其为不合理，此时可将该水平段与附近的渗流段合并后再进行计算。

(3) 以直线连接各分段计算点的水头值，便可绘出渗透压强分布图。

(4) 对进、出口段水头损失值和渗透压强分布图形进行局部修正。计算公式如下：

$$h'_0 = \beta' h_0 \tag{5-20}$$

$$\beta' = 1.21 - \frac{1}{\left[12\left(\frac{T'}{T}\right)^2 + 2\right]\left(\frac{S'}{T} + 0.059\right)} \tag{5-21}$$

$$\Delta h = (1 - \beta')h_0 \tag{5-22}$$

式中　h'_0——进、出口段修正后的水头损失值，m；

h_0——按式(5-18)计算的水头损失值，m；

β'——阻力修正系数，按式(5-21)计算，当计算的 $\beta' \geqslant 1.0$ 时，取 $\beta'=1.0$；

S'——底板埋深与板桩入土深度之和，如图 5-24(a)所示，m；

T'——板桩另一侧地基透水层深度或齿墙底部至计算深度线的铅直距离，如图 5-24 所示，m；

Δh——修正后的水头损失减小值，可按式(5-22)计算，m。

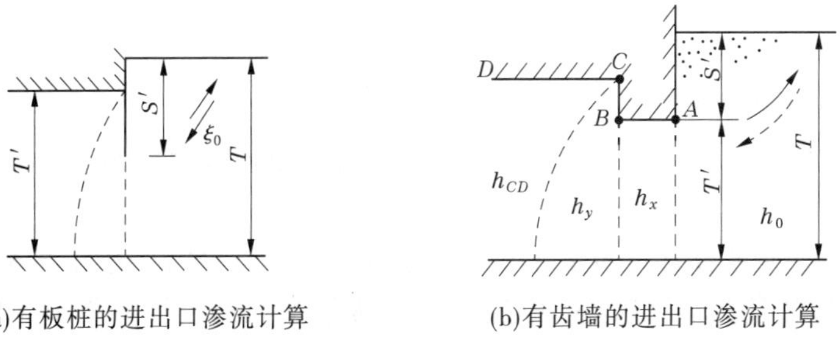

图 5-24　进、出口修正计算示意图

(5)当阻力修正系数 $\beta'<1$ 时，除进、出口段的水头损失需做修正外，在其附近的内部典型段内仍需修正，即把进、出口段的水头损失减小值 Δh 分别按不同情况加在附近的几个典型段内。①当 $h_x \geqslant \Delta h$ 时，可按下式修正：$h_x'=h_x+\Delta h$，式中 h_x' 为修正后的水平段水头损失值，h_x 为水平段的水头损失值。②当 $h_x<\Delta h$ 时，可按下面两种情况修正：当 $h_x+h_y \geqslant \Delta h$ 时，$h_x'=2h_x$，$h_y'=h_y+\Delta h-h_x$，其中 h_y 为内部铅直段的水头损失值，h_y' 为修正后的内部铅直段水头损失值；当 $h_x+h_y<\Delta h$ 时，$h_x'=2h_x$，$h_y'=2h_y$，$h_{CD}'=h_{CD}+\Delta h-(h_x+h_y)$，其中 h_{CD} 为 CD 段的水头损失值，h'_{CD} 为修正后的 CD 段水头损失值，如图 5-24 所示。

(6)按式(5-23)计算出口段渗流坡降 J：

$$J=\frac{h_0'}{S'} \tag{5-23}$$

出口段和水平段的渗流坡降都应满足《水闸设计规范》(SL 265—2016)规定的允许渗流坡降值[J]的要求，防止地下渗流冲蚀地基土并造成渗透变形。

五、水闸的侧向绕渗

水闸建成挡水后，除闸基渗流外，渗流还从上游高水位绕过翼墙、岸墙和刺墙等流向下游。绕渗对翼墙、岸墙施加水压力，影响其稳定性；在渗流出口处，以及填土与岸墙、翼墙的接触面上可能产生渗透变形。此外，它还会影响闸和地基的安全。因此，应做好侧向防渗排水措施。

(一)侧向绕渗计算

侧向绕渗具有自由水面，属于三维无压渗流。当河岸土质均一，在其下面有水平不透水层时，可将三维问题简化成二维问题，按与闸基有压渗流相似的方法或流网法或改进阻力系数法求解绕渗要素。如果墙后土层的渗透系数小于地基渗透系数，则侧向绕渗压力可以近似地采用相对应部位的闸基扬压力计算值。

(二)侧向防渗措施

侧向防渗排水布置(包括刺墙、板桩、排水井等)应根据上下游水位、墙体材料和墙后土质以及地下水位变化等情况综合考虑,并应与闸基的防渗排水布置相适应,使在空间上形成防渗整体。

【案例 5-4】 水闸的防渗排水设计

根据上述的水闸设计基本资料,设计任务如下:

(1)闸底地下轮廓线的布置;

(2)排水设备的构造设计。

设计参考步骤如下:

1. 闸底地下轮廓线的布置

(1)防渗设计的目的。防止闸基发生渗透变形,减小闸基渗透压力,减少水量损失,合理选用地下轮廓尺寸。

(2)布置原则。防渗设计一般采用防渗和排水相结合的原则,即在高水位侧采用铺盖、板桩、齿墙等防渗设施,用以延长渗径,减小渗透坡降和闸底板下的渗透压力;在低水位侧设置排水设施(如面层排水、排水孔排水或减压井)与下游连通,使地下渗水尽快排出,以减小渗透压力,并防止在渗流出口附近发生渗透变形。

(3)地下轮廓线布置。

①闸基防渗长度的确定。根据式(5-12)计算闸基理论防渗长度为 59.5 m。其中,C 为允许渗径系数,地基土质为重粉质壤土,可参考表 5-11 取 7。

$$L_{理} = 7 \times 8.5 = 59.5(\mathrm{m})$$

②防渗设备。由于闸基土质以黏性土为主,防渗设备采用黏土铺盖,闸底板上下游侧设置齿墙,为了避免破坏天然的黏土结构,不宜设置板桩。

③防渗设备尺寸和构造。

闸底板顺水流方向长度,根据上下游最大水位差 ΔH 为 8.5 m,闸基土质为重粉质壤土,系数 A 取 2.0,则

$$L_{底} = A \cdot \Delta H = 2.0 \times 8.5 = 17(\mathrm{m})$$

闸底板长度应综合考虑上部结构布置及地基承载力等要求,确定为 18 m。

闸底板厚度 $t=\frac{1}{5}\times 8=1.6(\mathrm{m})$,实际取为 1.5 m。

闸底板设置齿墙,尺寸如图 5-25 所示。

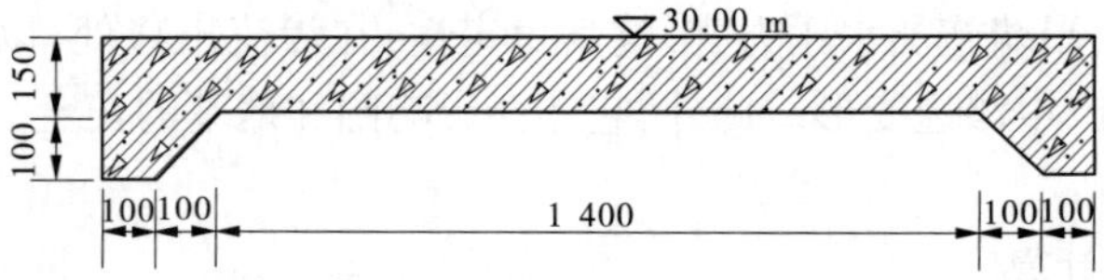

图 5-25 闸底板尺寸图 (单位:cm)

铺盖长度根据 3~5 倍的上下游水位差确定为 40 m。铺盖厚度确定:为便于施工,上游端取为 0.6 m;末端取为 1.5 m,以便和闸底板连接。为了防止水流冲刷及施工时破坏黏土铺盖,在其上设置 30 cm 厚的浆砌块石保护层、10 cm 厚的砂垫层。

(4)校核地下轮廓线的长度。根据以上设计数据,实际的地下轮廓线布置长度应大

于理论的地下轮廓线长度，通过校核，满足要求。

$$铺盖长度+闸底板长度+齿墙长度=40+18+6.8=64.8(m)>L_{理}=59.5\ m$$

2. 排水设备的细部构造

(1)排水设备的作用。采用排水设备，可减小渗透压力，排除渗水，避免渗透变形，增加下游的稳定性。排水的位置直接影响渗透压力的大小和分布，应根据闸基土质情况和水闸的工作条件，做到既减小渗透压力又避免渗透变形。

(2)排水设备的设计。

①水平排水。水平排水为加厚反滤层中的大颗粒层，形成平铺式。反滤层一般是由2~3层不同粒径的砂和砂砾石组成的。层次排列应尽量与渗流的方向垂直，各层次的粒径则按渗流方向逐层增大，其构造可参照图5-19。

反滤层的材料应该是能抗风化的砂石料，并满足：被保护土壤的颗粒不得穿过反滤层；各层的颗粒不得发生移动；相邻两层间较小一层的颗粒不得穿过较粗一层的空隙；反滤层不能被阻塞，应具有足够的透水性，以保证排水通畅；同时应保证耐久、稳定，其工作性能和效果应不随时间的推移和环境的改变而变差。

反滤层由碎石、中砂和细砂组成，其中上部为20 cm厚的碎石、中间为10 cm厚的中砂、下部为10 cm厚的细砂。

②竖直排水设计。在护坦的中后部设排水孔，孔距为2 m，孔径为10 cm，呈梅花形布置，孔下设反滤层。

③侧向排水设计。侧向防渗排水布置(包括刺墙、板桩、排水减压井等)应根据上下游水位、墙体材料和墙后土质以及地下水位变化等情况综合考虑，并应与闸基的防渗排水布置相适应，在空间上形成防渗整体。

在消力池两岸翼墙设2~3层排水孔，呈梅花形布置，孔后设反滤层，排出墙后的侧向绕渗水流。

(3)止水设计。凡具有防渗要求的缝，都应设止水设备。止水分铅直止水和水平止水两种。前者设在缝墩中、边墩与翼墙间以及上游翼墙竖直缝中；后者设在黏土铺盖保护层上的温度沉降缝、消力池与底板温度沉降缝、翼墙、消力池本身的温度沉降缝内，在黏土铺盖与闸底板沉陷缝中设置沥青麻袋止水。

任务五 水闸的结构设计

一、闸室的布置与构造

闸室结构主要包括底板、闸墩、胸墙、闸门、启闭机、工作桥、交通桥等分部结构的布置和尺寸的初步拟订。在保证稳定的前提下，要做到轻型化、整体性好、刚性大、布置紧凑合理，并能适应地基可能的沉降变形。

(一)底板

闸室底板形式通常有平底板、低堰底板、折线底板等。可根据地基、泄流等条件进行选用。一般情况下，平底板使用较多；在松软地基上且荷载较大时，可采用箱式平底板；当单宽流量受限制而闸底高程不能抬高，或地基表层松软需要降低闸底建基高程时，或多泥沙河流有拦沙要求时，可采用低堰底板；在地基坚实，闸室高度不大而上下游河（渠）底高差较大时，可采用折线底板。本节重点介绍平底板。

平底板按照闸墩与底板的连接方式又可分为整体式和分离式两种。

1. 整体式底板

闸墩与底板浇筑成整体的为整体式底板。整个底板起着承受荷载、传递荷载、防冲和防渗的作用。闸孔宽度较大时，一般沿水流方向设永久缝形成二至四孔一联的闸段，边闸段考虑到边荷载的影响，宜为单孔一联，缝中应设止水。

整体式底板有两种分缝形式。①缝墩式：将缝设置在闸墩中间［见图 5-26（a）］。其优点是闸室结构整体性好，缝间闸段各自独立，各闸段间有不均匀沉降时，水闸仍能正常工作，且具有较好的抗震性能。缺点是缝墩施工工期较长，且比其他中墩厚，当缝墩较多时，将增加工程量和施工难度。闸孔孔径过大时，底板应力很大，需配置较多的钢筋。缝墩式适用于地质条件较差的地基或地震区。②中墩式：将缝设在闸孔底板中间［见图 5-26（b）］。中墩式适用于地基条件较好，相邻闸段不致出现不均匀沉降的情况，优点是可缩短工期，减小闸的总宽度和底板的跨中弯矩。

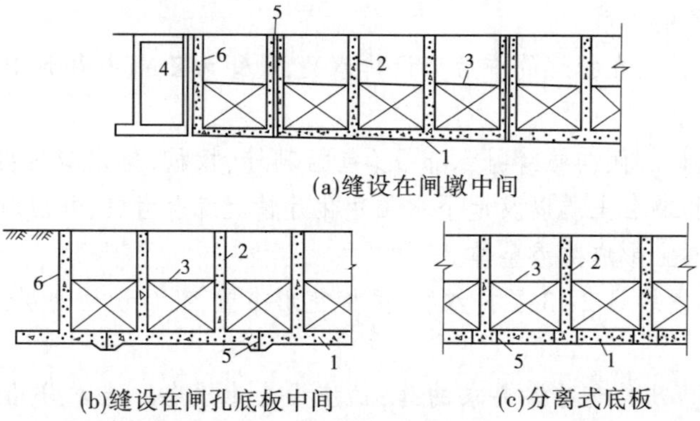

1—底板；2—闸墩；3—闸门；4—空箱式岸墙；5—温度沉降缝；6—边墩

图 5-26　底板的类型

2. 分离式底板

在闸墩两侧附近设缝，将底板与闸墩断开，称为分离式底板，如图 5-26（c）所示。缝中设止水。其闸室上部结构的重量将直接由闸墩或连同部分底板传给地基。中间底板仅起防冲、防渗和稳定的作用，其厚度根据自身稳定的需要确定。优点是可缩短工期，减小闸的总宽度，工程量小；缺点是底板接缝较多，闸室结构的整体性较差，对地基要求较高。它一般适用于地质条件较好、承载能力较大的地基。

3. 底板长度

底板顺水流方向的长度应根据闸室地基条件和上部结构布置要求，以满足闸室整体稳定和地基允许承载力为原则来分析确定。初拟时对于碎石土和砾（卵）石地基可取 $(1.5\sim2.5)H$（H 为水闸上下游最大水位差）；砂土和砂壤土可取 $(2.0\sim3.5)H$；黏土可取 $(2.5\sim4.5)H$。

4. 底板厚度

底板厚度必须满足强度和刚度的要求,大中型水闸可取单孔闸室净宽的1/6~1/8,一般为1~2 m,最薄不小于0.7 m,小型水闸可薄至0.3 m。

5. 底板材料

闸底板应具有足够的整体性、坚固性、抗渗性和耐久性。一般采用钢筋混凝土结构,小型水闸可采用混凝土,必要时加少量钢筋,常用的混凝土强度等级为C15或C20。水头小、闸孔小且地质条件好的水闸也可采用浆砌石建造,但其整体性差,强度低,水泥砂浆强度等级不低于M15。

(二)闸墩

闸墩的作用是分隔闸孔,支撑上部结构物。闸墩的结构形式应根据闸室结构抗滑稳定性和闸墩纵向刚度要求确定,一般是实体式,用混凝土、少筋混凝土或浆砌石建造。闸墩的外形轮廓应满足过闸水流平顺、侧向收缩小、过流能力大的要求。闸墩上游墩头宜采用半圆形或三角形,下游宜采用流线型,如图5-27所示。

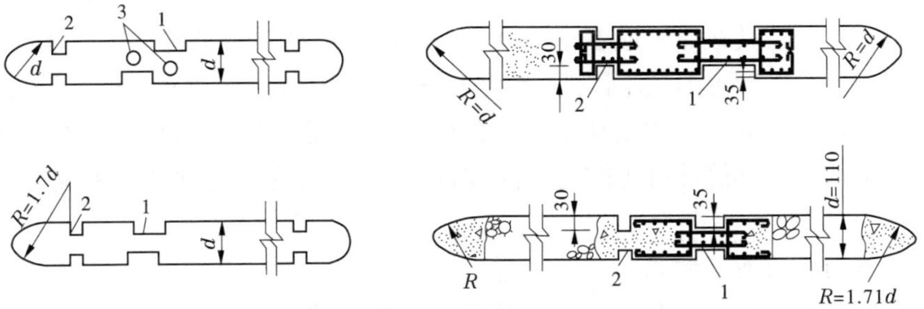

1—工作门槽;2—检修门槽;3—通气孔

图5-27　闸墩的布置形式　(单位:cm)

1. 闸墩高程

闸墩上游部分的顶面高程主要应满足两种运用情况:①挡水时,闸顶高程不应低于水闸正常蓄水位(或最高挡水位)加波浪计算高度与相应安全超高值之和;②泄水时,闸顶高程不低于设计洪水位(或校核洪水位)与相应安全超高值之和。下游部分的闸顶高程可适当降低,但应保证下游的交通桥底部高出泄洪水位0.5 m以上及桥面能与闸室两岸道路衔接。

2. 闸墩的长度

闸墩的长度一般取决于上部结构布置和闸门的形式,一般与底板等长或稍短些。闸墩上下游面常为铅直面;如上部结构布置后闸墩有富裕,两端可做成10:1~5:1的竖坡;如上部结构布置不下,顶部可做成向外挑出的牛腿。通常弧形闸门的闸墩长度比平面闸门的闸墩长。

3. 闸墩厚度

闸墩厚度应满足稳定和强度要求,根据闸孔孔径、受力条件、结构构造要求、闸门形式和施工方法等确定。根据经验,一般混凝土闸墩厚1.0~1.6 m,少筋混凝土闸墩厚0.9~1.4 m,钢筋混凝土闸墩厚0.7~1.2 m,浆砌石闸墩厚0.8~1.5 m。平面闸门的闸墩厚度主要受门槽深度控制，闸墩在门槽处的最小厚度主要是根据结构强度和刚度的需要确定的，一般不宜小于0.4 m。弧形闸门的闸墩因没有门槽，可采用较小的厚度。兼作岸墙的边闸墩还应考虑承受侧向土压力的作用，其厚度应根据结构抗滑稳定性和结构强度的需要计算确定。

4. 闸门槽尺寸

平面闸门的门槽尺寸取决于闸门尺寸和支承形式。工作门槽深一般不小于0.3 m，宽0.5~1.0 m，最优宽深比宜取1.6~1.8。检修门槽深一般为0.15~0.25 m，宽0.15~0.30 m。检修门槽与工作门槽之间应留1.5~2.0 m净距以便安装和检修。弧形闸门的闸墩不需设主门槽。

（三）胸墙

1. 胸墙的结构形式

胸墙的结构形式常采用板式和梁板式，如图5-28所示。①板式胸墙。当闸孔孔径小于或等于6.0 m时，一般采用板式胸墙，墙板可做成上薄下厚的楔形板，其顶部厚度一般不小于0.2 m。②梁板式胸墙。当闸孔孔径大于6.0 m时，宜采用梁板式胸墙，主要由墙板、顶梁和底梁组成，其板厚一般不小于0.12 m；顶梁梁高为胸墙跨度的1/12~1/15，梁宽常取0.4~0.8 m；底梁由于与闸门顶接触，要求有较大的刚度，梁高为胸墙跨度的1/8~1/9，梁宽为0.6~1.2 m。当胸墙高度大于5.0 m，且跨度较大时，可增设中梁及竖梁构成肋形结构。胸墙常用钢筋混凝土结构，各结构尺寸应根据受力条件和边界支承情况计算确定。

2. 胸墙与闸墩的连接方式

胸墙与闸墩的连接方式有简支式和固接式两种，如图5-29所示。①简支式。胸墙与闸墩分开浇筑，缝间涂沥青；也可将预制墙体插入闸墩预留槽内，成为活动胸墙。其优点是可避免在闸墩附近迎水面出现裂缝，但断面尺寸较大。②固接式。胸墙与闸墩整浇在一起，胸墙钢筋伸入闸墩内，形成刚性连接。其优点是断面尺寸小，可增强闸室的整体性，但受温度变化和闸墩变位的影响，易在胸墙支点附近的迎水面产生裂缝。整体式底板可用固接式，分离式底板多用简支式。

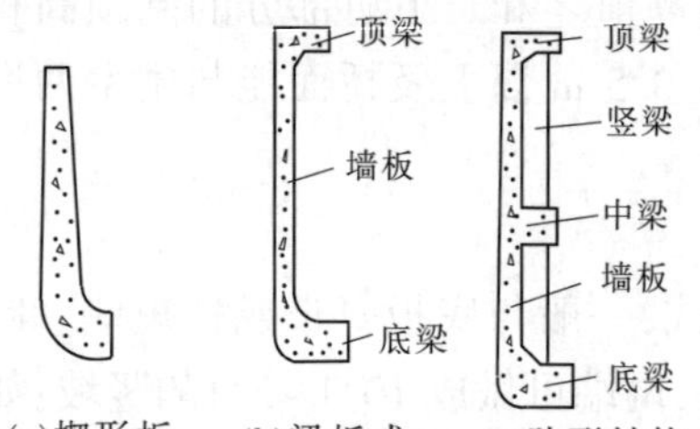

(a)楔形板　(b)梁板式　(c)肋形结构

图5-28　胸墙的结构形式

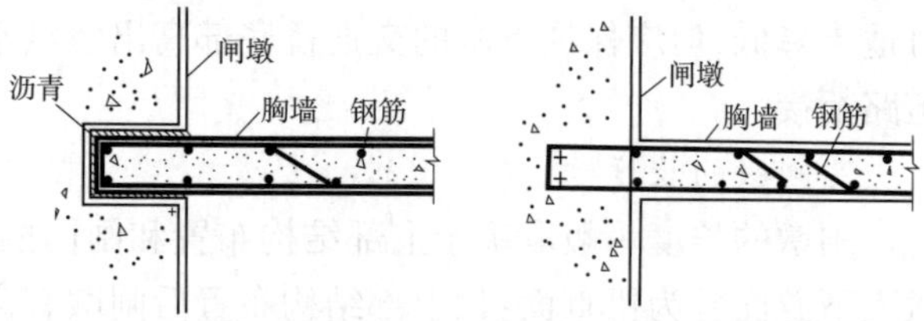

(a)简支式　(b)固接式

图5-29　胸墙与闸墩的连接方式

胸墙顶宜与闸顶齐平。胸墙底部高程应根据孔口流量要求计算确定，应不影响泄水。

3. 胸墙相对位置

胸墙相对于闸门的位置取决于闸门的形式。若采用弧形闸门，胸墙设在闸门上游侧；若采用平面闸门，胸墙可设在闸门上游侧，也可设在闸门下游侧，如图5-30所示。前者止水放在闸门前面,启闭机螺杆或钢丝绳与吊耳等铁环不致因浸在水中而锈蚀,但其止水设备较复杂,且易磨损。后者闸门紧靠胸墙,止水设备简单,且止水效果好,只是对螺杆等防锈蚀不利。

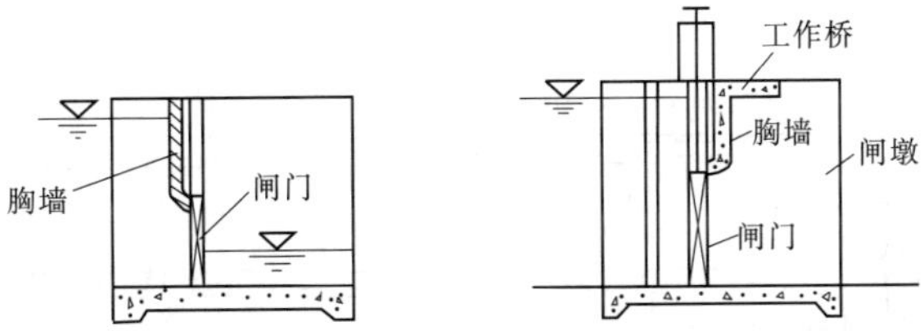

(a)胸墙在闸门上游侧　(b)胸墙在闸门下游侧

图 5-30　胸墙与闸门的相对位置

(四)闸门

闸门是水闸的一个重要组成部分,水闸利用它的启闭来达到控制水位和调节流量的目的。

1. 闸门的分类

1)按结构形式分类

按结构形式分类,可分为平面闸门、弧形闸门等。平面闸门是平板形式的门叶,按提升方式不同又可分为直升式和升卧式两种。弧形闸门的挡水面板是圆弧面,启闭时绕位于弧形挡水面圆心处的支承铰转动。弧形闸门与平面闸门比较,其主要优点是启门力小,可以封闭较大面积的孔口,无影响孔口水流状态的门槽,闸墩厚度较小,机架桥的高度较低,埋件少。其主要缺点是所需闸墩较长;不能提出孔口以外进行检修维护,也不能在孔口之间互换;总水压力集中于支铰处,闸墩受力复杂。

2)按工作性质分类

按工作性质分类,可分为工作闸门、检修闸门和事故闸门。工作闸门是水闸正常运行情况下使用,要求其在动水中启闭;检修闸门是检修时临时挡水使用,通常在平压静水中启闭;事故闸门是在水闸或机械设备出现事故时使用,要求在动水中快速关闭,在静水中开启。

3)按闸门所用材料分类

按闸门所用材料分类,可分为钢闸门、钢筋混凝土及钢丝网水泥闸门、钢木混合结构闸门、木闸门和铸铁闸门等。钢闸门具有自重小、工作可靠的优点,故在大、中型水闸中应用广泛。钢筋混凝土及钢丝网水泥闸门和铸铁闸门可节约钢材,近些年有所发展,但有的较重,增加了启闭设备的造价,有的耐久性或韧性较差,一般只用于小型水闸。木闸门因其耐久性差,已很少采用。

2. 闸门的构造组成

闸门结构一般由活动部分、埋固部分和悬吊设备三部分组成。活动部分主要是由面板、梁格系统组成的门体结构;埋固部分是预埋在闸墩和胸墙等结构内部的固定构件;悬吊设备是指连接闸门和启闭设备的拉杆或牵引索等。

平面钢闸门的活动部分(也称门叶,如图 5-31 所示)由承重结构、支承移动装置(或称行走支承）、止水装置及吊耳等组成，其中承重结构包括面板、梁格、竖向联结系、门背（纵向）联结系和支承边梁等。支承移动装置有轮式支承和滑块支承两种，常用的是轮式支承。弧形钢闸门的活动部分由弧形面板、主梁、次梁、竖向联结系（或隔板）、起重桁架、支臂和支铰等组成，如图 5-32 所示。

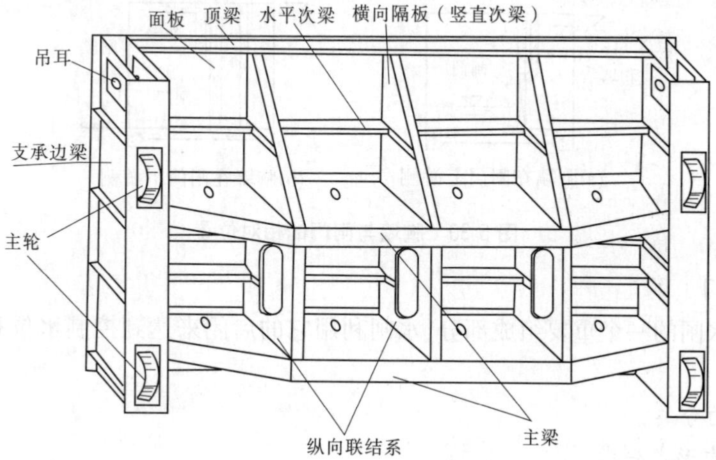

图 5-31　直升式平面钢闸门的活动部分

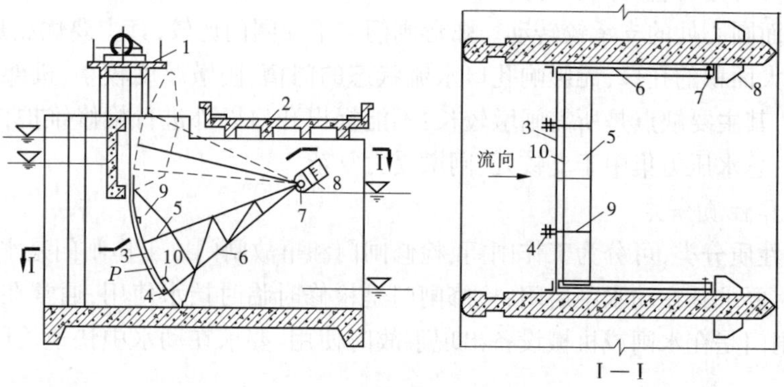

1—工作桥；2—公路桥；3—面板；4—吊耳；5—主梁；6—支臂；
7—支铰；8—牛腿；9—隔板；10—水平次梁

图 5-32　弧形钢闸门布置

闸门的基本尺寸根据孔口尺寸确定。露顶式闸门顶部应在可能出现的最高挡水位以上有 0.3~0.5 m 的超高。

（五）启闭机

闸门启闭机可分为固定式和移动式两种。常用的固定式启闭机有卷扬式、螺杆式和油压式三种。移动式一般有门架式和桥式两种。启闭机的形式应根据门型、尺寸及其运用条件等因素选定。所选用启闭机的启闭力应大于等于计算的启闭力，同时应符合国家现行的《水利水电工程启闭机设计规范》（SL 41—2018）所规定的启闭机系列标准。若要求短时间内全部均匀开启或多孔闸门启闭频繁，每孔应设一台固定式启闭机。

1. 卷扬式启闭机

固定卷扬式启闭机广泛应用于大、中型水闸，其定型产品有卷扬式平板闸门启闭机和卷扬式弧形闸门启闭机两种。它主要由电动机、减速箱、传动轴和绳鼓组成。绳鼓固定在传动轴上，围绕钢丝绳，钢丝绳连接在闸门吊耳上。启闭闸门时，通过电动机、减速箱和传动轴使绳鼓转动，进而钢丝绳牵引闸门升降，并通过滑轮组的作用，使用较小的钢丝绳拉力，便可获得较大的启闭力。固定卷扬式启闭机适用于闭门时不需施加压力，且要求在短时间内全部开启的闸门。一般每孔布置一台。

2. 螺杆式启闭机

螺杆式启闭机主要由摇柄、主机和螺杆组成(见图 5-33)。螺杆的下端与闸门的吊头连接，上端利用螺纹与承重螺母相扣合。当用机械或人力转动主机时，迫使螺杆连同闸门上下移动，从而启闭闸门。其优点是结构简单、使用方便，价格较低且易于制造；缺点是启闭速度慢，启闭力小。因此，只适用于小型水闸。当水压力较大、门重不足时，可通过螺杆对闸门施加压力，以便使闸门关闭到底。当螺杆长度较大(如大于 3 m)时，可在胸墙上每隔一定距离设支撑套环，以防止螺杆受压失稳。其启闭力一般为 3~100 kN。

3. 油压式启闭机

油压式启闭机主体由油缸和活塞组成(见图 5-34)。活塞经活塞杆或连杆与闸门连接，改变油管中的压力即可使活塞带动闸门升降，是一种比较理想的启闭设备。其主要优点是利用液压原理，可以用较小的动力获得很大的启闭力；液压传动比较平稳和安全(有溢流阀，超载时起自动保护作用)；机体体积小、重量轻，当闸孔较多时，可以降低机房、管路及工作桥的工程造价；较易实现遥测、遥控和自动化。其主要缺点是对金属加工条件要求较高，质量不易保证，造价较高。同时设计选用时要注意解决闸门起吊同步的问题，否则会发生闸门歪斜、卡阻的现象。

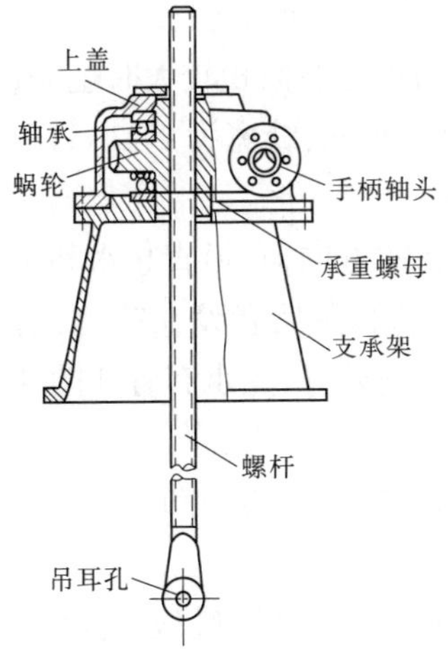

图 5-33 螺杆式启闭机

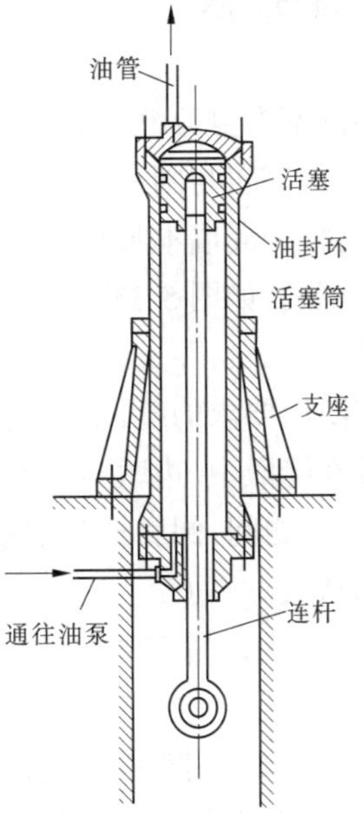

图 5-34 油压式启闭机

（六）工作桥、交通桥

1. 工作桥

为了安装启闭设备和便于工作人员操作的需要，通常在闸墩上设置工作桥，如图 5-3 所示。桥的位置由启闭设备、闸门类型及其布置和启闭方式而定。当桥面很高时，也可在闸墩上部另建支柱或排架来支承工作桥，以减小闸墩高度，节省材料。

工作桥的高程与闸门和启闭设备的形式、闸门高度有关，一般应使闸门开启后，门底高于上游最高水位，以免阻碍过闸水流。对于平面直升门，若采用固定启闭设备，桥的高度（横梁底部高程与底板高程的差值）为门高的 2 倍加上 1.0~1.5 m 的富裕高度；若采用活动式启闭设备，则桥高可以低些，但也应大于 1.7 倍的闸门高度。对于弧形闸门及升卧式平面闸门，工作桥高度可以降低很多，具体应视工作桥的位置及闸门吊点位置等条件而定。

大、中型水闸的工作桥一般采用板梁结构。小型水闸多采用板式结构。工作桥的总宽度取决于启闭机的类型、容量和操作需要。大型水闸总宽度为 2.5~4.5 m，小型水闸为 2.0~2.5 m。

2. 交通桥

建闸后为便于行人或车马通行，通常在闸墩上设置交通桥，如图 5-3 所示。交通桥的位置应根据闸室稳定及两岸交通连接的需要而定，一般布置在闸墩的下游侧。交通桥的梁（板）底高程应高出最高洪水位 0.5 m 以上；如果有流冰，则应高出流冰面以上 0.2 m。交通桥可根据闸孔孔径、设计荷载标准等具体条件来选用板式、梁板式或板拱式，有条件时，可采用预制构件，现场吊装。仅供人畜通行的交通桥，其宽度常不小于 3 m；行驶汽车等的交通桥按交通部门制定的相应规范进行设计。

（七）分缝与止水

1. 分缝

除上述闸室本身分缝外，凡是相邻结构荷重相差悬殊或结构较长、面积较大的地方也要设缝分开，如铺盖与闸室底板、翼墙的连接处以及消力池与闸室底板、翼墙的连接处要分别设缝。另外，翼墙本身较长，混凝土铺盖、消力池的护坦在面积较大时也需设缝，以防产生不均匀沉陷，如图 5-35 所示。缝的间距一般为 15~20 m，缝宽为 2~3 cm。

2. 止水

凡具有防渗要求的缝，都应设止水。按照止水设备的方向，有铅直止水和水平止水两种。前者设在缝墩中、边墩与翼墙之间以及各段翼墙之间等；后者设在铺盖、消力池底板与闸底板、翼墙之间，闸底板与铺盖、消力池底板间的分缝处等，止水布置如图 5-35 所示。

1）止水形式

（1）垂直止水。用于闸墩（缝墩）中的边墩与岸墙之间的接缝、岸墙与翼墙之间的接缝、翼墙的分段缝。

（2）水平止水。用于铺盖与底板之间的接缝、铺盖与两侧翼墙底板之间的接缝；底板分缝隙段；混凝土或混凝土铺盖的分坝缝；闸后护坦与闸底板之间的分缝；护坦与翼墙之间的接缝；护坦分坝缝。

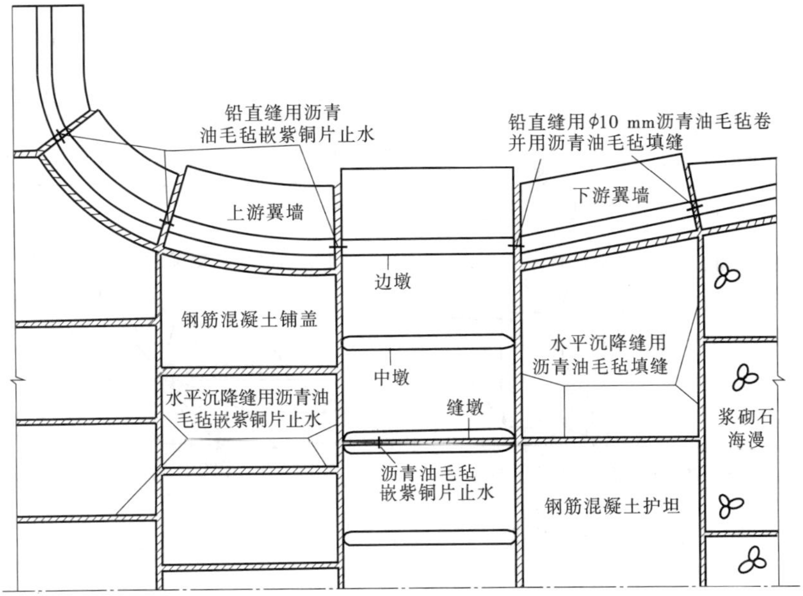

图 5-35 水闸的分缝与止水布置

2)止水设备

垂直止水设备一般都设在靠近上游挡水面处(临水面 0.2~0.5 m)。止水设备上游部分的缝应该是不透水的,下游宜保持通畅。此外,止水设备应防止两个相邻构件之间因发生相对垂直位移而被撕裂。

水平止水多布置在距上游面 0.2~0.3 m 处,在缝下面铺设 2~3 层油毛毡或沥青片。材料为紫铜片、塑料止水带、橡皮止水带。

两种止水交叉处的构造必须妥善处理,以便形成一个完整的止水体系。交叉连接有两类,即铅直交叉和水平交叉。交叉处止水片的连接方式也可分为两种:一种是柔性连接,即将金属止水片的接头部分埋在沥青块体中;另一种是刚性连接,即将金属止水片剪裁后焊接成整体。在实际工程中可根据交叉类型及施工条件决定连接方式,铅直交叉常用柔性连接,而水平交叉则多用刚性连接,如图 5-36 所示。

二、荷载及其组合

(一)荷载

作用在水闸上的荷载可分为基本荷载和特殊荷载两类。基本荷载主要有:水闸结构及其上部填料和永久设备的自重;相应于正常蓄水位或设计洪水位情况下水闸底板上的水重、静水压力、扬压力、浪压力;土压力;淤沙压力;风压力;冰压力;土的冻胀力;其他出现机会较多的荷载等。特殊荷载主要有:相应于校核洪水位情况下水闸底板上的水重、静水压力、扬压力、浪压力;地震荷载;其他出现机会较少的荷载等。

因水闸具有挡水作用,故其所承受的荷载的计算公式与重力坝基本类似。

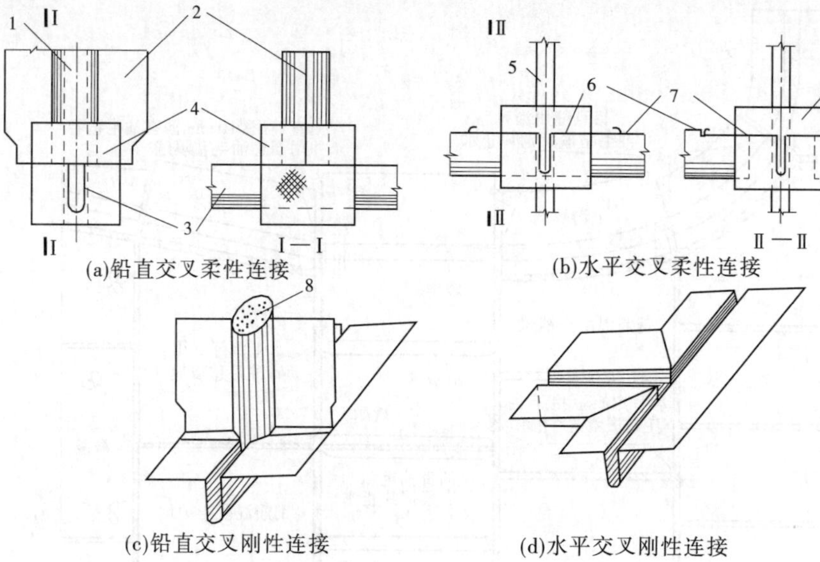

(a)铅直交叉柔性连接　(b)水平交叉柔性连接

(c)铅直交叉刚性连接　(d)水平交叉刚性连接

1—铅直缝；2—铅直止水片；3—水平止水片；4—沥青块体；5—接缝；
6—纵向水平止水；7—横向水平止水；8—沥青柱

图 5-36　止水及止水交叉构造

（1）自重：应按其几何尺寸及材料重度计算确定。闸门、启闭机及其他永久设备应尽量采用实际重量。

（2）水重：指闸室范围内作用在底板顶面以上的水体重量。多泥沙河流上的水闸，还应考虑含沙量对水的重度的影响。当上下游坝面倾斜时，应计入竖向静水压力。

（3）水平水压力：指作用在胸墙、闸门及闸墩上的水平水压力。上下游的水平水压力数值不同、方向相反。

作用在铺盖与底板连接处的水平水压力因铺盖所用材料不同而略有差异。当为黏土铺盖时，如图 5-37（b）所示，a 点处按静水压强计算，b 点处取该点的扬压力强度值，两点之间以直线相连，进行计算。当为混凝土或钢筋混凝土铺盖时，如图 5-37（a）所示，止水片以上的水平水压力仍按静水压力分布计算，止水片以下按梯形分布计算，c 点的水平水压力强度等于该点的浮托力强度值加上 e 点的渗透压力强度值，d 点则取该点的扬压力强度值，c 点、d 点之间按直线连接计算。

底板上下游浅齿内侧斜面上的水平水压力因方向相反，数值相差不多，一般略而不计。

（4）扬压力：包括渗透压力和浮托力两部分，渗透压力计算同本项目任务四内容。底板底部某一点的浮托力强度值等于该点与下游水位间的高差乘以水的重度。

（5）浪压力：根据规范，平原地区水闸按项目一重力坝中莆田试验站的公式进行计算。

（6）土压力：应根据填土性质、挡土高度、填土内的地下水位、填土顶面坡角及超荷载等计算确定。对于向外侧移动或转动的挡土结构,可按主动土压力计算;对于保持静止不动的挡土结构,可按静止土压力计算。

(7)淤沙压力、地震荷载、冰压力的计算同重力坝。

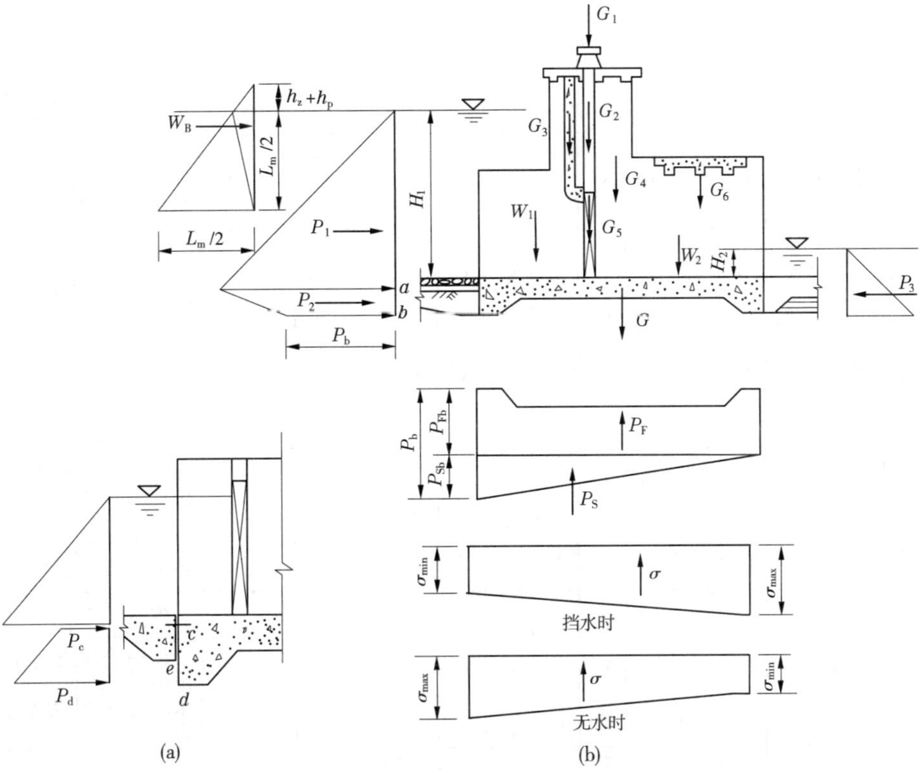

P_1、P_2、P_3—水压力;W_B—浪压力;G—底板重;G_1—启闭机重;

G_2—工作桥重;G_3—胸墙重;G_4—闸墩重;G_5—闸门重;G_6—交通桥重;

W_1、W_2—水重;P_F—浮托力;P_S—渗透压力;σ—地基反力

图 5-37 闸室的作用力

(二)荷载组合

水闸在施工、运用及检修过程中,各种作用荷载的大小、分布及出现的概率情况是经常变化的。因此,设计水闸时,应将可能同时作用的各种荷载进行组合。荷载组合分为基本组合与特殊组合两类。基本组合由基本荷载组成,特殊组合由基本荷载和一种或几种特殊荷载组成。但地震荷载只许与正常蓄水位情况下的相应荷载组合。

每种组合中所包含的计算情况及每种情况中所涉及的荷载参见表 5-13。计算闸室稳定和应力时的荷载组合可按表 5-13 采用。必要时也可考虑其他可能的不利组合。

表 5-13　荷载组合

荷载组合	计算情况	荷载												说明
		自重	水重	静水压力	扬压力	土压力	淤沙压力	风压力	浪压力	冰压力	土的冻胀力	地震荷载	其他	
基本组合	完建情况	√	—	—	—	√	—	—	—	—	—	—	√	必要时，可考虑地下水产生的扬压力
	正常蓄水位情况	√	√	√	√	√	√	√	√	—	—	—	√	按正常蓄水位组合计算水重、静水压力、扬压力及浪压力
	设计洪水位情况	√	√	√	√	√	√	√	√	—	—	—	—	按设计洪水位组合计算水重、静水压力、扬压力及浪压力
	冰冻情况	√	√	√	√	√	√	√	√	—	√	—	√	按正常蓄水位组合计算水重、静水压力、扬压力及浪压力
特殊组合	校核洪水位情况	√	√	√	√	√	√	√	√	—	—	—	—	按校核洪水位组合计算水重、静水压力、扬压力及浪压力
	施工情况	√	—	—	—	√	—	—	—	—	—	—	√	应考虑施工过程中各个阶段的临时荷载
	检修情况	√	—	√	√	√	√	√	√	—	—	—	√	按正常蓄水位组合（必要时可按设计洪水位组合或冬季低水位条件）计算水重、静水压力、扬压力及浪压力
	地震情况	√	√	√	√	√	√	√	√	—	—	√	—	按正常蓄水位组合计算水重、静水压力、扬压力及浪压力

注：表中"√"为需要考虑的荷载，"—"为不需要考虑的荷载。

三、闸室的稳定分析

码 5-6　《水闸设计规范》信息

（1）土基上的闸室稳定计算应满足：①在各种计算情况下，闸室平均基底应力不大于地基允许承载力，最大基底应力不大于地基允许承载力的1.2倍；②闸室基底应力的最大值与最小值之比不大于《水闸设计规范》（SL 265—2016）（见码 5-6）规定的允许值；③沿闸室基础底面的抗滑稳定安全系数应不小于《水闸设计规范》（SL 265—2016）规定的允许值。

（2）岩基上的闸室稳定计算应满足：①在各种计算情况下，闸室最大基底应力不大于地基允许承载力。②在非地震情况下，闸室基底不出现拉应力；在地震情况下，闸室基底拉应力不大于 100 kPa。③沿闸室基底面的抗滑稳定安全系数不小于《水闸设计规范》（SL 265—2016）规定的允许值。

（3）对于土质地基，在竖向荷载作用下，可按限制塑性区开展深度的方法计算地基允许承载力；在竖向和水平向荷载共同作用下，可按 C_K 法验算地基的整体稳定，也可用汉森公式计算地基的允许承载力。对于碎石土地基的允许承载力,可根据碎石土的密实度查表确定。对于岩石地基的允许承载力,可根据岩石类别及其风化程度查表确定。详细计算见《水闸设计规范》(SL 265—2016)的附录 H。

(一)闸室稳定计算

计算时取两相邻顺水流向永久缝之间的闸段作为计算单元。

1. 闸室基底应力验算

(1)当结构布置及受力情况对称时,按下式计算:

$$\sigma_{\substack{max\\min}} = \frac{\sum G}{A} \pm \frac{\sum M}{W} \quad (\text{kPa}) \tag{5-24}$$

式中 $\sigma_{\substack{max\\min}}$——闸室基底应力的最大值或最小值;

$\sum G$——作用在闸室上的所有竖向荷载总和,kN;

$\sum M$——作用在闸室上的所有竖向和水平向荷载对于基底面垂直水流方向的形心轴的力矩和,kN·m;

A——闸室基底面的面积,m^2;

W——闸室基底面对于该底面垂直水流方向的形心轴的截面矩,m^3。

(2)当结构布置及受力情况不对称时,按下式计算:

$$\sigma_{\substack{max\\min}} = \frac{\sum G}{A} \pm \frac{\sum M_x}{W_x} \pm \frac{\sum M_y}{W_y} \quad (\text{kPa}) \tag{5-25}$$

式中 $\sum M_x, \sum M_y$——作用在闸室上的所有竖向和水平向荷载对于基底面形心轴 x,y 的力矩和,kN·m;

W_x, W_y——闸室基底面对于该底面形心轴 x,y 的截面矩,m^3。

2. 闸室抗滑稳定验算

(1)土基上的水闸,一般情况下闸基面的法向应力较小,不会发生深层滑动,故只验算其在荷载作用下沿基底面的抗滑稳定。但当地基面的法向应力较大时,还需要核算深层抗滑稳定性。闸室沿基底面的抗滑稳定计算公式为

$$K_c = \frac{f\sum G}{\sum H} \tag{5-26}$$

和

$$K_c = \frac{\tan\varphi_0 \sum G + C_0 A}{\sum H} \tag{5-27}$$

式中 K_c——沿闸室基底面的抗滑稳定安全系数;

f——闸室基底面与地基之间的摩擦系数,可查 SL 265—2016;

$\sum H$——作用在闸室上的全部水平向荷载,kN;

φ_0——闸室基底面与土质地基之间的摩擦角,(°),可查 SL 265—2016;

C_0——闸室基底面与土质地基之间的黏结力,kPa,可查 SL 265—2016。

式(5-26)由于计算简便,故在水闸设计中,特别是在水闸的初步设计阶段,采用其进行闸室抗滑稳定计算的较多。但其 f 值的取用较困难,并有一定的任意性。式(5-27)是根据现场混凝土板的抗滑试验资料进行分析研究后提出来的,既考虑了混凝土板底面与

地基土之间的摩阻力，也考虑了两者之间的黏结力对闸室抗滑稳定的影响，故其计算成果能够比较真实地反映黏性土地基上水闸的实际运用情况，更具合理性。黏性土地基上的大型水闸宜按此公式计算。

（2）对于土基上采用钻孔灌注桩基础的水闸，若验算沿闸室底板底面的抗滑稳定性，还应计入桩体材料的抗剪断能力。

（3）岩基上沿闸室基底面的抗滑稳定计算可按式（5-26）或式（5-28）进行。

$$K_c = \frac{f' \sum G + C'A}{\sum H} \tag{5-28}$$

式中 f'——闸室基底面与岩石地基之间的抗剪断摩擦系数，可查 SL 265—2016；

C'——闸室基底面与岩石地基之间的抗剪断黏结力，kPa，可查 SL 265—2016。

式（5-28）中不仅考虑了闸室基底面与岩石地基之间的摩阻力，也考虑了客观存在于闸室基底面与岩石地基之间的黏结力，因此按式（5-28）计算更加合理。

当闸室承受双向水平向荷载作用时，应验算其合力方向的抗滑稳定性，其抗滑稳定安全系数应按土基或岩基分别不小于 SL 265—2016 规定的允许值。

3. 提高闸室抗滑稳定性的措施

当沿闸室基底面抗滑稳定安全系数计算值小于允许值时，可在原有结构布置的基础上，结合工程的具体情况，采取下列一种或几种抗滑措施：①将闸门位置移向低水位一侧或将水闸底板向高水位一侧加长，以增加水重；②适当增大闸室结构尺寸；③增加闸室底板的齿墙深度；④增加铺盖长度或帷幕灌浆深度，或在不影响防渗安全的情况下将排水设施向水闸底板靠近；⑤利用钢筋混凝土铺盖作为阻滑板，但闸室自身的抗滑稳定安全系数不应小于 1.0（计算由阻滑板增加的抗滑力时，阻滑板效果的折减系数可采用 0.80），阻滑板应满足抗裂要求；⑥增设钢筋混凝土抗滑桩或预应力锚固结构。

当利用钢筋混凝土铺盖作为阻滑板时，在闸室与阻滑板之间必须用钢筋铰连接，以保证阻滑板与闸室底板共同起抗滑作用。

（二）闸基沉降

由于土基压缩变形大，容易引起较大的闸基沉降。较大的均匀沉降可能会使闸顶部高程不足，达不到设计要求；过大的不均匀沉降，将导致闸室倾斜、产生裂缝，甚至断裂、止水破坏等，严重地影响水闸正常工作。因此，应计算闸基的沉降，以便了解和分析地基的变形情况，做出合理的地基处理方案。计算时应选择有代表性的计算点进行。然后用分层综合法计算其最终沉降量 S_∞：

$$S_\infty = m \sum_{i=1}^{n} \frac{e_{1i} - e_{2i}}{1 + e_{1i}} h_i \quad (\text{m}) \tag{5-29}$$

式中 S_∞——土质地基最终沉降量，m；

m——地基沉降量修正系数，可取 1.0~1.6（坚实地基取小值，软土地基取大值）；

n——土质地基压缩层计算深度范围内的土层数；

e_{1i}——基底面以下第 i 层土在平均自重应力作用下，由压缩曲线查得的相应孔隙比；

e_{2i}——基底面以下第 i 层土在平均自重应力加平均附加应力作用下，由压缩曲线查得的相应孔隙比；

h_i——基底面以下第 i 层土的厚度，m。

当软土地基上的水闸地基沉降计算不满足规范规定的允许值时，可以考虑采取以下一种或几种措施：①采用沉降缝隔开；②改变基础形式或刚度；③调整基础尺寸与埋置深度；④必要时对地基进行人工加固；⑤安排合适的施工程序，严格控制施工速度；⑥变更结构形式（采用轻型结构或静定结构等）或加强结构刚度。

四、地基处理

水闸设计应尽可能利用天然地基。但对于淤泥质土、高压缩性黏土和松砂等软弱地基，只采取改进上部结构的措施不能满足稳定和沉降要求时，则需进行必要的地基处理。目前实际工程中常用的地基处理方法见表 5-14。

表 5-14 地基常用处理方法

处理方法	基本作用	适用范围	主要设计内容	说明
换土垫层法	改善地基应力分布，减小沉降量，适当提高地基稳定性和抗渗稳定性	厚度不大的软土地基	确定垫层厚度、宽度及所用材料	用于深厚的软土地基时，仍有较大的沉降量
桩基础	增加地基承载力，减小沉降量，提高抗滑稳定性	较深厚的松软地基，尤其适用于上部为松软土层、下部为硬土层的地基	确定桩型、桩的根数和尺寸，进行平面布置和桩的结构计算等	①桩尖未嵌入硬土层的摩擦桩，仍有一定的沉降量；②用于松砂、砂壤土地基时，应注意渗透变形问题
沉井基础	除与桩基础作用相同外，对防止地基渗透变形有利	适用于上部为软土层或粉细砂层、下部为硬土层或岩层的地基	进行平面布置，确定分节浇筑高度、下沉系数、是否封底及结构尺寸等	不宜用于上部夹有蛮石、树根等杂物的松软地基或下部为顶面倾斜度较大的岩基
强力夯实法	增加地基承载力，减小沉降量，提高抗振动液化的能力	透水性较好的松软地基，尤其适用于稍密的碎石土或松砂地基	夯点布置，确定锤重及落距、夯点夯击遍数、每遍击数和前后两遍的间歇时间及有效加固深度等	用于淤泥或淤泥质土地基时，需采取有效的排水措施

续表 5-14

处理方法	基本作用	适用范围	主要设计内容	说明
振动水冲法	增加地基承载力，减小沉降量，提高抗振动液化的能力	松砂、软弱的砂壤土或砂卵石地基	进行振冲孔布置，确定振冲孔孔距、孔深、选用的填料及挤扩成桩的桩径等	①处理后地基的均匀性和防止渗透变形的条件较差；②用于不排水抗剪强度小于 20 kPa 的软土地基时，处理效果不显著
预压加固法	对地基进行预压，增加地基承载力，减小沉降量，提高抗滑稳定性	透水性较好的松软地基	确定预压堆石（或土）的范围、荷重、分层堆筑的每层高度及间歇时间等	对含水量较大的黏性土地基可设砂井改善排水条件

注：1. 深层搅拌法、高压喷射法等其他处理方法，经论证后也可采用；
2. 各种地基处理方法中涉及的具体设计可参考有关资料。

随着科学技术的发展，逐渐也提出了一些新的地基处理方法，如深层搅拌法、高压喷射法、硅化法、电渗法等。由于设计或施工技术不成熟、造价高，这些方法还没有在实际工程中全面推广使用。但在一定条件下，经过论证，有的方法也可采用。

五、闸室的结构计算

通过对闸室各部分构件进行结构计算，验算其强度，以便最后确定各构件的形式、尺寸及构造。闸室是一空间结构，受力比较复杂，一般都将其分解成底板、闸墩、胸墙、工作桥及交通桥等若干构件分别计算，并在单独计算时，考虑它们之间的相互作用。这里主要介绍闸墩和底板。

（一）闸墩的结构计算

闸墩结构计算主要包括闸墩水平截面上的正应力和剪应力计算、平面闸门门槽或弧形闸门支座的应力计算。

计算时应考虑的工作情况有运用期和检修期两种。

（1）运用期：①两边闸门都关闭时，闸墩受水压力、自重、上部结构及设备重作用。根据不同的水位，分别属于设计情况或校核情况。应验算平面闸门闸墩墩底应力和门槽应力，弧形闸门闸墩墩底应力、牛腿强度及牛腿附近闸墩的拉应力集中现象。当计入纵向地震力时则为校核情况。②一孔全开泄水、邻孔关闭或局部开启时，闸墩承受纵、横向水压力及其他荷载，应验算双向受力的墩底边缘应力。

（2）检修期：相邻闸孔一孔关门检修、一孔开门放水时，闸墩承受纵、横向水压力及其他荷载，属校核情况。应验算双向受力的墩底边缘应力。

1. 闸墩水平截面上的正应力和剪应力

闸墩水平截面上的正应力和剪应力（主要是墩底）主要包括纵向（顺水流方向）和横向（垂直水流方向）两个方向。闸墩每个高程的应力都不同，而最危险的断面则是闸墩与底板的接触面，因此主要以墩底截面为控制应力截面，将闸墩视为固结于闸底板上的悬臂结构，近似按材料力学中的偏心受压公式进行应力分析。

(1)闸墩水平截面上的正应力计算。

如图 5-38 所示，可按材料力学的偏心受压公式计算闸墩水平截面上的正应力 σ：

$$\sigma = \frac{\sum G}{A} \pm \frac{\sum M_x}{I_x}y \pm \frac{\sum M_y}{I_y}x \quad (\mathrm{kPa}) \tag{5-30}$$

式中　$\sum G$——计算截面以上竖向力的总和，kN；

A——计算截面的面积，m^2；

$\sum M_x$、$\sum M_y$——计算截面以上各力对截面形心轴 x、y 轴的力矩总和，kN · m；

I_x、I_y——计算截面对其形心轴 x、y 轴的惯性矩，m^4；

x、y——计算点至形心轴沿 x、y 轴向的距离，m。

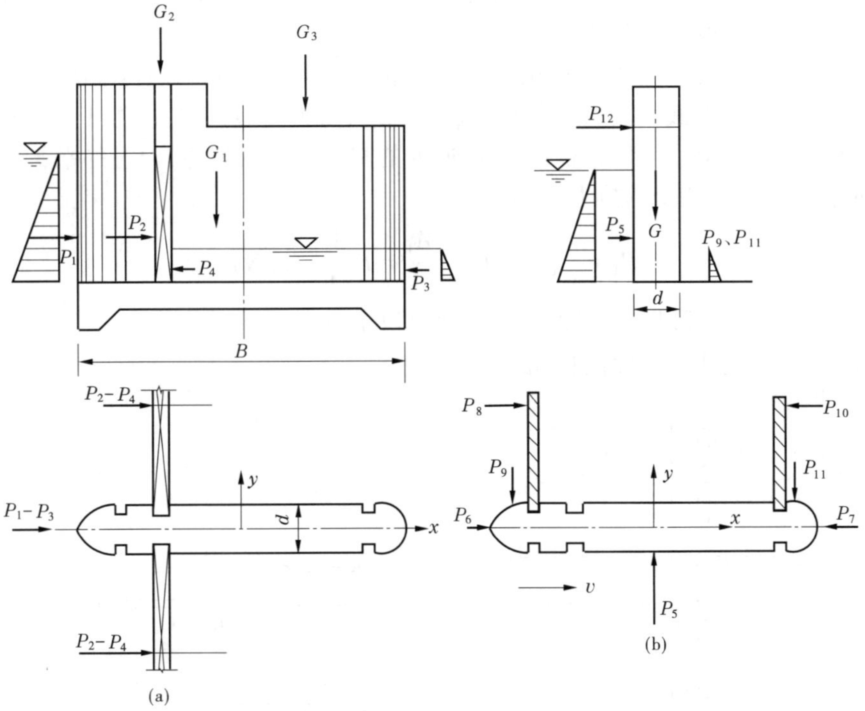

$P_1 \sim P_4$—运行期上下游顺水流流向水压力；$P_5 \sim P_{11}$—检修期作用于闸墩不同部位的水压力；P_{12}—交通桥上车辆刹车制动力；G_1—闸墩自重；G_2—工作桥重；G_3—交通桥重

图 5-38　闸墩结构计算

(2)闸墩水平截面上的剪应力计算。

如图 5-38 所示，计算截面上顺水流方向和垂直水流方向的剪应力为

$$\left.\begin{aligned} \tau_x &= \frac{Q_x S_x}{I_x d} \quad (\mathrm{kPa}) \\ \tau_y &= \frac{Q_y S_y}{I_y B} \quad (\mathrm{kPa}) \end{aligned}\right\} \tag{5-31}$$

式中 Q_x、Q_y——计算截面上顺水流方向和垂直水流方向的剪力，kN；

S_x、S_y——计算点以外的面积对形心轴 x、y 轴的面积矩，m^3；

d——闸墩厚度，m；

B——闸墩长度，m。

对缝墩或一侧闸门开启另一侧闸门关闭的中墩，各水平力对水平截面形心还将产生扭矩 M_T，位于 y 轴边缘的最大扭剪应力 τ_{Tmax} 可近似用下式计算：

$$\tau_{Tmax}=\frac{M_T}{0.3Bd^2} \tag{5-32}$$

2. 平面闸门闸墩的门槽应力计算

平面闸门门槽颈部因受闸门传来的水压力而产生拉应力，过去常假定该拉应力完全由钢筋承担，以致造成浪费。实际上应考虑闸墩水平截面上的剪应力影响，它承担着一部分拉应力，这样可以减少钢筋用量。门槽颈部应力分析，目前还没有较完善的方法，下面介绍一种用材料力学法计算的方法。

如图 5-39 所示，取 1 m 高的闸墩作为计算单元。由左、右侧闸门传来的水压力为 P，在计算单元上、下水平截面上将产生剪力 $Q_上$ 和 $Q_下$，剪力差 $Q_下-Q_上$ 应等于 P。假设剪应力在上、下水平截面上呈均匀分布，并取门槽前的闸墩作为脱离体，由力的平衡条件可求得此 1 m 高门槽颈部所受的拉力 P_1 为

$$P_1=(Q_下-Q_上)\frac{A_1}{A}=P\frac{A_1}{A}\quad(\text{kN}) \tag{5-33}$$

式中 A_1——门槽颈部以前闸墩的水平截面面积，m^2；

A——闸墩的水平截面面积，m^2。

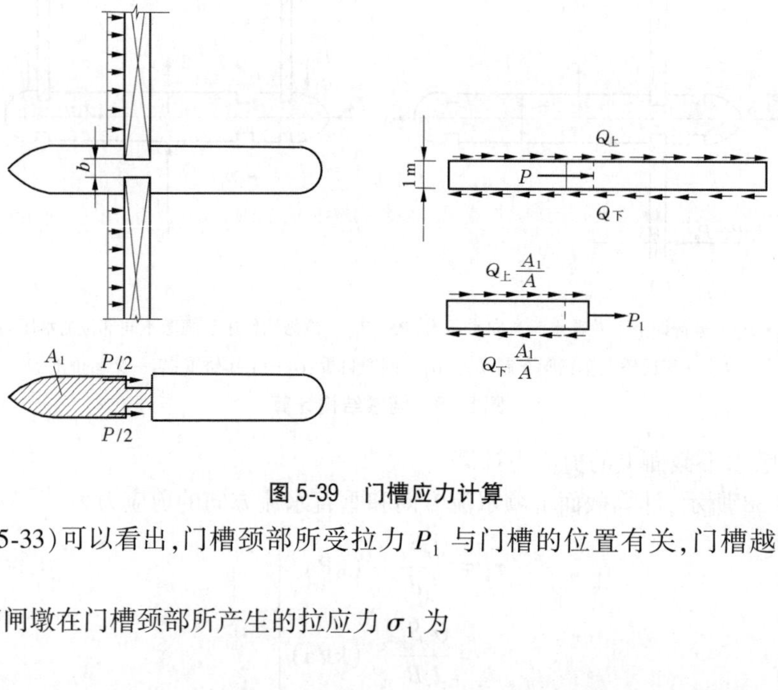

图 5-39 门槽应力计算

从式(5-33)可以看出，门槽颈部所受拉力 P_1 与门槽的位置有关，门槽越靠下游，P_1 越大。

1 m 高闸墩在门槽颈部所产生的拉应力 σ_1 为

$$\sigma_1 = \frac{P_1}{b} \quad (\mathrm{kPa}) \tag{5-34}$$

式中 b——门槽颈部厚度,m。

当σ_1小于混凝土的允许拉应力时,可按构造要求进行配筋;否则,应按实际受力情况配筋。

由于水压力是沿闸墩高度变化的,因此应在高度方向分段进行上述计算。

由于门槽承受的荷载是由滚轮或滑块传来的集中力,故还应验算混凝土的局部承压强度或配以一定数量的构造钢筋。

对于实体闸墩,除闸墩底部及门槽外,一般不会超过闸墩材料的允许应力,只需配置构造钢筋。

3. 弧形闸门支座处应力计算

弧形闸门的支承铰有两种布置形式:一种是在闸墩上直接布置铰座;另一种是将铰座布置在伸出于闸墩体外的牛腿上。后者结构简单,制造安装方便,应用较多。

牛腿轴线呈斜向布置,与闸门关闭时的门轴作用力方向接近,一般为 1∶2.5~1∶3.5,宽度 b 不小于 50~70 cm,高度 h 不小于 80~100 cm,端部做成 1∶1的斜坡,如图 5-40 所示。牛腿承受力矩、剪力和扭矩作用,可按短悬臂梁计算内力并据以配置钢筋和验算牛腿与闸墩的接触面积。

当闸门关闭挡水时,由弧形闸门门轴传给牛腿的作用力 R 为闸门全部水压力合力的一半,该力可分为法向力 N 和切向力 T。分析时可将牛腿视为短悬臂梁,计算它在 N 与 T 二力作用下的受力钢筋,并验算牛腿与闸墩相连处的面积是否满足要求。分力 N 对牛腿引起弯矩和剪力,分力 T 则使牛腿产生扭矩和剪力。有关牛腿配筋计算可参阅有关书籍。

作用在弧形闸门上的水压力通过牛腿传递给闸墩,远离牛腿部位的闸墩应力仍可用前述方法进行计算,但牛腿附近的应力集中现象则需采用弹性理论进行分析。现介绍偏光弹性试验法。

分力 N 会使闸墩产生相当大的拉应力。三向偏光弹性试验结果表明,仅在牛腿前(靠闸门一边)的约 2 倍牛腿宽、1.5~2.5 倍牛腿高范围内(见图 5-41 虚线范围)的主拉应力大于混凝土的允许应力,需要配置受力钢筋,其余部位的拉应力较小,一般小于混凝土的允许拉应力,可按构造配筋或不配筋。在牛腿附近闸墩需配置的受力钢筋截面面积 A_g 可近似地按式(5-35)计算:

$$A_g = \frac{KN'}{R_g} \tag{5-35}$$

式中 N'——大于混凝土允许拉应力范围内的拉应力总和(图 5-41 虚线范围内的总拉应力),该值为(70%~80%)N,kN;

K——强度安全系数;

R_g——受拉钢筋设计强度,MPa。

有人把闸墩当作底部固定的矩形板,用有限元法分别计算各种单位荷载作用下闸墩各点的应力,并编制了计算用表,可供使用。上述成果只能作为中、小型弧形闸门闸墩牛

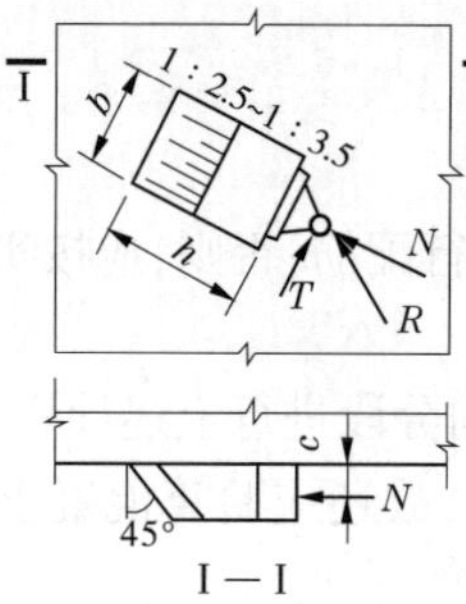

图 5-40　牛腿计算

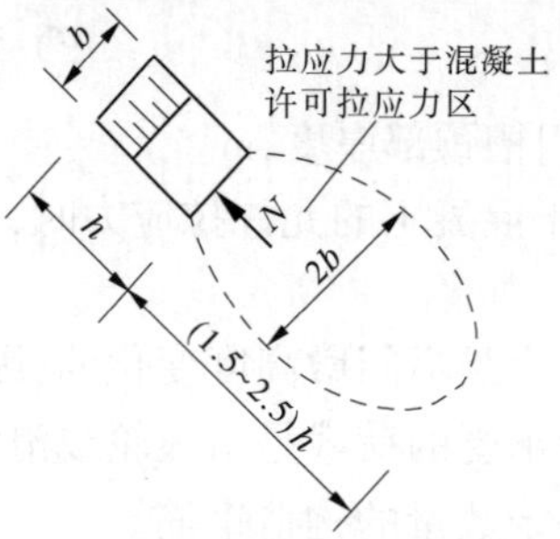

图 5-41　牛腿附近的闸墩拉应力

腿附近的配筋依据，对于重要及大型水闸，需要直接通过模型试验确定支座及支座附近闸墩内的应力状态，并依此配置钢筋。

（二）整体式底板内力计算

闸底板是整个闸室结构的基础，是全面支承在地基上的一块受力条件复杂的弹性基础板。在实际工程中，一般近似地简化成平面问题，采用"截板成梁"的方法进行计算。因底板在顺水流方向的弯曲变形远较垂直水流方向小，故一般沿垂直水流方向截取单位宽度的板条作为梁来进行计算。由于闸门前后水重相差悬殊，底板所受荷载不同，常以闸门为界，分别在闸门上下游段的中间处截取单宽板条及墩条。

土基上的闸底板按照不同的地基情况可以采用不同的计算方法：对黏性土地基或相对紧密度 $D_r>0.5$ 的非黏性土地基，采用弹性地基梁法；对 $D_r\leqslant0.5$ 的非黏性土地基，采用反力直线分布法；对小型水闸，常采用倒置梁法。根据经验，重要的大型水闸宜按弹性地基梁法设计，按反力直线分布法校核。

岩基上的闸底板的应力分析，可按弹性地基梁法中的基床系数法计算。因为岩基弹性模量较大，其单位面积上的沉降变形与所受压力之间的关系比较符合文克尔假定。

1. 倒置梁法

倒置梁法假定闸室地基反力沿顺水流方向呈直线分布，垂直水流方向为均匀分布，并把地基反力当作荷载、底板当作梁、闸墩当作支座，按倒置的连续梁计算底板内力。作用在梁上的荷载有底板自重 q_1、水重 q_2、扬压力 q_3 及地基反力 σ。把上述铅直荷载进行叠加，便得到倒置梁上的均布荷载 $q=q_3+\sigma-q_1-q_2$。用结构力学法计算连续梁的内力，进而配筋。

倒置梁法的优点是计算简便。缺点是：①没有考虑底板与地基变形的协调作用；②假定底板在垂直水流方向地基反力为均匀分布，有时与实际情况出入较大；③支座反力与闸墩铅直荷载不相等。因此，倒置梁法计算成果的误差较大，只在软弱地基上的小型水闸设计中使用。

2. 反力直线分布法（荷载组合法或截面法）

反力直线分布法（荷载组合法或截面法）仍假定闸室地基反力在顺水流方向按直线变化规律分布，在垂直水流方向呈均匀分布。在截取单宽板条计算时，不把闸墩当作底板的支座，而认为闸墩是作用在底板上的荷载，按截面法计算其内力，并考虑上部结构与底板的整体作用,即采用所谓的不平衡剪力分配法。该法计算简单,比倒置梁法有改进之处。但没考虑底板与地基变形协调条件,且没有考虑边荷载对底板内力的影响。

反力直线分布法(荷载组合法或截面法)的具体计算方法和步骤如下:

(1)用偏心受压公式计算闸底板在顺水流方向的地基反力。

(2)计算不平衡剪力。由于在顺水流方向闸室所受的荷载无论在数值上或它们的分布情况都是不同的,而地基反力是连续变化的,所以当"截板成条"时,作用在单宽板条(包括底板和闸墩)上的竖直荷载不能平衡,即在单宽板条两侧必然作用有剪力 Q_1 及 Q_2,并由 Q_1 及 Q_2 的差值来维持板条上力的平衡,差值 $\Delta Q = Q_1 - Q_2$,称为不平衡剪力,如图 5-42(a)所示。通常可根据静力平衡条件,采用作图法或数值积分法求得。

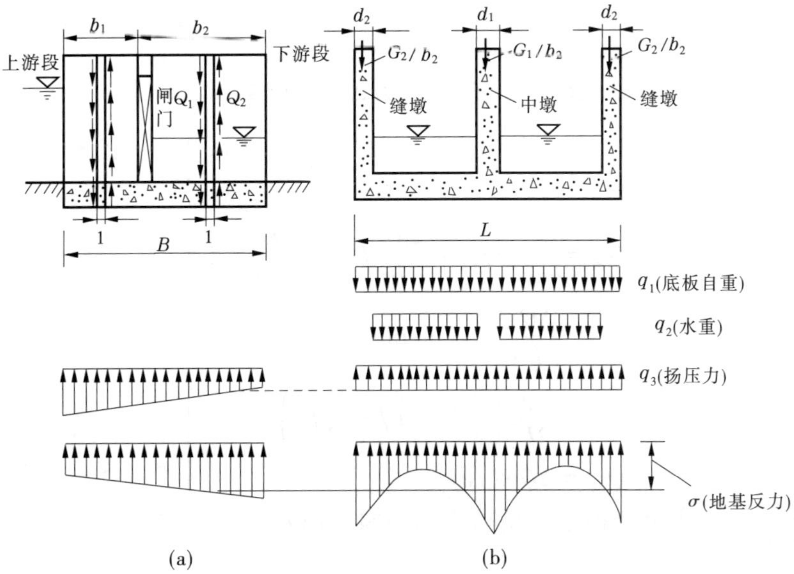

图 5-42 闸底板结构计算

作用在单宽板条上的荷载有:底板自重 q_1、水重 q_2、中墩重 G_1/b_2 及缝墩重 G_2/b_2,中墩重及缝墩重中包括其上部结构及设备自重在内,在底板的底面有扬压力 q_3 及地基反力 σ,如图 5-42(b)所示。以下游段为例,对所截取的单宽板条进行力的分析,取 $\sum F_y = 0$,则有

$$G_1/b_2 + 2G_2/b_2 + \Delta Q + (q_1 + q_2' - q_3 - \sigma)L = 0 \tag{5-36}$$

由式(5-36)便可求出 ΔQ。式中 $q_2' = q_2(L - 2d_2 - d_1)/L$,并假定 ΔQ 的方向向下,若算得结果为负值,则 ΔQ 的实际作用方向应向上。

(3)将不平衡剪力在底板和闸墩上进行分配。不平衡剪力 ΔQ 应由底板和闸墩共同承担,每部分所承担的剪力数值的大小可通过剪力分布图确定。如图 5-43 所示,其截面上的剪力分布近似地用下列材料力学公式计算:

$$\tau_y = \frac{\Delta Q}{bI}S \quad 或 \quad b\tau_y = \frac{\Delta Q}{I}S \tag{5-37}$$

式中 ΔQ——不平衡剪力,kN;

b——截面在 y 处的宽度，底板部分 $b=L$，闸墩部分 $b=d_1+2d_2$，m；

I——截面惯性矩，m^4；

S——计算截面以下的面积对全截面形心轴的面积矩，m^3。

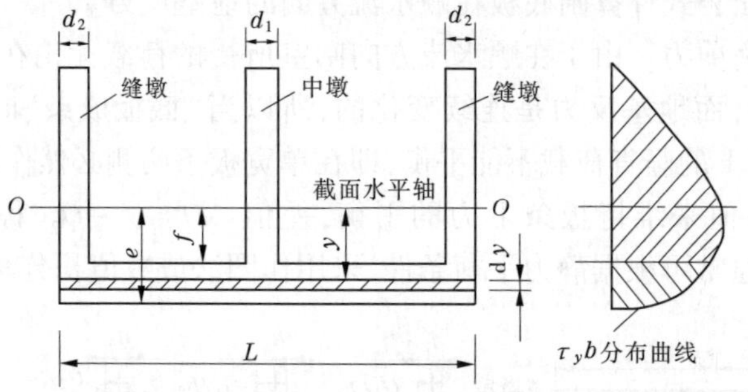

图 5-43　不平衡剪力 ΔQ 分配计算

当截面比较简单时，可直接用下列积分法求得底板和闸墩所承担的不平衡剪力 $\Delta Q_{板}$ 和 $\Delta Q_{墩}$ 为

$$\left.\begin{aligned}\Delta Q_{板}&=\int_f^e \tau_y L\mathrm{d}y=\int_f^e \frac{\Delta QS}{IL}L\mathrm{d}y=\frac{\Delta Q}{I}\int_f^e S\mathrm{d}y\\&=\frac{\Delta Q}{I}\int_f^e (e-y)L\left(y+\frac{e-y}{2}\right)\mathrm{d}y\\&=\frac{\Delta Q}{2I}L\left(\frac{2}{3}e^3-e^2f+\frac{1}{3}f^3\right)\\\Delta Q_{墩}&=\Delta Q-\Delta Q_{板}\end{aligned}\right\}\tag{5-38}$$

根据经验，一般底板分担不平衡剪力的 10%～15%，闸墩分担不平衡剪力的 85%～90%。

$$\left.\begin{aligned}&\text{中墩集中力}\qquad P_1=\frac{G_1}{b_2}+\Delta Q_{墩}\left(\frac{d_1}{2d_2+d_1}\right)\\&\text{缝墩集中力}\qquad P_2=\frac{G_2}{b_2}+\Delta Q_{墩}\left(\frac{d_2}{2d_2+d_1}\right)\end{aligned}\right\}\tag{5-39}$$

（4）计算作用在单宽板条上的荷载。将分配给闸墩上的不平衡剪力与闸墩及其上部结构的重量作为梁的集中力，并将 P_1 和 P_2 化为局部均布荷载，其强度分别为 $p_1=P_1/d_1$、$p_2=P_2/d_2$，则作用在单宽板条上的均布荷载 q 为

$$q=q_3+\sigma-q_1-q_2'-\frac{\Delta Q_{板}}{L}\tag{5-40}$$

（5）按静定结构计算底板内力，据以验算强度和进行配筋。

3. 弹性地基梁法

采用弹性地基梁法分析闸底板的应力时，还应考虑可压缩土层厚度 T 与弹性地基梁半长 $L/2$ 之比值的影响。当 $2T/L<0.25$ 时，可按基床系数法（文克尔假定）计算；当 $2T/L>2.0$ 时，可按半无限深的弹性地基梁法计算；当 $2T/L=0.25\sim2.0$ 时，可按有限深的弹性地基

梁法计算。

该法认为在顺水流方向的地基反力仍是直线变化，但在垂直水流方向不再假定地基反力呈均匀分布，认为底板和地基都是弹性体，由于两者紧密接触，故变形是相同的，即地基反力在垂直水流方向按曲线形（或弹性）分布。同时梁在荷载及地基反力作用下，仍保持平衡。根据变形协调一致和静力平衡条件，求解地基反力和梁的内力，并且计及底板范围以外的边荷载对梁的影响。

该法的具体计算方法和步骤是：

（1）用偏心受压公式计算闸底板在顺水流方向的地基反力。

（2）计算不平衡剪力。

（3）将不平衡剪力在底板和闸墩上进行分配。

（4）计算作用在弹性地基梁上的荷载。由中墩或缝（边）墩传来的集中力 P_1、P_2 仍用式（5-39）计算。作用在梁上的均布荷载 q 按下式计算：

$$q = q_1 + q_2' - q_3 + \frac{\Delta Q_{板}}{L} \tag{5-41}$$

底板自重 q_1 的取值：当采用弹性地基梁法计算时，不论是黏性土地基还是砂性土地基，都可不考虑闸室底板自重 q_1；但当不计底板自重致使作用在梁上的均布荷载 q 为负值时，仍应考虑底板自重的影响，考虑的百分数则以使作用在基底面上的均布荷载 q 值等于零为限度确定。

（5）考虑边荷载对地基梁的影响。边荷载是指计算闸段的底板两侧的闸室或边墩（岸墙）以及墩（墙）后回填土作用于地基上的荷载。如图 5-44 所示，计算闸段左侧的边荷载为其相邻闸孔的闸基压应力，右侧的边荷载为回填土的重力以及侧向土压力所产生的弯矩。

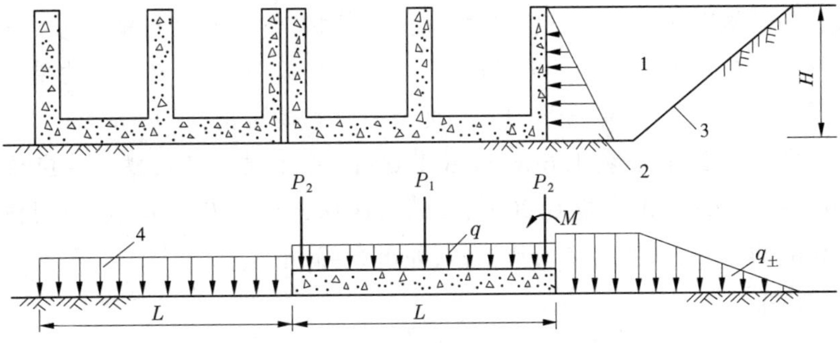

1—回填土；2—侧向土压力；3—开挖线；4—相邻闸孔的闸基压应力

图 5-44　边荷载示意图

《水闸设计规范》（SL 265—2016）规定，无须考虑边荷载是在计算闸段底板浇筑之前还是之后施加的问题，边荷载计算百分数见表 5-15。

表 5-15　边荷载计算百分数

地基类别	边荷载使计算闸段底板内力减少	边荷载使计算闸段底板内力增加
砂性土	50%	100%
黏性土	0	100%

注：1. 对于黏性土地基上的老闸加固，边荷载的影响可按本表规定适当减小。

2. 计算采用的边荷载作用范围可根据基坑开挖及墙后土料回填的实际情况研究确定，通常可采用弹性地基梁长度的1倍或可压缩层厚度的1.2倍。

(6)计算地基反力及梁的内力。根据 $2T/L$ 判别所需采用的计算方法，然后利用已编制好的数表计算地基反力和梁的内力，进而验算强度并进行配筋。

【案例 5-5】　水闸的结构设计

根据上述的水闸设计基本资料，设计任务如下：

1. 闸室的布置设计；

2. 闸室的荷载计算；

3. 闸室的抗滑稳定计算。

设计参考步骤如下：

1. 闸室的布置设计

(1)闸底板的设计。

①形式。采用整体式平底板，沉降缝设在闸墩中间。

②长度。根据上述设计已知闸底板长度为 18 m。

③厚度。根据上述设计已知闸底板厚度为 1.5 m。

(2)闸墩设计。

①作用。分隔闸孔并支承闸门、工作桥等上部结构，使水流顺利地通过闸室。

②外形轮廓。应能满足过闸水流平顺、侧向收缩系数小、过流能力大的要求。上游墩头采用半圆形、下游墩头采用流线形。其长度采用与底板同长，为 18 m。

③厚度。中墩 1.2 m、缝墩 1.6 m、边墩 1.0 m。平面闸门的门槽尺寸应根据闸门的尺寸确定，检修门槽深 0.20 m、宽 0.20 m，主门槽深 0.3 m、宽 0.8 m。检修门槽与工作门槽之间留 3.0 m 的净距，以便工作人员检修，如图 5-45 所示。

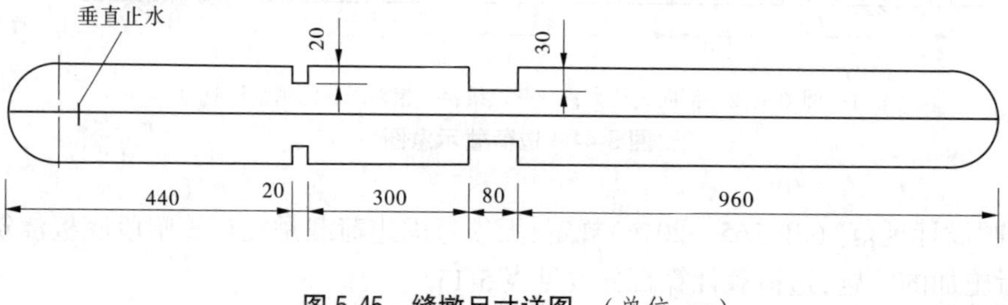

图 5-45　缝墩尺寸详图　（单位：cm）

④高度。采用以下三种方法计算取较大值，根据计算墩高最大值为 10.85 m，另根据

SL 265—2016 中规定有防洪任务的拦河闸闸墩高程不应低于两岸堤顶高程，两岸堤顶高程为 41.00 m，经比较后取闸墩高度为 11.00 m。

$H_{墩}$ = 校核洪水位时水深+安全超高 = 10.35+0.5 = 10.85(m)。

$H_{墩}$ = 设计洪水位时水深+安全超高 = 9.15+0.7 = 9.85(m)。

$H_{墩}$ = 正常挡水位时水深+Δh = 8.5+0.59+0.4 = 9.49(m)。

式中波浪高度按莆田公式计算。

(3) 闸门与启闭机。

闸门按工作性质可分为工作闸门、事故闸门和检修闸门；按材料分为钢闸门、混凝土闸门和钢丝网水泥闸门；按结构分为平面闸门、弧形闸门等。

①工作闸门形式及基本尺寸。拟订闸门高 9 m、宽 8 m，采用平面钢闸门，双吊点，滚轮支承。

②检修闸门形式及尺寸。采用叠梁式，闸门槽深为 20 cm、宽为 20 cm。

③启闭机。采用卷扬式启闭机，一门一机。

(4) 工作桥。

根据启闭机的型号，工作桥的总宽度确定为 6 m。工作桥设在工作闸门的正上方，用排架支撑工作桥，工作桥的高程为 52 m。

(5) 交通桥。

交通桥用来连接两岸交通，采用板梁式、双车道，跨度为 8 m，两侧设有宽 75 cm 的人行道。

2. 闸室的荷载计算

本次只计算正常挡水期的基本荷载组合，取中间三孔一联为一个计算单元。

(1) 荷载计算。正常挡水期荷载计算除闸室自重外，还有静水压力、水重、闸底板所受扬压力，由于浪压力小于静水压力的 5%，忽略不计。正常挡水期荷载分布如图 5-46 示，荷载计算结果见表 5-16。

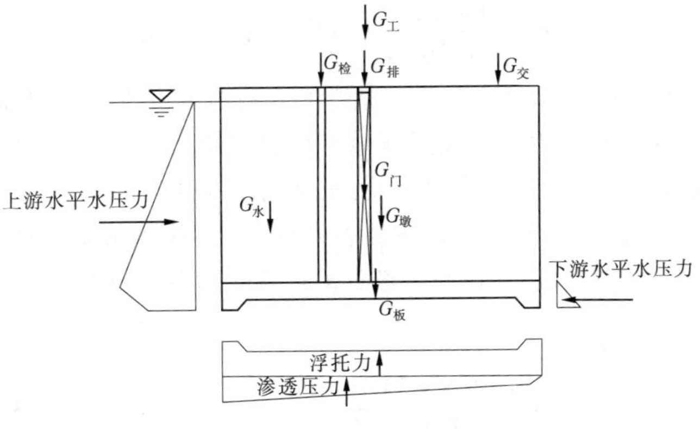

图 5-46 正常挡水期荷载分布图

表5-16　正常挡水期荷载计算结果

荷载名称	垂直力/kN		水平力/kN		力臂/m	力矩/(kN·m)	
	↓	↑	→	←		−↘	↙+
闸室自重	46 814.19					422 422.52	
上游水压力 P_1			9 922.82		2.83	28 081.58	
上游水压力 P_2			3 392.81		1.13	3 833.88	
浮托力		8 240.40			9		74 163.60
渗透压力		7 431.01			7.14		53 057.40
水重	14 476.42				3.8	55 010.40	
合计	61 290.61	15 671.41				509 348.38	127 221.00
合计	45 619.20		13 315.63			382 127.38	

(2)地基承载力验算。根据荷载计算结果，用式(5-24)进行地基承载力的验算，可知正常挡水期的地基承载力及地基不均匀系数均满足要求，地基不会发生沉降和不均匀沉降。

偏心矩为

$$e=\frac{B}{2}-\frac{\sum M}{\sum G}=\frac{18}{2}-\frac{382\ 127.38}{45\ 619.20}=0.62(\mathrm{m})$$

地基承载力为

$$\sigma_{\min}^{\max}=\frac{45\ 619.20}{28\times 18}\times\left(1\pm\frac{6\times 0.62}{18}\right)=\frac{109.52}{71.50}(\mathrm{kPa})$$

地基承载力平均值为

$$\bar{\sigma}=\frac{109.52+71.50}{2}=90.51(\mathrm{kPa})<[\sigma]=200\ \mathrm{kPa}$$

地基不均匀系数为

$$\eta=\frac{109.52}{71.50}=1.53<[\eta]=2.0$$

(3)闸室抗滑稳定计算。闸底板上下游端设置的齿墙深度为1.0 m，按浅齿墙考虑，闸基下设有软弱夹层。滑动面沿闸底板与地基的接触面，采用抗滑稳定公式(5-26)进行计算，其中的闸底板与地基之间的摩擦系数，根据闸址处地层分布可知为重粉质壤土和细砂，查闸室基础底面与地基之间的摩擦系数表得0.45，根据本工程主要建筑物为3级，允许的抗滑稳定安全系数查规范为1.25。经计算闸室抗滑稳定满足要求。

抗滑稳定安全系数为

$$K=\frac{f\sum G}{\sum P}=\frac{0.45\times 45\ 619.20}{13\ 315.63}=1.54>[K]=1.25$$

说明闸室是稳定的。

任务六 水闸的两岸连接建筑物

一、两岸连接建筑物的作用

水闸两端与河岸或堤、坝等建筑物的连接处,需设置连接建筑物,它们包括上下游翼墙、边墩或岸墙、刺墙和导流墙等。其作用是:①挡住两侧填土,维持土坝及两岸的稳定;②引导水流平顺进闸,并使出闸水流均匀扩散;③阻止侧向绕渗,防止与其相连的岸坡或土坝产生渗透变形;④保护两岸或土坝边坡不受过闸水流的冲刷 ;⑤在软弱地基上设有独立岸墙时,可减少地基沉降对闸身应力的影响,改善闸室受力状况。

两岸连接建筑物的工程量占水闸总工程量的15%~40%,闸孔愈少,所占比例愈大。因此,应十分重视其形式选择和布置。

二、两岸连接建筑物的布置

(一)闸室与河岸的连接形式

水闸闸室与两岸(或堤、坝等)的连接形式主要与地基及闸身高度有关,主要有边墩和岸墙两种形式。当地基较好、闸身高度不大时,可用边墩直接与河岸连接;当闸身较高、地基软弱时,可在边墩外侧设置轻型岸墙,边墩只起支承闸门及上部结构的作用,而土压力全由岸墙承担。这种连接形式可以减少边墩和底板的内力,同时可使作用在闸室上的荷载比较均衡,可减少不均匀沉降。当地基承载力过低时,可采用护坡岸墙的结构形式,如图5-47所示。

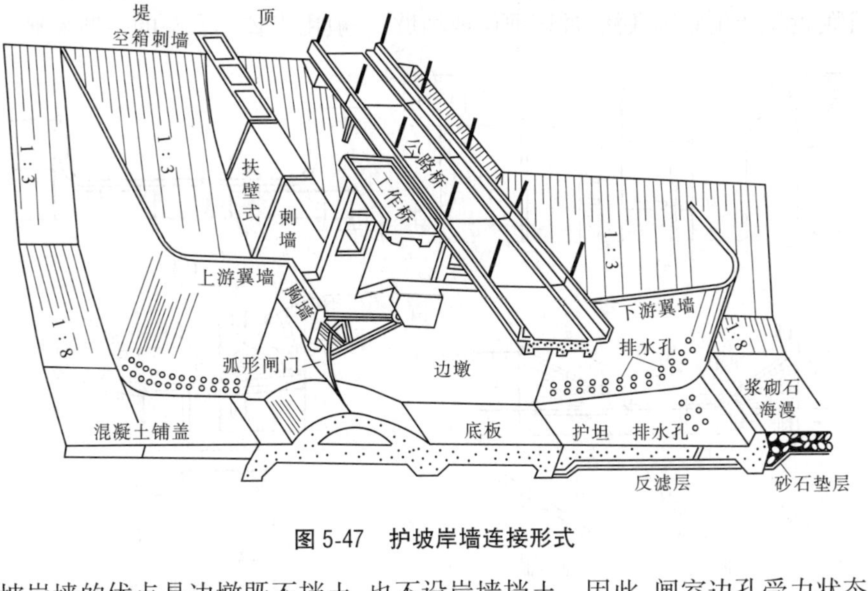

图5-47 护坡岸墙连接形式

护坡岸墙的优点是边墩既不挡土,也不设岸墙挡土。因此,闸室边孔受力状态得到改善,适用于软弱地基。缺点是防渗和抗冻性能较差。为了挡水和防渗需要,在岸坡段设刺墙,其上游设防渗铺盖。

(二)上下游翼墙的平面布置

边墩或岸墙向上下游延伸便形成了上下游翼墙。上游翼墙应与闸室两端平顺连接，其顺水流方向的投影长度应大于或等于铺盖长度。下游翼墙的平均扩散角每侧宜采用 7°~12°，其顺水流方向的投影长度大于或等于消力池长度。上下游翼墙的墙顶高程应分别高于上下游最不利的运用水位。翼墙分段长度应根据结构和地基条件确定，可采用 15~20 m。建筑在软弱地基或回填土上的翼墙分段长度可适当缩短。

翼墙的平面布置通常有以下几种形式：

(1)圆弧形翼墙[见图 5-48(a)]。从边墩开始，向上下游用圆弧形的铅直翼墙与河岸连接。上游圆弧半径为 15~30 m，下游圆弧半径为 30~40 m。其优点是水流条件好；缺点是施工复杂，工程量大。这种布置形式适用于上下游水位差及单宽流量较大、闸身高、地基承载力较低的大、中型水闸。

(2)反翼墙[见图 5-48(b)]。翼墙自闸室向上下游延伸一段距离，然后转弯 90°插入堤岸，墙面铅直，转弯半径为 2~5 m。这种布置形式的防渗效果和水流条件均较好，但工程量较大，一般适用于大、中型水闸。对于渠系小型水闸，为节省工程量可采用一字形布置形式，即翼墙自闸室边墩上下游端即垂直插入堤岸。这种布置形式进出水流条件较差。

(3)扭曲面翼墙[见图 5-48(c)]。翼墙迎水面是由与闸墩连接处的铅直面，向上下游延伸而逐渐变为倾斜面，直至与其连接的河岸(或渠道)的坡度相同。翼墙在闸室端为重力式挡土墙断面形式，另一端为护坡形式。这种布置形式的水流条件好，且工程量小，但施工较为复杂，应保证墙后填土的夯实质量，否则容易断裂。这种布置形式在渠系工程中应用较广。

(4)斜降翼墙[见图 5-48(d)]。在平面上呈八字形，随着翼墙向上下游延伸，其高度逐渐降低，至末端与河底齐平。这种布置的特点是工程量省、施工简单，但防渗条件差，泄流时闸孔附近易产生立轴漩涡，冲刷河岸或坝坡，一般用于较小水头的小型水闸。

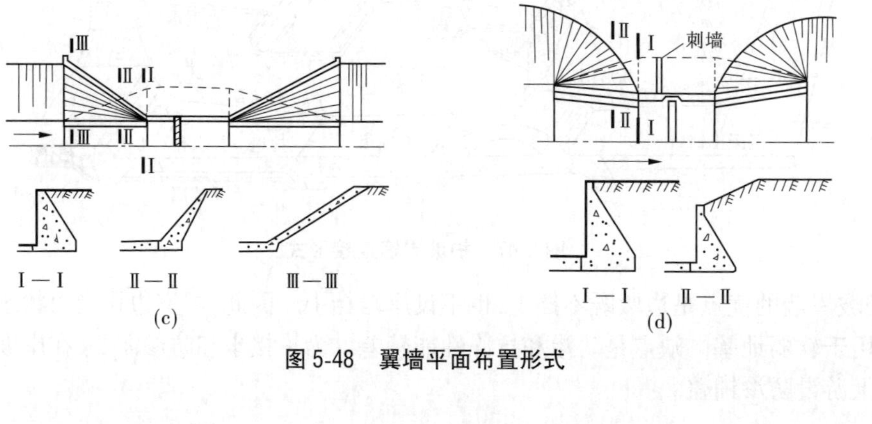

图 5-48　翼墙平面布置形式

三、两岸连接建筑物的结构形式

两岸连接建筑物的受力状态和结构形式与一般挡土墙基本相同,常用的结构形式有重力式、半重力式、衡重式、悬臂式、扶壁式、空箱式和连拱空箱式等,但在水闸工程中应用最多的是重力式、扶壁式和空箱式三种。

(一)重力式

重力式挡土墙如图 5-49 所示,是用混凝土或浆砌石等材料筑成,主要依靠自重来维持稳定的一种结构形式。其优点是可就地取材,结构简单,施工方便;缺点是材料用量大。它适用于地基较好,墙高为 6 m 以下的挡土墙。墙身较高时,可用混凝土做成半重力式的。

为了改善地基压力分布和增强墙的耐久性,浆砌石结构的墙顶需设置高约 0.3 m 的混凝土盖帽,底板也常用混凝土浇筑。

(二)悬臂式

悬臂式挡土墙如图 5-50 所示,是由直墙和底板组成的主要利用底板上的填土维持稳定的一种钢筋混凝土的轻型挡土结构。其断面用作翼墙时为倒 T 形,用作岸墙时则为 L 形。其优点是结构尺寸小,自重小,构造简单。但建筑高度不能太高,适宜高度为 6~10 m。

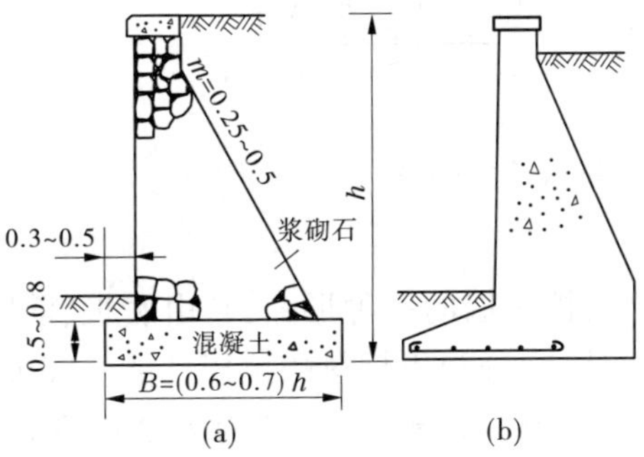

图 5-49 重力式挡土墙 (单位:m)

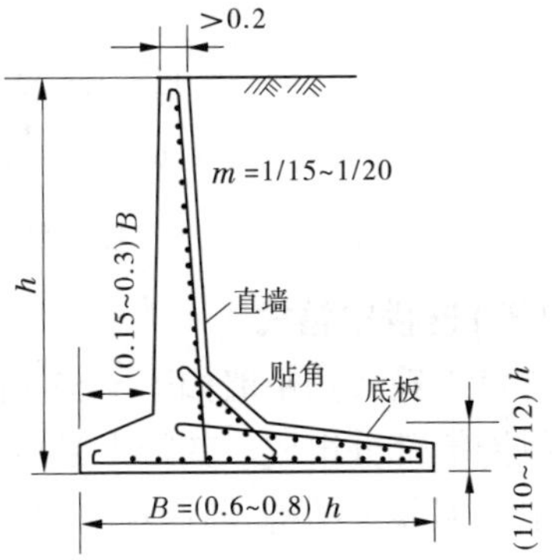

图 5-50 悬臂式挡土墙剖面图 (单位:m)

(三)扶壁式

扶壁式挡土墙如图 5-51 所示,通常采用钢筋混凝土修建,也是一种轻型结构,它由直墙、扶壁及底板三部分组成,利用扶壁和直墙共同挡土,并可利用底板上的填土维持稳定,适用于墙高大于 10 m 的坚实或中等坚实地基上。

(四)空箱式

空箱式挡土墙如图 5-52 所示,是一种轻型结构,由顶板、底板、前墙、后墙、扶壁墙和隔墙等组成,箱内不填土或填少量的土,但可以进水,主要依靠墙体本身的重量和箱内部分土重或水重维持其稳定性。其特点是作用于地基上的单位压力较小,且分布均匀,故适用于墙的高度很大且地基允许承载力较低的情况。但其结构复杂,需用较多的钢筋和木材,施工麻烦,造价较高。因此,在较差的松软地基上采用扶壁式挡土墙不能满足设计要求时,应采用空箱式挡土墙。

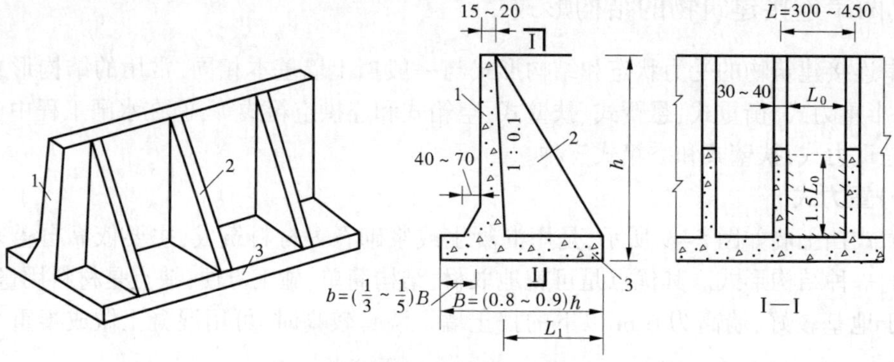

1—直墙;2—扶壁;3—底板

图 5-51　扶壁式挡土墙　(单位:cm)

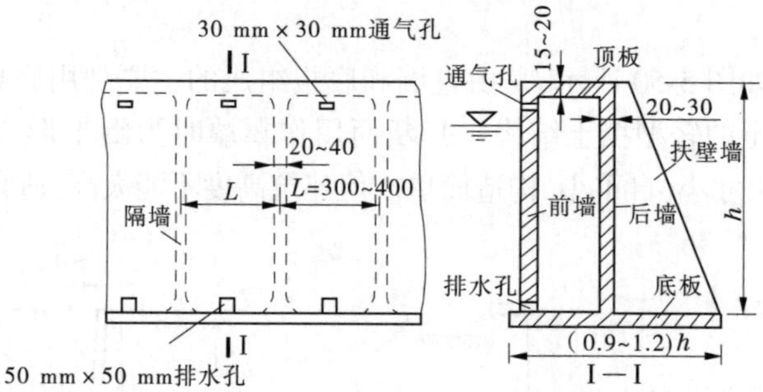

图 5-52　空箱式挡土墙　(单位:cm)

(五)连拱空箱式

连拱空箱式挡土墙如图 5-53 所示,是空箱式挡土墙的一种形式,它由底板、前墙、隔墙和拱圈等部分组成。其特点是后墙用拱圈代替,充分利用材料的抗压性能。底板和拱圈一般为混凝土结构,前墙和隔墙多采用浆砌石结构。拱圈净跨一般为 2~3 m,矢跨比常为 0.2~0.3,厚度为 0.1~0.2 m。拱圈的强度计算可选取单宽拱条,按支承在隔墙(扶壁

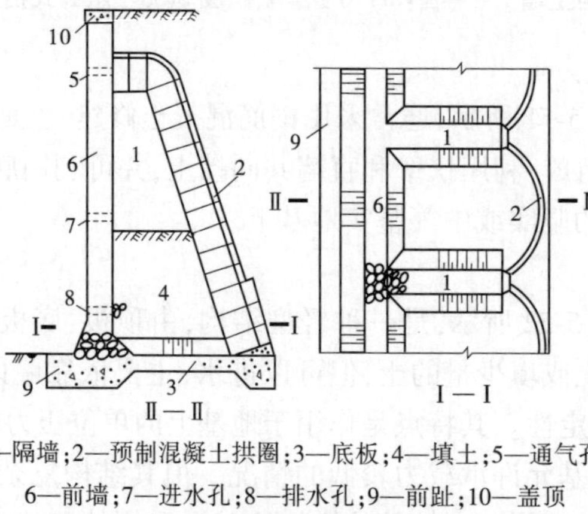

1—隔墙;2—预制混凝土拱圈;3—底板;4—填土;5—通气孔;
6—前墙;7—进水孔;8—排水孔;9—前趾;10—盖顶

图 5-53　连拱空箱式挡土墙

墙)上的两铰拱进行计算。其优点是钢筋省、造价低、重量轻,适用于软土地基;缺点是挡土墙在平面布置上需转弯时施工较为困难,预制拼装的拱圈整体性和防渗性均较差。

【案例 5-6】 水闸的两岸连接建筑物设计

根据上述的水闸设计基本资料,设计任务如下:

(1)两岸连接建筑物的形式和布置;

(2)画出水闸的剖视图。

设计参考步骤如下:

(1)两岸连接建筑物的形式和布置。

①上游连接建筑物。

本次设计的上游连接建筑物采用圆弧式翼墙,从边墩开始,向上游用圆弧形的铅直翼墙与河岸连接,上游圆弧半径为 20 m。其特点是水流条件好,但模板用量大,施工复杂。

上游段采用的挡土墙形式有扶壁式和重力式两种。从闸室向上游岸坡连接时,先采用扶壁式挡土墙,当翼墙插入岸体一定深度时,再采用重力式挡土墙。具体构造如图 5-49、图 5-51 所示。

②下游连接建筑物。

本次设计的下游连接建筑物采用竖直的八字形翼墙,其扩散角采用 7°,直到消力池末端,当进入海漫后,采用扭曲面与下游两岸连接。

下游连接建筑物采用悬臂式挡土墙挡土。

③闸室与岸坡连接建筑物。

闸室边墩后采用空箱式挡土墙,上面建有桥头堡,桥头堡的墙尽量坐落在空箱式挡土墙的竖墙上,用其来承载一定的重量。

(2)根据上述设计,水闸的剖视图如图 5-54 所示。

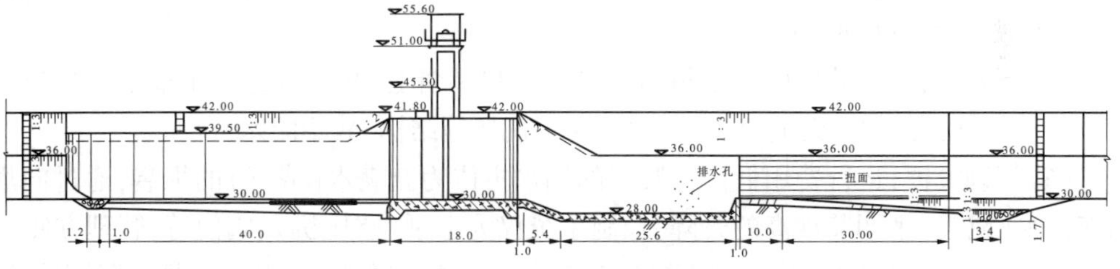

(a)纵剖视图

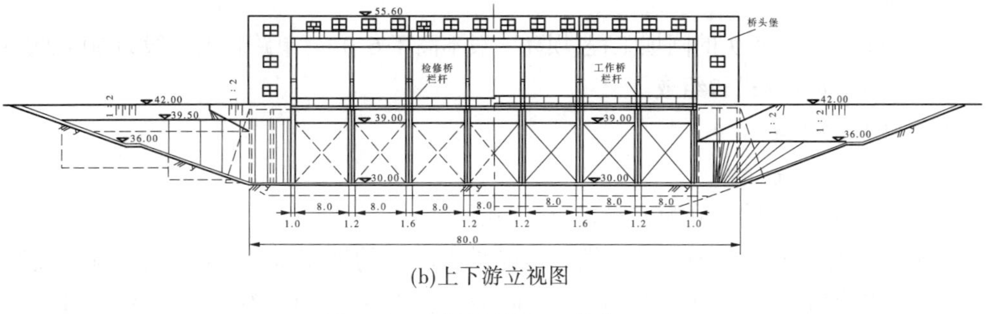

(b)上下游立视图

图 5-54 水闸剖视图 (单位:m)

任务七　其他形式的闸坝

一、橡胶坝

橡胶坝是自20世纪50年代以来，随着高分子合成材料工业的发展而出现的一种新型水工建筑物，是用胶布按照设计规定的尺寸，锚固于底板上成封闭状坝袋，用水或气充胀形成的袋式挡水坝，如图5-55所示。

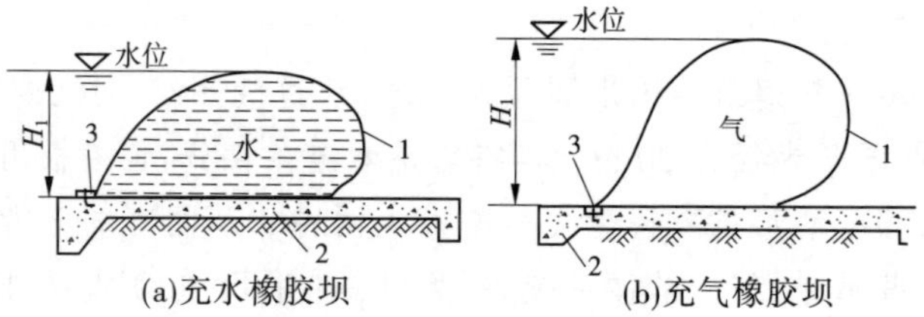

1—坝袋；2—混凝土底板；3—锚固

图5-55　橡胶坝剖面图

（一）橡胶坝的特点

与常规闸坝相比，橡胶坝有以下特点：

（1）节省三材，造价低。橡胶坝坝袋是以橡胶和作为受力骨架的合成纤维织物等制成的薄壁柔性结构，代替钢、木材及钢筋混凝土结构，节省三材。

（2）施工期短。橡胶坝的坝袋是先在工厂加工制造，然后运到现场安装，施工工艺简单，工期一般为3~6个月，多数橡胶坝工程是当年施工当年受益。

（3）抗震性能好。橡胶坝的坝体为柔性薄壳结构，富有弹性，延伸率可达600%，能抵抗强大地震波和特大洪水的波浪冲击。

（4）不阻水，止水效果好。坝袋锚固于底板和岸墙上，基本能达到不漏水。坝袋内水泄空后，紧贴在底板上，无须建中间闸墩、启闭机架等结构，故不阻水。

（5）管理方便，运行费用低。橡胶坝的挡水主体为充满水（或气）的坝袋，通过向坝袋内充排水（或气）来调节坝高的升降，控制系统仅为水泵（空压机）、阀门等，管理方便。

（6）坚固性较差，易老化。坝袋多为5~20 mm厚的胶布制品，其耐磨性和坚固性较差，易受机械损伤。

橡胶坝适用于低水头的闸坝工程，坝高一般不高于6.0 m，单跨长度一般为50~100 m。

（二）橡胶坝的形式和组成

1. 橡胶坝的形式

1）按充胀介质分类

橡胶坝按充胀介质可分为充水式、充气式。

充水橡胶坝［见图5-55（a）］的优点是能承受较大的溢流水深，在坝顶溢流时袋形比较稳定，过水均匀，对下游冲刷较小，坝袋拉力小，密封性要求低；缺点是在寒冷地区，坝袋内有结冰的危险，且充排水时间较长。

充气橡胶坝[见图 5-55(b)]的优点是在寒冷地区坝袋内没有冰冻问题,充排气时间较短;缺点是抗溢流振动能力差,在坝顶溢流时易出现凹口现象,水流集中,对下游河道冲刷较强,且密封性要求高。目前,我国的橡胶坝多为充水式。

2)按结构形式分类

橡胶坝按岸墙的结构形式可分为直墙式和斜坡式。

直墙式橡胶坝的所有锚固均在底板上,橡胶坝坝袋采用堵头式,坝袋不和直墙锚固,利用堵头与直墙的挤压达到止水的目的,如图 5-56 所示。

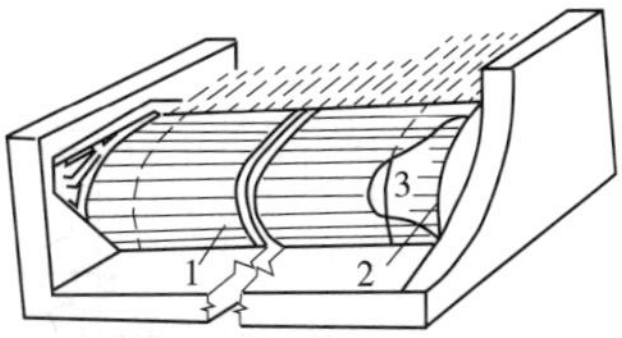

1—坝袋;2—堵头袋;3—粘接线

图 5-56 直墙式橡胶坝

斜坡式橡胶坝的端部锚固在岸坡上,这种形式的坝袋在岸墙和底板的连接处易形成褶皱,在护坡式的河道中,与上下游的连接容易处理,如图 5-57 所示。

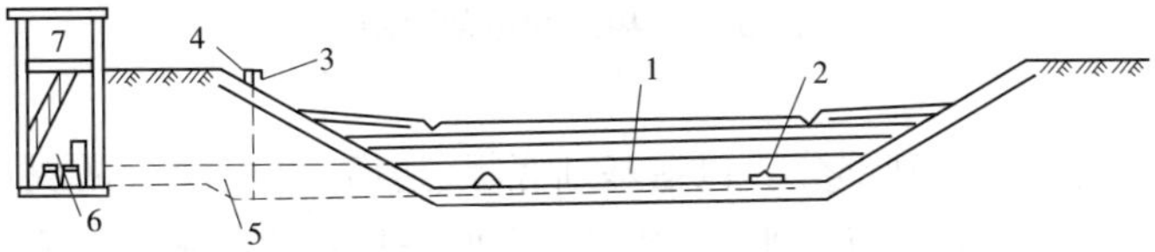

1—坝袋;2—水帽;3—溢流管;4—排气管;5—进水管;6—水泵;7—控制室

图 5-57 斜坡式橡胶坝

3)按锚固线的布置方式分类

橡胶坝按锚固线的布置方式分类,可分单线锚固和双线锚固两种。

单线锚固只在坝袋上游侧布置一条锚固线,如图 5-58(a)所示。这种锚固的锚线短,锚固件少,坝袋胶布用量较多,低坝和充气坝采用较多。由于单线锚固仅在上游侧锚固,坝袋可动范围大,对坝袋防振防磨损不利,尤其在坝顶溢流时,有可能在下游坝脚处产生负压,将泥沙(或漂浮物)吸进坝袋底部,造成坝袋磨损。

双线锚固是在坝袋贴地部分的上下游两侧布设锚固线,如图 5-58(b)所示。这种锚固的锚线长,锚固件多,安装工作量大,相应地处理密封的工作量也大,但由于其四周锚固,坝袋可动范围小,可减少坝袋的振动和磨损。

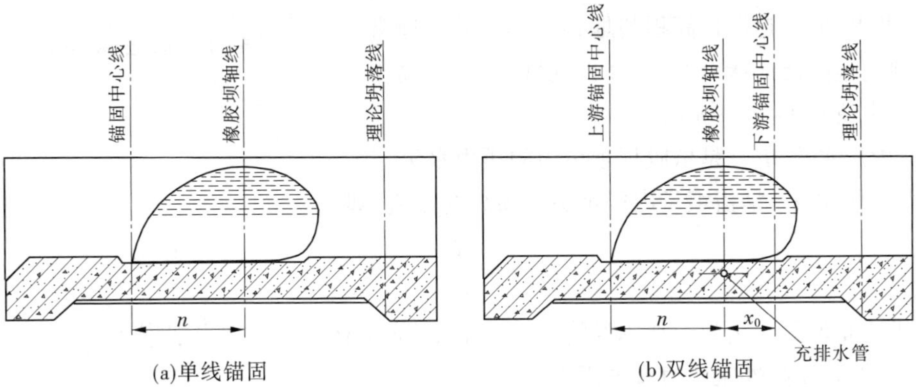

图 5-58 橡胶坝的锚固方式

2. 橡胶坝的组成

橡胶坝由上下游连接段、基础部分、挡水坝段和控制及观测系统等组成，如图 5-59 所示。

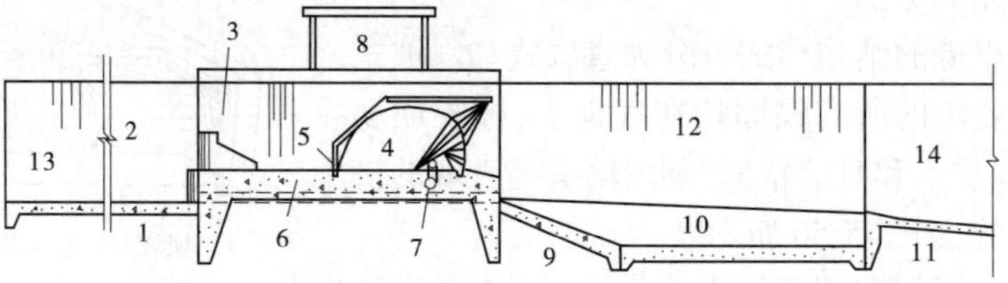

1—铺盖；2—上游翼墙；3—岸墙；4—坝袋；5—锚固系统；6—基础底板；7—充排水管；8—操作室；9—斜坡段；10—消力池；11—海漫；12—下游翼墙；13—上游护坡；14—下游护坡

图 5-59　橡胶坝纵剖面图

（1）上下游连接段及基础部分。包括基础底板、边墩（墙）、上下游翼墙、上下游护坡、上游防渗铺盖或截渗墙、下游消力池、海漫等。主要作用是将上游水流平稳而均匀地引入并通过橡胶坝，并保证水流过坝后不产生淘刷。

（2）挡水坝段。包括橡胶坝坝袋、底垫片、锚固系统、充排水管和坝基等，主要作用是调节水位和控制流量。

（3）控制及观测系统。包括水泵（鼓风机或空压机）、机电设备、传感器、管道和阀门等，主要作用是控制橡胶坝的高度。

（三）坝袋的结构与材料

1. 坝袋的结构参数

橡胶坝坝袋的结构设计参数包括坝高 H_1、内压水头 H_0、内压比 a、上游坝面曲线段长度 S_1、下游坝面曲线段长度 S、上游贴地段长度 n、下游贴地段长度 X_0、坝袋有效周长 L_0、坝袋单宽容积 V，如图 5-60 所示。

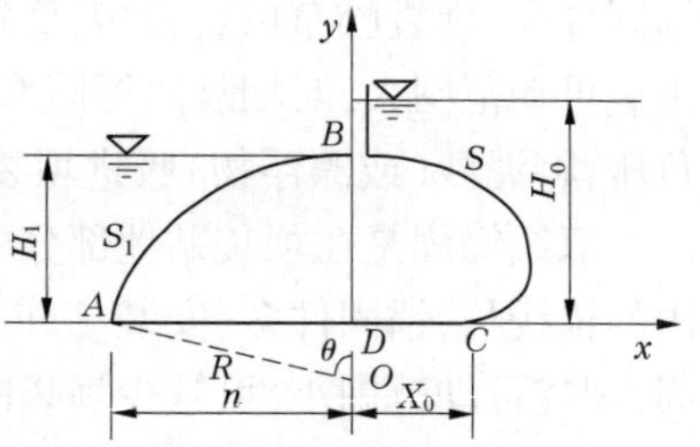

图 5-60　坝袋结构参数

（1）坝高 H_1。是坝顶高程与堰顶高程之差。通常要求堰顶高程高出河床 0.2~0.3 m，坝顶高程宜高于上游正常水位 0.1~0.2 m。

（2）内压水头 H_0。是橡胶坝坝袋内的压力水头。

（3）内压比 a。是指坝袋内压水头与坝高的比值，即

$$a = \frac{H_0}{H_1} \tag{5-42}$$

内压比 a 值的选用应经技术经济比较后确定，充水橡胶坝内外压比值宜选用 1.25~1.60，充气橡胶坝内外压比值宜选用 0.75~1.10。

（4）上游贴地段长度 n。可按下式计算：

$$n = \frac{1}{\sqrt{2(a-1)}}H_1 \tag{5-43}$$

(5)下游贴地段长度 X_0。计算公式比较复杂，详细可参阅《橡胶坝技术规范》(SL 227—98)。

(6)上游坝面曲线段长度 S_1、下游坝面曲线段长度 S 及坝袋单宽容积 V。可查表 5-17 进行计算。

表 5-17 充水橡胶坝坝袋结构参数

a	T/H_1^2	S_1/H_1	S/H_1	X_0/H_1	n/H_1	R/H_1	V/H_1^2
1.10	3.00	2.523 2	2.067 3	0.986 7	2.236 1	3.000 0	2.634 2
1.20	3.50	1.973 8	1.862 8	0.724 3	1.581 1	1.750 0	2.003 3
1.30	4.00	1.757 5	1.771 1	0.587 6	1.291 0	1.333 3	1.720 4
1.40	4.50	1.641 9	1.719 0	0.499 5	1.118 0	1.125 0	1.553 0
1.50	5.00	1.570 8	1.685 8	0.436 6	1.000 0	1.000 0	1.440 3
1.60	5.50	1.523 3	1.663 0	0.388 9	0.912 9	0.916 7	1.358 4
1.70	6.00	1.498 8	1.646 6	0.351 2	0.845 2	0.857 1	1.296 0
1.80	6.50	1.465 5	1.636 4	0.320 6	0.790 6	0.812 5	1.246 5

注：T 为袋壁拉力，单位为 kN，V 的单位为 m^2，其余单位均为 m。

(7)坝袋有效周长 L_0(不包括锚固长度)。与锚固线布置方式有关：

对于单线锚固 $L_0 = S_1 + S + n + X_0$

对于双线锚固 $L_0 = S_1 + S$

双线锚固的底垫片有效长度(不包括锚固长度) $L_0 = n + X_0$

2. 坝袋的材料

制作坝袋的主要材料是橡胶和帆布。

帆布是橡胶坝的主要承载体，对保持橡胶坝的形状、尺寸稳定性、安全和耐久性起着决定性作用。坝袋是在帆布上浸胶、贴胶、硫化，做成单幅胶布，而后将一幅幅胶布接宽，按需要的尺寸拼成坝袋。目前，在我国坝袋用的胶布采用锦纶 6 浸胶帆布。橡胶的作用是以防止漏水(或气)、防磨、保护和连接各层帆布共同受力。

(四)橡胶坝的锚固形式

橡胶坝的锚固形式按锚固构件材料可分为螺栓压板式、楔块挤压式和胶囊充水式三种。

1. 螺栓压板式锚固

螺栓压板式锚固靠地埋螺栓和钢构件(或铸钢构件、钢筋混凝土构件)将坝袋胶布压紧，锚固构件由螺栓和压板组成。按锚紧坝袋的方式可分为穿孔锚固和不穿孔锚固。

穿孔锚固是在锚固部位将坝袋穿孔套进预埋的地埋螺栓，用压板锚紧。其优点是锚固所需的胶布较短，施工安装和拆卸检修方便；缺点是锚固部位要穿孔，在孔的周边要补强，以防应力集中将坝袋撕裂，如图 5-61(a)所示。

不穿孔锚固是将锚固部位的胶布用一根压轴卷起塞入锚固槽内，用压板压紧。压轴材料可用圆木或钢管。其优点是不需在坝袋上打孔和补强；缺点是锚固长度相对较长，施工安装费工，如图 5-61(b)所示。

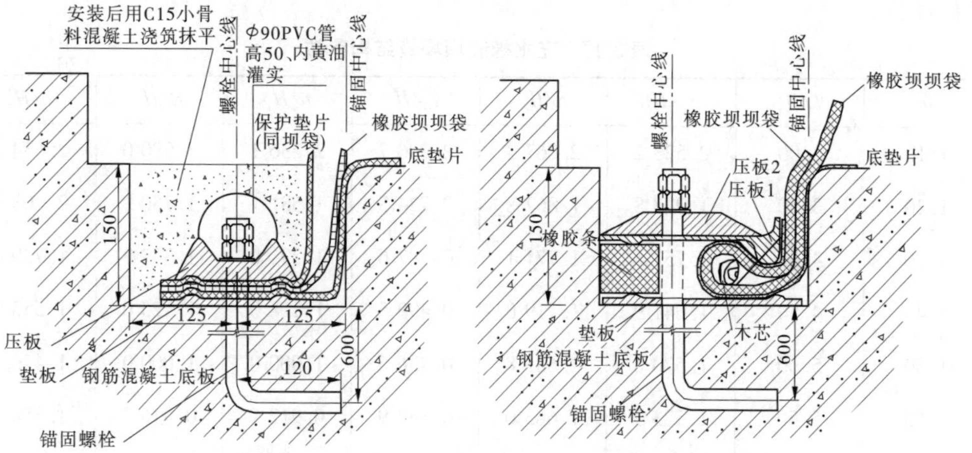

(a)穿孔锚固　　(b)不穿孔锚固

图 5-61　螺栓压板式锚固　(单位:mm)

2. 楔块挤压式锚固

如图 5-62 所示，楔块挤压式锚固是靠夯击后楔块挤压前楔块，同时通过压轴共同将坝袋胶布和底垫片锚固部分以及止水海绵胶片挤压在锚固槽内壁，以达到锚固坝袋的目的。楔块挤压式锚固是由前楔块、后楔块和压轴组成的。锚固槽有靴形和梯形两种，施工时用压轴将坝袋胶布卷塞入槽中，用楔块挤紧。

3. 胶囊充水式锚固

如图 5-63 所示，胶囊充水式锚固是将坝袋胶布和底垫片的锚固部分置于基础底板的椭圆形和圆形的锚固槽内，再将用胶布制成的两端封闭的管状胶囊放置槽中并充水，利用内水压力作用而体积膨胀的胶囊将坝袋及底垫片挤压在锚固槽内，以胶囊挤压坝袋胶布与混凝土槽壁产生的摩擦力克服坝袋拉力将坝袋拉住，起到锚固作用。

上述三种锚固形式中，以穿孔螺栓压板式锚固和楔块挤压式锚固在我国最为常用。

(五)橡胶坝的充排水系统

坝袋的充排方式有两种，即动力式和混合式。所谓动力式，即坝袋的充、坍完全利用水泵或空压机进行；所谓混合式，即坝袋的充、坍部分利用水泵或空压机来完成，部分利用现有工程条件自充或自排。充水式坝袋一般采用动力式充排方式。

橡胶坝充排水系统由管道系统、水泵机组、水帽、闸阀和辅助设备等组成，如图 5-64 所示。

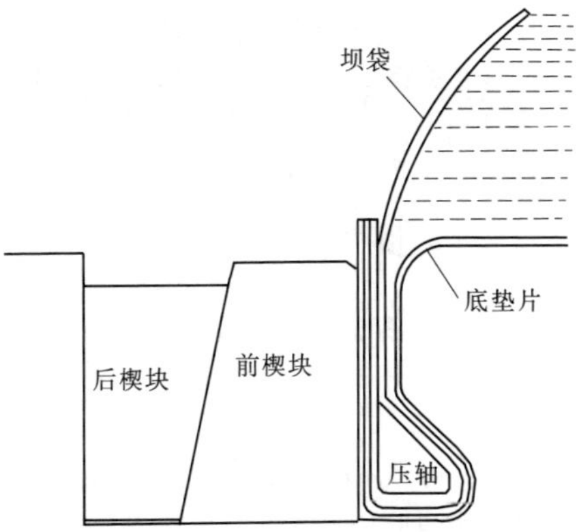

图 5-62 楔块挤压式锚固

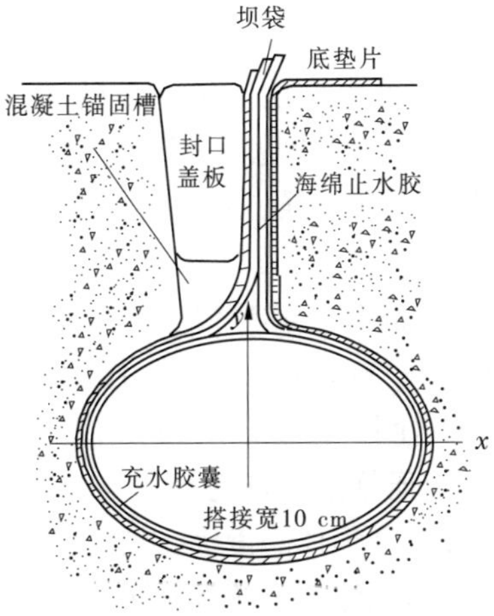

图 5-63 胶囊充水式锚固

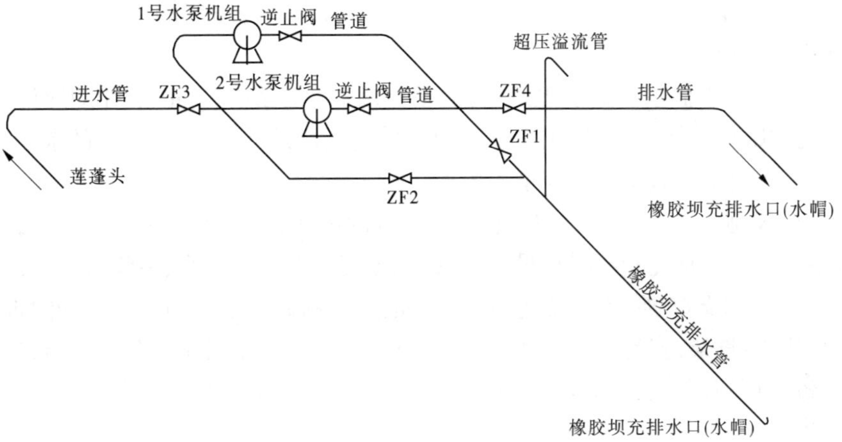

图 5-64 橡胶坝充排水系统

二、液压坝

(一)概述

液压坝是一种采用自卸汽车力学原理,结合支墩坝水工结构形式的活动坝,具备挡水和泄水双重功能。液压混凝土坝广泛应用于农业灌溉、渔业、船闸、海水挡潮、城市河道景观工程和小水电站等建设。

(二)液压坝的构造

液压坝的构造由弧形(或直线)坝面、液压杆、支撑杆、液压缸和液压泵站组成。

用液压缸直顶以底部为轴的活动拦水坝面的背部,实现升坝拦水、降坝行洪的目的。采用滑动支撑杆支撑活动坝面的背面,构成稳定的支撑墩坝。采用小液压缸及限位卡,形成支撑墩坝固定和活动的相互交换,达到固定拦水、活动降坝的目的。采用手动推杆开关,控制操作液压系统,根据洪水涨落,人工操作活动坝面的升降,如图 5-65 所示。

液压坝力学结构科学、不阻水、不怕泥沙淤积；不受漂浮物影响；在损失极小水量的情况下，能很容易地冲掉上游的漂浮物，使河水清澈；放坝快速，不影响防洪安全；抗洪水冲击的能力强。它攻克了传统活动坝型的缺点，同时又具备传统坝型的所有优点：它像橡胶坝一样紧贴河床不阻水；像翻板门坝一样自动放坝行洪，任意保持水位高度；像水闸一样坚固耐用。

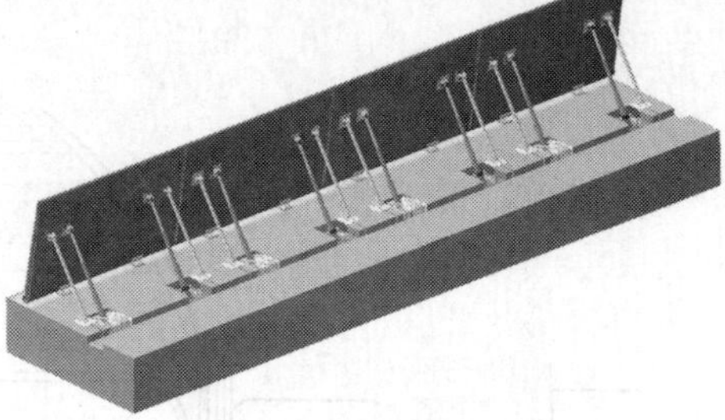

图 5-65　液压坝示意图

（三）液压坝的工作特点

（1）液压坝坝体跨度大，结构简单，总体成本比同等规格的水闸、橡胶坝低，易于建造。

（2）液压坝液压系统操作灵活，可采用手动开关控制。

（3）液压坝低水头水力条件优越。该坝可基本保持原河床，可畅泄洪水、上游堆积泥沙、卵石和漂浮物而不阻水。与传统水闸及类似的橡胶坝相比，过流能力大，泄流量大。特别适用于不宜建造橡胶坝的多砂、多石、多树、多竹和寒冷地区的河流。可以调节坝高溢流，可控制上游水位和泄流量。

（4）液压坝属于低水头挡水建筑物，活动拦水高度一般在 3 m 左右，坝面升起后，形成稳定的支撑墩坝结构，力学结构科学。坝面采用弧形设计，可形成宽阔的水面和较大的瀑布景观，广泛使用于城市美化环境等方面。

（5）液压坝施工简单，施工工期短，与传统水闸相比，减少了闸墩、大量金属结构埋件及闸门启闭设备，但是混凝土工程量复杂，初期投资节约设备资金，后续维护费用较高。

（6）液压坝的支撑锁定装置隐患大，限位锁定机构处于坝面的下游铰轴附近，驱动解锁的液压缸管路复杂，容易造成卡死或不能动作，导致来洪水时不能降坝，以致造成事故。

（7）液压坝的设计使用寿命一般只有 3~5 年。坝面混凝土的喷涂、防腐和抗水下冻融易损坏，基本 2 年就需要返修。

（8）降坝操作的前提条件是在液压泵站通电情况下进行，如果暴雨等天气条件下造成液压系统断电，那么降坝就不能完成。

三、自动翻板闸门

（一）概述

目前，应用广泛的翻板闸门是水力自控翻板闸门，是我国创造的一种利用水力来启闭闸门的节能、环保型水闸。自 20 世纪 60 年代初第一代水力自控翻板闸门诞生，先后经历了横轴双支铰型、多支铰型、滚轮连杆式和滑块式水力自控型四个发展阶段。翻板闸门能够实现自动控制水位，主要用于水库、河流、蓄水池等处拦截或排泄水流。

（二）水力自控翻板闸门的工作原理及构造

水力自控翻板闸门的工作原理是杠杆的平衡与转动，是利用水力和闸门重量相互制衡，通过增设阻尼反馈系统来达到调控水位的目的。当上游水位升高时，闸门绕"横轴"逐渐开启泄流；反之，当上游水位下降时，闸门逐渐回关蓄水，使上游水位保持在设计要求的范围内。

滚轮连杆式翻板闸门是一种双支点带连杆的闸门，由面板、支腿、支墩、滚轮、连杆等部件组成，根据闸门水位的变化，依靠水力作用自动控制闸门的开启和关闭，如图 5-66 所示。当上游来流量加大，闸门上游水位抬高，动水压力对支点的力矩大于门重与各种阻尼对支点的力矩时，闸门自动开启到一定倾角，直到在该倾角下动水压力对支点的力矩等于门重支点的力矩，达到该流量下新的平衡。流量不变时，开启角度也不变。而当上游流量减少到一定程度，使门重对支点的力矩大于动水压力与各种阻尼对支点的力矩时，水力自控翻板闸门可自行回关到一定倾角，从而又达到该流量下新的平衡。

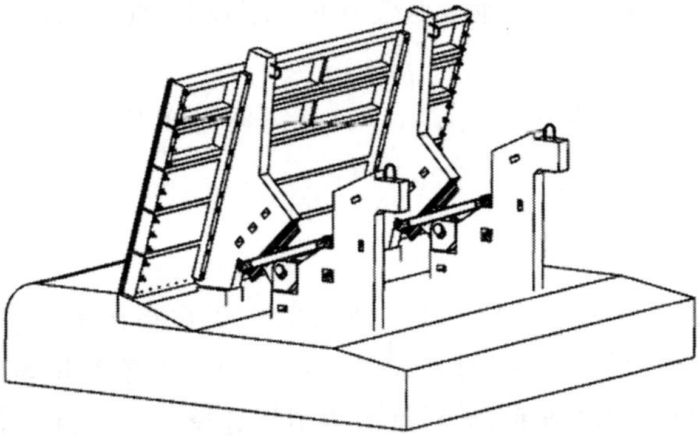

图 5-66 滚轮连杆式翻板闸门

(三)水力自控翻板闸门的工作特点

(1)原理独特、作用巧妙、结构简单、制作方便、运行安全。

(2)施工简单、造价合理，工程投资仅仅是常规水闸的一半。

(3)自动启闭，自控水位准确，运行稳定性良好，可合理使用和利用水资源。

(4)闸门为预制钢筋混凝土结构，仅支撑部分为金属结构。

(5)不设检修闸门，检修不便，在某一开度时，闸门会随水流振动。

(6)由于闸门淹没在水下，不利于排放漂浮物。

(7)水力自控翻板闸门适用于高度为 2~4 m 的小型水闸。

四、浮运水闸

(一)概述

浮运水闸是指将预制的闸室、翼墙等整体水闸部件浮运至闸址现场就位，经过压重下沉安装组合而成的水闸。浮运水闸一般采用空腔结构，具有一定的刚度而自重较小。浮运水闸适用于修建沿海地区的挡潮闸。

(二)浮运水闸的结构

我国目前采用的浮运水闸有两种结构：一种是半自浮式闸，要在闸墩上下游两端加设一定高度和体积的封口空箱体，增大排水体积，使水闸能浮起拖运；另一种是靠水闸本身的箱格结构增大排水体积，使它能承受全闸的重量而浮起拖运，称全自浮式闸。

浮运水闸主要依靠闸底板长度来满足防渗要求，同时要防止砂基的渗流破坏，护坦采用预制混凝土箱体结构，内填卵石或块石，海漫采用抛石结构。

从水闸浮运部分预测到沉放连接，称为第一期工程，接着继续加高至设计高程，进行闸墙和护坦处理，安装闸门及设备等，称为第二期工程。浮闸的沉装均采用充水下沉法。半自浮式闸多采用进水孔入水下沉，而全自浮式闸则采用水泵注水下沉。全自浮式闸采用充水量较少，用人工操控水泵，掌握各仓充水量，使浮闸平稳下沉，安全稳妥。

(三)浮运水闸的工作特点

(1)因不需要开挖基础，可节约土方开挖工程量和劳动力。

(2)不用修筑围堰截流，不需要导流设施，不妨碍农田排灌用水和交通运输。

(3)现场施工时间短，不受季节限制，可以常年施工。

(4)浮运水闸为轻型结构，对地基承载力的要求较低，地基只需由挖泥船挖至设计深度，换砂填平即可。

(5)可以减少占用土地面积。

项目小结

本项目主要介绍了水闸的基本概念、作用、类型、工作特点等基本知识，详细阐述了水闸的孔口设计、消能防冲设计、防渗排水设计、结构设计、地基处理等设计要求、设计内容和设计方法，并结合设计实例资料，进行水闸的闸址选择、孔口设计、消能防冲、防渗排水、闸室布置、稳定计算及地基处理、闸室结构计算、两岸连接建筑物等方面的设计计算。

项目自测题

一、思考题

1. 水闸按其所承担的任务如何分类？

2. 水闸的工作特点有哪些？设计中有哪些要求？

3. 闸孔形式有哪些？如何确定闸孔宽度？

4. 闸孔设计中增加闸孔净宽与降低闸底板高程有何关系？什么情况下宜增加闸孔净宽？什么情况下宜降低闸底板高程？

5. 过闸水流的特点有哪些？

6. 闸下游的消能方式有哪些？设计中如何选择？

7. 水闸下游可能发生的不利流态有哪些？产生原因是什么？防止措施有哪些？

8. 海漫的作用是什么？对其要求有哪些？结构形式有哪些？

9. 地下轮廓线的布置原则、布置形式有哪些？如何进行地下轮廓线布置？

10. 水闸的防渗排水设施有哪些？各适用于什么情况？

11. 闸底板的结构形式有哪些？各有什么优缺点？适用于什么情况？

12. 怎样提高闸室的抗滑稳定性？

二、画图

画图说明开敞式水闸的组成及各组成部分的作用。

三、计算题

某水闸的现有水位、地基土质条件及初拟的地下轮廓线情况如图 5-67 所示。根据钻探资料知地面以下 9.5 m 深处为相对不透水的黏土层。试用直线比例法(勃莱法)验算闸基防渗长度。

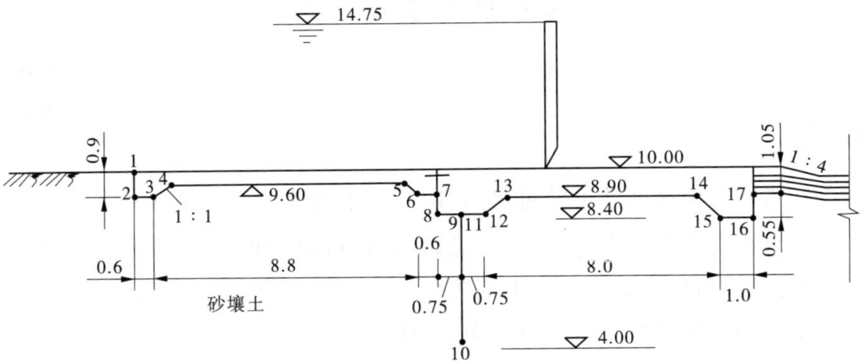

图 5-67 地下轮廓线布置 (单位:m)

四、水闸设计成果

请将【案例 5-1】至【案例 5-6】的设计进行整理,设计成果要求:

(1)设计计算说明书 1 份。计算过程清晰,内容表达清楚,文字说明简明扼要。

(2)手绘 2 号图纸 1 张。包括水闸平面图、纵剖视图、各部位剖视图、细部结构大样图等,工程制图要规范,图面布置匀称,书写规范,内容准确,图面整洁美观。

【思政导引】南水北调中线穿黄工程——穿越大江大河最宏大工程

项目六　水工隧洞与坝下涵管

【项目简述】

隧洞是开凿穿过山体或地下的过水洞，用于施工导流、泄洪、排沙、放空、发电引水、输水、通航等，在水利水电工程中应用广泛。涵管是埋设穿过地下的过水管，主要用于土石坝水库枢纽中，结构简单、施工方便、工期较短、造价低，在中、小型工程中应用较多。本项目重点介绍水工隧洞的类型、工作特点、布置、构造设计等。

【水工隧洞设计基本资料】

本工程位于辽宁省东部本溪市境某县内，它是梯级开发水电站中的"龙头"工程，具有控制性骨干作用，为主要解决当地全县用电问题，经上级批准修建的水利枢纽工程。工程所在河流属稳定性河流，全长83.2 km，流域面积为724 km^2。

（一）流域规划

流域形状近似椭圆形，长轴呈东西方向，蜿蜒曲折，坡度大，全河河道平均比降4.28‰。流域梯级水电规划以该河水利枢纽工程和尚家崴子水库为主导工程，两座水电站均为调峰运行水电站，两枢纽的兴建将对该河流域梯级水电开发的规模及效益起到至关重要的作用。在开发时机上，为尽快解决该河流域下游新迁入企业的供水要求和开发利用丰富的水能资源，将该河水利枢纽工程列为第一期工程近期开工兴建，将尚家崴子水库水电站列为第二期工程开工兴建。

（二）工程任务

该水库是以供水、发电、灌溉、防洪为主的综合性水利枢纽工程。

（三）枢纽布置

工程主要由拦河坝、引水工程、水电站工程及交通工程几部分组成。水库总库容为3 574万m^3，年供水量为590万m^3，水电站装机容量为8 250 kW，工程等别为Ⅲ等，工程规模为中型；工程分挡水坝段（含门库坝段）、溢流坝段和底孔坝段，采用重力坝坝型，坝体材料均为混凝土，溢流坝段采用有闸控制泄洪方式。引水建筑物主要包括引水工程进水口、引水隧洞、岔管及压力管道几部分。引水工程进水口布置在拦河坝左岸上游约120 m处，进水口后接引水隧洞，引水隧洞通过岔管和压力管道与水电站机组连接。进水口为独立布置的岸塔式进水口，下部为现浇钢筋混凝土结构，上部启闭机室为框架结构，引水流量为24.54 m^3/s。隧洞进口处通过7.0 m方变圆渐变段与进水口相连，引水隧洞长为526.64 m，断面尺寸为直径3.8 m的圆形有压隧洞，发电死水位高程为414.0 m。

(四)特征水位

水库设计洪水位为427.45 m,校核洪水位为430.18 m,正常蓄水位为425.00 m,死水位为414.00 m,淤沙高程为400.90 m。

(五)引用流量及洪水标准

拦河坝、引水工程进水口及隧洞建筑物级别为3级,拦河坝正常蓄水位425.00 m,相应库容2 271万m^3;死水位414.00 m,死库容721.7万m^3;100年一遇设计洪水位427.45 m,相应库容2 820万m^3,最大泄量1 541.5 m^3/s,相应下游水位393.93 m;1 000年一遇校核洪水位430.18m,总库容3 574 m^3,最大泄量2 538.3 m^3/s,相应下游水位395.00 m。引水隧洞洞内流速2.16 m/s,总水头损失2.86 m。水电站厂房、升压站建筑物级别为5级,水电站出口断面20年一遇最大过流量1 160.2 m^3/s,相应洪水位为380.96 m;50年一遇最大过流量1 608.1 m^3/s,相应洪水位为381.67 m。水电站最大引水流量24.54 m^3/s,额定水头39.8 m。进厂(场)路、交通桥及交通洞设计洪水标准为50年一遇,消能防冲建筑物设计洪水标准为30年一遇。

(六)地质资料

该河流域河谷多呈U形展布。流域内海拔多小于1 000 m,属中、低山区。倒石堆发育。出露地层主要有青白口系、白垩系、下元古界及第四系地层,并分布有燕山期侵入岩。有石英岩、砂岩、页岩、灰岩、安山岩、花岗岩等岩层。本区地质构造单元为四级,无区域性断裂通过。地震动峰值加速度$<0.05g$,相当于地震基本烈度<6度,区域稳定。库区两岸山体雄厚,以岩质岸坡为主,边坡基本稳定,无浸没、淤积、库区侧向渗漏等工程地质问题,适宜建库。

坝址区出露的基岩岩性单一,为青白口系永宁组地层,岩性为灰白、紫色中厚层含砾石英砂岩及砾岩。局部夹板岩。岩石质地坚硬,性脆,强度较高,不易风化。第四系冲积层(Q_4^{al}),成分为砂砾卵石、漂石,分布于河床及低漫滩。

隧洞进、出口段洞脸开挖边坡:第四系土夹块石为1∶1.5,弱风化岩为1∶0.5。

引水隧洞洞内流速为2.16 m/s,洞线在桩号0+000.000至桩号0+412.70为缓坡段,$i=1/1\ 000$,在桩号0+428.41至0+446.61为一斜坡段,用两个半径20 m、转角为45°反弧分别与缓坡段和中心高程377.94 m隧洞段相连接。

根据工程地质条件知隧洞进口段桩号0+000.00至桩号0+064.00洞室围岩为弱风化含砾石英砂岩,岩体完整性差,属Ⅲ类围岩。中间段桩号0+064.00至桩号0+390.70洞室围岩为微风化含砾石英砂岩,属Ⅱ类围岩。出口段桩号0+390.70至桩号0+526.64洞室围岩为下伏弱风化含砾石英砂岩,属Ⅲ类围岩。隧洞局部围岩不好地段采取二次支护措施。

洞身段围岩类别以Ⅱ类为主,局部完整性差,围岩分类为Ⅲ类。

各类围岩的坚固系数及单位弹性抗力系数分别为:

Ⅱ类围岩:$f=10$,$K_0=600\ kg/cm^3$;

Ⅲ类围岩:$f=7$,$K_0=400\ kg/cm^3$。

隧洞进、出口及断层段局部围岩为Ⅲ类,施工时应采用小炮量爆破,保证隧洞施工安全。

(七)结构计算

1. 基本数据

围岩物理力学指标值如下：

岩石重度:26.7 kN/m^3；

饱和抗压强度:74.0 MPa；

泊松比:0.18；

弹性模量:49 000 MPa；

单位弹性抗力系数:39.2 MPa/cm。

2. 荷载组合

根据《水工隧洞设计规范》(SL 279—2016)规定,作用于衬砌上的荷载分为基本荷载和特殊荷载,规范要求的混凝土抗拉安全系数及最大裂缝开展宽度要求见表6-1。

表6-1 混凝土的抗拉安全系数及最大裂缝开展宽度

荷载组合	抗拉安全系数	最大裂缝开展宽度/mm
基本荷载组合	1.8	0.2
特殊荷载组合	1.6	0.25

3. 内水压力

隧洞内水压力按设计洪水位计算时为25.94 m(至底板),隧洞内水压力按校核洪水位计算时为28.68 m(至底板)。

4. 外水压力

外水压力采用折减系数法进行估算。

(八)水文资料

该河流域现在只有3个雨量站,均设立于1958年6月,观测至今。其中,1963~1966年资料缺测,其他年份资料均完整、刊印。

坝址以上流域面积:382.5 km^2；

多年平均年径流量:1.633亿m^3；

多年平均流量:5.18 m^3/s；

设计洪水标准及泄量(P=1%):1 541.5 m^3/s；

校核洪水标准及泄量(P=0.1%):2 538.3 m^3/s。

(九)气象资料

多年平均气温:6.8 ℃；

历年最高气温:35.9 ℃；

历年最低气温:-35.7 ℃；

最大风速:17.7 m/s；

最不利风向:NW；

吹程:0.8 km；

最大冻土深度:1.14 m。

(十)工程材料

砂砾料场位于该河左岸。地貌单元为河床、漫滩及一级阶地,高程为 423.0~426.0 m。距拦河坝 7.5 km。

本工程所需混凝土骨料从此料场开采加工。

主要建筑材料如钢材、水泥、木材、燃料等采购至坝址,运输距离为 40 km。

(十一)施工导流

本工程导流部位包括拦河坝工程、隧洞进口工程、隧洞出口及水电站厂房工程。

根据《水利水电工程施工组织设计规范》(SL 303—2017)规定,导流建筑物级别确定为 5 级,导流建筑物洪水标准采用洪水重现期为 5 年。根据工期安排,导流建筑物洪水标准采用汛前洪水重现期为 5 年,相应设计流量为 35.1 m^3/s。

引水隧洞进口段建筑物洪水标准采用汛前洪水重现期为 5 年,相应设计流量为 35.1 m^3/s。

引水隧洞、交通洞出口和水电站建筑物洪水标准采用洪水重现期为 5 年,相应设计流量按施工时段的不同分别为非汛期流量 40.6 m^3/s 和汛期流量 405 m^3/s。

该水利枢纽工程施工总工期为 42 个月。

【项目实施方法及教学目标】

(一)项目实施方法

项目实施分为三个阶段:

第一阶段是项目知识点学习阶段。了解水工隧洞设计基本资料以及成果提交的内容要求,按照各个案例,使学生掌握水工隧洞与坝下涵管项目的知识点。

第二阶段是学生设计阶段。根据所学知识、案例及《水工隧洞设计规范》(SL 279—2016)、《水工混凝土结构设计规范》(SL 191—2008)、《水利水电工程地质勘察规范》(GB 50487—2008)等要求,进行水工隧洞与坝下涵管各组成部分的形式及构造设计。使学生将所学知识与具体的设计结合,培养学生解决实际问题的能力。

第三阶段是成果提交阶段。结合项目设计的基本资料,将水工隧洞与坝下涵管项目各阶段的设计成果系统整理,编写设计报告和绘制图纸。使学生完整地掌握水工隧洞与坝下涵管的各部分知识内容。

(二)项目教学目标

水工隧洞与坝下涵管项目教学目标包括知识目标、技能目标和思政目标三个方面。知识目标是基础目标,技能目标是核心目标,思政目标贯穿整个项目实施过程,是项目的重要保证。

1. 知识目标

(1)掌握水工隧洞和坝下涵管的类型、工作特点及组成,以及两者的总体布置、路线选择、各组成部分的形式与构造。

(2)掌握水工隧洞和坝下涵管的构造设计、隧洞衬砌上的荷载及结构计算、坝下涵管的水力计算等方法。

(3)掌握水工隧洞和坝下涵管设计的整体思路过程。

2. 技能目标

(1)能够正确运用规范、手册等资料进行基本设计计算。

(2)能进行隧洞与涵管类型的选择、构造布置、水力计算、荷载结构计算等，验算满足运用要求，并能编写设计报告书。

(3)能够使用绘图工具和计算机绘制图形。

3. 思政目标

(1)认真严肃进行设计，培养忠诚、干净、担当、科学、求实、创新的水利精神。

(2)遇到问题能积极想办法解决，培养良好的职业素养。

【成果提交要求】

(一)设计报告

设计报告包括说明和计算两大部分。说明部分应全面表达设计者的设计思想、方法和分析能力，包含对设计成果、采用的设计参数和理论依据的充分说明。要求章节分明、简明扼要、文理通顺，既有计算成果，又有分析论证和明确结论，必要时，使用附表和插图(应按比例绘制)。计算部分是设计者的设计程序、设计成果的来源，要求详细列出所有计算过程。计算过程尽量列表计算，附计算草图；列出计算成果，并说明成果是否合理，如不合理，叙述可做改动的步骤；要求计算方法正确、参数取值合理、数据真实可靠、计算结果正确可信。

(二)设计图纸

设计图纸主要包括水工隧洞平面布置图、纵剖面图、立面图、其他各主要断面图、细部构造等。绘图应符合制图标准和相关规范，要求制图正确、布局合理、主次分明、比例得当、线条清晰、尺寸齐全。必要时应有简明注解。

(三)成果说明

要求简要说明计算成果及合理性，或设计的不足和可以进一步改进的地方，并对设计过程进行总结。

任务一 水工隧洞的类型、工作特点及组成

隧洞为穿越山体或地下的通道，在铁路和公路交通、国防、水利水电等工程中得到广泛运用。为满足水利水电工程施工导流、泄洪、排沙、放空、发电引水、输水、通航等需要而在山体中或地下开凿(挖)的洞式过水通道，统称为水工隧洞。水工隧洞在水利水电工程中得到广泛的应用。

码 6-1 微课-水工隧洞的认知

一、水工隧洞的类型

(一)按用途分类

(1)导流隧洞：水利水电工程建设时，主要用于施工时的导流。

(2)泄洪隧洞：主要用于宣泄多余洪水，保证水利水电工程安全。

(3)排沙隧洞:主要用于排放泥沙,避免水库淤积而损失有效库容。

(4)放空隧洞:隧洞进、出口位置较低,主要用于放空水库,以利水库检修(或备战)。

(5)发电引水隧洞:主要用于集中落差,引水发电,隧洞进口位置始终在上游最低水位以下,防止空气进入隧洞。

(6)输水隧洞:穿越山体,为农田灌溉或城镇供水输送水流。

前四类隧洞可归纳为泄水隧洞,洞内一般为高速水流;后两类隧洞可归纳为引水隧洞,洞内流速一般较小。

在水工隧洞设计时,应根据水利枢纽的规划、布置和主要功能,尽量做到一洞多用,多功能、多目标开发,以节省工程投资。如采取"临时变永久"或"二洞合一"等隧洞布置方案。

"临时变永久"隧洞布置方案,是指工程竣工后,将导流隧洞改为放空、排沙、泄洪隧洞,也可改为发电、灌溉的引水隧洞。由于导流隧洞进口高程较低,不能满足其他隧洞承担的任务时,可布置成"龙抬头"形式——导流洞上方另设进水口。

"二洞合一"隧洞布置方案,是指泄洪与灌溉、泄洪与发电引水相结合布置方案;或泄洪、排沙、放空相结合的布置方案;或发电引水与灌溉供水相结合布置方案等。这些布置方案中隧洞只设一个进水口,在适当位置分岔。需注意,多功能的隧洞虽可简化枢纽布置,降低造价,但隧洞工作条件较复杂,水流流态不稳定,分岔处容易产生空蚀、振动等不利影响。

(二)按洞内水流状态分类

(1)有压隧洞。有压隧洞的工作闸门布置在隧洞出口,洞身全断面被水流充满,隧洞内壁承受较大的内水压力。有压隧洞能适应水库水位的大幅度升降及水电站引用流量的迅速变化,发电引水隧洞一般为有压隧洞。

(2)无压隧洞。无压隧洞的工作闸门布置在隧洞的进口,水流没有充满全断面,有自由水面。无压输水隧洞的洞内流速较小,不承受内水压力,设计荷载以围岩压力为主;洞身一般较长,往往要穿越多种不同地质条件的岩层,而且经常会遇到极其复杂的不良地质条件;洞身断面形式及衬砌结构形式多种多样。远距离输水及灌溉渠道上的隧洞一般均为无压隧洞。

一般来说,隧洞可以设计成有压的,也可设计成无压的,还可设计成前段是有压的而后段是无压的。但应注意的是,在同一洞段内,应避免出现时而有压时而无压的明满流交替现象,以防止引起振动、空蚀等不利流态。

(三)按衬砌方式分类

水工隧洞按衬砌方式分类,有不衬砌隧洞,喷锚、混凝土衬砌或钢筋混凝土衬砌等。

(四)按流速大小分类

水工隧洞按流速大小分类,有高速隧洞(流速大于 16 m/s)和低速隧洞(流速小于 16 m/s)。

二、水工隧洞的特点

(一)力学特点

隧洞属凿造在地下岩层中的地下水工建筑物,它的受力特点和安全与否主要取决于地质条件。

开挖隧洞改变了岩层原有的受力平衡状态，在孔洞周边的围岩引起围岩压力。围岩除产生围岩压力外，其自身也具有承载能力，可与衬砌共同承受内水压力等荷载，甚至是承受荷载的主体，这是现代隧洞工程建设的立足点。围岩压力与岩体承载能力的大小主要取决于围岩的物理力学性能，即隧洞穿越处的地质条件。围岩越完整，物理力学性能越好，其围岩压力就越小，自稳性就越好，岩体承载能力就越大；反之，围岩压力越大，自稳性就越差，而承载能力就越小。

（二）施工特点

与地面建筑物相比，隧洞断面较小，洞线较长，施工场地狭窄。从开挖、衬砌到灌浆等施工工序多，材料及施工设备运输困难，施工作业干扰大；而高速隧洞施工质量要求较高；地下施工环境恶劣，易出现工程事故；隧洞施工工期一般较长，导流隧洞工期往往影响整个工期。因此，需合理布置施工支洞、竖井、平硐及斜井，精心组织施工，以缩短工期，使枢纽提前投入使用。

（三）水力学特点

深式泄水隧洞进口处于水下较低处，水头较高，洞内流速较大，属高速水流，易造成洞身的空蚀及出口的冲刷。因此，在隧洞进口、转弯、扩散、收缩等处应选择与流态相适应的体形，并在出口采取消能防冲措施，以消除或减弱高速水流的不利影响。

深式泄水隧洞的泄流能力与作用水头的 1/2 次方成正比，水头的增加对泄流量的增加影响较小，超泄能力不如表孔强，但进水口位置较低，可利用洪水预报提前泄水，充分利用库容蓄洪调洪，从而提高水库的利用率，减小下游防洪的负担。

另外，控制过流设备的闸门，其水压力大，由于过闸水流的脉动还会引起闸门的振动，闸门制造精度高，摩擦力大，所需启闭设备容量大。

（四）结构特点

隧洞为地下洞室结构，隧洞开挖后破坏了原来岩体内的应力平衡，引起应力重分布，导致围岩产生变形甚至崩塌，造成隧洞破坏。为此，常需设置临时支护和永久性衬砌，以承受围岩压力，保持围岩稳定。但围岩本身也具有承载能力，可与衬砌共同承受内水压力等荷载。承受较大内水压力的隧洞，要求围岩具有足够的厚度和进行必要衬砌，否则一旦衬砌破坏，内水外渗，将危害岩坡稳定及附近建筑物的正常运行。过大的外水压力也可使埋藏式压力钢管失稳。因此，应做好勘探工作，使隧洞尽量避开不利的地质、水文地质地段，满足隧洞结构上的要求。

三、水工隧洞的组成

水工隧洞一般由进口建筑物、洞身建筑物和出口建筑物三部分组成，如图 6-1 所示。

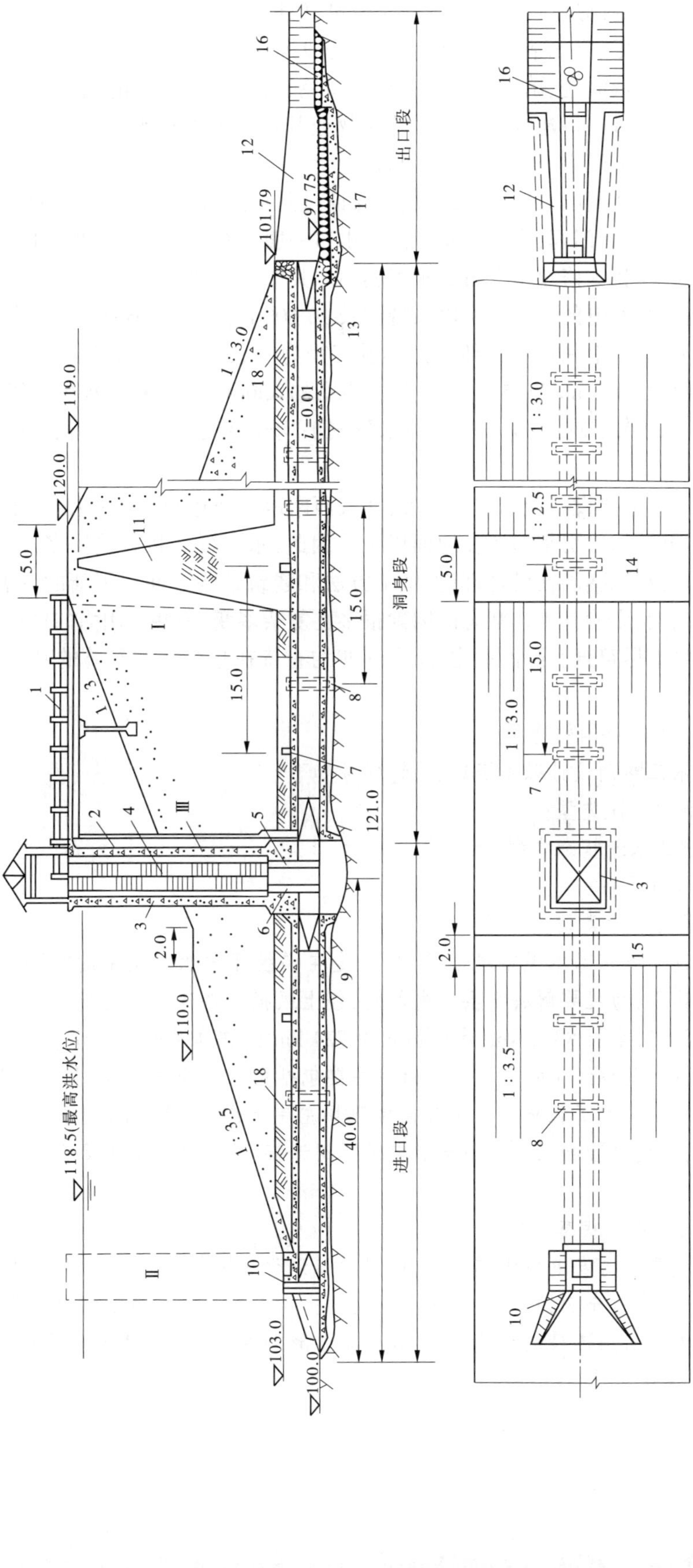

1—工作桥;2—通气孔;3—控制塔;4—爬梯;5—主闸门槽;6—检修门槽;7—截水环;8—伸缩缝;9—渐变段;
10—拦污栅;11—黏土心墙;12—消力池;13—岩基;14—坝顶;15—马道;16—干砌石;17—浆砌石;18—黏土

图 6-1　隧洞布置　(单位:m)

进口建筑物,位于隧洞进口,其作用是控制流量、保证进流顺畅、减小水头损失、拦截污物等,结构包括拦污栅、进水喇叭口、闸门室、渐变段等。

洞身建筑物,位于隧洞进、出口之间的中部建筑物,为水流通道。前端通过进口建筑物与水源相连,后端通过出口建筑物与用水建筑物或其他类型的输水建筑物相连。洞身一般都需要衬护来减糙、受力、防渗及保护围岩。

出口建筑物,位于隧洞出口,其主要作用是保证过洞水流与下游建筑物平顺衔接。无压泄水隧洞的出口仅设有门框,有压泄水隧洞的出口一般设有渐变段及工作闸门室。

新中国成立以来,我国修建了大量的水工隧洞。其中,万家寨水电站引黄南干线7号隧洞长42 900 m;引水发电的太平驿水电站隧洞长10 600 m;昆明掌鸠河和宁波白溪引水隧洞都长达上百千米;小浪底水利枢纽泄洪隧洞直径为14.5 m;二滩水电站的无压导流隧洞最大开挖断面为20.5 m×25.5 m,是世界上少有的大断面导流隧洞;锦屏二级水电站具有世界最大规模的水工隧洞,4条平行引水隧洞平均长度约16.6 km,开挖洞径达13 m。

随着我国水利水电建设事业的快速发展,在大西南地区修建的大、中型水利水电枢纽越来越多,很多水电站的厂房都布置在地面以下。因此,水工隧洞将日趋增多,规模也在不断加大。近年来,水工隧洞在设计理论、施工方法和建筑结构方面有了新的发展,但由于隧洞属于地下结构,影响其工作状态的因素很多且复杂多变,一些作用力的计算及设计理论都还存在一些不尽符合实际的假定,所有这些均有待在总结实践经验的基础上进一步完善和提高。

【案例6-1】 水工隧洞的选型

根据上述的水工隧洞设计基本资料,设计任务如下:

(1)确定隧洞的用途类型;

(2)确定隧洞的水流状态类型。

设计参考步骤如下:

(1)确定隧洞的用途类型。

本工程位于辽宁省东部本溪市境某县内,它是在梯级开发水电站中的“龙头”工程,具有控制性骨干作用,为主要解决全县用电问题,经上级批准修建水利枢纽工程。工程所在河流属稳定性河流,全长83.2 km,流域面积为724 km^2。该水库是以供水、发电、灌溉、防洪为主的综合性水利枢纽工程。引水建筑物主要包括引水工程进水口、引水隧洞、岔管及压力管道几部分。引水工程进水口布置在拦河坝左岸上游约120 m处,进水口后接引水隧洞,引水隧洞通过岔管和压力管道与水电站机组连接,故本隧洞的用途类型为发电引水隧洞。

(2)确定隧洞的水流状态类型。

该隧洞的用途类型为发电引水隧洞,发电引水隧洞为有压隧洞,工作闸门布置在隧洞出口,洞身全断面被水流充满,隧洞内壁承受较大的内水压力。有压隧洞能适应库水位的大幅度升降及水电站引用流量的迅速变化,故确定该隧洞的水流状态类型为有压隧洞。

任务二 水工隧洞的选线与工程布置

一、水工隧洞的线路选择

隧洞的线路选择关系到工程造价、施工难易、工程进度、运行可靠性等方面。影响隧洞线路选择的因素很多,如地质、地形、施工条件等。隧洞的线路选择主要考虑以下几个方面的因素。

(一)地质条件

隧洞线路应选在地质构造简单、岩体完整稳定、岩石坚硬的地区,尽量避开不利的地质构造,要尽量避开地下水位高、渗水严重的地段。洞线要与岩层、构造断裂面及主要软弱带走向有较大的交角,对胶结紧密的厚岩层走向,其夹角不宜小于30°,对薄层以及层间连接较弱时,其夹角不小于45°。在高地应力地区,洞线应与最大水平地应力方向尽量一致,以减小隧洞的侧向围岩压力。隧洞应有足够的覆盖厚度,对于有压隧洞,当考虑弹性抗力时,围岩的最小覆盖厚度不小于3倍的洞径。

在隧洞的进、出口处,围岩的厚度往往较薄,一般情况下,进、出口顶部的岩体厚度不宜小于1倍的洞径或洞宽。

(二)地形条件

隧洞的线路在平面上应尽量短而直。当因地形、地质、枢纽布置等需要转弯时,对于低流速的隧洞弯道曲率半径不应小于5倍的洞径或洞宽,转弯转角不宜大于60°,弯道两端的直线段长度也不宜小于5倍的洞径或洞宽。高流速的隧洞应避免设置曲线段。

(三)水流条件

隧洞的进口应力求水流顺畅,减小水头损失。水流应与下游河道平顺衔接,与土石坝下游坝脚及其建筑物保持足够距离,防止出现冲刷。

(四)施工条件

洞线选择应考虑施工出渣通道及施工场地布置问题。对于长隧洞,还应注意利用地形、地质条件布置施工支洞、斜洞、竖井,增加总工作面,加快施工进度。

此外,洞线选择应满足枢纽总体布置和运行要求,避免在隧洞施工和运行中对其他建筑物产生干扰。如渠道上的输水隧洞,其洞线选择要与整个输水渠道线路布置统筹考虑。

二、水工隧洞的工程布置

水工隧洞布置的主要内容包括:确定进、出口高程以及拟订纵剖面布置;选定闸门在隧洞中的位置;通过技术经济比较,确定是一洞专用还是一洞多用。

(一)隧洞进、出口的布置

(1)隧洞的进口高程应根据隧洞的用途及实际运用要求来加以确定。

发电引水隧洞的进口顶板高程应在水库最低工作水位以下0.5~1.0 m,底部应高出水库淤沙高程最少1.0 m以上;灌溉隧洞的进口高程应保证在水库最低工作水位时能引入设计流量,应满足引水高程的要求,并应与下游灌区布置在同一侧;排沙洞应设置在需要排沙的发电、灌溉引水隧洞进口附近,其高程宜较低;用于放空水库和施工导流的隧洞进口高程一般都较低。

进口的进水方式有深水进口式和表孔溢流式两种。深水进口式的隧洞可以是无压的或有压的。这种布置形式与重力坝上的泄水孔布置形式相似,如图 6-2 所示。表孔溢流的进口布置方式与岸边溢洪道相似,只是用隧洞代替了泄槽,泄水时,洞内为无压流,如图 6-3 所示。

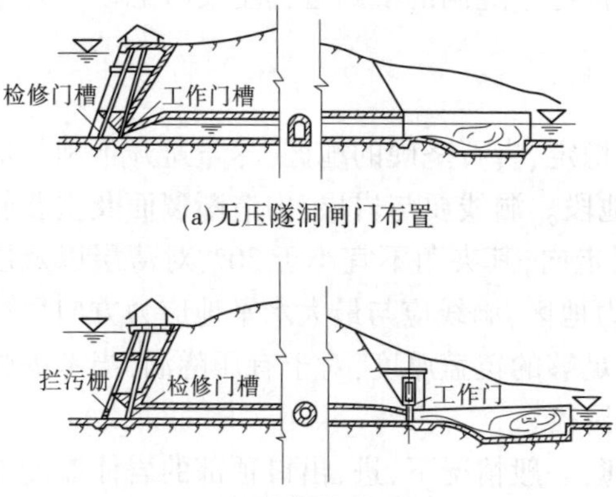

图 6-2　水工隧洞闸门位置布置示意图

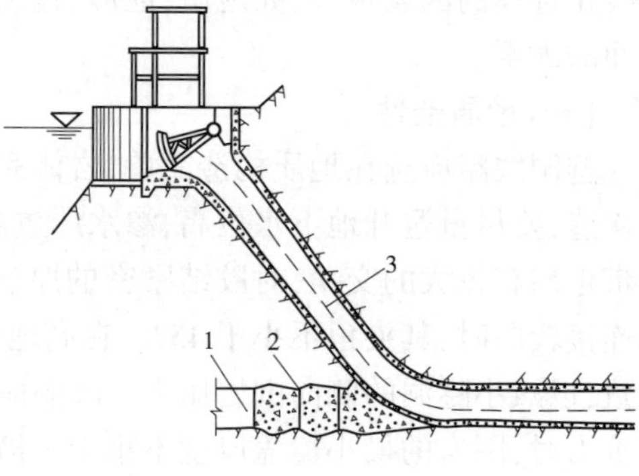

1—导流隧洞;2—混凝土堵头;3—泄洪洞

图 6-3　泄洪隧洞与导流隧洞合一布置

(2)隧洞的出口布置应保证水流下泄安全及出流平稳。

对于有压隧洞,出口断面面积应小于洞身断面面积,以保持洞内有较大的正压。出口的断面面积宜收缩为洞身断面面积的 80%~90%,收缩方式采用洞顶压坡的形式。

隧洞的出口应通过技术经济比较选择消能防冲方式。对于高流速、高水头、大流量的泄水隧洞,常为挑流消能。

(二)隧洞的纵坡和洞内压力或空间裕幅选择

纵坡的选择主要考虑水力条件、运行维修及施工条件,并通过技术经济比较选定。纵坡沿程不宜变化过多,一般不宜设平坡,要避免设反坡。对于有压隧洞,其纵坡主要从施工运输、排水及检修等方面考虑。

在选择隧洞进、出口高程及纵坡时,对有压隧洞,尚应使洞顶有一定的压力裕幅。一般在最不利的运行条件下,隧洞全线洞顶以上的压力裕幅不宜小于 2 m 水头。对于长隧洞,该值尚需适当增加。若不满足上述要求,可采取降低隧洞设置高程、加大隧洞洞径以及收缩出口断面尺寸等措施,以提高洞身压力。对于无压隧洞,为保证其无压状态,洞的断面尺寸和纵坡应按最大流量设计,并在水面以上留出必要的净空裕幅。净空面积应不小于断面面积的 15%,且水面上净空裕幅不小于 40 cm。对于高速无压隧洞,应考虑掺气的影响,掺气后水面以上的净空面积应为断面面积的 15%~25%,且水面线不超出直墙范围(圆拱直墙式)。渠道上的无压隧洞有通航任务时,水面上的净空尚应满足通航要求。

(三)闸门位置布置

闸门在隧洞中的位置选择,应根据隧洞担负的任务、所选定的水流状态(有压或无压)、地形及地质条件、运用管理的要求等,通过技术经济比较后确定。水工隧洞中的闸门按其工作性质分为工作闸门、检修闸门及事故闸门。

工作闸门主要用于调节流量和控制孔口,应能在动水中启闭。它可以布置在进、出口或洞中其他适宜位置上。工作闸门布置在进口,隧洞一般为无压流。其优点是工作闸门与检修闸门均在首部,运用管理方便。工作闸门如布置在出口,则全洞为有压流。其优点是洞内水流平稳,门后通气条件好,便于部分开启调节流量;缺点是检修闸门与工作闸门分设于隧洞首尾,管理不便。具体布置如图 6-2 所示。

检修闸门是在检修主闸门或洞身需要挡水时采用的,设于工作闸门的上游。如设在进口处,整个隧洞洞身的检修更为方便。有时根据下游水位情况,在隧洞出口处也设有叠梁检修闸门。检修闸门一般在静水中启闭。

事故闸门是在工作闸门、隧洞及设备发生事故时,能在动水中关闭的闸门。当需快速关闭时,也称为快速闸门。

(四)多用途隧洞的布置

为了减小工程量,降低工程造价,往往考虑一洞多用或临时任务与永久任务相结合的布置方式。

1. 泄洪隧洞与导流隧洞合一布置

泄洪隧洞与导流隧洞合一布置在已建工程中较常采用。导流隧洞的进口高程较低,而泄洪洞的进口高程可以较高,常在施工导流任务完成后,将导流隧洞前段堵塞,而在原导流隧洞口的上方另设进口,由上部进口向后,隧洞底坡设计为抛物线形式,然后接一反弧段与原导流隧洞相衔接。这种布置形式在工程上常形象地称为龙抬头形式,如图 6-3 所示。

2. 泄洪隧洞与发电隧洞合一布置

泄洪隧洞与发电隧洞合一布置是在洞前段共用一洞,在后段分岔为两个洞分别来泄洪与发电。对于泄洪量大、经常使用的泄洪隧洞或重要的水电站,不宜采用这种布置方式。

3. 发电隧洞与灌溉隧洞合一布置

发电隧洞与灌溉隧洞合一布置是在水轮机尾水后接灌溉渠道,利用发电尾水进行灌溉。由于发电是经常性的,而灌溉用水是季节性的,所以应在发电尾水的后面设置一弃水设施,将不需灌溉时的发电尾水排入下游河道。

【案例 6-2】 水工隧洞的布置

根据上述的水工隧洞设计基本资料,设计任务如下:

(1)确定隧洞的进口顶板高程、底板高程。

(2)隧洞的出口布置:出口断面的收缩面积、出口的消能防冲方式。

(3)闸门位置布置:隧洞担负的任务、水流状态、地形条件及地质条件、运用管理的要求;闸门的工作性质;闸门的位置。

设计参考步骤如下:

(1)确定隧洞的进口顶板高程、底板高程。

发电引水隧洞的进口顶板高程应在水库最低工作水位以下 0.5~1.0 m,底部应高出水库淤沙高程最少 1.0 m 以上。由资料可知:水库正常高水位为 425.0 m,死水位为 414.0 m,淤沙高程为 400.9 m,由此确定出隧洞进口底板高程在 401.9 m 以上,顶板高程在 413.5 m 以下。考虑洞径尺寸等实际运用要求,确定进口底板高程为 402.5 m、顶板高程为 406.3 m,位于发电死水位高程 414.0 m 以下 7.7 m,可满足水电站在较低水位下正常运行。

(2)隧洞的出口布置。

对于有压隧洞,出口断面面积应小于洞身断面面积,以保持洞内有较大的正压。出口的断面面积宜收缩为洞身断面面积的 80%~90%,收缩方式采用洞顶压坡的形式。引水隧洞通过岔管和压力管道与水电站机组连接。

岔管:为减少开挖,水电站岔管及渐变段全部设在山体内洞挖,采用等径分岔,岔管直径为 2.5 m,分岔角为 40°,支管间距为 8.0 m,混凝土衬砌厚 0.4 m,分岔点桩号为 0+500.64。

压力管道:机组前蝶阀直径为 1 750 mm,前端通过 6.0 m 长渐变段与岔管连接。渐变段壁厚 12 mm,每 2 m 设一加劲环(厚 15 mm、高 200 mm)。在 2 号机组阀门前压力钢管分出一直径为 500 mm 的压力钢管用于小机组发电,钢管上设闸阀。

(3)闸门位置布置。

工作闸门主要用于调节流量和控制孔口,应能在动水中启闭。由于全洞为发电引水隧洞,为有压流,工作闸门布置在出口。其优点是洞内水流平稳,门后通气条件好,便于部分开启调节流量;缺点是检修闸门与工作闸门分设于隧洞首尾,管理不便。

进水口闸门段内设事故检修门一扇,按动水下降、静水开启设计,事故检修门孔口尺寸为 3.8 m×3.8 m(宽×高),闸门段底板高程为 402.5 m,启闭机室高程为 431.70 m,启闭机室内设置一台固定卷扬启闭机,起重重量为 800 kN,闸门检修室设在 426.0 m 高程。闸门段后设方变圆渐变段长 7.0 m,通气孔直径为 0.8 m。为满足交通及运行要求,在取水塔后设置 5 m 宽钢筋混凝土交通桥与外部连通。

任务三　水工隧洞各组成部分的形式及构造

一、进口段的形式及构造

(一)进口建筑物的形式

按进口位置和闸门位置,进口建筑物有竖井式、塔式及岸塔式(包括斜坡式)三种基本形式及其组合形式。

1. 竖井式进水口

竖井式进水口是在进水口附近的岩层中开凿竖井,井底设置闸门,顶部安装启闭设备,拦污栅设于洞外。其特点是构造简单可靠,不受风浪、冰冻影响,但竖井前的进口段检修时,需在入口处另设检修闸门(或叠梁)。该形式适用于岩体完整、稳定、坚固的岸坡。其布置如图 6-4 所示。

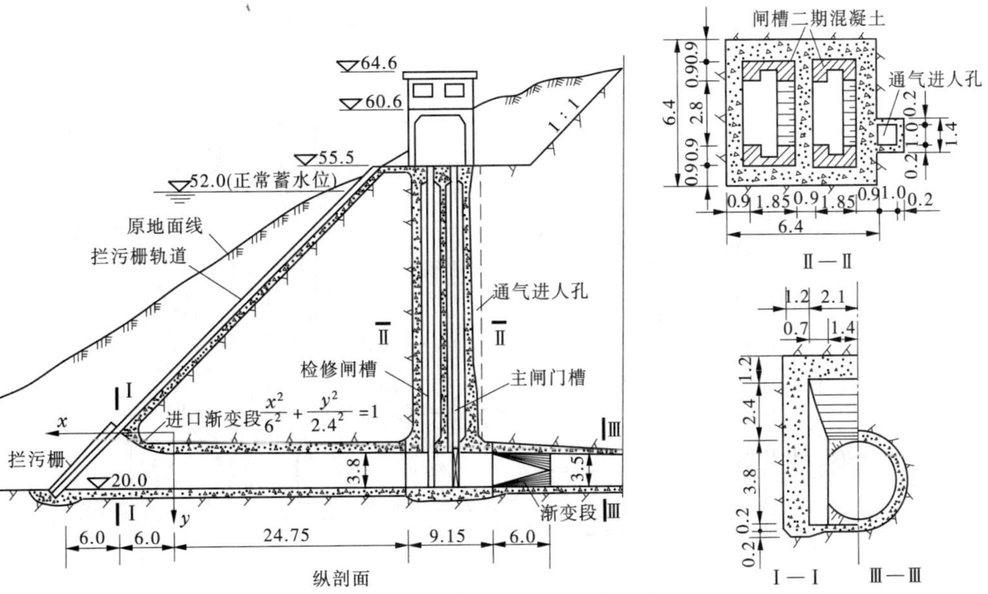

图 6-4 竖井式进水口 (单位:m)

2. 塔式进水口

塔式进水口是在山坡前独立于水库中的封闭式塔或框架式塔。塔底设置检修闸门或检修门与工作闸门。封闭式塔塔身横断面为方形或圆形。这种形式也可做成分层取水式进口,沿塔身不同高程分别设置进水口,根据库水位的变化启用不同的进水口,以引取表层湿度较高的库水,以利灌溉。这种形式的优点是可在任何水位下检修,方便可行,但造价较高,且需设工作桥与岸坡连接。当工作水头较低或根据运用条件只需在进口处设置一道闸门时,可采用图 6-5(a)所示的框架塔式进水口。这种形式构造简单、施工方便,但只能在低水位时进行维修。布置如图 6-5 所示。

3. 岸塔式进水口

岸塔式进水口是将控制塔斜靠在洞口岩坡上的进口建筑物。由于塔身斜靠岩坡,容易满足稳定要求,对岸坡也起一定支撑作用,施工、安装及维修均较方便。由于闸门斜放,故面积较大,不仅启门力大,且难以靠自重下降。岩塔结构可以是框架式,也可以是封闭式,前者只能设一道闸门,后者可设两道闸门,而且可在不同高程设置进水口,成为分层取水式,引取水库表层温度的库水。这种形式适用于岸坡较陡、岩石坚固的情况。布置如图 6-6 所示。

4. 斜坡式进水口

斜坡式进水口是在较完整的岩坡上进行平整、开挖、护砌而修建的一种进水口。其优点是结构简单,施工、安装方便,稳定性好,工程量小;缺点是由于闸门倾斜,闸门不易依靠自重下降。斜坡式进水口一般只用于中、小型工程。布置如图 6-7 所示。

5. 组合式进水口

在实际工程中常根据地形、地质、施工等具体条件采用,如半竖井半塔式进水口、下部靠岸的塔式进水口等。

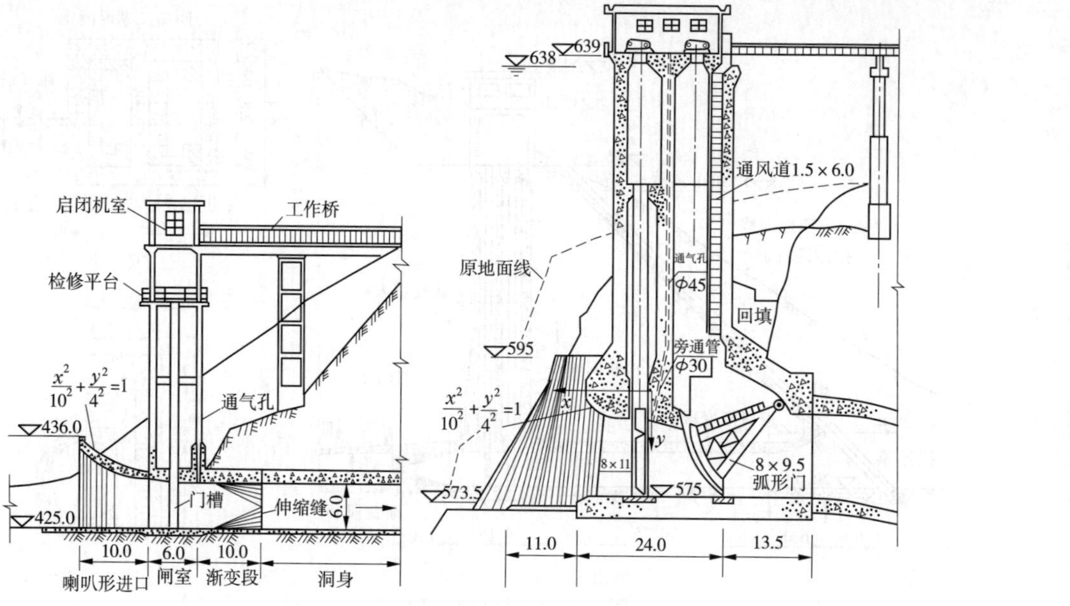

(a)框架塔式进水口　　(b)封闭塔式进水口

图 6-5　塔式进水口　（单位：m）

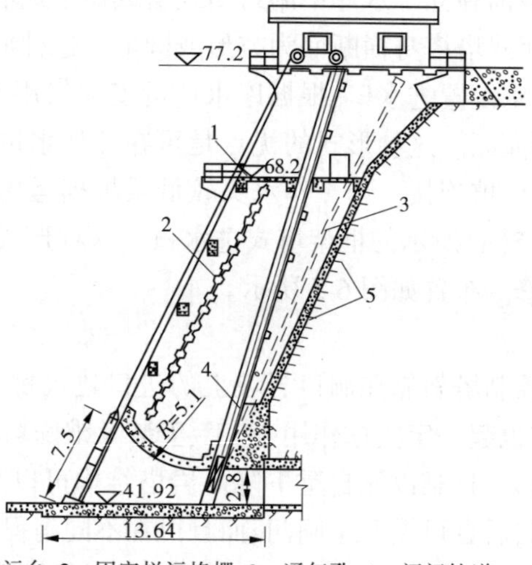

1—清污台；2—固定拦污格栅；3—通气孔；4—闸门轨道；5—锚筋

图 6-6　岸塔式进水口　（单位：m）

（二）水工隧洞进口段的组成及构造

水工隧洞进口段的组成包括进水喇叭口、渐变段、闸室段、平压管、通气孔、拦污栅等。

1. 进水喇叭口

隧洞进水口一般均做成断面逐渐缩小的喇叭形。进水口是隧洞最容易产生空蚀破坏的部位之一。如设计不当，在水头高、流速大的情况下，会导致水流与边界分离而形成低压区，进而产生空穴，造成空蚀破坏，故应特别注意其体形设计。隧洞进口为顶板和边墙顺水流方向三向逐渐收缩的平底矩形断面，形成喇叭口。收缩曲线常采用 1/4 椭圆曲线，

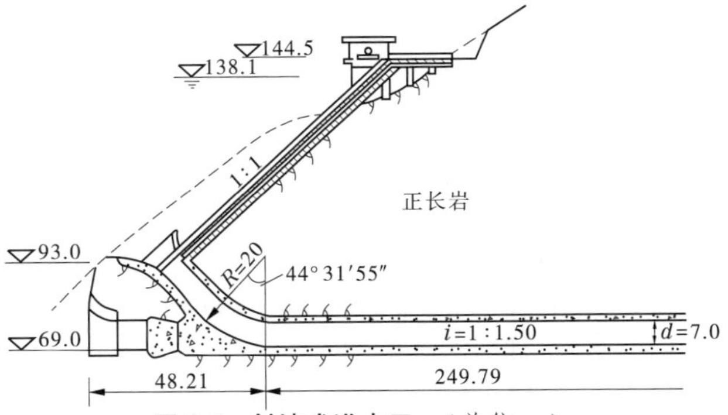

图 6-7 斜坡式进水口 （单位:m）

如图 6-4、图 6-5 所示。

2. 渐变段

隧洞洞身断面多为圆形或其他形状,而闸门段由于安装闸门的需要,常做成矩形断面。喇叭口断面一般也是矩形。为使流态平顺,减小水头损失,在不同断面间应设置渐变段。我国已建隧洞多采用直线变化规律的渐变段。截面边界的最大收缩率或扩散率一般限制在 1:8以内,长度以取 1.5~2.0 倍的洞径为宜。

3. 闸室段

闸室段包括闸门、门槽、启闭设备等。闸门分为工作闸门与检修闸门。工作闸门用来控制过闸流量,要求在动水中启闭,可根据需要设在隧洞进口(一般为无压洞)、出口(一般为有压洞)或洞中某一位置。检修闸门主要用于工作闸门检修时挡水,一般要求在静水中启闭。

4. 平压管

当隧洞设有两道闸门时,往往要求检修闸门在静水中开启。为此,常设置绕过检修门槽的平压管。在开启检修闸门前,先打开平压管阀门,将上游水引入两道闸门间,使检修闸门前后的水压力平衡,以减小启门力,具体布置如图 6-8 所示。平压管直径根据灌水时间确定。

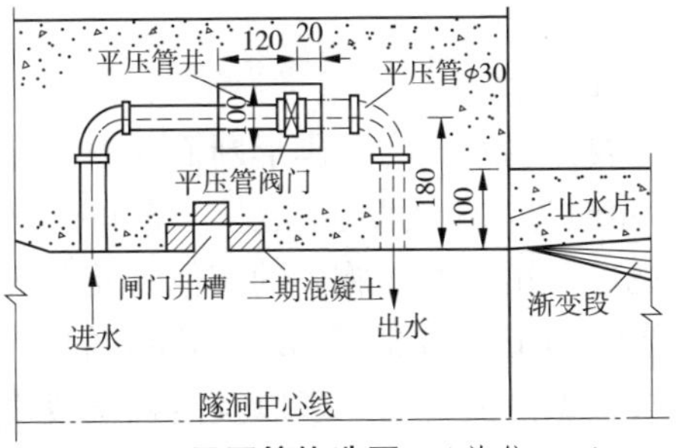

图 6-8 平压管构造图 （单位:cm）

平压设施可采用设在闸门上的短管或窗孔,也可将闸门分为上、下两节,开启时将上节提升一定距离形成矩形孔口充水,待闸门前后水压力平衡后,即可将整个闸门提起。

5. 通气孔

泄水隧洞进口或中部的闸门之后应设通气孔,其作用是:①在工作闸门各级开度下承担补气任务；②检修时，在下放检修闸门后，放空洞内水流时补气；③检修完成后，向检修闸门和工作闸门之间充水时，通气孔用以排气。

通气孔的上部进口必须与闸门启闭机室分开设置。通气孔风速应保持在 20 m/s 左右。

6. 拦污栅

进口处的拦污栅是为了防止水库中的漂浮物进入隧洞。泄水隧洞一般不设拦污栅，如需拦截大浮沉物时可设粗栅，避免进入隧洞卡堵闸门槽。发电引水隧洞进口应设细栅，避免污物堵塞破坏阀门与水轮机叶片。

二、洞身段的形式与构造

（一）洞身断面形式及尺寸

隧洞洞身断面形式选择涉及的因素很多，就水力条件而言，要求洞身断面具有平顺的轮廓，力求减小水头损失，能以最经济的断面通过设计流量；就静力条件而言，应根据围岩特性、地应力的分布特点，选择合理的断面形状和几何尺寸，以改善围岩受力条件，保持围岩稳定；同时应照顾到施工方便等诸方面的要求。

1. 无压隧洞的断面形式及尺寸

无压隧洞洞身的断面形式在很大程度上取决于围岩特性和地应力分布情况，如图 6-9 所示，常采用城门洞形（圆拱直墙形）、马蹄形、蛋形及圆形等断面形式。

城门洞形断面［见图 6-9（d）、（e）、（i）、（j）］的优点是圆拱适宜承受铅直围岩压力，便于开挖和衬砌，应用较广，适用于垂直山岩压力较大，而无侧向山岩压力或侧向山岩压力很小的情况；马蹄形［见图 6-9（f）、（h）］及蛋形断面适用于岩石比较软弱破碎，垂直山岩压力和侧向山岩压力均较大的情况；圆形断面［见图 6-9（a）、（b）、（c）、（g）、（k）、（l）］适用于围岩条件较差，且外水压力较大，用掘进机施工的情况。

无压隧洞的断面尺寸主要根据其泄流能力要求及洞内水面线来确定。流速较低、通气良好的隧洞，要求水面以上净空不小于洞身断面面积的 15%～25%，冲击波波峰高不应超过城门洞形断面的直墙范围。在确定隧洞断面尺寸时，还应考虑到洞内施工和检查维修等对最小尺寸的要求。

2. 有压隧洞的断面形式及尺寸

有压隧洞承受的荷载主要是内水压力。圆形断面受力条件好，其水力特性也最佳，与其他形式断面相比，面积一定时过水能力最大。施工较方便，最适用于掘进机开挖。当洞径和内、外水压力不大时，也可采用更便于施工的其他断面形式。洞身断面尺寸应根据隧洞用途通过计算确定。考虑到施工的需要，圆形有压隧洞的内径不宜小于 1.8 m。

有压隧洞的断面尺寸应根据泄流能力要求以及沿程压坡线情况来确定。

（二）洞身衬砌

1. 衬砌的功用

多数水工隧洞都是有衬砌的。衬砌是指沿隧洞开挖断面四周或一部分做成的人工护壁，主要功用有：①阻止围岩变形的发展，保证围岩的稳定；②承受围岩压力、内水压力和其他荷载；③防止渗漏；④保护围岩免受水流、空气、温度、干湿变化等的冲蚀破坏作用；

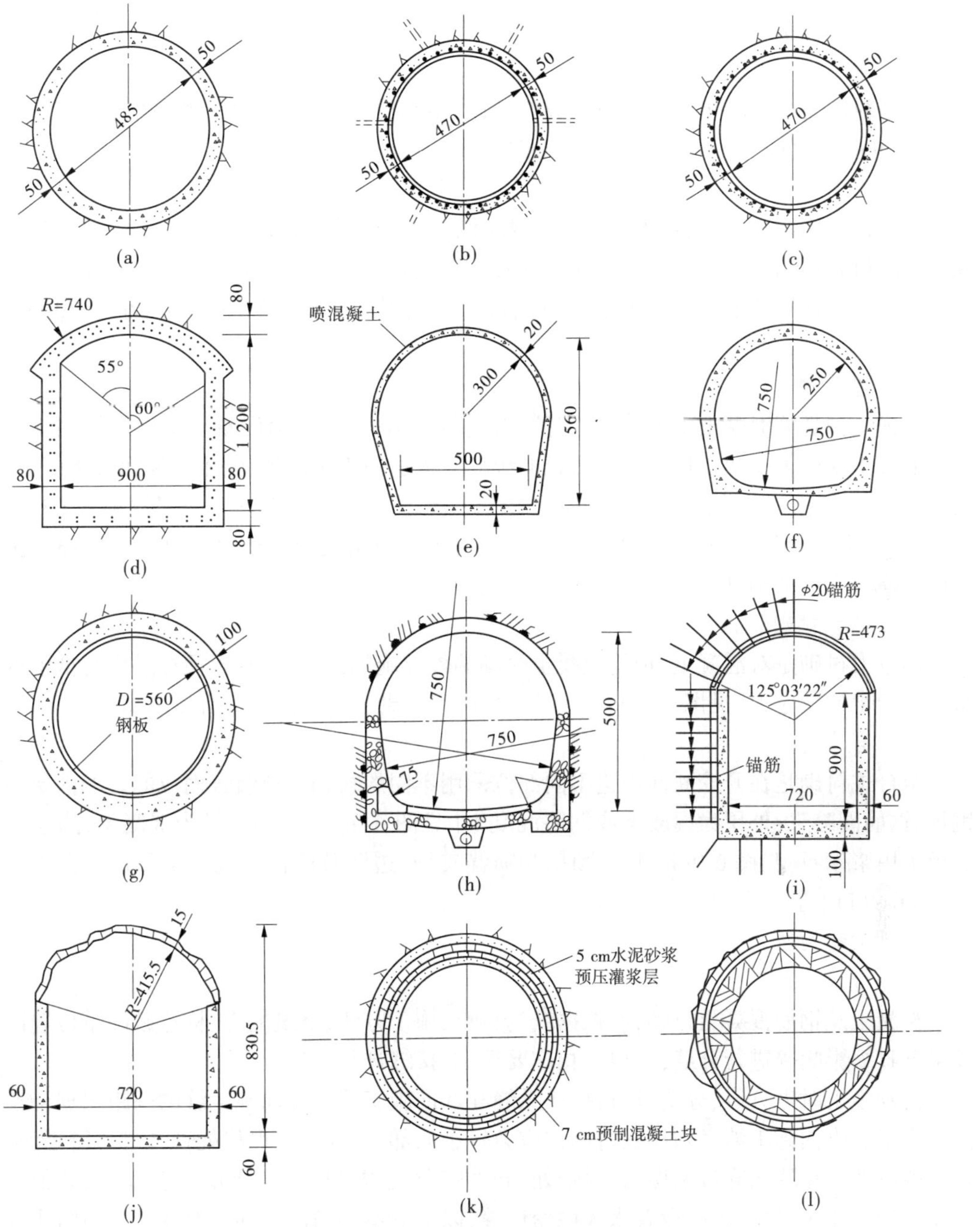

(a)～(f)—单层衬砌;(g)～(j)—组合式衬砌;(k)、(l)—预应力衬砌

图 6-9 隧洞断面形式及衬砌类型 （单位:cm）

⑤平整围岩,减小表面糙率。

隧洞衬砌并不是在任何情况下都是必须的。当围岩坚硬完整、透水性小,且内水外渗不致影响相邻建筑物及围岩和山坡的稳定时,通过技术分析比较,也可采用不衬砌隧洞。不衬砌隧洞可显著缩短工期、减少投资、提前发挥工程效益。不衬砌隧洞用于导流、低流

速放空时，有明显的经济效益，应优先研究不衬砌的可能性，但不衬砌隧洞水头损失较大。

2. 衬砌的类型及基本尺寸

1) 抹平衬砌（也称护面）

抹平衬砌是用混凝土和浆砌石做成的护面，不承受荷载，仅起到平整隧洞表面、减小糙率、防止渗漏、保护岩石不受风化的作用。

2) 单层衬砌

单层衬砌用混凝土[见图 6-9（a）]、钢筋混凝土[见图 6-9(b)～(d)]或浆砌石等做成。单层衬砌适用于中等地质条件，隧洞断面较大，水头及流速较高的情况，混凝土和单层钢筋混凝土衬砌的厚度不宜小于 25 cm，双层钢筋混凝土衬砌的厚度不宜小于 30 cm，由计算核定。

3) 喷锚衬砌

喷锚支护是喷混凝土支护、锚杆支护、喷混凝土锚杆支护、喷混凝土锚杆钢筋网支护和喷混凝土锚杆钢拱架支护等支护形式的统称。其适用于不同地层、不同断面大小、不同用途的地下洞室。喷锚支护可在洞室开挖后，紧随开挖面适时喷上一层混凝土（3～5 cm），必要时加设锚杆以稳定岩体，做临时支撑，然后加喷混凝土至设计厚度。喷锚支护可用作临时支护结构，也可用作永久性支护结构。

4) 预应力衬砌

预应力衬砌是对混凝土、钢筋混凝土衬砌的外壁施加预压应力，以便在运用时抵消内水压力产生的拉应力[见图 6-9(k)、(l)]。预应力衬砌多用于高水头有压隧洞。

5) 组合式衬砌

组合式衬砌是在开挖断面周边不同部位采用不同的衬砌材料组合而成的。如内层为钢板、钢筋网喷浆，外层为混凝土或钢筋混凝土[见图 6-9(g)]；如顶拱为混凝土，边墙和底板采用浆砌石[见图 6-9(h)]；如顶拱为喷锚支护，边墙及底板为混凝土和钢筋混凝土[见图 6-9(i)]等。

3. 衬砌的构造

1) 分缝及止水

混凝土及钢筋混凝土衬砌，需根据结构特点、施工方法、浇筑能力、构造破碎带位置以及温度收缩影响等进行分缝，并根据相应要求，对接缝进行处理。

衬砌施工时需分段、分块进行，形成纵缝和环向施工缝。环向施工缝的间距根据浇筑能力决定。纵向施工缝必须设在衬砌拉应力较小的部位，缝面需严格处理，以保证衬砌结构的整体性。在隧洞穿过断层、破碎带处，岩性变化处以及竖井与平硐交会处，或其他可能发生较大相对变位处，应设置永久性变形缝，以适应不均匀沉降和相对变形。为防止混凝土因干缩和温度应力而产生细缝，沿洞线方向应设置永久性横向伸缩缝，其间距一般为 6～12 m，并根据需要做好止水处理，如图 6-10 所示。

2) 灌浆

根据目的不同，灌浆分为回填灌浆和固结灌浆两种。具体布置如图 6-11 所示。

回填灌浆的作用是堵塞衬砌与岩石之间的空隙，使衬砌与岩石紧密结合，以改善衬砌的受力条件。由于受施工条件的限制，衬砌顶部常不易填满，故回填灌浆孔大多布置在顶

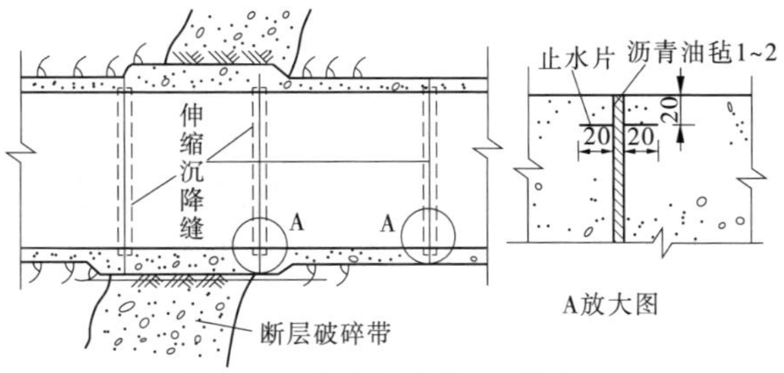

图 6-10　伸缩沉降缝　（单位：cm）

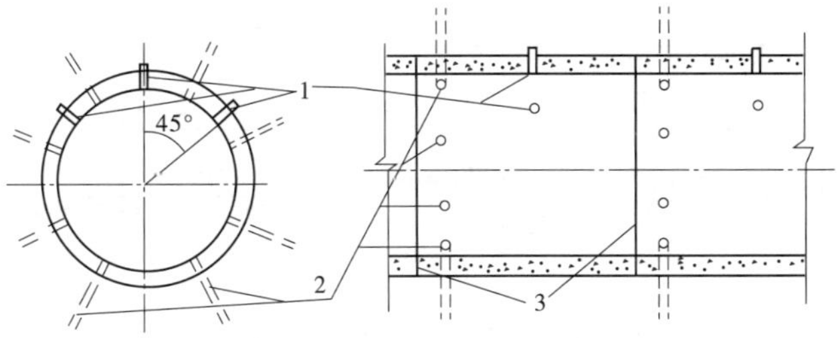

1—回填灌浆孔；2—固结灌浆孔；3—伸缩缝

图 6-11　灌浆孔布置图

拱中心角 90°~120°范围内，孔距和排距一般为 2~6 m，灌浆压力一般为 0.2~0.3 MPa，灌浆孔应深入岩石 5 cm 以上。

固结灌浆的目的是加固围岩，提高围岩的承载力和不透水性。固结灌浆的参数可通过工程类比法或现场试验确定。一般排距为 2~4 m，每排不宜少于 6 孔，做对称布置。深入围岩的孔深约等于隧洞半径，灌浆压力为 1.5~2.0 倍的内水压力。

3）防渗和排水

根据隧洞沿线的工程地质和水文地质条件以及隧洞的水力条件等，针对具体情况可采取堵（如衬砌、灌浆）、截（如设防渗帷幕）、排（如设排水孔）等措施，以改善衬砌结构和围岩的工作条件。

设置排水是为了降低作用在衬砌外壁上的外水压力。对于无压隧洞衬砌，当地下水位较高时，外水压力成为衬砌的主要荷载。可在洞底设纵向排水管通向下游，或在洞内水面线以上通过衬砌设置排水孔，将地下水直接引入洞内，排水孔间距、排距以及孔深一般为 2~4 m。具体布置如图 6-12 所示。

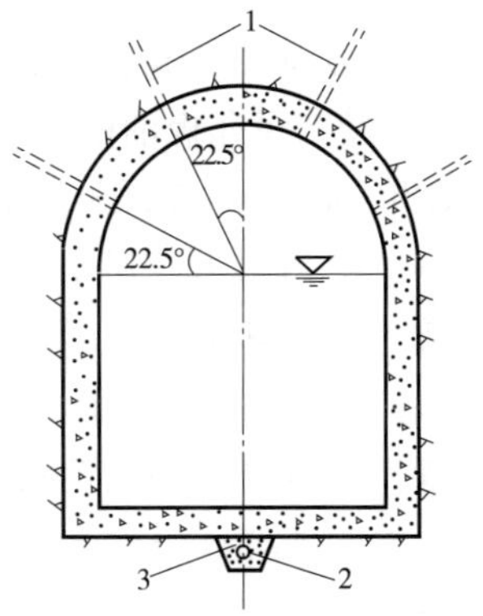

1—径向排水管；2—纵向排水管；3—碎石

图 6-12　无压隧洞排水布置图

对于有压圆形隧洞，可不设置排水设备。当外水位很高，外水压力很大，对衬砌设计起控制作用时，可在衬砌底部外侧设纵向排水管，通至下游，必要时，为提高排水效果，可沿洞轴线每隔 6~8 m 设一道环向排水槽，环向排水槽可用砾石铺筑，将收集的渗水汇入纵向排水管。

三、出口段及消能设施

有压隧洞的出口常设有工作闸门及启闭机室，闸门前有渐变段，出口之后即为消能设施。无压隧洞出口仅设有门框，其作用是防止洞脸及其以上岩石崩塌，并与扩散消能设施的两侧边墙相衔接，具体布置如图6-13所示。常见的消能方式有以下几种。

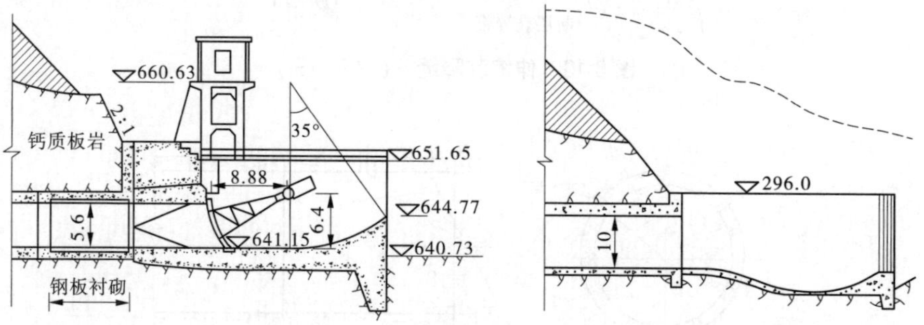

图6-13 有压隧洞与无压隧洞的出口形式 （单位：m）

（一）挑流消能

当隧洞出口高程高于或接近下游水位，且地形、地质条件允许时，采用挑流消能比较经济合理，因为它结构简单、施工方便，国内外泄洪、排沙隧洞广泛采用这种消能方式。目前，挑流鼻坎的方式主要有横向扩散挑坎、斜切式挑流鼻坎、收缩式窄缝挑坎。

（二）底流消能

当隧洞出口高程接近下游水位时，也可采用扩散式底流水跃消能。底流消能具有工作可靠、消能比较充分、对下游水面波动影响范围小的优点，但缺点是开挖量大、施工复杂、材料用量多、造价高。

（三）洞中突扩消能

洞中突扩消能也称为孔板消能，它是在有压隧洞中设置过流断面较小的孔板，利用水流流经孔板时突缩和突扩造成的旋滚，在水流内部产生摩擦和碰撞，削减大量能量。小浪底工程的压力泄洪隧洞，在直径 $D=14.5$ m 的洞中布置了三道孔板，孔板间距为 $3D=43.5$ m，经过三级孔板消能，可将140 m水头消去60 m，洞内平均流速仅10 m/s。

【案例6-3】 水工隧洞的构造设计

根据上述的水工隧洞设计基本资料，设计任务如下：

1. 确定进口建筑物的形式；
2. 确定进口段的组成及构造：进水喇叭口、渐变段、闸室段、通气孔、拦污栅等的构造；
3. 确定洞身断面形式及尺寸。

设计参考步骤如下：

1. 确定进口建筑物的形式

由资料可知：本区地质构造单元为四级，无区域性断裂通过。地震动峰值加速度<0.05g，相当于地震基本烈度<6度，区域稳定。库区两岸山体雄厚，以岩质岸坡为主，边坡基本稳定，无浸没、淤积、库区侧向渗漏等工程地质问题。坝址区岩性为灰白、紫色中

厚层含砾石英砂岩及砾岩。局部夹板岩。岩石质地坚硬,性脆,强度较高,不易风化。隧洞进、出口段洞脸开挖边坡:第四系土夹块石为1:1.5,弱风化岩为1:0.5。洞身段围岩类别以Ⅱ类为主,局部完整性差,围岩分类为Ⅲ类。

本工程设计成将控制塔斜靠在洞口岩坡上的岸塔式进口建筑物。由于塔身斜靠岩坡,容易满足稳定要求,对岸坡也起一定的支撑作用,施工、安装及维修均较方便。由于闸门斜放,故面积较大,不仅启门力大,且难以靠自重下降。岩塔结构是框架式,设一道闸门,引取水库表层温度的库水。适用于岸坡较陡、岩石坚固的情况。

2. 确定进口段的组成及构造

水工隧洞进口段的组成包括进水喇叭口、渐变段、闸门室、通气孔等。

(1)进水喇叭口。

进水口前端为一倾角70°斜梁构架,拦污栅沿斜梁构架放置,隧洞进口为顶板和边墙顺水流方向三向逐渐收缩的平底矩形断面,形成喇叭口。进水口上部采用椭圆曲线,曲线方程为 $x^2/8^2+y^2/2.5^2=1$。

(2)渐变段。

隧洞洞身断面由于安装闸门的需要,做成矩形断面。为使流态平顺,减小水头损失,在不同断面间设置渐变段。截面边界的最大收缩率或扩散率一般限制在1:8以内,长度以取1.5~2.0倍的洞径为宜,引水隧洞进口处通过7.0 m方变圆渐变段与进水口相连,引水隧洞长为526.64 m,断面尺寸为直径3.8 m的圆形有压隧洞。

(3)闸室段。

闸室段包括闸门、门槽、启闭设备等。闸门分为工作闸门与检修闸门。工作闸门用来控制过闸流量,要求在动水中启闭,可根据需要设在隧洞进口(一般为无压洞)、出口(一般为有压洞)或洞中某一位置。检修闸门主要用于工作闸门检修时挡水,一般要求在静水中启闭。进水口闸门段内设事故检修门一扇,按动水下降、静水开启设计,事故检修门孔口尺寸为3.8 m×3.8 m(宽×高),闸门段底板高程为402.5 m,启闭机室高程为431.70 m,启闭机室内设置一台固定卷扬启闭机,起重重量为800 kN,闸门检修室设在426.0 m高程。

(4)通气孔。

闸门段后设方变圆渐变段长7.0 m,设置通气孔,直径为0.8 m。其作用是:①在工作闸门各级开度下承担补气任务;②检修时,在下放检修闸门后,放空洞内水流时补气;③检修完成后,向检修闸门和工作闸门之间充水时,通气孔用以排气。通气孔的上部进口必须与闸门启闭机室分开设置。通气孔风速应保持在20 m/s左右。

(5)拦污栅。

为了防止水库中的漂浮物进入隧洞,进口处设拦污栅。发电引水隧洞进口设细栅,避免污物堵塞破坏阀门与水轮机叶片。进水口设2孔拦污栅,孔口为3.0 m×6.6 m(宽×高),可满足3台机组满负荷运行,过栅流速为0.62 m/s。

3. 确定洞身断面形式及尺寸

有压隧洞承受的荷载主要是内水压力。圆形断面受力条件好,其水力特性也最佳,与其他形式断面相比,面积一定时过水能力最大。施工较方便,最适用于掘进机开挖。引水隧洞洞内流速为2.16 m/s,总水头损失2.86 m。水电站厂房、升压站建筑物级别为5级,水电站出口断面20年一遇最大过流量为1 160.2 m^3/s，相应洪水位为380.96 m；50年一遇最大过流量为1 608.1 m^3/s，相应洪水位为381.67 m。水电站最大引水流量为24.54 m^3/s，额定水头为39.8 m。进厂（场）路、交通桥及交通洞设计洪水标准为50年一遇，消能防冲建筑物设计洪水标准为30年一遇。隧洞进口处通过7.0 m方变圆渐变段与进水口相连，引水隧洞长为526.64 m，断面尺寸为直径3.8 m的圆形有压隧洞，发电死水位高程414.0 m。

任务四　水工隧洞衬砌上的荷载及结构计算

一、隧洞衬砌的荷载及其组合

（一）荷载

作用在隧洞衬砌上的荷载分为基本荷载和特殊荷载两类。基本荷载是长期或经常作用在衬砌上的荷载，包括衬砌自重、围岩压力、设计条件下的内水压力、稳定渗流情况下的外水压力、预应力等。特殊荷载即出现机遇较少的、不经常作用在衬砌上的荷载，包括校核洪水位时的内水压力和相应的外水压力、地震荷载、灌浆压力、温度荷载等。

隧洞衬砌上的荷载计算取单位洞长为计算对象。

1. 围岩压力

在岩体中开挖隧洞，破坏了岩体的平衡状态，引起围岩的应力重新分布，围岩发生变形，甚至塌落，衬砌承受的这些可能崩塌围岩的压力称为围岩压力，也称为山岩压力。围岩压力按作用的方向可分为作用于衬砌顶部的垂直围岩压力和作用于衬砌两侧的侧向围岩压力。

对于不同的围岩类别，用不同的方法来估算围岩压力：①对于Ⅰ类围岩，可不计围岩压力；②对于Ⅱ、Ⅲ类围岩，可用经验估算法来估算围岩压力，在隧洞开挖后，应根据补充的地质资料和实际情况进行必要的修正；③对于Ⅳ、Ⅴ类围岩，可按松散介质平衡理论，采用塌落拱法估算围岩压力；④块状、中厚层或厚层状结构的围岩，可根据围岩中不稳定块体的重量来确定围岩压力；⑤对于不能形成稳定塌落拱的浅埋隧洞，围岩压力可按隧洞拱顶上复岩体的重量来估算；⑥采取喷锚支护或钢支撑等围岩加固措施，已使围岩处于稳定状态，可少计或不计围岩压力。

下面仅就经验估算法做一介绍。围岩压力视为均布，计算公式如下：

$$q=(0.2\sim0.3)\gamma_R B \tag{6-1}$$

$$e=(0.05\sim0.10)\gamma_R H \tag{6-2}$$

式中　q、e——垂直均布及侧向均布围岩压力强度，kN/m^2；

γ_R——岩体重度，kN/m^3；

B、H——洞室的开挖宽度及高度，m。

2. 弹性抗力

当衬砌承受荷载后，向围岩方向变形时，会受到围岩的抵抗，这个抵抗力称为弹性抗力。弹性抗力是当衬砌受力后向围岩变形，围岩反作用于衬砌，而使衬砌受到的被动抗力。弹性抗力的存在,对于衬砌是有利的。影响弹性抗力的因素主要是围岩的岩性、构造、强度及厚度,同时必须保证衬砌与围岩紧密结合。

围岩的弹性抗力计算式为

$$p_0 = K\delta \tag{6-3}$$

式中 p_0——围岩的弹性抗力强度,kN/m²;

δ——围岩受力面的法向位移,cm,可根据衬砌的荷载(包括弹性抗力在内),经计算求得;

K——围岩的弹性抗力系数,kN/m³。

弹性抗力的存在要求围岩有足够的厚度,对于有压隧洞,只有在围岩厚度大于3倍的开挖洞径时,才可考虑弹性抗力;对于无压隧洞,当两侧有足够的厚度且无不利的滑动面时,可以考虑弹性抗力。为有效地利用弹性抗力,常对围岩进行灌浆加固并填实衬砌与围岩间的空隙。由于弹性抗力对于衬砌是有利的,对弹性抗力的估算不能过高。

3. 内水压力

内水压力垂直作用于衬砌内壁,是有压隧洞的主要荷载。其数值可根据隧洞压坡线确定。如为发电隧洞,尚应计入水击引起的压力增值。对于无压隧洞,则根据洞内水面线按静水压力计算。对于有压隧洞,内水压力可分解为两部分相叠加,即均匀内水压力加非均匀内水压力,如图6-14所示。

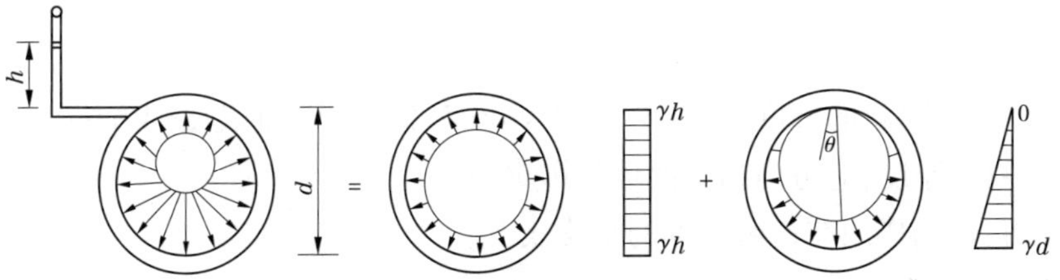

图6-14 有压隧洞内水压力计算图

均匀内水压力是由洞顶内壁以上的水头产生的,计算式为

$$p_1 = \gamma h \tag{6-4}$$

式中 γ——水的重度,kN/m³;

h——高出衬砌内壁顶点以上的内水压力水头,m。

非均匀内水压力是指洞内充满水,洞顶处水压力为零,洞底处的水压力为 $2\gamma R$ 时的水压力,计算式为

$$p_2 = \gamma R(1 - \cos\theta) \tag{6-5}$$

式中 R——衬砌内半径,m;

θ——计算点半径与洞顶半径的夹角,(°)。

非均匀内水压力的合力方向向下,数值等于单位洞长内的总水重。

4. 外水压力

外水压力是指作用于衬砌外壁上的水压力。它等于衬砌外壁的水头值。对于无压隧洞,一般采用在衬砌外壁布置排水设施来消除外水压力。对于有压隧洞,外水压力有抵消内水压力的作用,需要慎重考虑。

外水压力值主要取决于地下水位线,故也称为地下水压力。地下水位线是决定外水压力的基本资料,应根据水文地质条件、工程布置,并考虑工程投入运行后可能引起的地下水位变化等因素分析确定。对一般水文地质条件较简单的隧洞,目前均采用地下水位线以下的水柱高度乘以相应的折减系数的方法。实际观测资料表明,衬砌外壁处的实际水压力常小于相应的地下水位的静水压力,故引申出折减系数 β 的概念,即 $\beta=h_w/h'$（h_w 为从衬砌外壁顶点算起的外水压力水头,h' 为高出衬砌外壁顶点的地下水层高度,如图 6-15 所示）。折减系数与围岩和衬砌的相对透水性及二者的结合程度有关,与有无排水措施有关,是一综合性指标,取值变化范围较大,难以掌握。《水工隧洞设计规范》(SL 279—2016)建议根据地下水活动状态及对围岩稳定的影响程度来选用 β 值。

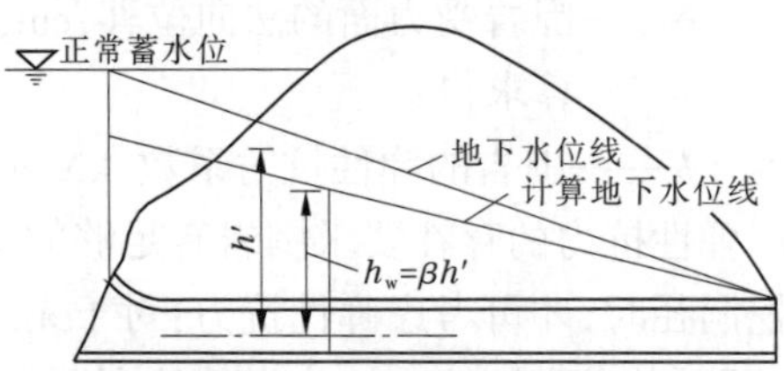

图 6-15　外水压力计算图

5. 衬砌自重

衬砌自重指隧洞沿轴线 1 m 长的衬砌的重力，它均匀作用在衬砌厚度的平均线上。厚度计算中应计入超挖回填部分。其平均超挖一般按 0.1~0.3 m 计。但在进行衬砌计算时则不计超挖,因衬砌计算是校核它的强度,而强度是由最小断面控制的。

单位面积自重:

$$g = \gamma_c \delta \tag{6-6}$$

式中　γ_c——衬砌材料的重度,混凝土为 24 kN/m^3,钢筋混凝土为 25 kN/m^3;

δ——衬砌厚度,应考虑超挖回填的影响,m。

作用位置:均匀作用在衬砌厚度的平均线上。

6. 其他荷载

灌浆压力、温度荷载、地震荷载等一些其他荷载,或为施工期临时作用或对衬砌影响较小或出现概率很小,在设计中较少考虑。

(二)荷载组合

设计中常考虑的荷载组合有:

(1)正常运用情况:围岩压力+衬砌自重+宣泄设计洪水时内水压力+外水压力。

(2)施工、检修情况:围岩压力+衬砌自重+可能出现的最大外水压力。

(3)非常运用情况:围岩压力+衬砌自重+宣泄校核洪水时内水压力+外水压力。

正常运用情况属于基本组合,在衬砌设计时往往以正常运用情况来确定衬砌的厚度、材料强度等级和配筋量,用其他情况来做校核。

二、衬砌结构计算

衬砌结构计算的目的是确定衬砌厚度、材料强度等级以及配筋量。衬砌结构计算的对象是根据隧洞沿线荷载、断面形状与尺寸的不同将其分为若干段,每段选取一代表的单位洞长。

衬砌结构计算步骤主要包括:选择衬砌形式并初步拟订其厚度;分别计算单位洞长上各种荷载产生的内力,并按不同的荷载组合叠加;进行强度校核、确定配筋量,判定初拟衬砌厚度是否合理并进行修改。当前,隧洞的结构计算有以下两种方法。

(一)结构力学方法

结构力学方法是将衬砌与围岩相互分开,以研究衬砌本身为主。该法假定围岩开挖后形成破坏拱,作用在衬砌上的荷载就是破坏拱以下的岩体重力及内外水压力等。围岩的作用是以弹性抗力的形式施加给衬砌,并按文克尔假定考虑的,与实际出入较大。随着计算机及计算技术的发展,目前已可由计算机进行迭代计算,自动求得弹性抗力分布,不需再做任何假定。

结构力学方法存在的主要缺点是:首先,仅能求得衬砌的应力,而不能求出围岩的应力,也无法对围岩的稳定进行分析。其次,这种方法将围岩与衬砌相互分开,衬砌消极地承受假定的坍塌荷载,不仅使衬砌断面设计过大,也无法反映隧洞开挖后所采取的加固措施和大限度发挥围岩的自承作用。再次,弹性抗力系数的理论假定也与实际不符。

尽管结构力学方法存在上述问题,但由于其在多年应用过程中已形成了一套完整的体系,在一定程度上反映了隧洞工作状态,并为广大设计人员所熟悉。

(二)弹性力学方法

弹性力学方法是将围岩与衬砌视为整体作为分析对象。其特点是能对围岩进行分析,并能严格按衬砌与围岩共同工作进行分析而无须采用弹性抗力的概念。但由于弹性理论仅能对某些特定条件下的隧洞给出精确解,其使用受到了较大限制。随着电子计算机的发展,弹性力学的数值方法,即有限元法,已迅速发展成为隧洞计算最有效的方法,它对复杂的岩体结构基本上能模拟,并能得出较为实际的结果。有限元法的计算成果正确与否,取决于原始参数和计算模型,由于岩体状态复杂、多变,岩体力学的测试技术还不够先进,选择围岩计算参数还较困难,因而使得原始参数及计算模型难以精确确定,这种方法仍在继续研究发展中。

【案例6-4】 水工隧洞的结构计算

根据上述的水工隧洞设计基本资料,设计任务如下:

1. 确定隧洞衬砌所受荷载:基本荷载、特殊荷载内容;
2. 根据表6-2已知数据计算围岩压力;

表6-2　引水隧洞结构计算的已知数据

项目	桩号			
	0+000.00~0+064.00	0+064.00~0+390.70	0+390.70~0+483.64	0+483.64~0+526.64
围岩类型	Ⅲ	Ⅱ	Ⅲ	Ⅲ
弹性抗力系数/(kg/cm^3)	400	600	400	400
隧洞半径/m	3.8	3.8	3.8	2.5
衬砌厚度/mm	400	250	400	400

3. 确定隧洞荷载组合情况：正常运用情况，施工、检修情况，非常运用情况，校核正常运用情况；

4. 确定表6-2中桩号的衬砌结构：确定衬砌厚度、配筋量。

设计参考步骤如下：

1. 确定隧洞衬砌所受荷载

基本荷载包括衬砌自重、围岩压力、设计条件下的内水压力、稳定渗流情况下的外水压力、预应力等。特殊荷载包括校核洪水位时的内水压力和相应的外水压力、地震荷载、灌浆压力、温度荷载等。

2. 计算围岩压力

Ⅱ、Ⅲ典型断面按荷载受力不利原则选取。计算围岩压力时，采用围岩压力最大处断面。由资料可知岩石重度为26.7 kN/m³。

$$q = (0.2 \sim 0.3)\gamma_R B = 0.25 \times 26.7 \times 3.8 = 25.37(\text{kN/m}^2)$$

$$e = (0.05 \sim 0.10)\gamma_R H = 0.08 \times 26.7 \times 3.8 = 8.12(\text{kN/m}^2)$$

3. 确定隧洞荷载组合情况

设计中常考虑的荷载组合有：

(1) 正常运用情况：围岩压力+衬砌自重+宣泄设计洪水时内水压力+外水压力。

(2) 施工、检修情况：围岩压力+衬砌自重+可能出现的最大外水压力。

(3) 非常运用情况：围岩压力+衬砌自重+宣泄校核洪水时内水压力+外水压力。

正常运用情况属于基本组合，在衬砌设计时往往以正常运用情况来确定衬砌的厚度、材料强度等级和配筋量，用其他情况来做校核。

4. 衬砌结构计算

隧洞进、出口围岩开挖后应及时衬砌支护，为保证施工期安全，对裂隙发育段，采用复合衬砌形式，围岩开挖后，应及时进行支护，一次支护采用喷锚混凝土，待整个隧洞贯通后，再进行二次支护。对地下水发育、岩体破碎段，必要时应采取小导管注浆、超前锚杆等超前支护措施。

根据工程地质条件，隧洞进口段桩号0+000.00至桩号0+064.00洞室围岩为弱风化含砾石英砂岩，岩体完整性差，为Ⅲ类围岩，该断面采用40 cm厚钢筋混凝土衬砌。中间段桩号0+064.00至桩号0+390.70洞室围岩为微风化含砾石英砂岩，属Ⅱ类围岩，该断面采用25 cm厚钢筋混凝土衬砌。出口段桩号0+390.70至桩号0+526.64洞室围岩为下伏弱风化含砾石英砂岩，为Ⅲ类围岩，该断面采用40 cm厚钢筋混凝土衬砌。隧洞局部围岩不好地段采取二次支护措施。

确定衬砌厚度、配筋量的结果见表6-3。

表 6-3　引水隧洞结构计算成果

项目	桩号			
	0+000.00～0+064.00	0+064.00～0+390.70	0+390.70～0+483.64	0+483.64～0+526.64
围岩类型	Ⅲ	Ⅱ	Ⅲ	Ⅲ
弹性抗力系数/(kg/cm^3)	400	600	400	400
隧洞半径/m	3.8	3.8	3.8	2.5
衬砌厚度/mm	400	250	400	400
受拉钢筋	Φ16@200	Φ14@200	Φ16@200	Φ16@200
分布钢筋	Φ12@250	Φ12@250	Φ12@250	Φ12@250

任务五　坝下涵管

码 6-2　微课-坝下涵管

坝下涵管主要用于土石坝水库枢纽中,起引水、泄洪、冲沙、放空等作用。由于其结构简单、施工方便、工期较短、造价低,因此在中、小型工程中应用较多。

一、涵管的类型和工作特点

与隧洞的情况类似,坝下涵管因担负任务的不同,可分为取水及泄水两大类;按工作时的水力条件不同,分为有压及无压两种。涵管一般由进口段、管身段及出口段组成。

坝下涵管属深式取水或泄水建筑物,水头一般较大,且有控制流量要求,管身深埋在土石坝下,这种工作条件决定了它的工作特点及在设计中应注意下述问题:

(1)涵管管身埋设在土石坝坝体下面,对于土坝,如果管壁和填土结合不紧密,将会沿管的外壁面产生集中渗流,引起坝体产生渗透变形,进而造成坝体沉降和坍塌;另外,管道接缝处理不好或地基不均匀沉陷会造成涵管断裂、漏水。

(2)与隧洞一样,在同一管段中,必须避免有压流和无压流交替出现的工作状态。

二、涵管的总体布置

在进行涵管的线路选择及布置时,应综合考虑涵管的作用、地基情况、地形条件、水力条件、与其他建筑物(特别是土坝)之间的关系等因素,选择若干方案进行分析比较,以确定较优的方案。

(一)坝下涵管位置选择

坝下涵管的位置选择,主要应考虑以下几方面的因素:

(1)地质条件。避免将管身部分设于岩基上、部分设于土基上,以防止因地基的不均匀沉降而使管身断裂。不得将涵管直接建在坝体填土中。在确定进、出口的位置时,要注意山坡坡体的稳定性,防止山坡塌方堵塞涵管。

(2)地形条件。涵管应布置在与进口高程相适应的位置,以免增加过多的挖方量。涵管进口高程的确定,可根据运用要求、河流泥沙情况及施工导流等因素来考虑。

(3)运用条件。涵管的布置要尽量方便运用,引水灌溉的坝下涵管最好与灌区布置在同一岸,如两岸均有灌区,可在两岸各设一个涵管,以免修建跨河交叉建筑物。涵管不宜离溢洪道太近,以免泄水时相互干扰。

(4)水流条件。涵管的轴线应为直线,且与坝轴线垂直,以使水流顺畅,减小工程量。当为了适应地形、地质的变化,涵管必须转弯时,其转弯半径应大于5倍的管径。

(二)坝下涵管的进、出口建筑物

1.进口建筑物

涵管多用于小型水库的灌溉引水,其进口建筑物最好选择分层取水的结构形式。

(1)分级卧管式。如图6-16所示,这种形式是沿山坡修筑台阶式斜卧管,在每个台阶上设进水口,孔径10~50 cm,用木塞或平板门控制放水。卧管的最高处设通气孔,下部与消力池或消能井相连。使水流在消力池(井)内充分消能,平稳水流,再经坝下涵管送至下游渠道。这种形式的进口建筑物,优点是结构简单、施工方便,引取水库表层水,对农作物生长有利;缺点是孔口较多,容易漏水,木塞闸门运行操作不便,不易准确控制引水流量。

(2)斜拉闸门式。如图6-17所示,这种进水口形式与隧洞的斜坡式进水口相似。沿库区山坡或上游坝面的斜坡上设置闸门轨道,进水口在斜坡底部,启闭机安装在山坡平台上或坝顶。这种布置方式构造简单、操作方便、造价低、启闭力小,但闸门倾斜,不易靠自重关闭闸门,检修困难。对于多泥沙河流及水头较高时不宜采用。

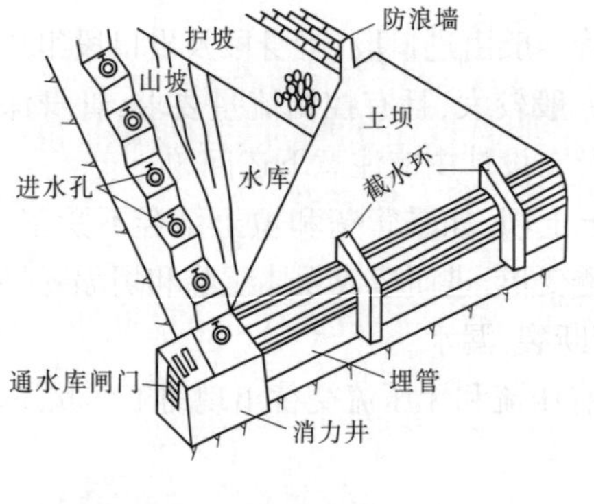

图6-16　分级卧管式进水口

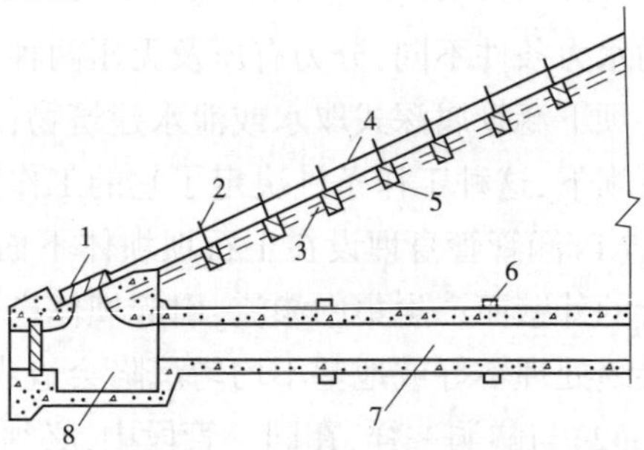

1—斜拉闸门;2—支柱;3—通气孔;4—拉杆;5—混凝土块体;6—截水环;7—涵管;8—消能井

图6-17　斜拉闸门式进水口

(3)塔式。如图6-1所示,这种进水口形式构造和特点与隧洞的塔式进水口基本相同。主要用于水头较高、流量较大、水量控制要求较严的涵管。

2.出口建筑物

涵管的出口建筑物包括渐变段及消能设施两部分。由于涵管内流量不大,水头较低,涵管出口消能方式常采用底流消能。

(三)坝下涵管的管身形式及构造

1. 坝下涵管的管身形式

管身断面通常有圆形、矩形及拱形等,如图 6-18 所示。有压涵管多为预制或现浇的混凝土圆管,具有水流及受力条件好、施工快、工期短的优点,但管节接头处止水难处理。对无压涵管,多采用矩形断面管,通常为现浇的混凝土箱形结构,具有结构简单、施工方便、整体性好的优点。管身的断面尺寸由水力计算确定,为便于维修,最小尺寸不宜小于 1.0~1.2 m,当引水要求的断面尺寸较大时,为提高管身的刚度,可做成双箱或多箱的形式。在小型水库中,为节省材料、降低造价,也可采用浆砌石做成圆拱直墙式[见图 6-18(c)]或钢筋混凝土盖板式矩形断面[见图 6-18(d)]。浆砌块石的抗渗性较差,对较重要的工程一般不宜采用。

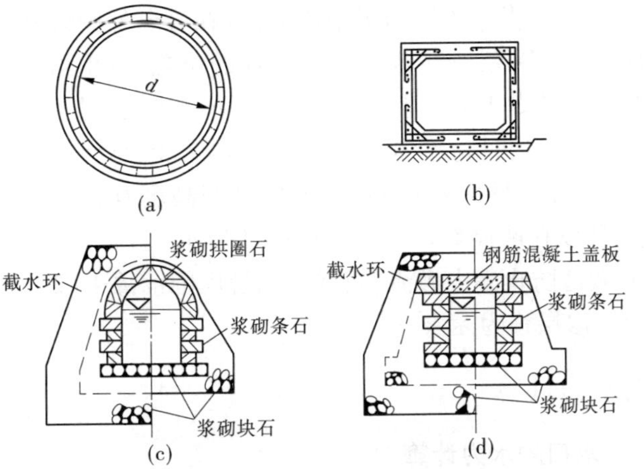

图 6-18 坝下涵管管身断面形式

2. 坝下涵管的构造

管身一般设有管座、伸缩缝、截水环、涵衣等设施。

(1)管座。为防止地基不均匀沉降而导致管身断裂,一般不宜将管身直接布置于土基上,更不允许将管身置于坝体的填方上。

地基比较软弱时,应将管身置于用浆砌块石和混凝土做成的管座上,如图 6-19 所示。管座与管身接触面包角 2α 一般为 90°~135°,竖向荷载较大时,可采用 180°。管座厚度一般为 30~50 cm。在管座与管身接触面上,涂以沥青或铺上沥青油毡垫层,减小管座对管身的约束,避免因管身纵向变形而导致管身裂缝。

(2)伸缩缝。土基上涵管,为适应变形,需设沉降缝。为防止管身在温度变化时产生横向裂缝,需设温度伸缩缝。一般伸缩缝与沉降缝统一考虑,沿管轴线方向设置,统称为伸缩缝。缝的间距,对于现浇混凝土管,不大于 3~4 倍管径,且不大于 15 m,预制管的接头即为伸缩缝。缝宽一般为 1~3 cm,伸缩缝的构造如图 6-20(b)、(c)所示,缝内必须做好止水。对于预制管,通常采用套管,在连接处填充止水材料,当管壁较薄,不易设止水时,可将接头处的管壁加厚,以便设置止水,如图 6-20(a)所示。

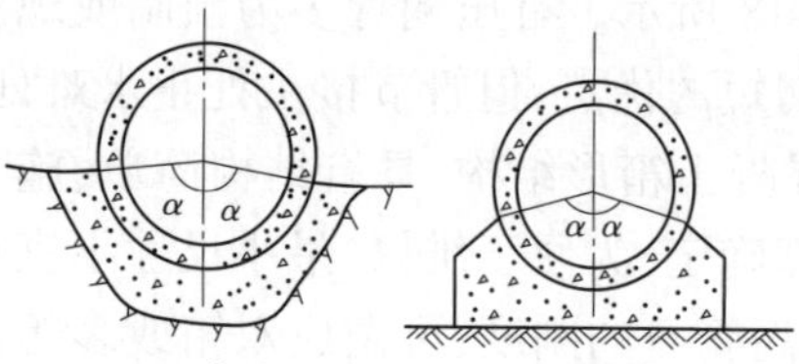

(a)岩基　(b)土基

图 6-19　管座形式

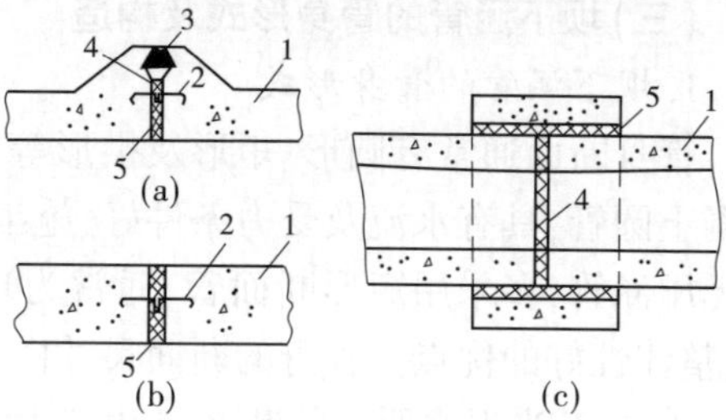

1—管壁；2—止水片；3—二期混凝土；4—沥青填料；5—二毡三油

图 6-20　伸缩缝的构造

(3)截水环。为了防止沿管壁产生的集中渗流，常在管壁外围设截水环，以改变渗流方向，增加渗径，减少渗流。截水环的位置，对于均质坝，在上游侧及坝轴线位置各设 1 道截水环，下游侧可不必再设；对于黏土心墙坝或斜墙坝，常在涵管通过防渗体部位加厚，在两者相交处设 2～3 道截水环。截水环材料与管身材料相同，应突出管壁高度 0.5～1.0 m，厚 0.3～0.6 m，截水环设在两伸缩缝之间，如图 6-1 所示。

码 6-3　动画-坝下涵管构造截水环

(4)涵衣。为了有效地防止集中渗流，通常在涵管周围铺填 1～2 m 厚黏土做防渗层，这个防渗层称为涵衣。

三、坝下涵管的水力计算

(一)分级卧管式进水口的水力计算

1. 进水口的尺寸

分级卧管式进水口通常采用相同大小的圆形孔口，水流由孔口进入后为明流，如图 6-21 所示，因此水流为自由式孔口出流。每个孔口进水流量的计算公式为

$$Q = \mu \frac{\pi d^2}{4} \sqrt{2gH} \tag{6-7}$$

式中　Q——孔口设计过水流量，m^3/s；

μ——流量系数，与孔口形状有关，对于小孔口，一般为 0.60～0.62；

d——孔口的过水断面直径，m；

H——孔口以上的水深，m。

在实际运用中，常同时开启两孔来过流，此时的过流量为

$$Q = \mu \frac{\pi d^2}{4} \sqrt{2g} (\sqrt{H_1} + \sqrt{H_2}) \tag{6-8}$$

根据式(6-7)或式(6-8)来确定孔口直径 d。

2. 卧管及坝下涵管的尺寸确定

通常将设计流量增加 20%～30%作为加大流量。卧管及坝下涵管均按加大流量用明渠均匀流公式确定断面尺寸。当采用两孔同时放水时，为避免水流由进水口跌入卧管形成水柱跃起后淹没进水孔底缘而在卧管内形成有压流，要求卧管内的净高为管内正常水

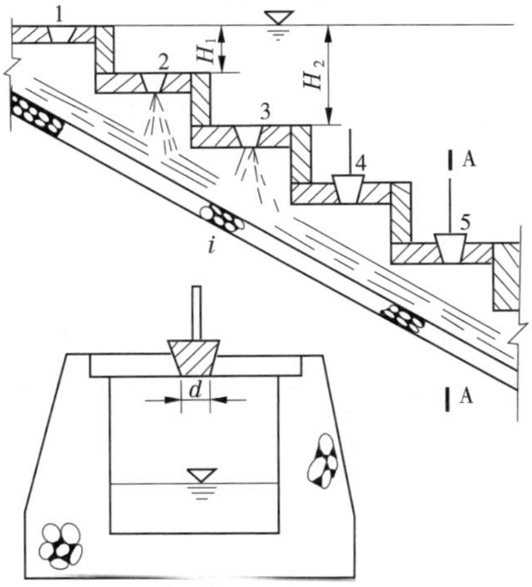

图 6-21　分级卧管式进水口的水力计算

深的 3~4 倍。坝下涵管的底坡一般为 1%~3%，坝下涵管高度应为管内正常水深的 1.25 倍，以保证坝下涵管内的水流为明流。

3. 消力池(井)

卧管中的水流为陡坡急流，冲击力很大，所以必须在卧管的底端设置消能设施，以使水流平顺进入涵管。消力井的容积，通常按每立方米容积削减 7.5~8 kW 能量来确定。

(二)塔式进水口涵管的水力计算

塔式进水口涵管一般均设计成无压流涵管。其计算方法是：按水库在运用期的最低水位和设计流量用明渠均匀流公式定出涵管的坡度及断面尺寸，然后按其他高水位及相应流量来确定闸门开启高度和洞内水面曲线。

四、坝下涵管的结构计算

作用在坝下涵管上的荷载主要有土压力、自重、内外水压力、地基反力、温度荷载等，此处仅介绍土压力的计算方法，其他荷载参考隧洞章节有关内容。

管身上所受土压力的大小主要与填土高度、填土性质等因素有关，另外与管道本身的刚度、基础的形式以及管道的埋设方式有关。坝下涵管的埋设方式分为上埋式与沟埋式两种。上埋式是将管道直接埋设于地基上或浅沟中，然后填土，由于管身刚度较大，管顶填土的沉陷量将小于两侧填土的沉陷量，管顶填土的沉陷不是平面，而是曲面，在管顶处曲率最大，从管顶向上越高，沉降面的曲率就越小。当填土较厚时，超过高度 H 后以上的沉降面可视为水平面，如图 6-22 所示。

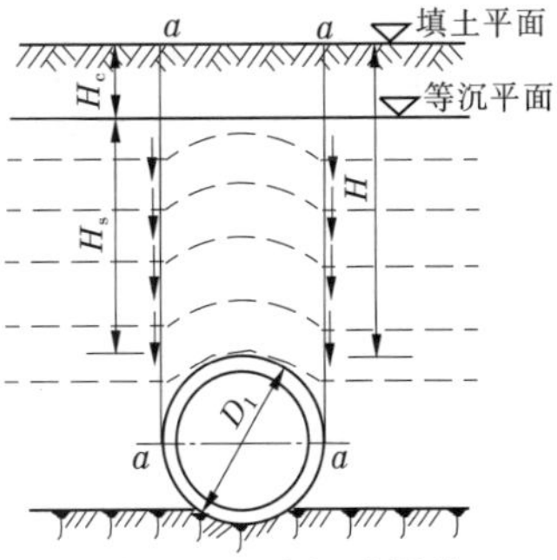

图 6-22　上埋式涵管

因此，管顶上填土将会受到两侧填土沉降时产生的向下的摩擦力，使管身上的土压力大于管道上的填土重。管道本身的刚度越小，土压力越接近于填土重。沟埋式是将管道埋设于开挖的沟槽内，由于回填土的密实度小于两侧沟壁天然土料的密实度，则回填土的沉降变形会受到两侧沟壁向上的摩阻力，因此作用在管身上的土压力将会小于管道上的填土重。

管身结构计算是在各项荷载确定后，求出管身的内力，并进行配筋及抗裂计算。

项目小结

本项目介绍了水工隧洞和坝下涵管的功用、类型、组成、工作特点，以及两者的总体布置、路线选择、进出水口的形式和特点、出口的消能方式、洞身断面形式及构造要求、水工隧洞衬砌的荷载及计算、坝下涵管的水力计算等内容。

项目自测题

1. 什么叫隧洞的内水压力？分别写出圆形隧洞所受的均匀内水压力强度和非均匀内水压力强度计算公式，并指出公式中字母的含义，画出分布图形。

2. 水工隧洞衬砌的作用是什么？衬砌有哪些种类？

3. 涵管管身的细部构造有哪些？各有什么作用？

4. 坝下涵管与水工隧洞相比较各有什么特点？

项目七　渠系建筑物设计

【思政导引】
人工天河红旗渠——世界第八大奇迹

【项目简述】

渠系建筑物是在灌溉或排水渠道上为了控制、分配、测量水流，通过天然或人工障碍，保证渠道安全运用而修建的建筑物的总称。渠系建筑物主要有控制建筑物、泄水建筑物、交叉建筑物、落差建筑物、量水建筑物、防沙建筑物、专门建筑物和利民建筑物等。渠系建筑物在灌区里，因量大面广，占总投资比例较高，所以受到高度重视。

【渠系建筑物设计基本资料】

某灌区水源水量充足，水质良好，渠系布置如图 7-1 所示。规划灌溉面积 20.8 万亩，干渠设计引水流量为 20 m^3/s，渠系建筑物有四级固定渠道、进水闸(分水闸)、节制闸、退水闸、渡槽、倒虹吸管、涵洞、桥梁、跌水等，灌溉主要作物有小麦、玉米、水稻等。

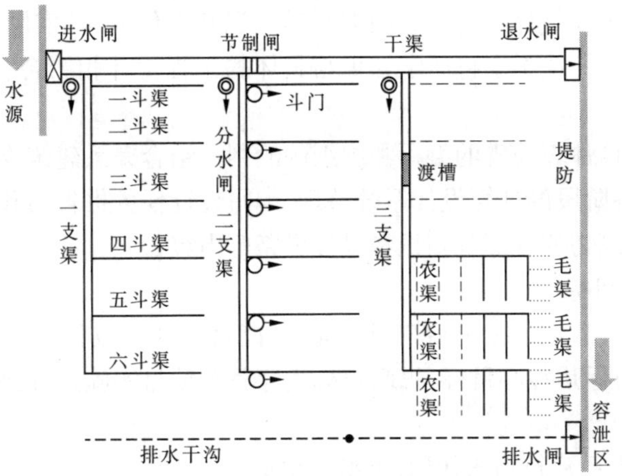

图 7-1　某灌区渠系布置示意图

(一)气象条件

灌区地处我国南北气候过渡地带，四季分明。冬春干旱少雨，降水量集中，易造成洪涝。流域内多年平均降水量为 600~900 mm，多年平均蒸发量为 1 200~1 400 mm，多年平均气温 14.5 ℃，极端最高气温 41.2 ℃，极端最低气温-22 ℃。多年平均相对湿度 71%。最大风速 20 m/s，多年平均风速 2.8 m/s，最大冻土深度 1.0 m。

(二)年径流特征

灌区所处流域地表径流量偏少，多年平均径流深为 70~80 mm，流域浅层地下水储量丰富，强富水区和中等富水区约占 56.9%，地下水主要靠降雨补给，一般地下水埋深 4~6

m,埋深浅,易开采,地下水无腐蚀性。

(三)灌区地形、地貌

灌区所处流域中下游区位于黄淮海冲积平原的南部,地势平坦。地势由西北向东南倾斜,平均地面坡降为1/6 000。

(四)工程地质情况

表层土壤为中壤土,地基承载力标准值为150~180 kPa,基础持力层、下卧层为黏性土或砂砾石土,未发现不良地质构造。工程区地震动峰值加速度为0.05g,相应地震基本烈度为6度。

(五)渠系建筑物(渡槽,位于三支渠上)设计流量及项目任务要求

(1)三支渠渡槽上游渠道,$Q_{设计}=7.17\ m^3/s$,进行该渠道横断面设计。

(2)三支渠渡槽设计流量,$Q_{设计}=7.17\ m^3/s$,进行该渡槽水力计算。

(3)三支渠渡槽加大流量,$Q_{设计}=8.25\ m^3/s$,进行该渡槽结构设计。

【项目实施方法及教学目标】

(一)项目实施方法

项目实施分为三个阶段:

第一阶段是项目学习阶段。学习渠系建筑物各部分的基础知识和设计计算方法,结合项目自测题,使学生掌握渠系建筑物的知识点。

第二阶段是学生设计计算阶段。根据所学知识和案例要求,实际动手进行渠系建筑物各部分的设计计算。使学生将所学知识与具体的工程设计相结合,培养学生解决实际问题的能力。

第三阶段是设计计算报告的编写和图纸的绘制。结合渠系建筑物各部分设计的基本资料,将设计项目各阶段的计算设计系统整理,编写设计任务报告书和绘制图纸。使学生完整地掌握渠系建筑物的各部分知识和设计思路等内容。

(二)项目教学目标

渠系建筑物项目教学目标包括知识目标、技能目标和思政目标三个方面。知识目标是基础目标,技能目标是核心目标,思政目标贯穿整个项目实施过程,是项目的重要保证。

1.知识目标

(1)熟悉各种渠系建筑物的作用、类型和组成。

(2)掌握各类渠系建筑物的水力计算、结构设计、防冲防渗设计等的计算方法。

(3)理解各种渠系建筑物设计的整体设计思路,掌握设计步骤,熟悉计算过程。

2.技能目标

(1)能够正确运用设计施工规范、手册等资料进行基本设计计算。

(2)能进行各类渠系建筑物的选择,规划布置,拟订构造尺寸,进行水力计算、消能防冲计算、防渗排水设计、地基处理和稳定性分析等,并能编写设计报告书。

(3)能够正确使用绘图工具和计算机绘制设计图表。

3.思政目标

(1)认真严肃进行设计,培养忠诚、干净、担当、科学、求实、创新的水利精神。

(2)遇到问题能积极想办法解决,培养良好的职业素养。

【成果提交要求】

(一)设计报告

设计报告包括说明和计算两大部分。说明部分应全面表达设计者的设计思想、方法和分析能力,包含对设计成果、采用的设计参数和理论依据的充分说明。要求章节分明、简明扼要、文理通顺,既有计算成果,又有分析论证和明确结论,必要时,使用附表和插图。计算部分是设计者的设计程序、设计成果的来源,要求详细列出所有计算过程。计算过程尽量列表计算,附计算草图;列出计算成果,并说明成果是否合理,如不合理,叙述可做改动的方法步骤;要求计算方法正确、参数取值合理、数据真实可靠、计算结果正确可信。

(二)设计图纸

设计图纸主要包括渠系建筑物平面布置图(或半平面图)、纵剖面图、立面图、其他各主要断面图、细部构造等。绘图应符合制图标准和相关规范,要求制图正确、布局合理、主次分明、比例得当、线条清晰、尺寸齐全。必要时应有简明注解。

(三)成果说明

要求简要说明计算成果及合理性,或设计的不足和可以进一步改进的地方,并对设计过程进行简要总结。

任务一　概　述

渠系建筑物是在灌溉或排水渠道上为了控制、分配、测量水流,通过天然或人工障碍,保证渠道安全运用而修建的建筑物的总称。灌溉渠道一般输配水线路长,沿线地形起伏变化大,地质情况复杂,为了准确调节水位、控制流量、分配水量、穿越各种障碍,满足灌溉、发电、工业及生活用水要求,需要在渠道上兴建大量配套建筑物,这些配套建筑物统称为渠系建筑物。

一、渠系建筑物的种类和作用

(1)控制建筑物。主要作用是调节各级渠道的水位和流量,以满足各级渠道的输水、配水和灌水要求,如进水闸、节制闸、分水闸等。

(2)泄水建筑物。主要作用是保护渠道及建筑物安全,用以排放渠中余水、入渠的洪水或发生事故时的渠水,如退水闸、溢流堰、泄水闸等。

(3)交叉建筑物。渠道经过河谷、洼地、道路、山丘等障碍时所修建的建筑物,主要作用是跨越障碍、输送水流。常根据建筑物运用要求、交叉处的相对高程,以及地形、地质、水文等条件,经比较后合理选用,如渡槽、倒虹吸管、桥梁、涵洞、隧洞等。

(4)落差建筑物。渠道通过地面坡度较大的地段时,为使渠底纵坡符合设计要求,避免深挖高填,调整渠底比降,将渠道落差集中所修建的建筑物,如跌水、陡坡等。

(5)量水建筑物。为了测定渠道流量,达到计划用水、科学用水而修建的专门设施,如量水堰、量水槽、量水喷嘴等。工程中,常利用符合水力计算要求的渠道断面或渠系建筑物进行量水,如水闸、渡槽、陡坡、跌水、倒虹吸等。

(6)防沙建筑物。为了防止和减少渠道的淤积,在渠首或渠系中设置冲沙和沉沙设施,如冲沙闸、沉沙池等。

(7)专门建筑物。方便船只通航的船闸、利用落差发电的水电站和水力加工站等。

(8)利民建筑物。根据群众需要,结合渠系布局,修建方便群众出行、生产的建筑物,如行人桥、踏步、码头、船坞等。

二、渠系建筑物的布置原则

(1)布局合理,效益最佳。渠系建筑物的位置和形式,应根据渠系平面布置图、渠道纵横断面图以及当地的具体情况,合理布局,使建筑物的位置和数量恰当,水流条件好,工程效益最大。

(2)运行安全,保证需求。满足渠道输水、配水、量水、泄水和防洪等要求,保证渠道安全运行,提高灌溉效率和灌水质量,最大限度地满足作物需水要求。

(3)联合修建,形成枢纽。渠系建筑物尽可能集中布置,联合修建,形成枢纽,降低造价,便于管理。

(4)独立取水,便于管理。结合用水要求,最好做到各用水单位有独立的取水口,减少取水矛盾,便于用水管理。

(5)方便交通,便于生产。在满足灌溉要求的同时,应考虑交通、航运和群众生产、生活的需要,为提高劳动效率和建设新农村创造条件。

三、渠系建筑物的特点

(1)量大面广,总投资多。渠系建筑物的分布面广、数量较多,总工程量和投资往往很大。例如,韶山灌区的总干渠和北干渠上,渠系建筑物的造价为枢纽工程造价的6.3倍。因此,应对渠系建筑物的布局、选型和构造设计进行深入研究和决策,降低工程总造价。

(2)同类建筑物较为相似。渠系建筑物一般规模较小、数量较多,同一类型的建筑物工作条件、结构形式、构造尺寸较为相近。因此,在同一个灌区,应尽量利用同类建筑物的相似性,采用定型设计和预制装配式结构,简化设计和施工程序,确保工程质量,加快施工进度和便于维修运用。对于规模较大、技术复杂的建筑物,应进行专门的设计。

(3)受地形环境影响较大。渠系建筑物的布置主要取决于地形条件,与群众的生产、生活环境密切相关。例如,渡槽的布置既要考虑长度最短,又要考虑与进、出口渠道平顺连接,这样将会增加填方渠道与两岸连接的长度,多占用农田及多拆迁房屋,影响群众切身利益。所以,进行渠系建筑物布置时,必须深入实地进行调查研究。

四、渠系建筑物的定型设计

渠系建筑物一般多为小型建筑物,在其设计过程中,可以直接使用定型设计图集中的尺寸和结构,不再进行复杂的水力和结构计算。采用定型设计,不仅可以缩短设计时间,而且可以保证工程质量,加快施工进度,节省工程费用。

实际工程中,建筑物轮廓和控制性尺寸的确定,常以简单的水力计算为主进行验算。对一般构件的构造和尺寸,可参考工程设计经验拟订。

为了总结灌区渠系建筑物的建设经验,提高工程设计质量,促进水利建设,更好地发挥工程效益,我国已经出版了多种渠系建筑物设计图册。这些图册中的设计图件,都经过实践的检验,它们技术先进,经济合理,运行安全可靠,在同类建筑物中具有一定典型性和代表性。在使用定型设计图件时,一定要根据各地区的具体条件,因地制宜,取其所长。

任务二　渠道设计

渠道是灌溉、发电、航运、给水、排水等水利工程中广为采用的输水建筑物。渠道遍布整个灌区,线长面广,其规划和设计是否合理,将直接关系到土方量的大小、渠系建筑物的多少、施工和管理的难易以及工程效益的大小。因此,一定要搞好渠道的规划布置和设计工作。灌溉渠系一般可分为干、支、斗、农、毛五级渠道,构成灌溉系统,如图 7-1 所示。其中,前四级为固定渠道,后者多为临时性渠道。一般干、支渠主要起输水作用,称为输水渠道;斗、农渠主要起配水作用,称为配水渠道。

渠道设计的任务是在完成渠系布置之后,推算各级渠道的设计流量,确定渠道的纵横断面形状、尺寸,以及结构和空间位置等。

一、渠道的选线

渠道的线路选择关系到灌区合理开发、渠道安全输水及降低工程造价等关键问题,应综合考虑地形、地质、施工条件及挖填平衡、便于管理养护等各种因素。

(1)地形条件。渠道顺直,尽量应与道路、河流正交,减少工程量。在平原地区,渠道路线最好选为直线,并力求选在挖方与填方相差不大的地方。如不能满足这一条件,应尽量避免深挖方和高填方地带,转弯也不应过急,对于有衬砌的渠道,转弯半径应不小于 $2.5B$(B 为渠道水面宽度);对于不衬砌的渠道,转弯半径应不小于 $5B$。在山坡地区,渠道线路应尽量沿等高线方向布置,以免过大的挖填方量。当渠道通过山谷、山脊时,应对高填、深挖、绕线、渡槽、穿洞等方案进行比较,从中选出最优方案。

(2)地质条件。渠道线路应尽量避开渗漏严重、流沙、泥泽、滑坡以及开挖困难的岩层地带,必须通过时,应比较确定。如采取防渗措施以减少渗漏;采用外绕回填或内移深挖以避开滑坡地段;采用混凝土或钢筋混凝土衬砌以保证渠道安全运行等方案。

(3)施工条件。应全面考虑施工时的交通运输、水和动力供应、机械施工场地、取土和弃土的位置等条件,改善施工条件,确保施工质量。

(4)管理要求。渠道的线路选择要与行政区划和土地利用规划相结合,确保每个用水单位均有独立的用水渠道,以便运用和管理维护。

渠道的线路选择必须重视野外踏勘工作,从技术、经济等方面仔细分析比较。

二、渠道的纵、横断面设计

渠道的断面设计包括横断面设计和纵断面设计,二者是互相联系、互为条件的。在实际设计中，纵、横断面设计应交替，并且反复进行，最后经过分析比较确定。

合理的渠道断面设计，应满足以下几方面的具体要求：①有足够的输水能力，以满足灌区用水需要；②有足够的水位，以满足自流灌溉的要求；③有适宜的流速，以保证渠道不冲、不淤或周期性冲淤平衡，满足纵向稳定要求；④有稳定边坡，以保证渠道不坍塌、不滑坡；⑤有合理的断面结构形式，以减少渗透损失，提高灌溉水利用系数；⑥尽可能在满足输水的前提下，兼顾蓄水、养殖、通航、发电等综合利用要求；⑦尽量做到工程量最小，以有效地降低工程总投资；⑧施工容易，管理方便。

（一）渠道横断面设计

1. 渠道横断面形状

渠道横断面形状常见的有梯形、矩形、U形等。一般采用梯形，它便于施工，并能保持渠道边坡的稳定；在坚固的岩石中开挖渠道时，宜采用矩形断面；当渠道通过城镇、工矿区或斜坡地段，渠道宽度受到限制时，可采用混凝土等材料砌护。

为了提高渠道的稳定性、提高水的利用率、减少渗漏损失、缩小渠道断面，一般采取各种防渗措施，防渗渠道断面形式如图7-2所示。

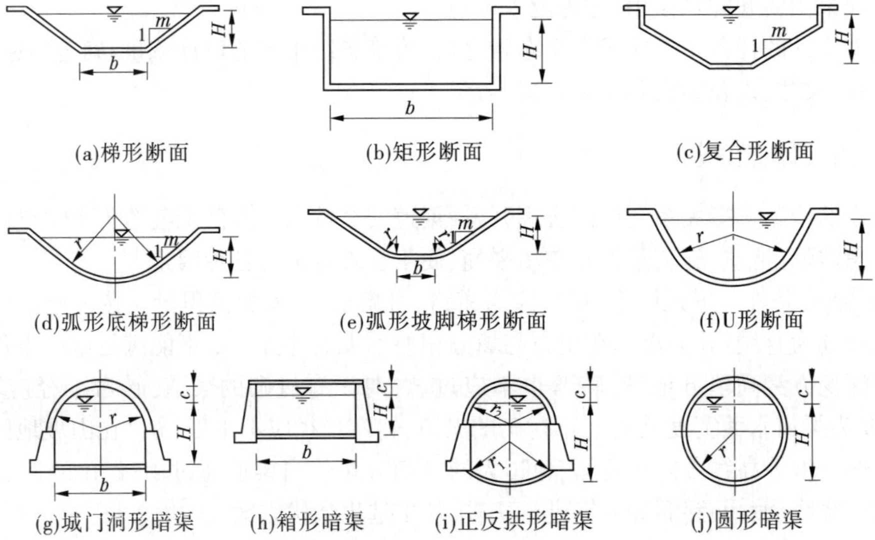

图7-2　防渗渠道横断面示意图

2. 渠道横断面结构

渠道横断面结构有挖方断面、填方断面和半挖半填断面三种形式（见图7-3），主要是由渠道过水断面和渠道沿线地面的相对位置不同造成的。规划设计中，常采用半挖半填的结构形式，或尽量做到挖填平衡，以避免深挖、高填，以减小工程量，降低工程费用。

3. 渠道横断面设计

渠道横断面设计主要内容是确定渠道设计参数，通过水力计算确定横断面尺寸。对于梯形渠道，横断面设计参数主要包括渠道流量、边坡系数、糙率、渠底比降、断面宽深比以及渠道的不冲、不淤流速等。当渠道的设计参数已确定时，即可根据明渠均匀流公式确定渠道横断面尺寸。

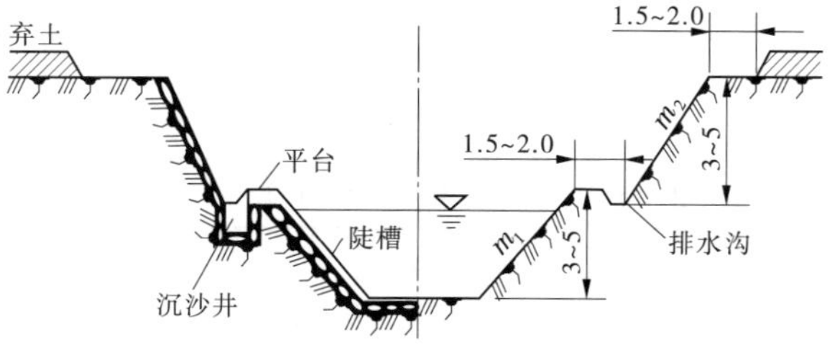

(a)挖方渠道横断面示意图

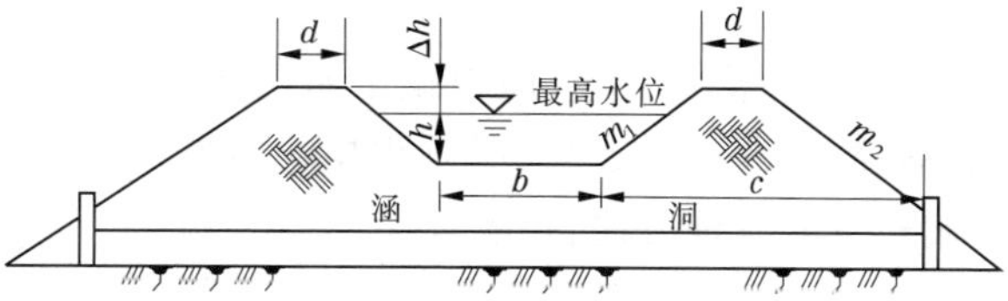

(b)填方渠道横断面示意图

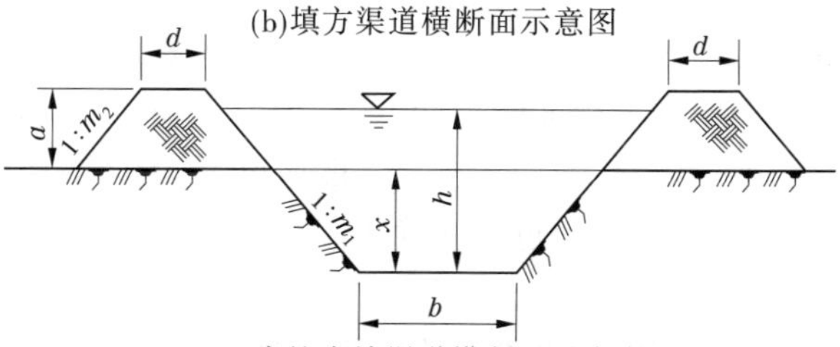

(c)半挖半填渠道横断面示意图

图 7-3 渠道横断面结构示意图 （单位:m）

4. 渠道设计参数

1) 渠道流量

渠道流量是渠道和渠系建筑物设计的基本依据。设计渠道时,需要设计流量、最小流量和加大流量,分别作为设计和校核之用。

(1)渠道设计流量:是指设计年内作物灌水时期渠道需要通过的最大流量,是渠道正常工作条件下需要通过的流量。渠道设计流量是设计渠道纵、横断面的主要依据,与渠道的灌溉面积、作物组成、灌溉制度、渠道的工作制度以及渠道的输水损失等因素有关。

(2)渠道最小流量:是在设计标准条件下,渠道正常工作中输送的最小流量。渠道最小流量用于校核下一级渠道的水位控制条件,确定节制闸的修建位置。对于同一条渠道而言,其设计流量与最小流量相差不要过大,以免下级渠道因水位不足而造成引水困难。一般渠道最小流量不小于渠道设计流量的 40%,相应的渠道最小水深不小于设计水深的 70%。

(3)渠道加大流量:灌溉工程运行期,可能出现规划设计之外的情况,如作物种植比例变更、灌溉面积扩大、气候特别干旱、渠道发生事故后需要短时间加大输水量等,都需要渠道通过比设计流量更大的流量。通常把短时期内渠道需要通过的最大灌溉流量称为渠道加大流量,它是确定渠道堤顶高程、校核渠道输水能力和不冲流速的依据。一般干、支渠需要考虑加大流量,而斗、农渠多因实行轮灌无须考虑加大流量。

渠道加大流量等于加大系数(见表 7-1)乘以设计流量,即 $Q_{加大}$ = 加大系数 × $Q_{设计}$。

表 7-1　渠道流量加大系数

设计流量/(m^3/s)	<1	1~5	5~20	20~50	50~100	100~300	>300
加大系数	1.35~1.30	1.30~1.25	1.25~1.20	1.20~1.15	1.15~1.10	1.10~1.05	<1.05

注：1. 表中加大系数，湿润地区可取小值，干旱地区可取大值；

2. 泵站供水的续灌渠道加大流量应为包括备用机组在内的全部装机流量。

2）边坡系数 m

梯形土渠两侧边坡系数一般取 1~2，应根据土质情况和开挖深度或填土高度确定。对于挖深大于 5 m 或填高超过 3 m 的土坡，必须根据稳定条件确定。计算方法同土石坝的稳定计算。为使边坡稳定和管理方便，每隔 4~6 m 深应设一平台，平台宽 1.5~2 m，并在平台内侧设置排水沟。

3）渠道的糙率 n

渠道的糙率是反映渠床粗糙程度的指标，影响因素主要有渠床状况、渠道流量、渠水含沙量、渠道弯曲状况、施工质量、养护情况。一般情况下，渠床糙率参考水力计算相应的糙率表选用，大型渠道的糙率最好通过试验确定。

4）渠道断面宽深比 β

渠道断面宽深比是指底宽 b 和水深 h 的比值。宽深比对渠道工程量和渠床稳定等有较大影响，过于宽浅容易淤积，过于窄深又容易产生冲刷。宽深比与渠道流量、水流含沙情况、渠道比降等因素有关，比降小的渠道应选较小的宽深比，以增大水力半径，加快水流速度；比降大的渠道应选较大的宽深比，以减小流速，防止渠床冲刷。为了节省输水渠道土石方及衬砌工程量，尽量少占地，一般采用窄深式断面；而配水渠道为使水流较为稳定，不易产生冲刷和淤积，多采用宽浅式断面。一般情况下，流量大、含沙量小、渠床土质较差时多用宽浅式渠道；反之，宜采用窄深式渠道。对于中、小型渠道，可以根据渠道流量，参照表 7-2 所列经验数据选定。

表 7-2　渠道断面宽深比

设计流量/(m^3/s)	<1	1~3	3~5	5~10	10~30	30~60
宽深比 β	1~2	1~3	2~4	3~5	5~7	6~10

有通航要求的渠道，应根据船舶吃水深度、错船所需的水面宽度以及通航的流速要求等确定。渠道水面宽度应大于船舶宽度的 2.6 倍，船底以下水深应不小于 15~30 cm。

5）渠道的不冲不淤流速

在稳定渠道中，允许的最大平均流速称为临界不冲流速，简称不冲流速，用 $v_{不冲}$ 表示；允许的最小平均流速称为临界不淤流速，简称不淤流速，用 $v_{不淤}$ 表示。为了维持渠床稳定，渠道通过设计流量时的平均流速（设计流速）$v_{设计}$ 应满足以下条件：

$$v_{不淤} < v_{设计} < v_{不冲} \tag{7-1}$$

（1）渠道不冲流速。水在渠道中流动时，具有一定的能量，这种能量随水流速度的增加而增加，当流速增加到一定程度时，渠床上的土粒就会随水流移动，土粒将要移动而尚未移动时的水流速度就是临界不冲流速。一般渠道允许不冲流速可按表 7-3 的数值选用,渠水含沙量越大,且渠床有薄层淤泥时,可将表 7-3 中所列数值适当提高后选用。

表 7-3 渠道允许不冲流速

单位:m/s

防渗衬砌结构类别			$v_{不冲}$
土料	黏土、黏砂混合土		0.75~1.00
	灰土、三合土、四合土		<1.00
水泥土	现场填筑		<2.50
	预制铺砌		<2.00
砌石	干砌卵石(挂淤)		2.50~4.00
	浆砌块石	单层	2.50~4.00
		双层	3.50~5.00
	浆砌料石		4.00~6.00
	浆砌石板		<2.50

防渗衬砌结构类别		$v_{不冲}$
膜料(土料保护层)	砂壤土、轻壤土	<1.45
	中壤土	<0.60
	重壤土	<0.65
	黏土	<0.70
	砂砾料	<0.90
沥青混凝土	现场浇筑	<3.00
	预制铺砌	<2.00
混凝土	现场浇筑	<8.00
	预制铺砌	<5.00
	喷射法施工	<10.00

(2)渠道的不淤流速。渠道水流的挟沙能力随流速减小而减小,当流速小到一定程度时,部分泥沙就开始在渠道内淤积。泥沙将要沉积而尚未沉积时的流速就是临界不淤流速。渠道不淤流速主要取决于渠道含沙情况和断面水力要素。含沙量很小的清水渠道虽无泥沙淤积威胁,但为了防止渠道杂草滋生,影响输水能力,要求大型渠道的平均流速不小于 0.5 m/s,中、小型渠道的平均流速不小于 0.3~0.4 m/s。

(二)渠道纵断面设计

灌溉渠道不仅要满足输送设计流量的要求,而且要满足水位控制的要求。渠道纵断面设计的任务是根据灌溉水位要求确定渠道的空间位置。一般纵断面设计主要内容包括:确定渠道纵坡比降、设计水位线、最低水位线、最高水位线、渠底高程线、渠道沿程地面高程线和堤顶高程线,绘制渠道纵断面图。渠道的纵断面如图 7-4 所示。

渠道纵坡比降是指单位渠长的渠底降落值。渠道纵坡比降不仅决定着渠道输水能力的大小、控制灌溉面积的多少和工程量的大小,而且关系着渠道的冲淤、稳定和安全,必须慎重选择确定。在规划设计中,渠道纵坡比降应根据渠道沿线地面坡度、下级渠道分水口要求水位、渠床土质、渠道流量、渠水含沙量等情况,参照相似灌区的经验数值(见表 7-4),初选一个渠道纵坡比降,进行水力计算和流速校核,若满足水位和不冲不淤要求,便可采用,否则,应重新选择比降,再计算校核,直至满足要求。

表 7-4 渠道纵坡比降一般数值

渠道级别	干渠	支渠	斗渠	农渠
丘陵灌区	1/2 000~1/5 000	1/1 000~1/3 000	土渠 1/2 000,石渠 1/500	土渠 1/1 000,石渠 1/300
平原灌区	1/5 000~1/10 000	1/3 000~1/7 000	1/2 000~1/5 000	1/1 000~1/3 000
滨湖灌区	1/8 000~1/15 000	1/6 000~1/8 000	1/4 000~1/5 000	1/2 000~1/3 000

渠道纵坡选择时应注意以下几项原则:①地面坡度。渠道纵坡比降应尽量接近地面坡度,以避免深挖高填。②地质情况。易冲刷的渠道,纵坡宜缓;地质条件较好的渠道,纵

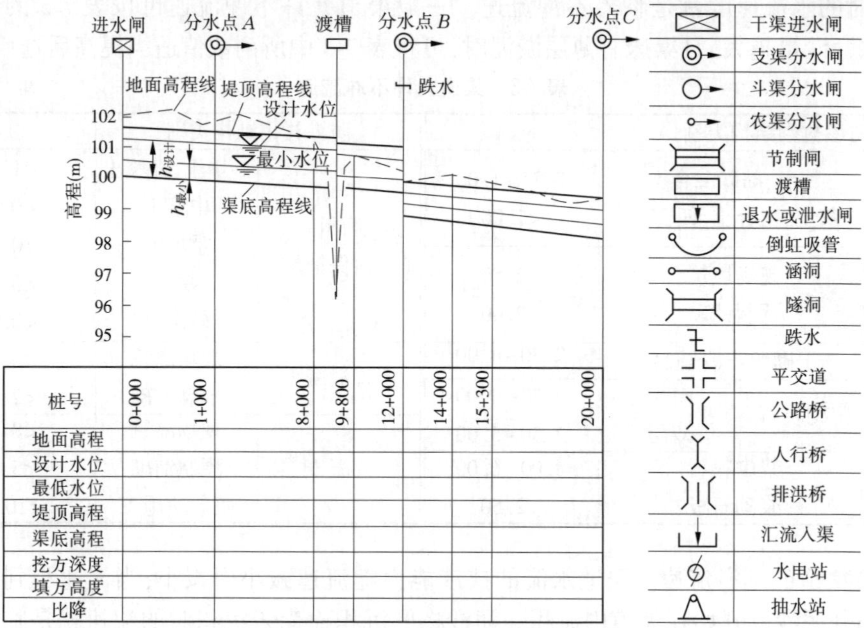

图7-4　渠道纵断面示意图与渠系建筑物图例

坡可适当陡一些。③流量大小。流量大时纵坡宜缓,流量小时可陡些。④含沙量。水流含沙量小时,应注意防冲,纵坡宜缓;含沙量大时,应注意防淤,纵坡宜陡。⑤水头大小。提水灌区水头宝贵,纵坡宜缓;自流灌区水头较富裕,纵坡可以陡些。

干渠及较大支渠,上下游渠段流量变化较大时,可分段选择比降,而且下游段的比降应大些。支渠以下的渠道,一般一条渠道只采用一个比降。

为了便于渠道的运用管理和保证渠道的安全,应设置一定的堤顶宽度和安全超高,参考表7-5选定。若渠道的堤顶有交通要求,则堤顶宽度应根据交通要求确定。

表7-5　堤顶宽度和安全超高数值　　单位:m

项目	田间毛渠	固定渠道流量/(m^3/s)						
		<0.5	0.5~1	1~5	5~10	10~30	30~50	>50
超高	0.1~0.2	0.2~0.3	0.2~0.3	0.3~0.4	0.4	0.5	0.6	0.8
顶宽	0.2~0.5	0.5~0.8	0.8~1	1~1.5	1.5~2	2~2.5	2.5~3	3~3.5

【案例7-1】　渠道设计

项目任务:根据相关资料内容,设计渠道过水断面尺寸。

某灌区渠系布置如图7-1所示,三支渠渡槽入口处渠道设计流量 $Q_{设}=7.17\ m^3/s$,采用梯形断面,渠底宽度2.4 m,边坡系数 $m=1.5$,渠道比降 $i=1/5\ 000$,渠床糙率 $n=0.025$,渠道不冲流速为0.80 m/s,为防止渠床杂草滋生,最小允许流速为0.4 m/s,试设计该渠道过水断面尺寸。

采用试算法,计算过程如下:

(1)初拟渠底宽度 $b=2.4$ m,假设水深 $h=2$ m,作为第一次试算。

(2)计算渠道横断面的水力要素：

$$\omega = (b + mh)h = (2.4 + 1.5 \times 2) \times 2 = 10.8(\mathrm{m}^2)$$

$$\chi = b + 2h\sqrt{1 + m^2} = 2.4 + 2 \times 2 \times \sqrt{1 + 1.5^2} = 9.61(\mathrm{m})$$

$$R = \frac{\omega}{\chi} = \frac{10.8}{9.61} = 1.12(\mathrm{m})$$

$$C = \frac{1}{n}R^{1/6} = \frac{1}{0.025} \times 1.12^{1/6} = 40.76(\mathrm{m}^{1/2}/\mathrm{s})$$

(3)计算渠道设计流量：

$$Q = \omega C\sqrt{Ri} = 10.8 \times 40.76 \times \sqrt{1.12 \times 0.0002} = 6.59(\mathrm{m}^3/\mathrm{s})$$

(4)校核渠道设计流量：

$$\Delta Q = \left|\frac{Q_{设计} - Q_{试算}}{Q_{设计}}\right| \times 100\% = \left|\frac{7.17 - 6.59}{7.17}\right| \times 100\% = 8.09\% > 5\%$$

因为计算结果，经校核不符合设计要求，需要重新试算。分别假设水深 $h=2.05$ m，$h=2.06$ m，$h=2.08$ m，按照上述步骤重复计算，将计算结果列入表 7-6。

表 7-6 渠道横断面尺寸计算结果

h/m	ω/m^2	χ/m	R/m	$C/(\mathrm{m}^{1/2}/\mathrm{s})$	$Q/(\mathrm{m}^3/\mathrm{s})$	流量校核 ΔQ
2.05	11.22	9.79	1.15	40.94	6.97	2.79%
2.06	11.31	9.83	1.15	40.94	7.02	2.09%
2.08	11.48	9.90	1.16	41.00	7.17	0.00%

根据表 7-6 可以看出，$h=2.08$ m，符合设计流量要求。

该渠道的设计底宽为 2.4 m 时，设计水深对应的准确值为 2.08 m。

(5)校核渠道流速：

$$v = \frac{Q_{设计}}{\omega} = \frac{7.17}{11.48} = 0.62(\mathrm{m/s})$$

设计流速满足校核条件，即 0.4 m/s<0.62 m/s<0.80 m/s。

任务三 渠槽设计

一、渡槽的作用及组成

码 7-1 微课-渡槽

渡槽是渠道跨越山谷、河流、道路等的架空输水建筑物，其主要作用是输送水流。根据水利工程的不同需要，渡槽还可以用于排洪、排沙、导流和通航等。

渡槽主要由槽身、支承结构、基础及进、出口建筑物等部分组成。渠道通过进、出口建筑物与槽身相连接，槽身置于支承结构上，槽中水重及槽身重通过支承结构传给基础，再传至地基。为确保运行安全，渡槽进口处可设置闸门，在上游一侧配置泄水闸；为方便群众生产、生活，可以在有拉杆渡槽的顶端设置栏杆、铺设人行道板，方便群众出行。

渡槽一般适用于跨越河谷（断面宽深、流量大、水位低）、宽阔滩地或洼地等情况。它与倒虹吸管相比具有水头损失小、便于管理运用及可通航等优点，是交叉建筑物中采用最多的一种形式。与桥梁相比，渡槽以恒载为主，不承受桥梁那样复杂的活载，故结构设计相对简单，但对防渗和止水构造要求较高，以免影响运行管理和结构安全。

二、渡槽的类型

人类应用渡槽距今有2 700多年的历史。公元前700多年亚美尼亚人就运用石块砌造渡槽，随着水泥的不断应用，高强度、抗渗漏的钢筋混凝土渡槽便应运而生，随着混凝土渡槽形式的不断演变，渡槽从单一的梁式（见图7-5）、拱式（板拱、肋拱、双曲拱、箱形拱、桁架拱、折线拱）、斜拉式、悬吊式，发展到组合式（拱梁和斜撑梁组合式）等。

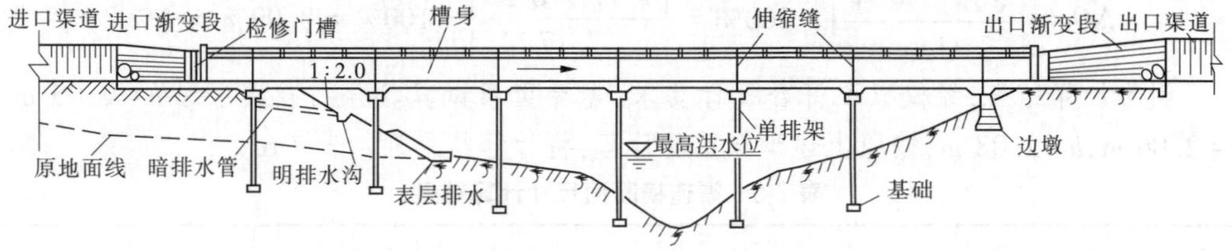

图7-5　梁式渡槽纵剖面示意图

渡槽按槽身断面形式分类，有U形、矩形、梯形、椭圆形和圆形等；按支承结构分类，有梁式、拱式、桁架式、悬吊式、斜拉式等；按所用材料分类，有木制渡槽、砖石渡槽、混凝土渡槽、钢筋混凝土渡槽、钢丝网水泥渡槽等；按施工方法不同，有现浇整体式渡槽、预制装配式渡槽及预应力渡槽。

三、渡槽的总体布置

渡槽的总体布置主要包括槽址选择、渡槽选型、进出口布置等内容。一般是根据规划确定的任务和要求，进行勘探调查，取得较为全面的地形、地质、水文、建材、交通、施工和管理等方面的基本资料，通过经济技术分析，选出最优的布置方案。

渡槽总体布置的基本要求是：流量、水位满足灌区规划需要；槽身长度短，基础、岸坡稳定，结构选型合理；进、出口与渠道连接顺直通畅，避免填方接头；少占农田，交通方便，就地取材等。

（一）基本资料

基本资料是渡槽设计的依据和基础，主要包括以下几个方面的内容：

（1）灌区规划要求。在灌区规划阶段，渠道的纵、横断面及建筑物的位置已基本确定，可据此得到渡槽上下游渠道的各级流量和相应水位、断面尺寸、渠底高程以及预留的渠道水流通过渡槽的允许水头损失值等。

（2）设计标准。根据渡槽所属工程等别及其在工程中的作用和重要性确定。对于跨越铁路、重要公路以及墩架很高或跨度很大的渡槽，应采用较高的级别。对于跨越河道、山溪的渡槽，应根据其级别、地区经验，并参考有关规定选择洪水标准计算决定相应的槽址洪水位、流量及流速等。凡能直接应用于渡槽设计的规范，如《水工混凝土结构设计规范》(SL 191—2008)等的规定必须遵守。

(3)地形资料。应有1/200~1/2 000的地形图。测绘范围应满足渡槽轴线的修正和施工场地布置需要,在渡槽进、出口及有关附属建筑物布置范围外,至少应有50 m的富裕。对小型渡槽,也可只测绘渡槽轴线的纵剖面图及若干横剖面图。跨越河道的渡槽,应加测槽址河床纵、横断面图。

(4)地质资料。通过挖探及钻探等方法,探明地基岩土的性质、厚度、有无软弱层及不良地质隐患,观察河道及沟谷两岸是否稳定,并绘制沿渡槽轴线的地质剖面图;通过必要的土工试验,测定基础处岩土的物理力学指标,确定地基承载力等。

(5)水文气象等资料。调查槽址区的最大风力等级及风向,最大风速及其发生频率;多年平均气温,月平均气温,冬夏季最高、最低气温,最大温差以及冰冻情况等。渡槽跨越河流时,应收集河流的水文资料及漂浮物情况等。

(6)建筑材料。砂料、石料、混凝土骨料的储量、质量、位置与开采、运输条件,以及木材、水泥、钢材的供应情况等。

(7)交通要求。槽下为通航河道或铁路、公路时,应了解船只、车辆所要求的净宽、净空高度;槽上有行人及交通要求时,要了解荷载情况及今后发展要求等。

(8)施工条件。施工设备、施工技术力量、水电供应条件以及对外交通条件等。

(9)运用管理要求。如运用中可能出现的问题以及对整个渠系的影响等。

以上各项资料并非每一渡槽设计全需具备。每项资料调查、收集的深度和广度,随工程规模的大小、重要性以及设计阶段的不同逐步深入。

(二)槽址选择

渡槽轴线及槽身起止点位置选择的基本要求是:渠线及渡槽长度较短,地质条件较好,工程量最省;槽身起止点尽可能选在挖方渠道上;进、出口水流顺畅,运用管理方便;满足所选的槽跨结构和进、出口建筑物的结构布置要求等。对于地形、地质条件复杂而长度较大的渡槽,应通过方案比较,择优选用。

(三)渡槽选型

渡槽选型应根据地形、地质、水流条件及建筑材料和施工技术等因素,综合研究决定。对于一般中、小型渡槽,可采用一种类型的单跨或等跨渡槽。对于地形、地质条件复杂而长度较大的大、中型渡槽,可选用一种或两种类型和不同跨度的布置方式,但变化不宜过多,以免影响槽墩受力状况和增加施工难度。具体选择时,应考虑以下几方面:

(1)地形、地质条件。当地形平坦、槽高不大时,宜采用梁式渡槽;窄深的山谷地形,当两岸地质条件较好,且有足够强度与稳定性时,宜建大跨度单跨拱式渡槽;地形、地质条件比较复杂时,应进行具体分析。如跨越河道的渡槽,当河道水深流急、水下施工较难,而且滩地高大时,在河床部分可采用大跨度的拱式渡槽,在滩地则宜采用梁式或中、小跨度的拱式渡槽。当地基承载能力较低时,可采用轻型结构或适当减小跨度。

(2)建筑材料。当槽址附近石料丰富且质量符合要求时,应就地取材,优先采用石拱渡槽。由于这种渡槽对地基条件要求高,需要较多的人力,因此应综合分析各种条件,采用经济合理的结构形式。

(3)施工条件。如具备吊装设备和吊装技术,应尽可能采用预制构件装配的结构形式,以加快施工速度,节省劳力。同一渠系布置有多个渡槽时,应尽量采用同一种结构形式，以便利用同一套吊装设备，便于设计和施工定型化。

（四）进、出口段布置

为了减小渡槽过水断面面积，降低工程造价，一般槽身纵坡较渠底坡度陡。为使渠道水流平顺地进入渡槽，避免冲刷和减小水头损失，渡槽进、出口段布置应注意以下几方面：

（1）与渠道直线连接。渡槽进、出口前后的渠道上应有一定长度的直线段，与槽身平顺连接，在平面布置上要避免急转弯，防止水流条件恶化，影响正常输水，造成冲刷现象。对于流量较大、坡度较陡的渡槽，尤其要注意这一问题。

（2）设置渐变段。为使水流平顺衔接，适应过水断面的变化，渡槽进、出口均需设置渐变段。渐变段的形式主要有扭曲面式、反翼墙式、八字墙式等。扭曲面式水流条件较好，应用较多；八字墙式施工简单，小型渡槽使用较多。渐变段的长度 L_j 通常采用下列经验公式计算：

$$L_j = C(B_1 - B_2) \tag{7-2}$$

式中 B_1——渠道水面宽度，m；

B_2——渡槽水面宽度，m；

C——系数，进口取 $C=1.5\sim2.0$，出口取 $C=2.5\sim3.0$。

对于中、小型渡槽，进口渐变段长度可取 $L_1 \geqslant 4h_1$（h_1 为上游渠道水深），出口渐变段长度可取 $L_2 \geqslant 6h_3$（h_3 为出口渠道水深），如图7-6所示。

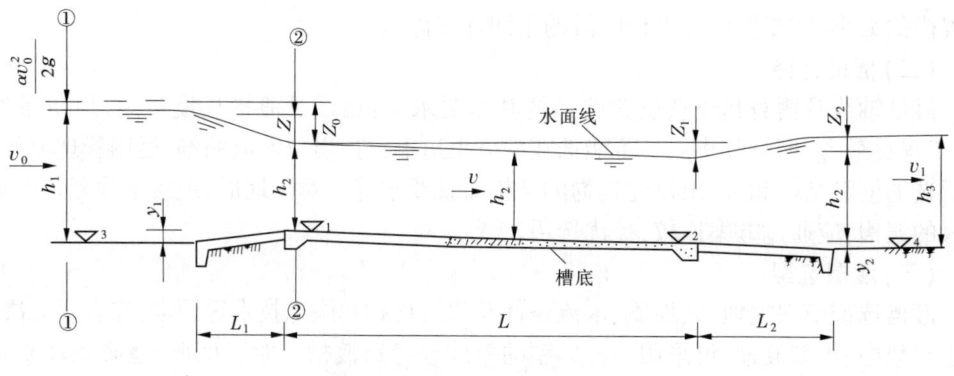

图7-6 渡槽水力计算示意图

四、渡槽的水力计算

渡槽水力计算的目的，就是确定渡槽过水断面形状和尺寸，槽底纵坡，进、出口高程，以及校核水头损失是否满足渠系规划要求。

渡槽的水力计算是在槽址中心线及槽身起止点位置已选择的基础上进行的，所以上下游渠道的断面尺寸、水深、渠底高程和允许水头损失均为已知。

（一）槽身断面尺寸的确定

槽身的过水断面尺寸一般按设计流量设计，按最大流量校核，通过水力学公式进行计算。当槽身长度 $L \geqslant (15\sim20)h_2$（$h_2$ 为槽内水深）时，按明渠均匀流公式计算；当 $L<(15\sim20)h_2$ 时，可按淹没宽顶堰流公式进行计算。

槽身过水断面的深宽比选择，工程中多采用窄深式断面，一般矩形槽取 0.6~0.8，U 形槽取 0.7~0.8。为防止风浪或其他原因而引起侧墙顶溢流现象，侧墙应有一定的超高 Δh，一般选用 0.2~0.6 m，对于有通航要求的渡槽，超高值应根据通航要求确定。

（二）渡槽纵坡 i 的确定

进行渡槽的水力计算，首先要确定渡槽纵坡。在相同的流量下，纵坡的选择对渡槽过水断面大小、工程造价高低、水头损失多少、通航要求、水流冲刷及下游自流灌溉面积等有直接影响。因此，确定一个适宜的底坡，使其既能满足渠系规划允许的水头损失，又能降低工程造价，常常需要试算。一般初拟时，常采用底坡 $i=1/500\sim1/1\ 500$，槽内流速 1~2 m/s；对于有通航要求的渡槽，要求流速在 1.5 m/s 以内，底坡 $i=1/3\ 000\sim1/10\ 000$。

（三）水头损失与水面衔接计算

水流通过渡槽时，由于克服局部阻力、沿程阻力以及水流能量的转换，都会产生水头损失，水流进出渡槽产生变化，这种水流现象可分为三段分析计算，如图 7-6 所示。

水流经过进口段时，随着过水断面面积的减小，流速逐渐加大，水流的位能一部分转化为动能，另一部分消耗于因水流收缩而产生的水头损失，因此形成进口段水面降落 Z；槽中基本保持均匀明流，水面坡等于槽底坡，产生沿程水头损失 Z_1；水流经过出口段时，随着过水断面的扩大，流速逐渐减小，水流的动能一部分消耗于因水流扩散而产生的水头损失，另一部分转化为位能，因此形成出口段水面回升 Z_2。水流经过渡槽的总水头损失，要求满足规划设计所允许的水头损失，其水头损失与水面衔接计算见表 7-7。

表 7-7　渡槽水头损失与水面衔接计算公式

序号	项目名称	计算公式	说明
1	进口段水面降落值 Z	$Z=\dfrac{Q^2}{(\sigma\varphi\omega\sqrt{2g})^2}-\dfrac{v_0^2}{2g}$ 或 $Z=\dfrac{1+K_1}{2g}(v^2-v_0^2)$	σ、φ——侧收缩系数、流速系数，均可取 0.9~0.95； v_0、v——上游渠道、槽身的平均流速，m/s； ω——渡槽过水断面面积，m^2； K_1——进口段局部水头损失系数，与渐变段形式有关，见表 7-8
2	槽身段沿程水面降落值 Z_1	$Z_1=iL$	i——槽底比降； L——槽身长度
3	出口段水面回升值 Z_2	$Z_2=\dfrac{1-K_2}{2g}(v^2-v_1^2)$ $Z_2=\dfrac{1-K_2}{1+K_1}Z\approx\dfrac{1}{3}Z$	v_1——下游渠道的平均流速，m/s； K_2——出口段局部水头损失系数，常取 0.2。 当上下游渠道断面相等时，也可以按第二个式子计算
4	渡槽总水面降落值 ΔZ	$\Delta Z=Z+Z_1-Z_2\leqslant[\Delta Z]$	$[\Delta Z]$——规划设计所允许的水头损失
5	进口槽底高程	$\nabla_1=\nabla_3+y_1$	抬高值：$y_1=h_1-Z-h_2$
6	出口槽底高程	$\nabla_2=\nabla_1-Z_1$	
7	出口渠底高程	$\nabla_4=\nabla_2-y_2$	降低值：$y_2=h_3-Z_2-h_2$

表 7-8 进口段局部水头损失系数 K_1 值

渐变段形式	长扭曲面	八字斜墙	圆弧直墙	急变形式
渐变段示意图(渠道→渡槽)	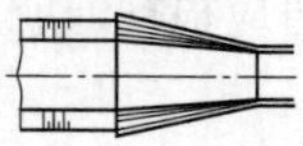	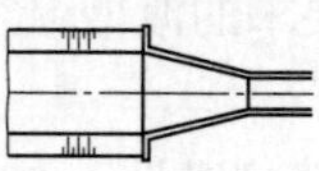	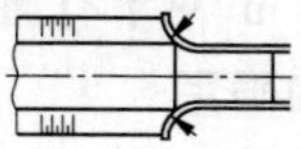	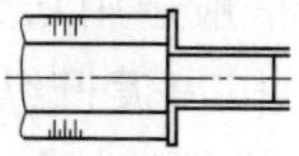
K_1	0.1	0.2	0.2	0.4

【案例 7-2】 渡槽水力计算

项目任务:根据相关资料内容,进行渡槽的水力计算。

灌区三支渠上修建的渡槽为钢筋混凝土渡槽,槽身总长 150 m,槽身过水断面为矩形,进口渐变段长 9 m,出口渐变段长 12 m,允许水头损失$[\Delta Z]=0.35$ m。进口渠底高程$\nabla_3=65.56$ m。上下游渠道水力要素相同,渠道设计流量 $Q=7.17\ \mathrm{m^3/s}$,相应水深 2.08 m,流速 $v=0.62$ m/s。渠底宽度 $b=2.4$ m,边坡系数 $m=1.5$。

任务要求:进行渡槽的水力计算。

1. 过水断面计算

选取纵坡 $i=1/1\ 000$,底宽 $b=2.4$ m,糙率 $n=0.014$,因槽身长度 L 远大于$(15\sim20)h_2$,所以按照明渠均匀流公式试算水深 h,计算结果分别为:$Q_{设计}=7.17\ \mathrm{m^3/s}$ 时,槽内设计水深 $h_{设计}=1.68$ m,$h/b=0.70$;$Q_{加大}=8.25\ \mathrm{m^3/s}$ 时,槽内加大水深 $h_{加大}=1.88$ m,$h/b=0.78$。

计算结果符合 $h/b=0.6\sim0.8$ 的要求。

2. 水头损失计算

(1)进口段水面降落值。

按淹没宽顶堰流公式计算,已知渡槽入口处渠道 $Q_{设计}=7.17\ \mathrm{m^3/s}$,渠道行近流速 $v_0=0.62$ m/s,取 $\sigma=0.9$,$\varphi=0.95$,则

$$Z=\frac{Q^2}{(\sigma\varphi\omega\sqrt{2g})^2}-\frac{v_0^2}{2g}$$

$$=\frac{7.17^2}{[0.9\times0.95\times(2.4\times1.68)\times\sqrt{2\times9.81}]^2}-\frac{0.62^2}{2\times9.81}=0.20(\mathrm{m})$$

(2)槽身段沿程水面降落值。

$$Z_1=iL=1/1\ 000\times150=0.15(\mathrm{m})$$

(3)出口段水面回升值。

$$Z_2=\frac{1-K_2}{1+K_1}Z\approx\frac{1}{3}Z=\frac{1}{3}\times0.20=0.07(\mathrm{m})$$

(4)渡槽总水面降落值。

$$\Delta Z=Z+Z_1-Z_2=0.20+0.15-0.07=0.28(\mathrm{m})<[\Delta Z]=0.3\ \mathrm{m}$$

因此,拟订的槽身纵坡和过水断面是合适的。

3. 进、出口高程计算

已知渡槽上下游断面相同,渠内水深 $h_1=h_3=2.08$ m,槽内水深 $h_{设计}=1.68$ m,进口渠底$\nabla_3=65.56$ m。

(1)进口抬升值。

$$y_1 = h_1 - Z - h_{设计} = 2.08 - 0.20 - 1.68 = 0.20(\text{m})$$

(2)出口降低值。

$$y_2 = h_3 - Z_2 - h_{设计} = 2.08 - 0.07 - 1.68 = 0.33(\text{m})$$

(3)进口槽底高程。

$$\nabla_1 = \nabla_3 + y_1 = 65.56 + 0.20 = 65.76(\text{m})$$

(4)出口槽底高程。

$$\nabla_2 = \nabla_1 - Z_1 = 65.76 - 0.15 = 65.61(\text{m})$$

(5)出口渠底高程。

$$\nabla_4 = \nabla_2 - y_2 = 65.61 - 0.33 = 65.28(\text{m})$$

五、梁式渡槽设计

(一)梁式渡槽的类型

梁式渡槽的槽身置于槽墩或槽架上,纵向受力与梁相同。梁式渡槽的槽身根据其支承位置的不同,可分为简支梁式、双悬臂梁式、单悬臂梁式和连续梁式等几种。前三种是较为常用的静定结构,连续梁式为超静定结构。

(1)简支梁式渡槽。其特点是结构形式简单,施工吊装方便,但是跨中弯矩较大,整个底板受拉,不利于抗裂防渗。对于矩形槽身[见图 7-7(a)、(b)],跨度一般为 8~15 m;U 形槽身[见图 7-7(c)],跨度为 15~20 m;其经济跨度一般为墩架高度的 80%~120%。槽身高度大、修建槽墩困难,宜采用较大的跨度;槽身高度较小且地基条件又较差,宜选用较小的跨度。

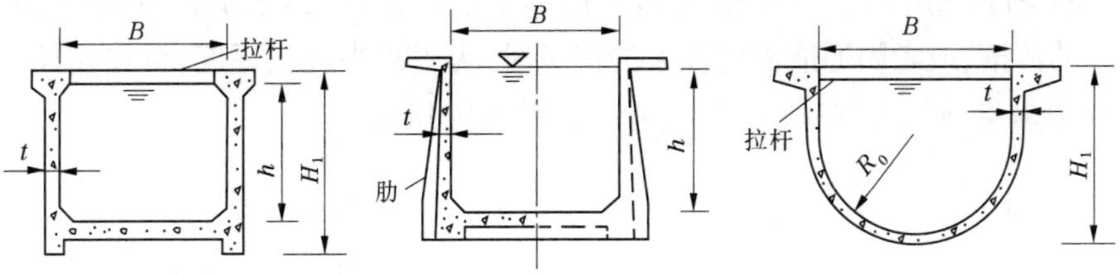

(a)设拉杆的矩形槽　(b)设肋的矩形槽　(c)设拉杆的U形槽

图 7-7　矩形、U 形槽身断面形式

(2)双悬臂梁式渡槽[见图 7-8(a)]。按照悬臂长度的大小,双悬臂梁式又可分为等跨度、等弯矩和不等跨不等矩三种形式,一般前两种情况较为常用。设一节槽身总长度为 L,悬臂长度为 b,对于等跨式 $b=0.25L$,在纵向均布荷载水重和自重的作用下,其跨中弯矩为零,底板全部位于受压区,有利于抗裂防渗。等弯矩式 $b=0.207L$,跨中弯矩与支座弯矩相等,结构受力合理,但需上、下配置受力钢筋,总配筋量不一定最小。双悬臂梁式渡槽的跨度较大,一般每节槽身长 25~40 m,由于其重量大,施工吊装较困难,当悬臂顶端变形时,接缝处止水容易被拉裂。

(3)单悬臂梁式渡槽[见图 7-8(b)]。一般在靠近两岸的槽身,或双悬臂梁向简支梁过渡时采用。其悬臂的长度不宜过长,以保证槽身的另一端支承处有足够的压力。

(4)连续梁式渡槽。为超静定结构,弯矩值较小,但适应不均匀沉降的能力较差,因

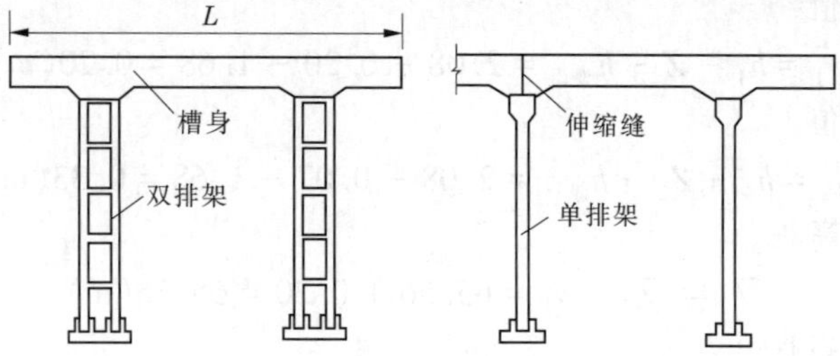

(a)双悬臂梁式　　(b)单悬臂梁式

图 7-8　悬臂梁式渡槽

此应慎重选用。

(二)槽身设计

1. 槽身横断面形式选择

在进行槽身横断面形式选择时，应考虑水力条件、结构受力、施工条件及通航要求等因素。一般大流量渡槽，多采用矩形断面，中小流量渡槽可采用矩形断面也可采用 U 形断面。矩形槽身多用钢筋混凝土或预应力钢筋混凝土结构，U 形槽身还可采用钢丝网水泥或预应力钢丝网水泥结构。

对于中、小型渡槽，流量较小而且无通航要求时，可在槽顶设置拉杆，其间距一般为 1~2 m，以改善槽身横向受力条件和增加侧墙稳定性；如有通航要求，则不能设置拉杆，而应适当加大侧墙厚度，也可做成变厚度侧墙。为了增加侧墙的稳定，也可沿槽长方向每隔一定距离加一道肋，构成肋板式矩形槽身，如图 7-9 所示。肋间距可按侧墙高的 70%~100%，肋的宽度一般不应小于侧墙厚度 t，肋的厚度一般为$(2\sim2.5)t$。对于大流量(40~50 m^3/s)的渡槽，或者因通航需要较大的槽宽时，为了减小底板厚度，可在底板下面设置边纵梁或中纵梁，而建成多纵梁式矩形槽，如图 7-10 所示。

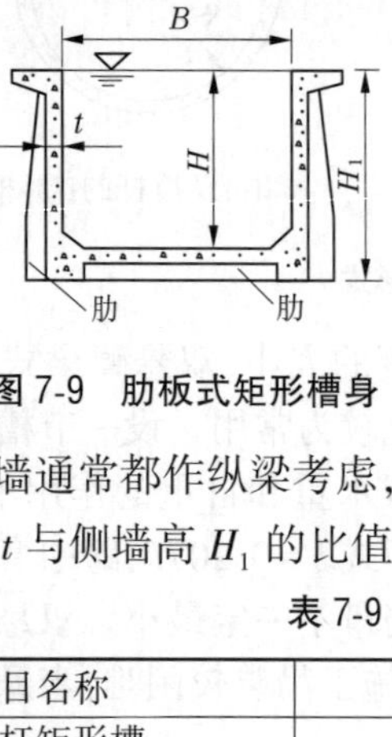

图 7-9　肋板式矩形槽身

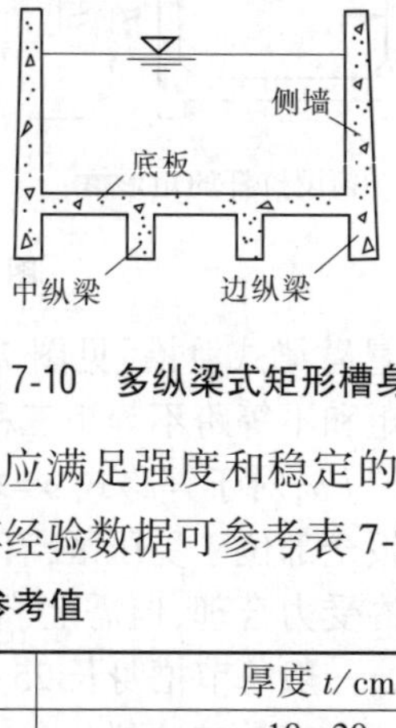

图 7-10　多纵梁式矩形槽身

槽身侧墙通常都作纵梁考虑，因为侧墙薄而高，所以应满足强度和稳定的要求，一般以侧墙厚度 t 与侧墙高 H_1 的比值 t/H_1 作为衡量指标，其经验数据可参考表 7-9。

表 7-9　槽身侧墙尺寸经验数据参考值

项目名称	t/H_1	厚度 t/cm
有拉杆矩形槽	1/12~1/16	10~20
有拉杆 U 形槽	1/10~1/15	5~10
肋板式矩形槽	1/18~1/21	12~15

钢筋混凝土 U 形渡槽一般采用半圆形上加直段的断面形式。为了增加槽壳的纵向刚度以利于满足底部抗裂要求、便于布置纵向受力钢筋，常将槽底弧形段加厚，如图 7-11 所示，图中 s_0 是从 d_0 两端分别向槽壳外缘作切线的水平投影长度，可由作图求出，其他参数经验值参见表 7-10。

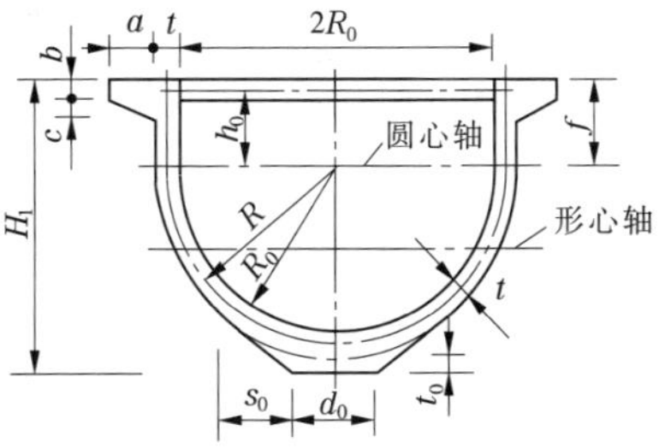

图 7-11　U 形槽身

表 7-10　U 形槽经验参数

参数	h_0	a	b	c	d_0	t_0
经验数据	$(0.4\sim0.6)R_0$	$(1.5\sim2.5)t$	$(1\sim2)t$	$(1\sim2)t$	$(0.5\sim0.6)R_0$	$(1\sim1.5)t$

2. 槽身一般构造

槽身设计中除选择断面形式、确定断面尺寸外，还应注重槽身的分缝、止水以及与墩台的连接等一般构造。

(1) 分缝。为了适应槽身因温度变化引起的伸缩变形和允许的沉降位移，应在渡槽与进、出口建筑物之间及各节槽身之间设置变形缝，缝宽一般为 3~5 cm。

(2) 止水。渡槽分缝应填堵止水材料，以适应变形和防止漏水，槽身接缝止水材料和构造形式较多，有橡皮压板式止水、塑料止水带压板式止水、沥青填料式止水、黏合式止水、套环填料式止水及木糠水泥填塞式止水等。

(3) 支座。梁式渡槽槽身搁置在墩架上，当跨径在 10 m 以内时，一般不设专门的支座，直接支承在油毡或水泥砂浆的垫层上，垫层厚度不应小于 10 mm，为防止支承处混凝土拉裂，可设置钢筋网进行加固。当跨径较大时，为使支点接触面的压力分布比较均匀并减小槽身摩擦时所产生的摩擦力，常在支点处设置支座钢板。每个支点处的支座钢板有两块，分别固定于槽身及墩(架)的支承面上，一般要求每块钢板上先焊上直径不小于 10 mm 的锚筋，钢板厚不小于 10 mm，面积大小根据接触面处混凝土的局部压力决定。对于跨度及纵坡较大的简支梁式槽身，其支座形式最好能做成一端固定(不能水平移动但可以转动)一端活动(能水平移动和转动)。

3. 槽身纵向结构计算

一般按满槽水情况设计。对矩形槽身，可将侧墙视为纵向梁，梁截面为矩形或 T 形，按受弯构件计算纵向正应力和剪应力，并进行配筋计算和抗裂验算。

4. 槽身横向结构计算

由于荷载沿槽长方向的连续性和均匀性，在槽身横向计算时(见表 7-11)，通常可沿槽长方向取长度为 1 m 的脱离体，按平面问题进行分析。

(1) 无拉杆矩形槽。对于无拉杆矩形槽槽身，侧墙可作为固定于底板上的悬臂板，侧墙和底板仍按刚性连接处理。

表 7-11　渡槽横断面结构计算简图一览表

无拉杆矩形槽计算简图	有拉杆矩形槽计算简图	U 形槽计算简图
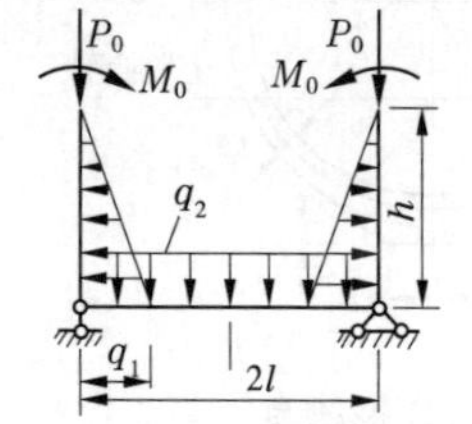	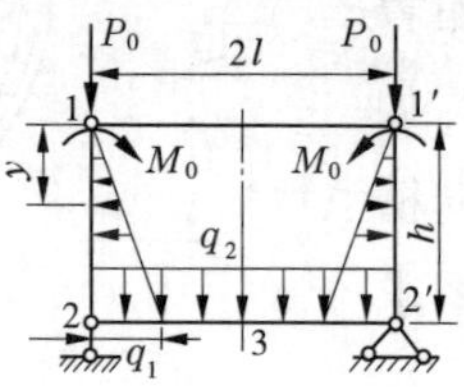	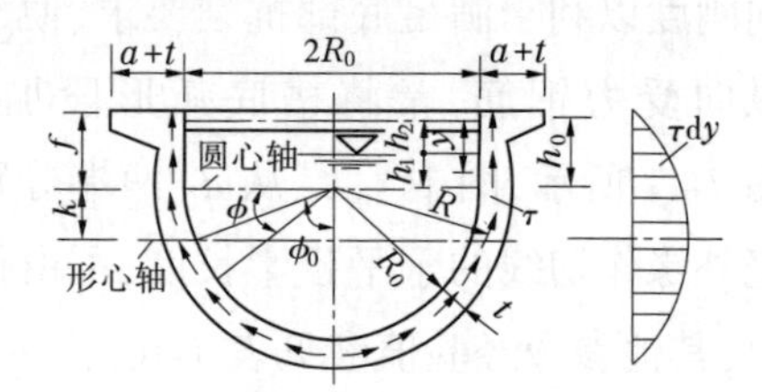
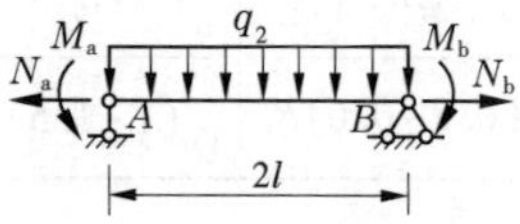	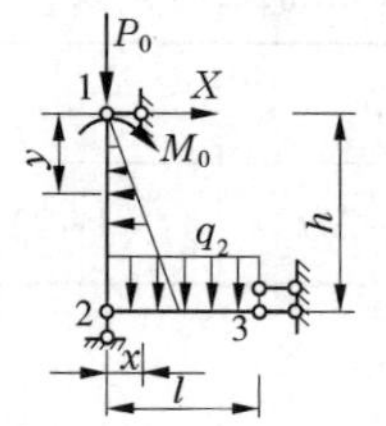	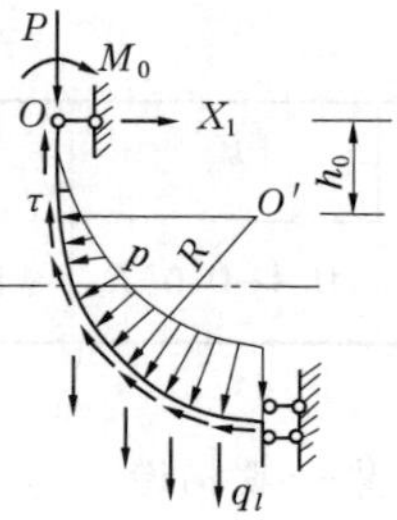

（2）有拉杆矩形槽。其槽身横向结构计算时，假定设拉杆处的横向内力与不设拉杆处的横向内力相同，将拉杆“均匀化”，拉杆截面尺寸一般较小，不计其抗弯作用及轴力对变位的影响，根据结构对称性，槽身设置拉杆后，可显著地减小侧墙和底板的弯矩。计算表明，侧墙底部和底板跨中的最大弯矩值均发生在满槽水深的情况，可以近似地将水位取至拉杆中心。有拉杆的矩形槽槽身属一次超静定结构，可按力矩分配法进行计算。但必须注意，求出拉杆拉力（拉杆“均匀化”后）以后，应再乘以拉杆的间距，才是拉杆的实际拉力。

（3）U 形槽。一般设有拉杆，横向结构计算时取单位长度槽身按平面问题分析。作用于单位长槽身的荷载有槽身、水的重力和两侧截面上的剪力，其剪力分布呈抛物线形，方向沿槽壳厚度中心线的切线方向，对槽壳产生弯矩和轴向力。该力产生的弯矩与其他荷载产生的弯矩的方向相反，起抵消作用。因其结构及荷载对称，取一半进行分析。

为使槽身便于支承在槽墩（架）上及增加 U 形槽槽身支承点处的刚度，常在支点处设支承肋，对于简支梁式槽身即为端肋。对于端肋，可以近似地视为一简支梁，梁高为端肋中部截面的高度，梁宽为端肋厚度，计算跨度取支承之间的距离 L，即可得图 7-12（b）。假定槽身全部作用于两端肋简支梁上，荷载为均匀分布，取跨中最不利截面进行内力计算及配筋。槽身及端肋配筋如图 7-12 所示。在风较大的地区，当槽身较轻，受风面积以及高度均较大时，应验算槽身空槽时的抗倾覆稳定性，以防止槽身在风荷载作用下的倾倒掉落。

（三）支承结构设计

支承结构设计主要包括形式选择、尺寸确定、排架与基础的连接以及单排架结构计算等内容。

1. 支承结构形式选择、尺寸确定

梁式渡槽的支承结构，一般有槽墩式和排架式两种，如表 7-12 所示。

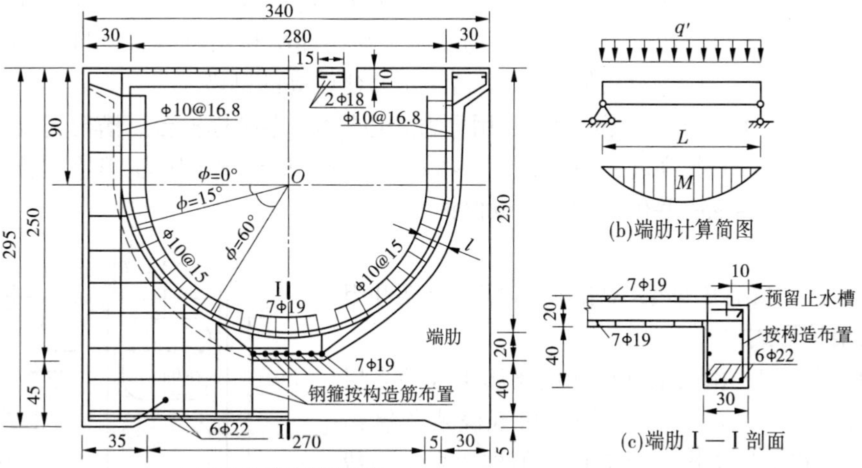

(a)槽身及端肋钢筋布置

图 7-12　某 U 形槽身及端肋钢筋布置　(单位:cm)

表 7-12　渡槽支承结构形式一览表

	实体墩	空心墩	槽台
槽墩式	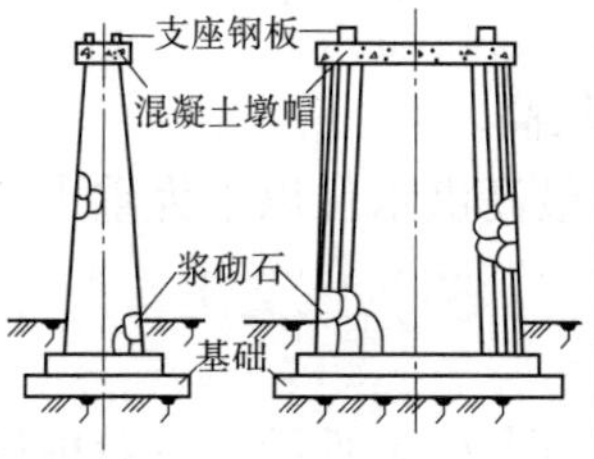	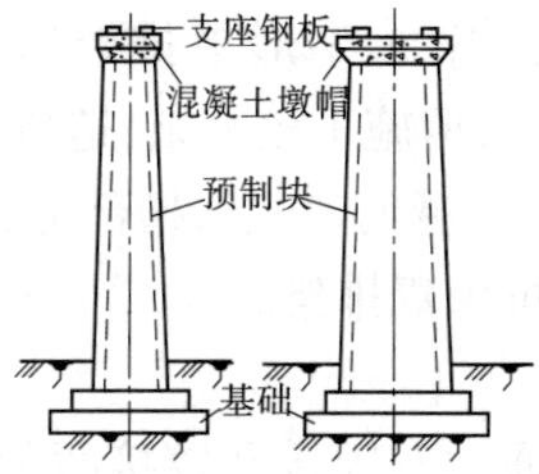	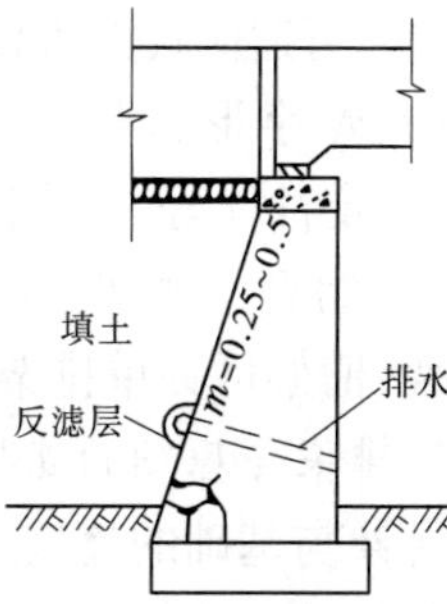
	单排架	双排架	A 字形排架
排架式	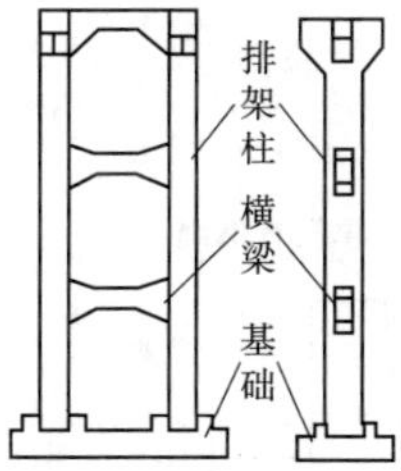	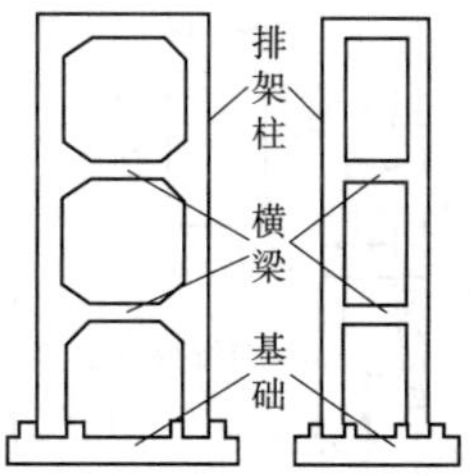	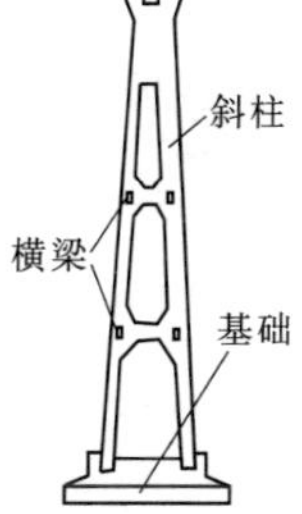

1) 槽墩式

槽墩一般为重力式,包括实体墩和空心墩两种形式。

(1) 实体墩。其墩头多为半圆形或尖角形,建筑材料为混凝土或浆砌石,构造简单,施工方便,但使用材料较多,自身重力大,故高度不宜太大,当槽墩较高又承受较大荷载时,要求地基应有较大的承载能力。这种墩的高度一般为 8~15 m。

(2)空心墩。截面形式有圆矩形、矩形、双工字形、圆形等。空心墩墩身可采用混凝土预制块砌筑,也可将墩身分段预制现场安装。与实体墩相比可节省材料,与槽台相比,可节省钢材。其自身重力小,但刚度大,适用于修建较高的槽墩。

(3)槽台。渡槽与两岸连接时,常用重力式边槽墩,亦简称槽台。槽台起着支承槽身和挡土的双重作用,其高度一般不超过5~6 m。为减小槽台背水压力,常在其体内设置排水孔,孔径为5~8 cm,并做反滤层予以保护。

2)排架式

排架式主要有单排架、双排架、A字形排架和组合式槽架等形式。

(1)单排架。由两根支柱和横梁所组成的多层刚架结构。具有体积小、重量轻、可现浇或预制吊装等优点,在工程中被广泛应用。单排架高度一般为10~20 m,如图7-13所示。

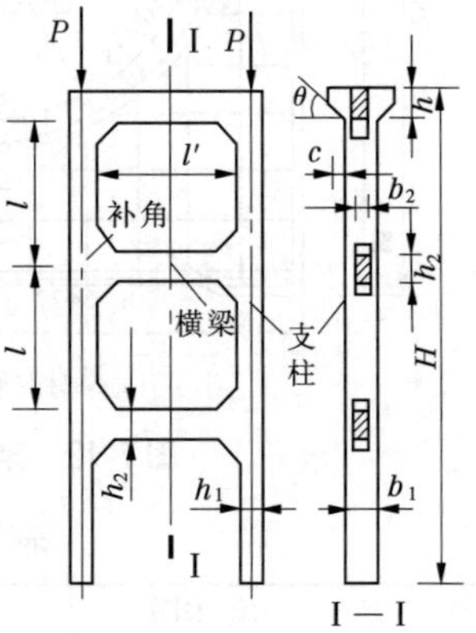

图7-13　单排架构造

(2)双排架。由两个单排架及横梁组合而成,属于空间框架结构。在较大的竖向荷载及水平荷载作用下,其强度、稳定性及地基应力均较单排架容易满足要求。可适应较大的高度,通常为15~25 m。

(3)A字形排架。常由两片A字形单排架组成,其稳定性能好,适应高度大,但施工较复杂,造价也较高。

(4)组合式槽架。适用于跨越河道主河槽部分,在最高洪水位以下为重力式墩,其上为槽架,槽架可为单排架,也可为双排架。

2. 排架与基础的连接

排架与基础的连接形式通常有固接和铰接两种,如图7-14所示。一般现场浇筑时,排架与基础常整体结合,排架竖向钢筋直接伸入基础内,应按固结考虑。预制装配排架,根据排架吊装就位后的杯口处理方式而定。

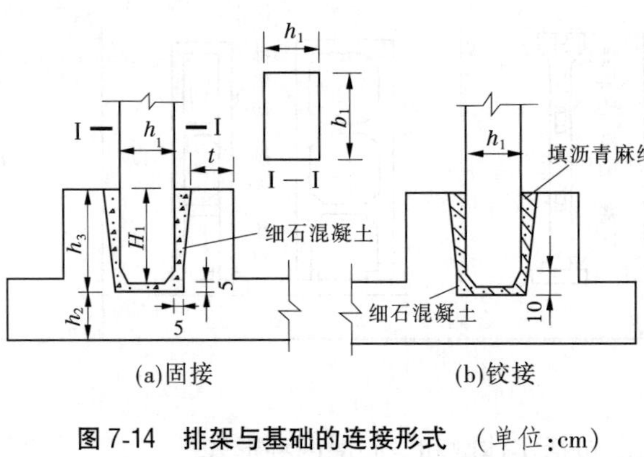

图7-14　排架与基础的连接形式　(单位:cm)

3. 单排架结构计算

单排架的结构计算,一般分满槽水加横向风荷、空槽加横向风荷、施工吊装等情况进行,其计算简图由立柱和横梁的轴线所组成,其横向计算可采用“无剪力分配法”。荷载组合分为空槽加横向风荷和满槽(水)加横向风荷两种情况。前者往往对排架的内力及配筋起控制作用,而后者对立柱的配筋起校核作用。

(四)渡槽基础设计

渡槽基础是将渡槽的全部重量传给地基的底部结构。渡槽基础的类型较多,根据埋置深度可分为浅基础和深基础,埋置深度小于 5 m 时为浅基础,大于 5 m 时为深基础;按照结构形式可分为刚性基础、整体板式基础、钻孔桩基础和沉井基础等。渡槽的浅基础一般采用刚性基础和整体板式基础,深基础多为桩基础和沉井基础,如图 7-15 所示。

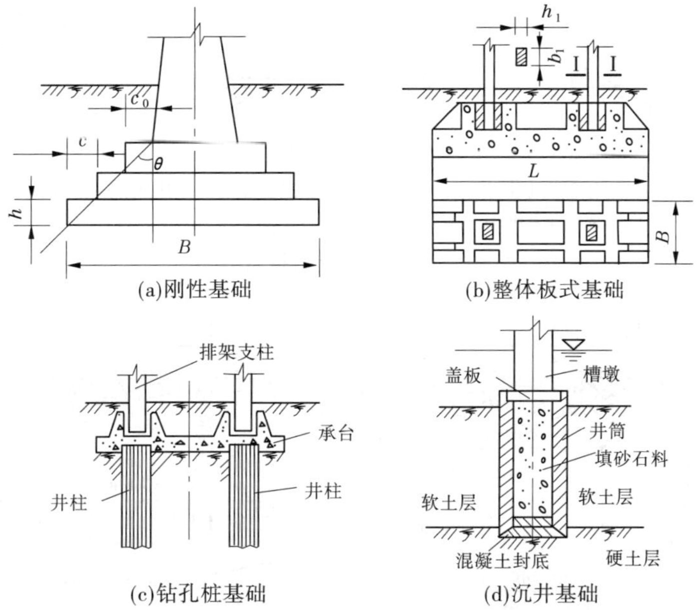

图 7-15 渡槽的基础

对于浅基础,基底面高程(或埋置深度)一般应根据地形、地质、水文、气象条件和使用要求等条件选定。软土地基上基础埋置深度一般为 1.5~2.0 m。冰冻地区,基底面埋入冰冻层以下不小于 0.3~0.5 m,以免因冰冻而降低地基承载力。耕作地区的基础,基础顶面应设在地面以下 0.5~0.8 m。河槽中受到水流冲刷的基础,基底面应埋入最大冲刷线之下,以免基底受到淘刷而危及工程的安全。对于深基础,入土深度应从稳定坡线、耕作层深度、最大冲刷深度处开始算起,以确保深基础有足够的承载力。

六、拱式渡槽

拱式渡槽是指槽身置于拱式支承结构上的渡槽。其支承结构由槽墩、主拱圈、拱上结构组成。主拱圈是拱式渡槽的主要承重结构,其受力特征为:槽身荷载通过拱上结构传给主拱圈,再由主拱圈传给槽墩或槽台。主拱圈主要承受压力,故可用石料或混凝土建造,并可采用较大的跨度,但拱圈对支座的变形要求严格。跨度较大的拱式渡槽应建在比较坚固的岩石地基上。

拱式渡槽按照主拱圈的结构形式,可分为板拱、肋拱、双曲拱及桁架拱等;拱式渡槽的拱上结构，有实腹式和空腹式两种，如图7-16和图7-17所示，是设置在主拱圈之上，用来传递槽身荷载的重要结构。

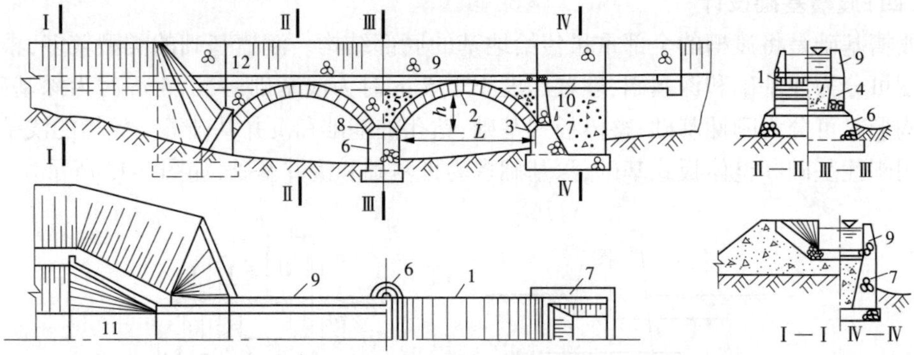

1—拱圈；2—拱顶；3—拱脚；4—边墙；5—拱上填料；6—槽墩；7—槽台；
8—排水管；9—槽身；10—垫层；11—渐变段；12—变形缝

图7-16　实腹式石拱渡槽

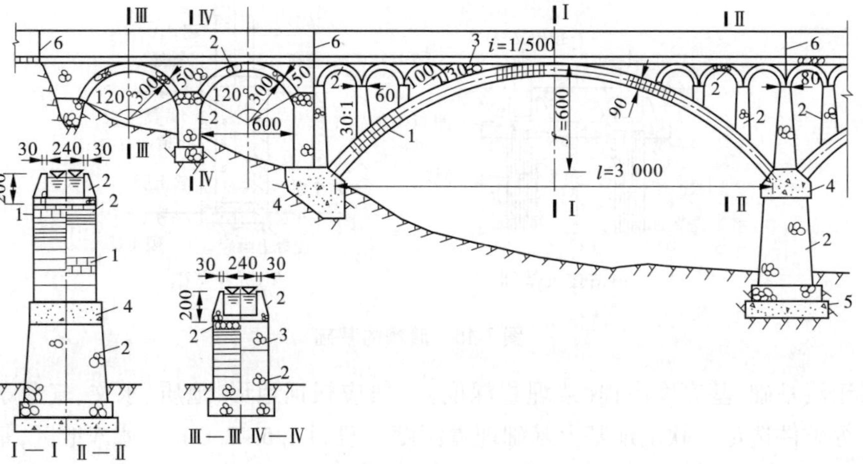

1—水泥砂浆砌条石；2—水泥砂浆砌块；3—水泥砂浆砌块石；4—C20混凝土；5—C10混凝土；6—伸缩缝

图7-17　空腹式石拱渡槽　（单位：cm）

（1）板拱渡槽。渡槽的主拱圈横截面形状为矩形，结构形式像一块拱形的板，一般为实体结构，多采用粗料石或预制混凝土块砌筑，故常称石拱渡槽。对于小型渡槽，主拱圈也可采用砖砌。其主要特点是可以就地取材，结构简单，施工方便，故在水利工程中被广泛采用。但因自重较大、对地基要求较高，一般用于较小跨度的渡槽。

（2）肋拱渡槽。其主拱圈由几根分离的拱肋组成，为了加强拱圈的整体性和横向稳定性，在拱肋间每隔一定的距离设置刚度较大的横系梁进行联结，拱上结构为排架式。当槽宽不大时，多采用双肋。肋拱渡槽一般采用钢筋混凝土结构，小跨度的拱圈也可采用少筋混凝土或无筋混凝土。对于大中跨径的肋拱结构可分段预制吊装拼接，无须支架施工。这种形式的渡槽外形轻巧美观，自重较小，工程量较小，如图7-18所示。

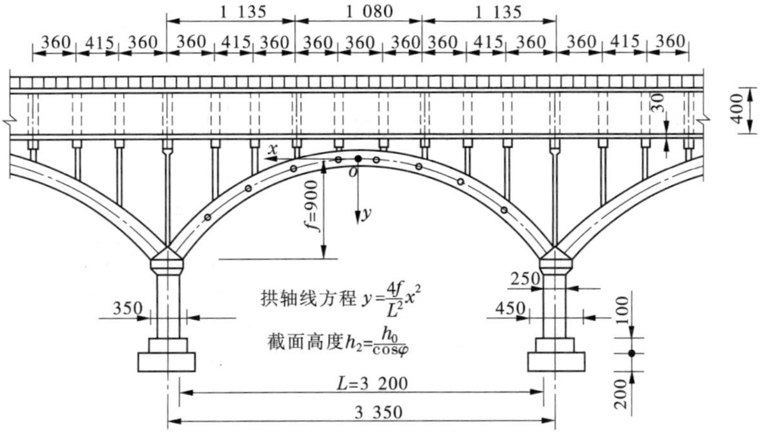

图 7-18 肋拱渡槽 （单位：cm）

(3) 双曲拱渡槽。双曲拱主要由拱肋、拱波和横系梁或横隔板等部分组成。因主拱圈沿纵向是拱形，其横截面也是拱形，故称为双曲拱渡槽。双曲拱能够充分发挥材料的抗压性能，具有较大的承载力，节省材料，造型美观，主拱圈可分块预制吊装施工，一般适用于修建大跨度渡槽，如图 7-19 所示。

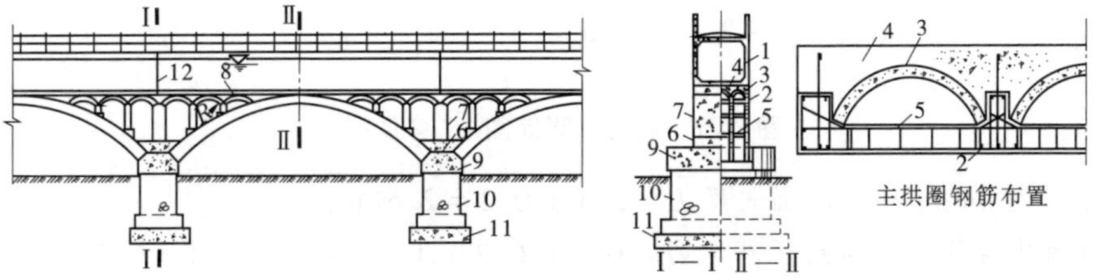

1—槽身；2—拱肋；3—预制拱坡；4—混凝土填平层；5—横系梁；6—护拱；
7—腹拱横墙；8—腹拱；9—混凝土墩帽；10—槽墩；11—混凝土基础；12—伸缩缝

图 7-19 双曲拱渡槽

【案例 7-3】 梁式渡槽设计

项目任务：根据相关资料内容，进行梁式有拉杆渡槽的结构计算。

灌区三支渠上渡槽采用有拉杆的钢筋混凝土矩形结构，渡槽总长 150 m，分为 15 跨，每跨长 10 m，设计流量 $Q_{设计}=7.17\ m^3/s$，校核流量 $Q_{加大}=8.25\ m^3/s$，槽底内部宽度 $b=2.4$ m，纵向比降 1/1 000，槽内壁糙率 0.014，按照明渠均匀流计算公式，求得设计水深 $h_{设计}=1.68$ m，加大水深 $h_{加大}=1.88$ m，槽壁内侧高度取 2.0 m，拉杆断面取 10 cm×10 cm，拉杆间距取 1.0 m。

渡槽属于 4 级建筑物，结构安全级别为Ⅲ级，结构重要性系数 $\gamma_0=0.9$，持久状况的设计状况系数为 1.0，暂时状况的设计状况系数为 0.95，作用分项系数 $\gamma_G=1.05$，$\gamma_Q=1.10$，槽身属二类环境条件，结构系数 $\gamma_d=1.20$，槽身采用 C25 混凝土，Ⅱ级钢筋，材料强度设计值 $f_c=12.5\ N/mm^2$，$f_y=310\ N/mm^2$，钢筋混凝土的重度取 25 kN/m³。

任务要求：进行该梁式有拉杆渡槽的结构计算。

1. 渡槽横断面结构尺寸拟订

拟订的渡槽横断面结构尺寸如图 7-20 所示。

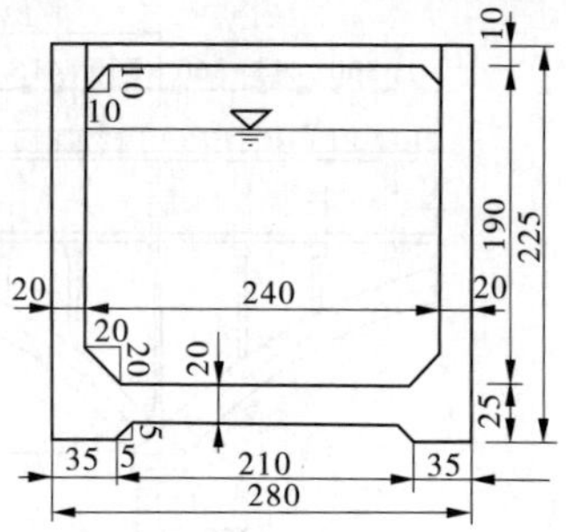

图 7-20　横断面结构尺寸　(单位:cm)

2. 设计状况及其作用效应组合

选取加大流量作为短暂状况,按承载力极限状态设计,其作用效应组合为基本组合(永久作用+可变作用);按正常使用极限状况设计时,其作用效应组合为短期组合和长期组合。

3. 内力计算简图

沿着槽长取 1 m 为脱离体进行计算。按满槽(水)考虑,计算至拉杆中心线,其为短暂状况。计算简图如图 7-21 所示。

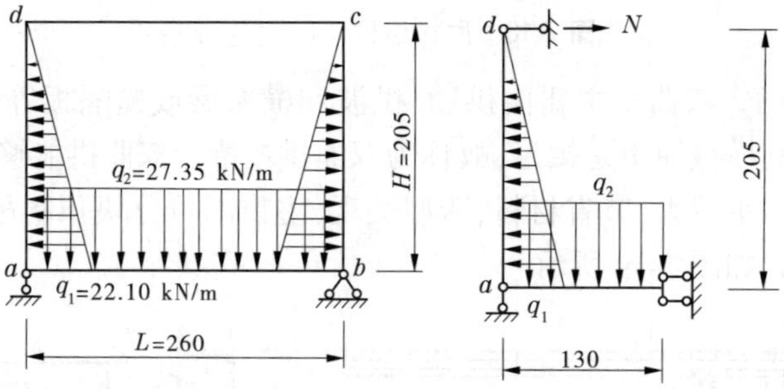

图 7-21　内力计算简图　(单位:cm)

(1) 简化后的槽底横断面长度 $L = 2.4 + 0.2 = 2.6$(m)

(2) 简化后的槽壁横断面高度 $H = 0.5 \times 0.2 + 1.9 + 0.5 \times 0.1 = 2.05$(m)

(3) 满槽水重形成的均布荷载 $q_1 = \gamma_Q \gamma_w H = 1.10 \times 9.8 \times 2.05 = 22.10$(kN/m)

(4) 槽底自重与满槽水重形成的均布荷载 $q_2 = q_1 + \gamma_G \gamma_h t = 22.10 + 1.05 \times 25 \times 0.2 = 27.35$(m)

4. 拉杆的轴向拉力设计值 N

因为槽底厚度与槽壁厚度相同,即二者刚度相同,$I_{ab} = I_{ad}$,则

$$N = \gamma_0 \psi \frac{0.2q_1 H^2 I_{ab} + 0.5q_1 HLI_{ab} - 0.25q_2 L^3 I_{ad}/H}{3LI_{ad} + 2HI_{ab}}$$

$$= \gamma_0 \psi \frac{0.2q_1 H^2 + 0.5q_1 HL - 0.25q_2 L^3/H}{3L + 2H}$$

$$= 0.9 \times 0.95 \times \frac{0.2 \times 22.10 \times 2.05^2 + 0.5 \times 22.10 \times 2.05 \times 2.6 - 0.25 \times 27.35 \times 2.6^3 \div 2.05}{3 \times 2.6 + 2 \times 2.05}$$

$$= 1.35(\text{kN})$$

5. 侧墙内力计算

(1) 侧墙按底板固定的悬臂板进行内力计算,距离墙顶任意一点 y 处的弯矩设计值为

$$M_y = Ny - \gamma_0 \psi \gamma_Q \frac{1}{6} \gamma_w y^3$$

(2)最大正弯矩(外侧受拉)位置在 $Q = N - \gamma_0\psi\gamma_Q \frac{1}{2}\gamma_w y^2 = 0$ 处,即

$$y = \sqrt{\frac{2N}{\gamma_0\psi\gamma_Q\gamma_w}} = \sqrt{\frac{2 \times 1.35}{0.9 \times 0.95 \times 1.10 \times 9.8}} = 0.54(\text{m})$$

$$M_{max} = 1.35 \times 0.54 - 0.9 \times 0.95 \times 1.10 \times \frac{1}{6} \times 9.8 \times 0.54^3 = 0.49(\text{kN} \cdot \text{m})$$

(3)补角处(y=1.75 m)弯矩设计值为

$$M_{补角处} = 1.35 \times 1.75 - 0.9 \times 0.95 \times 1.10 \times \frac{1}{6} \times 9.8 \times 1.75^3 = -5.87(\text{kN} \cdot \text{m})$$

(4)侧墙底端弯矩设计值为

$$M_A = 1.35 \times 1.95 - 0.9 \times 0.95 \times 1.10 \times \frac{1}{6} \times 9.8 \times 1.95^3 = -8.76(\text{kN} \cdot \text{m})$$

6. 侧墙配筋(按承载力极限状态设计)

由于侧墙竖向轴力很小,按受弯构件进行配筋计算。外侧受力钢筋按最大正弯矩 M_{max} 进行计算,内侧钢筋取侧墙底端截面作为计算截面。经计算,内外侧所需配筋很少,故按构造配筋。

内外侧配筋量为 $A_s = A_s' = \rho_{min} b h_0 = 0.15\% \times 1\,000 \times 170 = 255(\text{mm})$,选用 Φ 8@200($A_s = A_s' = 251\ \text{mm}^2$)。

水平分布筋采用 Φ 6@250,经验算满足抗裂要求。

7. 底板内力计算

(1)绘制底板内力计算简图。如图7-22所示,图中的轴向拉力等于侧墙的剪力设计值。

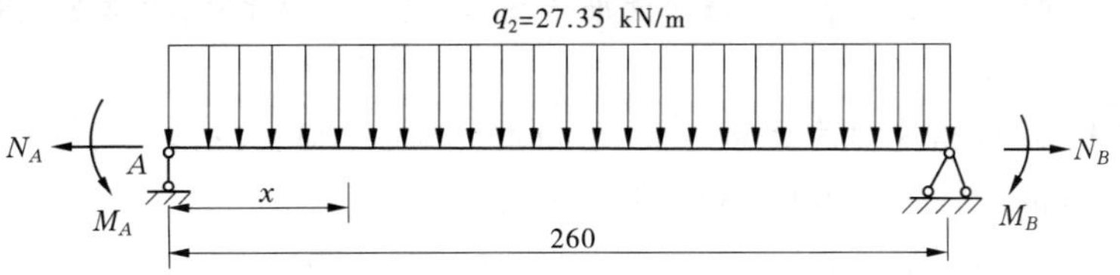

图7-22 底板内力计算简图 (单位:cm)

(2)底板横向所受轴向力设计值为

$$N_A = N_B = \gamma_0\psi\gamma_Q \frac{1}{2}\gamma_w H^2 - N = 0.9 \times 0.95 \times 1.10 \times \frac{1}{2} \times 9.8 \times 2.05^2 - 1.35$$
$$= 18.02(\text{kN})$$

(3)底板横向两端 A、B 点的弯矩设计值为

$$M_A = M_B = 8.76\ \text{kN} \cdot \text{m}$$

作用方向如图7-22所示。

(4)跨中弯矩设计值为

$$M_{跨中} = \gamma_0\psi \frac{1}{8} q_2 L^2 - M_A = 0.9 \times 0.95 \times \frac{1}{8} \times 27.35 \times 2.6^2 - 8.76 = 11.00(\text{kN} \cdot \text{m})$$

(5)补角处(距离支座 x = 0.3 m 处)弯矩设计值为

$$M_x = \gamma_0\psi(R_A x - \frac{1}{2}q_2 x^2) - M_A$$
$$= 0.9 \times 0.95 \times \left(\frac{1}{2} \times 27.35 \times 2.6 \times 0.3 - \frac{1}{2} \times 27.35 \times 0.3^2\right) - 8.76$$
$$= 0.04(\text{kN} \cdot \text{m}) \quad (\text{下部受拉})$$

8. 底板配筋

(1) 支座处：考虑补角的作用，端弯矩按补角内缘处的弯矩计算，$bh = 1\ 000\ \text{mm} \times 200\ \text{mm}$；取 $a_s = a_s' = 30\ \text{mm}$，则 $h_0 = 170\ \text{mm}$。

$$e_0 = \frac{M}{N} = \frac{0.04 \times 10^6}{18.02 \times 10^3} = 2.5(\text{mm}) < \frac{h}{2} - a_s = \frac{200}{2} - 30 = 70(\text{mm})$$

属于小偏心受拉构件。

$$e' = \frac{h}{2} - a_s' + e_0 = \frac{200}{2} - 30 + 2.5 = 72.5(\text{mm})$$

$$e = \frac{h}{2} - a_s - e_0 = \frac{200}{2} - 30 - 2.5 = 67.5(\text{mm})$$

$$A_s = \frac{\gamma_d N e'}{f_y(h_0 - a_s')} = \frac{1.2 \times 18.02 \times 10^3 \times 72.5}{310 \times (170 - 30)} = 36.12(\text{mm}^2)$$

$$A_s' = \frac{\gamma_d N e}{f_y(h_0 - a_s')} = \frac{1.2 \times 18.02 \times 10^3 \times 67.5}{310 \times (170 - 30)} = 33.63(\text{mm}^2)$$

最小配筋率需要的配筋面积为

$$A_{min} = \rho_{min} b h_0 = 0.15\% \times 1\ 000 \times 170 = 255(\text{mm}^2)$$

因为计算出的底板配筋均小于最小配筋率要求，故按构造配筋，选 Φ 8@200($A_s = A_s' = 251\ \text{mm}^2$)。

(2) 跨中截面：根据前面的计算结果，已知 $M_{跨中} = 11.00\ \text{kN} \cdot \text{m}$，$N_A = N_B = 18.02\ \text{kN}$，取 $a_s = a_s' = 30\ \text{mm}$，则 $h_0 = 200 - 30 = 170(\text{mm})$。

$$e_0 = \frac{M}{N} = \frac{11.00 \times 10^6}{18.02 \times 10^3} = 610(\text{mm}) > \frac{h}{2} - a_s = \frac{200}{2} - 30 = 70(\text{mm})$$

按大偏心受拉构件计算。先假定 $x = \xi_b h_0$，查表得 $\xi_b = 0.544$，则

$$x = \xi_b h_0 = 0.544 \times 170 = 92.5(\text{mm}) > 2a' = 60(\text{mm})$$

对于Ⅱ级钢筋，$a_{sb} = 0.396$，则

$$A_s' = \frac{\gamma_d N e - f_c a_{sb} b h_0^2}{f_y'(h_0 - a_s')} = \frac{1.2 \times 18.02 \times 10^3 \times 484 - 12.5 \times 0.396 \times 1\ 000 \times 170^2}{310 \times (170 - 30)} < 0$$

故按构造配筋，选用 Φ 8@200($A_s' = 251\ \text{mm}^2$)。

求 x，由式 $Ne = \frac{1}{\gamma_d}[f_y' A'_s(h_0 - a'_s) + f_c bx\left(h_0 - \frac{x}{2}\right)]$ 得

$$f_c bx^2/2 - f_c bh_0 x + \gamma_d Ne - f_y' A'_s(h_0 - a'_s) = 0$$

代入数据得

$$12.5 \times 1\ 000x^2/2 - 12.5 \times 1\ 000 \times 170x + 1.2 \times 18\ 020 \times 484 -$$

$$310 \times 251 \times (170 - 30) = 0$$

$$6\,250x^2 - 2\,125\,000x - 427\,384 = 0$$

$$x = \frac{2\,125\,000 - \sqrt{2\,125\,000^2 + 4 \times 6\,250 \times 427\,384}}{2 \times 6\,250} = -0.20(\mathrm{mm})$$

$x = -0.20\ \mathrm{mm} < 2a_s' = 60\ \mathrm{mm}$，取 $x = 2a_s'$，并对 A_s' 合力点取矩可求得

$$A_s' = \frac{\gamma_d N e'}{f_y(h_0 - a_s')} = \frac{1.2 \times 18\,020 \times (200/2 - 30 + 610)}{310 \times (170 - 30)} = 339(\mathrm{mm}^2)$$

选用 Φ 10@200（$A_s = 392\ \mathrm{mm}^2 > \rho_{\min} b h_0 = 255\ \mathrm{mm}^2$），经比较取跨中截面配筋量作为底板配筋依据。

9. 底板抗裂验算

取跨中截面进行验算，应按短期组合和长期组合分别计算。限于篇幅，本案例仅计算短期组合情况。

$$N_s = \gamma_0 \frac{1}{2} \gamma_w H^2 - N$$

$$= 0.9 \times \frac{1}{2} \times 9.8 \times 2.05^2 -$$

$$\frac{0.2 \times 19.11 \times 2.05^2 + 0.5 \times 19.11 \times 2.05 \times 2.6 - 0.25 \times 24.11 \times 2.6^2 \div 2.05}{3 \times 2.6 + 2 \times 2.05}$$

$$= 1.585(\mathrm{kN})$$

$$\alpha_E = \frac{E_s}{E_c} = \frac{2.0 \times 10^5}{2.80 \times 10^4} = 7.14$$

$$A_0 = A_c + \alpha_E A_s + \alpha_E A_s' = 1\,000 \times 200 + 7.14 \times 322 + 7.14 \times 251 = 204\,091(\mathrm{mm}^2)$$

$$Y_0 = \frac{A_c y_c' + \alpha_E A_s h_0 + \alpha_E A_s' a_s'}{A_c + \alpha_E A_s + \alpha_E A_s'}$$

$$= \frac{1\,000 \times 200 \times 200/2 + 7.14 \times 322 \times 170 + 7.14 \times 251 \times 30}{1\,000 \times 200 + 7.14 \times 322 + 7.14 \times 251}$$

$$= 100(\mathrm{mm})$$

$$I_0 = I_c + A_c(y_0 - y_c')^2 + \alpha_E A_s (h_0 - y_0)^2 + \alpha_E A_s'(y_0 - a_s')^2$$

$$= \frac{1\,000 \times 200^3}{6} + 100 \times 200 \times \left(100 - \frac{200}{2}\right)^2 + 7.14 \times 322 \times$$

$$(170 - 100)^2 + 7.14 \times 251 \times (100 - 30)^2$$

$$= 1.35 \times 10^9(\mathrm{mm}^4)$$

$$W_0 = \frac{I_0}{h - y_0} = \frac{1.35 \times 10^9}{200 - 100} = 1.35 \times 10^7(\mathrm{mm}^3)$$

取 $f_{tk} = 1.75\ \mathrm{N/mm}^2$，则

$$\gamma_m = \left(0.7 + \frac{300}{200}\right) \times 1.55 = 3.41$$

$$\frac{\gamma_m \alpha_{ct} f_{tk} A_0 W_0}{e_0 A_0 + \gamma_m W_0} = \frac{3.41 \times 0.85 \times 1.75 \times 204\,091 \times 1.35 \times 10^7}{554 \times 204\,091 + 3.41 \times 1.35 \times 10^7}$$

$$= 87\,841(\text{N}) > N_s = 1\,585\ \text{N}$$

短期效应组合下满足抗裂要求。

10. 槽身纵向结构计算

渡槽槽身为简支梁结构，按通过加大流量进行计算（设计状况略）。

(1) 内力计算。

设槽身每边支座宽度为 50 cm，则槽身净跨度为 $L_0 = 10 - 1 = 9(\text{m})$，计算跨度为

$$\left.\begin{aligned} L &= L_0 + a = 9 + 0.5 = 9.5(\text{m}) \\ L &= 1.05L_0 = 1.05 \times 9 = 9.45(\text{m}) \end{aligned}\right\}$$

二者取较小者，取 9.45 m。

作用（荷载）计算参数见前述内容，计算简图如图 7-23 所示。

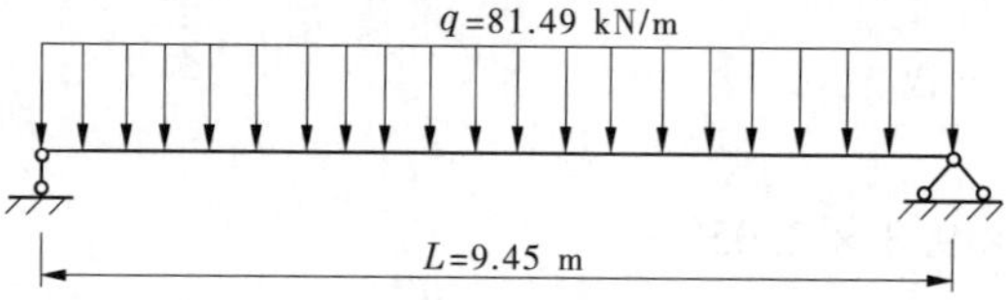

图 7-23　槽身纵向计算简图

拉杆自重（设计值）$q_1 = 1.05 \times 25 \times 0.1^2 \times 2.4 \times 1.0 = 0.63(\text{kN/m})$

侧墙自重（设计值）

$$q_2 = 1.05 \times 25 \times \left(0.15 \times 2.25 + \frac{1}{2} \times 0.2^2 + \frac{1}{2} \times 0.1^2 + 0.05 \times 0.225\right) \times 2 = 19.62(\text{kN/m})$$

底板自重（设计值）$q_3 = 1.05 \times 25 \times 0.2 \times 2.4 \times 1.0 = 12.6(\text{kN/m})$

槽内水重（设计值）$q_4 = 1.1 \times 9.8 \times 1.88 \times 2.4 = 48.64(\text{kN/m})$

整体自重（设计值）$q = q_1 + q_2 + q_3 + q_4 = 81.49(\text{kN/m})$

跨中最大弯矩设计值 $M_{max} = \gamma_0 \psi \frac{1}{8} q L^2 = 0.9 \times 0.95 \times \frac{1}{8} \times 81.49 \times 9.45^2 = 777.76$ (kN · m)

最大剪力：$V_{max} = \gamma_0 \psi \frac{1}{2} q L_0 = 0.9 \times 0.95 \times \frac{1}{2} \times 81.49 \times 9 = 313.53(\text{kN})$

(2) 纵向配筋计算。

槽身底板在受拉区，故槽身在纵向按 $h = 2\,250$ mm、$b = 400$ mm 的矩形梁进行配筋计算，按两排钢筋布置，$a_s = 70$ mm，则 $h_0 = 2\,250 - 70 = 2\,180(\text{mm})$。

$$\alpha_s = \frac{\gamma_d M}{f_c b h_0} = \frac{1.2 \times 777.76 \times 10^6}{12.5 \times 400 \times 2\,180^2} = 0.039\,3$$

$$\xi = 1 - \sqrt{1 - 2\alpha_s} = 1 - \sqrt{1 - 2 \times 0.039\,3} = 0.040\,1 < \xi_b = 0.544$$

$$A_s = \frac{f_c \xi b h_0}{f_y} = \frac{12.5 \times 0.0401 \times 400 \times 2180}{310} = 1410(\text{mm}^2)$$

选用 4 Φ 16 + 8 Φ 10($A_s = 1432\ \text{mm}^2 > \rho_{min} b h_0 = 131\ \text{mm}^2$)，满足配筋要求。

(3)抗裂验算。

忽略补角的作用，槽身横断面简化计算图如图 7-24 所示。

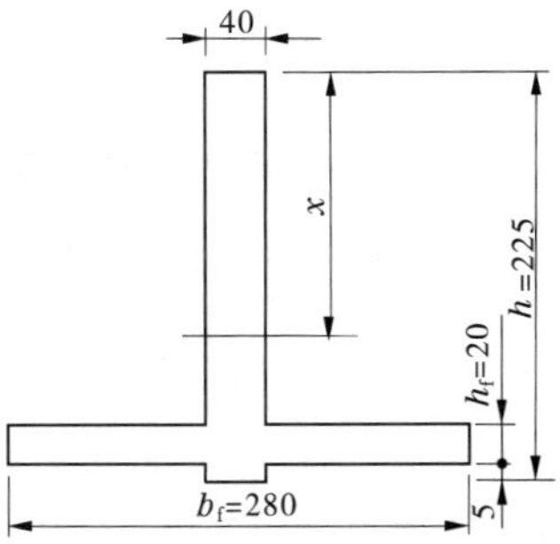

图 7-24 抗裂验算断面简图 （单位:cm）

横断面截面面积：$A_0 = 400 \times 2250 + 20 \times 2400 = 9.48 \times 10^5(\text{mm}^2)$

$$\rho = \frac{A_s}{b h_0} \times 100\% = \frac{1432}{400 \times 2180} \times 100\% = 0.164\% > \rho_{min} = 0.15\%$$

对称轴的惯性矩：

$$\begin{aligned} I_0 &= (0.0833 + 0.19\alpha_E \rho) b h^3 \\ &= (0.0833 + 0.19 \times 7.14 \times 0.00164) \times 400 \times 2250^3 \\ &= 3.9 \times 10^{11}(\text{mm}^4) \end{aligned}$$

$$y_0 = (0.5 + 0.425\alpha_E \rho) h = (0.5 + 0.425 \times 7.14 \times 0.00164) \times 2250 = 1136(\text{mm})$$

$$W_0 = \frac{I_0}{h - y_0} = \frac{3.9 \times 10^{11}}{2250 - 1136} = 3.5 \times 10^9(\text{mm}^3)$$

查规范，由 $b_f/b > 2$，$h_f/h < 0.2$，得 $\gamma_m = 1.40$。

考虑截面高度的影响，对 γ_m 进行修正，得

$$\gamma_m = \left(0.7 + \frac{300}{h}\right) \times 1.4 = \left(0.7 + \frac{300}{2250}\right) \times 1.4 = 1.17$$

对荷载效应短期组合，由 $M_s = 0.9 \times \frac{1}{8} \times 75.5 \times 9.45^2 = 758.5(\text{kN} \cdot \text{m})$，取 $\alpha_{ct} = 0.85$，则

$$\gamma_m \alpha_{ct} W_0 = 1.17 \times 0.85 \times 1.75 \times 3.5 \times 10^9 = 6.09 \times 10^9(\text{N} \cdot \text{mm}) = 6090(\text{kN} \cdot \text{m}) > M_s$$

在短期组合下，满足抗裂要求。

(4)斜截面承载力验算。

已知最大剪力 $V_{max} = 313.53$ kN

$$\begin{aligned} \frac{1}{\gamma_d} 0.07 f_c b h_0 &= \frac{1}{1.2} \times 0.07 \times 12.5 \times 400 \times 2180 \\ &= 635833(\text{N}) \approx 636\ \text{kN} > V_{max} = 313.53\ \text{kN} \end{aligned}$$

故不需要进行斜截面配筋计算，按构造要求配置腹筋即可。

选用双肢箍筋 Φ 8@250，$S = 250\ \text{mm} < S_{max} = 500\ \text{mm}$。

任务四　其他渠系建筑物

码 7-2　微课-倒虹吸管

一、倒虹吸管

(一)倒虹吸管的特点和适用条件

倒虹吸管属于交叉建筑物,是指设置在渠道与河流、山沟、谷地、道路等相交叉处的压力输水管道。其管道的特点是两端与渠道相接,而中间向下弯曲。与渡槽相比,其具有结构简单、造价较低、施工方便等优点,水头损失较大、运行管理不便等缺点。

倒虹吸管的适用条件:①渠道跨越宽深河谷,修建渡槽、填方渠道或绕线方案困难或造价较高时;②渠道与原有渠、路相交,因高差较小不能修建渡槽、涵洞时;③修建填方渠道,影响原有河道泄流时;④修建渡槽,影响原有交通时等。

(二)倒虹吸管的组成和类型

倒虹吸管的组成一般分为进口段、管身段和出口段三大部分。

倒虹吸管的类型,根据管路埋设情况及高差的大小,倒虹吸管通常可分为竖井式、斜管式、曲线式和桥式四种类型。

1. 竖井式

竖井式倒虹吸管由进、出口竖井和中间平硐所组成,如图 7-25 所示。竖井式倒虹吸管构造简单、管路较短、占地较少、施工较容易,但水力条件较差。一般适用于流量不大、压力水头小于 3~5 m 的穿越道路倒虹吸。

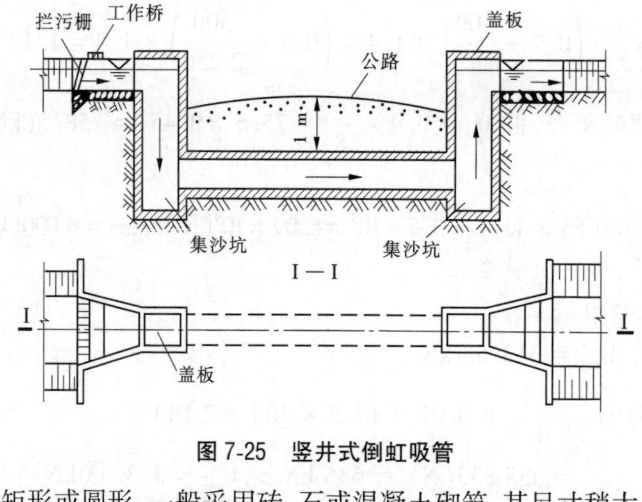

图 7-25　竖井式倒虹吸管

竖井断面为矩形或圆形,一般采用砖、石或混凝土砌筑,其尺寸稍大于平硐,竖井底部设置深约 0.5 m 的集沙坑,以便清除泥沙及检修管路时排水。

平硐的断面一般为矩形、圆形或城门洞形。为了改善平硐的受力条件,管顶应埋设在路面以下 1.0 m 左右。

2. 斜管式

斜管式倒虹吸管进、出口为斜卧段,中间为平直段,如图 7-26 所示。它一般用于穿越渠道、河流而两者高差不大,且压力水头较小、两岸坡度较平缓的情况。

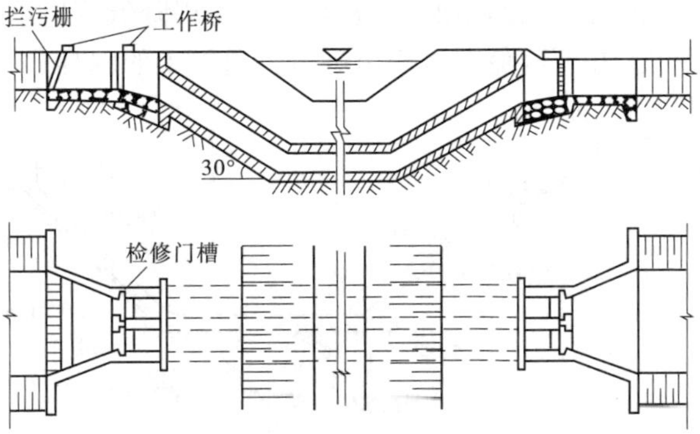

图 7-26 斜管式倒虹吸管

斜管式倒虹吸管与竖井式倒虹吸管相比,水流畅通,水头损失较小,构造简单,实际工程中采用较多。但是,斜管的施工较为不便。

3. 曲线式

曲线式倒虹吸管一般是沿坡面的起伏爬行曲线铺设的,如图 7-27 所示。它主要适用于跨越河谷或山沟,且两者高差较大的情况。为了保证管道的稳定性,减小施工的开挖量,铺设管道的岸坡应比较平缓,对于土坡 $m \geqslant 1.5 \sim 2.0$,对于岩石坡 $m \geqslant 1.0$。

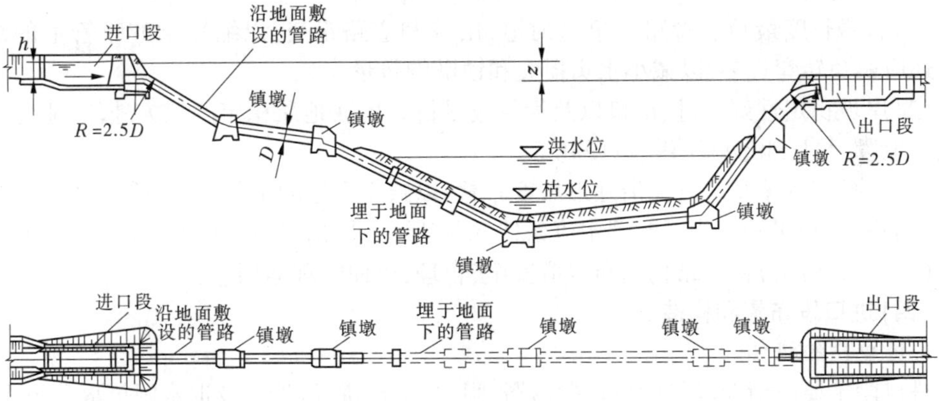

图 7-27 曲线式倒虹吸管

管身的断面一般为圆形。管身的材料为混凝土或钢筋混凝土,可现浇也可预制安装。管身一般设置管座,当管径较小且土基很坚实时,也可直接设在土基上。在管道转弯处,应设置镇墩,并将圆管接头包在镇墩之内。

为了防止温度变化而引起管道产生过大的温度应力,管身顶部应埋置于地面以下 0.5~0.8 m,为减小工程量,埋置深度也不宜过大。在寒冷地区,管道应埋置于冻土层以下 0.5 m。通过河道水流冲刷部位的管道,管顶应埋设在冲刷线以下 0.5 m。

4. 桥式

与曲线式倒虹吸管相似，在沿坡面爬行铺设曲线形的基础上，在深槽部位建桥，管道铺设在桥面上或支承在桥墩等支承结构上，如图7-28所示。桥式倒虹吸管多用于渠道与较深的复式断面或窄深河谷交叉的情况，主要特点是可以降低管道承受的压力水头，减小水头损失，缩短管身长度，并可避免在深槽中进行管道施工的困难。

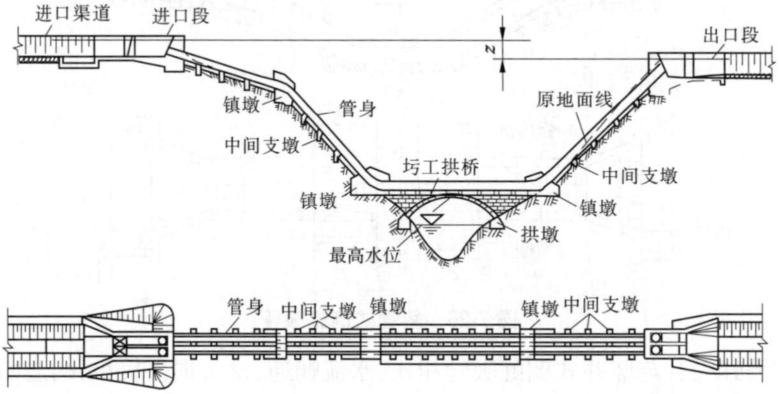

图7-28　桥式倒虹吸管

桥下应有足够的净空高度，以满足泄洪要求，通航的河道还应满足通航要求。

（三）倒虹吸管的布置要求

倒虹吸管的总体布置应根据地形、地质、施工、水流条件，以及所通过的道路、河道洪水等具体情况经过综合分析比较确定。一般要求如下：

（1）管身长度最短。管路力争与河道、山谷和道路正交，以缩短倒虹吸管道的总长度。还应避免转弯过多，以减小水头损失和镇墩的数量。

（2）岸坡稳定性好。进、出口以及管身应尽量布置在地质稳定的挖方地段，避免建在高填方地段，并且地形应平缓，以便施工。

（3）开挖工程量小。管身沿地形坡度布置，以减小开挖的工程量，降低工程造价。

（4）进、出口平顺。为了改善水流条件，倒虹吸管进、出口与渠道的连接应当平顺。

（5）管理运用方便。结构的布置应安全、合理，以便管理运用。

（四）进口段布置和构造

1. 进口段的组成

进口段主要由渐变段、进水口、拦污栅、闸门、工作桥、沉沙池及退水闸等部分组成，如图7-29(a)所示。

进口段的结构形式应保证通过不同流量时管道进口处于淹没状态，以防止水流在进口段发生跌落、产生水跃而使管身引起振动。

进口段的轮廓应当平顺，以减小水头损失，并应满足稳定、防冲和防渗等要求。

进口段应修建在地基较好、透水性小的地基上。当地基较差、透水性大时应做防渗处理。通常做30~50 cm厚的浆砌石或做15~20 cm厚的混凝土铺盖，其长度为渠道设计水深的3~5倍。

2. 进口段的布置和构造

（1）进口渐变段。倒虹吸管的进口一般设有渐变段，主要作用是使其进口与渠道平

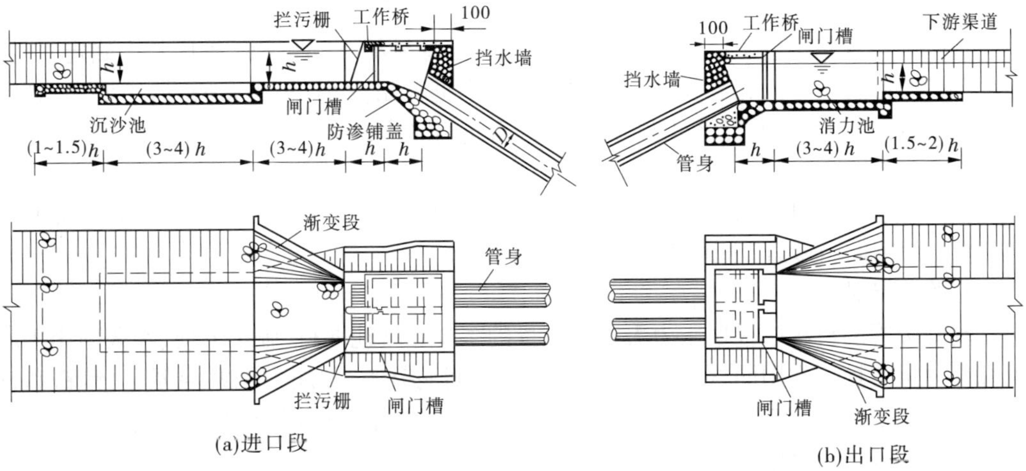

图 7-29 双管倒虹吸进、出口段布置与构造 （单位:cm)

顺连接,以减小水头损失。渐变段长度一般采用 3~5 倍的渠道设计水深。

(2)进水口。倒虹吸管的进水口通过挡水墙与管身相连接而成。挡水墙可常用混凝土浇筑或圬工材料砌筑,砌筑时应与管身妥善衔接好。

(3)闸门。对于单管倒虹吸,其进口一般可不设置闸门,有时仅在侧墙留闸门槽,以便在检修和清淤时使用,需要时临时安装插板挡水。双管或多管倒虹吸,在其进口应设置闸门。当过流量较小时,可用一根管或几根管道输水,以防止进口水位跌落,同时可增加管内流速,防止管道淤积。闸门的形式,可用平板闸门或叠梁闸门。

(4)拦污栅。为了防止漂浮物或人畜落入渠内被吸入倒虹吸管道内,在闸门前需设置拦污栅。栅条可用扁钢做成,其间距一般为 20~25 cm。

(5)工作桥。为了启闭闸门或进行清污,有条件情况下,可设置工作桥或启闭台。为了便于运用和检修,工作桥或启闭台面应高出闸墩顶足够的高度,通常为闸门高加 1.0~1.5 m。

(6)沉沙池。对于多泥沙的渠道,在进水口之前一般应设置沉沙池。主要作用是拦截渠道水流挟带的粗颗粒泥沙和杂物进入倒虹吸管内,以防止造成管壁磨损、淤积堵塞,甚至影响虹吸管道的输水能力。对于以悬移质为主的平原区渠道,也可不设沉沙池。

(7)进口退水闸。大型或较为重要的倒虹吸管,应在进口设置退水闸。当倒虹吸管发生事故时,为确保工程的安全,可关闭倒虹吸管前的闸门,将渠水从退水闸安全泄出。

(五)出口段的布置和构造

出口段包括出水口、闸门、消力池、渐变段等,如图 7-29(b)所示。

(1)闸门。为了便于管理,双管或多管倒虹吸的出口应设置闸门或预留检修门槽。

(2)消力池。一般设置在渐变段的底部,主要用于调整出口流速分布,以使水流平稳地进入下游渠道,防止造成下游渠道的冲刷。

(3)渐变段。出口一般设有渐变段,以使出口与下游渠道平顺连接,其长度一般为 4~6 倍的渠道设计水深。为了防止水流对下游渠道的冲刷现象,应在渐变段下游 3~5 m 的范围内进行渠道的护砌保护。

(六)管路布置和构造

管路的布置和构造主要内容包括管身断面、管身材料、管壁厚度、管段长度确定，分缝止水、泄水冲沙孔、进人孔以及支承结构等。应根据流量大小、水头高低、运用要求、管路埋设情况、高差的大小及经济效益等因素，综合进行考虑。

1. 管身断面

倒虹吸管的管身断面一般为圆形，因其水力条件和受力条件较好。对于低水头的管道，也可使用矩形或城门洞形断面。

2. 管身材料

倒虹吸管的材料应根据压力大小及流量的多少和就地取材、施工方便、经久耐用等原则综合分析选择。常用的材料主要有混凝土、钢筋混凝土、预应力钢筋混凝土、铸铁和钢材等。对于水头小于 3 m 的矩形或城门洞形小型管道，也可采用砖、石等材料砌筑。

3. 管段长度和分缝止水

为防止管道因地基不均匀沉降、温度变化以及混凝土的干缩而产生过大的纵向应力，使管身发生横向裂缝，应将管身进行分段，设置沉降缝或伸缩缝，并在缝内设置止水。

(1)缝的间距。管段长度即为横缝的间距，应根据地基、管材、施工、气温等条件确定。现浇钢筋混凝土管缝的间距，土基上一般为 15~20 m，岩基上一般为 10~15 m。预制钢筋混凝土管及预应力钢筋混凝土管，管节长度可达 5~8 m。

(2)伸缩缝的形式。主要有平接、套接、企口接以及预制管的承插式接头等。缝的宽度一般为 1~2 cm，缝中堵塞沥青麻绒、沥青麻绳、柏油杉板或胶泥等。

4. 泄水冲沙孔、进人孔

为了泄空管内积水、清除管内淤积泥沙以及便于检查维护，一般要在管身设置泄水冲沙孔，其底部标高应与河道枯水位齐平。对于桥式倒虹吸管道，泄水冲沙孔可设在管道的最低部位。对于大型倒虹吸管，为了便于观察检修，应设置进人孔。通常进人孔与泄水冲沙孔结合布置，并尽可能布置在镇墩上，进人孔的孔径不应小于 60 cm。

5. 支承结构

倒虹吸管的支承结构，按其构造和受力特征，分为管床、管座、支墩及镇墩等形式。

(1)管床和管座。对于小型钢筋混凝土倒虹吸管，若地基条件较好，可采用弧形土基管床、三合土管床或分层夯实的碎石管床。对于大、中型的倒虹吸管，应采用砌石或混凝土刚性管座，以增加管身的抗滑稳定性，并改善地基的受力条件。在岩石地基上修建倒虹吸时，可以在岩石中直接开槽，将管身直接浇筑在岩基上，也可在槽内浇混凝土垫层，然后敷设管道，如图 7-30 所示。

(2)支墩。在承载力较大的地基上敷设中、小型倒虹吸管道时，可以不设连续式的管座，而采用设置中间支墩的形式。支墩的构造应保证管道轴向位移的可能性，一般采用摆动或滑动的形式，管径小于 100 cm 时，也可采用鞍形支墩。支墩的间距可根据地基、管径大小、管节的长度等情况而定，一般采用 2~8 m。包角 2φ 一般为 $90°\sim135°$，管身与支墩间铺沥青油毛毡。支墩的建造材料一般采用浆砌石、混凝土等。

(3)镇墩。是为了连接和固定管道而专门设置的支承结构。设置镇墩的位置，一般在倒虹吸管的变坡处、转弯处、不同管壁厚度的连接处、管身分段分缝处或管坡较陡、长度较大的斜管中部。设置个数应结合地形、地质条件而定。

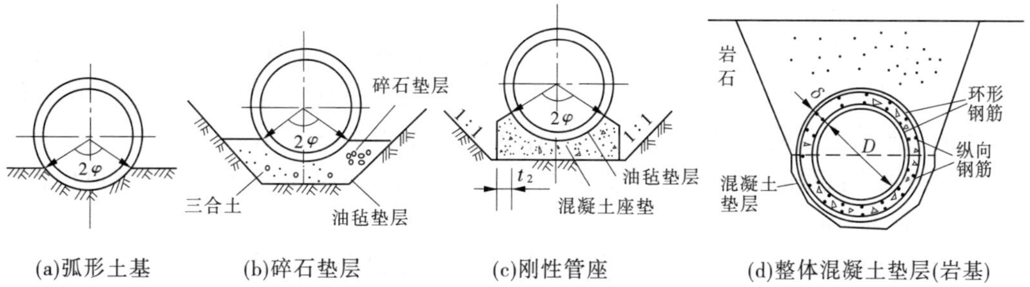

图 7-30　管床、管座示意图

镇墩的结构形式一般为重力式。镇墩所承受的荷载主要包括管身传来的荷载、水流产生的动荷载、填土压力以及自身重力等。镇墩的材料主要为砌石、混凝土或钢筋混凝土。对于砌石镇墩,可在管道周围包一层混凝土,多用于小型倒虹吸管。在岩基上的镇墩,为了提高管身的稳定性,也可以加设锚杆与岩基相连接。

(七)倒虹吸管的水力计算

倒虹吸管水力计算的任务,主要是根据上游渠底高程、水位、流量和允许的水头损失,确定倒虹吸管的断面尺寸、水头损失、下游渠底高程,以及进、出口水面衔接形式。

1. 断面尺寸的确定

倒虹吸管的断面设计应根据自然条件和用水高程的要求,从技术上的可能性和经济上的合理性进行比较。倒虹吸管的断面尺寸与管内流速有关,若流速选得过小,不仅管径偏大,而且管内容易产生淤积现象;若流速选得过大,虽然可以减小管径,但是水头损失增大,还容易造成出口的冲刷。倒虹吸管的管径计算公式见表 7-13。

表 7-13　倒虹吸管水力计算公式

序号	公式名称	计算公式	式中符号说明
1	管道直径	$D = \sqrt{4Q/(\pi v)}$	D——倒虹吸管的管径,m; Q——倒虹吸管的设计流量,m^3/s; v——初选流速,m/s
2	倒虹吸管的流量	$Q = \mu\omega\sqrt{2gz}$	μ——流量系数; ω——倒虹吸管的过水断面面积,m^2; z——总水头损失,m; λ——沿程水头损失系数; l——管道的总长度,m; D——管道直径,m; $\sum\xi$——局部水头损失系数的总和; v——管内平均流速,m/s; n——糙率系数; R——水力半径,m
3	流量系数	$\mu = 1\Big/\sqrt{\lambda\dfrac{l}{D} + \sum\xi}$	
4	沿程水头损失	$h_f = \lambda\dfrac{l}{D}\dfrac{v^2}{2g}$	
5	沿程水头损失系数	$\lambda = 8g/C^2,\ C = \dfrac{1}{n}R^{\frac{1}{6}}$	
6	局部水头损失	$h_j = \sum\xi\dfrac{v^2}{2g}$	
7	上下游渠道水位差	$z = h_f + h_j = \dfrac{v^2}{2g}(\lambda\dfrac{l}{D} + \sum\xi)$	

2. 水头损失计算

根据初步确定的管径、相应于设计流量的流速以及管道的布置等情况，即可计算管道的沿程水头损失、局部水头损失及总水头损失 z，然后，按照有压管流的流量公式验算倒虹吸管的过水能力。关于倒虹吸管的水力计算公式，如表 7-13 所示。

当通过加大流量时，进口水面可能壅高，应核算其壅水高度是否超过挡水墙顶和上游渠顶，以及有无一定的超高值。

当通过小流量时，应验算上下游渠道实际水位差 z_1 值是否大于计算得出的水头损失值 z_2，若 $z_1>z_2$，说明实有的水头大于所需水头，即管道进口处的水位低于上游水位，所以进口水面将会产生跌落，从而在管道内产生水跃衔接，如图 7-31 所示。由于水跃的脉动和掺气，将引起管身的振动，影响管道正常输水，严重时会导致管身破坏。为避免这种现象发生，可根据倒虹吸管总水头的大小，采用以下不同的进口结构布置形式。

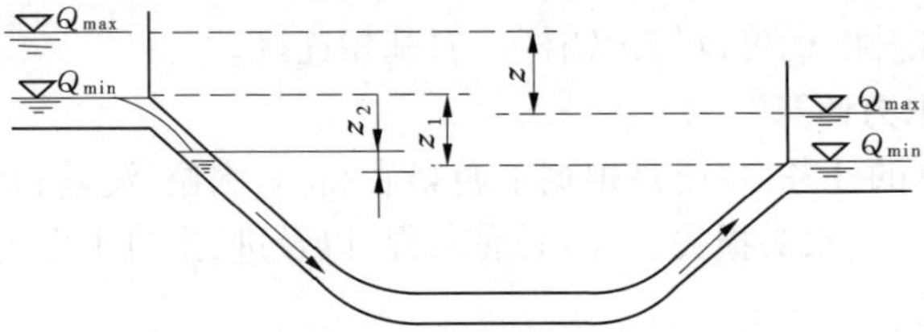

图 7-31　倒虹吸管水力计算

（1）当 z_1-z_2 值较大时，可适当降低管身的进口高程，并在进口前设置消力池，池中的水跃应为进口处水面所淹没，如图 7-32（a）所示。

（2）当 z_1-z_2 值不大时，可略降低管身的进口高程，并在进口前设置斜坡段，使渠道的水面与管口水面在斜坡段衔接，如图 7-32（b）所示。

（3）当 z_1-z_2 值很大时，如在进口设置消力池不便于布置或不经济，可考虑在出口处设置闸门，以抬高出口水位，使倒虹吸管进口淹没，消除管内水跃现象。此时，应加强运行管理，以保证倒虹吸管正常工作。

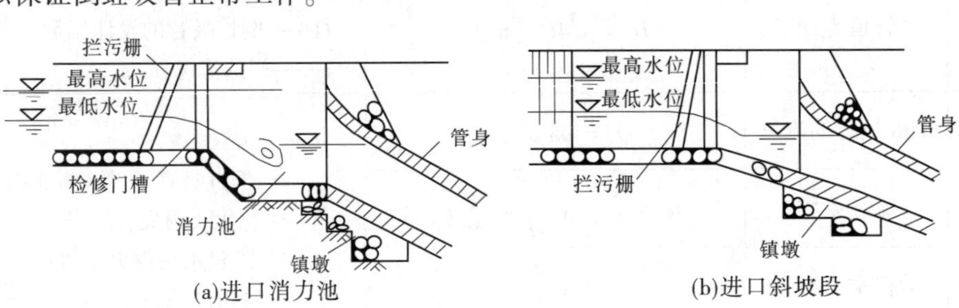

图 7-32　倒虹吸管进口水面衔接

当通过加大流量，上下游渠道水位差值 z 小于倒虹吸管通过加大流量时所需的水位差值时，应通过计算，适当加大挡水墙及上游渠道堤顶的高度，增加超高值。

3. 下游渠底高程及进、出口水面衔接

下游渠底高程的确定及进、出口水面衔接，应在上游渠底高程确定的基础上，通过各种特征流量时的水头损失计算成果，以综合分析选定适当的水头损失值 z 作为依据。

(1)上游水面高程=上游渠底高程+渠道水深；

(2)下游水面高程=上游水面高程-水头损失值 z；

(3)下游渠底高程=下游水面高程-渠道水深。

倒虹吸管的断面尺寸和上下游渠道底部高程确定后，应当核算通过小流量时是否满足不淤要求。若计算出的管身断面尺寸较大或通过小流量时管内流速过小，可考虑布设双管或多管。

二、涵洞

(一)涵洞的作用与组成

涵洞是指渠道与道路、沟谷等交叉时，为输送渠道、排泄沟溪水流，在道路、填方渠道下面所修建的交叉建筑物，如图 7-33 所示。当涵洞进口(出口)设置闸门用以控制流量、调节水位时，称为涵洞式水闸(简称涵闸或涵管)。

码 7-3　动画-涵洞

涵洞由进口段、洞身段和出口段三部分组成。进、出口段是洞身与填土边坡相连接的部分，主要作用是保证水流平顺、减小水头损失、防止水流冲刷；洞身段是输送水流，其顶部往往有一定厚度的填土。

(二)涵洞的类型

(1)涵洞按水流形态可分为无压涵洞、半压力涵洞和有压涵洞，如图 7-34 所示。无压涵洞入口处水深小于洞口高度，洞内水流均具有自由水面；半压力涵洞入口处水深大于洞口高度，水流仅在进水口处充满洞口，而在涵洞的其他部分均具有自由水面；有压涵洞入口处水深大于洞口高度，在涵洞全长的范围内都充满水流，无自由水面。无压明流涵洞水头损失较小，一般适用于平原渠道；高填方土堤下的涵洞可用压力流；半有压流的状态不稳定，周期性作用时对洞壁产生不利影响，一般情况下设计时应避免这种流态。

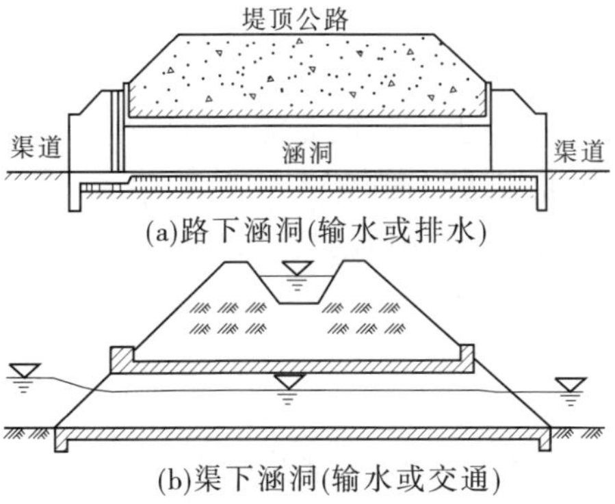

图 7-33　涵洞作用示意图

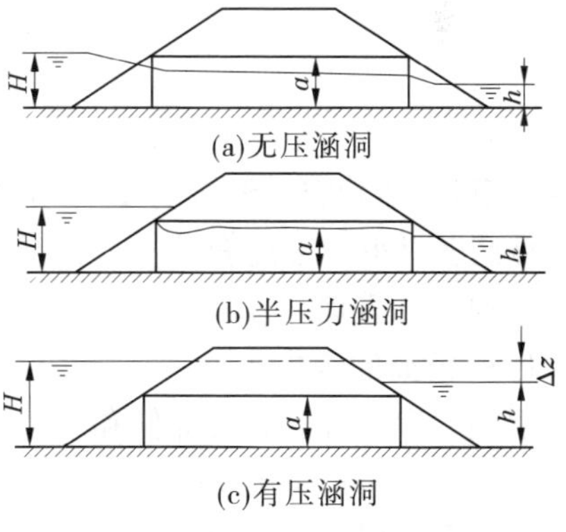

图 7-34　涵洞流态示意图

(2)按涵洞断面形式可分为圆管涵、盖板涵、拱涵、箱涵，如图 7-35 所示。圆形适用于顶部垂直荷载大的情况，可以是无压的，也可以是有压的。方形适用于洞顶垂直荷载小，跨径小于 1 m 的无压明流涵洞。拱形适用于洞顶垂直荷载较大，跨径大于 1.57 m 的无压涵洞。

(3)涵洞按建筑材料可分为砖涵、石涵、混凝土涵和钢筋混凝土涵等。

(4)涵洞按涵顶填土情况可分为明涵(涵顶无填土)和暗涵(涵顶填土大于50 cm)。

选择上述涵洞类型时要考虑净空断面的大小、地基的状况、施工条件及工程造价等。

(三)涵洞的布置

涵洞进、出口段形式多样,如图7-36所示。洞身段根据洞内水流净空要求、洞顶填土厚度、伸缩缝设置和洞体防渗等要求进行布置。涵洞的走向一般应与渠堤或道路正交,以缩短洞身的长度,并尽量与原沟溪渠道水流方向一致,以保证水流顺畅,为防止冲刷或淤积,洞底高程应等于或接近于原渠道水底高程,坡度稍大于原水道坡度。

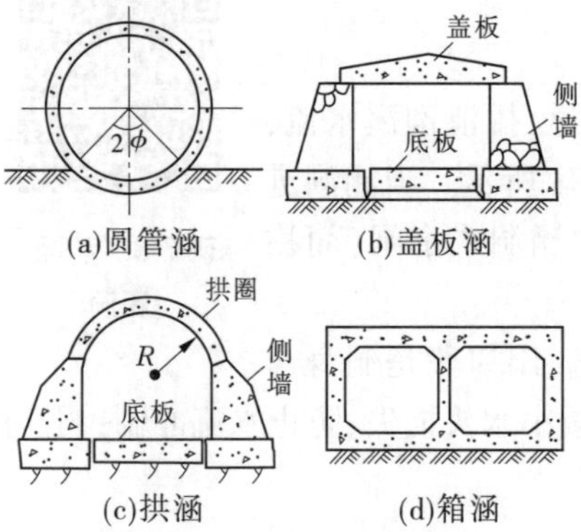

图7-35　涵洞的断面形式

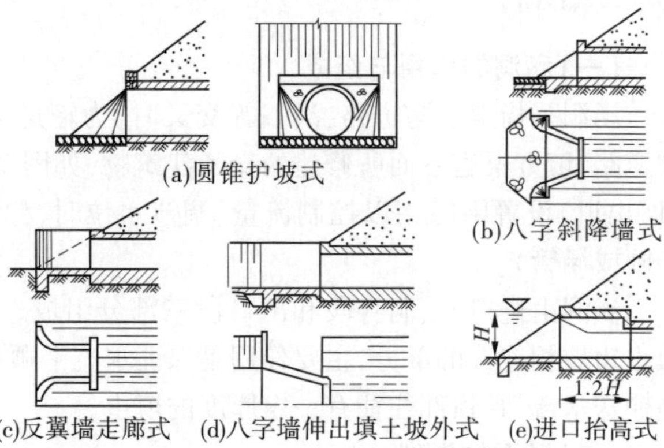

图7-36　涵洞的进、出口段形式

(四)涵洞的水力计算及结构计算

涵洞水力计算的主要目的是确定横截面尺寸、上游水位及洞身纵坡。计算时先要判别涵洞内的水流流态,然后进行水力计算。

涵洞结构计算的荷载有填土压力、自重、外水压力、洞内外水压力、洞内水重、填土上的车辆行人荷载。涵洞的进、出口结构计算与其形式有关,一般按挡土墙设计。

三、桥梁

桥梁指的是为道路跨越天然或人工障碍物而修建的建筑物,是灌区百姓生产、生活的重要建筑物,随着农村经济的发展,桥梁的设计标准应适当提高。

灌区各级渠道上配套的桥梁具有量大面广、结构形式相似的特点,采取定型设计和装配式结构较为适宜。

(一)桥梁的组成

桥梁一般来说由五大部件和五小部件组成。

五大部件是指桥梁承受汽车或其他车辆运输荷载的桥跨上部结构与下部结构,是桥梁结构安全的保证。它包括桥跨结构(或称桥孔结构、上部结构)、支座系统、桥墩、桥台、墩台基础。与渡槽有很多相似之处。五小部件是指直接与桥梁服务功能有关的部件,过去称为桥面构造。它包括桥面铺装、防排水系统、栏杆、伸缩缝、灯光照明。

(二)桥梁的分类

桥梁按用途分为公路桥、公铁两用桥、人行桥、机耕桥、过水桥。

桥梁按跨径大小和多跨总长(单孔跨径L_0,m,多孔跨径总长L,m)分为:①特大桥:

$L \geqslant 500$ m 或 $L_0 \geqslant 100$ m；②大桥：$L \geqslant 100$ m 或 $L_0 \geqslant 40$ m；③中桥：30 m<L<100 m 或 20 m≤L_0<40 m；④小桥：8 m≤L≤30 m 或 5 m<L_0<20 m。

桥梁按结构分为梁式桥、拱桥、钢架桥、缆索承重桥（斜拉桥和悬索桥）四种基本体系，此外还有组合体系桥。

桥梁按行车道位置分为上承式桥、中承式桥、下承式桥。

桥梁按使用年限可分为永久性桥、半永久性桥、临时桥。

桥梁按材料类型分为木桥、圬工桥、钢筋混凝土桥、预应力桥、钢桥。

（三）各类桥梁的基本特点

（1）梁式桥。包括简支板梁桥、悬臂梁桥、连续梁桥，其中简支板梁桥跨越能力最小，一般一跨在 8~20 m。

（2）拱桥。在竖向荷载作用下，两端支承处产生竖向反力和水平推力，正是水平推力大大减小了跨中弯矩，使跨越能力增大。理论推算，混凝土拱极限跨度在 500 m 左右，钢拱可达 1 200 m。也正是这个推力，修建拱桥时需要良好的地质条件。现代的拱桥通常采用轻巧、开敞式的结构。

（3）钢架桥。有 T 形钢架桥和连续钢构桥，T 形钢架桥的主要缺点是桥面伸缩缝较多，不利于高速行车。连续钢构桥主梁连续无缝，行车平顺。施工时无体系转换。

（4）缆索承重桥（斜拉桥和悬索桥）。是建造跨度非常大的桥梁最好的设计。道路或铁路桥面靠钢缆吊在半空，缆索悬挂在桥塔之间。

（5）组合体系桥。有梁拱组合体系，如系杆拱、桁架拱、多跨拱梁结构等。梁钢架组合体系，如 T 形钢架桥等。

（6）桁梁式桥。有坚固的横梁，横梁的每一端都有支撑。最早的桥梁就是根据这种构想建成的。它们不过是横跨在河流两岸之间的树干或石块。现代的桁梁式桥通常是以钢铁或混凝土制成的长型中空桁架为横梁。这使桥梁轻而坚固。利用这种方法建造的桥梁叫作箱式梁桥。

（7）吊桥。是建造跨度非常大的桥梁最好的设计。道路或铁路桥面靠钢缆吊在半空，钢缆牢牢地悬挂在桥塔之间。

（8）拉索桥。有系到桥柱的钢缆。钢缆支撑桥面的重量，并将重量转移到桥柱上，使桥柱承受巨大的压力。

（9）廊桥：加建亭廊的桥，称为亭桥或廊桥，可供游人遮阳避雨，又增加桥的形体变化。

四、跌水

当渠线通过陡坎或坡度较陡的地段时，为防止渠道受冲，在陡坎处或适宜地点将渠道底突然降低，利用消力池来消除水流的多余能量，这种建筑物称为跌水。

码 7-4 动画-跌水

（一）作用与类型

跌水的作用是将上游渠道或水域的水安全地自由跌落入下游渠道或水域，将天然地形的落差适当集中修筑，从而调整引水渠道的底坡，克服过大的地面高差而引起的大量挖方或填方。跌水多设置于落差集中处，用于渠道的泄洪、排水和退水。

跌水可分为单级跌水和多级跌水，如图7-37、图7-38所示。

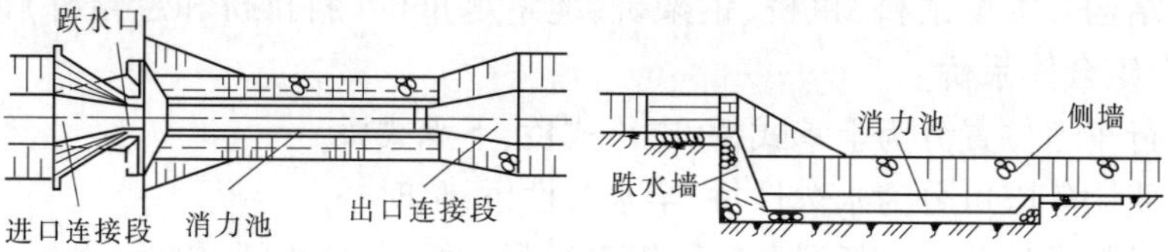

图7-37　单级跌水

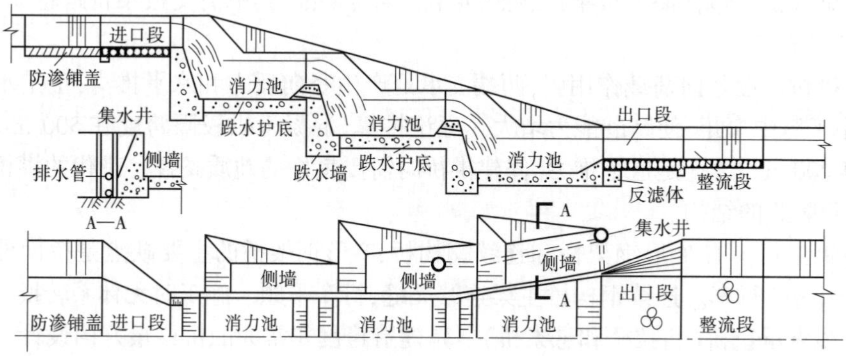

图7-38　多级跌水

（二）组成与布置

跌水应根据工程需要进行布置，既可以单独设置，也可以与其他建筑物结合布置，一般情况下，跌水应尽量与节制闸、分水闸或泄水闸布置在一起，方便运行管理。

在跌差较小处选用单级跌水，在跌差较大处（跌差大于5 m）选用多级跌水。

跌水常用的建筑材料多为砖、砌石、混凝土和钢筋混凝土。

跌水主要由进口、跌水口、跌水墙、消力池、海漫、出口等部分组成。

（1）进、出口。进、出口连接段须以渐变段连接。以保持良好的水力条件，如扭曲面、八字墙、圆锥形等。连接段常用片石和混凝土组砌。

（2）跌水口。由底板和边墙组成，构造与闸室相似，一般不设闸门，是一个自由泄流的堰。跌水口是设计跌水的关键，其形式有矩形、梯形和底部台堰式，如图7-39所示。

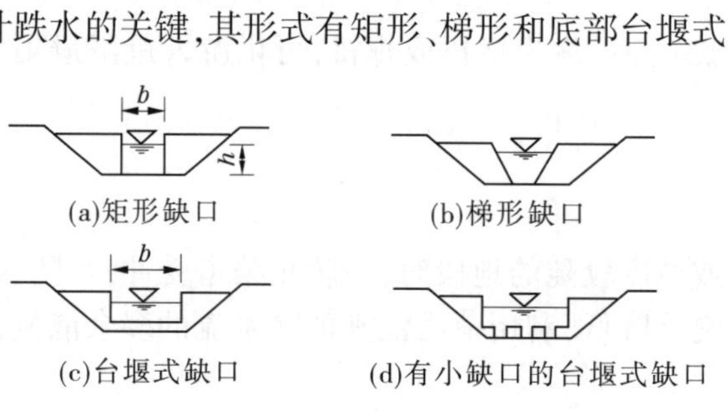

图7-39　跌水口形式

（3）跌水墙。是跌水口和消力池间的连接。属挡土墙形式，但断面比一般挡土墙小。

有直立式和倾斜式,一般多采用重力式挡土墙。侧墙间常设沉降缝,并设排水设施。

(4)消力池。通常宽度比跌水口宽一些,但不宜宽太多,以免引起回流,降低消能效果。横断面一般为矩形、梯形和折线形、陡梯形,底板厚可取 0.4~0.8 m。结构设计同闸后消力池,消力池的横断面形式如图 7-40 所示。

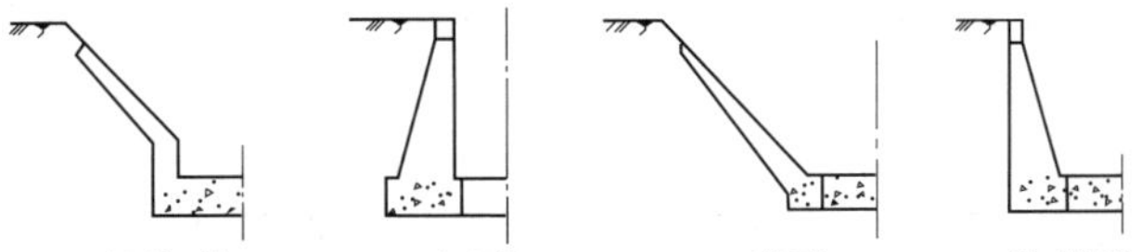

(a)折线形　(b)矩形　(c)梯形　(d)陡梯形

图 7-40　消力池的横断面形式

(5)海漫。起着消除消力池出口余能和使断面流速分布均匀的作用。一般用干砌石做成。其护砌长度不小于 3 倍的下游水深。

(6)分缝与排水。为避免跌水各部分不均匀沉降而产生裂缝,在各部分之间应设沉降缝,缝内填塞沥青、油毡或沥青麻丝止水。当跌水下游水位高于消力池底板时,应在侧墙背面采取排水措施,如埋管、做反滤层等。

多级跌水的组成和构造与单级跌水相同。只是将消力池做成若干个阶梯,多级落差和消力池长度均相同。池长不大于 20 m,可设消力槛或不设。多级跌水的分级数目和多级落差大小应根据地形、地质、工程量等具体情况综合分析确定。

五、陡坡

陡坡是建在地形过陡的地段,用于连接上下游渠道的倾斜渠槽,由于该渠槽的坡度一般陡于临界坡度而得名。

(一)作用与类型

陡坡的作用与跌水相同,主要是调整渠底比降,满足渠道流速要求,避免深挖高填,减少挖填方工程量,降低工程投资。

根据地形条件和落差的大小,陡坡的形式分为单级陡坡和多级陡坡两种。对于多级陡坡,往往建在落差较大且有变坡或有台阶地形的渠段上。

(二)组成与布置

陡坡由进口连接段、控制堰口、陡坡段、消力池和出口连接段五部分组成。陡坡的构造与跌水类似,所不同的是以陡坡段代替跌水墙,水流不是自由跌落而是沿斜坡下泄。

陡坡的落差、比降应根据地形、地质以及沿渠调节分水需要等进行确定。一般陡坡的落差比跌水大,陡坡的比降不陡于 1∶1.5。

在陡坡段水流速度较高,因此应做好进口和陡坡段的布置,以使下泄水流平稳、对称且均匀地扩散,以利于下游的消能和防冲。

陡坡段的横断面形式主要有矩形和梯形,梯形断面的边墙可以做成护坡式。

在平面布置上,陡坡可做成等宽度、扩散形(变宽度)和菱形三种。

(1)等宽度陡坡。该布置形式较为简单,水流集中,不利于下游的消能,所以对于小型渠道和跌差小的情况较为常用。

(2)扩散形陡坡。是指在陡坡段采用扩散形布置,如图7-41所示,这种形式可以使水流在陡坡上发生扩散,单宽流量逐渐减小,因此对下游消能防冲较为有利。陡坡的比降应根据地形、地质情况、跌差及流量的大小等条件进行确定。对于流量较小、跌差小且地质条件较好的情况,其比降可陡一些。在土基上陡坡比降一般可取1:2.5~1:5。对于土基上的陡坡,单宽流量不能太大,当落差不大时,多从进口后开始采用扩散形陡坡。陡坡平面扩散角一般为5°~7°。

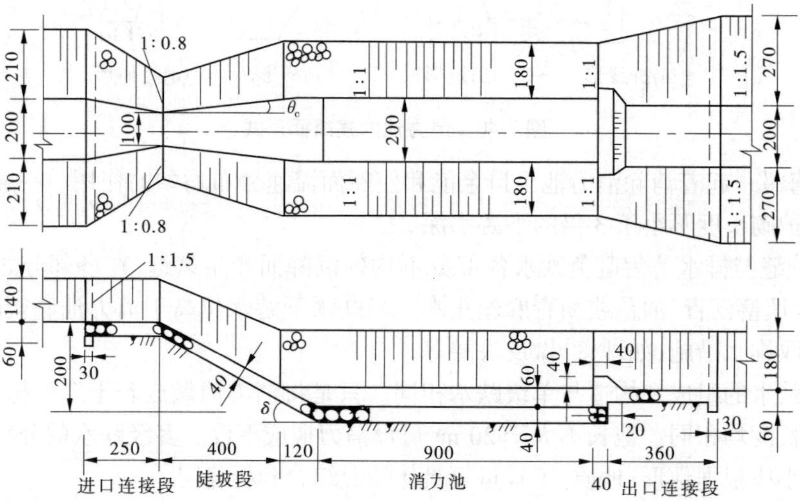

图7-41　扩散形陡坡　(单位:cm)

(3)菱形陡坡。是指在平面布置上呈菱形,即上部扩散而下部收缩,如图7-42所示。这种布置一般用于跌差为2.5~5.0 m的情况。为了改变水流条件,一般在收缩段的边坡上设置导流肋,并使消力池段的边墙边坡向陡槽段延伸,使其成为陡坡边坡的一部分,确保水跃前后的水面宽度相同,两侧不产生平面回流漩涡,使消力池平面上的单宽流量和流速分布均匀,从而减轻了对下游的冲刷。

(4)人工加糙陡坡。为了促使水流紊动扩散、降低流速、改善下游流态及利于防冲消能,可在陡坡段上进行人工加糙。常见的加糙形式有双人字形槛、交错式矩形糙条、单人字形槛、棋盘形方墩等,如图7-43所示。

人工加糙的糙条间距不宜过密,不然将会使急流脱离底板而产生低压,影响陡坡的安全和消能效果。对于重要工程,其布置形式、条槛尺寸大小等应通过模型试验确定。

项目小结

本项目主要介绍渠道及其渠系建筑物的作用、种类及其特点;各类渠系建筑物的构造及其布置。重点介绍渡槽与倒虹吸管的设计方法步骤。渠系建筑物数量众多,分布面广,相互之间具有一定的相似性,学习中注意对照和比较,结合各地的定型设计图集,掌握渠系建筑物的形式、组成、构造和设计方法。

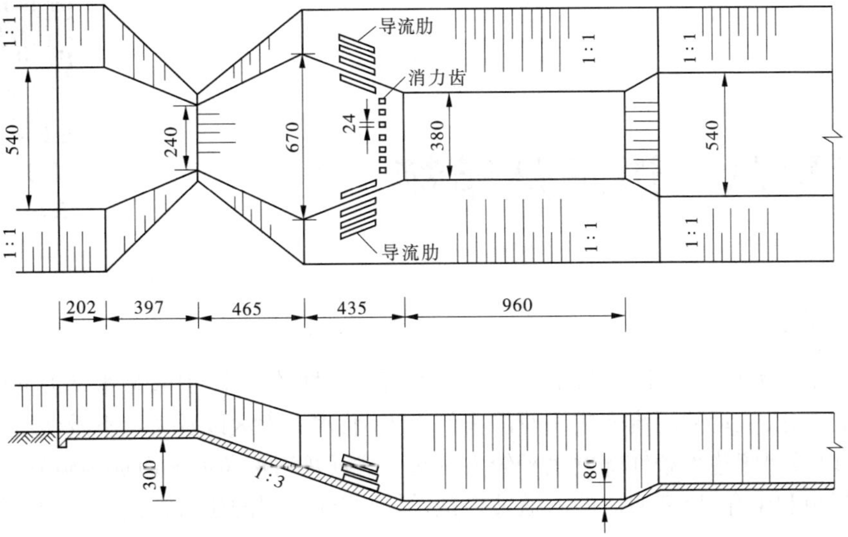

图 7-42 菱形陡坡 （单位：cm）

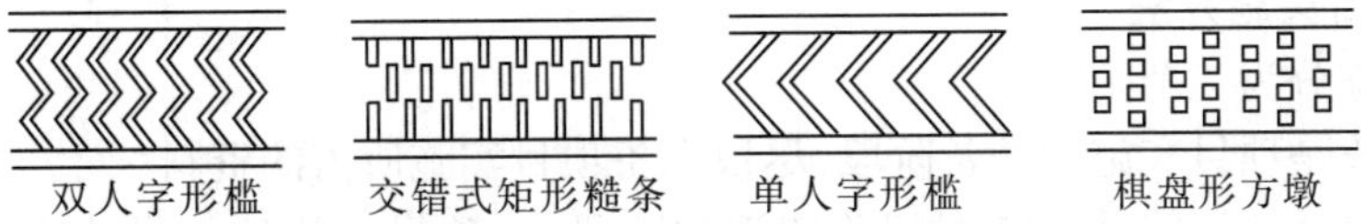

图 7-43 人工糙面的形式

项目自测题

1. 简述渠系建筑物的种类、作用和布置原则，各种渠系建筑物的组成和特点。

2. 倒虹吸管的适用条件主要是什么？

3. 根据跌差大小，跌水可分为哪几种类型？跌水口的作用是什么？

4. 渠道设计的要求有哪些？在设计时如何考虑？

5. 梁式渡槽的支承形式有哪几种？各有何优缺点？适用条件是什么？

6. 跌水与陡坡有何区别？

7. 某干渠从水库取水，设计流量为 30 m^3/s，比降为 1/3 000，渠床为砂壤土，边坡系数为 1.5。试设计确定渠道过水断面尺寸。

8. 某矩形渡槽上游渠道，渠底高程为 57.85 m，设计流量为 3.5 m^3/s，加大流量为 4.4 m^3/s。渡槽上、下游渠道，比降为 1/3 500，底宽 2.0 m，糙率 0.017，内、外边坡系数分别为 1.0、1.5，渡槽规划时允许水头损失为 0.30 m，渡槽总长度为 120 m。试进行该矩形渡槽的水力计算。

项目八　过坝建筑物

【思政导引】
三峡船闸——
世界级工程

【项目简述】

由于水库大坝将河流拦腰截断，改变了河流连续性的规律，引起顺水流方向的河流非连续性的变化，流动的河流变成相对静止的人工湖，水库库区以及大坝下游河段，流速、水深、水温以及河流边界条件都发生了较大变化。拦河坝对河鱼的洄游成为障碍，直接影响河鱼的繁衍和生存，原来通航的河道被拦截，需要修建专门的建筑物，引导它们顺利过坝。

【项目实施方法及教学目标】

（一）项目实施方法

项目实施分为三个阶段：

第一阶段是项目实施的准备阶段，尽快准备项目实施所需的资料。

第二阶段是认识熟悉和掌握相关知识的阶段，是项目实施的一个非常重要的阶段。在这个阶段中要尽快熟悉理论知识，并快速掌握相关知识。通过这一阶段的实训，令学生对过坝建筑物有充分的认识。

第三阶段是归纳总结和拓展，同时对所学知识进行系统评价。

（二）项目教学目标

过坝建筑物课程教学目标包括知识目标、技能目标和思政目标三个方面。知识目标是基础目标，技能目标是核心目标，思政目标贯穿整个项目实施过程，是项目的重要保证。

1. 知识目标

（1）了解船闸的类型、特点、组成。

（2）了解升船机的类型、特点。

（3）了解过木、过鱼建筑物的类型、特点。

2. 技能目标

（1）熟悉过坝建筑物的类型。

（2）掌握船闸的组成和工作原理。

3. 思政目标

（1）认真严肃进行设计，培养忠诚、干净、担当、科学、求实、创新的水利精神。

（2）培养团队精神，与项目其他角色人员共同探讨问题，切磋提升技能水平。

（3）克服学习中遇到的困难，培养顽强的职业精神。

【成果提交要求】

本项目成果主要通过考核和评价手段确定学生的学习和掌握程度，主要有两个方面：

(1)过程性评价。考勤、提问和课后作业。

(2)总结性评价。卷考简答题等。

任务一　船　闸

一、船闸的组成和工作原理

(一)船闸的组成

船闸是为船舶克服水道落差而设置的一种结构简单、使用方便的通航建筑物。一般由上下游闸首、闸室和上下游引航道组成,另外还布置有输水系统、靠船建筑物和引航建筑物等,如图 8-1 所示。

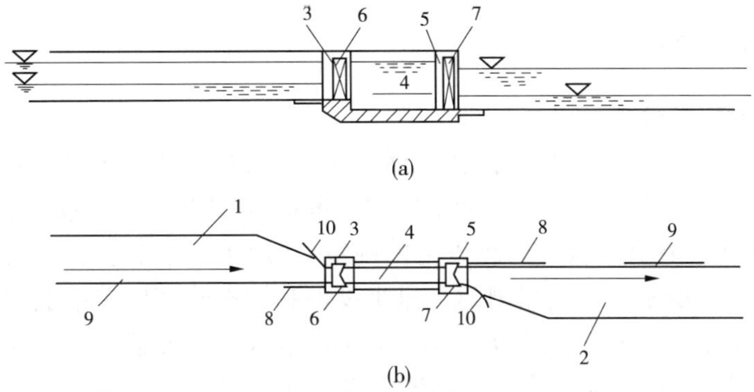

1—上游引航道;2—下游引航道;3—上闸首;4—闸室;5—下闸首;6—上闸门;
7—下闸门;8—主导建筑物;9—靠船建筑物;10—辅导建筑物

图 8-1　船闸组成示意图

1. 上、下游闸首

将闸室与上、下游引航道或闸室隔开,利用闸门使闸室内维持一定水位,方便船只通过。多级船闸中闸首兼有上、下闸首的作用。闸首由两侧边墩、底槛和闸门组成,闸首设有工作闸门、检修闸门、输水系统、闸门启闭系统,此外还可设交通桥及其他辅助机械设备。

2. 闸室

闸室是船闸的主要组成部分,介于上、下闸首及两侧边墩供船只过坝时停泊的场所。主要由闸底板、闸墙组成,用闸首的闸门与上、下游引航道隔开。

3. 上、下游引航道

为了保证过闸船只顺利通过,连接闸室与主航道的一段航道,分上、下游设置,并设有导航及靠船建筑物。

(二)船闸的工作原理

船闸的工作原理是利用输水系统使闸室内水位依次与上、下游平齐,使船只顺利从上游到下游,或从下游到上游,如图 8-2 所示。

以向上游通行的船只通过单级船闸为例,具体过程如下:首先开启下闸首的输水系统

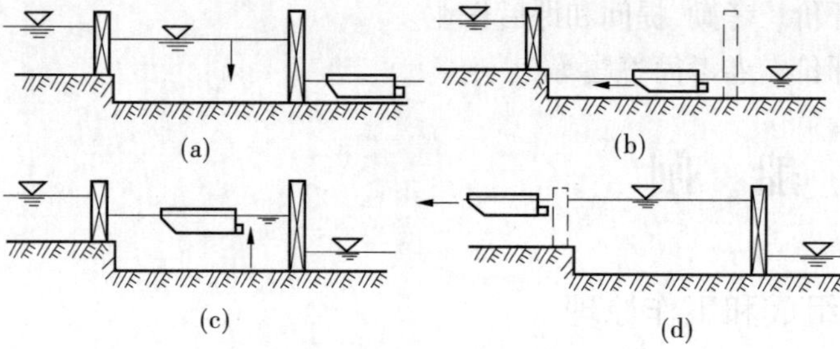

图 8-2　船闸工作原理示意图

阀门，闸室内的水流向下游河道，水位下降至与下游水位平齐时开启下游闸门，船只驶入闸室随后关闭下游闸门，开启上游输水系统阀门向闸室充水，待水位逐渐上升至与上游水位平齐后开启上游闸门，船只驶出闸室。向下游通航的船只过闸过程与上述过程相反。

二、船闸的类型

（一）按船闸级数分类

（1）单级船闸。只有一级闸室，适用于水头在 15~20 m 范围内，过闸时间短、通过能力较大，设备集中、方便管理，我国已建成的 900 多座船闸中，绝大多数为单级船闸。

（2）多级船闸。具有两级或两级以上的闸室，适用于高水头，按水头分若干级，逐级建造船闸，如图 8-3 所示。多级船闸的充泄水设备和操作管理较单级船闸复杂得多。我国已建成的总水头 30 m 以上的多级船闸有湖南潇水双排二级船闸，水头 43 m；福建闽江水口三级船闸，水头 59 m；湖南沅水五强溪三级船闸，水头 60. 9 m；湖南三汶江酒埠江二级船闸，水头 38. 5 m；长江三峡五级船闸，水头 113 m 等。

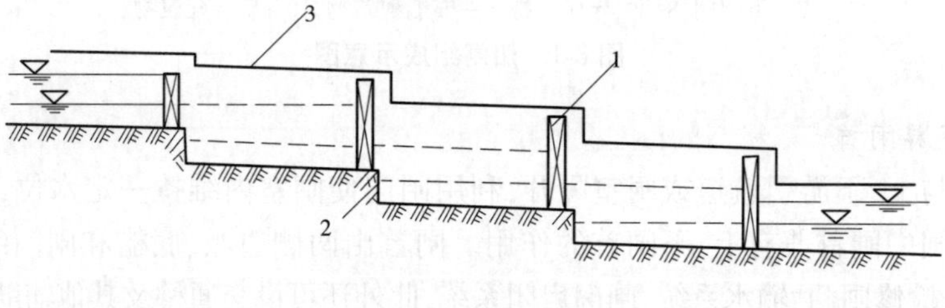

1—闸门；2—帷墙；3—闸墙顶

图 8-3　多级船闸示意图

（二）按船闸的线数分类

（1）单线船闸。一个枢纽内只有一条通航线路，适用于通航船只数量不多的河流。

（2）多线船闸。一个枢纽内设有两条以上的通航线路。多线船闸的线数取决于货运量和船只，采用多线船闸可加快通航时间，减少船舶等待时间。例如，葛洲坝水电站为三线船闸，三峡水电站为双线船闸。

（三）按船闸的形式分类

（1）普通船闸。区别于特殊形式的船闸，是目前应用最多的船闸。

（2）广厢船闸。闸室宽度大于闸首口门宽度的船闸称为广厢船闸。闸门尺寸小，启闭设备简单,如图 8-4 所示。一般只在Ⅳ级航道以下才采用。

(3)具有中间闸首的船闸。在上、下闸首之间增设一个中间闸首,将整个闸室分隔成两部分,如图 8-5 所示。此种类型的船闸适用于过闸船队不均匀的河流上。

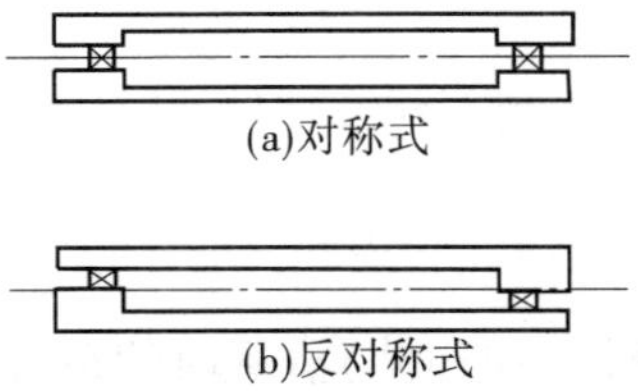

图 8-4　广厢船闸平面示意图

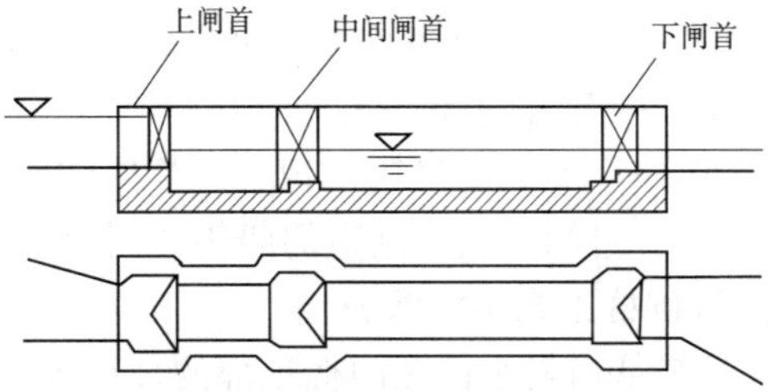

图 8-5　具有中间闸首的船闸示意图

(4)井式船闸。在下游闸首建一胸墙,减小闸门高度,胸墙下留有过闸船只所必需的通航净空,适用于水头较高、地基条件好的情况。单级船闸和多级船闸均可采用井式船闸,如图 8-6 所示。国外最大水头的单级船闸就是井式船闸,水头达 42 m。

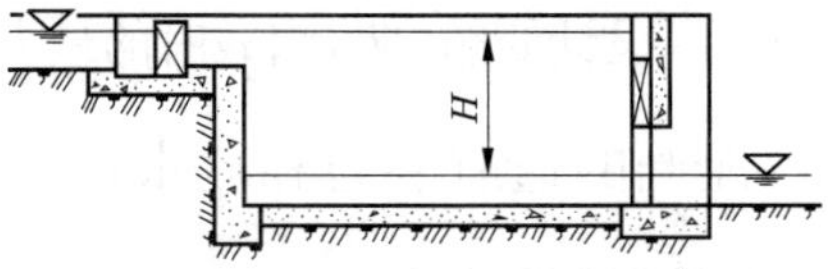

图 8-6　井式船闸示意图

三、船闸的基本尺寸

船闸的基本尺寸包括闸室有效长度与宽度,闸槛上最小水深。船闸的基本尺寸(见图 8-7)取决于过闸船队的数量和船只大小。

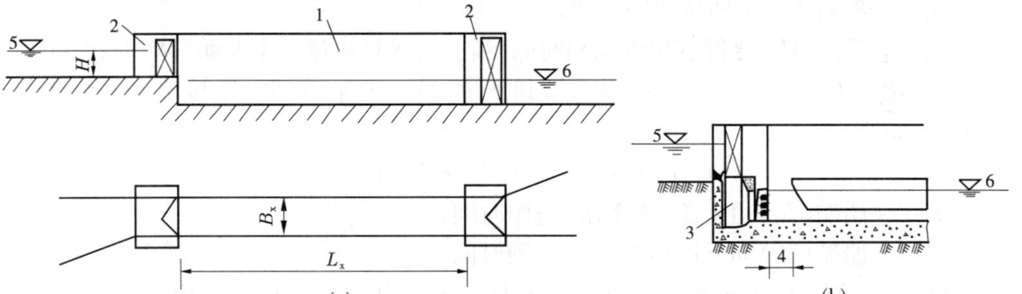

1—闸室;2—闸首;3—消能室;4—镇静段;5—上游最低通航水位;6—下游最低通航水位

图 8-7　船闸基本尺寸示意图　(单位:m)

(一)闸室有效长度 L_x

$$L_x = L_c + L_f \tag{8-1}$$

式中　L_c——船舶(队)的计算长度,m;

L_f——富裕长度,m,对于顶推船队,$L_f \geqslant 2+0.06L_c$,对于拖带船队,$L_f \geqslant 2+0.03L_c$。

（二）闸室有效宽度 B_x

$$B_x = \sum b_c + b_f \tag{8-2}$$

$$b_f = \Delta b + 0.025(n-1)b_c \tag{8-3}$$

式中　$\sum b_c$ ——并列过闸船只的最大总宽度，m；

b_f ——富裕宽度，m；

Δb ——富裕宽度附加值，m，当 $b_c \leqslant 7$ m 时，$\Delta b \geqslant 1$ m，当 $b_c > 7$ m 时，$\Delta b \geqslant 1.2$ m；

n——过闸停泊在闸室的船舶的列数。

（三）闸槛上最小水深 H

设计最低通航水位至门槛顶部的最小水深，并满足设计船舶（队）满载时的最大吃水加富裕深度的要求。

$$H \geqslant 1.6T \tag{8-4}$$

式中　H——门槛最小水深，m；

T——设计船舶（队）满载时的最大吃水，m。

四、船闸的通航能力和耗水量

（一）船只过闸时间

每一船舶（队）单向过闸所需时间 T_1 为

$$T_1 = 4t_1 + t_2 + 2t_3 + t_4 + 2t_5 \tag{8-5}$$

式中　t_1——闸门启闭的时间；

t_2——单向第一个船队进闸时间；

t_3——闸室灌水或泄水时间；

t_4——单向第一个船队出闸时间；

t_5——船舶（队）进闸或出闸间隔时间，当一闸次只通过一个船舶（队）时，$t_5 = 0$。

一次双向过闸［一个船舶（队）从上游到下游，另一个船舶（队）紧接着从下游驶向上游］所需总时间 T_2 为

$$T_2 = 4t_1 + 2t'_2 + 2t_3 + 2t'_4 + 4t_5 \tag{8-6}$$

式中　t'_2——船舶（队）由上游（或下游）进闸时间；

t'_4——船舶（队）向下游（或上游）出闸时间。

船闸在实际运用中，船舶（队）单向与双向过闸出现难以保证机会均等，在计算通过能力时常采用两者的平均值，即平均一次过闸时间 T 为

$$T = \frac{1}{2}\left(T_1 + \frac{T_2}{2}\right) \tag{8-7}$$

（二）船闸通航能力

船闸一年通过货物的总吨数称为船闸通航能力，以年单向通过能力表示。

考虑到通过船只除货船外还有其他非载货船舶，货船非满载，全年每月货运量不均匀及考虑设备检修或气候原因暂时停航等因素，单向实际年通航能力为

$$P = \frac{1}{2}(n - n_0)\frac{NG\alpha}{\beta} \tag{8-8}$$

$$n = \frac{\tau \times 60}{T} \tag{8-9}$$

式中　P——单向年过货运量,t;

n——日平均过闸次数;

τ——日工作小时,一般取 20~22 h;

n_0——日非货运船舶过闸次数;

N——船闸全年工作天数;

α——船舶装载系数,取 0.5~0.8;

β——货运量不平衡系数,取 1.3~1.5;

G——一次过闸平均载重吨位,t。

(三)船闸耗水量

船闸耗水量包括通航用水与闸、阀门漏水两部分。单级船闸(闸室墙为直立式)单向一次过闸的耗水量可按下式计算:

$$V_0 = (1.15 \sim 1.20) L_x B_x H \quad (m^3) \tag{8-10}$$

式中　H——船闸的设计水头。

双向一次过闸耗水量　$$V = \frac{1}{2} V_0 \quad (m^3) \tag{8-11}$$

日平均耗水量　$$\overline{Q} = \frac{nV}{86\ 400} + q \quad (m^3/s) \tag{8-12}$$

式中　q——闸门、阀门的漏水损失,m^3/s。

五、船闸的布置形式

按船闸与所在枢纽中的拦河坝、溢流坝、水电站等的相互关系,一般可分为并列式布置和分开式布置两大类,如图 8-8 所示。

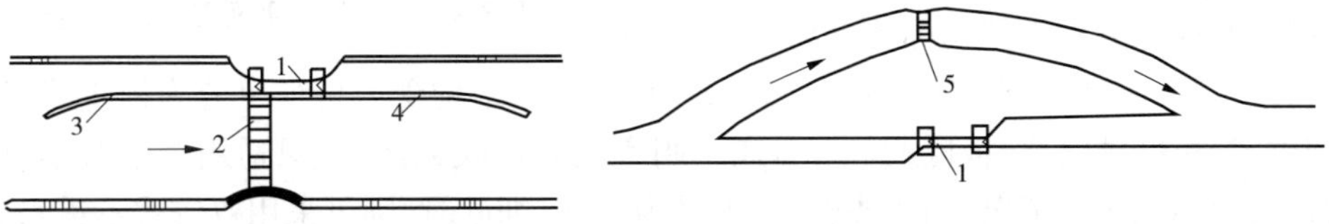

(a)闸坝并列式　　(b)闸坝分开式

1—船闸;2—泄水闸;3—上导墙(堤);4—下导墙(堤);5—节制闸

图 8-8　船闸布置形式

(一)闸坝并列式

当河床宽度足够布置拦河坝、泄水建筑物、水电站及船闸时,往往将船闸布置在河床或河滩上,即为并列式。其优点是占地较少,开挖工程量较小,同时可与其他建筑物在同一围堰内施工。采用这种布置时,船闸中心线最好与坝轴线垂直相交。若不能正交,则偏角应尽量小,以避免下泄水流对过闸船舶造成不利影响。

(二)闸坝分开式

船闸另开挖引河,或利用河中小岛与拦河坝、水电站等建筑物分开,即为分开式。采用这种布置时,宜将引航道中心线与河道原航线较平顺连接,航线与水流的交角要尽量减小。其优点是施工可省去围堰工程量,船闸不占河床宽度,有利于泄水建筑物布置,但开挖工程量较大,占地较多。

六、船闸的结构

(一)闸首的结构布置

闸首的结构布置主要取决于闸门、输水系统的形式和布置以及地基性质。

闸门是船闸的挡水设施,对船闸完成船舶过闸起着重要作用,国内大、中型船闸多采用钢质的闸门,小型船闸也有采用钢丝网水泥面板门,常用闸门有人字门、升降式平面门、横拉门、三角门、一字式闸门等。人字门是承受单向水头的船闸中最常用的门型。

采用人字闸门和短廊道输水的闸首,其长度沿轴线方向由前沿部分 L_1、门库部门 L_2 和支持部分 L_3 构成,如图 8-9 所示。闸首的宽度等于闸首口门宽度加上两侧边墩宽度,边墩宽度取决于门龛深度及输水廊道的断面尺寸与布置,同时应满足边墩强度要求。

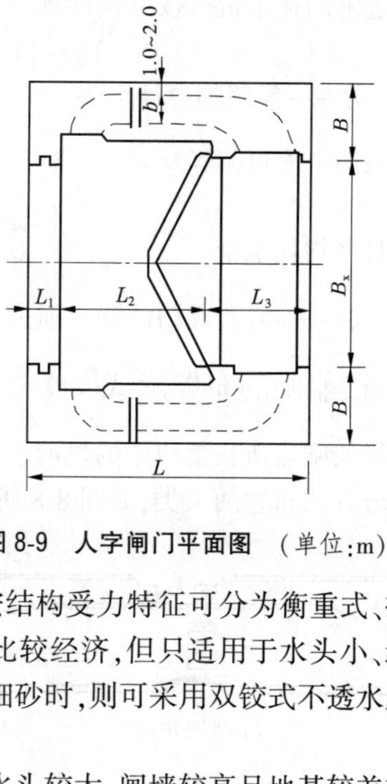

图 8-9　人字闸门平面图　(单位:m)

(二)闸室的结构形式

船闸闸室有斜坡式和直立式两种。斜坡式闸室虽结构简单、造价低,但耗水量大,使用不方便,目前已很少采用。直立式闸室结构按闸底板与闸墙的连接方式不同,分为整体式结构和分离式结构。

闸墙和底板分别设置的称为分离式结构,底板多为透水的,闸墙适宜高度为 6~8 m。类型较多,按结构受力特征可分为衡重式、扶壁式、连拱式、拉杆镇定式、板墙式等。分离式闸室闸底比较经济,但只适用于水头小、地基对渗透变形不敏感的情况,当水头较大,地基为粉砂、细砂时,则可采用双铰式不透水底板或采用整体式结构。

闸墙和底板浇筑在一起的为整体式结构,适用于水头较大、闸墙较高且地基较差或有软弱夹层的情况。通常有钢筋混凝土船坞式与悬臂式两种。

(三)船闸的防渗

船闸上游闸首一般位于枢纽中的挡水前缘,闸室中水面升降幅度大,在闸室灌水和泄水过程中,作用水头迅速由零增到最大值,又由最大值降到零,渗流具有不稳定性。船闸在承受水头作用后,在船闸地基和两侧回填土中产生渗流,由于两者相互作用,船闸的渗流具有空间性。当闸室为透水闸底时,闸首渗流的空间性更为显著,由于空间渗流计算较为复杂,往往将空间问题转化为平面问题进行计算,并主要计算闸底板下面的渗流稳定,常用直线法、流网法、改进阻力系数法等进行计算。

常采用的防渗设施，对于岩基有防渗帷幕、防渗齿墙，当岩溶发育时也有的采用铺盖；对于土基有防渗帷幕、板桩、防渗墙、齿墙和铺盖等。

七、船闸的引航道

(一) 布置形式

引航道应由导航段、调顺段、停泊段和制动段等组成，保证通航期内过闸船舶(队)畅通安全行驶。单线船闸引航道的平面布置有对称式和不对称式两种。对称式引航道的轴线与闸室轴线重合，多用于小型船闸。为提高船闸的通航能力，通常采用上、下游向不同岸侧扩大的不对称布置，并且一般按直线布置，如图 8-10 所示。

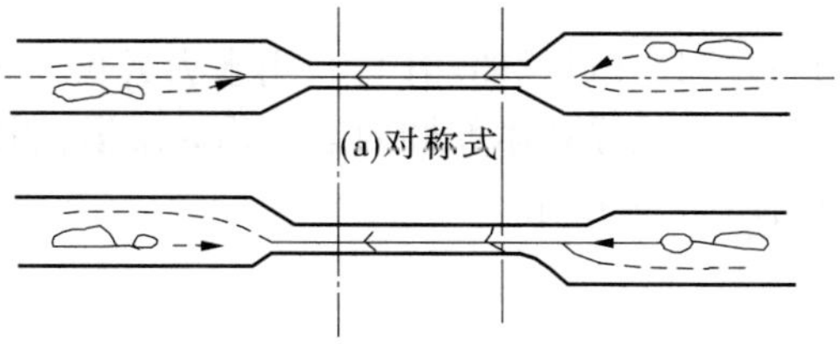

图 8-10　引航道平面形状

(二) 尺寸

引航道的直线段总长度 L 一般为过闸船舶(队)计算长度的 3.5~4.0 倍。

引航道的宽度 B 为

$$B = 3b_c + 4d \tag{8-13}$$

式中　b_c——最大船舶(队)宽度，m；

d——船舶(队)之间的距离，以及船舶(队)与引航道边坡间的距离，一般取 2~3 m。

八、船闸输水系统

(一) 一般要求

船闸的灌、泄水建筑物及其设备总称输水系统。包括进水口、输水廊道及输水阀(闸)门、出水口和消能设备等部分。主要作用是调节闸室水位，使其分别与上下游水位齐平，协助船舶克服集中水位落差，从而由一个水面驶向另一个水面。

(二) 输水系统的形式

船闸的输水系统分为集中式与分散式两大类。集中式又称头部输水系统，或短廊道输水系统，如图 8-11 所示。低水头中、小型船闸，在闸首两侧墙及闸底板内设回旋式环形短输水廊道的形式较为常见。分散式又称长廊道输水系统，一般适用于中、高水头的大型船闸。

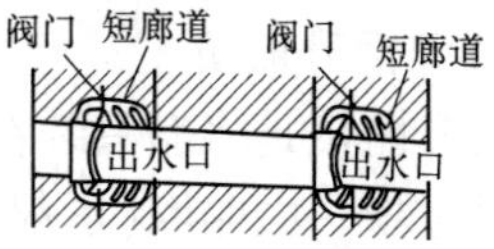

图 8-11　短廊道输水系统

任务二　升船机

一、升船机的组成及作用

(1)承船厢,用于装载船舶。

(2)垂直支架或斜坡道,用于运载承船厢。

(3)控制装置,用于驱动或制动,操纵升船机的运行。

二、升船机的工作原理

升船机的工作原理是将船只开进承船厢内,利用水力或机械力沿着垂直或斜面的方向升降承船厢,使船只过坝。船只浮在承船厢内运送称为湿运,搁置在无水承船厢内运送称为干运。干运船只易受损,很少采用。

三、升船机的类型

升船机有垂直提升和斜面提升两类。

(一)垂直升船机

升降设备可分为提升式、平衡重式和浮筒式等类型。

(1)提升式:提升式垂直升船机类似桥式起重机,船只进承船厢后,用起重机提升过坝,由于提升动力大,适用于中、小型船只。如丹江口水利枢纽垂直升船机,最大提升高度83.5 m,最大提升力为4 500 kN,承船厢可湿运150 t级驳船或干运300 t级驳船。

(2)平衡重式(见图8-12):利用平衡重来平衡承船厢的重量,运行原理与电梯相似。过坝历时短,通过能力大,安全可靠,耗电量小,但工程技术复杂,钢材耗量大。如隔河岩水电站的平衡重式升船机采用两级提升,广西红水河岩滩水电站平衡重式垂直升船机提升高度为68.5 m,过船吨位近250 t,远期500 t,承船厢有效尺寸为48.5 m×16.3 m×4.4 m(长×宽×深)。

(3)浮筒式(见图8-13):金属浮筒浸在充满水的竖井中,利用浮筒的浮力来平衡升船机活动部分的重量,电动机仅用来克服运动系统的阻力和惯性力。工作可靠,支撑平衡系统简单,但提升高度不能太大,部分设备长期处于水下,检修不便。世界上最大的浮筒式升船机是德国亨利兴堡枢纽中的升船机,提升高度为14.5 m,承船厢尺寸为90 m×12 m,厢内水深3.0 m,可通过1 300 t的船只。

(二)斜面升船机

斜面升船机是将船只装在承船车或船厢(承船车)中,沿着铺在斜坡上的轨道升降,运送船只过坝。由船厢(承船车)、斜坡轨道及卷扬设备等部分组成。中、小河流上修建的较多,过船吨位一般很小,我国已建成的提升高度最大的为湖南柘溪水电站的斜面升船机,最大提升高度为80 m,载船吨位50 t。

四、升船机的适用条件

升船机相比船闸的适用条件,要通过工程经济、通航能力和运行安全等因素来考虑。

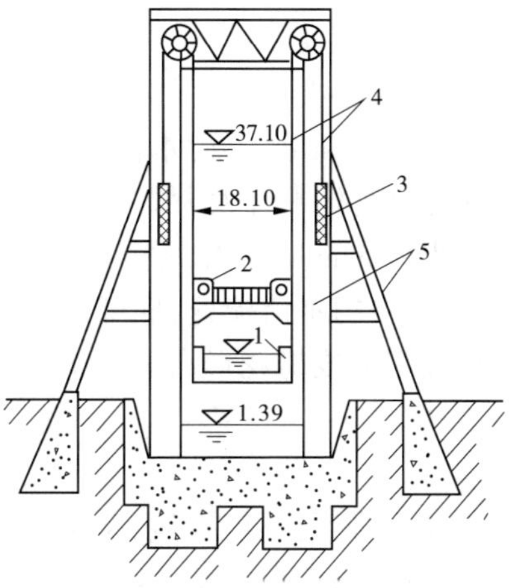

1—承船厢;2—传动机械;3—平衡砣;4—钢索;5—钢排架

图 8-12　平衡重式垂直升船机　(单位:m)

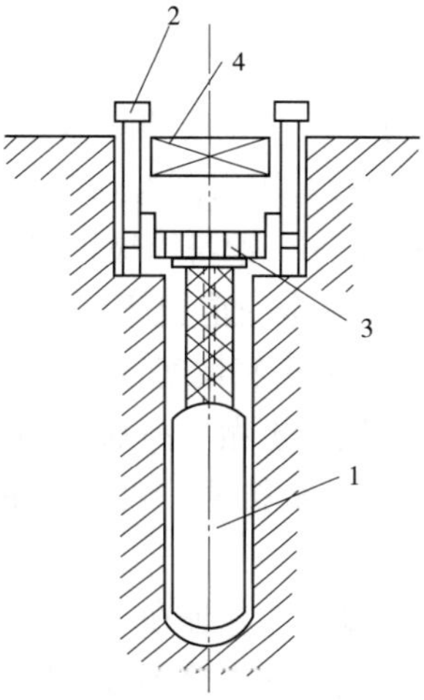

1—浮筒;2—船厢导向柱;
3—船厢;4—上游闸门

图 8-13　浮筒式升船机

与船闸相比,在高水头情况下船只升降过坝所需的时间相对船闸较少,具有优势。但升船机的工程量和投资随着提升重量的增加而增大,且机械设备难度增加。所以,当通航量很大、提升量很大时,升船机不适用,需要用船闸。耗水量方面,船闸耗水量大,而升船机基本上不耗水,所以在水量缺乏的航道上采用升船机。

此外,在中、小河道上,若船只少、吨位小,采用斜面升船机比垂直升船机经济。当运输量大,采用单级船闸或升船机不能满足要求时,可采用双线甚至多线船闸或升船机。

任务三　其他过坝建筑物

一、过木建筑物

为了解决木材过坝,需在枢纽中修建过木建筑物,常用的有筏道、漂木道和过木机。

(一)筏道

筏道是一种泄水的陡槽,用于浮运木排。筏道具有通过能力大、结构简单、使用管理方便等优点,但需要消耗水量,适用于低、中水头且上游水位变幅不大的水利枢纽。筏道由进口段、槽身段、出口段和进口段导漂设施组成。

1. 进口段

筏道的进口段必须适应水库的水位变化,准确调节筏道流量,以达到节省水量和安全过筏的目的。进口段根据上游水位变化幅度分活动式进口和固定式进口两种形式。活动式进口与漂木道的进口相类似,由活动筏槽及叠梁闸门两部分组成。叠梁除用于挡水及检修活动筏槽外,与活动筏槽联合运行,调节过筏流量。固定式进口和船闸相似,进口段设有两道闸门,在两道闸门之间形成一个筏闸室,结构简单、用水量少,但运送效率低,用于水位变动不大的情况。

2. 槽身段

槽身是一个宽浅的陡槽，宽度不宜太大，常用的槽宽为 4~8 m。槽中水深一般为木筏厚度的 2/3，常用水深为 0.3~0.8 m，纵坡与槽身结构、排型和上、下游水位有关，一般用 $i=0.03\sim0.06$。槽身纵坡可采用几种不同的坡度，但坡度变化不宜太大。槽中的排（筏）速，在保证安全的前提下，可尽量选择得大些，一般选用 5 m/s 左右，最大可达到 7~8 m/s。欲加大槽底坡度，应加大槽底的粗糙度，并减小槽内的水流流速，底部加糙可用木材或钢筋混凝土做成高 0.1~0.2 m 的坎，呈横条形、人字形或梅花形布置。木排在槽中处于悬浮状态，排速一般为断面平均流速的 1.5~3.0 倍。

3. 出口段

出口段应能保证在下游水位变化范围内，顺利流放木排，既不能搁浅，又不要产生钻水现象。筏道的出口部分一般按原有坡度延长至最低过排水位以下 1.5~2.5 m，斜坡末端以后布置一水平段，形成消能池的水深最好接近临界水深，防止出现淹没水跃，以保证木材漂浮并送出池外。同时，要根据具体情况决定是否设置下游引航道。

（二）漂木道

漂木道是输送单木过坝的斜槽式过木设施。多用于不通航河流的低、中水头水利枢纽。漂木道由进口段、槽身段、出口段和上下游导漂设施组成，进口段在平面上应布置成喇叭口形，两侧布置诱导漂子；槽身段横断面有矩形、梯形和三角形。纵坡一般缓于 10%，避免过陡的纵坡使木材撞击槽底造成损坏，而且流速控制在 5 m/s 以内。下游出口应避开河道的回流区，水流衔接要顺畅。

（三）过木机

当通过高坝修建筏道及漂木道有困难或不经济时，可采用过木机。过木机是机械输送木材过坝的一种过木设施。过木机按木材的运送方式分为过排机和单根原木过坝机，按机械设备的运行方式可分为连续式过木机和往复式过木机。连续式过木机运距较长、通过能力较大，多布置在非溢流坝段、副坝或岸边。往复式过木机有垂直、斜面卷扬提升架式，一般多用于排节过坝。

二、过鱼建筑物

鱼道是沟通鱼类洄游路线的一项重要补救措施，为此需在河川水利枢纽和平原地区闸、站枢纽中修建过鱼建筑物，以保护鱼类的洄游路线。过鱼建筑物有鱼道、鱼闸、升鱼机等。目前，世界上已建成数百座过鱼建筑物，其中以鱼道为最多。

（一）鱼道

鱼道按照其结构形式不同，可分为水池式和斜槽式。

1. 水池式鱼道

水池式鱼道由一连串分开的水池组成，一般都是利用天然地形绕岸修建，各水池之间用短的渠道连接，如图 8-14 所示。一般在地形、地质条件有利时建造，否则不经济。

2. 斜槽式鱼道

斜槽式鱼道使用最多，它是一条人工建成的斜坡式或阶梯式水槽，按其消能原理的不

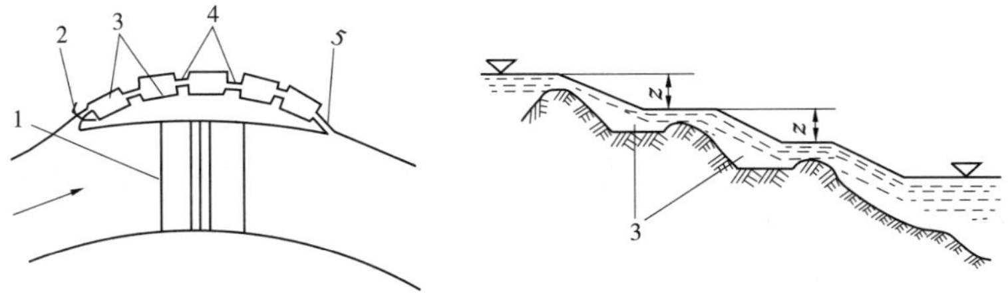

1—坝;2—设有闸门的出口;3—水池式鱼道;4—连接渠;5—鱼道进口

图 8-14 水池式鱼道示意图

同,有光面、人工加糙及设置横隔板三种形式。其中,横隔板式鱼道(见图 8-15)是在水槽中交错地布置横隔板,以增加水流阻力,并加长水流的行程以降低槽内流速。隔板将水位差分级,并利用水垫、水流沿程摩阻或水流对冲来消减能量,减缓流速。这种鱼道的优点是水流条件好,能用于水位差较大的工程,结构简单,维修费用低,故目前在我国采用广泛。

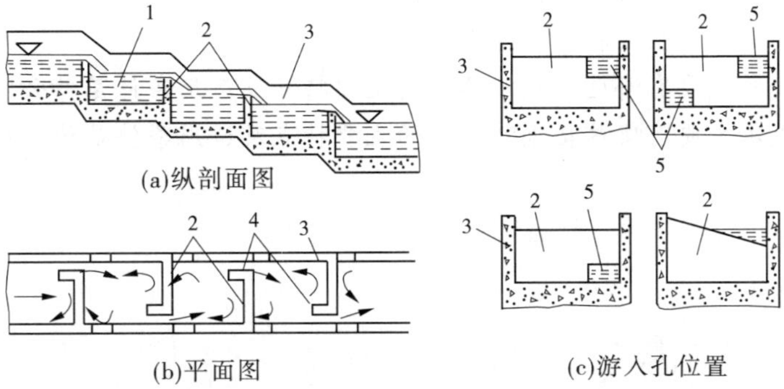

1—水池;2—横隔板;3—纵向墙;4—防护门;5—游入孔

图 8-15 横隔板式鱼道示意图

(二)鱼闸

鱼闸类似于船闸,采用控制水位升降的方法输送鱼类通过闸、坝。鱼闸的主要组成部分有上、下闸室及闸门、斜(或竖)井、闸室充泄水管道及阀门、诱鱼水流管道等。按其布置形式可分为斜井式和竖井式两种。

鱼闸的优点是鱼类过坝消耗体力小,有利于底层鱼类过坝,可用于中、高水头;缺点是不能连续过鱼,金属结构、电气设备较多,管理不及鱼道方便。

(三)升鱼机

升鱼机是利用专门机械设备提升、运输鱼类过坝。升鱼机既可为鱼类过坝提供通道,也可与运鱼车配合作业将鱼送到鱼类人工繁殖场。

升鱼机基本不受枢纽水头及坝高的限制,属往复循环的工作方式,不能连续过鱼。在枢纽中可以布置在坝域或水力发电站的一侧,也可以单独设在坝下岸边。

项目小结

过坝建筑物是专门为满足通航、过木、过鱼等方面要求而修建的水工建筑物。本项目重点阐述了通航建筑物中的船闸,船闸是利用水力使船只过坝,通航能力强,应用较广,学习中应重点掌握通航能力、耗水量计算、各组成部分尺寸拟订及其构造特点。对其他过坝建筑物,应了解其工作原理、构造与特点。

项目自测题

1. 试说明船闸的类型及组成。
2. 说明船闸的工作原理。
3. 船闸基本尺寸拟订包括哪些方面? 如何拟订?
4. 船闸的布置形式有哪些? 主要特点是什么?
5. 升船机的类型及主要特点是什么?
6. 过木建筑物主要有哪些类型? 各自的主要特点及适用条件是什么?
7. 过鱼建筑物主要有哪些类型? 各自的主要特点及适用条件是什么?

参考文献

[1] 杨勇,田利萍,张保同. 水工建筑物[M]. 2 版. 郑州:黄河水利出版社,2017.
[2] 林继镛. 水工建筑物[M]. 5 版. 北京:中国水利水电出版社,2006.
[3] 郑万勇,杨振华. 水工建筑物[M]. 郑州:黄河水利出版社,2003.
[4] 杨邦柱,焦爱萍. 水工建筑物[M]. 北京:中国水利水电出版社,2005.
[5] 赖永明,凌贤宗. 水工建筑物[M]. 北京. 中国水利水电出版社,2014
[6] 程兴奇,王志凯. 水工建筑物[M]. 北京:中国水利水电出版社,2007.
[7] 中华人民共和国水利部. 混凝土重力坝设计规范:SL 319—2018 [S]. 北京:中国水利水电出版社,2018.
[8] 中华人民共和国电力工业部. 水工建筑物荷载设计规范:DL 5077—1997[S]. 北京:中国水利水电出版社,1997.
[9] 中华人民共和国水利部. 水工隧洞设计规范:SL 279—2016 [S]. 北京:中国水利水电出版社,2016.
[10] 中华人民共和国水利部. 溢洪道设计规范:SL 253—2018[S]. 北京:中国水利水电出版社,2018.
[11] 中华人民共和国水利部. 水闸设计规范:SL 265—2016[S]. 北京:中国水利水电出版社,2017.
[12] 中华人民共和国水利部. 碾压式土石坝设计规范:SL 274—2020 [S]. 北京:中国水利水电出版社,2021.
[13] 中华人民共和国水利部. 水工混凝土结构设计规范:SL 191—2008[S]. 北京:中国水利水电出版社,2008.
[14] 中华人民共和国水利部. 水利水电工程等级划分及洪水标准:SL 252—2017[S]. 北京:中国水利水电出版社,2017.
[15] 祁庆和. 水工建筑物[M]. 3 版. 北京:中国水利水电出版社,1997.
[16] 张光斗,王光伦. 水工建筑物[M]. 北京:水利电力出版社,1992.
[17] 郭宗闵. 水工建筑物[M]. 2 版. 北京:水利电力出版社,1987.
[18] 潘家铮. 重力坝设计[M]. 北京:水利电力出版社,1983.
[19] 水利电力部第五工程局,水利电力部东北勘测设计院. 土坝设计[M]. 北京:水利电力出版社,1978.
[20] 华东水利学院. 水工设计手册[M]. 北京:水利电力出版社,1983.